高 等 学 校 教 材

高分子化学
Gaofenzi Huaxue

主编　林　权　崔占臣
编者（按姓氏笔画排序）
　　　吕长利　孙海珠　张俊虎
　　　张　恺　张　皓　姜世梅

高等教育出版社·北京

内容提要

本书是为高等学校化学类等专业高分子化学课程编写的教材，主要以聚合反应和聚合物化学反应的机理／动力学作主线，配以多种聚合物实例作辅线，意在交织深化。在剖析聚合机理一般规律时，紧密结合典型聚合物作案例分析，以便让读者加深印象。全书分九章：绪论、逐步聚合反应、自由基聚合、乳液聚合、离子聚合和配位聚合、开环聚合、新型聚合反应、聚合物的化学反应和功能高分子。每章后附本章总结、参考文献和习题与思考题。

本书可作为高等学校化学、化工和材料等专业的高分子化学课程教材，也可供相关专业师生和科研人员参考。

图书在版编目（CIP）数据

高分子化学／林权，崔占臣主编 . -- 北京：高等教育出版社，2015.11（2025.1重印）
ISBN 978-7-04-043933-5

I . ①高… II . ①林… ②崔… III . ①高分子化学－高等学校－教材 IV . ①O63

中国版本图书馆CIP数据核字(2015)第223938号

策划编辑　曹　瑛	责任编辑　曹　瑛	封面设计　于文燕	版式设计　马敬茹
插图绘制　杜晓丹	责任校对　刁丽丽	责任印制　耿　轩	

出版发行　高等教育出版社	咨询电话	400-810-0598
社　　址　北京市西城区德外大街4号	网　址	http://www.hep.edu.cn
邮政编码　100120		http://www.hep.com.cn
印　　刷　河北信瑞彩印刷有限公司	网上订购	http://www.landraco.com
开　　本　787mm×1092mm　1/16		http://www.landraco.com.cn
印　　张　25.5	版　次	2015年11月第1版
字　　数　620千字	印　次	2025年1月第3次印刷
购书热线　010-58581118	定　价	39.60元

前　言

自 20 世纪初期至今,高分子化学经过近百年的发展,已成为了一门内容丰富、涵盖面广的重要学科。当今时代是高分子化学的鼎盛时期,高分子材料在国民经济、国防工业和高尖技术等领域都得到了越来越广泛的应用,已经成为现代社会生活中衣、食、住、行所不可缺少的部分。由于高分子化学的重要性,其已成为化学学科中与传统的无机化学、有机化学、分析化学和物理化学并列的二级学科。另一方面,高分子化学的研究内容也在与其他学科的相互交叉、相互渗透中不断深入和拓展。可以说,懂得高分子化学的一般原理,对各行各业的工程技术人员做好本职工作无疑是有益的。

本书是由吉林大学超分子结构与材料国家重点实验室林权、崔占臣、张皓、张俊虎、姜世梅和张恺,以及东北师范大学化学学院吕长利、孙海珠等合作编写而成。在编写过程中,编者总结自身多年讲授高分子化学课程的经验,力求做到取材新颖、文字通俗、深入浅出,强调基本概念,重视实际应用。在构思过程中,确定以聚合反应和聚合物化学反应的机理/动力学作主线,配以多种聚合物品种实例作辅线,意在交织深化。学习高分子化学的目的是设计、制备和使用聚合物,因此本书在剖析聚合机理一般规律时,紧密结合典型聚合物案例分析,以便让读者加深印象。

全书共分九章。第一章绪论,主要介绍高分子的基本概念、发展历程和常用测试方法及基本的加工方法。第二章和第三章分别介绍高分子化学中两类主要的聚合过程:逐步聚合和自由基聚合。在接下来的第四章、第五章、第六章,分别介绍了乳液聚合、离子聚合和配位聚合、开环聚合等聚合方式。在第七章中补充介绍了近些年发展起来的新型聚合反应。针对已经形成的高分子化合物,可以通过高分子反应对其进行改性,提高其物理、化学性能和赋予新功能,所以在第八章中论述了高分子的化学反应。最后在第九章中,结合当前科研成果,介绍了一些新型的功能高分子。同时,在章节中加入一些小知识和小提示,提高读者对学习专业知识的兴趣。为了使读者能巩固学到的知识,每章后均配有本章总结、习题和思考题。

在编写本书时,努力做到每一部分都准确精练,有据可依。但限于编者的认知水平,不妥或错误之处在所难免,希望使用本书的读者不吝指正。

编者
2014 年 12 月 8 日

目 录

第一章　绪　论

高分子科学是一门独立的学科,由高分子化学、高分子物理及高分子成型加工等组成。高分子化学是高分子科学的重要组成部分,主要研究对象是高分子的合成方法及高分子的化学反应和改性。本教材以高分子的合成方法为中心,仅在绪论中介绍一些必要的结构表征方法及基本的成型加工方法和应用。在本章中,首先介绍与高分子相关的基本概念及命名与分类,进而介绍高分子的合成反应、分子量[①]及分子量分布、高分子结构的表征方法及高分子基本加工方法,最后简单介绍高分子科学的发展史,为学习和理解后续章节的内容奠定基础。

1.1　高分子的基本概念

高分子也称聚合物(或高聚物),但二者之间有细微的差别,高分子有时可指一个大分子,而聚合物往往指许多高分子形成的聚集体。高分子就是通过化学键将许多小分子连接起来而形成的分子量很大的分子,高分子的分子量一般为 $10^4 \sim 10^7$。随着分子量的增加,高分子分子间的非价键作用力也在增大,导致高分子分子间的作用力超过化学键的键能,使高分子在加热时不能沸腾只能分解,也使高分子的聚集体具有力学强度,这是高分子的特性也是其在性能上和有机小分子的根本区别。

高分子是由有机小分子经化学反应而得到的,能够通过化学反应制备高分子的化合物统称为单体,而由小分子制备高分子的化学反应称为聚合反应。一个高分子往往是由许多结构相同的化学结构基元通过共价键重复连接而成。例如,聚丙烯是由基元 $-CH_2CH-$（CH_3）重复连接而成:

$$-CH_2CH-CH_2CH-CH_2CH-CH_2CH-$$
$$\quad\quad |\quad\quad\quad\;|\quad\quad\quad\;|\quad\quad\quad\;|$$
$$\quad\;\;CH_3\quad\quad CH_3\quad\quad CH_3\quad\quad CH_3$$

上式略去了高分子链的其他部分和端基,上式也可以写成以下形式：$\left[CH_2CH\right]_n$（CH_3）。方括号内的

$-CH_2CH-$（CH_3）是构成聚丙烯的结构基元,称为结构单元,因是重复连接的故又称做重复单元。它是由聚丙烯单体经反应转化而来的结构,其元素组成和排列都与单体相同,仅电子结构发生变化,故又称单体单元。线型大分子类似一根链子,重复单元又可称为链节。因此聚丙烯分子中由单体反应后生成的结构,可称作单体单元、重复单元、结构单元或链节。方括号外的 n 代表重复

---

① 本书中,分子量即指相对分子质量。

连接的次数,在烯烃加聚生成聚合物的情况下,又称为聚合度(DP),定义为结构单元数目。聚合度是表征高分子大小的重要参数。此类高分子的分子量就是结构单元的分子量(M_0)与聚合度或结构单元数 n 的乘积,可表示为

$$M = DP \cdot M_0 = n \cdot M_0$$

例如,常用聚氯乙烯的聚合度为 $600 \sim 1\,600$,结构单元的分子量为 62.5,因此其分子量为 3.75 万 $\sim$ 10 万。

聚乙烯的分子式习惯写成 $\pm CH_2{-}CH_2 \pm_n$,而不写成 $\pm CH_2 \pm_n$,以便显示其单体单元。

由一种单体聚合而成的聚合物称为均聚物,如聚氯乙烯和聚乙烯。由两种以上单体共聚而成的聚合物则称作共聚物,如氯乙烯-醋酸乙烯酯共聚物和丁二烯-苯乙烯共聚物。还有一类聚合物,与聚氯乙烯不同,是由两种单体聚合生成的高分子。例如,由己二胺和己二酸生成的商品,名称为尼龙 - 66 的高分子。其重复单元由两种结构单元—NH(CH_2)$_6$NH—和—OC(CH_2)$_4$CO—组成:

$$\pm HN(CH_2)_6 NH{-}C(CH_2)_4 C \pm_n$$
$$\overset{O}{\|} \qquad \overset{O}{\|}$$
结构单元1 ∶ 结构单元2
$\longleftarrow$ 重复单元 $\longrightarrow$

这两种结构单元分别来源于单体己二胺 $H_2N(CH_2)_6NH_2$ 和单体己二酸 [$HOOC(CH_2)_4COOH$],聚合过程中消除小分子水而失去了一些原子,这些结构单元不宜再称单体单元。在这种情况下,重复单元数 n 和聚合度 DP 是不一样的,聚合度 DP 将是重复单元数的两倍,也就是说在加成聚合和缩合这两种情况下,聚合度 DP 总是表示为结构单元数。则在聚酰胺类聚合物中,聚合度与重复单元数有如下关系:

$$DP = 2n$$

聚合物的分子量应表示为

$$\overline{M} = n(M_{10} + M_{20}) = DP \cdot \frac{1}{2}(M_{10} + M_{20}) = DP \cdot \overline{M}_0$$

聚合物的分子表示为

$$\pm NH(CH_2)_6 NHOC(CH_2)_4 CO \pm_n$$

其中 M_{10} 和 M_{20},分别是结构单元1和结构单元2的分子量。$\overline{M}_0$ 为结构单元平均分子量。

1.2 聚合物的分类与命名

1.2.1 聚合物的分类

随着高分子科学研究的不断深入和高分子合成技术的发展,聚合物的品种和数量日益增多,

需要一种科学的分类方案和命名法来对其进行分类和命名。

聚合物的分类方法有许多种,根据聚合物固有的特点,可以按聚合物的来源、合成方法、用途和结构等进行分类。

按聚合物的来源分类,可以将其分为天然高分子、合成高分子和改性高分子等;按用途分类,可以分为塑料、橡胶、纤维、涂料和黏结剂五大类,这也是高分子最基本的应用领域;按聚合物受热后的行为分类,可以分为热塑性聚合物和热固性聚合物;按主链结构分类,可以分为碳链聚合物、杂链聚合物及元素有机聚合物三大类。

碳链聚合物是指高分子主链完全由碳原子组成,不含其他元素,这类聚合物一般由烯烃及二烯烃类单体通过加聚反应得到。聚乙烯、聚丙烯、聚氯乙烯和聚苯乙烯等属于此类,如表 1-1 所示。

表 1-1 碳链聚合物

聚合物	符号	重复单元	单体	玻璃化温度 T_g/℃	熔点 T_m/℃
聚乙烯	PE	—CH$_2$—CH$_2$—	CH$_2$=CH$_2$	-125	135(线型)
聚丙烯	PP	—CH$_2$—CH— 　　　| 　　CH$_3$	CH$_2$=CH 　　　| 　　CH$_3$	-10	176(全同)
聚异丁烯	PIB	CH$_3$ 　　　| —CH$_2$—C— 　　　| 　　　CH$_3$	CH$_3$ 　　　| CH$_2$=C 　　　| 　　　CH$_3$	-73	44
聚苯乙烯	PS	—CH$_2$—CH— 　　　| 　　C$_6$H$_5$	CH$_2$=CH 　　　| 　　C$_6$H$_5$	95(100)	240(全同)
聚氯乙烯	PVC	—CH$_2$—CH— 　　　| 　　　Cl	CH$_2$=CH 　　　| 　　　Cl	81	—
聚偏氯乙烯	PVDC	Cl 　　　| —CH$_2$—C— 　　　| 　　　Cl	Cl 　　　| CH$_2$=C 　　　| 　　　Cl	-17	198
聚氟乙烯	PVF	—CH$_2$—CH— 　　　| 　　　F	CH$_2$=CH 　　　| 　　　F	-20	200
聚四氟乙烯	PTFE	—CF$_2$CF$_2$—	CF$_2$=CF$_2$		327
聚三氟氯乙烯	PCTFE	—CF$_2$—CF— 　　　| 　　　Cl	CF$_2$=CF 　　　| 　　　Cl	45	219

聚合物	符号	重复单元	单体	玻璃化温度 $T_g/℃$	熔点 $T_m/℃$
聚丙烯酸	PAA	$-CH_2-CH-$ $\quad\quad\quad\mid$ $\quad\quad\quad COOH$	$CH_2=CH$ $\quad\quad\quad\mid$ $\quad\quad\quad COOH$	106	—
聚丙烯酰胺	PAM	$-CH_2-CH-$ $\quad\quad\quad\mid$ $\quad\quad\quad CONH_2$	$CH_2=CH$ $\quad\quad\quad\mid$ $\quad\quad\quad CONH_2$	6	—
聚丙烯酸甲酯	PMA	$-CH_2-CH-$ $\quad\quad\quad\mid$ $\quad\quad\quad COOCH_3$	$CH_2=CH$ $\quad\quad\quad\mid$ $\quad\quad\quad COOCH_3$	10	—
聚甲基丙烯酸甲酯	PMMA	$\quad\quad\quad CH_3$ $\quad\quad\quad\mid$ $-CH_2-C-$ $\quad\quad\quad\mid$ $\quad\quad\quad COOCH_3$	$\quad\quad CH_3$ $\quad\quad\mid$ $CH_2=C$ $\quad\quad\mid$ $\quad\quad COOCH_3$	105	—
聚丙烯腈	PAN	$-CH_2-CH-$ $\quad\quad\quad\mid$ $\quad\quad\quad CN$	$CH_2=CH$ $\quad\quad\quad\mid$ $\quad\quad\quad CN$	97	317
聚醋酸乙烯酯	PVAc	$-CH_2-CH-$ $\quad\quad\quad\mid$ $\quad\quad\quad OCOCH_3$	$CH_2=CH$ $\quad\quad\quad\mid$ $\quad\quad\quad OCOCH_3$	28	—
聚乙烯醇	PVA	$-CH_2-CH-$ $\quad\quad\quad\mid$ $\quad\quad\quad OH$	$CH_2=CH$(假想) $\quad\quad\quad\mid$ $\quad\quad\quad OH$	85	258
聚乙烯基烷基醚		$-CH_2-CH-$ $\quad\quad\quad\mid$ $\quad\quad\quad OR$	$CH_2=CH$ $\quad\quad\quad\mid$ $\quad\quad\quad OR$	−25	85
聚丁二烯	PB	$-CH_2CH=CHCH_2-$	$CH_2=CHCH=CH_2$	−108	2
聚异戊二烯	PIP	$-CH_2C(CH_3)=CHCH_2-$	$CH_2=C(CH_3)CH=CH_2$	−73	—
聚氯丁二烯	PCP	$-CH_2C=CH-CH_2$ $\quad\quad\mid$ $\quad\quad Cl$	$CH_2=CClCH=CH_2$	—	

　　杂链聚合物是指高分子主链中除了含有碳原子以外,还含有氧、氮或硫等杂原子。这类聚合物一般由带官能团的有机小分子通过逐步聚合而来,聚醚、聚酯、聚酰胺及天然高分子多属于此类聚合物,如表 1-2 所示。

　　元素有机聚合物分子中的主链没有碳原子,主链由硅、氧、氮、硫、磷和硼等原子构成,但其侧基是有机基团,如甲基、乙基和苯基等。聚硅氧烷是此类聚合物的典型例子。如果主链和侧基均不含碳原子,则该聚合物属于无机高分子,如硅酸盐类,如表 1-2 所示。

表 1-2 杂链聚合物和元素有机聚合物

类型	聚合物	结构单元	单体	T_g/℃	T_m/℃
聚醚 —O—	聚甲醛	—OCH₂—	H₂CO 或 (H₂CO)₃	-82	175
	聚环氧乙烷	—OCH₂CH₂—	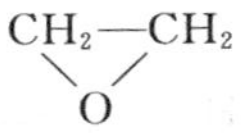 CH₂—CH₂ (环氧乙烷)	-67	66
	聚双(氯甲基)丁氧环	(结构单元)	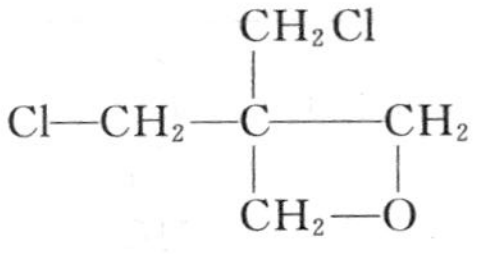 (单体)	10	—
	聚苯醚	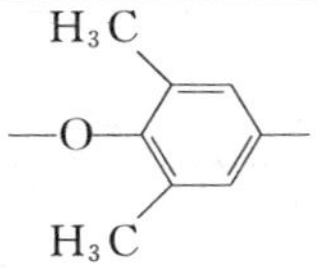 (结构单元)	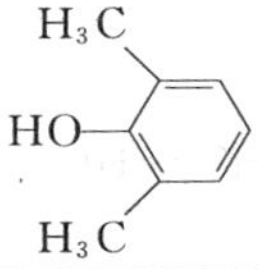 (单体)	220	480
	环氧树脂	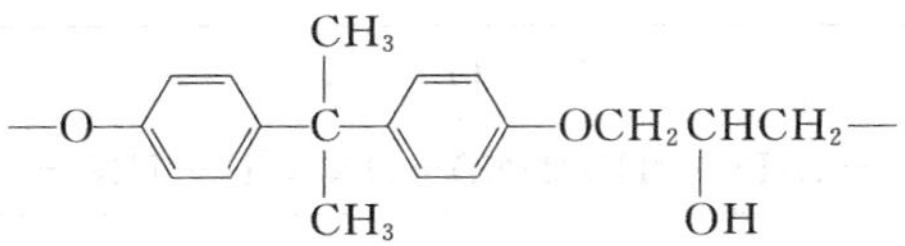 (结构单元)	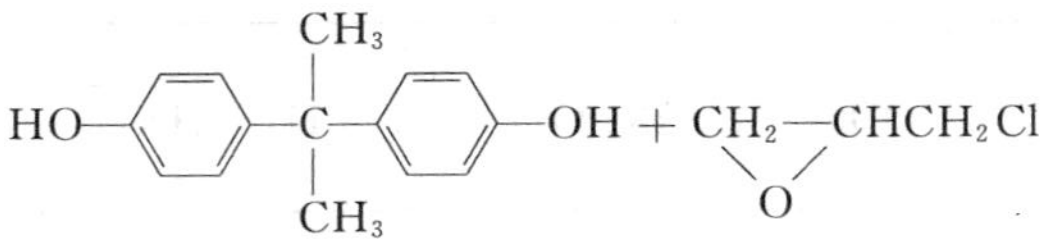 (单体)	—	—
聚酯 —OCO—	涤纶树脂	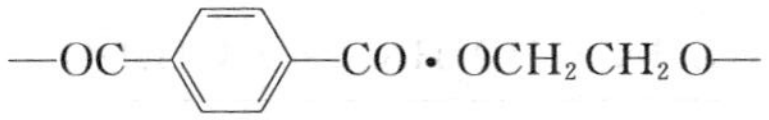 (结构单元)	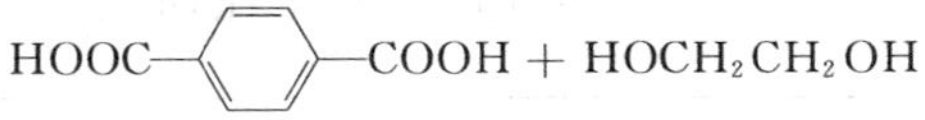 (单体)	69	267
	聚碳酸酯	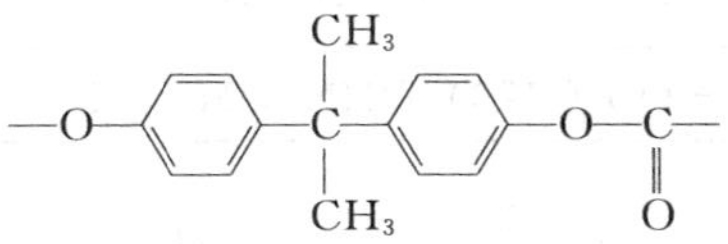 (结构单元)	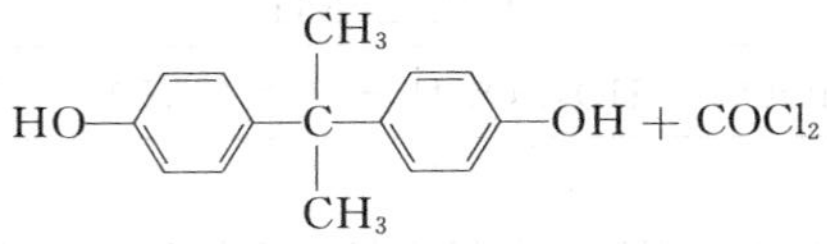 (单体)	149	265
	不饱和聚酯	—OCH₂CH₂OCOCH=CHCO—	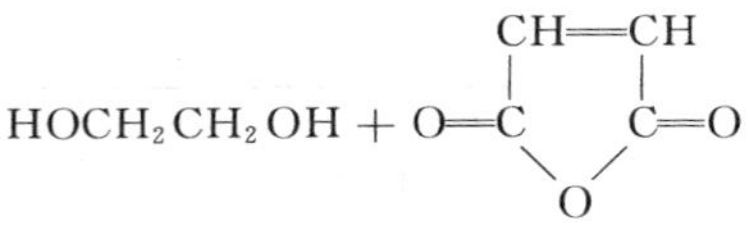 HOCH₂CH₂OH + O=C—CH=CH—C=O (马来酸酐)	—	—

续表

类型	聚合物	结构单元	单体	$T_g/℃$	$T_m/℃$
聚酯 —OCO—	醇酸树脂	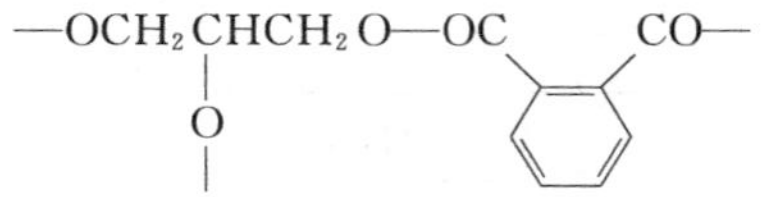 $-OCH_2CHCH_2O-OC\cdots CO-$	$HOCH_2CHOHCH_2OH + C_6H_4(CO)_2O$	—	—
聚酰胺 —NHCO—	尼龙-66	$-HN(CH_2)_6NHOC(CH_2)_4CO-$	$H_2N(CH_2)_6NH_2 + HOOC(CH_2)_4COOH$	50	—
	尼龙-6	$-HN(CH_2)_5CO-$	$HN(CH_2)_5CO$	49	228
聚氨酯 —NHCOO—		$-O(CH_2)_2O-CNH(CH_2)_6NHC-$	$HO(CH_2)_2OH + OCN(CH_2)_6NCO$	—	—
聚脲 —NHCONH—		$-NH(CH_2)_6NH-CNH(CH_2)_6NHC-$	$NH_2(CH_2)_6NH_2 + OCN(CH_2)_6NCO$	—	—
聚砜 —SO₂—	双酚A聚砜	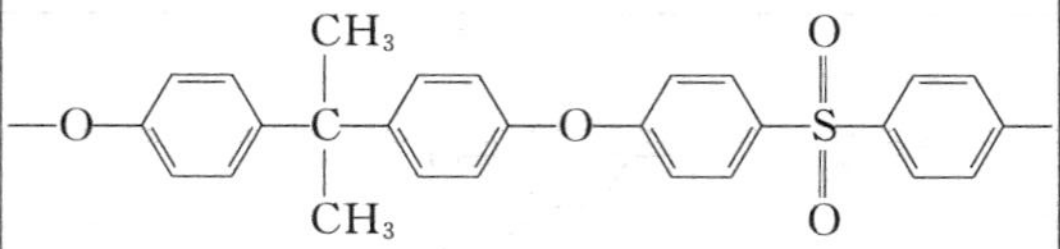 双酚A砜结构单元	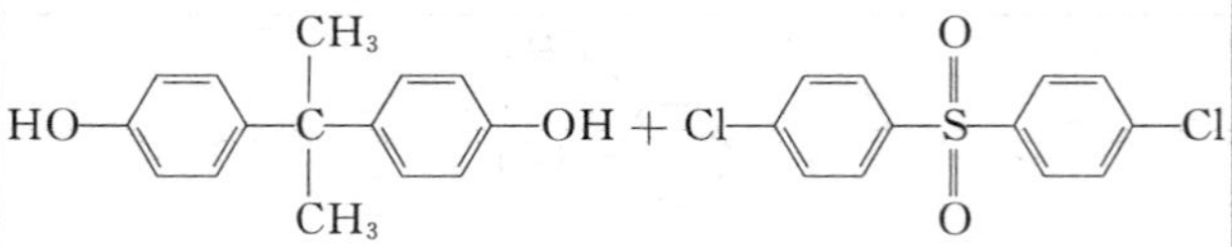 双酚A + 4,4′-二氯二苯砜	195	—
酚醛	酚醛树脂	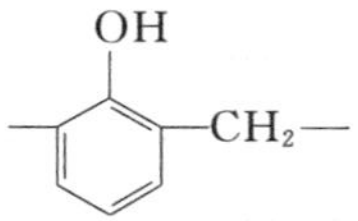 酚醛结构单元	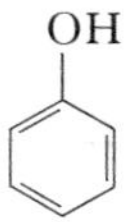 苯酚 + HCHO	—	—
脲醛	脲醛树脂	$-NHCNH-CH_2-$	$CO(NH_2)_2 + HCHO$	—	—
聚硫	聚硫橡胶	$-CH_2CH_2-S_x-$	$ClCH_2CH_2Cl + Na_2S_4$	−50	205
聚硅氧烷 —OSiR₂—	硅橡胶	$-O-Si(CH_3)_2-$	$Cl-Si(CH_3)_2-Cl$	−123	—

1.2.2　聚合物的命名

聚合物的命名法不如有机小分子的命名法统一、规范，往往根据单体或聚合物结构来命名，有时也常用商品名或俗名。1972年，国际纯粹与应用化学联合会(IUPAC)提出了线型有机聚合物的系统命名法，但该命名法较烦琐，应用并不广泛，常用的还是传统命名法。

（1）根据单体来源或制法命名

很多聚合物的名称是由单体或假想单体名称前加一个"聚"字而来，如聚乙烯、聚丙烯、聚氯乙烯和聚甲基丙烯酸甲酯等。聚乙烯醇的名称是由假想的乙烯醇单体而来的。由于乙烯醇是不稳定的，以乙醛的形式存在，所以实际上聚乙烯醇是由聚乙酸乙烯酯经醇解而得到的。这种命名法使用方便，又能把单体原料来源标明，因此应用广泛。然而，有时也会产生混淆，如聚己内酰胺和聚6-氨基己酸是同一种聚合物，因有两种原料单体，故出现两个名字。

（2）根据聚合物的结构特征命名

很多聚合物是由两种单体通过官能团间的缩合反应制备的，在结构上与单体有较大差别，因此可根据结构单元的结构来命名，前面冠以"聚"字。例如，由对苯二甲酸和乙二醇制备的聚合物叫聚对苯二甲酸乙二酯，由己二胺和己二酸制备的叫聚己二酰己二胺等。有些聚合物是经缩聚关环多步反应制备的，单体的结构保留得较少，更需要由聚合物的结构特征命名。例如，20世纪80年代出现的一种高强度、高模量、耐高温的聚亚苯基苯并二噁唑聚合物，其单体和聚合物结构如下，在聚合物结构中已看不出单体来源了。

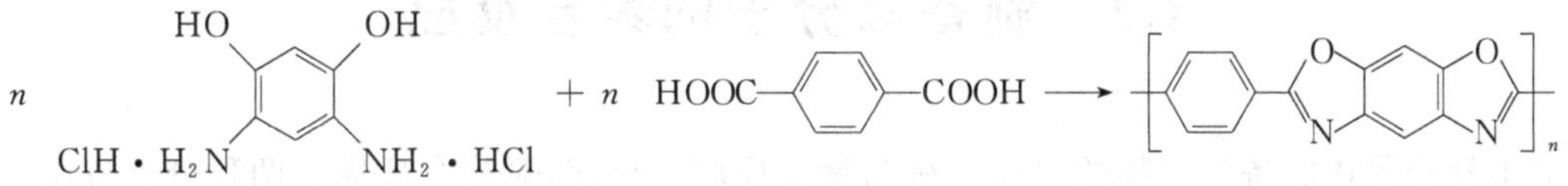

（3）根据商品命名

聚合物的命名比有机小分子复杂得多。在商业生产和流通中，人们仍习惯用简单明了的称呼，并能与应用联系在一起。例如，用有机玻璃称呼聚甲基丙烯酸甲酯类聚合物。塑料类聚合物常加后缀"树脂"，如酚醛树脂、脲醛树脂和醇酸树脂是分别由苯酚和甲醛、尿素和甲醛、甘油和邻苯二甲酸酐制备的聚合物。聚氯乙烯有时俗称氯乙烯树脂。橡胶类的聚合物常加上后缀"橡胶"，如丁二烯和苯乙烯共聚物称为丁苯橡胶，丁二烯和丙烯腈共聚物称丁腈橡胶，乙烯和丙烯共聚物称乙丙橡胶，等等。纤维类聚合物，在我国常用"纶"作后缀，如聚对苯二甲酸乙二酯的商品名称叫涤纶，聚己内酰胺又称锦纶，聚乙烯醇缩醛又称维尼纶，聚氯乙烯纺成纤维又称氯纶，聚丙烯腈纤维称腈纶，聚丙烯纤维称丙纶。还有直接引用国外商品名称音译的，如聚酰胺又称尼龙，聚己二酰己二胺称尼龙-66，聚癸二酰癸二胺称尼龙-1010，其中第一个数字表示二元胺中碳原子的数目，第二个数字为二元酸中碳原子的数目，因此尼龙610则是己二胺和癸二酸的缩聚产物。

（4）IUPAC系统命名法

为了避免聚合物命名的混乱，国际纯粹与应用化学联合会(IUPAC)提出了以结构为基础的系统命名法，其主要原则如下：

① 确定聚合物的最小重复单元；

② 排好重复单元中次级单元的次序；

③ 按小分子有机化合物的 IUPAC 命名法则来命名重复单元；

④ 在此重复单元命名前加一个"聚"字。

例如，聚环氧乙烷、聚乙二醇和聚氯乙醇的重复单元都一样，为 $\porm{CH_2CH_2O}_n$。按原则②所排的次级单元为 $\pm OCH_2CH_2\pm$，按原则③命名为氧化乙烯，因此按 IUPAC 系统命名法的规定，这种聚合物应叫聚氧化乙烯（polyoxyethylene）。聚丁二烯的正确重复单元应为 $\pm CH\!=\!CHCH_2CH_2\pm$，故应称聚 1-次丁烯基。聚氯乙烯的重复单元应为 $\pm CHClCH_2\pm$，称聚 1-氯代乙烯。聚对苯二甲酸乙二酯的重复单元应为

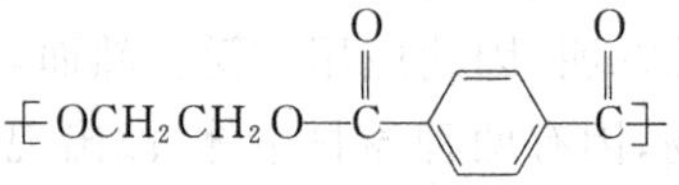

$$\pm OCH_2CH_2O-\overset{O}{\overset{\|}{C}}-\!\!\!\!\raisebox{-2pt}{\bigcirc}\!\!\!\!-\overset{O}{\overset{\|}{C}}\pm$$

称聚氧化乙烯氧化对苯二甲酰。前面的聚亚苯基苯并二噁唑的 IUPAC 命名则为 poly{（benzo[1,2-d;5,4-d′]bisoxazole-2,6-diyl)-1,4-phenylene}，中文名为聚{（苯并[1,2-并;5,4-并]二噁唑-2,6-二基)-1,4-亚苯基}。

IUPAC 系统命名法比较严谨但太繁琐，仅在学术性较强的论文中使用，尚不普及，且 IUPAC 不反对继续使用习惯命名。

1.3 制备高分子的聚合反应

由小分子单体制备聚合物的反应统称为聚合反应。目前，对聚合反应有两种分类方法：一种是按单体转变成聚合物过程中的结构变化进行分类，可将聚合反应主要分为三类，即缩聚反应、加聚反应和开环聚合反应；另一种是按聚合反应机理和动力学进行分类，可将聚合反应分为逐步聚合和连锁聚合两大类。

1.3.1 按单体转变成聚合物过程中的结构变化分类

按单体转变成聚合物过程中的结构变化可将聚合反应分为以下三类：

（1）缩聚反应

具有官能团的小分子单体，通过缩合反应彼此连接在一起，并消除小分子副产物，生成长链高分子的反应统称缩聚反应。这类反应能制备很多品种的分子材料，如尼龙、聚酯、酚醛树脂、脲醛树脂和环氧树脂等，通过缩聚反应合成的聚合物常称为缩聚物。

尼龙是二元胺和二元酸的缩聚物，其中尼龙-66 是己二胺和己二酸的缩聚物：

$$n\,H_2N\pm CH_2\pm_6 NH_2 + n\,HO-\overset{O}{\overset{\|}{C}}\pm CH_2\pm_4\overset{O}{\overset{\|}{C}}-OH \xrightarrow{-H_2O} \pm NH\pm CH_2\pm_6 NH-\overset{O}{\overset{\|}{C}}\pm CH_2\pm_4\overset{O}{\overset{\|}{C}}\pm_n$$

聚酯是二元酸和二元醇的缩聚物，其中对苯二甲酸和乙二醇缩聚生成的是聚对苯二甲酸乙二醇酯：

$$n \; HOOC-\!\!\!\!\!\bigcirc\!\!\!\!\!-COOH + n \; HOH_2CCH_2OH \xrightarrow{-H_2O} \left[OCH_2CH_2O-\overset{O}{\underset{}{C}}-\!\!\!\!\!\bigcirc\!\!\!\!\!-\overset{O}{\underset{}{C}} \right]_n$$

由邻苯二甲酸酐和甘油制备的是醇酸树脂,由于甘油分子有三个羟基,是多官能团单体,生成的聚合物具有支化和交联结构。酚醛树脂是由苯酚和甲醛缩聚生成的,为交联体型聚合物,具有坚硬、外形尺寸稳定的性质。脲醛树脂是由尿素和甲醛缩聚生成的交联体型聚合物,性质类似于酚醛树脂,但色泽浅,可着色。

还有一些无机聚合物是通过缩聚反应制备的,如聚硅酸盐、聚磷酸盐是由相应的硅酸盐和磷酸盐脱水缩聚而成,反应方程式如下:

$$HO-\overset{\overset{O}{\|}}{\underset{\underset{OM}{|}}{P}}-OH + HO-\overset{\overset{O}{\|}}{\underset{\underset{OM}{|}}{P}}-OH \xrightarrow[\triangle]{-H_2O} H\left[O-\overset{\overset{O}{\|}}{\underset{\underset{OM}{|}}{P}} \right]_n OH$$

$$HO-\overset{\overset{OM}{|}}{\underset{\underset{OM}{|}}{Si}}-OH + HO-\overset{\overset{OM}{|}}{\underset{\underset{OM}{|}}{Si}}-OH \xrightarrow[\triangle]{-H_2O} H\left[O-\overset{\overset{OM}{|}}{\underset{\underset{OM}{|}}{Si}} \right]_n OH$$

生物高分子则是在酶催化下经缩聚反应生成。例如,蛋白质是在酶催化下,在一定的生物化学环境中,按一定顺序把 20 余种 α-氨基酸缩聚生成超高分子量聚合物。葡萄糖则在特定的生化环境和酶催化下生成淀粉、纤维素或糖原。核酸则缩聚成 DNA 或 RNA。

（2）加聚反应

烯类、炔类或醛类等含有不饱和键的小分子单体,通过 π 键断裂进行加成形成高分子的反应称为加聚反应,其产物称加聚物。单体通过加聚反应转变成加聚物的结构单元的过程中,只是电子结构有所变化,元素组成及原子之间连接次序不变。因此在不考虑端基的情况下,加聚物的分子量是单体分子量的整数倍。可以用下面的反应通式来说明:

$$n \; H_2C=\overset{}{\underset{\underset{X}{|}}{CH}} \longrightarrow \left[CH_2-\overset{}{\underset{\underset{X}{|}}{CH}} \right]_n$$

烯烃类加聚物属于碳链聚合物,有些杂链聚合物也属于加聚物,如聚甲醛。单烯类单体形成的聚合物为饱和聚合物,双烯类单体形成的聚合物中留有双键,可以进一步反应。

双烯类单体经加聚反应生成聚合物,如下式所示:

$$n \; H_2C=\overset{}{\underset{\underset{X}{|}}{C}}-CH=CH_2 \longrightarrow \left[CH_2-\overset{}{\underset{\underset{X}{|}}{C}}=CH-CH_2 \right]_n$$

（3）开环聚合反应

某些环状单体在催化剂存在下,开环聚合生成高分子量的线型聚合物的反应称为开环聚合反应。杂环单体开环聚合得到的聚合物是杂链聚合物,结构类似缩聚物,因反应时无小分子副产物产生又类似加聚反应。例如,聚甲醛是通过三氧六环单体开环聚合制备的,己内酰胺聚合生成尼龙-6,环氧化物开环生成聚醚等。

$$n \quad \overset{O}{\underset{O}{\bigcirc}} \quad \xrightarrow{\text{催化剂}} \quad \left[CH_2O \right]_n$$

$$n \quad \overset{O}{\underset{H}{\bigcirc}} \quad \longrightarrow \quad \left[NH(CH_2)_5 \overset{O}{C} \right]_n$$

$$n \quad H_2C-\!\!\!-CHR \quad \longrightarrow \quad \left[OCH_2CH \right]_n$$
$$\qquad\qquad\qquad\qquad\qquad\qquad\quad R$$

1.3.2 按聚合反应机理分类

根据聚合反应的机理和动力学,可将聚合反应分成逐步聚合和连锁聚合两大类。这两类聚合反应的单体转化率和聚合物分子量随时间的变化规律有较大的差别。

(1) 逐步聚合

逐步聚合的特征是单体在转化成高分子时是逐步进行的,每步反应的反应速率和活化能基本相同,多数缩聚和开环反应属于逐步聚合。单体经反应很快聚合成二聚体、三聚体和四聚体等低聚物,这些低聚物常称为齐聚物。在较短的时间内,单体的转化率就达到很高的数值,但官能团的反应程度却较低,形成的聚合物的分子量也较小。随着聚合反应的进行,低聚物间继续相互聚合,分子量逐步增加,直至官能团反应程度很高(>98%),分子量才能达到较高的数值。如图1-1中的曲线3所示,聚合物的分子量在聚合开始一段时间内增长较慢,直到聚合反应后期才增长较快。在逐步聚合过程中,反应体系由单体及各种不同分子量的中间产物构成。

(2) 连锁聚合

连锁聚合由活性中心的产生开始,活性中心可以是自由基、阴离子或阳离子。连锁聚合过程由链引发、链增长和链终止等基元反应组成,各基元反应的反应速率和活化能有较大的差别。链引发是活性中心的形成,链增长是活性中心和单体加成使链长迅速增长,链终止是活性中心之间反应使活性中心消失。在自由基聚合过程中,体系中高分子的分子量变化不大(如图1-1中曲线1所示),没有分子量递增的中间产物,随聚合时间增加单体转化率增加,单体减少。在活性阴离子聚合过程中,体系中高分子的分子量随转化率的增大而线性增加(如图1-1中曲线2所示)。根据聚合反应机理特征,可以通过调节反应条件来控制聚合速率及分子量等重要指标。

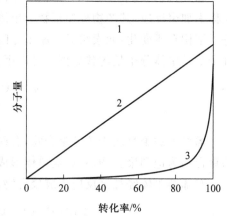

图1-1 分子量-转化率关系图

1—自由基聚合;2—活性阴离子聚合;3—缩聚反应

1.4 分子量及其分布

聚合物主要是作为材料使用,因此必须具有一定的力学强度。固体材料的力学强度和其中的分子及原子的作用力紧密相关,低分子量的化合物由于分子间作用力较小,在常态下一般是气体、液体或脆性固体,没有力学强度或强度很小,只有分子量很高的聚合物分子之间才具有很大作用力,因而具有较高的机械强度,能作为材料使用。所以分子量是衡量聚合物性能的重要指标。聚合物的力学强度和分子量的关系可由图1-2来说明。

图1-2中 A 点表示聚合物开始具有力学强度时的最低分子量,B 点代表临界点,AB 段表示随分子量的增加,力学强度有明显的提高,过此转折点后力学强度上升得缓慢,C 点为力学强度的饱和点。由于不同聚合物的化学结构不同,因而主链化学键的强度及分子间的作用力不同,故而不同聚合物的 A、B、C 三点的聚合度并不相同。常见聚合物的聚合度介于 $200\sim2\,000$,分子量为 $2\times10^4\sim20\times10^4$。表 1-3 列出了一些常见聚合物的分子量范围。

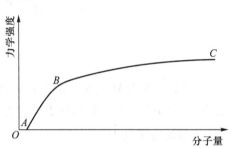

图1-2 聚合物力学强度-分子量关系

表1-3 常见聚合物的分子量范围

塑料	分子量/10^4	纤维	分子量/10^4	橡胶	分子量/10^4
低压聚乙烯	$6\sim30$	涤纶	$1.8\sim2.3$	天然橡胶	$20\sim40$
聚氯乙烯	$5\sim15$	尼龙-66	$1.2\sim1.8$	丁苯橡胶	$15\sim20$
聚苯乙烯	$10\sim30$	维尼纶	$6\sim7.5$	顺丁橡胶	$25\sim30$
聚碳酸酯	$2\sim6$	纤维素	$50\sim100$	氯丁橡胶	$10\sim12$

合成聚合物时,必须控制分子量在一个合适的范围内。分子量太小,其力学性能不能满足使用要求;过大的分子量并不能进一步提高聚合物的性能,反而会引起加工困难。因为聚合物的加工性能也与分子量有关,分子量越大,聚合物熔体黏度越高,将难以加工或产生其他不利因素。

1.4.1 聚合物的平均分子量

与有机小分子具有单一的分子量不同,聚合物样品由分子量不同的同系物组成,通常所说的高分子的分子量是指平均分子量。平均分子量根据统计方法的不同可分为数均分子量、重均分子量、黏均分子量和 Z 均分子量。实际测定的聚合物分子量是不同分子量的高分子混合物的统计平均值,算出的聚合度也是统计平均的聚合度。不同分子量的高分子所占有的相对比例,就是该聚合物分子量的分布情况。聚合物的这种分子量不均一的特性称为多分散性。

由于测定聚合物分子量的方法有很多种,各方法测得的平均分子量符合不同的统计数学模型,所以测得的统计平均值互不相同。为了标明聚合物分子量的测定值符合哪种统计性质,常用以下几种平均分子量,分别可由相应的几种方法测定得到。

(1) 数均分子量 $\overline{M}_n$

通常采用聚合物的稀溶液测定,如用凝固点降低法、沸点升高法、渗透压法和端基滴定法来测定的分子量为数均分子量。

设聚合物样品中,共有 N 个大分子,总质量为 m。若其中分子量为 M_i 的大分子数为 N_i,其质量为 $m_i = N_i M_i$,则有下列关系式:

$$N = \sum_{i=1}^{\infty} N_i \quad , \quad m = \sum_{i=1}^{\infty} N_i M_i$$

$$\overline{M}_n = \frac{m}{N} = \frac{\sum N_i M_i}{\sum N_i} = \sum x_i M_i$$

$$x_i = \frac{N_i}{N} = \frac{N_i}{\sum N_i}$$

其中,x_i 是分子量为 M_i 的分子的摩尔分数或数量分数,也是在体系中任意取一个分子,取到分子量为 M_i 的分子的概率。数均分子量的物理意义是平均每个分子所具有的质量。

(2) 重均分子量 $\overline{M}_w$。

对聚合物的稀溶液用光散射方法测定得到的分子量的是重均分子量,等于某级份的分子量乘上其在样品中相应质量分数的加和。

$$\overline{M}_w = \sum_{i=1}^{\infty} w_i M_i = \frac{\sum m_i M_i}{\sum m_i} = \frac{\sum N_i M_i^2}{\sum N_i M_i}$$

$$w_i = \frac{m_i}{m} = \frac{m_i}{\sum m_i}$$

其中,w_i 为分子量为 M_i 的分子的质量分数,也是在体系中任意取出一个质量单位,这个质量单位是属于分子量为 M_i 的分子的概率。重均分子量相当于从体系中所包含的质量单位(结构单位)中任选一个,该质量单位所属高分子的分子量的数学期望值。

(3) 黏均分子量 $\overline{M}_\eta$

由测定聚合物稀溶液的黏度而得到的分子量是黏均分子量。

$$\overline{M}_\eta = \left[\sum w_i M_i^\alpha \right]^{1/\alpha} = \left[\frac{\sum N_i M_i^{\alpha+1}}{\sum N_i M_i} \right]^{1/\alpha}$$

其中,α 为常数,若 $\alpha=1$,则 $\overline{M}_\eta = \overline{M}_w$。一般情况下,$0.5 < \alpha < 0.9$。相对而言,黏均分子量较接近重均分子量。

(4) Z 均分子量 $\overline{M}_z$

用超速离心法测定。Z 值的定义为 $Z_i = m_i M_i$

$$\overline{M}_z = \sum_{i=1}^{\infty} \overline{Z}_i M_i = \frac{\sum Z_i M_i}{\sum Z_i} = \frac{\sum m_i M_i^2}{\sum m_i M_i} = \frac{\sum N_i M_i^3}{\sum N_i M_i^2}$$

$$\overline{Z}_i = \frac{Z_i}{Z} = \frac{Z_i}{\sum Z_i} = \frac{m_i M_i}{\sum m_i M_i}$$

对于分子量不均一的聚合物来说，$\overline{M}_n < \overline{M}_\eta < \overline{M}_w < \overline{M}_Z$。实际上，聚合物的力学性能用重均分子量表征比较贴切。对于分子量均一的聚合物，四种平均分子量都相等，即 $\overline{M}_n = \overline{M}_\eta = \overline{M}_w = \overline{M}_Z$。

1.4.2 聚合物的分子量分布

影响聚合物性能的指标不仅是分子量，分子量分布也影响聚合物的性能。即使数均分子量相同的样品由于其分子量分布不同在性能上也会有差别。由于聚合物分子量的多分散性，使 $\overline{M}_n < \overline{M}_w$，且分散程度越大，两者的差距越大。分散程度可用两种方法表示：

(1) 分布指数

表示分子量分布宽度的参数 D，称为分布指数。定义为

$$D = \frac{\overline{M}_w}{\overline{M}_m}$$

D 为 1 时，是均一分子量的聚合物。D 的数值越比 1 大，其分子量分布越宽，多分散性程度越大。

(2) 分子量分布曲线

利用聚合物溶液分级沉淀方法或者凝胶渗透色谱，可以测定不同分子量组分所占的质量分数，然后作出如图 1-3 所示的分子量的质量分数分布曲线。$\overline{M}_n$、$\overline{M}_\eta$、$\overline{M}_w$ 和 $\overline{M}_Z$ 的相对大小也可在图中表示出来。

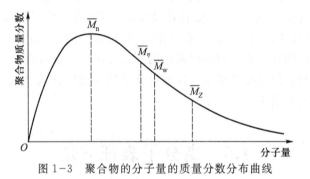

图 1-3 聚合物的分子量的质量分数分布曲线

即使平均分子量相同的聚合物其分子量分布也可能不同，这是由于分子量相等的各部分所占的比例不一致，所以用分子量分布曲线表示该聚合物多分散性的程度是一种更好的方法。

1.5 线型、支链型和交联型高分子

根据分子链的形状，可以将高分子分为线型高分子、支链型高分子和交联型高分子。这里所指的支链应具有一定的聚合度，聚合物分子链上的侧基不能称为支链。支链型高分子还可以细分为星型、梳型及树枝型(图 1-4)。

能形成线型高分子的单体只能是二官能度的，如缩聚反应中的二元酸和二元醇、加聚反应中烯类的双键及开环聚合中杂环的单键。有多官能度单体参加的聚合，如二元酸和三元醇的缩聚，

先形成支链型高分子,进一步形成交联高分子。有些二官能度单体聚合时,可能通过链转移反应而产生支链,如低密度聚乙烯和聚氯乙烯。有时还通过特定的反应有目的地在一个高分子链上接上另一结构的支链形成共聚物,使其同时具有两种高分子的性能。

由支链高分子构成的聚合物样品,可以溶于适当的溶剂中;加热时可熔融塑化,冷却时可固化成型,这类聚合物称为热塑性聚合物,如聚乙烯、聚氯乙烯和聚苯乙烯等。高支化度的聚合物难以溶解,只能溶胀。

图 1-4　支链型高分子

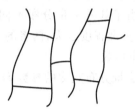
图 1-5　交联高分子

交联型聚合物可以看作是由许多线型高分子通过化学键连接形成的三维网状体型结构(图1-5)。交联程度低的高分子,受热时可软化,但不熔融,适当的溶剂可以使其溶胀,但不能溶解;交联程度高的体型高分子,受热时不软化,也不易被溶剂所溶胀成为不融、不溶的刚性固体。高分子链除以上三种形状外,还可形成规整的特殊结构,如梯形结构、稠环片状结构(如石墨烯)等。根据使用的需要,交联高分子的交联程度在材料生产的不同阶段是不同的。例如,脲醛树脂、酚醛树脂等在树脂合成阶段,需通过控制配料比及反应条件,使其停留在线型或支链型低聚物阶段,保持其热熔性和流动性,以利于成型;在成型时,通过加热使分子上的官能团继续反应形成交联结构而固化。这是热固性胶黏剂和涂料常用的固化方法。这类可通过交联反应而固化的聚合物常称为热固性聚合物。线型高分子也可以通过交联反应而转化为交联高分子,如天然橡胶经加入硫黄和加热后就转变成交联高分子。

1.6　高分子表征方法

1.6.1　测定聚合物分子量的方法

与小分子不同,同一聚合物样品往往由分子量不等的同系物混合而成,分子量存在一定的分布,通常所指的聚合物分子量是平均分子量。平均分子量及分子量分布,是研究聚合物材料性能的最基本数据之一,涉及聚合物材料及其制品的力学性能、聚合物的流变性质及聚合物加工性能和加工条件的选择,也是在高分子化学、高分子物理领域,具体聚合反应、具体聚合物的结构研究所需的基本数据之一。测定聚合物分子量的方法很多,有光散射、小角 X 射线散射、沸点升高、凝固点降低、气相渗透压、膜平衡渗透压和超速离心沉降等绝对方法,端基分析等等价方法,以及最常用的稀溶液黏度和凝胶渗透色谱等相对方法。各种方法都有优缺点和适用的局限性,由不同方法得到的分子量的统计平均意义也不一样(表1-4),下面就几种常用方法进行介绍。

表 1-4 分子量的测定方法及其适用范围

测定方法	适用分子量范围	平均分子量
端基分析	$<3\times10^4$	数均
沸点升高	$<3\times10^4$	数均
凝固点降低	$<3\times10^4$	数均
气相渗透压	$<3\times10^4$	数均
膜平衡渗透压	$5\times10^5\sim10^6$	数均
电子显微镜	$>5\times10^5$	数均
光散射	$>10^2$	重均
小角 X 射线散射	$>10^2$	重均
超离心沉降平衡	$1\times10^4\sim1\times10^5$	重均,黏均
超离心沉降速度	$1\times10^4\sim1\times10^7$	各种平均
稀溶液黏度	$>10^2$	黏均
凝胶渗透色谱	$>10^2$	各种平均

（1）黏度法测分子量（黏均分子量 M_η）

用乌式黏度计,测定高分子稀释溶液的特性黏度$[\eta]$,根据 Mark-Houwink 公式$[\eta]=kM\alpha$,从文献或有关手册查出 k、α 值,计算出高分子的分子量。其中,k、α 值因所用溶剂的不同及实验温度的不同而具有不同数值。

（2）体积排除色谱法

体积排除色谱法[SEC,也称凝胶渗透色谱法（GPC）]的工作原理有扩散分离、流动分离等理论,但一般认为体积排除是其主要原理。当高分子溶液通过填充有特种多孔性填料的色谱柱时,溶液中高分子因其分子量的不同,而呈现不同的流体力学体积,根据高分子渗透进入和流出色谱柱中多孔材料的不同程度来实现分离,即在整个淋洗流动、渗透扩散过程中,大的聚合物分子在溶液中的尺寸大得不能进入填料最大的孔洞中,而经填料粒子间隙流过;较大的分子可以进入少数能容纳它们的较大孔洞中;中等大小的分子可以进入中等大小的孔洞;较小的分子既可进入较大和中等大小的孔洞,也可进入较小的孔洞。这样,较大的分子由于可进入的孔洞较少,在色谱柱中经过的总路程较短,因而在色谱柱中滞留时间也短,结果是较早地被淋洗出来;反之,较小的分子在柱中经过的总路程较长,相应的滞留时间也较长,所以较晚地被淋洗出来。结果,聚合物分子就按由大到小的次序被淋洗出柱外,达到分离的目的,可以得到聚合物的分子量分布曲线。

SEC 连接浓度检测器（示差折射计或红外、紫外光谱仪）或附加自动黏度计检测器,可以测定聚合物的相对平均分子量;直接连接小角激光散射光度计及两角、三角甚至多角激光散射光度计检测器时,SEC 成为快速而准确测定聚合物平均分子量的重要的绝对方法之一。由于不同高分子在溶剂中的溶解温度不同,有时需在较高温度下才能制成高分子溶液,这时色谱柱需在较高温度下工作。

（3）小角激光光散射法测重均分子量（M_w）

当入射光电磁波通过介质时,介质中的小粒子(如高分子)中的电子产生受迫振动,从而产生二次波源,向各方向发射与振荡电场(入射光电磁波)同样频率的散射光波。这种散射波的强弱和小粒子(高分子)中偶极子的数量相关,即和该高分子的质量或摩尔质量有关。根据上述原理,使用激光光散射仪测定高分子稀溶液和入射光呈小角度($2°\sim7°$)时的散射光强度,从而计算出稀溶液中高分子的绝对重均分子量(M_w)值。采用动态光散射可以测定粒子(高分子)流体力学半径的分布,进而计算得到高分子分子量的分布曲线。

(4) 质谱法

质谱法(如基质辅助激光解吸/离子化飞行时间质谱 matrix assisted laser desorption/ionization time of flight mass spectrum,简写为 MALDI－TQF MS 或 MALDI－MS 和电喷雾离子化质谱 electrospray ionization mass spectrometry,简写为 ESI－MS)是精确测定物质分子量的一种方法,质谱测定给出的是分子离子质量 m 与离子电荷数 z 之比。利用离子化技术将处于凝聚态的大分子以完整的、分离的和离子化的分子转换到气相中,不仅能表征齐聚物,区别环线结构,还能测定分子量高达百万的生物大分子(如蛋白质、多肽等)和合成高分子(如 PS,PF 和 PMMA 等)的分子量和分子量分布。

1.6.2   聚合物的链结构表征

高分子以其链结构区别于小分子,具有多层次微结构,由结构单元及其键接方式引起,包括结构单元的本身结构、结构单元相互键接的序列结构和结构单元在空间排布的立体构型等。高分子链结构表征方法最常用和有效的是傅里叶转变红外光谱(FTIR)法和核磁共振谱(NMR)法。

(1) 红外光谱法

红外光谱法的主要优点是特征性好,样品范围广,主要用于定性鉴别。一个分子的红外光谱是由各原子基团的吸收谱带组成的,反过来通过这些吸收谱带确定原子基团,可以分析出分子的化学组成。对高分子材料每个吸收谱带进行归属常常是繁琐和困难的,一种简单的方法是将测得的未知物红外光谱整个地与已知红外光谱相对照,直接确定分子的归属。高分子中官能团所处的环境及官能团之间的相互作用都会引起谱带的位移、分裂或产生新的特征吸收。这种情况在有序、有规律的结构中表现得比较明显。利用高分子的这些特征红外谱带,如构象谱带、立构规整性谱带、构象规整性谱带和结晶谱带等,可以对聚合物进行同分异构体、立体异构体等的分析,对聚合物材料的键接方式、立体规整性、支化度、结晶度和取向度进行表征。

(2) 核磁共振谱法

核磁共振谱是吸收光谱,按测定的核可以分为氢谱(测定氢核,^{1}H－NMR)和碳谱(测定碳核,^{13}C－NMR)。在定性鉴别方面,核磁共振谱不仅给出基团的种类,而且能够提供基团在分子中的位置,在定量上核磁共振谱则更加可靠。高分辨 ^{1}H－NMR 能根据磁偶合规律确定核及电子所处环境的细小差别,是研究高分子构型和共聚物序列分布等结构问题的有力手段;^{13}C－NMR 主要提供高分子碳－碳骨架的结构信息,使核磁共振谱成为高分子材料研究的重要技术之一。未知高分子的定性鉴别,可利用标准谱图。高分子的核磁共振谱标准谱图主要有萨特勒(Sadtler)标准谱图集,使用时必须注意测定条件,主要包括溶剂、共振频率。根据化学位移和原子核的自旋－自旋偶合(偶合常数)可以确定高分子的结构,还可以根据峰面积与共振核数目成比例的原则,进行定量计算,比如共聚物的组成、共聚物序列结构,高分子立构规整性的测定和端基的分析等都可以用^{1}H-NMR进行研究。虽然^{13}C-NMR的灵敏度没有^{1}H-NMR的高,但利用^{13}C-NMR可以对高分子材料进行定性研究,尤其在高分子立构规整性、支化结构和键接方式的表征方面有其独特的优点。

1.6.3 聚合物聚集态的表征

聚合物的聚集态涉及固态结构多方面的行为和性能,如混合、相分离、结晶和其他相转变等,以及气体、液体、离子透过聚合物膜的传递行为。分子结构和聚集态结构将影响聚合物强度、弹性和分子取向等。因此,研究材料的聚集态结构有着非常重要的理论意义和实际意义。

高分子聚集态结构可以分为非晶态结构、晶态结构、取向结构、高分子液晶和高分子合金等。高分子链的聚集态的形成是高分子链之间相互作用的结果。高分子链间最重要的相互作用是范德华力,氢键在很多高分子材料中也常常起重要作用。对于交联高分子材料,分子链之间通过化学键(共价键、离子键)连接在一起,形成特征的三维网状结构。

许多聚合物处于非晶态,有些部分结晶,有些高度结晶,但结晶度很少到达100%。聚合物的结晶能力与大分子微结构有关,涉及规整性、分子链柔性和分子间作用力等。结晶程度还受拉力、温度等条件的影响。例如,线型聚乙烯分子结构简单规整,易紧密排列成结晶,结晶度可达90%以上;带支链的聚乙烯结晶度就低得多(55%~65%)。聚酰胺-66分子结构与聚乙烯有点相似,但分子间有较强的氢键,反而有利于结晶。聚氯乙烯、聚苯乙烯和聚甲基丙烯酸甲酯等带有体积较大的侧基,分子难以紧密堆砌,而呈非晶态。天然橡胶和有机硅橡胶分子中含有双键或醚键,分子链柔顺,在室温下处于无定形的高弹状态,如温度适当,经拉伸,可规则排列而暂时结晶;但拉力一旦去除,规则排列不能维持,立刻恢复到原来的完全无序状态。还有一类结构特殊的液晶高分子,这类晶态高分子受热熔融(热致性)或被溶剂溶解(溶致性)后,失去了固体的刚性,转变成液体,但其中晶态分子仍保留有序排列,呈各向异性,形成兼有晶体和液体双重性质的过渡状态,称为液晶态。

针对高分子结晶的形貌,在不同尺度上,可以利用偏光显微镜、透射电子显微镜、扫描电子显微镜及原子力显微镜等仪器进行观察,可以对结晶的尺寸、形貌和类型(单晶、球晶、纤维晶、串晶和伸直链晶等)进行详细的研究。对于聚合物的结晶过程,涉及结晶度、结晶动力学、结晶速率及其影响因素等相关内容,则可以利用X射线衍射法、膨胀计法、电子衍射法、解偏振光强度法、小角激光散射法、小角中子散射法和DSC法等进行表征。下面简要介绍其中的偏光显微镜法和X射线衍射法。

(1) 偏光显微镜法

偏光显微镜的基本构造与普通光学显微镜类似,区别在于,偏光显微镜的样品台上下各有一块偏振片。偏振片只允许某一特定方向振动的光通过,而其他方向振动的光都不能通过。高分子在熔融状态或无定形状态时呈光学各向同性,即各方向折射率相同,此时视野全暗。当高分子存在晶态或有取向时,光学性质随方向而异,当光线通过它时产生"双折射"现象,从而观察到高分子晶体的结构和形态。由于球晶在偏光显微镜下呈现特殊的马耳他十字消光图像,球晶的形态、尺寸、成核方式和生长速率等都可以利用偏光显微镜进行研究。

偏光显微镜的另一个重要研究对象是液晶的光学织构。液晶的光学织构是指液晶薄膜在偏光显微镜下所观察到的图像。织构的产生是由于样品中存在的缺陷的干涉效应和材料中光振动的矢量取向发生变化的综合结果。利用织构的差别,能够鉴别向列相和胆甾相液晶,对于近晶相则鉴别的可靠性较低。向列相具有最丰富的织构,包括纹影织构、丝状织构、大理石状织构、滴状织构及单微区织构;胆甾相常表现出层线织构,当层线发育受阻时呈现指纹织构,同时也有带有指纹织构的滴状织构。

(2) X 射线衍射法

当一束 X 射线入射到聚合物晶体样品时,按能量转换及能量守恒规律,其间相互作用过程大致可分被散射、被吸收和透过。如果样品具有周期性结构(晶区),则 X 射线被相干散射,入射光与散射光之间没有波长的改变,这种过程称为 X 射线衍射效应,在大角度上测定,所以又称为大角 X 射线衍射(WAXD)。如果样品是具有不同电子密度的非周期性结构(晶区和非晶区),则 X 射线被不相干散射,有波长的改变,这种过程称为漫射 X 射线衍射效应(简称散射),在小角度上测定,又称为小角 X 射线散射(SAXS)。

在 WAXD 表征中,依据使用样品的不同,可分为单晶法及多晶法;依据记录探测方法的不同,可分为照相法和衍射仪(计数器)法。对高分子材料来说,大多数情况下使用多晶材料,采用粉末状晶体或多晶体为样品的粉末法。实验时,一般使用单色 X 射线照射聚合物多晶样品,不同的聚合物材料在照相法和衍射仪法中会有不同的表现,见表1-5。

表1-5 WAXD 表征中聚合物材料照相法和衍射仪法的结果及举例

聚合物		照相法	衍射仪法	举例
无取向聚合物	非晶聚合物	一个或两个对称分布的弥散环(德拜-谢乐环)	一个"钝峰"的连续强度分布曲线	无规立构聚苯乙烯、聚氨基甲酸酯橡胶、聚甲基丙烯酸甲酯
	结晶性较差的聚合物	一个或两个清晰圆环	衍射角小时,峰比较尖锐,随着衍射角的增加,衍射峰越来越平缓	聚丙烯腈、聚氯乙烯
	结晶性较好的聚合物	清晰圆环	每个结晶峰都比较尖锐,与小分子比较,各衍射峰均变宽	聚甲醛、聚丙烯、聚乙烯、聚 α-羟基乙酸
取向聚合物	非晶聚合物	弥散环集中在两个赤道线上,形成两个弥散斑点		聚苯乙烯
	结晶性较差的聚合物	赤道线上有明显的弥散点		聚丙烯腈、聚氯乙烯
	结晶性较好的聚合物	集中在赤道线上的衍射点很鲜明		聚乙烯、聚酰胺

对于高分子材料,WAXD 可以对其晶格的大小、取向程度、晶粒大小和混乱程度进行相关的表征,但根据布拉格公式可以知道,其测定的晶格间距为零点几纳米到几纳米;对于结晶高分子材料的晶片厚度、长周期、晶片形态及球晶形变过程,甚至回转半径等几纳米到几十纳米尺度上的问题,小角 X 射线散射法更加有效。例如,对聚乙烯单晶进行小角 X 射线散射测试,得到两个

散射峰,分别位于 $-14'$ 和 $13'$,可以求得其晶片平均厚度为 38.5 nm。

采用 WAXD 和 SAXS 两种方法作综合分析,较易确定液晶相中分子有序类型。例如,向列相液晶的 WAXD 表征结果有两个衍射环,一个在 $20°$ 左右,对应分子间平均距离为 $0.4\sim0.6$ nm,另一个为弥散环,在较小角度上,但其 SAXS 表征没有信息;因为胆甾相液晶可以看成是向列相液晶的螺旋堆砌,所以胆甾相与向列相没有区别;近晶相与向列相容易区分,主要区别是其在 SAXS 表征中有相应的散射。下面对 WAXD 和 SAXS 的衍射特征所提供的主要结构信息进行了总结,见表 1-6。

表 1-6　WAXD 和 SAXS 所提供的信息比较

衍射方法	衍射特征	对应的结构因素
WAXD	2θ 的大小 沿方位角的强度分布 衍射环的宽度 背景(弥散环)强度	与晶格大小有关 与取向程度有关 与晶粒大小及晶粒混乱程度有关 与非晶部分有关
SAXS	中心散射强度的变化 ε 的大小 全貌	与粒子大小、形状、回转半径有关 与长周期大小有关 与取向粒子分布的各向异性有关

1.6.4 聚合物的热分析

热分析是指在程序控制温度下、在规定的气氛中测量样品的性质随时间或温度的变化。定义中样品的"性质变化"包括质量变化、转变与相变、热焓与比热容的变化、结晶、熔融、吸附、尺寸改变、机械性质及光学、声学、电学、磁学等性质变化。热分析方法按测量的性质可分为 11 类,如表 1-7 所示。

表 1-7　热分析方法分类

性质	热分析方法	缩写
质量	热重分析法	TG 或 TGA
表观质量	热磁分析法	TM
挥发性	释放气体检测法	EGD
	释放气体分析法	EGA
	热解吸法	
放射性衰变	放射热分析法	ETA
温度	差示热分析法	DTA
热或热流	示差扫描量热法	DSC
尺寸	热膨胀法	TD

续表

性质	热分析方法	缩写
力学性质	热机械分析法	TMA
	动态力学分析法	DMA,DMTA
声学性质	热声法（发射）	TS
	热声法（速度）	
电学性质	热电法（电阻）	DETA,DEA
	热电法（电压）	
	热电法（电流）	
	热电法（介电）	
光学性质	热光法（光谱学）	TPA
	热发光（发射）	
	热显微法（结构）	
	热微粒分析法	

　　热分析方法在聚合物中的应用领域包括聚合物的热分解或裂解行为,新型或未知聚合物的鉴别,释放挥发物的固态反应,聚合物的吸水性和脱水性,聚合物的热氧化降解,释放挥发物的反应动力学研究,聚合物中水、挥发分和灰分的定量,吸附和解离曲线,聚合物的熔融温度和熔融热焓,结晶温度、结晶速率和结晶度的测定,玻璃化转变现象,以及共聚物和共混物的分析。因此,聚合物的热分析是其重要的研究内容之一,下面对其中的示差扫描量热(DSC)法和热机械分析(TMA、DMA 或 DMTA)法进行介绍。

　　(1) DSC

　　DSC 在高分子材料领域的应用,主要有物理转变和化学反应两类。物理转变包括结晶/熔融、液晶转变等相转变及玻璃化转变等,化学反应包括聚合、固化、交联、氧化和分解等。DSC 可以用来测定聚合物的结晶度、反应热,研究结晶动力学、反应动力学,以及聚合物的热稳定性、阻燃性、结构对物理变化的影响等。

　　熔点是物质从晶相到液相的转变温度,用 DSC 测定聚合物的熔点具有简单、方便、快速、经济、准确等诸多优点,其精确度可达 ± 0.1 ℃。根据熔点,可以对结晶高分子进行定性鉴别,也可以判断体系是无规共聚物还是共混物,因为无规共聚物只有一个熔点,而共混物的各组分有各自的熔点,它们分别接近于均聚物的熔点。根据 DSC 峰面积和物质的量的关系,还能进行共混物或共聚物中组成的定量分析。测量 DSC 峰面积,可以定量地计算转变热或反应热,通过熔融热的测定求结晶度,以及研究结晶动力学。这些方法也可以用于其他转变和反应的研究。

　　在 DSC 曲线上,代表高分子链段能够运动或主链中价键能扭转的温度 T_g,表现为基线的偏移,在等速升温时,基线的偏移量与比热容大小成正比,而 T_g 的比热容变化又取决于材料中无定形含量的多少。因此,当高分子完全结晶时,观察不到基线偏移;当高分子完全为无定形时,偏移最大,偏移量直接与无定形含量相关。

　　DSC 也是研究高分子液晶的有效手段。热致性高分子液晶在熔融后不形成各向同性的熔体,而是先形成液晶态,只有在更高的温度下才转变为清亮的熔体,后一个转变温度称为清亮点或介晶−各向同性转变温度 T_{MI}。而对于溶质液晶,在临界温度附近,其 DSC 曲线上会出现吸热峰,峰的起始温度即可记为其临界温度。

　　(2) 热机械分析法

　　热机械分析法分为静态热机械分析(TMA)法和动态热机械分析(DMA 或 DMTA)法两种。TMA 是在程序温度下,测量物质在非振动负荷下形变与温度关系的一种方法,其测量方式有拉伸、压缩、弯曲、针入、线膨胀和体膨胀等;DMA 是在程序温度下,测量物质在振动负荷下动态模量和力学损耗与温度关系的一种方法,测量方式有拉伸、压缩、弯曲、剪切和扭转等。

　　典型无定形(即非晶态)聚合物的 TMA 曲线如图 1−6。曲线可以划分成三个区域,对应于玻璃态、高弹态和黏流态三种力学状态。玻璃态与高弹态之间的转变温度是 T_g,而高弹态与黏流态之间的转变温度称为黏流温度 T_f。

　　DMA 测试时,在交变力的作用下,聚合物的弹性及黏性均有各自不同的反应,而且这种反应随温度的变化而改变。因此,在固定频率下测定聚合物的动态模量和损耗随温度的变化,既可了解聚合物的松弛转变和分子运动,又可为聚合物的实际应用提供重要情报。DMA 主要用于玻璃化转变和熔化测试、二级转变的测试、频率效应、转变过程的最佳化、弹性体非线性特性的表征、疲劳试验、材料老化的表征、浸渍实验和长期蠕变预估等。

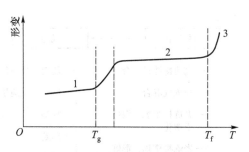

图 1−6　聚合物形变−温度曲线
1—玻璃态;2—高弹态;3—黏流态

　　DMA 测试时,对于热塑性塑料,温度谱图常用作鉴别的指纹图;对于热固性塑料、增强纤维和填料等,不会像 DSC 那样影响测定,三点弯曲适合于具有高储能模量的这类复合物;对于橡胶,常用频率谱图,因为橡胶常用作阻尼材料;对于高取向样品,如纤维、拉伸薄膜和注射样品等存在较大内应力,DMA 会出现与应力松弛释放对应的损耗模量(E'')和损耗角正切(tgδ)峰,样品行为有不可预期性,特别是纤维会出现明显的收缩。

1.6.5　聚合物的力学性能

　　力学性能是决定高分子材料合理使用的主要因素,对时间和温度都表现依赖性。由于材料在其加工成型过程中不可避免地被引入一些缺陷(如微裂纹、孔穴、内应力和杂质等),在一定的应力环境作用下,这些缺陷处将产生不同程度的应力集中,这种应力集中效应首先破坏了整体材料的受力及其响应的均匀性,其次使材料在较低应力的作用下就有可能于缺陷处引发脆性断裂。因此,高分子材料的力学性能测试对于工程结构材料的设计和选材尤为关键。聚合物的力学性能测试包括断裂力学、线弹性断裂力学、断裂韧性的测试,韧性−脆性断裂行为转变,结构松弛对断裂行为的影响,冲击破坏行为及共混高聚物的界面强度的研究等。这些性能可以根据需要选择相应的黏弹谱仪、电子拉力机和冲击试验机等测试获得。

1.7 聚合物的成型加工

1.7.1 聚合物的成型加工方法与分类

高分子材料最终使用的形式是高分子材料制品,只有通过加工高分子材料才能转变成制品,并且高分子材料制品的性能和其采用的加工方式及过程紧密相关。高分子材料的成型加工就是高分子材料和各种助剂的混合物在成型设备中,受温度和剪切力的作用而熔融塑化,然后通过模塑形成一定形状,形成冷却后在常温下能保持既定形状的制品的过程。高分子材料成型加工一般由原料准备、成型、机械加工、修饰和装配等连续过程组成,也可以将机械加工、修饰和装配称为后加工,如图1-7所示。

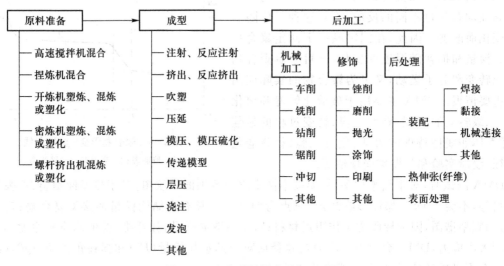

图1-7 高分子材料成型加工过程

原料准备主要是指混合和混炼两个过程,混合是将多种高分子颗粒料及各种添加剂通过搅拌、剪切混合成一个均匀度和分散度都较高的体系,混炼是将混合后的物料在高温熔融态下,在混炼设备内进行剪切混合成均匀的体系。成型是将各种形态的聚合物制成所需形状的过程,是整个加工过程的核心,也是所有高分子材料制品的必经过程。各种不同的成型方法对应不同的剪切速率范围和压力范围,可以根据不同的物料及制品进行选择,各种加工方法所适用的范围如表1-8所示。不同的高分子材料因其结构和分子量的不同,其熔体黏度和流动行为也不同,因此需要采用不同的方法加工。具体采用哪种成型方式取决于材料熔体特性、制品形状、生产成本和制品质量等因素,塑料的成型主要采用挤出和注射成型方法。表1-9列出了各种成型方法的适用性。橡胶材料一般先成型,再硫化,最后制成制品。制作纤维的高分子材料一般要先成型毛坯,再经拉伸取向,然后缠绕形成单丝。各种高分子材料都有其适用的加工方法,究竟采用哪种成型方法,除取决于高分子材料的特性外,还与成型机械有关,也要考虑生成成本和产品质量。

表 1-8 各种成型方法的适用范围

成型方法		成型时剪切速率范围/s^{-1}	成型时的压力/MPa	制品实例
一次成型	挤出成型	$10^2 \sim 10^3$	0～100	片、薄板、薄膜、管、棒、网、异型材、电线电缆
	注射成型	$10^3 \sim 10^4$	高压:50～200,低压:<30	齿轮、日用品、保险杠、浴缸、型框
	模压成型	1～10	0～10	蜜胺餐具、连接器件
	传递模塑成型		10～20	电器制品(零件)
	层压成型		高压:>5,低压:0～5	化妆板、安全帽
	吹塑成型		0～10	瓶、罐、鼓状物
	压延成型	$10 \sim 10^2$		PVC 人造革
	发泡成型		0～10	隔热材料、PS 泡沫、托盘
	拉伸			PET 膜、OPP
	其他(浇铸成型、回转成型、RIM 等)	～10		
二次成型	加热加压成型 真空成型		～0.1	容器、罩、托盘、广告牌
	加压成型		0～1	汽车顶板、混凝土、型框
	冲压成型		0～10	
黏接(含溶接)、机械加工(切断、穿孔、弯曲等)、表面处理(涂装、表面硬化、静电植绒、印刷等)				

表 1-9 各种成型方法的适用性

名称	注射成型	挤出成型	吹塑成型	模压成型	传递模塑成型	压延成型	发泡成型	层压成型	浇铸成型	搪塑成型	回转成型
聚乙烯	☆	☆	☆	△			☆				
聚丙烯	☆	☆	☆				△				△
聚氯乙烯	△	☆	☆	△		☆	☆	☆		△	△
聚偏二氯乙烯		☆		△							
聚苯乙烯	☆	☆	☆				☆				
ABS	☆	☆	△			△	☆				
聚甲基丙烯酸甲酯	☆	☆	△	△					☆		△
聚氨树脂	☆						☆				
酚醛树脂	☆			☆	☆		△	☆			
脲醛树脂	☆			☆	☆		☆	☆	△		
三聚氰胺甲醛树脂	△			☆	☆			☆			
不饱和聚酯	△			☆	☆			☆	☆		
DAP	△			☆	△			☆			
环氧树脂	△			☆	☆			☆	☆		
有机硅树脂				☆			△	☆	△		
聚酰胺	☆	☆	△	△							
聚碳酸酯	☆	☆	△	△					△		△

续表

名称	注射成型	挤出成型	吹塑成型	模压成型	传递模塑成型	压延成型	发泡成型	层压成型	浇铸成型	搪塑成型	回转成型
聚甲醛	☆	☆	△								
聚苯醚	☆	☆	△								
聚四氟乙烯	△	△		☆							△

注：☆—优，△—良。

1.7.2　高分子材料的添加剂

聚合物以纯树脂或生胶形式使用并不多见，除一些合成纤维的组成比较简单以外，一般塑料和橡胶制品都是以聚合物为基体，添加一些有机或无机化合物，组成复合物，然后成型加工而得。这类添加物统称为高分子材料的添加剂，或称为高分子材料的助剂。

高分子材料的添加剂种类繁多，作用也是多种多样的，总体说来，主要作用如下：

① 改善高分子材料性能，如改善材料的韧性，或赋予高分子材料某种特殊性能与功能，如阻燃性；

② 改善聚合物的成型加工性能；

③ 防止或延缓高分子材料的老化，延长高分子材料的使用寿命；

④ 降低高分子材料生产成本。

塑料的添加剂主要有稳定剂、增塑剂、润滑剂、着色剂、填料及根据不同用途而加入的阻燃剂、防静电剂、防霉剂、紫外吸收剂、交联剂、偶联剂和发泡剂等。

橡胶制品的添加剂主要有硫化剂、硫化促进剂、助促进剂、防老剂、软化剂、增强剂、填料和着色剂等。

合成纤维一般是由线型高分子合成树脂纺丝而成，加入少量的消光剂、防静电剂及油剂等。

1.7.3　聚合物成型加工的主要方法与分类

聚合物成型加工是将加入各种添加剂的聚合物，在一定条件下（温度和压力），转变成具有实用价值和外观形状的材料或制品的一种工艺过程。

聚合物经成型加工后得到的塑料制品中聚合物的分子结构可以是线型（热塑性塑料制品），也可以是交联型（热固性塑料制品）。合成纤维基本上都是由线型聚合物所构成。橡胶制品的聚合物是松散的交联聚合物。以上几种常见聚合物成型加工的基本工艺过程和主要方法见图 1-8、图 1-9、图 1-10 和图 1-11。

1. 聚合物的成型加工性

除少数聚合物如聚四氟乙烯的黏流温度高于分解温度外，一般聚合物的黏流温度均低于分解温度，聚合物的成型加工一般都通过黏流态实现。可以用各种加热方法使聚合物熔融，或加入溶剂、增塑剂使之成为溶液或悬浮液，或用机械混炼来达到黏流态，即呈液体状态。已成型的制品通过冷却（热塑性聚合物）、交联（热固性聚合物、硫化橡胶）或干燥（黏合剂、涂料）来固定其形状。因此，聚合物黏流温度 T_f 是塑料成型加工的最低温度，这是由于聚合物处于 T_f 时，高分子链间开始运动产生位移，并出现不可逆的塑性形变，即处于可塑性流动状态。当温度升高到分解

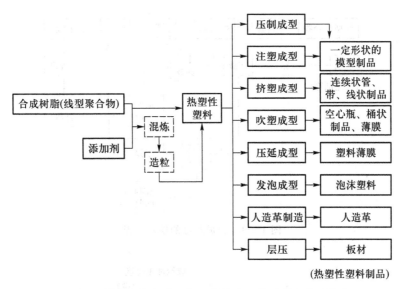

图 1-8　热塑性塑料成型加工的基本工艺过程和主要方法

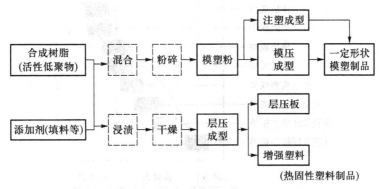

图 1-9　热固性塑料成型加工的基本工艺过程和主要方法

图 1-10　橡胶制品的制造过程

温度 T_d 时,聚合物开始分解,同时降低了高分子材料及制品的性能,因此,T_d 是聚合物成型加工的最高温度。在 T_d 和 T_f 之间的温度区间称为加工窗口,这一温度范围常可用来进行熔融纺丝、注射成型、挤出成型、模压等加工。不同温度下,热塑性塑料凝聚态与成型加工方法之间的关系见图 1-12。

　　绝大多数聚合物都有良好的可加工性,具体衡量聚合物可加工性的指标为可挤压性、可模塑性和可延展性。

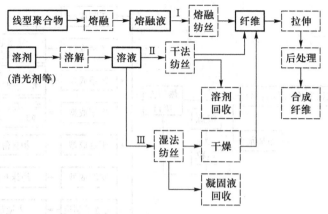

图 1-11 合成纤维的纺丝过程

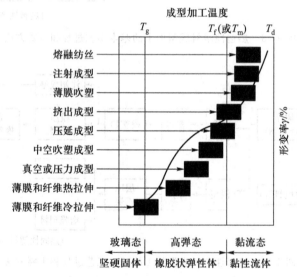

图 1-12 热塑性塑料凝聚态与成型方法关系示意图

（1）可挤压性

可挤压性是指聚合物在挤压作用下发生形变时获得一定形状并保持该形状的能力。通常情况下，聚合物只有处于黏流态时才能通过挤压、注射和压延等方法获得宏观有用的形变。可挤压性与聚合物结构有关，特别是在特定温度下，取决于剪切黏度或拉伸黏度。一般而言，聚合物熔体黏度随剪切力或剪切速率增大而降低。倘若熔体黏度低，虽有良好的流动性，但其保持形状的能力差；反之，熔体黏度高，则会造成流动和成型的困难。工业上，常用熔融指数（MI）和流动速率（FR）来评价热塑性聚合物挤压性的优劣。

（2）可模塑性

可模塑性是指聚合物在温度和压力作用下，可在模具中产生形变、流动并获得模腔形状的成型能力。可以通过模压、注射和挤出等方法制成各种形状和结构的模塑制品。可模塑性除与聚合物本身结构特征有关外，主要取决于成型加工温度、压力和模具的构造，与聚合物流变特性密切相关。

聚合物成型的可模塑性与温度、压力关系如图 1-13 所示。从图中可知,当温度过高,聚合物在模腔中流动性好,易于成型,但也易分解,并使脱模的制品易产生收缩;温度过低,熔体黏度大,流动差,并会产生较大的弹性形变,导致制品形状和尺寸不稳定,还可能产生离层现象;压力过高,虽流动性提高,但会因黏度过小而产生溢料,造成飞边;压力过小,则易注不满而缺料。因此,适宜的温度与压力匹配的成型工艺,应在图中斜线表示的范围之内。评价聚合物成型可模塑性的方法:一是用流变仪测定聚合物的流变特性,另一种是用具有阿基米德螺线型腔的模具进行注射成型,测定在特定温度和压力下,熔体在模具中充模的流程比,流程比越大,表明聚合物流动变形能力越大,即可模塑性好。

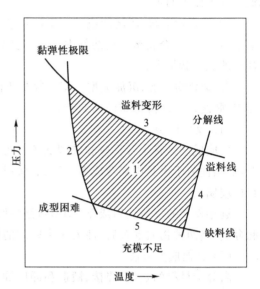

图 1-13　可模塑性与温度、压力关系图
1—成型区域;2—表面不良线;3—溢料线;
4—分解线;5—缺料线

（3）可延展性

可延展性是指聚合物在一个或两个方向受挤压或拉伸的能力。聚合物的可延展性来自高分子的长链结构。对韧性聚合物而言,当温度在 $T_g \sim T_m$（或 T_f）时,受到大于屈服强度的拉力作用时,聚合物产生宏观的塑性延展性。可延展性的程度取决于聚合物塑性应变的能力,显然与拉伸温度密切相关。通常将 T_g 附近温度下的拉伸称作冷拉伸,而在 T_f 以上温度下的拉伸为热拉伸。聚合物经拉伸可以延展到原来尺寸的数倍,拉伸可以从一个方向进行,也可以从两个方向进行,前者称为单向拉伸,后者称为双向拉伸。利用可延展性,聚合物可通过压延或拉伸等方法,生产长径比很大的薄膜、片材和纤维等制品。延展性的优劣可以从聚合物在拉伸时的应力-应变曲线得以评价。

2. 聚合物的成型加工方法分类

高分子材料及制品的制造一般有以下几个基本过程:聚合物固体粒子的处理、熔融、增压和泵送、混合、脱挥和汽提。不同加工方法的主要差异在于获得产品最终成型的形状。

按成型方法原理,聚合物的成型加工方法大致可分为以下几类:

（1）热塑化、冷却成型

首先加热聚合物,使其处于均匀的黏流态,即塑化状态,然后制成所需要的形状并冷却定型。挤出、注射、压延、真空成型、熔融纺丝、熔融喷涂等方法,都属于热塑化,冷却成型。在塑料材料及其制品的生产中这类方法占的比例最大。

（2）热塑化、反应成型

这类方法主要用于热固性塑料的生产,常称为模压成型,也可用于热塑性塑料成型。模压成型有各种方法,如冷塑,即在模具中将聚合物在压力下强压成一定形状,然后加热,使聚合物发生交联后成型,如层压成型,可生产热固性或热塑性厚板材。

（3）溶剂塑化、脱溶剂成型

聚合物中加入溶剂使之溶解成液态,使大分子易于变形,便于进一步成型,此类成型方法大致可分为以下两种：

① 聚合物溶解、脱溶剂成型 干法纺丝、流延成膜、涂料、黏合剂和喷涂等均属此类。例如，干法纺丝，将聚合物溶于良溶剂中，成均匀溶液状，经喷丝头孔道压出，在高温下使溶剂蒸发，聚合物即成丝状析出。

② 聚合物溶解、沉淀成型 聚合物处于溶液状态，在非溶剂中被沉淀析出成型。例如，黏胶纤维、腈纶纤维的湿法纺丝属此类。

（4）反应成型

反应成型是将聚合反应和成型加工合为一体的方法，如浇铸尼龙，以单体己内酰胺在碱催化下，加热注射于模具中聚合成型。又如，将甲基丙烯酸甲酯的预聚体浇注在板状模具中，聚合成有机玻璃。

近年发展的反应注射成型（RIM），是将两种以上低分子、低黏度液态单体在压力下压入一个混合室，当两种物质混合后，注入一个密闭的模具中，快速反应成型。

（5）其他成型方法

高分子材料的热弯、焊接、锻造和冲压等与聚合物的热塑化有关，热真空成型及冷冲则与聚合物高弹性有关，而高分子材料的车、刨、钻、锯、铣等是纯粹的机械方法。此外，还可进行金属镀饰、表面喷涂、染色等加工处理，这些方法有时被称为高分子材料的二次加工。

下面将具体讲述三种主要高分子材料，塑料、橡胶和纤维的具体成型加工方法和设备及其应用场合。

（1）塑料的成型加工

① 挤出成型 挤出成型是塑料成型最重要的方法之一。挤出成型的原理是将粒状聚合物或粉状物料连续加入挤出机料筒中，借助挤出机内螺杆的挤压作用，使受热熔融的物料在压力推动下强制、连续地从一定形状的口模挤出，形成与口模相似横断面的连续型材，经冷却定型得聚合物材料或制品。

此法主要生产管、棒、丝、带、薄膜、电线电缆、涂层制品及各种异型材料，还可以用于塑料的着色、塑化造粒、塑料共混改性，也可用于某些热固性塑料制品生产。

挤出机的性能主要取决于螺杆的直径及螺纹的性质（如螺杆长度、压缩比、螺距和螺槽深度等）。最为常用的是单螺杆挤出机（图 1-14）。现今已发展出了双螺杆、多螺杆和排气螺杆挤出

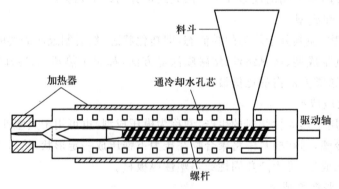

图 1-14 单螺杆挤出机示意图

机等。双螺杆挤出机中两螺杆以反方向旋转,目的是强化聚合物的熔融塑化作用,特别适用于硬聚氯乙烯粉料、刚性较大的工程塑料及多组分聚合物体系的成型加工。排气杆上有多个排气点,借助真空可从排气孔脱除聚合物熔融塑化过程产生的挥发份。挤出成型的生产效率高,制品性能均一,操作弹性大,只要更换机头和口模,就可改变制品的断面形状。

挤出成型制品的形状和尺寸可以有较大差别,每种制品的生产都有特有的工艺和相应的辅助设备。由此衍生出很多不同的挤出成型工艺。

(a) 管材挤出。图 1-15 是塑料管材挤出流程图。塑料熔体借助螺杆从口模挤出管状物、经定径套定型,然后再进入冷水槽冷却成管材。定型是管材挤出的关键。外径定型是靠挤出管状物在定径套内通过,并辅以管状物内充压缩空气,使其表面与定径套内壁接触进行冷却来实现。内径定型采用冷却模芯来实现。

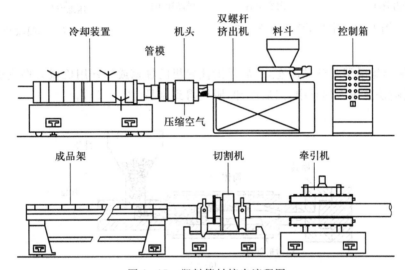

图 1-15　塑料管材挤出流程图

此法适用于各种塑料管材生产,如 PVC、PE、PP、PS、ABS 和 PC 等。

(b) 吹塑成型和中空制品。吹塑成型是挤出成型发展起来的一种热塑性塑料成型方法。与管材挤出不同的是挤出管状型坯,通过压缩空气吹胀而成。挤出来的型坯,将其一端闭合,再在吹塑装置中吹制可得瓶、罐、桶等中空制品(图 1-16)。如在挤出机头上加一个口模,压缩空气通过口模吹入使管坯吹胀变薄,直至达到所要求的直径为止,再经风坯冷却定型(图 1-17),由人字形夹板逐渐叠成双层薄膜,然后成卷。此法的关键是控制温度和气流大小,使树脂处于接近流动温度的高弹形变温度范围内。

(c) 板材挤出。板材挤出是将熔融聚合物物料靠压力从狭缝状的口模挤出,经压光辊的滚压,同时进行冷却,并通过牵引、切割成一定规格的材料。

(d) 电线及复层挤出。此法常用于电线的包覆、电缆护套等的制造。经过预处理的电线通过机头,在口模处与熔融聚合物相接触,聚合物便包覆在电线上。此法机头常采用封闭式,机头的口模结构分为挤管式和挤压式,前者多半用来挤出电线护套,后者则用于电线绝缘层的包覆。

② **注射成型**　注射成型是热塑性塑料的主要成型加工方法。首先,将聚合物粒状料加到注

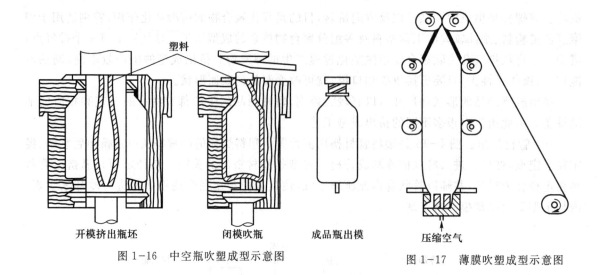

图 1-16 中空瓶吹塑成型示意图

开模挤出瓶坯　　闭模吹瓶　　成品瓶出模

图 1-17 薄膜吹塑成型示意图

射机料筒内,加热熔融塑化到黏流态,然后借助注射机的柱塞或螺杆用机械力将流动的物料通过一个很小的喷嘴快速压入模具中,然后冷却,脱模得到制品(图 1-18)。

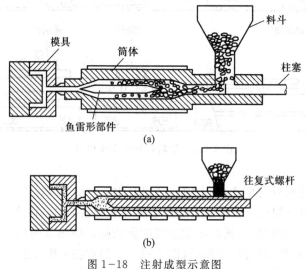

(a)

(b)

图 1-18 注射成型示意图

　　注射成型是间歇式工艺过程。每一个周期由塑化、注射、保压、冷却和脱模组成。用此方法可生产尺寸精确形状复杂的制品,以及带有金属或非金属嵌件的制品等,也可用于某些热固性塑料和橡胶制品的生产。

　　③ 压延成型　压延成型是制造薄膜和片材的重要方法。此法是将熔融塑化的树脂和添加剂捏合,通过几道回转的热金属辊筒缝隙,使其成为连续薄片状,经冷却辊筒后定型,成为具有一定厚度的薄层制品(图 1-19)。

　　压延成型所用的设备称为压延机,按辊筒数目不同,通常有三辊、四辊、五辊和六辊等。辊筒

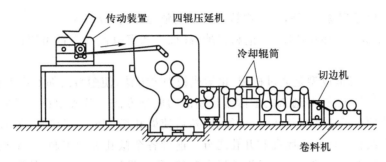

图 1-19 压延成型示意图

可呈 L 形、Z 形、S 形、T 形多种排列。在压延过程中,各辊筒的温度及辊筒的温差取决于聚合物的种类、辊筒的转速及制品的厚度等。

压延成型还可用来制造人造革、墙纸、印花或刻花复合材料等。

④ 模压成型 模压成型是热固性塑料的主要成型加工方法。模压成型是指将计量好的成型物料加入闭合的模具中,在加热、压力下使树脂熔融、流动充满模腔,然后固化定型(图 1-20)。热固性塑料在模压过程中,成型和交联同时进行,因此物料的流动性与温度、保压时间密切相关。热塑性塑料模压成型时,模具需经冷却后方能取出制品,否则会出现制件变形、粘模等现象。

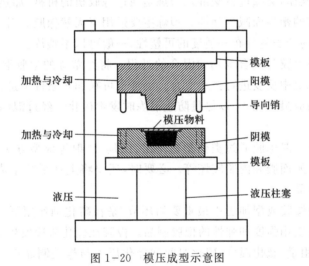

图 1-20 模压成型示意图

⑤ 层压成型 层压成型主要是热固性塑料的成型方法。此法是将浸有热固性树脂的纸、布、木片、玻璃纤维及其他织物等基材,裁剪成一定尺寸的层压成型材料,在模具中叠合成层,在加热和压力作用下使树脂固化而成为整体,得到片层状塑料的成型加工方法。

层压塑料所用聚合物的种类很多,常用的有酚醛树脂、脲醛树脂、三聚氰胺-甲醛、环氧树脂、有机硅和不饱和聚酯等。所得层压制品除片状外还可根据制品形状直接层压成各种形状的制品,如帆船船身等。

⑥ 浇铸成型 浇铸成型是将聚合物单体、预聚物、熔融的热塑性聚合物、聚合物溶液或溶胶倒入一定形状的模具中,使其固化反应,定型或溶剂挥发而硬化成为制品的一种方法。目前应用

较多的是静电浇铸成型法,此外,还有嵌铸、搪塑、流延、蘸浸和滚塑等。

有机玻璃、尼龙-6、环氧树脂、不饱和聚酯、纤维素和聚氯乙烯等都可用此法制成各种形状的制品。

⑦ 发泡成型　发泡成型是通过机械、化学或物理等方法,使塑料内部形成大量微孔,并固定微孔结构的成型加工方法,是通常的泡沫塑料制品的成型方法。其成型特点是向液态或熔融物料中引入气体或原位反应产生气体,形成微孔,然后使微孔增大至一定体积,最后通过物理或化学方法固定微孔结构。微孔有闭孔和开孔之分。前者各个微孔彼此屏蔽、互不相通。后者各个孔互相连通。塑料发泡后的体积比发泡前增大数倍,称为发泡倍率。发泡倍率大于5的称为高发泡,小于5的称为低发泡。采用不同发泡工艺可获得不同硬度的制品,即硬质、软质和半硬质泡沫塑料。虽然无论热塑性聚合物或热固性聚合物都可以制成发泡材料,但工业上常用的是PS、PP、PE、PVC 和 PU 等几类。

(2) 橡胶的成型加工

橡胶制品分为乳胶制品和干胶制品两大类。乳胶制品是把模型直接浸渍在乳胶中,经过处理后脱模而成。干胶制品的原料是固态的弹性体,其生产包括塑炼、混炼、成型和硫化等工艺流程。

① 塑炼　生胶是线型高分子,常温下处于高弹态。为便于混炼时配合剂在生胶中均匀分散及有利于以后的成型操作,必须进行塑炼。塑炼是通过炼胶机的机械、加热和化学作用使生胶分子量降低,以增加生胶的塑性而减少弹性。塑炼主要适用于天然橡胶。对于合成橡胶,由于合成时已按要求达到合适的分子量分布和适度的可塑性,一般可以不塑炼。

② 混炼　混炼是生胶与配合剂均匀混合的过程。将经塑炼的生胶混入配合剂在开放式炼胶机中,或密闭式密炼机中反复进行挤压混合。混炼也可在加热条件下进行,配合剂应按一定的顺序依次加入,硫化剂应最后加入,以尽量防止混炼时发生硫化。经过混炼后的胶片即可成件各种形状的半成品。

③ 成型　成型是将混炼胶通过类似塑料挤出、压延、注射等成型方法来制成一定截面积的半成品,如胶带、胶管、胎面胶和内胎胶坯等。必要时,还要将上述形状半成品组合起来,或在成型机上定型,得到成型品。

④ 硫化　硫化是橡胶成型加工中最重要的环节,是在硫化剂作用下,将线型高分子转变成网状结构,以获得符合实用强度和弹性的橡胶制品。橡胶在硫化阶段发生了交联反应,硫化剂和硫化促进剂的性质和用量、硫化温度、硫化时间和硫化压力与橡胶制品性质有密切关系。图1-21是硫化过程中天然橡胶的各种性质的变化曲线,称为橡胶的硫化曲线。当硫化橡胶的性质达到最佳时的硫化,称为正硫化点。硫化过程中的硫化胶的力学性能达到或接近最佳值是有一时间区间的,称为硫化平坦期,在此期间硫化胶的力学性能基本保持恒定或变化很小。了解硫化规律相当重要,否则硫化胶不是欠硫化就是过硫化,会影响橡胶制品的性能。

(3) 纤维的成型加工

将聚合物加工成纤维的过程称为纺丝,除聚四氟乙烯等纤维是由其聚合物的水分散液纺丝而成外,绝大多数聚合物都是在熔体或溶液状态下进行纺丝的。合成纤维的纺丝方法主要有熔融纺丝和溶液纺丝,溶液纺丝又可分为干法和湿法纺丝。三种纺丝工艺示意图见图1-22。

① 熔融纺丝　熔融纺丝是将干燥的聚合物加热至熔融,聚合物熔体用计量挤出机压入装有

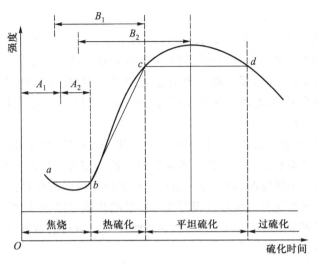

图 1-21　橡胶的硫化曲线

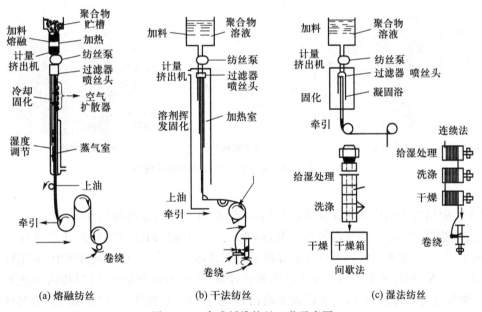

(a) 熔融纺丝　　(b) 干法纺丝　　(c) 湿法纺丝

图 1-22　合成纤维纺丝工艺示意图

过滤装置的纺丝泵,经过滤后,熔体从喷丝头的毛细孔压出而形成液体细流,经冷却,定型成丝束(初生纤维丝),再经牵引、热定型等后处理得到强度较高的合成纤维。此法不用溶剂,生产安全,成本较低。凡可加热熔融或成黏流态而不发生分解的成纤聚合物,如聚酯、聚酰胺和聚丙烯等常用这种方法纺丝,如图 1-22(a)所示。

　　② 干法纺丝　干法纺丝是将聚合物溶于适当溶剂中,配成 26%～36% 的浓溶液,即纺丝液,经过滤后从喷丝头压出而形成原液细流,通过加热,使溶剂快速挥发而凝固成丝,再经牵引等后处理得到合成纤维。氨纶、维纶、腈纶和醋酸纤维(人造丝)都可采用此法纺丝,如图 1-22(b)

所示。

③ 湿法纺丝 湿法纺丝是将聚合物配成浓度为 15％～20％的纺丝液,经过滤后,由喷丝头细孔中喷出的原液细流直接进入凝固浴凝固而成。凝固浴中盛有对聚合物不溶解而能与纺丝液中的溶剂相溶的沉淀剂。此时,聚合物的原液细流中的溶剂向沉淀剂中扩散,沉淀剂向细流扩散,使聚合物析出,经牵引、后处理得到合成纤维。此法主要用于黏胶纤维、腈纶短纤维、氟纶和维纶等,如图 1-22(c)所示。

熔融纺丝、干法纺丝和湿法纺丝分别相应包含冷却、溶剂挥发和凝聚过程。因此上述三种方法的纺丝速度和纤维形态有较大的差异。熔融纺丝中液体细流的冷却速度通常很快,控制范围较窄。干法纺丝中的溶剂挥发时,同时存在溶剂向外扩散和向内传热过程,纺丝速度由溶剂向外扩散速度变化决定。湿法纺丝的凝聚过程存在双扩散的传质过程,沉淀剂向原液细流内扩散,溶剂由内向外扩散至凝固浴中。鉴于上述原因,三种纺丝方法所得合成纤维的截面结构形态也各不相同,如图 1-23 所示。

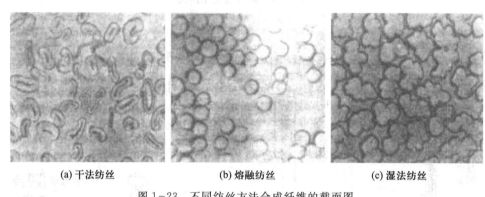

(a) 干法纺丝　　　　　　(b) 熔融纺丝　　　　　　(c) 湿法纺丝

图 1-23　不同纺丝方法合成纤维的截面图

由于熔融纺丝中的冷却速度较快,容易获得性质均一的圆形截面的纤维,如图 1-23(b)所示。干法纺丝得到的丝纤维呈椭圆形状截面,如图 1-23(a),而湿法纺丝通常是高度回旋状截面,如图 1-23(c),此形状的纤维具有很好的手感和光彩。工艺上,在熔融纺丝中,采用特殊的非圆形孔的纺丝泵,同样也能纺出回旋状截面的丝纤维,这可用复合纺丝法,即将两种或多种不同聚合物,制得混合熔体或溶液,再经喷丝头喷出,形成复合聚合物纤维,使合成纤维的某些性能得到改进。

还需指出,通过纺丝得到的初生纤维,聚合物分子链排列不规整,纤维的结晶度和取向度较低,力学性能较差,不宜直接供纺织用,必须进行一系列的后加工。按纤维品种、用途不同,后加工过程也各异。

无论是哪种形式初生纤维的后加工,拉伸和热定型过程是必不可少的。拉伸是在适当温度下(一般在 T_g～T_m 范围内)将纤维拉长几倍,使卷曲无序的大分子链在纤维中沿纤维轴方向更整齐排列起来,使大分子链伸展取向,并可提高纤维的结晶度,从而使纤维的强度提高,伸长率减小,细度符合纺织加工要求。

热定型是将拉伸后的纤维在 T_g～T_m 之间进行热松弛,使纤维中高分子链在大尺寸范围内取向,而在链段尺寸范围内充分松弛,可防止以后在加热时(如高温染色等)会发生明显收缩。同时挥发掉纤维中的低分子溶剂、水分等,起干燥作用。

1.8 高分子科学发展史

人类对天然高分子材料的利用始于远古时代,吃的食物中的蛋白质、淀粉,穿的衣服中的棉、麻、丝、毛及皮革,居住的建筑及使用的家具中的竹子、木材等都是高分子。但直到 19 世纪末,人们才了解高分子的一些基本结构,因为早期的科学家没有方法来测定溶液中高分子的分子量,也不相信共价键能连接成非常大的高分子。直到 1888 年,Brown 和 Morris 使用凝固点降低方法估算了淀粉水溶物的分子量为 30 000 左右,Gladstore 和 Hibbert 用同样的方法测得天然橡胶的分子量为 6 000～12 000。但是,根据实验结果得出的像淀粉、橡胶和蛋白质等这些物质具有很大分子量的结论并没有被当时的学术界所认可,相反却认为凝固点降低方法出了问题,实验得到的超出小分子很多倍的分子量数值,被误认为是小分子缔合而导致的结果。从 1890 年到 1919 年间,Emil Fisher 在研究蛋白质的结构时开始提出高分子结构的论据。1920 年,Staudinger 提出聚苯乙烯、天然橡胶和聚甲醛都是共价键连接的大分子结构后,高分子的概念才逐渐被接受。

1.8.1 合成聚合物的发展史

高分子化学的开始可追溯到 1838 年。1838 年,利用光化学第一次使氯乙烯聚合。1839 年,合成了聚苯乙烯,同年英国的 Macintosh 和 Hancock 及美国的 Goodyear 发现了天然橡胶可用硫黄进行硫化,这个工艺的成功可制备出柔软实用的橡胶产品,并用作轮胎和防雨布。

从 1840 年到高分子概念建立的近百年间,有几项重要发明。1868 年,Hyatt 发明了硝基纤维素,与樟脑混合生产硬质塑料,推动了塑料工业的发展,并于 1870 年进行商业化生产,出现各种各样的被称做赛璐路的商品。1893 年到 1898 年间,英国开始了人造丝生产,20 世纪初,合成了苯乙烯和双烯类共聚物,1907 年,德国开发了酚醛树脂。

1929 年,DuPont 公司的 Carothers 开始从特定结构的低分子进行高分子合成的系统研究,他的研究成果验证并发展了大分子理论,同时也开发了聚酰胺和聚酯的合成,到 1938 年出现了商业化生产的尼龙-66。1931 年,出现了聚甲基丙烯酸甲酯;1936 年,用聚醋酸乙烯酯和聚丁酸乙烯酯做安全玻璃的夹层;1937 年,德国开始了工业生产聚苯乙烯;1939 年,开发出聚氯乙烯和脲醛树脂,美国开始了聚硫橡胶和氯丁橡胶的生产。所以,1930 年到 1940 年间,近代高分子化学蓬勃发展。

由于第二次世界大战的爆发,合成橡胶工业得到迅猛发展。在二次大战前,天然橡胶主要产地受英国控制。德国为摆脱对天然橡胶的依赖,1939 年,完成了聚丁二烯橡胶、丁腈橡胶的开发,战争期间又合成了聚氨酯。1941 年,日本占领了马来西亚,切断了天然橡胶对英美的供应,美国紧急开发了丁苯橡胶及丁基橡胶来替代天然橡胶,同期,苏联开发了丁钠橡胶。这一时期开始出现含氟聚合物。

从 1945 年到 20 世纪 60 年代,合成高分子化学和工程得到快速发展。1947 年和 1948 年,出现了环氧树脂和 ABS(丙烯腈-丁二烯-苯乙烯)塑料。1950 年,生产了聚酯纤维和聚丙烯腈纤维。这期间,美国开发出商业化的聚硅氧烷。20 世纪 50 年代,由于 Ziegler 和 Natta 的贡献,出现了定向聚合方法,开发了高密度线型聚乙烯、等规立构的聚丙烯等高分子材料。同期,Szwarc 对负离子聚合和无终止的负离子活性聚合也进行了深入研究。又相继出现了聚甲醛、聚碳酸酯和聚氨酚泡沫塑料。合成橡胶方面有顺式聚异戊二烯、顺式聚丁二烯、乙丙橡胶,还有聚酰亚胺、聚苯醚、聚砜和丁苯嵌段共聚物等。

近年来,合成高分子化学向结构更精细、性能更高级的方向发展。例如,超高模量、超高强度、难燃性、耐高温性、耐油性等材料,生物医学材料,半导体或超导体材料,低温柔性材料及具有多功能性的材料。

1.8.2 高分子科学的发展史

早在 19 世纪,人们对高分子的某些特征就产生了新的认识。1826 年,Faraday 指出天然橡胶的化学式为 C_5H_8,每一个单元含有一个双键,是通过双键引入次价结合,成为不同于小分子的聚集体。1839 年,Simon 发现苯乙烯液体加热后可变成聚苯乙烯固体。1877 年,Kekulé 提出与生命有关的天然有机化合物——蛋白质、淀粉、纤维素等应具有长链结构。正是这种特殊结构赋予其不同于小分子有机化合物的特殊性质。1879 年,发现了异戊二烯的聚合现象;1880 年,发现了甲基丙烯酸甲酯的聚合现象等,并提出这些物质具有很大分子量的胶体学说,即把高分子的一些物理化学行为解释为小分子聚集成胶体状态的性质。

1929 年,Staudinger 发表了《论聚合作用》的著名论文,论述了聚合过程是小分子彼此之间以共价键结合,形成长链大分子的过程,高分子溶液性质是长链大分子的"分子胶体"的行为,本质不同于小分子缔合形成的胶束状态。此后,由于 Staudinger 的一系列卓有成效的研究,逐渐在与胶体缔合学说的论争中建立了大分子概念。进入 20 世纪 30 年代,高分子学说已被人们普遍接受。1953 年,Staudinger 以"链状大分子物质的发现"而荣获诺贝尔化学奖。

高分子学说的建立是 20 世纪最伟大的科学进展之一,有力地促进了高分子科学和高分子化学工业的发展。为阐明高分子的长链线型结构,Carothers 在 1929 年提出了有机小分子逐步缩合生成高分子化合物的观点,并在 1935 年发明了比蚕丝性能还好的合成纤维——尼龙。1930 年,Kuhn 首次把统计理论用于高分子,得到了长链高分子的分子量分布曲线。1939 年 Gauth、Mark 和 Kuhn 分别讨论了高分子链的构象统计问题,建立了橡胶弹性统计理论的基础。结合分子量和分子量分布,聚合物结晶和取向等结构和性能的测定方法逐渐建立和完善,奠定了高分子物理学的基础。

二次世界大战以后,高分子科学体系已经形成,高分子化合物的合成及聚合反应机理和动力学理论的逐步建立,形成了高分子化学基础。20 世纪 50 年代,Ziegler 和 Natta 发明的配位定向聚合技术,不仅产生了极有工业意义的高分子材料,也促进了链结构、聚合机理、结构与性能关系研究的进一步发展。1963 年,这两位科学家以"关于有机金属化合物及聚烯烃的催化聚合的研究"获得了诺贝尔化学奖。另一位奠基人 Flory 因在聚合反应原理、高分子结构和高分子物理化学等方面的贡献,在 1974 年以"高分子物理化学的理论与实验方面的基础研究"获得诺贝尔化学奖。

20 世纪 60 年代,高分子科学的发展进入一个转折点,从基础规律性研究转向设计创新性研究,从高分子合成、结构与性能三者之间的关系的规律性认识发展到设计开发高性能、高模量或高耐热稳定的高分子材料,以适应新技术领域的需要。当前高分子科学正从多学科的角度,从分子水平和超分子方面理解高分子的结构与性能关系。通过分子设计组装,优化结构及制造工艺,开发出新的高性能和功能的材料,以适应现代社会对材料的需要。

高分子科学已发展成为一门非常成熟的科学,包括聚合物的合成、分子结构表征、高分子物理和成型加工等内容。高分子材料由于在工程方面的优势,如高强度、有弹性、质量轻、防腐蚀、价格低廉和加工方便,所以应用十分广泛。从 20 世纪 60 年代中期开始,在高分子材料科学的重大发展中,与聚合物相关的研究主要是已经开发的合成高分子材料的改性、共混及复合,以获得具有优异综合性能的高分子材料。因此,聚合物科学技术的发展需要合成化学、物理化学和材料科学的相互结合、相互渗透、协同共进,以求得更大的发展。

【小知识】 高分子科学的创始人 Staudinger 的故事

早在 1861 年,胶体化学的奠基人英国化学家 Thomas Graham 将高分子与胶体进行比较,并从高分子溶液具有丁达尔效应(Tyndall effect)出发,提出了高分子是胶体的理论。高分子胶体的理论在一定程度上解释了某些高分子的性质,得到许多化学家的支持。但 Staudinger 对上述看法提出挑战,并于 1920 年发表了《论聚合》的论文,他从研究甲醛与丙二烯的聚合反应出发,提出聚合不同于缔合,分子是靠正常的化学键结合起来。胶体论者认为,天然橡胶是通过部分价键缔合起来的,橡胶加氢会破坏这种缔合,得到的产物将是一种低沸点的小分子烷烃。1922 年,Staudinger 提出高分子是由长链大分子构成的观点。他将天然橡胶氢化,得到与天然橡胶性质差别不大的氢化天然橡胶等,从而证明了天然橡胶不是小分子次价键的缔合体,而是以主价键连接成的长链状高分子量化合物。

在 1925 年召开的德国化学会等会议上,Staudinger 与其他科学家展开了大辩论,站在他对立面的有好几位诺贝尔化学奖得主。辩论主要围绕着两个问题:一是 Staudinger 认为测定高分子溶液的黏度可以换算出其分子量,而分子量的多少就可以确定它是大分子还是小分子。胶体论者则认为黏度和分子量没有直接的联系。Staudinger 通过反复的研究,终于在黏度和分子量之间建立了定量关系式(著名的 Staudinger 方程)。辩论的另一个问题是高分子结构中晶胞与其分子的关系。双方都使用 X 射线衍射法来观测纤维素,都发现单体与晶胞大小很接近。对此双方的看法截然不同:胶体论者认为一个晶胞就是一个分子,晶胞通过晶格力相互缔合形成高分子;Staudinger 则认为晶胞大小与高分子本身大小无关,一个高分子可以穿过许多晶胞。对同一实验事实有不同解释,可见正确的解释与正确的实验同样重要。

在这个关键的问题上,1926 年,瑞典化学家斯维德伯格用超高速离心机成功地测量了血红蛋白的平衡沉降,由此证明高分子的分子量确实是从几万到几百万。而在美国 Carothers 通过缩合反应得到了分子量在 20 000 以上的聚合物,支持了大分子的概念。当许多实验逐渐证明 Staudinger 的理论更符合事实时,大分子的概念才逐渐被人们所接受。

1932 年,Staudinger 总结了自己的大分子理论,出版了《高分子有机化合物》,成为高分子科学诞生的标志。为了表彰 Staudinger 在建立高分子科学上的伟大贡献,1953 年,他被授予诺贝尔化学奖。

本 章 总 结

① 高分子是由许多结构单元经共价键连接起来形成的分子量很大的分子,构成高分子的基本结构基元称为结构单元,如果结构单元和单体的组成相同只是电子结构不同,这样的结构单元又称为单体单元。

② 合成高分子的反应统称为聚合反应,按聚合机理可分为逐步聚合和连锁聚合;按反应前后结构上的变化可将其分为缩聚反应、加聚反应及开环聚合反应等。

③ 聚合物样品是由分子量不同的同系物而成,通常所说的高分子的分子量是指平均分子量。平均分子量根据统计方法的不同可分为数均分子量、重均分子量和黏均分子量。实际测得的聚合物分子量是不同分子量的高分子混合物的统计平均值。

④ 聚合物的力学强度是和分子量相关,随着分子量的增加力学强度增大,分子量达到一定程度以后强度不再随分子量的增加而增加。太大的分子量不利于加工,因此聚合物的分子量都在一定的范围以内。

⑤ 根据分子链的形状,可以将高分子分为线型高分子、支链型高分子和交联型高分子。这里所指的支链应具有一定的聚合度,聚合物分子链上的侧基不能称为支链。

⑥ 线型高分子在加热时可熔融,能溶于合适的溶剂,称为热塑性高分子,交联高分子不能溶解也不能熔融,称为热固性高分子。

⑦ 高分子分子量的测试方法主要是体积排除色谱法和黏度法,其链结构可以用红外光谱法和核磁共振谱法进行测试,聚集态利用 X 射线衍射法和偏光显微镜进行研究,其热力学分析可以综合利用示差扫描量热法和热机械分析法。

⑧ 高分子材料的最终使用形式是高分子材料制品,只有通过加工高分子材料才能转变成制品,并且高分子制品的性能和其采用的加工方式及过程紧密相关。

⑨ 一般塑料和橡胶制品都是由聚合物为基体,添加一些有机或无机化合物组成复合物,成型加工而得。这类添加物统称为高分子材料的添加剂,或称为高分子材料的助剂。助剂主要是改进高分子制品的各种使用性能和加工性能。

参 考 文 献

[1] Flory P J. Principles of Polymer Chemistry. Ithaca：Cornell University Press，1953.

[2] Billmeyer F W, Jr.. Textbook of Polymer Science. New York：Wiley-Interscience，1984.

[3] Odian G. Principles of Polymerization. 4th ed. New York：Wiley-Interscience，2000.

习题与思考题

1. 试分别说明用于制造塑料、橡胶和纤维材料的聚合物的结构要求。

2. 试分析比较塑料和橡胶的成型加工过程的异同点。

3. 试述使用填料和增塑剂对聚合物的成型过程和制品性能的影响。

4. 光稳定剂和抗氧剂是如何产生防老化作用的?

5. 举例说明偶联剂和阻燃剂的作用机理。

6. 试述改善 PP 成型加工中的收缩率和后变形的工艺措施。

7. 欲制造下列各种塑料制品,试分别选择合适的成型加工方法:PE 农用薄膜、PVC 人造革、PU 发泡冰箱绝热材料、PP 化妆品瓶、PVC 硬质管道、电压电器外壳、有机玻璃板、食品袋、改性 PVC 塑料门窗、尼龙机械零件、PC 电子部件、不饱和树脂玻璃钢板、酚醛层压板、ABS 电视机外壳。

8. 试列出橡胶硫化后的物理性能的变化及橡胶补强后的物理性能的变化,并解释之。

9. 试写出下列反应式:

(1) 天然橡胶用硫黄硫化;

(2) 天然橡胶用非硫硫化即按自由基机理硫化的引发和增长反应;

(3) 天然橡胶热氧化降解反应。

10. 试述化学纤维的纺丝方法及其对成纤聚合物的适应性。

11. 试画出纤维加工中随拉伸比变化的纤维典型的应力–应变曲线,并解释之。

12. 试举例说明聚合物在成型加工中所发生的化学和物理变化对聚合物材料和制品性能的影响。

13. 试讨论聚合物材料的再循环利用对人类可持续发展的重要意义。

第二章　逐步聚合反应

逐步聚合反应(step-growth polymerization)和连锁聚合反应,是合成聚合物的两大重要聚合反应。逐步聚合反应的主要特征是形成聚合物的逐步性,主要包括逐步缩聚反应与逐步加聚反应。逐步缩聚反应是通过官能团之间的缩合反应进行的,反应过程中有小分子生成;逐步加聚反应是通过官能团之间的加成反应进行的,反应过程中没有小分子生成。逐步聚合反应在高分子化学和高分子工业中占有重要的地位,主链上含有杂原子的聚合物绝大多数都是通过逐步聚合反应制备的。其实常见的天然高分子如蛋白质、核酸和纤维素等都属于逐步聚合形成的缩聚物。人类合成的第一个合成树脂——酚醛树脂、尼龙-66、涤纶、环氧树脂、聚氨酯及近年来开发的许多商品化的高性能工程塑料,如芳杂聚酰胺(如 Kevlar)、聚碳酸酯(如 Lexan)、聚酰亚胺(如 Kapton)、聚砜(如 Udel)、聚苯醚、聚醚醚酮和聚苯并咪唑等都是通过逐步聚合实现的典型例子。本章将着重介绍逐步聚合反应的基本特点和规律,特别是缩聚反应的机理、动力学和非线型逐步聚合物等。此外,还将介绍逐步聚合反应的实施方法及一些重要的逐步聚合物等。

表 2-1 列出了一些常见的逐步聚合反应的单体及其聚合物。这些聚合物均是单体通过缩聚或其他逐步聚合反应生成的。这些单体之间的反应可形成不同特征的价键(如酯键、酰胺键、酰亚胺键和氨基甲酸酯键)。

表 2-1　常见的逐步聚合反应的单体及其聚合物

聚合物类型	聚合物名称	重复单元结构	单体结构
由缩聚反应生成的聚合物			
聚酯	涤纶(PET)	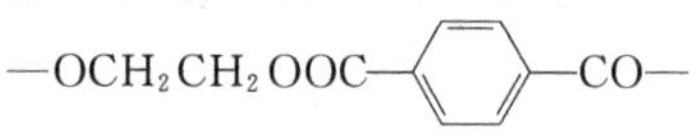 $-OCH_2CH_2OOC-\bigcirc\!\!-CO-$	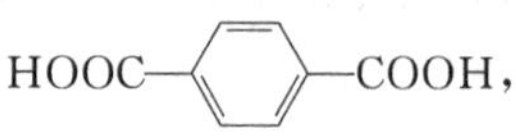 $HOOC-\bigcirc\!\!-COOH,$ $HOCH_2CH_2OH$
	不饱和聚酯	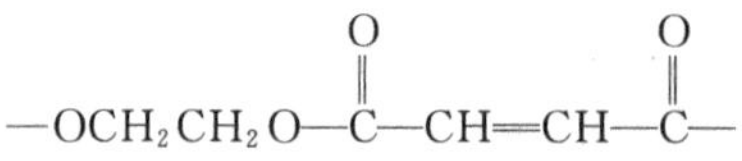 $-OCH_2CH_2O-\overset{O}{\underset{\parallel}{C}}-CH\!=\!CH-\overset{O}{\underset{\parallel}{C}}-$	$HOCH_2CH_2OH,$ 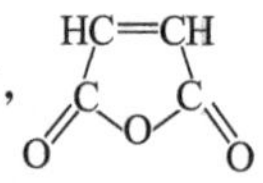 (马来酸酐结构)
	聚碳酸酯(PC)	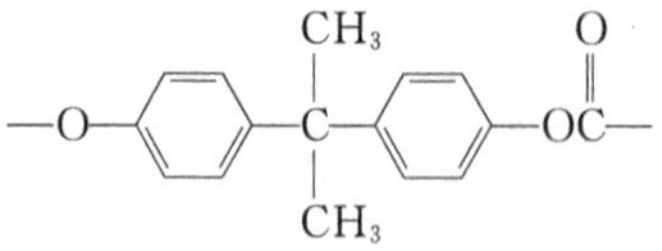 $-O-\bigcirc\!\!-\overset{CH_3}{\underset{CH_3}{C}}-\bigcirc\!\!-O-\overset{O}{\underset{\parallel}{C}}-$	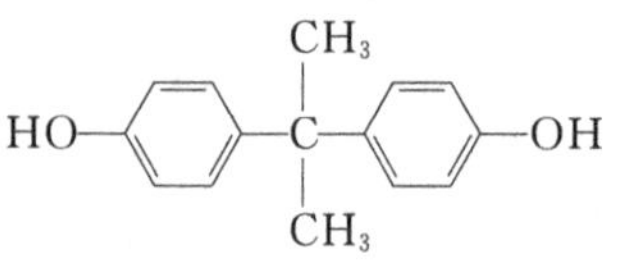 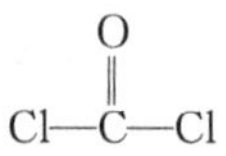 $HO-\bigcirc\!\!-\overset{CH_3}{\underset{CH_3}{C}}-\bigcirc\!\!-OH,$ $Cl-\overset{O}{\underset{\parallel}{C}}-Cl$
聚酰胺(PA)	尼龙-66	$-NH(CH_2)_6NHOC(CH_2)_4CO-$	$HOOC(CH_2)_4COOH,$ $H_2N(CH_2)_6NH_2$

聚合物类型	聚合物名称	重复单元结构	单体结构
脂肪族 PA	尼龙-6	$-NH(CH_2)_5CO-$	$NH(CH_2)_5CO$
全芳族 PA	Kevlar	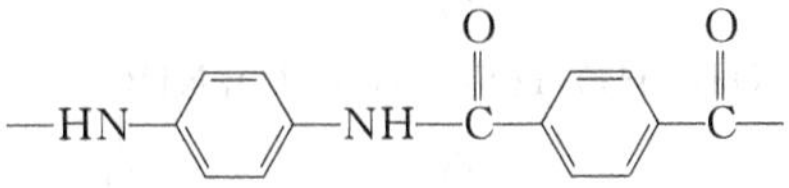	 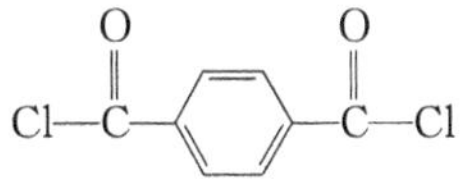 H_2N--NH_2 ，$Cl-C(=O)--C(=O)-Cl$ 或 $HOOC--COOH$ 
聚酰亚胺(PI)	Kapton	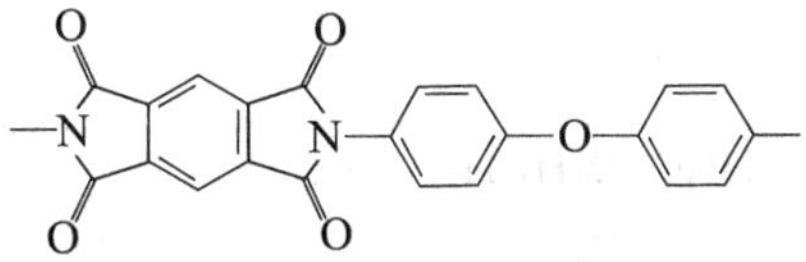	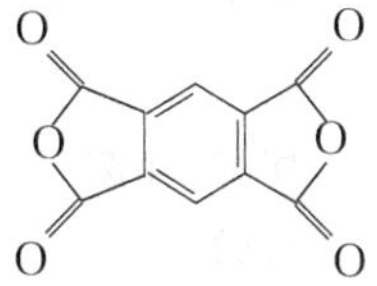 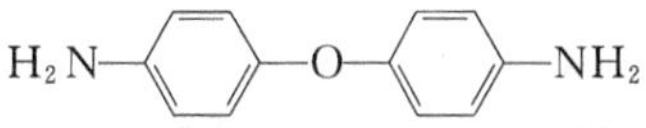 $H_2N--O--NH_2$
聚苯并咪唑 (PBI)		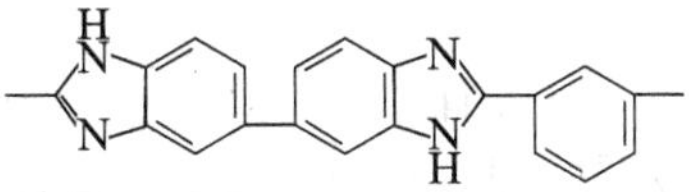	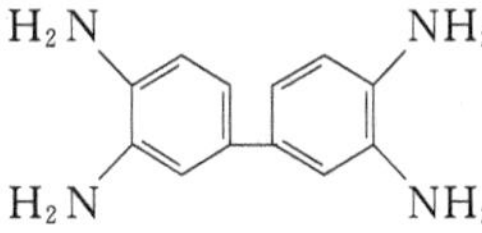 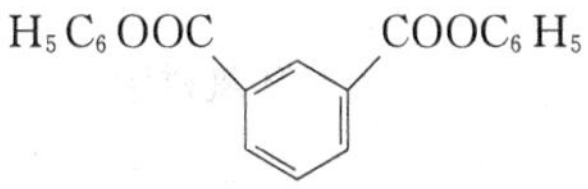 $H_2N,\ NH_2,\ H_2N,\ NH_2$ 联苯四胺，$H_5C_6OOC--COOC_6H_5$
聚苯并噁唑 (PBO)		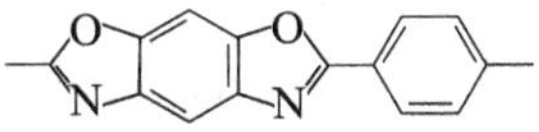	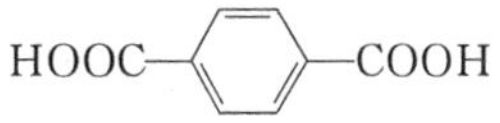 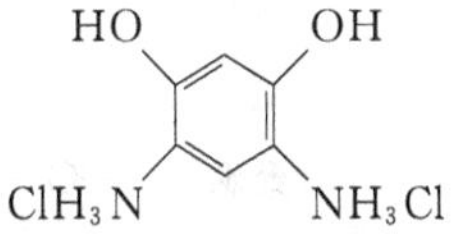 $HOOC--COOH$ ，$ClH_3N,\ NH_3Cl,\ HO,\ OH$ 苯并结构
聚苯并噻唑 (PBT)		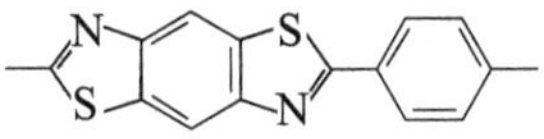	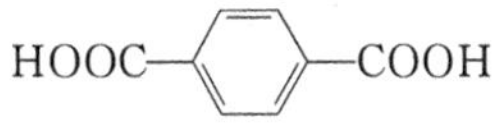 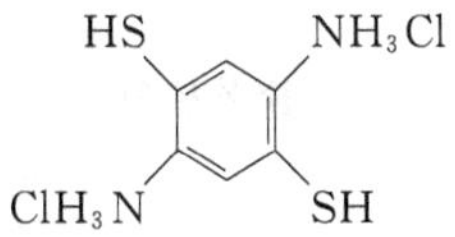 $HOOC--COOH$ ，$HS,\ NH_3Cl,\ ClH_3N,\ SH$ 苯并结构
芳香族梯型聚合物	聚咪唑并吡咯烷酮	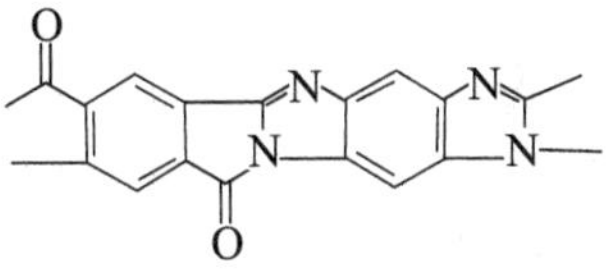	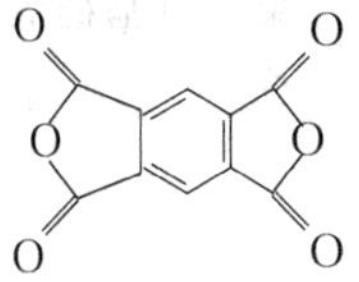 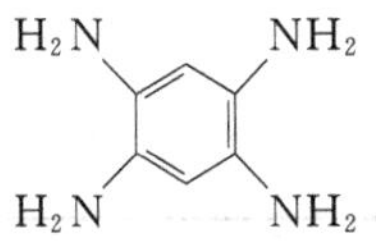 均苯四甲酸二酐，$H_2N,\ NH_2,\ H_2N,\ NH_2$ 苯四胺

聚合物类型	聚合物名称	重复单元结构	单体结构
由非缩聚反应生成的聚合物			
聚氨酯		—C—NHRNH—COR'O— (C=O, C=O)	HOR'OH, OCNRNCO
聚脲		—NH(CH₂)₆HNCNH(CH₂)₆NHC— (C=O, C=O)	H₂N(CH₂)₆NH₂, OCN(CH₂)₆NCO
酚醛	苯酚-甲醛树脂	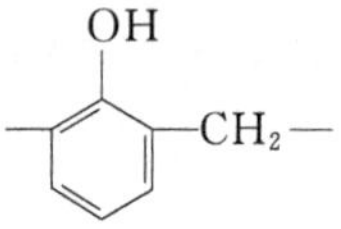	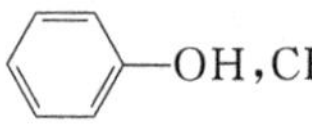
脲醛	尿素-甲醛树脂	—HNC—NHCH₂— (C=O)	H₂N—C—NH₂ (C=O), CH₂O
聚醚	聚苯醚	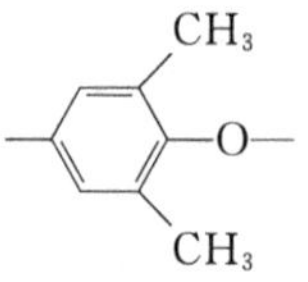	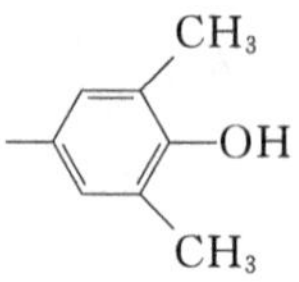
	环氧树脂	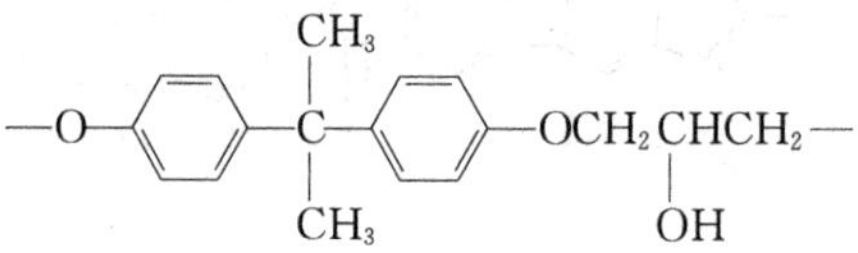	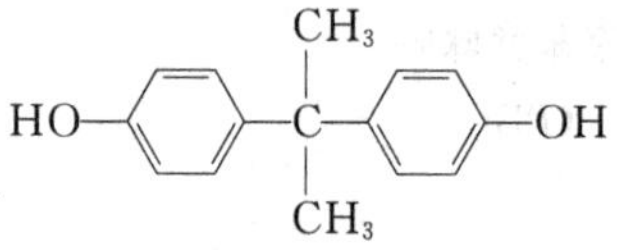 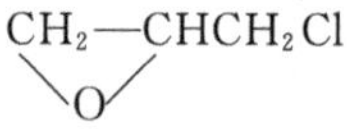
	聚砜	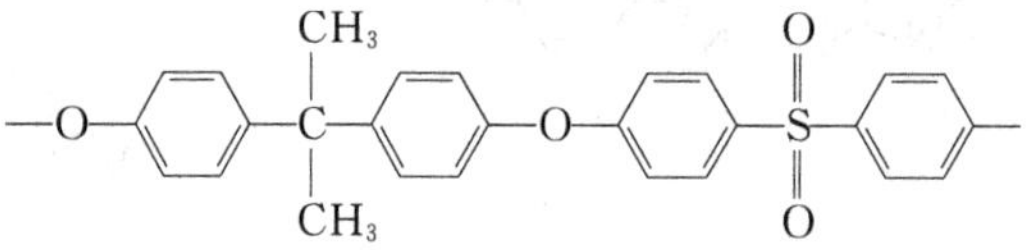	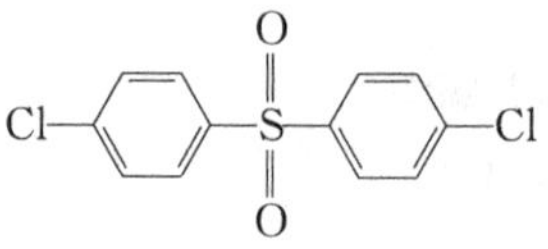 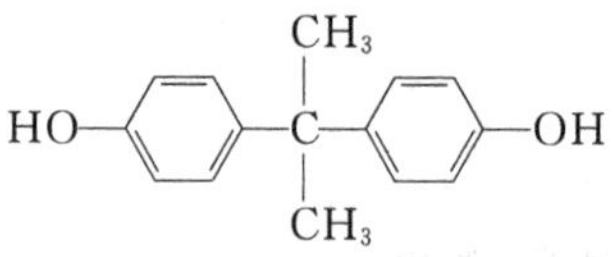
	聚苯硫醚	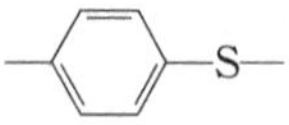	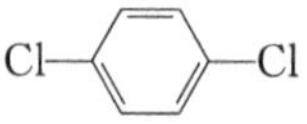
有机硅	聚二甲基硅氧烷		
Diels-Alder 聚合物		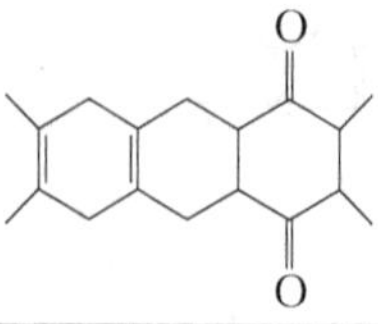	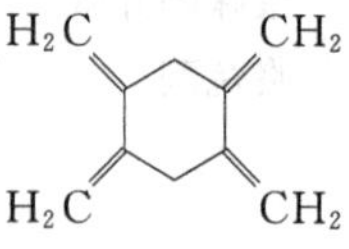 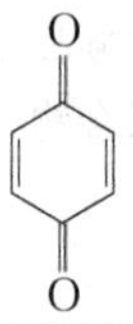

2.1 逐步聚合反应的一般特点和类型

2.1.1 逐步聚合反应的一般特点

逐步聚合反应的最大特点是带有不同官能团的单体之间经过多次重复反应逐步形成聚合物分子链,即聚合物的分子量随反应时间的增加而逐渐增大,直至反应达到平衡为止。反应初期,单体很快消失,转变成二聚体、三聚体、四聚体等低聚物,此时,单体的转化率较高,之后反应主要在这些低聚物之间进行,延长反应时间的主要目的是提高产物的分子量。与连锁聚合反应相比,逐步聚合反应通常具有如下特征:

① 逐步聚合反应无活性中心,是通过单体官能团之间的反应逐步进行的;

② 每一步反应的反应速率和活化能大致相同;

③ 聚合体系始终由单体和分子量递增的一系列中间产物所组成,单体及聚合体系中任何具有不同官能团的中间产物两分子间都能发生反应;

④ 聚合产物的分子量是随反应时间逐步平稳地增大,转化率一般达到 98% 以上时,分子量才较大,但反应后期产物的分子量分布较宽。

此外,为了获得高分子量的聚合产物,逐步聚合反应的条件通常比较严格。例如,需要严格控制反应单体的配比,不允许副反应存在等。

2.1.2 逐步聚合反应的类型

根据不同的分类原则,逐步聚合反应的类型很多,具体可分为以下几类:

1. 按反应机理分类

（1）缩聚反应

缩合聚合反应简称缩聚反应(condensation polymerization),该反应是通过官能团之间多次重复缩合反应进行的,并且在每一步反应过程中,都有小分子副产物生成,如 H_2O、HCl 或 ROH 等,属于最典型的逐步聚合反应。表 2-1 中所列的聚酯、聚碳酸酯、聚酰胺及聚酰亚胺等许多重要的聚合物都是通过缩聚反应制备的。例如,尼龙-66 是聚酰胺中的重要品种,是以己二胺和己二酸为原料,通过缩聚反应合成的。

$$n\ H_2N(CH_2)_6NH_2 + n\ HOOC(CH_2)_4COOH \longrightarrow \left[NH(CH_2)_6NH\overset{O}{\underset{\|}{C}}(CH_2)_4\overset{O}{\underset{\|}{C}} \right]_n + (2n-1)\ H_2O$$

许多天然生物高分子如蛋白质、淀粉、纤维素、核酸及无机硅酸盐玻璃等也都是通过缩聚反应形成的。

（2）逐步加成聚合反应

单体分子的官能团之间通过反复加成反应,逐步形成高分子量聚合物的过程,称为逐步加成聚合反应(step addition polymerization)或聚加成反应(polyaddition reaction)。这类反应与上面的缩聚反应明显不同的是聚合反应过程中没有小分子副产物生成。例如,由二异氰酸酯和二元醇合成聚氨基甲酸酯(简称聚氨酯)的过程就是该类反应的典型代表。

$$n\ O=C=N-R-N=C=O + n\ HO-R'-OH \longrightarrow \left(\!\!\begin{array}{c}O\\\|\\C\end{array}\!\!-NH-R-NH-\begin{array}{c}O\\\|\\C\end{array}\!\!-O-R'-O\right)_{\!n}$$

（3）氧化偶联聚合反应

氧化偶联聚合反应从机理上来说是逐步聚合反应,但不具有缩聚反应意义上的官能团,一般是通过氧化脱氢产生单体自由基、多聚体自由基后,再经过偶合使分子长大。这种通过氧化偶联反应形成聚合的反应称为氧化偶联聚合(oxidative coupling polymerization)反应。利用该反应制备的第一个高分子量的聚合物就是通过 2,6-二甲基苯酚合成聚苯醚(PPO)。

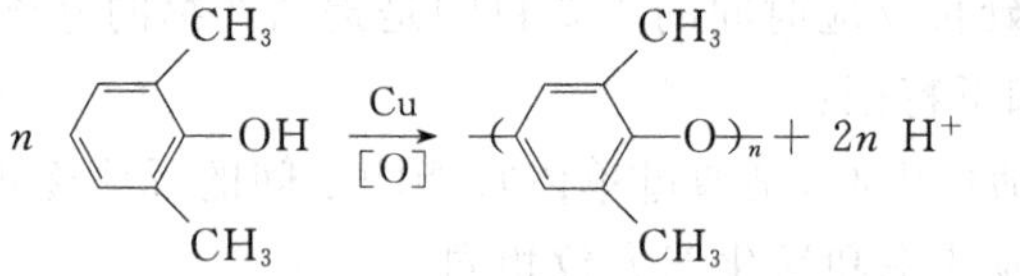

除了酚以外,芳烃和炔烃也可作为氧化偶联反应的单体,如二甲苯、二苯甲烷和二炔化合物等。

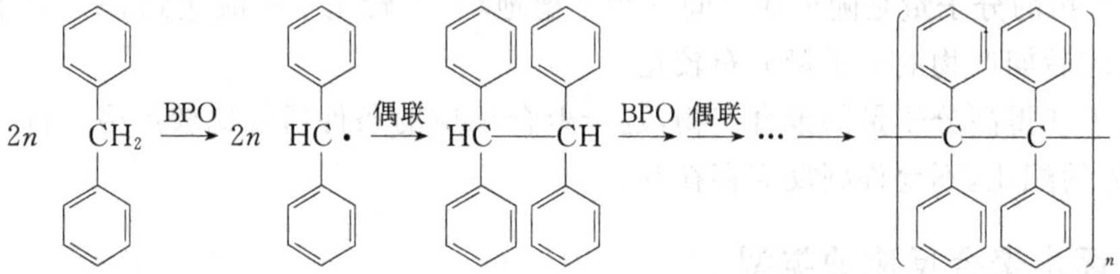

逐步聚合反应的机理比较复杂,同一个反应从不同的角度来考察可归结为不同反应机理,如上面合成聚苯醚的反应,多数将其归为氧化偶联聚合反应,但氧化反应过程中先形成自由基再进行偶联,因此也可归为自由基缩聚;此外,该反应过程中还有氢气分解产生,所以也可归为分解缩聚。

（4）加成缩聚反应

加成缩聚反应(addition polycondensation)过程中既包括加成反应,又存在缩合反应。人类合成的第一个热固性塑料——酚醛树脂就是由典型的加成缩合聚合反应制备的。首先,甲醛在苯酚的苯环上发生类似于麦克尔加成反应生成羟甲基,然后,羟甲基再与苯环上的氢进行缩合。

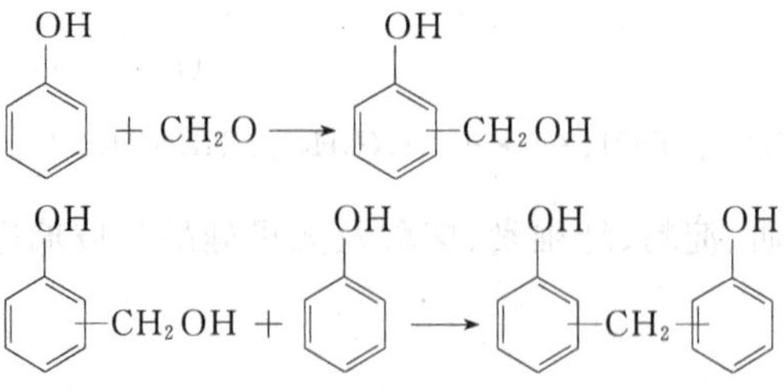

2. 按参加反应的单体分类

（1）逐步均聚

只有一种单体参加的逐步聚合反应称为逐步均聚,这类单体含有两种不同的可相互反应的官能团,因此聚合后形成的聚合物的重复单元仅含有一种结构单元。例如,氨基酸的自缩聚反应:

$$n \ H_2NRCOOH \Longleftrightarrow H \text{--} (NHRCO)_n \ OH + (n-1)H_2O$$

(2)逐步混聚

逐步混聚是指两种不同单体参加的逐步聚合反应,其中每种单体都只带有一种可与另一种单体反应的官能团,而其中任何一种单体自身不能进行反应,如前述的己二胺和己二酸合成尼龙-66的反应。

(3)逐步共聚

逐步共聚是指在逐步均聚中加入第二单体,或在逐步混聚中加入第三种甚至第四种单体进行的反应。以合成聚酯的共缩聚反应为例:

$$n \ HO \text{---} R \text{---} OH + m \ HO \text{---} R' \text{---} OH + (m+n) \ HOOC \text{---} R'' \text{---} COOH \Longleftrightarrow H \text{--} (OROOCR''CO)_n \text{--} (OR'OOCR''CO)_m OH$$

3. 按聚合反应的热力学特征分类

(1)平衡逐步缩聚

通常指平衡常数小于 10^3 的聚合反应,如表 2-1 中由对苯二甲酸与乙二醇合成涤纶聚酯的反应等。当然,当反应条件变化时,可以使平衡反应转变为不平衡反应,如在聚酯的合成中,不断除去生成的小分子水,该反应便趋向于生成聚合物的方向进行,因而平衡反应变成了不平衡反应。

(2)不平衡逐步缩聚

通常指平衡常数大于 10^3 的聚合反应,该类反应过程中的降解反应相对于聚合反应而言可以忽略不计。这种方法一般使用高活性的单体或采取其他相应的措施来实现。例如,由二元酰氯和二元胺生成聚酰胺的反应及表 2-1 中通过光气和双酚-A制备聚碳酸酯的反应等都属于不平衡逐步缩聚。

4. 按形成聚合物分子链的结构分类

(1)线型逐步聚合

参加反应的单体都带有两个官能团,聚合过程中形成的大分子链呈线型增长,得到的聚合物是可溶可熔的线型结构,如二元酸和二元胺生成聚酰胺的反应。

(2)非线型逐步聚合

参加反应的单体中至少有一种单体带有两个以上的官能团。在聚合反应过程中,分子链可向多个方向增长,根据具体的单体结构及单体配比,可生成支化或交联(体型)结构聚合物。例如,丙三醇和邻苯二甲酸酐在适当配比下可形成交联的不溶不熔的体型聚合物。

5. 按生成的化学键结构分类

根据聚合反应中形成的特征键可分为聚酯化反应、聚酰胺化反应、聚氨基甲酸酯(聚氨酯)化反应及聚醚化反应等。

6. 按逐步聚合反应的实施方法分类

按照逐步聚合反应的实施方法可分为溶液聚合、熔融聚合、界面聚合和固相聚合等。

2.2　线型缩聚反应机理

2.2.1　缩聚反应单体的官能度

前面讨论了在逐步聚合反应中,当单体带有的官能团数目不同时可形成线型结构或非线型结构,因此为了便于度量单体中参与反应的基团数目对缩聚反应的影响,有必要引入官能度(f)的概念。单体分子中所含有的参与聚合反应的功能基团或反应点的数目称为单体的官能度。一般情况下,官能度就等于单体所带有的官能团的数目,如乙二醇含有两个羟基,$f=2$;季戊四醇,$f=4$。有时官能度同官能团的数目不相等,例如,苯酚同甲醛反应时,苯酚的邻位和对位都是反应点,此时其 $f=3$,甲醛的 $f=2$;但苯酚和酰氯进行酰化反应时,仅酚羟基可参与反应,此时其 $f=1$。此外,参与反应的单体基团数还与实际聚合条件有关,如邻苯二甲酸酐和丙三醇反应制备醇酸树脂时,当反应程度较低时,由于伯羟基的活性比仲羟基的活性高,此时参与聚合反应的只有两个伯羟基,丙三醇的 $f=2$,得到的是线型高分子链;当继续反应时,仲羟基也可参与聚合反应,此时丙三醇的 $f=3$,得到的是支化甚至交联的聚合物。

单体的官能度是影响聚合产物结构和形态的内在因素。单官能度化合物仅能进行缩合反应而不能扩链进行缩聚反应;2-2(如二元醇和二元酸)和2(同一单体分子带有能相互反应的两种基团,如氨基酸)官能度体系可进行缩聚反应,且能形成线型结构缩聚物,这种反应称为线型缩聚反应。2-2 和 2 官能度体系也是线型缩聚的必要条件。要得到体型缩聚物,单体中至少有一种为多官能度($f>2$),如 2-3 或 2-4 官能度体系进行缩聚时,先形成支链,然后进一步形成体型结构,这种反应称为体型缩聚。

2.2.2　官能团的等活性概念

缩聚反应是官能团之间通过多次的缩合反应过程完成的,如二元醇和二元酸进行缩聚反应合成聚酯时,聚合度必须达到 100～200 以上才具有实用要求,因此逐步聚合要进行 100～200 次缩合反应。这就存在一个问题:在缩聚过程中,是否每一步的反应速率常数都相同呢?

聚合反应动力学是聚合反应研究的重要内容之一。如果随着反应的进行,分子链两端官能团的反应活性发生变化,则每一步的反应速率常数就不相同,这将使缩聚反应动力学无法处理。

一般认为官能团的反应能力将随分子链长增加而减小,其理由是在缩聚过程中形成了分子量较大的中间体,使分子链活动能力减弱,碰撞频率降低,又由于随着反应的进行,反应物中大分子的含量增多导致体系黏度增大,妨碍了分子运动,官能团甚至有可能被长链分子包埋,使反应难以进行等。

Flory 等学者进行了很多研究,并提出了官能团等活性的假设:在缩聚的各个反应阶段,分子链两端官能团的反应活性是相等的,与分子链的长短、另一官能团是否已经反应无关,即不同链长的官能团,具有相同的反应能力及参与反应的机会,官能团的活性基本相同。按照官能团等活性原则,在一定反应条件下的平衡缩聚反应中,每一步缩合反应的速率常数及平衡常数都相等。这一概念的提出大大简化了缩聚反应动力学研究。

Flory 等通过对酯化和聚酯化反应的实验研究证明了官能团的等活性理论。下式是不同分子量的一元羧酸同系物与乙醇的酯化反应：

$$H(CH_2)_n COOH + HOC_2H_5 \xrightarrow{HCl} H(CH_2)_n COOC_2H_5 + H_2O$$

从图 2-1 可知，当 $n=1\sim2$ 时，随着一元羧酸分子量的增大，体系的反应速率常数明显下降，这里官能团反应活性的变化是由于诱导效应和超共轭效应引起的，并且这些效应只能沿碳链传递 $1\sim2$ 个原子，对羧基的活化作用也仅限于 $n=1\sim2$；但当 $n\geqslant3$ 以后，反应速率常数趋向定值，说明官能团的反应活性确实与分子大小无关。

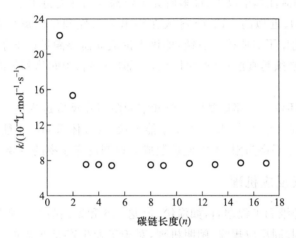

图 2-1　一元羧酸同系物酯化反应速率常数(k)同羧酸分子链长的关系

图 2-2 是癸二酰氯和二元醇同系物在二氧六环中反应速率常数与二元醇分子链长的关系，可见速率常数也与二元醇分子大小无关。在其他反应中也观察到了类似的结果。这些都为官能团的活性与分子大小无关的结论提供了直接的实验证据。这一结论可以把缩聚反应的动力学处理等同于小分子反应。

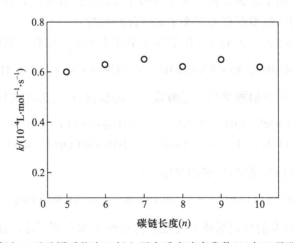

图 2-2　癸二酰氯与二元醇同系物在二氧六环中反应速率常数(k)与二元醇分子链长的关系

Flory 等人从理论上分析指出,官能团的活性与基团的碰撞次数和有效碰撞概率有关,与整个大分子的扩散速率无关。一般来说,体系的黏度越大,分子链的移动越困难,但大分子链末端的官能团的活性并不取决于整个大分子重心的平移,而与官能团所在链段的活动能力有关。由于大分子链段发生构象重排,分子链末端的官能团的活动能力要比整个大分子重心平移速率大很多。在聚合度不高、体系黏度不大时,并不影响链段的活动,两链段一旦靠近,适当的黏度(扩散速率低)反而不利于分开,有利于持续碰撞,其碰撞频率与小分子差不多,因此遵循等活性原则。但到聚合后期,体系黏度过大,妨碍链段活动,尤其是起到包埋作用,碰撞频率降低,使端基活性降低。

自从 Flory 提出等活性理论以来,许多研究工作都证明并支持了这一简化处理,同时也指出这一理论是有局限性的、近似的。Flory 等人在提出等活性理论时就已经说明了其使用条件,Solomon 等人后来对此作了更明确的总结,即该理论成立需要满足以下条件:

① 缩聚反应体系必须是真溶液、均相体系,全部反应物、中间物和最终产物都要溶于这种介质中;

② 官能团所处的环境——邻近基团效应和空间阻碍在反应过程中不变;

③ 聚合物的分子量不能太大,反应速率不能太快,反应体系黏度不能太高,以不影响小分子产物的逸出、不妨碍建立平衡为限,不能使扩散成为控制反应速率的主要因素。

2.2.3　线型缩聚反应机理

许多重要的合成纤维和工程塑料,如涤纶、尼龙-66 和聚碳酸酯等都是通过线型缩聚反应合成的,因此掌握它们的共同反应规律、阐明机理,对于工业生产是非常重要的。缩聚速率和缩聚物的分子量是缩聚研究中两个最重要的内容。在实际应用中,各类线型缩聚物要求具有不同的分子量,即使同类缩聚物应用时对其分子量的要求也有差异。因此,影响缩聚物分子量的因素及分子量的控制就成为线型缩聚研究中的核心问题。

线型缩聚反应机理主要具有两个特征,即逐步特性和热力学可逆平衡特性。

1. 逐步特性

进行线型缩聚反应的单体必须具有两个能够相互反应的官能团,可以是 2-2 或 2 官能度体系。以二元醇和二元酸的线型缩聚为例来了解其逐步特性。

两种单体之间首先经过一步缩合反应脱掉一分子水形成二聚体羟基酸:

$$HOROH + HOOCR'COOH \rightleftharpoons HOROOCR'COOH + H_2O$$

接着二聚体的端羟基或端羧基与二元酸或二元醇继续反应,形成三聚体:

$$HOROOCR'COOH + HOROH \rightleftharpoons HOROOCR'COOROH + H_2O$$
$$HOROOCR'COOH + HOOCR'COOH \rightleftharpoons HOOCR'COOROOCR'COOH + H_2O$$

二聚体也可以自身相互缩聚,形成四聚体:

$$2\ HOROOCR'COOH \rightleftharpoons HOROOCR'COOROOCR'COOH + H_2O$$

在缩聚过程中,含羟基的任何聚体和含羧基的任何聚体之间都可以进行缩聚,低聚物与低聚物相互反应生成分子量更大的产物,如此逐步下去,产物的分子量逐步增加,最后得到高分子量

的聚酯,通式可表示为

$$n \text{ 聚体 } + m \text{ 聚体 } \Longleftrightarrow (n+m)\text{聚体 } + H_2O$$

式中,n 和 m 为任意正整数。

2. 可逆平衡特性

上面介绍了缩聚反应的逐步特性,不同长度的大分子端基都带有可继续进行缩合反应的官能团,即使到反应后期也是如此,但是并不能无限地反应下去,主要是受热力学因素的限制。缩聚反应通常都是热力学平衡的可逆反应。仍以二元酸和二元醇的聚酯化反应为例,该反应的每一步都生成一个新的酯键和一分子水,生成物之间又可发生逆反应,即形成的酯被水解为醇和酸,聚酯化的每一步反应都是可逆的,反应通式可表示为

$$-\text{OH} + -\text{COOH} \underset{k_{-1}}{\overset{k_1}{\Longleftrightarrow}} -\text{OCO}- + H_2O$$

在缩聚反应的初期,反应物浓度很大,因此正反应速率 $R_1 = k_1[-\text{OH}][-\text{COOH}]$,比逆反应速率 $R_2 = k_{-1}[-\text{OCO}-][H_2O]$ 要大得多,体系以正反应为主,逆反应速率很小,可以忽略;随着反应的进行,体系里反应物浓度不断减小,而产物特别是小分子副产物(水)的浓度逐渐增加,使得逆反应的速率逐渐增大。在缩聚反应后期,体系黏度较大,生成的小分子副产物排除困难,结果直至正、逆反应速率相等,即达到热力学平衡。缩聚反应可逆的程度可用平衡常数(K)来衡量,可表示为

$$K = \frac{k_1}{k_{-1}} = \frac{[-\text{OCO}-][H_2O]}{[-\text{OH}][-\text{COOH}]}$$

根据平衡常数的大小,可以将线型缩聚反应大致分为以下三种情况:

① 平衡常数小,如聚酯化反应,$K \approx 4$,副产物水的存在对产物的分子量影响很大,应在高真空下排除。

② 平衡常数中等,如聚酰胺化反应,$K \approx 300 \sim 500$,小分子水对产物的分子量有所影响,聚合反应后期需要在一定的真空条件下除水,以便提高分子量。

③ 平衡常数很大,$K > 1\,000$,可看作不可逆反应,如聚碳酸酯和聚砜等的逐步聚合,其 K 值在几千以上,可看成不可逆聚合。

对所有缩聚反应来说,逐步特性是共有的,而可逆平衡的程度则可以有很大的差别。

2.2.4 数均聚合度和反应程度

1. 数均聚合度

这里还要定义一下缩聚物的数均聚合度,以己二酸和己二胺制备聚己二酰己二胺(尼龙-66)的反应为例加以说明。

$$n\, H_2N(CH_2)_6NH_2 + n\, HOOC(CH_2)_4COOH \longrightarrow$$

$$+HN(CH_2)_6NH\!+\!CO(CH_2)_4CO\!+_n + 2n\, H_2O$$

结构单元　|　结构单元

重复单元

通常将进入大分子链结构中的平均结构单元数称为数均聚合度,用 $\overline{X}_n$ 表示:

$$\overline{X}_n = \frac{结构单元总数}{大分子数}$$

$\overline{X}_n$ 表示的是平均的进入每个大分子链的结构单元的数目,而以重复单元表示的数均聚合度通常用 $\overline{DP}$ 表示,则

$$\overline{DP} = \frac{重复单元总数}{大分子数}$$

很显然,$\overline{X}_n = 2\overline{DP}$。

2. 反应程度

在一般的化学反应中,常用反应物的转化率来表示反应的深度。聚合反应的转化率可用已转化为聚合物的单体量占起始单体量的比例来表示。在缩聚反应中,带不同官能团的任何两分子都能相互反应,无特定的活性种,缩聚早期,单体消耗很快,转变成二聚体、三聚体等低聚物。当单体的转化率达到90%时,体系内大多仍为低聚物,并无高分子量的聚合物生成(图2-3),延长聚合时间的主要目的是为了提高产物的分子量,而不是提高转化率,用转化率描述反应的深度并无意义。因此,在逐步聚合反应中,用反应程度来描述反应的进程。反应程度定义为已参加反应的官能团数占起始官能团数的百分数,用 p 表示。反应程度可以对任何一种参加反应的官能团而言。

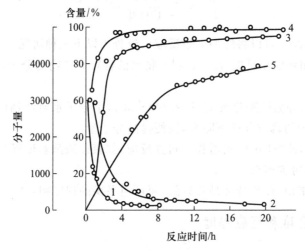

图 2-3 癸二酸和乙二醇的缩聚反应

1—癸二酸含量;2—低分子量聚酯的含量;3—高分子量聚酯的含量;4—体系中聚酯的总含量;5—聚酯分子量的增长(黏度法);前一段为前 10 h,200 ℃,在氮气下反应,后一段为后 10 h,200 ℃,在真空下反应

以等物质的量的 2-2 官能度体系,如二元醇和二元酸的缩聚反应为例来说明反应程度的含义及其与聚合度的关系。设体系中起始羧基或羟基的分子数为 N_0,等于二元酸和二元醇的分子总数,也等于反应时间为 t 时的酸和醇的结构单元数。设 t 时刻体系中残留的羧基或羟基的分子数为 N,因为一个聚酯分子带有两个端基,因此 N 也等于此时聚酯的分子数(体系的所有分

子数),则此时的反应程度为

$$p=\frac{已参加反应的官能团数}{起始官能团数}=\frac{N_0-N}{N_0}=1-\frac{N}{N_0} \tag{2-1}$$

$$\overline{X}_n=\frac{结构单元总数}{大分子数}=\frac{N_0}{N} \tag{2-2}$$

由式(2-1)和式(2-2)可建立反应程度和数均聚合度的关系:

$$\overline{X}_n=\frac{1}{1-p} \tag{2-3}$$

式(2-3)最早是由 Carothers 提出的,通常称为 Carothers 方程。这个公式表明数均聚合度随反应程度的增加而增加,如图2-4所示的曲线更好地反映出缩聚反应程度与数均聚合度之间的关系。

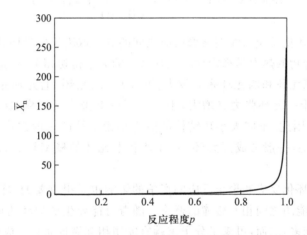

图2-4 缩聚物数均聚合度与反应程度的关系

由表2-2可知,当反应程度达到0.9时,聚合产物的数均聚合度才只有10,但此时残留单体已少于1%,转化率已高达99%。一般合成纤维和工程塑料的聚合度都在100~200,所以反应程度要提高到0.99~0.995才能得到所需要的性能,获得实际应用。

表2-2 数均聚合度与反应程度的关系(以涤纶为例)

反应程度(p)	数均聚合度($\overline{X}_n$)	平均分子量($\overline{M}_n$)
0.5	2	194
0.9	10	962
0.85	20	1 938
0.99	100	9 618
0.995	200	19 216
0.997	300	28 812

2.2.5 缩聚中的副反应

在缩聚反应过程中,除了正常的聚合反应外,由于缩聚通常要在较高的反应温度下实现,因此聚合过程中还可能伴随着一些副反应,下面简要介绍一下。

1. 环化反应

环化反应是线型缩聚反应中重要的副反应,主要是单体和低聚体除了发生分子间的缩合形成线型分子链外,还可能发生分子内或分子间的缩合形成环状化合物。例如,分子内环化:

$$\text{HO--(CH}_2\text{)}_4\text{COOH} \longrightarrow \begin{matrix} \text{CH}_2\text{---CH}_2 \\ \text{CH}_2 \qquad\quad \text{C=O} \\ \text{CH}_2\text{---O} \end{matrix} + \text{H}_2\text{O}$$

分子间环化:

$$2\text{HOCH}_2\text{COOH} \longrightarrow \begin{matrix} \text{O---CH}_2 \\ \text{O=C} \qquad\quad \text{C=O} \\ \text{CH}_2\text{---O} \end{matrix} + \text{H}_2\text{O}$$

环化反应程度或环化反应与线型缩聚反应之间的竞争取决于生成环结构的热力学和动力学因素。首先,环状化合物的热力学稳定性与其环张力的大小密切相关,环张力的大小又取决于环结构的大小。一般,三元环和四元环张力较大;五元环、六元环、七元环张力较小,而其中以六元环最小;八元环到十一元环张力又增大,十二元环以上张力又下降,这些环的张力差别主要是构象张力造成的。因此,不同大小环结构的热力学稳定性的一般次序为 3,4≪5,7~12＜6,14 及更大。实际上,一般形成五元环、六元环和七元环的概率较高,而大于十二元环的形成则很少见。

动力学因素对于环化反应和聚合反应的竞争的影响也是很重要的,环化反应的动力学因素取决于反应物末端官能团之间相互碰撞的概率。随着可能要生成的环的增大,生成环的反应物的链越长,链构象就越多,然而,可满足分子末端官能团相互靠近而易于成环的构象却极少出现,从而使官能团相互碰撞的概率减小,成环概率也就随之减小。当然,还应注意的是,很多聚合反应中的环化低聚物并不是由线型聚合产物末端官能团之间的相互碰撞反应生成的,而是由末端官能团"回咬",发生分子内交换反应形成的。例如,聚酯分子的末端羟基可与分子链中的酯基发生分子内交换,形成环状低聚物。实际上,环化反应发生的难易程度取决于上述动力学因素和热力学因素的综合作用。

对于线型缩聚,由于环化反应是副反应,因此希望避免这一反应,通常可采用下面的措施使反应向有利于缩聚的方向进行:

① 增加单体浓度。环化反应是单分子反应,而缩聚是双分子反应,因此提高反应物浓度有利于缩聚。一般,缩聚反应都使用高浓度单体,即使在可能生成六元环和七元环的许多反应中也可能不存在显著的环化反应。

② 降低反应温度。环化反应的活化能通常都高于线型缩聚的活化能,降温有利于缩聚。

③ 增加空间阻碍。例如,使用界面缩聚法可以显著降低环化概率。

当然,还可以利用分子内环化反应来有目的地合成环化低聚物和特殊性能的环状高分子。环化低聚物通常利用局部极稀的单体浓度合成,可用于下一步开环聚合的单体。

2. 链交换反应

链交换反应是发生在两个大分子链之间的副反应,即可发生在分子链端,也可发生在分子链中部。以聚酯化过程的链交换反应为例:

① 链端和另一大分子链间的交换。

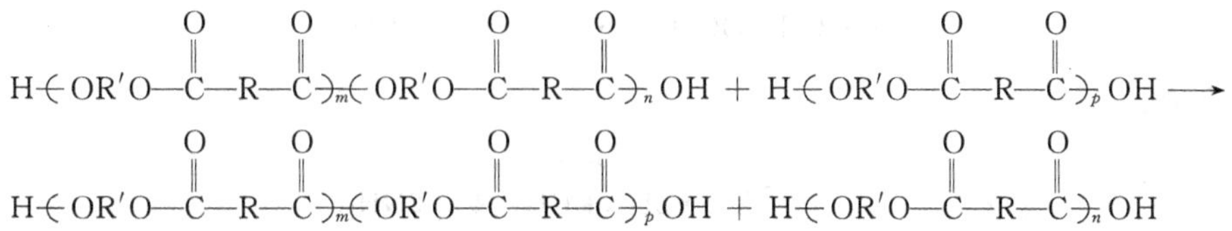

② 两个大分子链间的交换。

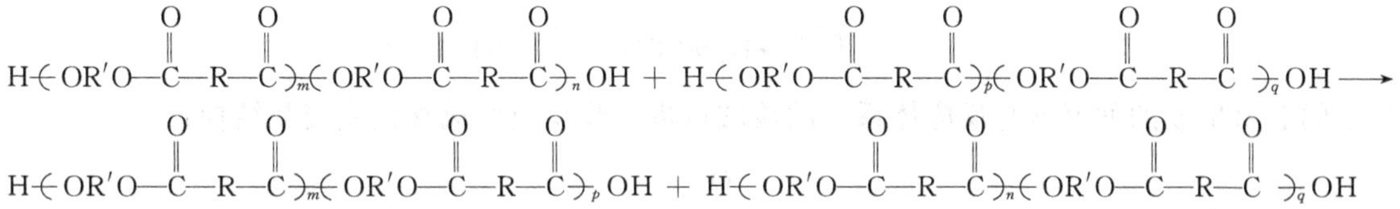

大分子链间的交换反应并不改变体系中大分子链的总数目,只是引起分子链长度的变化,因此按照大分子物质的量进行统计平均的聚合物的数均分子量维持不变,但使聚合物的分子量分布变窄。可见,可以利用链交换反应在一定程度上改善聚合物的性能。

3. 降解反应

平衡缩聚反应(如聚酯化)中的逆反应(水解)就是一种化学降解反应。缩聚反应体系中存在的水、醇、羧酸和胺等化合物可使酯键或酰胺键发生水解、醇解、酸解和胺解等副反应。反应温度越高,降解反应越明显。一般这几种降解反应速率的次序为酸解>醇解>水解>胺解。例如,聚酯的醇解反应:

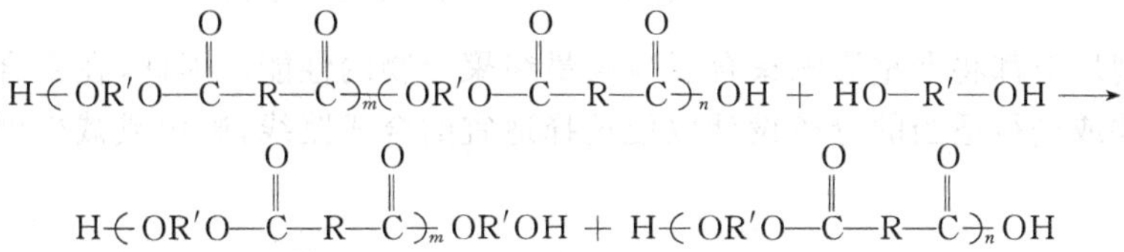

化学降解反应使聚合物的平均分子量降低,而单官能团的化合物如一元醇和一元酸等还会在降解反应中使生成的分子量小的聚合物末端失去可继续反应的官能团,因此会影响聚合反应的顺利进行,在实际的聚合反应中应避免这类化学降解反应。当然,还可利用化学降解的原理来降解回收废弃的聚合物。例如,废涤纶聚酯与过量的乙二醇共热,可以使聚酯醇解成对苯二甲酸乙二醇酯低聚体,这些低聚体可以重新用作缩聚的原料。

此外,当聚合反应温度过高时,聚合物还可能发生热降解反应。例如,在涤纶树脂生产时的热降解反应:

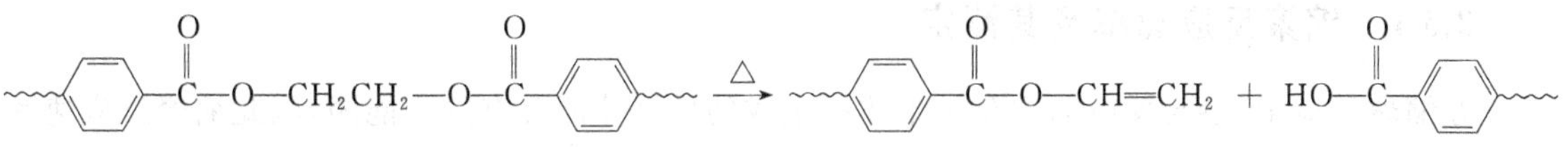

4. 官能团的消除反应

缩聚反应的温度通常都较高,单体及增长的大分子端基官能团可能发生改变,失去反应能力,即发生了副反应,引起体系中官能团比例的变化,从而影响聚合产物的分子量。例如,脱羧反应:

$$\text{\sim\sim CH}_2\text{COOH} \xrightarrow{\triangle} \text{\sim\sim CH}_3 + CO_2$$

脱氨反应:

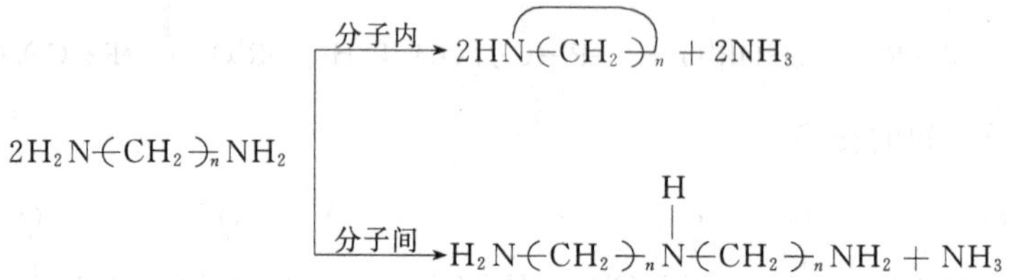

$$2H_2N\text{---}(CH_2)_{\overline{n}}NH_2 \begin{cases} \xrightarrow{\text{分子内}} 2HN(CH_2)_n + 2NH_3 \\ \xrightarrow{\text{分子间}} H_2N\text{---}(CH_2)_{\overline{n}} \overset{H}{N} (CH_2)_{\overline{n}} NH_2 + NH_3 \end{cases}$$

分子间脱氨生成的仲氨基与反应体系中的羧酸可进一步反应生成支化或交联结构:

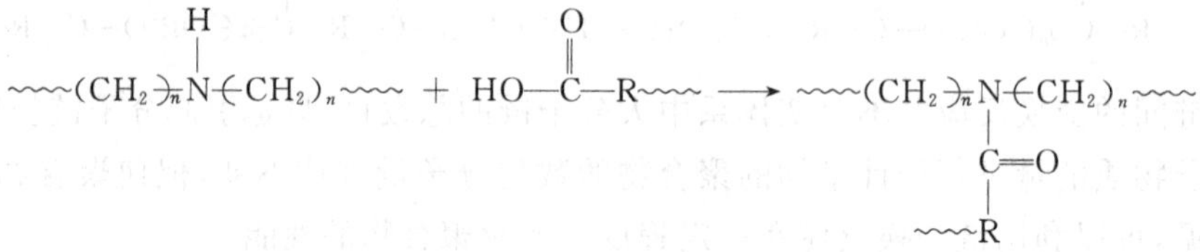

$$\text{\sim\sim}(CH_2)_{\overline{n}}N(CH_2)_n + HO\overset{O}{\overset{\|}{C}}\text{---}R \longrightarrow \text{\sim\sim}(CH_2)_{\overline{n}}N(CH_2)_n$$

$$\overset{|}{\underset{R}{\overset{C=O}{|}}}$$

分子链端的氨基也可以发生脱氨反应形成乙烯基:

$$\text{\sim\sim CH}_2\text{---CH}_2\text{---NH}_2 \longrightarrow \text{\sim\sim CH}=CH_2 + NH_3$$

水解反应:

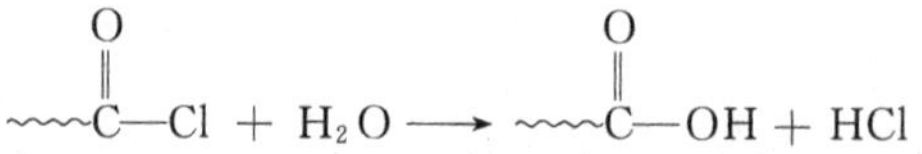

$$\text{\sim\sim}\overset{O}{\overset{\|}{C}}\text{---Cl} + H_2O \longrightarrow \text{\sim\sim}\overset{O}{\overset{\|}{C}}\text{---OH} + HCl$$

以上这些副反应都将严重影响聚合反应及最终聚合物的性能。因此,在聚合过程中,必须严格控制反应条件或进行适当的分子设计以便选择适宜的合成路线,避免或减少副反应的发生。

2.3 线型缩聚动力学

缩聚反应动力学主要研究缩聚反应速率及其各种影响因素,重点要阐明反应程度和反应时间的关系及缩聚产物的数均聚合度(或分子量)与时间的关系。尽管对缩聚反应动力学的研究已经有近百年的历史,但由于缩聚反应的复杂性及其种类的多样性,到目前为止还无法建立普遍适用于各种类型缩聚反应的动力学模型及方程。本节主要介绍目前研究相对成熟的聚酯化反应动力学。

2.3.1 缩聚反应速率及其测定

在缩聚反应中,参与反应的主要是单体或生成的低聚体所带有的官能团,因此缩聚反应速率通常用单位时间、单位体积内反应(消耗)掉的官能团数或生成新键的数目来表示。例如,在聚酯化反应中,可用单位时间内羧基浓度[COOH](或羟基浓度[OH])的减小或酯键[OCO]浓度的增加来表示反应速率:

$$R_p = -\frac{d[COOH]}{dt} = -\frac{d[OH]}{dt} = \frac{d[OCO]}{dt}$$

缩聚反应速率可通过监测反应官能团浓度或生成新键浓度随时间的变化得到。将测得的不同反应时间官能团浓度对时间 t 作图,得到一条曲线,曲线上某点切线的斜率,即为该点对应时刻的反应速率。若是直线,则直线的斜率为该实验范围内的反应速率。

现代分析测试手段已为测定反应过程中物质浓度提供了有效的方法。例如,测定反应体系中的羧基、氨基等官能团的浓度,除了采用传统的滴定法外,还可采用色谱法(气相色谱、液相色谱和柱色谱分离法等)、红外光谱法、核磁共振谱法和紫外-可见光谱法等测定反应物浓度的变化。

2.3.2 不可逆条件下的缩聚动力学

以二元酸和二元醇的聚酯化反应为例来说明线型缩聚反应动力学。从前面讨论的官能团等活性理论可知,聚酯化反应可按照小分子酯化反应动力学的方法来处理,这大大简化了缩聚反应动力学的研究。在下面推导聚酯化反应动力学方程时,忽略分子内环化反应和链交换反应。

聚酯化反应是酸催化反应,用 HA 酸作催化剂的反应历程大致如下:

首先,羧基的质子化生成(Ⅰ):

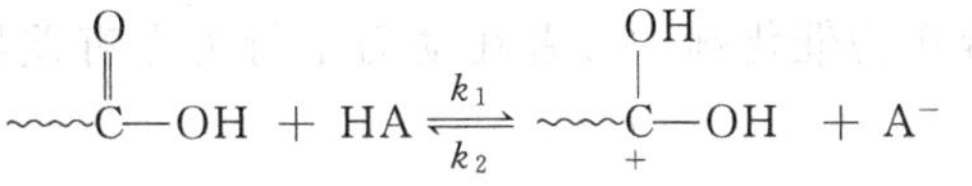

（Ⅰ）

然后,质子化产物与醇反应生成(Ⅱ),并再脱去一分子水形成酯键:

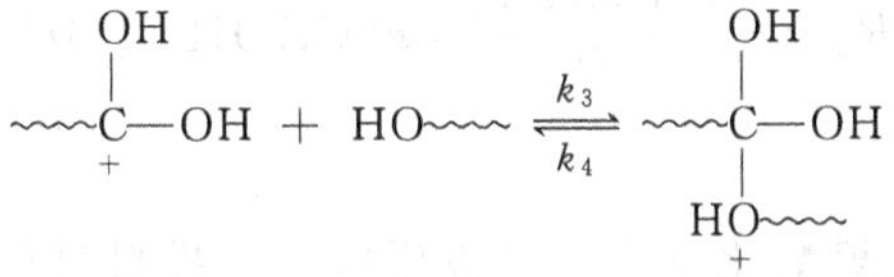

（Ⅱ）

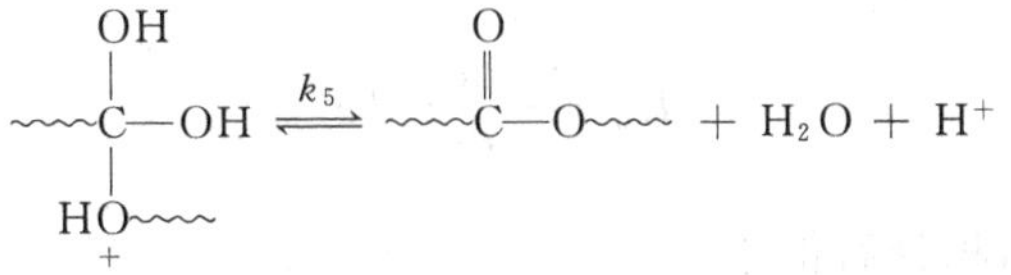

上述各步反应都是可逆平衡反应,其中生成(Ⅱ)的反应速率最慢。要获得高分子量的聚合物,就必须不断除去体系中生成的小分子水,以利于反应向生成聚合物的方向进行。在这种情况下,聚酯化反应中的后两步可作为不可逆反应来处理,即 k_4 是可以忽略的。又由于 k_1、k_2 和 k_5 都比 k_3 大,因此按照上述反应历程,生成化合物(Ⅱ)的一步最慢,是决定反应速率的步骤,若以体系中羧基消失的速率表示聚酯化反应的速率,则

$$R_p = -\frac{d[COOH]}{dt} = k_3[C^+(OH)_2][OH] \qquad (2-4)$$

质子化羧基的浓度$[C^+(OH)_2]$难以测定,可用质子化过程中的平衡式间接求得

$$K = \frac{k_1}{k_2} = \frac{[C^+(OH)_2][A^-]}{[COOH][HA]}$$

$$[C^+(OH)_2] = \frac{k_1[COOH][HA]}{k_2[A^-]} \qquad (2-5)$$

联立式(2-4)和式(2-5)可得

$$-\frac{d[COOH]}{dt} = \frac{k_1 k_3[COOH][OH][HA]}{k_2[A^-]} \qquad (2-6)$$

若考虑酸 HA 的解离平衡,

$$HA \xrightleftharpoons{K_{HA}} H^+ + A^-$$

$$K_{HA} = \frac{[H^+][A^-]}{[HA]}$$

联立上式与式(2-6)可得

$$-\frac{d[COOH]}{dt} = \frac{k_1 k_3[COOH][OH][H^+]}{k_2 K_{HA}} \qquad (2-7)$$

在实际聚酯化反应中,可以不外加酸,直接利用二元酸单体来催化反应,即自催化缩聚反应;也可以外加强酸,如硫酸等作为催化剂。二者在动力学行为上有差异。因此,根据 HA 的特性,分下面两种情况讨论。

1. 自催化聚酯化反应

在这种情况下,体系中无外加强酸催化剂,用$[COOH]$代替$[HA]$,式(2-7)可写成

$$R_p = -\frac{d[COOH]}{dt} = k[COOH]^2[OH] \qquad (2-8)$$

式中,$k = k_1 k_2 / k_3 K_{HA}$。

由式(2-8)可知,自催化聚酯化反应是三级反应。若投料时羧基和羟基官能团为等物质的量配比,设其浓度$[COOH] = [OH] = c$,则有

$$R_p = -\frac{dc}{dt} = kc^3 \qquad (2-9)$$

将式(2-9)分离变量,积分后得

$$\frac{1}{c^2} - \frac{1}{c_0^2} = 2kt \qquad (2-10)$$

式中,c 表示某时刻羧基或羟基的浓度;c_0 表示羧基或羟基的起始浓度。

引入反应程度 p,将式(2-1)中的羧基数 N_0 和 N 以浓度 c_0 和 c 代替,则 $c = c_0(1-p)$,将该式和式(2-3)代入式(2-10)中得

$$\frac{1}{(1-p)^2}=2c_0^2kt+1 \qquad (2-11)$$

$$(\overline{X}_n)^2=2c_0^2kt+1 \qquad (2-12)$$

从式(2-12)可以看出$(\overline{X}_n)^2$与时间t呈线性关系,表明聚酯化反应中聚合物的数均聚合度随反应时间增加缓慢。因此,要获得高分子量的聚合物,需要较长的反应时间。图2-5是自催化条件下的己二酸与不同二元醇的聚酯化反应的动力学曲线。可见,在反应程度$p<0.8$时,图中$1/(1-p)^2-t$不呈线性关系。这是酯化反应普遍具有的特点,因为当用一元酸代替二元酸进行酯化反应时也存在这一现象,因此并不是聚酯化反应所特有的。这里偏离三级反应方程式的原因可能是由于随着缩聚反应的进行,体系的极性、体积、活度、反应官能团浓度及催化机理都相应地发生了变化,最终导致速率常数k的降低。当$p>0.8$时,体系中介质性质基本不变,速率常数才趋于恒定,所以图中实验数据点符合式(2-11)的线性关系。还可注意到,图中曲线1~3(己二酸和癸二醇缩聚)在较宽的范围内都较好地符合三级动力学行为;然而对于曲线4(己二酸和一缩二乙二醇缩聚),仅在$p=0.8\sim0.93$范围内呈线性关系,占了缩聚总时间的45%。这可能是由于在聚酯化过程中醇的脱水、酸的脱羧及挥发损失造成反应物浓度变化,以及缩聚后期体系黏度较大,水分子难以排除,逆反应不能忽视造成的。

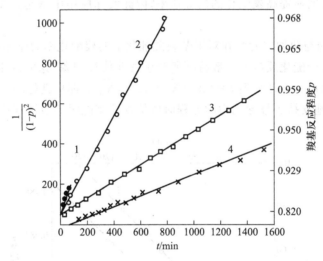

图2-5 己二酸自催化聚酯化反应动力学曲线

1—癸二醇,202 ℃;2—癸二醇,191 ℃;3—癸二醇,161 ℃;4——缩二乙二醇,166 ℃

2. 外加酸催化聚酯化反应

自催化聚酯化反应中聚合物的分子量增长缓慢,当外加强酸(如硫酸、对甲苯磺酸等)催化时,将极大地加快聚酯化反应速率。此时,聚合速率由外加酸催化和自催化两部分组成,但在缩聚反应中,外加酸催化剂的浓度几乎保持不变,且远远大于低分子羧酸的自催化作用。因此,可以忽略自催化的速率,则式(2-7)可写成

$$-\frac{d[COOH]}{dt}=k'[COOH][OH] \qquad (2-13)$$

式中，$k'=k_1 k_3 [\mathrm{H^+}]/k_2 K_{\mathrm{HA}}$

可见，外加强酸催化时，聚酯化反应为二级反应。考虑羧基和羟基的浓度相同均为 c，则

$$R_{\mathrm{p}}=-\frac{\mathrm{d}c}{\mathrm{d}t}=k'c^2 \tag{2-14}$$

上式分离变量，积分后得

$$\frac{1}{c}-\frac{1}{c_0}=k't \tag{2-15}$$

将反应程度 p 引入式(2-15)中可得

$$\frac{1}{1-p}=k'c_0 t+1 \tag{2-16}$$

$$\overline{X}_{\mathrm{n}}=k'c_0 t+1 \tag{2-17}$$

式(2-17)表明 $\overline{X}_{\mathrm{n}}$ 与时间 t 呈线性关系，从该直线的斜率可求得反应速率常数 k'，由 Arrhenius 方程作图还可求得该反应的表观活化能 E 和频率因子 A。与前面的自催化体系相比，外加强酸催化确实可明显提高聚酯化的反应速率，因此实际应用中都是采用外加强酸催化剂条件下的聚酯化反应。

图 2-6 是己二酸与两种二元醇在对甲苯磺酸催化下的聚酯化动力学曲线。同图 2-5 一样，反应初期仍然存在由于酯化反应的一般特征所产生的非线性现象，这实际上并不是聚合反应的特征。当 $p>0.8$ 以后，一直延续到 $p\approx0.99(\overline{X}_{\mathrm{n}}=100)$，$\overline{X}_{\mathrm{n}}$-$t$ 都呈良好的线性关系，服从二级反应规律，从而也有力地支持了推导动力学方程时所依据的官能团等活性理论这一基础。

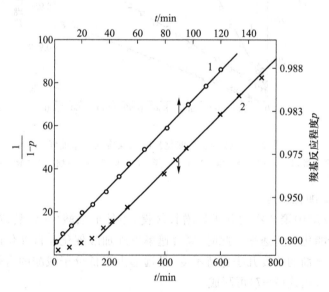

图 2-6 对甲苯磺酸催化己二酸聚酯化反应动力学曲线

1— 癸二醇，161 ℃；2— 一缩二乙二醇，109 ℃

2.3.3 平衡条件下的缩聚动力学

聚酯化反应属于可逆缩聚反应,并且其平衡常数较小。因此,反应体系中生成的小分子副产物如不能及时排除,则逆反应不能忽视。根据平衡缩聚过程中是否从体系中排除小分子,又可把平衡体系分为封闭体系(不采取任何措施排除生成的小分子)和开放体系(小分子不断从体系中部分排除),这两种情况对于聚合反应程度和聚合产物分子量有不同的影响。

以酸催化聚酯化反应为例,如果羧基和羟基等物质的量反应,令其起始浓度为 c_0,时间 t 时的浓度为 c,则此时生成酯的浓度为 c_0-c,生成小分子水的浓度也是 c_0-c;若水部分排除时,则令其残留浓度为 c_w。

$$\overset{O}{\underset{\Vert}{\sim\sim C}}\text{—OH} + \text{HO}\sim\sim \underset{k_{-1}}{\overset{k_1}{\rightleftharpoons}} \overset{O}{\underset{\Vert}{\sim\sim C}}\text{—O}\sim\sim + \text{H}_2\text{O}$$

$t=0$ 时	c_0	c_0	0	0
$t=t_{平衡}$ 时	c	c	c_0-c	c_0-c (水未排除)
	c	c	c_0-c	c_w (水部分排除)

式中,k_1 和 k_{-1} 分别为正、逆反应速率常数。

聚酯化反应的总速率是正、逆反应速率之差。水未排除时,其速率为

$$R=-\frac{dc}{dt}=k_1 c^2 - k_{-1}(c_0-c)^2 \tag{2-18}$$

水部分排除时的总速率为

$$R=-\frac{dc}{dt}=k_1 c^2 - k_{-1}(c_0-c)c_w \tag{2-19}$$

将式(2-1)中的羧基数 N_0 和 N 以浓度 c_0 和 c 代替,则 $c=c_0(1-p)$,又平衡常数 $K=k_1/k_{-1}$,分别代入式(2-18)式(2-19),得

$$-\frac{dc}{dt}=\frac{dp}{dt}=k_1\left[(1-p)^2-\frac{p^2}{K}\right] \tag{2-20}$$

$$-\frac{dc}{dt}=\frac{dp}{dt}=k_1\left[(1-p)^2-\frac{pc_w}{K}\right] \tag{2-21}$$

式(2-21)是可逆聚酯化反应的动力学通式,表明体系的总反应速率与反应程度、平衡常数及小分子副产物的浓度有关。当 K 值很大和/或 c_w 很小时,式(2-21)中右边第二项可以忽略,就和外加酸催化的不可逆条件下的聚酯化动力学相同。

前面以聚酯化反应动力学这一研究较成熟的线型缩聚反应为代表,讨论了可逆和不可逆条件下的动力学模型,实际上其关键问题还是在催化剂和平衡上。羟基和羧基的酯化反应活性不高,都需要外加催化剂催化反应;聚酯化的平衡常数也很小,因此必须在真空减压条件下及时脱除体系中产生的小分子水。然而,应当注意的是不同的缩聚反应在催化剂和平衡问题上不尽相同,有的差别很大,应具体问题具体分析。

2.4 线型缩聚物的分子量及其分布

2.4.1 数均聚合度的影响因素

分子量及其分布对于聚合物材料的性能有很大影响,不仅不同的实际用途对聚合物分子量有不同的要求,而且材料的加工成型性能也与其关系密切。因此,对分子量及其分布进行控制是高分子合成中的关键问题。数均聚合度是表征聚合物分子量的重要参数,下面分别讨论一下影响数均聚合度的各种因素。

1. 反应程度对数均聚合度的影响

缩聚物的聚合度是反应时间或反应程度的参数,如在 2-2 或 2 体系等物质的量进行不可逆缩聚反应时,反应程度和数均聚合度的关系如式(2-3)所示。可见,在适当的反应时间内采取适当的手段(如降温),可使反应停留在某一反应程度,就可以获得所要求分子量的聚合物。但是应当注意的是这种控制分子量的方法存在明显的缺点,即得到的聚合物大分子链端存在未反应的官能团,在后续加热(如热加工成型)时仍然可以进一步反应,会引起聚合物分子量的变化,严重影响聚合物的加工和使用性能。

2. 平衡常数对数均聚合度的影响

虽然反应程度是决定聚合物分子量的主要因素,但大多数缩聚反应都存在可逆平衡,反应程度又与平衡常数有关,因此缩聚物的分子量还与反应平衡有关。

(1)封闭体系

聚酯化反应中,生成的小分子水未排除时属于这种情况。当正、逆反应达到平衡时,总的聚合反应速率为零,若两种基团等物质的量反应,则由式(2-20)得

$$(1-p)^2 - \frac{p^2}{K} = 0 \tag{2-22}$$

解得

$$p = \frac{\sqrt{K}}{\sqrt{K}+1} \tag{2-23}$$

$$\overline{X}_n = \frac{1}{1-p} = \sqrt{K}+1 \tag{2-24}$$

从表 2-3 可见,对于不同封闭聚合体系,反应的平衡常数对反应程度和聚合度有较大的影响。合成涤纶和尼龙时,聚酯化和聚酰胺化反应的平衡常数较小,最终得到的聚合物的聚合度太小,不能满足实际使用的需要,因此必须采用开放体系在真空条件下及时除去反应体系中的小分子副产物。而对于酚醛聚合体系,平衡常数较大,即使不除水,聚合产物也可达到较高的分子量。

表 2-3 封闭体系内合成三种聚合物的平衡常数对反应程度和数均聚合度的影响

反应体系	K	p	$\overline{X}_n$
涤纶	4	0.667	3
尼龙	400	0.952 4	21
酚醛树脂*	3 000	0.982 1	55

注：* 酚醛树脂实际属于加成缩合聚合，后面将介绍，这里列出数据为了比较。

（2）开放体系

同理，对于非封闭的开放体系，由式（2-21）得

$$(1-p)^2 - \frac{p c_w}{K} = 0 \qquad (2-25)$$

$$\overline{X}_n = \frac{1}{1-p} = \sqrt{\frac{K}{p c_w}} \approx \sqrt{\frac{K}{c_w}} \qquad (2-26)$$

式（2-26）表明，数均聚合度和平衡常数的平方根成正比，与体系低分子副产物水的浓度的平方根成反比。表 2-4 给出了开放体系中，在特定 K 值下水的残留浓度对数均聚合度的影响（水的初始浓度 $[H_2O]_0 = 5 \ \mathrm{mol \cdot L^{-1}}$）。可见，$K$ 越大，小分子副产物水除得越尽，所得产物的数均聚合度越大。

表 2-4 开放体系中水的残留浓度对数均聚合度的影响

K	$[H_2O]^* / (\mathrm{mol \cdot L^{-1}})$	$\overline{X}_n$
0.1	1.18**	13.2**
	1.32×10^{-3}	20
	2.04×10^{-4}	50
	5.05×10^{-5}	100
	1.26×10^{-5}	200
1	2.50**	2
	1.32×10^{-2}	20
	2.04×10^{-3}	50
	5.05×10^{-4}	100
	1.26×10^{-4}	200
81	4.50**	10
	1.07	20
	0.166	50
	4.09×10^{-2}	100
	1.02×10^{-2}	200
361	4.75**	20
	0.735	50
	0.183	100
	4.54×10^{-2}	200

注：* 设体系中水的起始浓度 $[H_2O]_0 = 5 \ \mathrm{mol \cdot L^{-1}}$；** 封闭体系中达到平衡时水的浓度。

对于 K 值很小（$K=4$）的聚酯化反应，要获得 $\overline{X}_n > 100$ 的聚酯，要求体系中残留水分子的浓度很低（$<4\times10^{-4}\ \mathrm{mol\cdot L^{-1}}$），这就要求在高真空（$<70\ \mathrm{Pa}$）下充分脱除水分。聚合反应后期，体系黏度很大，水的扩散困难，要求聚合设备创造较大的扩散界面。对于聚酰胺化反应，其平衡常数（$K=400$）要高于聚酯化反应，要达到相同的聚合度，可以允许稍高的残留水分子浓度（$<4\times10^{-2}\ \mathrm{mol\cdot L^{-1}}$）和稍低的真空度。而对于 K 值很大（$>10^3$），且对聚合度要求不高（几到几十）的聚合体系，如可溶性酚醛树脂预聚物，则完全可在水介质中反应。

3. 反应官能团配比对数均聚合度的影响

前面讨论的平衡条件对数均聚合度的影响究其本质也是通过控制反应程度而影响数均聚合度的，但是通过控制反应程度并不能有效地控制缩聚产物的分子量。主要是由于这样得到的大分子链端残留的活性官能团（也是不稳定因素）在受热时会继续反应，甚至可能发生副反应（如降解等），影响聚合物的热稳定性等性能。因此，常用的控制聚合物分子量的方法是控制反应官能团的配比，使某种官能团稍过量或加入单官能团单体，当反应进行到一定程度时这种基团就会起到封端的作用，使反应停止，既可达到控制聚合产物分子量的目的，又可获得具有稳定分子质量的产品，不受后续加工和使用条件的影响。下面分成三种情况讨论：

(1) 2-2 体系两单体非等物质的量配比，其中一种单体稍过量

对于 2-2 体系，以 aAa 和 bBb 两单体的缩聚反应为例，其中 bBb 稍过量。例如，二元醇和二元酸的反应体系。设 N_a、N_b 分别为 a、b 官能团的起始数，则两种单体的分子数分别是 $N_a/2$ 和 $N_b/2$。当一种单体 bBb 稍过量时，定义两种单体官能团数比或摩尔比（称为摩尔系数），用 r 表示，则

$$r=\frac{N_a}{N_b}<1 \qquad\qquad (2\text{-}27)$$

在科学研究中常用摩尔系数，而工业上常用单体的过量百分率或过量百分数 q 来表示两种单体之间的数量关系。bBb 单体的过量百分率为

$$q=\frac{(N_b-N_a)/2}{N_a/2}=\frac{N_b-N_a}{N_a}=\frac{1-r}{r} \qquad\qquad (2\text{-}28)$$

或

$$r=\frac{1}{q+1} \qquad (r\text{-}q\ 关系) \qquad\qquad (2\text{-}29)$$

下面推导数均聚合度 $\overline{X}_n$ 与 r（或 q）及反应程度 p 的关系式。设官能团 a 的反应程度为 p，则官能团 a 的反应数为 $N_a p$，官能团 b 的反应数也是 $N_a p$。相应地可知官能团 a 的残留数为 $N_a-N_a p$，官能团 b 的残留数为 $N_b-N_a p$，官能团 a 和 b 的残留总数为 $N_a+N_b-2N_a p$。残留的官能团分布在大分子的两端，而每个线型大分子有两个官能团（端基），则体系中大分子总数应是端基官能团数的一半，即 $(N_a+N_b-2N_a p)/2$。体系中结构单元数等于单体分子数 $(N_a+N_b)/2$，则根据数均聚合度的定义，$\overline{X}_n$ 等于结构单元总数除以大分子总数，即

$$\overline{X}_n=\frac{(N_a+N_b)/2}{(N_a+N_b-2N_a p)/2}=\frac{1+r}{1+r-2rp}=\frac{q+2}{q+2(1-p)} \qquad\qquad (2\text{-}30)$$

式(2-30)表示数均聚合度与 p、r 或 q 之间的定量关系。

下面讨论式(2-30)的两种极限情况:

① 当两种单体等物质的量配比时,即 $r=1$ 或 $q=0$,则式(2-30)简化为

$$\overline{X}_n = \frac{1}{1-p} \tag{2-31}$$

② 当 $p \rightarrow 1$ 时,即官能团 a 完全反应时,式(2-30)简化为

$$\overline{X}_n = \frac{1+r}{1-r} = \frac{2}{q} + 1 \approx \frac{2}{q} \tag{2-32}$$

当两单体完全等物质的量($r=1$ 或 $q=0$)配比和 $p=1$,即①和②同时成立时,产物的聚合度将变成无穷大,理论上成为一个大分子。实际上,反应程度可以趋近 1,但永远不可能等于 1。图 2-7 是由式(2-30)计算出的不同反应程度时 $\overline{X}_n$ 与摩尔系数或过量百分率的关系。

图 2-7 中的不同曲线表明如何通过控制摩尔系数及过量百分率,使聚合反应达到某一特定的聚合度。但实际上,在聚合反应中,q 和 r 的数值通常是不允许完全自由的选择。这里既要考虑到反应物纯化的困难(很难使 r 接近 1),又要考虑经济效益和反应时间,往往在 $p<1$ 时就结束,因为在聚合反应的最终阶段,要想使 p 提高百分之一,所要花费的时间等于反应从最初进行到 $p=97\%\sim98\%$ 所需要的时间。

下面举一个例子来说明,二元醇和二元酸反应,当羟基数目超过羧基 1%,即过量百分率 $q=0.01$(摩尔系数 $r=100/101$)时,且羧基完全反应时 $p \rightarrow 1$,则由式(2-32)可得

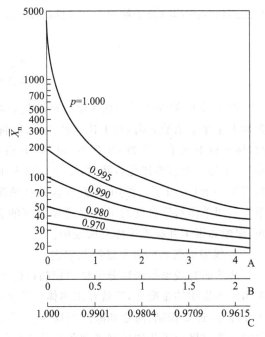

图 2-7 不同反应程度时数均聚合度与
摩尔系数及过量百分率的关系
A. bBb 过量百分率(百分数);B. 当 $N_a = N_b$ 时,
单官能团化合物 Cb 过量百分率;C. 摩尔系数 r

$$\overline{X}_n = \frac{1 + \dfrac{100}{101}}{1 - \dfrac{100}{101}} \approx \frac{2}{0.01} + 1 = 201$$

当 $q=0.01$,$p=0.98$ 时 $\overline{X}_n$ 就将从 201 降到 40;若 $q=0.05$,$p \rightarrow 1$ 时,$\overline{X}_n$ 也将从 201 降到 41。可见,在进行缩聚反应时,一种单体稍微过量就能引起产物聚合度的迅速下降。要得到高分子量聚合物,除了使反应程度尽量接近 1 以外,必须严格控制原料的配比,否则将造成聚合度的严重下降。

（2）2-2 体系(aAa、bBb)两单体等物质的量配比,外加少量单官能团化合物 Cb

当单官能团化合物加入到缩聚体系中时,其将与聚合物末端的官能团反应,起到端基封锁,稳定分子量的目的。此外,还可以防止在加工和使用时聚合物从端基降解,提高聚合物的热稳定性。常把加入的单官能团化合物称作分子量稳定剂或端基封锁剂。

当两种单体 aAa 和 bBb 等物质的量配比,另加少量单官能团物质 Cb 控制聚合物分子量时,式(2-30)仍然适用,只是摩尔系数 r 或分子过量分率 q 重新定义为

$$r=\frac{N_a}{N_a+2N_c} \quad \text{或} \quad q=\frac{N_c}{\dfrac{N_a}{2}}=\frac{2N_c}{N_a} \tag{2-33}$$

式中,N_c 是加入单官能团物质 Cb 的分子数或物质的量,N_a 和 N_b 的含义不变;N_c 前面的系数 2 是因为在控制聚合物链增长上,一个 Cb 单官能团分子和一个 bBb 双官能团分子的作用相同。

(3)2 体系外加少量单官能团化合物 Cb

对于 aRb 型单体(如羟基酸)缩聚体系中,其官能团 a 和 b 的数目总是相等的,对于这样的聚合反应,得到的聚合物分子的端基仍然可以相互反应,因此将导致分子量的改变。也可以加入少量单官能团化合物 Cb(分子数为 N_c)来控制和稳定聚合物的分子量。此时,r 或 q 值由式(2-34)计算:

$$r=\frac{N_a}{N_a+2N_c} \quad \text{或} \quad q=\frac{2N_c}{N_a} \tag{2-34}$$

图 2-7 中的曲线对于加入单官能团化合物的情况同样适用,只是横坐标的标度不同。当横坐标表示摩尔系数 r 时,对上述三种情况,其标度完全相同。当横坐标表示反应物的过量百分率时,标度就不同了。例如,对于 N_a 和 N_b 不相等的缩聚反应,横坐标可表示 bBb 单体过量百分率;对于加入单官能团化合物时,横坐标则表示 Cb 单体的摩尔分数,因为一个 bBb 分子的作用相当于一个 Cb 分子的作用,因此在这两种情况下的横坐标相差一个因子 2。过量的双官能团和单官能团单体对聚合度的影响都遵循上面的关系式,并且已经被大量的逐步聚合体系,如聚酰胺、聚酯和聚苯并咪唑等体系所证明。

4.线型缩聚物的分子量控制举例

从前面对线型缩聚物分子量的控制讨论可知,要想获得高分子量的缩聚物,必须保证反应官能团的等物质的量配比,这就要求单体配比要准确、原料要纯;此外,还要求反应程度要高,低分子要除尽,还要控制、防止和减少副反应。下面以涤纶和尼龙-66 的合成为例,来说明工业生产中如何通过聚合工艺的控制来制备高分子量的聚合物。

(1)涤纶

涤纶是聚对苯二甲酸乙二醇酯的商品名,一般并不直接采用对苯二甲酸和乙二醇缩聚合成,有三个原因:① 对苯二甲酸熔点高,在溶剂中的溶解度很小,难以用精馏、结晶等方法提纯;② 原料纯度不高时,难以控制两种单体的等物质的量配比;③ 反应平衡常数小,需要在高温、高真空度下排除低分子副产物,才能获得高分子量涤纶聚酯。当然,目前工业上对苯二甲酸的提纯技术已经解决,可以由一步直接酯化法合成涤纶。

然而,在实际工业生产中绝大多数采用的是另一种方法——酯交换法。首先,通过对苯二甲酸的甲酯化反应得到纯的对苯二甲酸二甲酯:

$$HOOC \longrightarrow \!\!\!\!\! \langle\;\rangle \!\!\!\!\! \longrightarrow COOH + 2CH_3OH \rightleftharpoons CH_3OOC \longrightarrow \!\!\!\!\! \langle\;\rangle \!\!\!\!\! \longrightarrow COOCH_3 + 2H_2O$$

然后,在 200 ℃以下,以醋酸镉和三氧化锑为催化剂,进行酯交换反应。这步反应不必严格

控制化学计量,对苯二甲酸二甲酯与乙二醇的实际摩尔比为 1:2.4,反应后形成对苯二甲酸乙二醇酯和少量低聚物:

$$CH_3OOC-\underset{}{\bigcirc}-COOCH_3 + 2HOCH_2CH_2OH \rightleftharpoons$$

$$HOCH_2CH_2OOC-\underset{}{\bigcirc}-COOCH_2CH_2OH + 2CH_3OH$$

通过甲醇的馏出,可使反应向右移动,保证酯交换的充分完成。

最后,在高于涤纶熔点的温度(280 ℃)下,以三氧化锑为催化剂,使对苯二甲酸乙二醇酯自缩聚,缩聚的副产物是乙二醇:

$$n\ HOCH_2CH_2OOC-\underset{}{\bigcirc}-COOCH_2CH_2OH \rightleftharpoons$$

$$H\underset{}{(}OCH_2CH_2OOC-\underset{}{\bigcirc}-CO\underset{}{)}_nOCH_2CH_2OH + (n-1)HOCH_2CH_2OH$$

通过减压和高温,使乙二醇不断蒸出,以逐步提高聚合度。

在甲酯化和酯交换阶段,并不考虑官能团等物质的量配比。在缩聚阶段,根据乙二醇的馏出量,破坏平衡,自然地调节两种官能团的比例,逼近等比。通常通过控制体系中乙二醇的含量以达到预定聚合度。此外,直接酯化和酯交换反应都比较慢,且都是可逆反应,所以应加催化剂,并设法排除低分子副产物,才能使反应完全。随着反应程度的提高,体系黏度增加。在工程上,根据聚合度和体系黏度的变化,将缩聚分在两个反应釜中进行更为有利。前一阶段在 270 ℃ 和较低真空度(2 000~3 300 Pa)下进行,后一阶段在 280~285 ℃ 和较高真空度(60~130 Pa)下完成反应。为了得到 $\overline{X}_n > 200$,根据式(2-26),应使

$$\overline{X}_n = \sqrt{\frac{K}{c_{\text{小分子}}}} = \sqrt{\frac{4}{c_{\text{乙二醇}}}} > 200,$$

则 $c_{\text{乙二醇}} < 10^{-4}\ \text{mol}\cdot\text{L}^{-1}$,这就要求真空度小于 133 Pa,实际操作时根据体系黏度变化最后要小于 66 Pa。应用于纤维的聚对苯二甲酸乙二醇酯,工业上要求其分子量要达到 2 万,应用于挤出或注塑成型时,对分子量的要求更高。

涤纶聚酯是合成纤维中的第一大品种,其性能优良,具有很多优点,如熔点高、150~170 ℃以下机械强度好、耐溶剂、耐腐蚀、耐磨性好。经多次洗涤后无需烫熨,与棉混纺后,手感好、透气性提高。涤纶聚酯还可用作薄膜和工程塑料。例如,经双向拉伸的薄膜可用作胶卷、磁带基片、电机和容器中的绝缘薄膜等。高黏度的树脂可以用作一般的摩擦零件如轴承、齿轮和电器零件等。还有许多涤纶聚酯类改性品种,如聚对苯二甲酸丁二醇酯(PBT),其熔点较涤纶降低,加工性能变好。对苯二甲酸与丁二醇、乙二醇三元共缩聚物,刚性和熔点降低不多,流动性和熔纺性能改善。

(2) 尼龙-66

尼龙-66 是重要的合成纤维和塑料,由己二胺和己二酸缩聚而成。这些单体在高温缩聚时挥发性不同,己二胺更容易挥发,因此在聚合过程中很难保持单体等物质的量配比。在实际生产中,常将这两种单体预先中和形成结晶,即 66 盐,易于纯化和精制(基于在冷、热乙醇中溶解度的显著差异来重结晶提纯),保证了单体官能团等物质的量配比,然后将此盐进行熔融缩聚。

$$H_2N(CH_2)_6NH_2 + HOOC(CH_2)_4COOH \longrightarrow H_3\overset{+}{N}(CH_2)_6\overset{+}{N}H_3 {}^-OOC(CH_2)_4COO^-$$

胺类的活性高,因此聚酰胺化时不需要催化剂,且平衡常数($K=400$)较大。缩聚前期可以先在水溶液中进行,也能达到一定聚合度,后期转入熔融缩聚。所要求的真空度不需要像合成涤纶聚酯那样高,就可以达到所要求的分子量。为了防止分子量太大,在缩聚时,还要在66盐中外加少量单官能团乙酸($0.2\%\sim0.3\%$质量分数)或微过量的己二酸进行端基封锁,控制分子量(1万~1.5万)。

$$n\left[H_3\overset{+}{N}(CH_2)_6\overset{+}{N}H_3 {}^-OOC(CH_2)_4COO^-\right] + CH_3COOH \longrightarrow$$
$$CH_3CO{-\!\!\left[NH(CH_2)_6NHOC(CH_2)_4CO\right]\!\!}_n OH + 2n\ H_2O$$

66盐不稳定,温度稍高时,盐中己二胺(沸点196 ℃)易挥发,己二酸易脱羧,将使等基团数比失调。所以,一般的具体操作程序为将少量乙酸加入$60\%\sim75\%$的66盐的水溶液中,在密闭体系内,先在较低的温度(如200~215 ℃)和1.4~1.7 MPa下加热1.5~2 h,预缩聚到反应程度为0.8~0.9;然后慢慢(2~3 h)升温至66盐的熔点(265 ℃)以上(如270~275 ℃),在水蒸气压1.6~1.7 MPa下进一步缩聚,以防止己二胺的挥发和己二酸的脱羧;之后,保持270~275 ℃,不断排气降压,最后在2 700 MPa的减压条件下完成缩聚反应。在某些情况下,若要得到高分子量的聚酰胺产品,可使反应釜中保持真空,当反应完成,熔化的聚合物在氮气或二氧化碳的压力下从反应釜中喷出。聚酰胺-610、聚酰胺-612、聚酰胺-1010的合成技术及原理与尼龙-66相似。

尼龙-66是中等结晶度聚合物,熔点高(265 ℃),具有许多优良的性能,如强度高、柔韧性好、耐磨、易染色、摩擦系数低、低蠕变及抗真菌性等,抗有机溶剂性能和抗碱水解性能优于聚酯,但缺点是抗湿性较差,可用于制作服装、地毯、安全带、降落伞和渔网等。用纤维增强后,还可用于工程塑料,如轴承、齿轮、叶轮和轮胎帘布等。

【小知识】　卡罗瑟斯和尼龙的发明

尼龙是最先研制出的一种合成高分子纤维。从1939年杜邦公司销售备受欢迎的尼龙长袜开始,人们便开始利用机器生产合成高分子纺丝材料,而不再依赖于天然纤维,这种给人们生活带来极大方便的发明者就是卡罗瑟斯(Wallace Hume Carothers,1896—1937,图2-8)。任何发明创造都不是一帆风顺的,尼龙也不例外。

卡罗瑟斯于1896年4月27日出生在美国洛瓦的伯灵顿,1923年在伊利诺伊斯大学攻读有机化学专业的博士学位。1926年成为哈佛大学的年轻讲师教授有机化学。1928年杜邦公司在特拉华州威尔明顿的总部所在地成立了基础化学研究所,从事人工制丝的基础研究。年仅32岁的卡罗瑟斯受哈佛和伊利诺伊斯两所大学的联合推荐,受聘担任了该研究所有机化学部的负责人。当时正值国际上对施陶丁格(Hermann Staudinger)提出的高分子理论展开激烈

图2-8　卡罗瑟斯

争论之时,卡罗瑟斯支持并赞扬施陶丁格的观点,决心通过实验来证实这一理论的正确性,因此他把对高分子的探索作为有机化学部的主要研究方向。卡罗瑟斯起初是选择脂肪族的二元醇与二元羧酸进行缩聚反应,然而仅仅得到了低分子量(约5 000)的聚酯。为了进一步提高分子量,

卡罗瑟斯等采取一系列突破有机合成常规的方法,如改进了高真空蒸馏器并严格控制反应的配比来提高聚合度,在不到两年的时间里终于使聚合物的分子量达到了1万～2万。值得一提的是在实验过程中,卡罗瑟斯的同事希尔斯(Julian Hill)博士发现熔融的聚酯可以抽出纤维状的细丝(图2-9),即使冷却后还能继续拉伸,拉伸长度可以达到原来的几倍,经过冷拉伸后纤维的强度和弹性大大提高。这使他们预感到这种特性可能具有重大的应用价值,有可能用熔融的聚合物来纺制纤维。他们对一系列脂肪酸和脂肪醇的聚酯化合物进行了深入的研究,但是这种全脂肪族聚酯存在易水解、熔点低(80～100 ℃)、易溶解在有机溶剂中等缺点。尽管他们通过数千种单体的组合,试验了几百种不同纤维,但结果性能都不理想。遗憾的是,卡罗瑟斯因此得出了聚酯不具备制取合成纤维的错误结

图2-9　希尔斯演示第一个
尼龙纤维的纺丝

论,最终放弃了对聚酯的研究。然而,十年后英国的温费尔德(Whinfield T R)和狄克逊(Dickson J T)在汲取这些研究成果的基础上,改用芳香族羧酸(对苯二甲酸)与二元醇进行缩聚反应,于1940年成功合成出了聚酯纤维——特丽纶(我国称涤纶)。

为了合成出高熔点和高性能的聚合物,卡罗瑟斯和他的同事们将注意力转到二元胺与二元羧酸的缩聚反应上。在几年的时间里,卡罗瑟斯和他的同事们对大量二元胺和二元酸的聚合反应进行了筛选,从中找到了理想的制备聚酰胺的原料—己二胺和己二酸,并在严格控制反应物配比相差不超过1%、反应程度超过99.5%的条件下进行缩聚,终于在1935年2月28日合成出被称为聚酰胺-66的高分子化合物,并抽成了丝。这种聚合物不溶于普通溶剂,具有263 ℃的高熔点,由于在结构和性质上更接近天然丝,拉制的纤维具有丝的外观和光泽,其耐磨性和强度超过当时任何一种纤维,而且原料价格也比较便宜,杜邦公司决定进行商品生产开发。当然,这些聚合物的成功合成也证明了当时传统化学家所声称的"由小分子经次价键缔合而成的胶体"实际上是由共价键连接而成的大分子,有力地支持了施陶丁格所提出的高分子的概念。

卡罗瑟斯在杜邦公司的这段时间还发表了许多论文,他不但深刻地阐述了缩聚反应理论及反应历程,同时还科学地把高分子化合物分成缩聚物和加聚物两大类,这种分类方法一直沿用到今天。关于缩聚反应理论及分类方法,已由他当时的助手,后任美国斯坦福大学教授的弗洛里(Flory P J, 1910—1985)在《高分子化学原理》一书中作了全面的总结。后来,弗洛里因在聚酯动力学和连锁聚合机理、高分子溶液的统计力学和高分子模型、构象的统计力学等方面做出的重要贡献而荣获1974年度诺贝尔化学奖。

然而要将实验室的成果转化成商品,还需要解决两个问题:一是要解决原料的工业来源,二是要进行熔体纺丝过程中的输送、计量、卷绕等生产技术及设备的开发。生产聚酰胺-66所需的原料——己二酸和己二胺当时仅供实验室作试剂用,必须开发生产大批量、价格适宜的己二酸和己二胺。杜邦公司选择丰富的苯酚进行开发实验,到1936年在西弗吉尼亚的一家化工厂采用新催化技术,用廉价的苯酚大量生产出己二酸,随后又发明了用己二酸生产己二胺的新工艺。杜邦公司首创了熔体纺丝新技术,将聚酰胺-66加热融化,经过滤后再吸入泵中,通过关键部件(喷丝头)喷成细丝,喷出的丝经空气冷却后牵伸、定型。1938年7月完成中试,首次生产出聚酰胺纤维。同月用聚酰胺-66作牙刷毛的牙刷开始投放市场。1938年10月27日,杜邦公司正式宣布

世界上第一种合成纤维正式诞生了,并将聚酰胺－66 这种合成纤维命名为尼龙(Nylon)。尼龙长筒袜曾在 1939 年纽约世界博览会上展示过(图 2—10)。杜邦公司从聚合物的基础研究开始历时 11 年,耗资 2 200 万美元,有 230 名专家参加了有关的工作,终于在 1939 年底实现了工业化生产。第二次世界大战期间,杜邦公司为战争服务改产尼龙制品,尼龙工业被转向制造降落伞(图 2—11)、飞机轮胎帘子布、绳索、帐篷和军服等军工产品。长筒袜在战争年代很难寻觅,一个降落伞用的尼龙可做成 2300 双长筒袜。

图 2—10　在 1939 年的纽约世界博览会上展示用尼龙编织长筒袜　　图 2—11　用尼龙制造的降落伞

卡罗瑟斯不仅走通了生产尼龙之路,而且还奠定了合成纤维的基础,被称为合成纤维的开山始祖。正是由于卡罗瑟斯及其同事们独树一帜的开创性工作,才有今天绚丽多姿的化纤世界。然而,遗憾的是尼龙的发明人卡罗瑟斯并没能看到尼龙的实际应用。

2.4.2　线型缩聚物的分子量分布

聚合物作为大分子,不仅分子量高,而且还存在着分子量分布(或多分散性)的问题。前面提到聚合物材料的性能同其分子量和分布都有密切关系,因此,从理论和实验上研究聚合物的分子量分布具有重要意义。聚合物的分子量分布(molecular weight distribution)是指聚合物中各种不同分子量所占的分量。由于数均聚合度的分布与聚合物分子量的分布是一致的,因此通过关联缩聚反应机理和动力学,可以从理论上推导出缩聚产物的分子量分布函数,它实际上是用数均聚合度分布函数表征的。分子量分布可从实验测得,也可用统计方法或动力学方法及概率法从理论上进行推导。本节主要介绍 Flory 的统计方法推导线型缩聚物的分子量分布。

1. 分子量分布函数

Flory 根据官能团等反应活性的概念,利用统计方法推导出了线型缩聚物分子量分布函数的关系式,对于官能团等物质的量聚合反应的 2 体系(aAb)和 2—2 体系(aAa / bBb)都适用。

首先,考虑从一个聚合反应体系中随机选取一个分子,它含有 x 个结构单元的概率是多大?换句话说,也就是考虑含有 x 个结构单元的聚合物分子的生成概率。它应当等于带有 $(x-1)$ 个已反应的 a 官能团和一个未反应的 a 官能团的聚合物的生成概率。在反应时间 t 时,a 官能团的反应程度 p,p 值等于该时刻已参加反应的 a 官能团数目与起始官能团数目的比值,这个比值从统计角度可以看成在 t 时刻反应系统中 a 官能团参加反应而构成酯键的概率,不成酯键的概率

则为 $1-p$。因此,t 时刻一个 a 官能团反应的概率也应为反应程度 p,则 $(x-1)$ 个已反应的 a 官能团的概率为 p^{x-1}。由于未反应的官能团的概率是 $1-p$,所以含有 x 个结构单元的分子的生成概率为

$$p^{x-1}(1-p) \tag{2-35}$$

也可以将获得含有 x 个结构单元的概率理解为 x 聚体的生成概率,其分子链中含有 $(x-1)$ 个酯键,需要 $(x-1)$ 个 a 官能团参加反应连续构成 $(x-1)$ 个酯键和一个不成键的 a 官能团。因此 x 聚体的生成概率应为各个单独成键的概率和不成键概率的乘积,即 $p^{x-1}(1-p)$。

设聚合物体系中分子总数为 N,则 x 聚体的生成概率应等于该体系中 x 聚体分子数 N_x 对分子总数 N 的比值,即

$$\frac{N_x}{N} = p^{x-1}(1-p) \tag{2-36}$$

式(2-36)是数量分布函数,也可变换为

$$N_x = N p^{x-1}(1-p) \tag{2-37}$$

如果起始结构单元的总数是 N_0,那么 $N = N_0(1-p)$,则式(2-37)可变为

$$N_x = N_0 p^{x-1}(1-p)^2 \tag{2-38}$$

式(2-36)和式(2-38)称为 Flory 数量分布函数。

若忽略端基质量时,以 m_x 表示 x 聚体的质量,则 x 聚体的质量分数为

$$w_x = \frac{m_x}{m} = \frac{x N_x}{N_0} = x p^{x-1}(1-p)^2 \tag{2-39}$$

式(2-39)是线型缩聚物的质量分布函数,它同式(2-38)通常称作最可几分布或 Flory 分布或 Flory-Schulz 分布,是当缩聚反应达到平衡状态,即缩聚、水解及链交换反应之间处于可逆平衡状态时产物聚合度的分布函数。图 2-12 和图 2-13 分别为线型缩聚物在反应程度为 p 时的数量分布曲线和质量分布曲线。

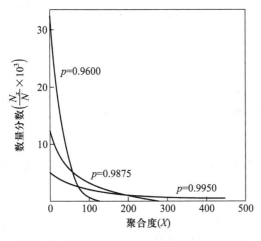

图 2-12　线型缩聚物分子量的数量分布曲线

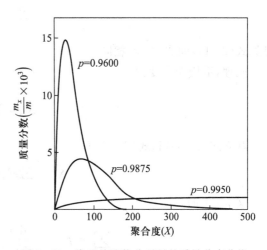

图 2-13　线型缩聚物分子量的质量分布曲线

从图 2-12 可以看出,以数量为基础时,不论反应程度如何,单体分子比任何一种 x 聚体大分子都要多,聚合度越大的聚合物分子的数量分数越少,这也是数量分布的特征。而分子量的质量分布函数的情况则不同。以质量为基础时,低分子量的分子所占的质量分数都非常小。图 2-13 中质量分布曲线具有极大值为其特征,接近由式(2-3)得到的数均聚合度。推导如下:

$$\frac{\mathrm{d}}{\mathrm{d}p}[xp^{x-1}(1-p)^2]=p^{x-1}(1-p)^2+xp^{x-1}(1-p)^2\ln p=0$$

$$x_{\text{极值}}=-1/\ln p$$

当 $p \to 1$ 时,$-\ln p = 1-p$。所以,

$$x_{\text{极值}} \approx \frac{1}{1-p} \tag{2-40}$$

2. 分子量分布宽度

由分子量的数量和质量分布函数可以分别导出数均聚合度 $\overline{X}_n$ 和重均聚合度 $\overline{X}_w$。根据前面的定义,数均聚合度为

$$\overline{X}_n = \frac{\sum xN_x}{\sum N_x} = \sum x\frac{N_x}{N} \tag{2-41}$$

将式(2-36)代入式(2-41)得

$$\overline{X}_n = \sum xp^{x-1}(1-p) \tag{2-42}$$

由于 $p<1$,

$$\sum_{x=1}^{\infty} xp^{x-1} = \frac{\mathrm{d}}{\mathrm{d}p}\left[\sum_0^{\infty} p^x\right] = \frac{\mathrm{d}}{\mathrm{d}p}\left[\frac{1}{1-p}\right] = \frac{1}{(1-p)^2} \tag{2-43}$$

则式(2-42)经求和计算得

$$\overline{X}_n = \frac{1}{1-p} \tag{2-44}$$

可见式(2-44)同式(2-3)相同。

同理,重均聚合度为

$$\overline{X}_w = \sum x\frac{m_x}{m} \tag{2-45}$$

联立式(2-39)和式(2-45)得

$$\overline{X}_w = \sum x^2 p^{x-1}(1-p)^2 \tag{2-46}$$

又 $p<1$ 时,

$$\sum_{x=1}^{\infty} x^2 p^{x-1} = \frac{\mathrm{d}}{\mathrm{d}p}\left[\frac{p}{(1-p)^2}\right] = \frac{1+p}{(1-p)^3} \tag{2-47}$$

则式(2-46)经求和计算得

$$\overline{X}_w = \frac{1+p}{1-p} \qquad (2-48)$$

分子量分布宽度为

$$\frac{\overline{X}_w}{\overline{X}_n} = 1+p \qquad (2-49)$$

这一比值也称为多分散指数(PDI)。可见,分子量分布宽度随着反应程度增加而增大,当达到最大反应程度时,即 $p \to 1$ 时,该值就趋近于 2。Flory 分布在一些逐步聚合体系中已经得到验证,说明了最可几分布的有效性,因此,较为广泛地被人们所接受。但是,实际情况有时要比 Flory 统计方法推导时所设定的前提条件复杂。因为 Flory 分布函数只考虑到成键生成大分子的一面,而没有考虑到反应体系中的裂解反应、环化反应和大分子的酯交换反应等副反应的发生,这些因素都可能带来较大的计算偏差。

2.5 非线型逐步聚合反应

前面讨论的都是形成线型大分子的逐步聚合反应,形成条件是 2-2 体系或 2 体系。而非线型逐步聚合反应得到的大分子的结构形态是支化或交联的,要形成这样的结构就要求在聚合体系中至少有一种官能度 $f \geqslant 3$ 的单体。非线型逐步聚合反应又可分为支化和交联逐步聚合反应,二者各自生成的条件不同。

2.5.1 支化逐步聚合反应

1. 一般特点

当逐步聚合反应体系的单体组成是 $AB + A_f (f \geqslant 3)$,AB_f 或 $AB_f + AB (f \geqslant 2)$ 时,不论反应程度 p 如何,都只能得到支化聚合物(branched polymer),而不会产生交联。

(1) $AB + A_f (f \geqslant 3)$

对于这个单体组成的体系,聚合产物的末端皆为 A 官能团,不能再与 A_f 单体反应,只能与 AB 单体反应,因此每个大分子只含有一个 A_f 结构单元,即只含有一个支化点,其所有链末端都为 A 官能团,不能进一步反应生成交联结构的聚合物,如下面的 $AB + A_3$ 和 $AB + A_4$ 聚合体系,分别得到三臂和四臂星型聚合物:

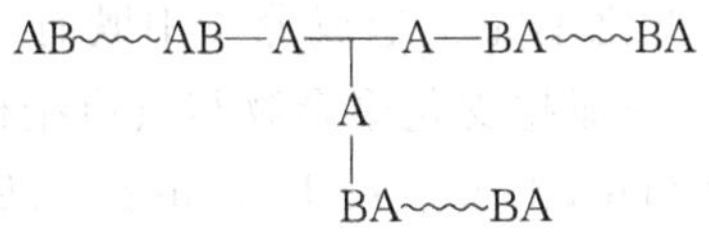

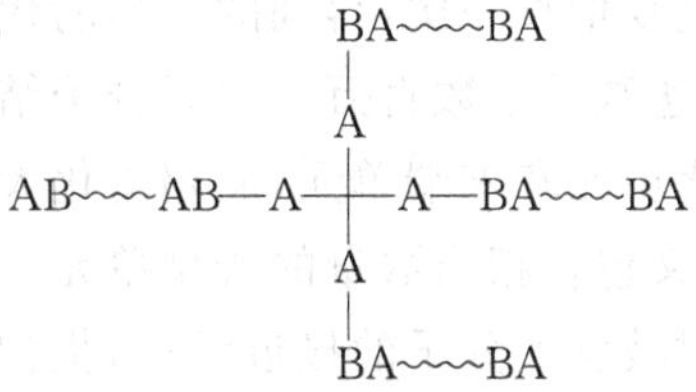

(2) AB_f 或 $AB_f + AB$

AB_f 型单体聚合时生成高度支化的、含有多个末端带有 B 官能团的超支化聚合物(hyperbranched polymer),如 AB_2 型单体聚合后所得聚合物结构如下：

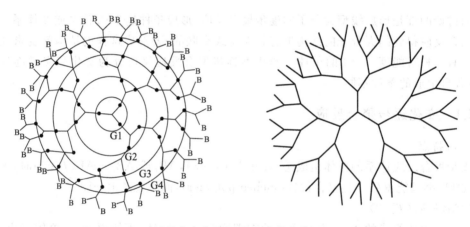

AB_f＋AB 与 AB_f 形成的聚合物结构类似,只是在 AB_f 结构单元之间插入一些 AB 结构单元。

上面单体类型通常得到的聚合物具有不规则结构,结构也不完善。当超支化大分子中所有支化点的官能度都相同,且所有支化点间的链段长度都相等时,称作树枝状大分子(dendrimer),其结构示意图如下：

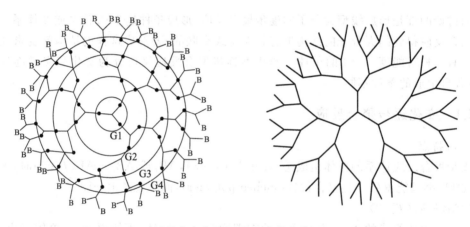

树枝状大分子(G 代表产物代数)

树枝状大分子和超支化大分子都属于支化聚合物,但树枝状大分子比超支化大分子的结构更规整,是一类具有中空外紧的球型结构分子,分子外层含有多个表面官能团。树枝状大分子中结构单元每重复增长一次,得到的产物的代数(G 值)就增加 1,通常树枝状大分子的 G 值在 1～10,分子量可达数千至数百万。二者分子结构上的差别主要表现在树枝状大分子的重复单元可以只包括支化单元和末端单元,而超支化大分子由于支化不完全造成分子中既有支化单元和末端单元,同时又包含相当数量的线型单元。因此,为了表征超支化聚合物与具有结构规整的完全支化结构的树枝状大分子的接近程度,提出了支化度(DB,degree of banching)的概念。以上面的 AB_2 型单体形成的超支化聚合物为例加以说明,在大分子结构中存在三种不同类型的重复单元,即含有两个、一个和没有可反应的 B 官能团的支化、线型和末端单元。支化度(DB)可用下式表示：

$$DB=\frac{x_D+x_T}{x_D+x_T+x_L}$$

其中,x_D、x_L 和 x_T 分别代表支化、线型和末端单元的摩尔分数。对于高分子量的聚合物,x_D、x_L 和 x_T 的数值分别为 0.25、0.25 和 0.5,DB=0.75。对于线型聚合物,DB=0;对于树枝状聚合物,DB=1。DB 值越接近 1,分子结构越接近球型,因此支化度是表征超支化聚合物形状结构特征的重要参数。

2. 合成方法

(1) 树枝状聚合物的合成

树枝状聚合物由于其结构上的高度对称及单分散的特性,它的合成过程比较复杂,有别于传统的线型聚合物。目前常采用两类方法:一种是从中心出发,由内向外逐步增长的合成方法,即发散法(divergent procedure);另一种是从外围出发,由外向内逐步收缩的合成方法,即收敛法(convergent Procedure),如图 2-14 所示。

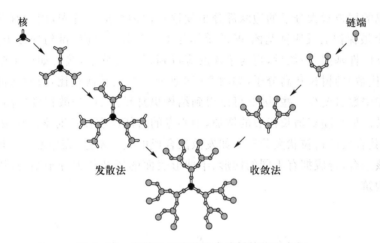

图 2-14 发散法和收敛法合成树枝状聚合物

① 发散法 发散法由 Vögtle、Tomalia 和 Newkome 等人提出,是从所需的树枝状大分子的中心点由多官能团分子开始向外扩展一步一步合成。首先,将具有三个以上官能团 B 的中心分子与另一个有三个以上官能团的单体反应,此单体的官能团之一 A 是反应性的,其他官能团被保护成 Z,得到的分子脱保护基变为多官能团 B 的分子;然后,再与单体反应,如此反复进行直至得到所需大小的树枝状大分子,如图 2-15 所示。利用发散法可得到代数较高、分子量较大的树枝状大分子。但此合成法的缺点是反应增长代数越大,所需反应的官能团数目越多,可能会受到空间位阻的影响,使增长反应不完全,从而在树枝状大分子中产生缺陷。每一步增长都要进行一次单独的反应和产物的分离、提纯,并通过鉴定之后才能进行下一步增长反应。若使反应完全,需要过量的试剂与较苛刻的反应条件,且给产物纯化带来一定困难。此外,由于产物和副产物之间的结构和性质很相似,树枝状大分子对过量的原料小分子还会产生包容,这些也都将给最终产物的分离和纯化带来较大的困难。

② 收敛法 1990 年,Hawker 和 Fréchet 等首次提出了收敛法,与发散法合成的顺序相反,

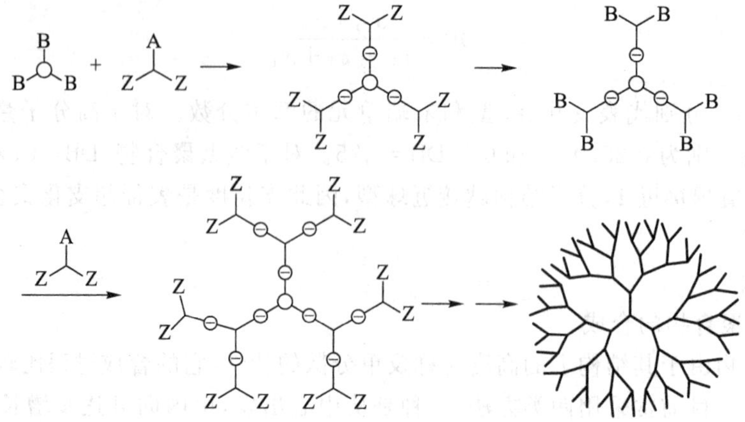

图 2-15 树枝状大分子的发散法

Z:B官能团的被保护形式;⊖:A 与 B 形成的官能基

是先从所需合成的树枝状大分子的边缘部分出发逐步向内合成。首先,用含有两个以上的反应官能团 B 与一个被保护的反应性基团 W 的单体与 R—A 分子反应,得到的分子脱保护基,使被保护基团变为反应性基团 A;然后,再与单体反应得到第一代分子,接着如此不断地重复进行可得到所需大小(代数)的树枝状高分子,如图 2-16 所示。与发散法相比,收敛法涉及的每步增长过程中反应官能团数目要少一些,因此可以得到结构更加精致、单分散程度更高的产物,同时纯化和表征要容易。但是随着增长代数的增加,中心点的官能团在反应时空间位阻增大,阻碍反应进一步进行,使其合成的树枝状大分子不如发散法合成的大。不过,在中心点官能化的树突可用来与各种固定核结合,合成拥有不同的楔形、半球形表面的树枝状大分子结构,用于超分子组装和纳米元件的构筑。

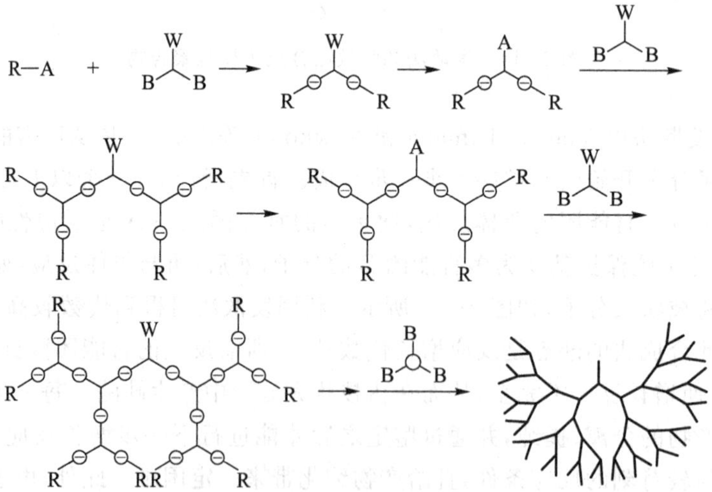

图 2-16 树枝状大分子的收敛法

W:A官能团的被保护形式;⊖:A 与 B 形成的官能基

（2）超支化聚合物的合成

尽管树枝状大分子由于其完美的结构（无缺陷和高度的对称性等），最先受到人们的关注，但是树枝状大分子合成需要经过多步繁琐的反应和纯化过程，成本高昂，大大妨碍了其工业化应用。超支化大分子在分子结构（球型分子，较少缠结）与宏观性能（溶解性、流动性等）方面与树枝状大分子相似，而在合成方法上由于并不追求完美的结构，反应不需要经过多步的合成与纯化，通过一步法即可由单体合成得到，从而大大降低了合成的成本。因此，被认为极具大规模工业化的前景，已经初步应用于涂料和高分子材料加工等领域。

早在 1952 年，Flory 就提出了超支化聚合物的概念，利用统计力学的方法建立了超支化聚合物的相关理论，并从理论上指出 AB_x（$x \geq 2$）型单体的缩聚反应将生成可溶性的高度支化聚合物而不会形成凝胶。目前，合成超支化聚合物最经典的方法就是基于 Flory 提出的 AB_x 单体缩聚法。实际上，大多数超支化聚合物，如超支化聚苯、聚醚、聚酯、聚酰胺和聚碳酸酯等都是通过这种方法制备的。后来又发展了许多不同的新方法，如 $A_2 + B_y$ 单体组合法、自缩合乙烯基聚合（self-condensing vinyl polymerization，SCVP）、多支化开环聚合（ring-opening multibranching polymerization，ROMBP）和质子转移聚合（proton transfer polymerization）等。这里主要简介 AB_x 型单体缩聚法制备超支化聚合物。图 2-17 为 AB_2 型单体缩聚制备超支化聚合物的示意图。

(a) 无核结构　　(b) 有核结构

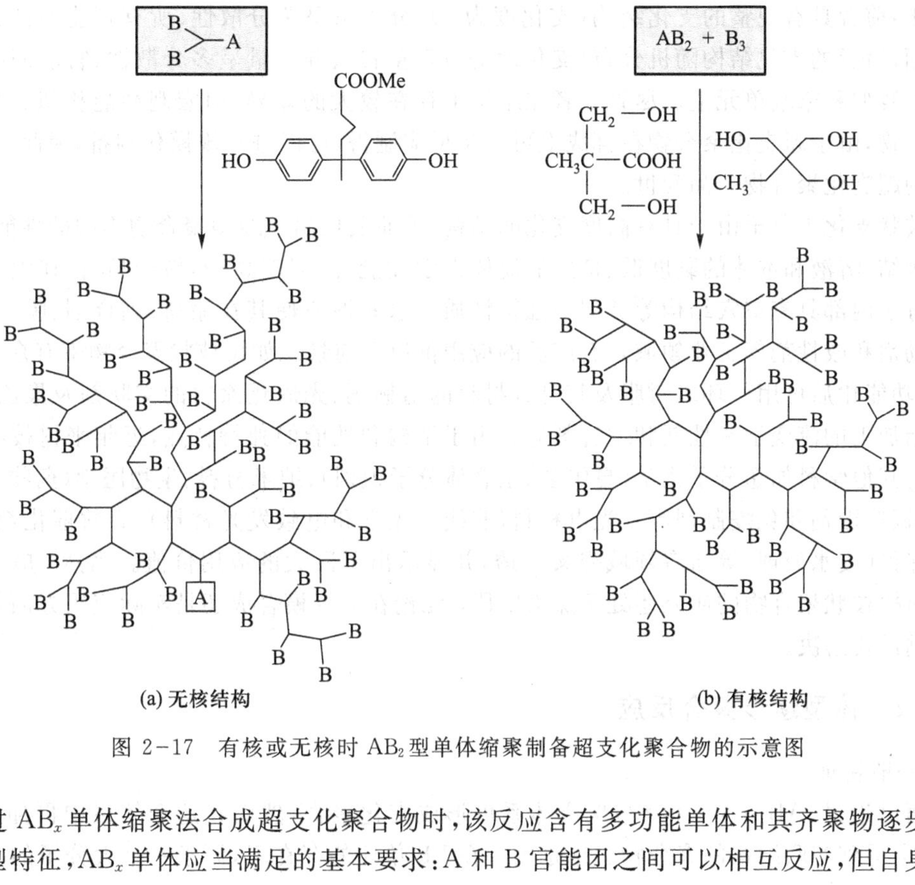

图 2-17　有核或无核时 AB_2 型单体缩聚制备超支化聚合物的示意图

通过 AB_x 单体缩聚法合成超支化聚合物时，该反应含有多功能单体和其齐聚物逐步增长反应的典型特征，AB_x 单体应当满足的基本要求：A 和 B 官能团之间可以相互反应，但自身之间不会反应;B官能团是等反应活性的,且 A 和 B 的反应活性不随反应的进行而降低;分子内无环化反应,否则将限制最终产物的分子量,但在实际反应中,分子内环化很难避免,因此只能尽量减少以便获得高分子量的超支化聚合物。

通过 AB$_x$ 单体合成超支化聚合物的反应并不复杂,结果也较理想,并且不会产生凝胶。在理想情况下,反应最终产物将只含有一个 A 基团和 $[n(x-1)+1]$ 个 B 基团(n 为聚合度)。例如,以 4,4-二(4'-酚基)戊酸酯(简称双酚酸)为单体,利用酯基与羟基的熔融缩聚反应制备超支化聚酯即是这种情况的典型例子[图 2-17(a)]。此外,AB$_3$、AB$_4$、AB$_5$,甚至 AB$_6$ 单体也都被用来合成超支化聚合物,并控制支化方式。但是该方法存在三个主要缺点:① AB$_x$ 型单体缺乏商业化产品,一般都需要自己合成,而要得到聚合级纯度的单体通常需要经过多步反应、分离和纯化,过程繁琐,应用受到限制;② 分子内环化难以避免;③ 得到的产物分子量分布较宽。

在 AB$_x$ 型单体缩聚时,还可加入 B$_y$ 型分子作为中心核[图 2-17(b)],此时聚合产物不再具有中心单元 A。该方法不仅可以使产物的分子量分布变窄,同时还可以通过 B$_y$ 和 AB$_x$ 的配比控制产物的分子量和几何形状,提高聚合物的支化度。最经典的例子就是以三羟甲基丙烷为核,2,2-二羟甲基丙酸为支化单体进行熔融缩聚合成脂肪族超支化聚酯。商品化的 Boltorn 型超支化聚酯就是在该方法的基础上制备的。

3. 结构特点和功能特性

树枝状聚合物和超支化聚合物都属于具有三维球型结构的树枝状支化大分子(2~10 nm),区别在于:前者具有规整的支化结构(支化度为1)、分子量呈单分散性、所有官能团都分布于分子外表面;后者的支化结构随机分布(支化度为 0.5 左右)、分子量呈多分散性、官能团随机分布于分子的线型和末端单元上。尽管二者在结构上存在较大的差异,但宏观性能相似。相对于树枝状聚合物,由于超支化聚合物在合成上可一步反应制得,可以进行规模化制备,因此,目前已有商业化的超支化聚合物产品问世。

树枝状支化大分子由于具有高度支化的结构,因而表现出与线型聚合物不同的性能,如分子链不易缠结、溶液和本体的黏度低、良好的流体力学性能、溶解度高、不易结晶、存在大量端基官能团和分子内部具有空穴结构等类似的独特性质。这些性质使其在涂料、黏合剂、膜材料、聚合物加工助剂和改性剂等工业领域具有广泛的应用价值和前景。如树枝状聚合物带有众多的末端基团,经功能化后可用作环氧树脂及其复合材料的增韧剂、光固化涂料的交联剂及聚乙烯、聚丙烯等树脂加工的流变学改性剂和增容剂等。由于结构和性能的独特特点,近年来树枝状支化大分子还与其他学科如超分子化学(自组装、主客体分子识别)、纳米材料、生物医学(药物和基因载体、磁共振造影剂和免疫制剂等)、光电材料(非线性光学和电致发光材料)、高效催化剂、传感器和环境保护(废水处理)等诸多领域交叉渗透,并显示出了巨大的应用价值。当然,应当强调的是目前对树枝状聚合物的研究还处于探索阶段,无论在大规模合成还是实际应用方面仍然存在诸多问题需要解决。

2.5.2 体型逐步聚合反应

1. 一般特征

前面讨论过,AB+A$_f$($f\geqslant3$)聚合体系可形成支化聚合,然而在这个体系中再加入 BB 单体,则将会得到交联结构的聚合物。这是因为在 BB 单体的存在下,源于一个大分子的支链能够同另一个大分子的支链反应形成交联。以 $AB+A_3+BB$ 体系为例,当两个大分子链的支链上带有两个不同的可相互反应的官能团 A 和 B 时,便可以通过支链连接到一起形成交联结构,生成的交联聚合物也称作体型聚合物。

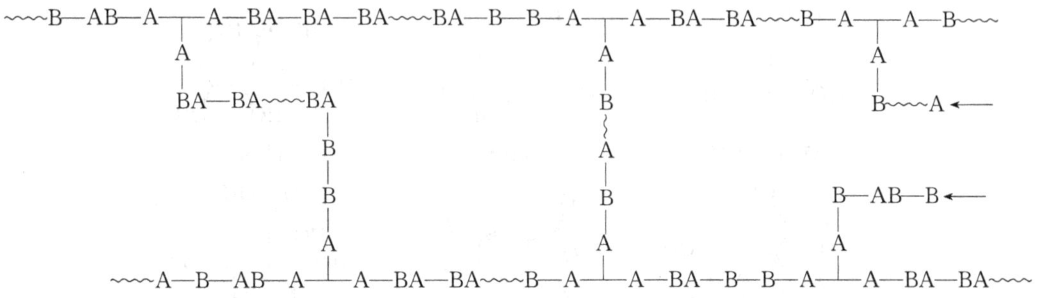

当逐步聚合反应体系的单体组成为 $AA+B_f$、$AA+BB+B_f$($f \geqslant 3$)或 $A_f B_f$($f \geqslant 2$)时,也可以在聚合物分子链上引入支化单元产生支链,继而当聚合体系达到一定反应程度时,不同聚合物分子链上的支化单元所引申出的支链间可以相互反应,形成交联结构的聚合物。实际上,非线型逐步聚合体系究竟是形成支化聚合物还是交联聚合物取决于聚合体系中单体的平均官能度、官能团配比及反应程度。

2. 无规预聚物和结构预聚物

2—2 体系或 2 体系的双官能团单体缩聚时会形成线型聚合物。通常这些线型聚合物在加热时可以熔融,在选择性溶剂中可以溶解,被称为热塑性聚合物(thermoplastic polymer)。然而上面讨论的具有三维立体结构的体型或交联聚合物则不溶、不熔,尺寸稳定,被称为热固性聚合物(thermosetting polymer)。这两类聚合物的成型技术不同。热塑性聚合物的加工较简单,只要加热加压使其流动,成型并冷却后就可得到成型产品,加工过程中不发生化学反应,材料可进行二次加工。但热固性聚合物的加工则不同,通常分成两个阶段进行:第一阶段先制成聚合不完全的线型或支化(链)型的预聚物(prepolymer),一般是分子量为 500~5 000 的低聚物,性状可以是液体或固体;第二阶段是在成型加工过程中,在加热、加压或加催化剂的条件下使预聚物继续发生交联反应,得到不熔、不溶的体型聚合物产品。根据预聚物的结构和性质不同,一般将其分为无规预聚物(random prepolymer)和结构预聚物(structrural prepolymer)两大类。

(1)无规预聚物

无规预聚物是指预聚物中未反应的官能团无规分布,结构是不确定的,如醇酸树脂、脲醛树脂和碱催化的酚醛树脂等。这类预聚物通常在加热、加压或加催化剂的条件下就可以进一步交联固化,但交联反应较难控制。下面以醇酸树脂为例加以介绍,其他的将在后面章节详细介绍。

最初用于涂料的醇酸树脂是由甘油和邻苯二甲酸酐反应制得的,也称甘油树脂。

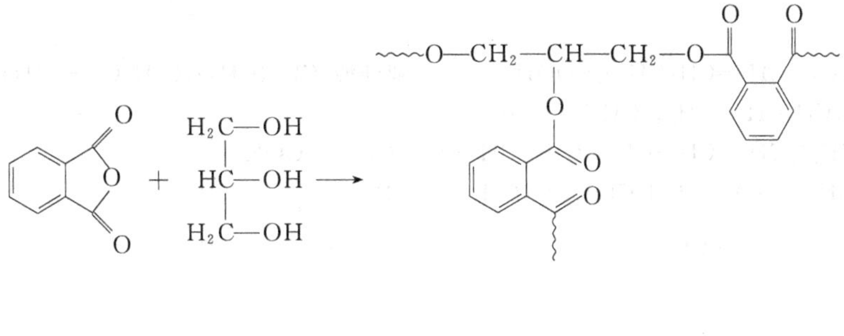

但上述结构的醇酸树脂为脆性材料,工业应用价值不大,通常要对其改性。例如,有时采用其他多元醇(三羟甲基丙烷、季戊四醇和山梨醇等)和多元酸(间苯二甲酸、己二酸、1,2,4-苯三酸、均苯四酸二酐和柠檬酸等)应用于产品性能改性。

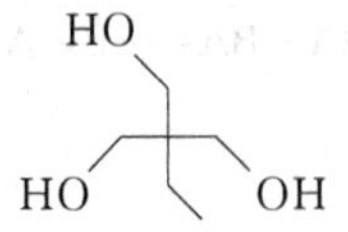

| 三羟甲基丙烷 | 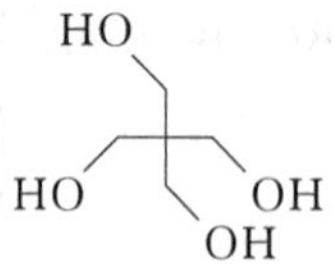 季戊四醇 | 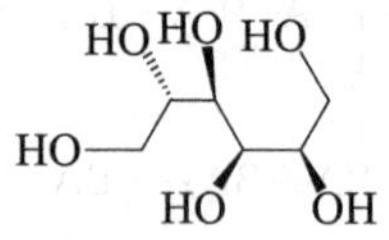 山梨醇 |

| 1,2,4-苯三酸 | 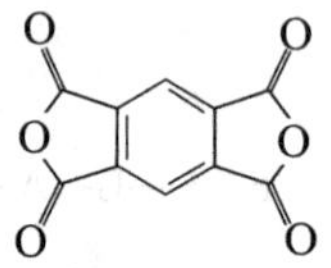 均苯四酸二酐 | 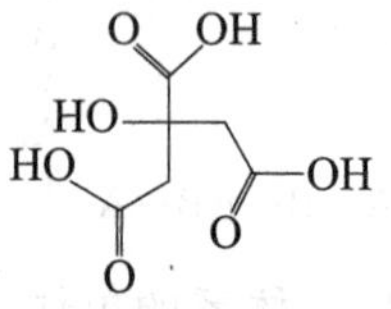 柠檬酸 |

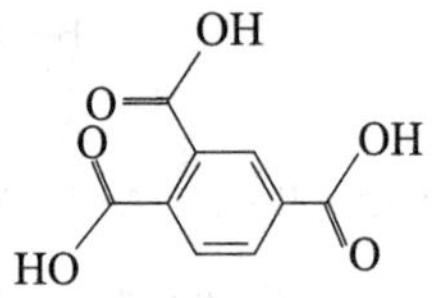

这类支化聚酯预聚物的交联固化是通过无规预聚物中所含的未反应羧基和羟基之间的酯化反应实现的,因此必须在较高的温度下(约 200 ℃)进行,通常用作烤漆。

(2) 结构预聚物

结构预聚物是指具有位置相对明确的特定活性端基和侧基,基团结构比较清楚的特殊设计的预聚物。结构预聚物一般是线型低聚物,分子量从几百到几千不等,合成时也可以应用前面讨论的线型缩聚控制分子量的原理。结构预聚物自身一般不能进一步聚合或交联,通常需要外加催化剂或其他反应性物质才能进行第二阶段的交联固化。把这些加入的催化剂或其他反应性物质通常称为固化剂。

与无规预聚物相比,结构预聚物有诸多优点,即无论在预聚阶段还是在交联阶段的产品结构都较容易控制。酸催化酚醛树脂、环氧树脂、不饱和聚酯及一些聚氨酯预聚体都是重要的结构预聚物。仍然以上面讨论的醇酸树脂为例来说明,当在醇酸树脂结构中引入单官能团的不饱和羧酸如油酸、亚油酸、亚麻酸、桐酸和蓖麻醇酸等,可得到具有不饱和端基的结构预聚物,从而降低体型结构的交联密度、增加柔软性,这类预聚物称为油改性醇酸树脂。反应如下:

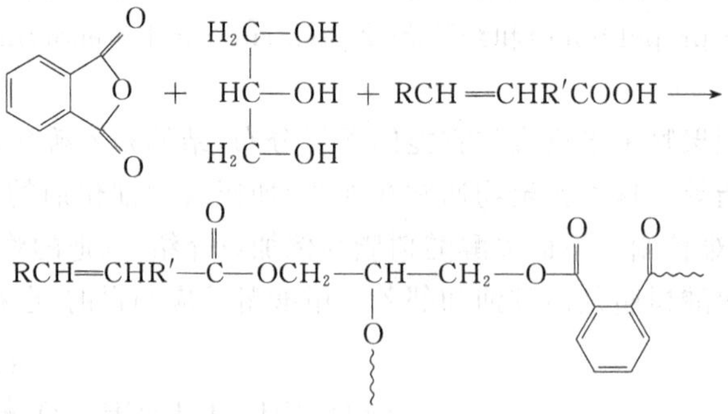

油酸:$CH_3(CH_2)_7CH=CH(CH_2)_7COOH$ 亚油酸:$CH_3(CH_2)_3(CH_2CH=CH)_2(CH_2)_7COOH$
亚麻酸:$CH_3(CH_2CH=CH)_3(CH_2)_7COOH$
桐酸:$CH_3(CH_2)_3CH=CH-CH=CH-CH=CH(CH_2)_7COOH$
蓖麻醇酸:$CH_3(CH_2)_5CHCH_2CH=CH(CH_2)_7COOH$
$\qquad\qquad\qquad\ \ |$
$\qquad\qquad\qquad OH$

醇酸树脂的性能可通过调节树脂中不饱和脂肪酸的含量来控制,此外,还经常加入适量的单官能团饱和酸,如月桂酸、硬脂酸及苯甲酸来调节醇酸树脂的交联度。工业上常把饱和酸称作干性油,而把不饱和酸称作不干性油。不饱和脂肪酸结构易与空气中的氧气发生氧化反应而产生自由基,从而发生自由基交联固化,这一过程常称为干燥或风干。交联反应与预聚物中不饱和酸的含量有关。

醇酸树脂很适合应用于空气干燥清漆或建筑涂料等,易干,且固化后可得到高亮、黏结性、柔韧性、强度和耐久性都很好的交联涂层,使用上限温度为130 ℃。成本低,使用范围广,是世界上用量最大的涂料品种之一。但醇酸树脂常常是溶剂型的涂料,挥发物多,随着人们对环保要求的增加,其用量逐渐减少。

3. 凝胶化作用和凝胶点预测

体型逐步聚合反应的典型特征是反应初期产物能溶解也能熔融,但当反应进行到一定程度时,由于产物分子量和支化程度的增加,体系的黏度会突然增大,失去流动性,并出现不溶、不熔、具有交联网状结构的弹性凝胶,反应及搅拌产生的气泡也无法从体系中逸出,这一现象叫做凝胶化(gelation)。出现凝胶化时的临界反应程度称作凝胶点(gel point),用 p_c 表示。

凝胶化时,并非所有的聚合物都是交联大分子,此时体系包括两部分:一部分是不溶性的交联结构聚合物,称为凝胶(gel);另一部分是分子量较小的线型或支化大分子,是可溶的,但较难溶,被包裹在凝胶的网状结构中,可以用溶剂提取出来,称为溶胶(sol)。由于此时体系中既含有分子量无限大的凝胶,又含有分子量较低的溶胶,所以产物的分子量分布无限宽,但随着反应程度的进一步提高,溶胶可继续反应并交联变成凝胶。可用溶剂抽提的方法将溶胶和凝胶分离。当聚合体系充分凝胶化或交联后就会生成三维尺寸稳定,刚性大,耐热性好的热固性聚合物。

在工艺上,通常根据反应程度的不同,将体型逐步聚合反应分为三个阶段:① $p<p_c$ 时,得到的聚合物主要为线型的,可溶解,又可熔融,称为甲阶聚合物;② p 接近 p_c 时,得到的主要为支化聚合物,仍可熔融,但溶解性变差,称为乙阶聚合物;③ $p>p_c$ 时,得到的聚合物已经高度交联,不溶、不熔,不具加工成型性,称为丙阶聚合物。因此,对于体型逐步聚合反应,合成通常在 $p<p_c$ 时即停止反应,这时得到的是预聚物,然后在成型过程中再使聚合反应继续进行,生成交联的热固性聚合物。

从上面的讨论可知,在体型逐步聚合反应中凝胶点 p_c 的研究对于预聚物的制备及其交联固化都是非常重要的,反应程度过高或过低都不适合实际应用。因此,对凝胶点的预测和控制就成为体型聚合反应中的核心问题。下面重点讨论体型缩聚反应中凝胶点的理论预测,主要介绍三种方法。

(1) Carothers 法

Carothers 方程的理论基础是凝胶点时的数均聚合度趋于无穷大。根据数均聚合度与反应程度的关系可导出当 $\overline{X}_n \to \infty$ 时的反应程度,即为凝胶点 p_c。下面分两种情况讨论:

① 两官能团等物质的量   首先定义单体的平均官能度(average functionality)是指参加反应的每一单体分子平均所带有的官能团数,以 $\overline{f}$ 表示,则

$$\overline{f}=\frac{\sum f_i N_i}{\sum N_i}=\frac{f_a N_a+f_b N_b+\cdots}{N_a+N_b+\cdots} \tag{2-50}$$

式中，f_i 和 N_i 分别为第 i 种单体的官能度和分子数。

例如，2 mol 甘油（$f=3$）和 3 mol 邻苯二甲酸酐（$f=2$）所组成的缩聚体系中共有 5 mol 单体和 12 mol 的官能团，故平均官能度为

$$\bar{f}=\frac{3\times2+2\times3}{2+3}=2.4$$

下面推导凝胶点与平均官能度的关系。

设反应体系中混合单体的起始分子总数为 N_0，则起始官能团总数为 $N_0\bar{f}$。若反应后体系中剩余分子总数为 N，由于每反应掉一个分子就会消耗两个官能团，则凝胶点以前反应消耗的官能团数为 $2(N_0-N)$。根据反应程度的定义，已反应的官能团数除以起始官能团数即为反应程度，则

$$p=\frac{2(N_0-N)}{N_0\bar{f}}=\frac{2}{\bar{f}}\left(1-\frac{N}{N_0}\right) \tag{2-51}$$

将数均聚合度的定义 $\bar{X}_n=N_0/N$ 代入式（2-51），得

$$p=\frac{2}{\bar{f}}\left(1-\frac{1}{\bar{X}_n}\right) \tag{2-52}$$

当反应出现凝胶化时，Carothers 认为 $\bar{X}_n\rightarrow\infty$，则凝胶点时的临界反应程度为

$$p_c=\frac{2}{\bar{f}} \tag{2-53}$$

式（2-53）就是 Carothers 凝胶点方程。

若参加反应的单体官能度都为 2，如 2-2 体系或 2 体系，则平均官能度 $\bar{f}=2$，代入式（2-53）得，$p_c=1$，说明当反应程度达到 1 时才会出现凝胶化，但实际上反应程度不可能达到 1，因此对于这样的聚合体系，若无副反应发生，将不会出现凝胶化现象，一般只能形成线型聚合物。

对于 2-3 体系，两官能团等物质的量反应时，如上面 2 mol 甘油（$f=3$）和 3 mol 邻苯二甲酸酐（$f=2$）的例子，计算得 $p_c=2/2.4=0.833$，即当反应程度达到 0.833 时体系将出现凝胶化现象。这一数值要比实验测定值略高，原因是凝胶点时 $\bar{X}_n$ 并非无限大。实验测定甘油和邻苯二甲酸酐的等官能团缩聚反应，当 $\bar{X}_n$ 接近 24 时体系就出现凝胶化，则按式（2-52）计算可得

$$p_c=\frac{2}{\bar{f}}\left(1-\frac{1}{\bar{X}_n}\right)=\frac{2}{2.4}\left(1-\frac{1}{24}\right)=0.80$$

此值接近实验值。因此基于 Carothers 方程计算的 p_c 值是实际凝胶点的上限。

② 两官能团非等物质的量　对于两官能团非等物质的量配比的聚合体系，不能用式（2-50）定义的平均官能度直接代入 Carothers 方程，即式（2-53）。例如，用 1 mol 甘油和 5 mol 邻苯二甲酸酐反应时，若按式（2-50）计算 $\bar{f}=2.17$，表明这一体系能够得到高分子量的聚合物，若进一步按照式（2-53）计算可知 $p_c=0.922$ 时出现凝胶。但这两个结论都是错误的。从这个反应体系两官能团的摩尔系数 $r=3/10=0.3$，可见二元酸大过量，1 mol 甘油和 3 mol 邻苯二甲酸酐反应

后,甘油中的羟基即全部被封端,剩下的 2 mol 邻苯二甲酸酐或 4 mol 羧酸不再反应,得到的仍然是低分子,实际上过量的官能团并没有参与反应,只是使体系的平均官能度降低,聚合体系的反应程度仅取决于配比少的官能团。因此,对于两官能团非等物质的量反应的体系,其平均官能度的定义为以非过量单体的官能团数的 2 倍除以反应体系的分子总数。则上例中 $\overline{f}=2\times1\times3/(1+5)=1$,这样低的平均官能度体系只能形成低分子物质,不会凝胶化。

下面以 A、B、C 三组分单体参与的体型缩聚为例,若三者的分子数分别为 N_A、N_B、N_C,官能度分别为 f_A、f_B、f_C。其中 A 和 C 的官能团相同(如为 a),并且 a 官能团总数少于 B 单体所带的 b 官能团数(官能团 b 过量),即 $N_A f_A + N_C f_C < N_B f_B$,则该体系的平均官能度可按下式计算:

$$\overline{f} = \frac{2(N_A f_A + N_C f_C)}{N_A + N_B + N_C} \tag{2-54}$$

式中,$\overline{f}$ 也可用摩尔系数 r($r<1$)及 N_C 单体中 a 官能团数占所有 a 官能团总数的百分数 ρ 表示,即

$$r = \frac{N_A f_A + N_C f_C}{N_B f_B} \tag{2-55}$$

$$\rho = \frac{N_C f_C}{N_A f_A + N_C f_C} \tag{2-56}$$

将式(2-55)和式(2-56)代入式(2-54),得

$$\overline{f} = \frac{2r f_A f_B f_C}{f_A f_C + r\rho f_A f_B + r(1-\rho) f_B f_C} \tag{2-57}$$

通常体型缩聚体系 $f_A = f_B = 2$,$f_C > 2$ 的情况较多,则式(2-57)可简化为

$$\overline{f} = \frac{4r f_C}{f_C + 2r\rho + r f_C(1-\rho)} \tag{2-58}$$

将式(2-58)带入 Carothers 方程式(2-53),得

$$p_c = \frac{1-\rho}{2} + \frac{1}{2r} + \frac{\rho}{f_C} \tag{2-59}$$

从式(2-55)到式(2-59)可见,官能团 a 和 b 越接近等物质的量,即 r 趋近于 1 的反应体系,多官能度单体含量高(ρ 接近于 1)的体系和含高官能度单体的体系(f_A、f_B 和 f_C 的值大时),都更容易发生交联凝胶化反应(p_c 值变小)。

必须注意的是,凝胶点时的反应程度 p_c 是对官能团 a 而言的,相应的官能团 b 的反应程度应为 $r p_c$。

实际的体型缩聚体系可能比 2-2-3 体系还要复杂,但只要应用式(2-54)计算体系的平均官能度,然后再代入 Carothers 方程式(2-53)即可求得凝胶点,而不必繁琐地套用式(2-55)到式(2-59)等公式。下面以不同工艺配方的醇酸树脂制备为例加以说明,如表 2-5 所示。

表 2-5 两种醇酸树脂的工艺配方示例

原　料	官能度	配　方　Ⅰ		配　方　Ⅱ	
		原料物质的量/mol	官能团物质的量/mol	原料物质的量/mol	官能团物质的量/mol
亚麻仁油酸	1	1.2	1.2	0.8	0.8
邻苯二甲酸酐	2	1.5	3.0	1.8	3.6
甘油	3	1.0	3.0	1.2	3.6
1,2-丙二醇	2	0.7	1.4	0.4	0.8
合计	—	4.4	8.6	4.2	8.8

从表 2-5 可见,制备醇酸树脂的配方Ⅰ中羧基官能团的用量少于羟基官能团,平均官能度应按羧基的物质的量计算,则

$$\bar{f} = \frac{2(1.2+3.0)}{4.4} = 1.909$$

$\bar{f} < 2$,预计不会形成凝胶,在预聚物制备阶段,固化危险较小。在涂料实际使用过程中,可借助亚麻仁油酸单体中的不饱和双键的氧化作用进行交联固化。

配方Ⅱ中羧基与羟基官能团等物质的量,则 $\bar{f} = \frac{8.8}{4.2} = 2.095$,将其代入式(2-53),得 $p_c = 0.955$,可见该配方聚合体系在达到较高的反应程度时,才有交联固化的危险。

Carothers 方程在线型缩聚物数均聚合度计算中的应用　可以灵活运用 Carothers 方程来简化计算线型缩聚物的数均聚合度。将式(2-52)重新整理,得

$$\bar{X}_n = \frac{2}{2 - p\bar{f}} \qquad (2-60)$$

当原料中两种官能团非等物质的量配比时,平均官能度按式(2-54)计算,就可求出某一反应程度 p 时的 $\bar{X}_n$,如表 2-6 所列制备尼龙-66 的原料配方。

表 2-6 制备尼龙-66 的原料配方

原料	官能度	原料物质的量/mol	官能团物质的量/mol
$H_2N(CH_2)_6NH_2$	2	1	2
$HOOC(CH_2)_4COOH$	2	0.99	1.98
$CH_3(CH_2)_4COOH$	1	0.01	0.01
合计	—	2.0	3.99

平均官能度由羧酸官能团来计算:

$$\bar{f} = \frac{2 \times 1.99}{2} = 1.99$$

当反应程度 $p = 0.99$ 时,

$$\bar{X}_n = \frac{2}{2 - 0.99 \times 1.99} = 67$$

如 $p=1, \overline{X}_n=200$。

这里应当注意的是,制备尼龙-66 的配方与线型缩聚物分子量控制中的第二种情况的不同在于:虽然同是加入单官能团物质,但两种单体 aAa 和 bBb 是非等物质的量配比。这时采用 Carothers 方程计算显得更简便。此外,如果已知反应程度和要获得的缩聚物分子量,也可通过式(2-60)先求出平均官能度,再计算所需要的聚合单体或需加入的单官能团稳定剂的用量。

(2) Flory 统计法

Flory 等在官能团等活性理论和无分子内反应的假定基础上,应用统计学方法推导出体型缩聚反应凝胶点的表达式。为了得到凝胶点与反应程度的关系,引入了支化系数(branching coefficient)α 的概念,其定义为大分子链末端支化单元上某一官能团产生另一支化单元的概率。

通常的体型缩聚由两种双官能度单体(A—A,B—B)和一种多官能度单体 $A_f(f>2)$ 组成,反应后的结构式如下:

$$A\text{—}A + B\text{—}B + A_f \longrightarrow A_{(f-1)}\overset{*}{=}A\text{—}(B\text{—}BA\text{—}A)_{\overline{n}}B\text{—}BA\overset{*}{=}A_{(f-1)}$$

式中,有 * 的位置为末端支化点,即 A_f 看作是一个支化单元,方括号内为线型链段,n 可以为 $0\sim\infty$ 的任何值。聚合体系发生凝胶化的条件:上述结构中从支化点生成的$(f-1)$条链中,至少有一条链能与另一支化点相连接。发生这种情况的概率是 $1/(f-1)$,则产生凝胶化的临界支化系数为

$$\alpha_c = \frac{1}{f-1} \tag{2-61}$$

式中,f 是支化单元的官能度$(f>2)$,如果体系中含有几种多官能团单体,则 f 为所有多官能团单体官能度的平均值。

当 $\alpha(f-1)=1$ 或大于 1 时,形成支链的数目增多,将产生凝胶;相反,$\alpha(f-1)<1$ 时,不形成支链,则不会发生凝胶化。

下面计算上面结构式中支链生成的概率。设官能团 A 和 B 的反应程度分别为 p_A 和 p_B,支化单元(A_f)中 A 官能团数占全部 A 官能团总数的百分数为 ρ,则$(1-\rho)$为 A—A 中的 A 官能团的百分数。

生成上述两支化点间链段的总概率为各步反应概率的乘积:

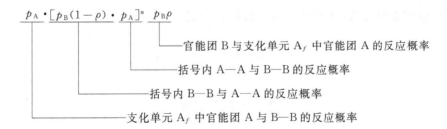

$$p_A \cdot [p_B(1-\rho) \cdot p_A]^n \, p_B\rho$$

└─────── 官能团 B 与支化单元 A_f 中官能团 A 的反应概率
└─────── 括号内 A—A 与 B—B 的反应概率
└─────── 括号内 B—B 与 A—A 的反应概率
└─────── 支化单元 A_f 中官能团 A 与 B—B 的反应概率

上面得到的两支化点间链段的总概率也是一个支化点上的 A 官能团通过一个链连接到另一个支化点的概率。式中,指数 n 代表 B—B—A—A 重复 n 次,概率应该自乘 n 次,即$[p_B(1-\rho) \times p_A]^n$。因此,由概率的加法定理,对所有 n 值$(0\sim\infty)$进行加和可得支化系数:

$$\alpha = \sum_{n=0}^{\infty} \left[p_A p_B (1-\rho) \right]^n p_A p_B \rho \tag{2-62}$$

令 $a = p_A p_B \rho$，$b = p_A p_B (1-\rho)$，则式(2-62)变为

$$\alpha = \sum_{n=0}^{\infty} a b^n \tag{2-63}$$

根据幂级数展开式 $\sum_{n=0}^{\infty} Q^n = 1 + Q + Q^2 + \cdots = 1/(1-Q)$，式(2-63)变为 $\alpha = \dfrac{a}{1-b}$，即

$$\alpha = \frac{p_A p_B \rho}{1 - p_A p_B (1-\rho)} \tag{2-64}$$

将两官能团 A 和 B 的物质的量比 $r = p_B / p_A$ 代入式(2-64)得

$$\alpha = \frac{r p_A^2 \rho}{1 - r p_A^2 (1-\rho)} = \frac{p_B^2 \rho}{r - p_B^2 (1-\rho)} \tag{2-65}$$

式(2-65)为多官能团体系缩聚反应支化系数的通式，由此可计算得到任一反应程度下的 α 值。

联立式(2-61)和式(2-65)，可得在临界支化系数下的反应程度，即凝胶点 p_c。

$$(p_A)_c = \frac{1}{[r + r\rho(f-2)]^{1/2}} \tag{2-66}$$

上式为凝胶点 p_c 与多官能团单体的官能度的定量关系。下面讨论几种特殊情况：

① 当两种官能团等物质的量配比时，即 $r=1$，$p_A = p_B = p$，则

$$\alpha = \frac{p^2 \rho}{1 - p^2 (1-\rho)} \tag{2-67}$$

$$p_c = \frac{1}{[1 + \rho(f-2)]^{1/2}} \tag{2-68}$$

例如，2 mol 甘油，1 mol 一缩乙二醇和 4 mol 己二酸的缩聚体系符合这种情况，$r=1$，$\rho = 2 \times 3/(2 \times 3 + 1 \times 2) = 0.75$，可得 $\alpha_c = 1/(f-1) = 1/2$，凝胶点 $p_c = 1/[1 + 0.75 \times (3-2)]^{1/2} = 0.756$。

② 若反应体系中无 A—A 单体时，$\rho = 1$，但 $r < 1$，则

$$\alpha = r p_A^2 = \frac{p_B^2}{r} \tag{2-69}$$

$$p_c = \frac{1}{[r(f-1)]^{1/2}} \tag{2-70}$$

式(2-70)具有很大的实用价值，可用来估算生产中开始出现凝胶化的临界反应程度。

③ 若反应体系中无 A—A 单体时，$\rho = 1$，且 $r = 1$，则

$$\alpha = p^2 \tag{2-71}$$

$$p_c = \frac{1}{(f-1)^{1/2}} \tag{2-72}$$

对于前面 2 mol 甘油($f=3$)和 3 mol 邻苯二甲酸酐($f=2$)的体型缩聚的例子,此时 $r=1$,$\rho=1$,则由式(2-71)和式(2-72)可计算得到其临界支化系数 $\alpha_c = 1/(f-1) = 1/2$,凝胶点 $p_c = 1/(3-1)^{1/2} = 0.707$。而前面由 Carothers 方程计算出的凝胶点为 0.833。可见,Carothers 方程预测的凝胶点偏大,而 Flory 统计预测的结果偏小。这种预测的理论值与实测值的偏离主要是由于理论推导的基础和实际聚合反应情况不同造成的,在后面的凝胶点的实验测定中将具体讨论。以上推导出的方程式只适用于有一种多官能团单体参与缩聚反应的体系,而对于有单官能团物质和有 A、B 两种支化单元存在的反应体系则不适用,需要考虑更普遍适用的表达式。

(3)概率法

唐敖庆等采用比较简单的纯概率方法来处理复杂的凝胶化体系,还以凝胶化临界条件的表达式为基础,用凝胶化临界反应程度逼近最大反应程度作为凝胶消失的边界条件的原理讨论了凝胶化区域。这里以 A_a–B_b 体型缩聚体系为例来讨论,其中 A_a 表示含有 a 个 A 基团的单体,B_b 表示含有 b 个 B 基团的单体,化学反应仅在 A 和 B 基团之间发生,如三元酸和三元醇体系(A_3–B_3)。

设 N_A 和 N_B 分别为 A_a–B_b 体系中 A_a 和 B_b 单体的分子数,p_A 和 p_B 为相应的反应程度。应用纯概率方法是考虑把 A_a–B_b 型缩聚物排布在许多同心环上,根据 A 基团和 B 基团在环上消长的情况来确定凝胶化的临界条件。以 A_3–B_3 为例,其缩聚物排布在许多同心环上(如图 2-18 所示)。在奇数环上安放未反应的 A 基团和 AB 键,偶数环上安放未反应的 B 基团和 BA 键,两个环之间通过单体的官能团以外的残留结构相连接。

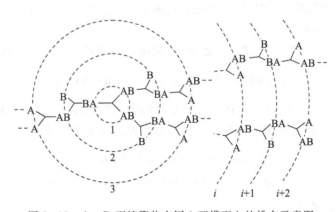

图 2-18　A_3–B_3 型缩聚物在同心环模型上的排布示意图

下面推导凝胶化的临界条件,首先假定官能团的活性不随链的增长而改变,并且只有分子间的缩聚反应。设 $M_A^{(i)}$ 和 $M_A^{(i+2)}$ 分别为 i 环上和 $i+2$ 环上的 A 基团的总数(包括已经反应形成 AB 键的 A 基团和未反应的游离 A 基团);$M_B^{(i+1)}$ 为第 $i+1$ 环上 B 基团的总数(包括已经反应和未反应的 B 基团)。当 i 很大时,即在 i 环上有很多 A 基团时,基于概率考虑可知,在 i 环上有 $M_A^{(i)}$ 个 A 基团,其中已经发生反应的(形成 AB 键的)为 $M_A^{(i)} p_A$ 个,每一个 A 基团和 B_b 反应掉一个 B 基团,从而在 $i+1$ 环上引入 $b-1$ 个 B 基团,因此在 $i+1$ 环上引入的 B 基团总数为

$$M_B^{(i+1)} = M_A^{(i)} p_A (b-1) \tag{2-73}$$

这些 B 基团中进一步和 A 基团反应的数目为 $M_A^{(i)} p_A (b-1) p_B$ 个,因此,在 $i+2$ 环上引入的 A 基团数为

$$M_A^{(i+2)} = M_A^{(i)} p_A (b-1) p_B (a-1) \tag{2-74}$$

由此可见,由 $M_A^{(i)}$ 出发,通过 p_A 和 p_B 可以推导出 $M_A^{(i+2)}$。$M_A^{(i+2)}$ 和 $M_A^{(i)}$ 相比较有三种情况:① 当 $M_A^{(i+2)}/M_A^{(i)} < 1$ 时,形成的缩聚物逐渐收缩,因此这种情况下不能产生凝胶;② 当 $M_A^{(i+2)}/M_A^{(i)} > 1$ 时,可以产生凝胶;③ $M_A^{(i+2)}/M_A^{(i)} = 1$ 时,则为产生凝胶的临界条件。此时将上述关系代入式(2-74),可得

$$p_A p_B (a-1)(b-1) = 1 \tag{2-75}$$

由于 $p_B = r_A p_A, r_A = a N_A / b N_B$($r_A$ 是 A 基团总数和 B 基团总数的摩尔比),则式(2-75)可以改写成

$$(a-1)(b-1) r_A p_A^2 = 1 \quad 或 \quad p_A = [(a-1)(b-1) r_A]^{-1/2} \tag{2-76}$$

Stockmayer 用统计力学的方法也得到了和上述一致的结果,但推导过程比较繁琐。Kahn 也曾利用类似简单的推算法推导出结果一致的具有普遍意义的凝胶点方程。

对于 $A_2 - B_3$ 体型缩聚体系,假定甘油的三个羟基的活性都相同,甘油和二元酸反应的体系可用上面得到的结论来处理。设 $a=2, b=3$,代入式(2-76),得

$$(p_A)_c = (2 r_A)^{-1/2} \tag{2-77}$$

式中,$(p_A)_c$ 为羧基的临界反应程度(凝胶点),它随 r_A 变化,当 $r_A = 1$ 时,$(p_A)_c = 0.707$,和 Flory 统计法的结果是一致的。

对于 $A_a - B_b - C_c$ 型缩聚体系,类似上面推导,同理可得到其凝胶化的临界条件:

$$[r_B p_B^2 (b-1) + r_C p_C^2 (c-1)](a-1) = 1 \tag{2-78}$$

其中,A_a 和 B_b 的意义同上,C_c 表示含有 c 个 C 基团的第三种单体,这里 A 基团可与 B 或 C 基团反应,但 B 基团和 C 基团之间不能反应。不同参数之间还满足下列关系:

$$a N_A p_A = b N_B p_B + c N_C p_C$$

$$p_A = r_B p_B + r_C p_C, r_B = b N_B / a N_A, r_C = c N_C / a N_A$$

4. 凝胶点的实验测定

实验中,在体型缩聚体系反应到某一临界反应程度时,其黏度急剧增加,难以流动,气泡也无法上升时就定义为凝胶点。这时可取样分析残留官能团来计算反应程度,即为 p_c。同时,根据反应程度与数均聚合度的关系可计算凝胶点时的聚合度。

表 2-7 列出了一些醇酸体型缩聚体系凝胶点的理论值、实测值及凝胶点时体系的数均聚合度。可见,与实测值相比,在各种 r 和 ρ 值下,由 Carothers 方程得到的凝胶点普遍都偏高,而由 Flory 统计法得到的都偏低,但实验测定值都介于两计算值之间,且更接近于后者。例如,甘油和二元酸等物质的量缩聚时,实验测定凝胶点时的临界反应程度 $p_c = 0.765$,由 Carothers 方程

式(2-53)计算得到的 $p_c=0.833$,比实测值偏高的主要原因是其理论基础认为凝胶点时的数均聚合度为无限大,实际上测定发现数均聚合度仅为 24 时就已开始凝胶化。但应当注意的是凝胶点时,体系中除了出现分子量可视为无限大的交联大分子,同时还含有大量分子量不高的溶胶,即高度支化的聚合物及未反应的单体。凝胶的分子量虽然很大(如可达 10^{26}),但其含量很低(如其质量分数 <0.0001),溶胶分子量较小,但其质量分数非常高,这就导致体系的数均聚合度并不大,基本接近溶胶部分的数均聚合度。因此,由 Carothers 方程理论预测凝胶点时存在较大偏差。

表 2-7 一些醇酸体型缩聚体系的凝胶点和数均聚合度

体系单体组成	$r=[COOH]/[OH]$	ρ	凝胶点(p_c)			$\overline{X}_n$
			实测值	按式 (2-53) 计算	按式 (2-66) 计算	
甘油+二元酸	1.000	1.000	0.765	0.833	0.707	12
季戊四醇+二元酸	1.000	1.000	0.630	0.750	0.577	5
一缩乙二醇+己二酸+三元酸	1.000	0.293	0.911	0.951	0.879	24
一缩乙二醇+丁二酸+三元酸	1.000	0.194	0.939	0.968	0.916	34
一缩乙二醇+丁二酸+三元酸	1.002	0.404	0.894	0.933	0.843	25
一缩乙二醇+己二酸+三元酸	0.800	0.375	0.991	1.063*	0.955	15

注:* 反应程度大于 1 本无意义,此处只说明按 Carothers 理论预测此反应无凝胶化发生;$\overline{X}_n$ 是根据实测值由式(2-60)计算得到。

按照 Flory 统计法[式(2-66)]和概率法计算的结果是一致的(表中不再列出),只不过在预测凝胶点时,表 2-7 中 A_a(醇)$-B_b-C_c$ 型缩聚体系的单体配比条件可与概率法推导的参数建立如下关联:

$$r=\frac{bN_B+cN_C}{aN_A}=r_B+r_C, \rho=\frac{cN_C}{bN_B+cN_C}=\frac{r_C}{r_B+r_C}, 并假定\ p_B=p_C$$

按照 Flory 统计法和概率法计算,甘油和二元酸等物质的量缩聚的 $p_c=0.707$,较实测值略低。造成偏差的主要原因是在理论推导中没有考虑分子内环化反应及官能团不完全等活性。因为分子内环化反应消耗了反应物,使实际达到凝胶点时的反应程度比预测值要高。根据多元醇与多元酸缩聚反应体系的研究,环化反应可以使体系的凝胶点提高 5% 左右。在有些聚合体系中,官能团等活性假设不成立。例如,对于甘油和邻苯二甲酸酐反应体系,甘油的仲羟基活性较低,若对此加以校正后,p_c 计算值与实验值的偏差会有所减小,但不能完全消除。

尽管 Carothers 方法和概率法(或统计学方法)都能预测凝胶点,但后者使用更为普遍。因为前者预测的 p_c 总是比实际值高,这就意味着在聚合反应釜中会发生凝胶化,工业生产上要避免这种情况。而概率方法不存在这个问题,因此得到广泛的应用。

2.6 逐步聚合反应实施方法

对于线型逐步聚合反应,在一定程度上来说,分子量的控制要比聚合速率的控制更重要。因此,要使逐步聚合成功,并获得高分子量的逐步聚合物,必须要考虑下列原则和措施:① 原料纯度要尽可能高;② 尽可能减少副反应,提高反应程度;③ 单体要严格按化学计量配制,加入单官能团物质或某单体稍过量来控制产物分子量;④ 对于平衡缩聚,应设法通过减压或其他手段排除低分子副产物,使反应向生成聚合物的方向移动。

大部分逐步聚合反应的聚合热不大(10~25 kJ·mol^{-1}),活化能却较高(40~100 kJ·mol^{-1}),为了获得合理的聚合速率,必须在比较高的反应温度,如150~200 ℃下进行。但应当注意避免在较高反应温度下单体的挥发或分解等副反应的发生,一般需采用惰性气体加以保护。但个别逐步聚合反应的速率常数很大,如二酰氯和二元醇或二元胺的缩聚反应可在室温下进行。

逐步聚合的方法通常有熔融聚合、溶液聚合、界面缩聚和固相缩聚等,可根据不同聚合方法的特点和对聚合物性能的要求加以选择。

2.6.1　熔融聚合

熔融聚合(melt polymerization)是指聚合体系中仅加入单体和少量催化剂,不需要溶剂,反应温度在单体和生成聚合物的熔点以上,反应体系始终处于熔融状态下进行的聚合方法。这种方法操作简单,相当于本体聚合。

熔融聚合有以下特点:

① 反应温度高,反应一般在200~300 ℃进行,比生成的聚合物熔点高10~20 ℃。这就要求单体和聚合物的热稳定性要好,一般不适合高温易分解的单体和制备高熔点的聚合物。对于熔融聚合,由于反应是一个可逆平衡过程,温度高有利于提高反应速率和低分子产物的排除,使反应向生成聚合物的方向进行。

② 反应时间长,一般需要几个或十几个小时以上,延长反应时间有利于提高产物的分子量。

③ 为避免在长时间高温反应过程中,反应物可能发生的副反应及聚合产物的氧化降解,常需在惰性气体(N$_2$、CO$_2$)中进行。

④ 对单体纯度要求很高。杂质的存在将影响原料的实际反应配比,进而影响产物的分子量和性能。

⑤ 为了获得高分子量的产物,聚合后期一般需要减压,甚至在高真空下进行,对设备要求较高。这是由于熔融聚合多为可逆平衡反应,后期体系黏度较高,小分子副产物不易排除。

熔融聚合的优点是体系组成简单、产物纯净、分离简单、工艺成熟、生产设备简单且利用率高,通常以釜式聚合,可实现连续生产,是工业上和实验室常用的方法。许多聚合物的工业生产都采用熔融聚合,如尼龙、涤纶和酯交换法合成的聚碳酸酯等。前面已经介绍过尼龙-66和涤纶(PET)的熔融缩聚过程(见2.4.1)。

2.6.2　溶液聚合

溶液聚合(solution polymerization)是指单体和催化剂在溶剂中进行的聚合反应,是工业生产的重要方法之一,其规模仅次于熔融聚合。对于熔融温度高不易用熔融聚合方法制备的聚合物,通常采用溶液聚合方法。溶液聚合的反应温度较低,一般在几十到一百多摄氏度下反应,因此要求单体具有较高的反应活性。若是平衡聚合反应,可通过精馏或加碱成盐除去小分子副产物。

　　在溶液聚合反应中,溶剂的选择很重要,通常需要注意以下几个方面:① 溶剂应是惰性的,对单体和聚合产物的溶解性好,保证聚合反应在均相条件下完成;② 溶剂沸点应高于实际聚合反应温度;③ 要考虑溶剂的极性,因为缩聚反应的单体极性较大,一般情况下增加溶剂极性有利于提高反应速率,增加产物的分子量;④ 要考虑溶剂的溶剂化作用,如溶剂与产物生成稳定的溶剂化产物,会使反应活化能升高,降低反应速率,如果与离子型中间体形成稳定溶剂化产物,则可降低反应活化能,提高反应速率;⑤ 选择溶剂时,要注意避免因溶剂的引入而造成的一些副反应。

　　溶液聚合的主要优点:反应温度低,副反应少;传热性好,反应平稳;无需高真空,反应设备简单;可合成热稳定性低的产品。其缺点:反应影响因素增多,工艺变得复杂;当需要除溶剂时,后处理复杂,增加成本,还必须考虑溶剂回收、聚合物的分离及残留溶剂对聚合物性能、使用等的不良影响。

　　许多耐高温的高性能工程塑料如聚酰亚胺、聚芳酰胺、聚苯并噻唑、聚砜和聚苯硫醚等都是采用溶液聚合制备的。溶液聚合还广泛用于油漆、涂料、胶黏剂等的合成,聚合物溶液可直接涂覆使用,如醇酸树脂、聚氨酯等。

　　应用举例:聚酰亚胺的合成

　　聚酰亚胺是一种耐热性优异的高性能聚合物,普遍采用溶液缩聚法合成。例如,以均苯四酸二酐(PMDA)和 $4,4'$-二氨基二苯醚(ODA)为单体,通过两步法制备 Kapton 型聚酰亚胺的反应过程如下:

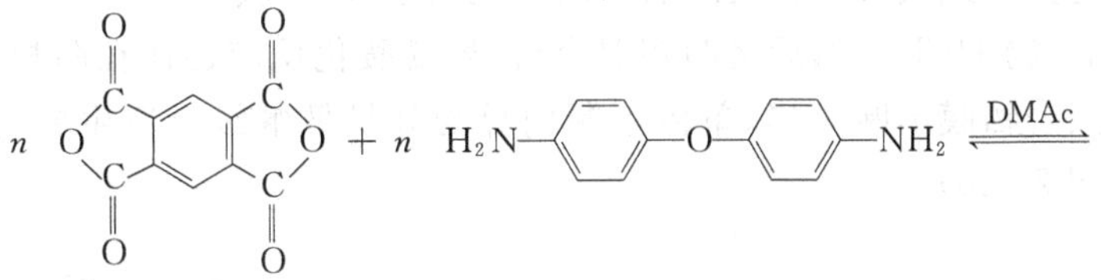

(PMDA)　　(ODA)

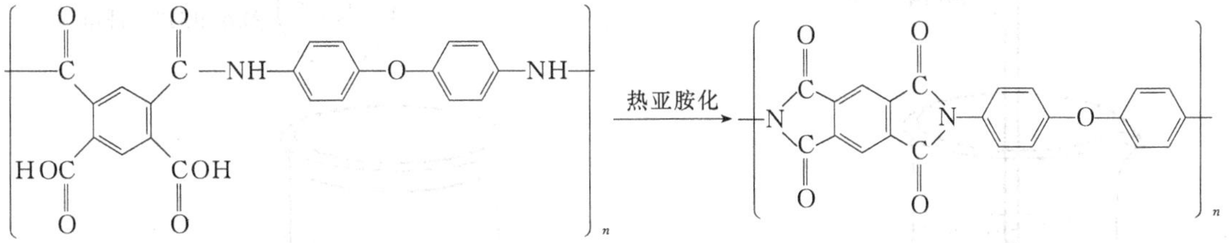

聚酰胺酸(PAA)　　　聚酰亚胺(PI)

　　第一步,将等物质的量配比的 PMDA 和 ODA 在非质子性极性溶剂,如 N,N-二甲基乙酰胺(DMAc)或 N-甲基吡咯烷酮(NMP)中于室温下缩聚得到聚酰胺酸(PAA)的溶液;第二步,利用这种黏性溶液直接进行加工,如涂膜或纺丝后,在一定温度下除去溶剂后,再经高温(300~350 ℃)脱水亚胺化(环化)形成聚酰亚胺(PI)制品。聚酰胺酸也可以在叔胺(三乙胺或异喹啉)为催化剂的条件下,采用乙酸酐为脱水剂进行脱水环化反应,称为化学亚胺化法。

　　上面得到的 Kapton 型聚酰亚胺由于其刚性结构,是不溶不熔的。而利用二酐和二胺合成可溶性聚酰亚胺时还可以采用一步法。一般将两种单体在高沸点溶剂中加热至 150~250 ℃,直接得到聚酰亚胺,所用溶剂一般为酚类,如间甲酚、对氯酚等,也可以用多氯代苯作为溶剂。酚类溶剂的优点是在聚合过程中对多种聚酰亚胺的溶解性好,从而可以得到高质量的聚合物,而其他溶剂则往往由于溶解性不是非常好而导致聚合物不能获得足够高的分子量。

2.6.3 界面缩聚

界面缩聚(interfacial polycondensation)早在 1940 年左右即已开始应用于合成聚亚胺酯,1958 年以后 Morgan P W 等对这类聚合方法进行了广泛而深入的研究。界面缩聚是指在互不相溶、分别溶解有两种单体的溶液的界面处进行的缩聚反应。适用于不可逆聚合反应,要求单体具有高的反应活性,反应温度较低。该法属于非均相聚合反应体系,按体系的相状态分为液−液和液−气界面缩聚;按工艺方法分为静态界面缩聚(不搅拌)和动态界面缩聚(搅拌)。静态界面缩聚反应速率由扩散控制,所以缩聚物分子量与反应体系单体的配比无关,但其主要缺点是要求形成有足够韧性的聚合物膜,否则不能将膜移走,使新聚合物在界面生成。动态界面缩聚通过充分搅拌使不溶的两相很好地混合,认为形成的几乎是无限大的界面,可使聚合反应在短期内完成。因此,比静态界面缩聚对原料的配比和纯度要求稍高,但对溶剂和要合成聚合物类型的选择范围较大。

以己二胺和癸二酰氯的界面缩聚为例,反应式为

$$n \ H_2N(CH_2)_6NH_2 + n \ Cl\overset{O}{\underset{}{-}}C\overset{O}{\underset{}{-}}(CH_2)_8C\overset{O}{\underset{}{-}}Cl \longrightarrow H\left[HN(CH_2)_6NH\overset{O}{\underset{}{-}}C(CH_2)_8C\overset{O}{\underset{}{-}}\right]_n Cl + (2n-1)HCl$$

在实验室制备时,将癸二酰氯溶于有机溶剂如四氯化碳中,己二胺溶于 NaOH 水溶液中(以便中和掉反应生成的副产物 HCl)。然后将两相混合后,聚酰胺化反应迅速在两相界面处进行,析出膜状物,把生成的聚合物膜不断拉出,单体不断向界面处扩散继续反应生成新的聚合物(图 2−19),并可抽成丝(图 2−20)。

图 2−19 己二胺和癸二元酰氯的界面缩聚反应示意图 图 2−20 从界面聚合反应中直接拉出单丝纤维的示意图

工业上采用光气法制备聚碳酸酯也是通过界面缩聚实现的。将双酚 A 与氢氧化钠配制成双酚钠的水溶液作为水相,有机相是溶有光气的有机溶剂(如二氯甲烷),在常温至 50 ℃下反应。

反应主要在水相一侧发生,反应器内的搅拌要保证有机相中的光气能及时地扩散到界面,以利于反应。得到高分子量的聚碳酸酯。反应中一般采用苯酚或丁醇等水溶性单官能团物质作为分子量调节剂,用三乙胺等叔胺及其盐类或季铵化合物作催化剂。

$$n\ NaO-\!\!\!\left\langle\!\!\!\bigcirc\!\!\!\right\rangle\!\!-\!\overset{\underset{\displaystyle CH_3}{|}}{\underset{\underset{\displaystyle CH_3}{|}}{C}}\!-\!\!\!\left\langle\!\!\!\bigcirc\!\!\!\right\rangle\!\!-\!ONa\ +\ n\ Cl-\!\overset{\overset{\displaystyle O}{\|}}{C}\!-\!Cl \xrightarrow{-NaCl} \left[\!O-\!\!\!\left\langle\!\!\!\bigcirc\!\!\!\right\rangle\!\!-\!\overset{\underset{\displaystyle CH_3}{|}}{\underset{\underset{\displaystyle CH_3}{|}}{C}}\!-\!\!\!\left\langle\!\!\!\bigcirc\!\!\!\right\rangle\!\!-\!O-\!\overset{\overset{\displaystyle O}{\|}}{C}\!\right]_n$$

界面缩聚具有如下特点:

① 复相反应。缩聚反应在互不相溶的两相界面上进行。

② 反应不可逆。要求单体有高的反应活性,能及时除去小分子副产物,因此一般是不可逆缩聚。

③ 反应速率快,是扩散控制过程。由于单体反应活性高,界面处化学反应速率很快,反应速率主要取决于反应区域的单体浓度,即不同相态中单体向两相界面处反应区域的扩散速率。在界面缩聚体系中加入相转移催化剂可以大大加速缩聚反应,催化剂的作用是使水相(甚至固相)的反应物顺利地转入有机相,从而促进两分子间的反应。常用的相转移催化剂有季铵盐和大环多醚类,即冠醚(如 18-冠-6 等)和穴醚。

④ 反应温度低。一般在 0~50 ℃进行,因而避免了由于高温造成的各种副反应。

⑤ 产物分子量对配料比敏感性小。与前面讨论的熔融和溶液均相聚合体系不同,界面缩聚是非均相反应,对产物分子量起影响的是反应区域中两单体的配比,而不是整个体系中两单体的浓度。反应区域的单体浓度取决于两相中单体向反应区域的扩散速率。因此,只要界面上单体官能团保证严格等物质的量就可获得高分子量(常温界面缩聚可达到 50 万)的聚合物,而两单体的最佳配比不一定总是 1:1。

⑥ 界面缩聚在低反应程度时就可以得到高分子量的产物,这一点也与均相缩聚不同,而与连锁聚合相似。这时需要保证生成的聚合物不溶于任何一相,并且要及时更换界面。

界面缩聚已广泛用于实验室及小规模合成聚酰胺、聚碳酸酯、聚砜、聚氨酯、含磷缩聚物和其他耐高温聚聚物。但这种聚合方法也存在缺点:采用的高活性单体酰氯较贵,溶剂消耗量大,设备利用率低,回收麻烦。因此,界面缩聚虽然有许多优点,但在工业上的实际应用受到很大的限制。

2.6.4 固相缩聚

固相缩聚(solid phase polycondensation)是指单体或预聚物在聚合反应过程中始终保持固态条件下进行的缩聚反应。该法是在固相化学反应基础上发展起来的,可用于制备高分子量、高纯度的聚合物。特别是对于熔点很高或熔点以上易于分解的单体的缩聚,以及耐高温聚合物,特别是无机缩聚物的制备,固相缩聚有着其他方法无法比拟的优点。例如,用熔融聚合法合成涤纶聚酯的分子量较低(仅在 2.3 万左右),而用固相缩聚法可得到分子量更高(3.0 万以上)的聚酯,可用作衣料纤维、轮胎帘子线及工程塑料。又如,己二胺和己二酸的盐,其熔点为 190~191 ℃,在低于 170 ℃时不发生反应,但在 175~185 ℃时就会在固相中进行缩聚反应。

固相缩聚可分为以下三种:

① 反应温度在单体熔点以下,这是"真正"的固相缩聚。

② 反应温度在单体熔点以上,但在缩聚产物熔点以下。一般先采用常规熔融缩聚或溶液缩聚得到预聚物,然后在预聚物熔点或软化点以下进行固相缩聚。

③ 体型缩聚反应和环化缩聚反应。这两类反应在高反应程度时,进一步的反应实际上是在固态下进行的。对于平均官能度大于 2 的体系,如醇酸树脂或酚醛树脂的制备是先制成低分子量的线型或支化预聚物,然后在加工过程中转变成体型结构。在后期加工阶段,由于黏度很大,聚合物链段活动性很小,反应实际上是在固相缩聚下进行的。

固相缩聚的特点如下:

① 反应的表观活化能高,反应速率比熔融缩聚小得多,常常需要几十个小时才能完成。

② 固相缩聚属于非均相反应,是扩散控制过程,扩散速率很小。在固相反应中,两种单体原料的混合物首先形成一个介稳状态,类似于平衡低熔点混合物,或低熔点的共晶体,是不稳定的中间过渡产物。然后再继续反应,生成高分子量的产物。

③ 固相缩聚的动力学特点是有明显的自催化效应,反应速率随时间的延长而增加,到反应后期,由于官能团浓度很小,反应速率才迅速下降。

④ 一般固相缩聚产物的分子量分布比熔融聚合产物宽,固相缩聚对反应物的物理结构包括晶格结构、结晶缺陷、杂质等的存在很敏感,结晶部分与非晶部分反应速率相差很大。

与熔融缩聚相比,固相缩聚的优点:反应温度明显降低,副产物和降解反应明显较少;避免了高黏熔体的搅拌,降低能耗;聚合工艺简单,反应平稳,特别是对于难溶、难熔和耐高温聚合物,可采用反应成型工艺法制备。固相缩聚已经在涤纶和尼龙-6、尼龙-66、尼龙-46 等聚酰胺的生产中实现工业化应用。例如,固相缩聚的聚酯(PET)广泛用于饮料包装瓶、涤纶薄膜、轮胎帘子线和工业用长丝等产品。但固相缩聚是近年来发展起来的一种新的缩聚方法,尚处于研究阶段,世界各大高分子公司都在进行固相缩聚的工艺研究,开发固相缩聚新工艺技术设备,以便缩短反应时间,提高产品的质量和产量。

2.7 重要的逐步聚合物举例

2.7.1 聚酯

主链中含有聚酯基重复单元的杂链聚合物称为聚酯。但是酯基位于侧链的聚合物,如甲基丙烯酸甲酯、醋酸乙烯酯和纤维素酯类等都不能称作聚酯。按照不同的分类方法,聚酯包括饱和聚酯和不饱和聚酯,脂肪族和芳香族聚酯,线型和体型交联聚酯。如前面讨论过的涤纶聚酯属于线型饱和芳香族聚酯,在体型缩聚中讨论的醇酸树脂属于体型交联聚酯。下面主要介绍线型饱和脂肪族聚酯和线型不饱和聚酯。

1. 线型饱和脂肪族聚酯

二元酸和二元醇缩聚、羟基酸自缩聚或内酯开环聚合都可形成线型聚酯。与芳香族聚酯相比,线型脂肪族聚酯的熔点(50~60 ℃)和强度普遍都较低,不耐溶剂,易水解,不能用作结构材料。但根据其链柔性、易降解等特点,可用于特殊用途。例如,聚酯二醇是聚酯的预聚物,由二元酸(如己二酸)和过量二元醇(如乙二醇或丁二醇)缩聚而成,分子量为 3 000～5 000,分子链两端均为羟基,可进一步与二异氰酸酯反应制备聚氨基甲酸酯。己二酸或癸二酸与乙二醇的缩聚物,分子量小于 1 万,主要用途是用作弹性纤维的内增塑链段或聚氯乙烯及其共聚物的增塑剂。

乙交酯或丙交酯开环聚合也可制备脂肪族聚酯,用作控制释放药物载体或可降解吸收的手术缝合线等。例如,乳酸(羟基酸)可自缩聚成环状二聚体丙交酯,经提纯后,再开环聚合成聚乳酸。

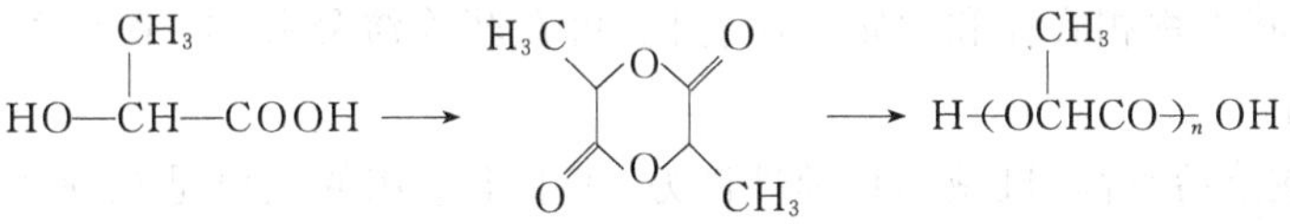

$$
\underset{\underset{OH}{|}}{HO-\underset{\underset{CH_3}{|}}{CH}-COOH} \longrightarrow \text{(丙交酯结构)} \longrightarrow H\!-\!(\underset{\underset{CH_3}{|}}{OCHCO})_{\!n}\!-\!OH
$$

也可以采用一步熔融缩聚法直接合成聚乳酸,得到分子量在 8 000 以上的聚乳酸,但伴有少量环状丙交酯生成。

2. 线型不饱和聚酯

不饱和聚酯是主链上含有双键的聚酯。通常由二元不饱和脂肪酸与二元醇缩聚制备,在主链上引入不饱和双键的目的是后期可与烯类单体按自由基机理共聚合,使聚酯链发生交联。典型的不饱和聚酯是由马来酸酐和乙二醇熔融缩聚而得到的,反应式如下:

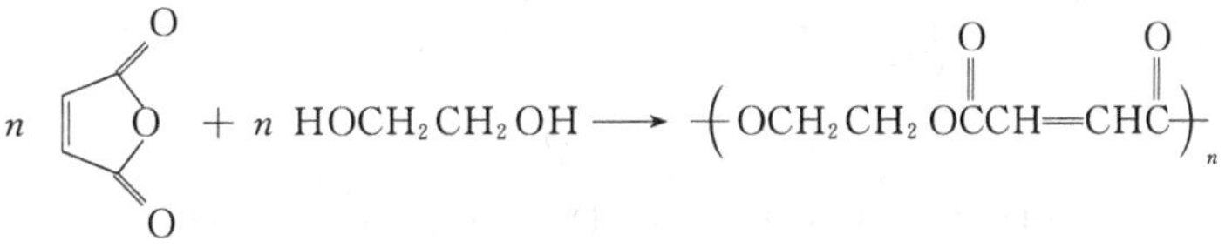

$$
n\ (\text{马来酸酐}) + n\ HOCH_2CH_2OH \longrightarrow (OCH_2CH_2\underset{\underset{O}{\|}}{OCC}H=\underset{\underset{O}{\|}}{CHC})_n
$$

几乎所有的不饱和聚酯的应用,都是将其溶于可自由基聚合的烯类单体(如苯乙烯、甲基丙烯酸甲酯等)中,以溶液的形式交联固化。交联时所用烯类单体不同,所得交联产物的力学性能不同。例如,不饱和聚酯中含有反式丁烯二酸酯结构单元时,用苯乙烯比用甲基丙烯酸甲酯交联所得的硬度和韧性都好,这是由于苯乙烯与反式丁烯二酸酯之间倾向于发生交替共聚,生成的交联链多而短,而甲基丙烯酸甲酯则相反,生成了少而长的交联链。也可以采用不饱和二元酸,如用马来酸和衣康酸代替马来酸酐。

在实际的反应体系中,常常要加入饱和二元酸(如邻、对苯二甲酸或己二酸),用于调节聚合物的交联密度。可用的二元醇单体还有丙二醇、丁二醇、一缩乙二醇和双酚 A 等。在聚合物分子链中引入芳环结构后可提高聚合物的刚性、硬度和耐热性,引入卤素则可提高材料的阻燃性。

不饱和聚酯大部分经玻璃纤维等增强后用作结构材料,不仅具有良好的抗高温软化和形变性,而且电性能、抗腐蚀性、耐酸性及耐候性都很好,但只能耐弱碱。液体预聚物通过铸模、压模和喷制等技术很容易加工成热固性产品,可用于大型构件,如汽车车身、船体、浴缸、建筑物门面和地板、化学品储罐等。不饱和聚酯还可与无机粉末复合,用于制造卫浴用品、装饰板和人造大理石等。

2.7.2 聚碳酸酯

聚碳酸酯(PC)是碳酸的聚酯类聚合物,其特征结构是碳酸酯键:

$$\begin{array}{c} O \\ \parallel \\ -O-C-O- \end{array}$$

聚碳酸酯可以看成是二元醇或二元酚与碳酸的衍生物。碳酸本身并不稳定,但其衍生物,如光气、尿素、碳酸盐和碳酸酯,都有一定的稳定性,是重要的化学品。

按照醇结构的不同,聚碳酸酯可以分为脂肪族、酯环族和芳香族三类。脂肪族聚碳酸酯,如聚亚乙基碳酸酯、聚三亚甲基碳酸酯及其共聚物的熔点和玻璃化转变温度低,强度差,不能用作结构材料;但利用其生物相容性和生物降解特性,可在药物缓释载体、手术缝合线和骨骼支撑材料等方面得到应用。

芳香族聚碳酸酯熔点高、机械和物理性能好,工业上应用的主要是双酚 A 型聚碳酸酯,是由拜耳公司的 Schnell、Bottenbruch 和 Krimm 及通用电气公司的 Fox 于 1953 年发明的,其合成方法有两种:光气直接法和酯交换法。前面已经介绍了光气直接法,即通过光气和双酚A钠盐的界面缩聚技术制备。这种方法的主要缺点是环境污染,除了光气具有剧毒外,循环使用的二氯甲烷和叔胺及含氯化物的大量废水,都会造成对环境的污染和破坏。为此又发展了间接光气合成法,即酯交换法,反应式如下:

$$n \ HO-\!\!\!\!\!\!\!\bigcirc\!\!\!\!\!\!\!-\!\!\!\!\!\underset{\underset{CH_3}{\overset{CH_3}{|}}}{C}\!\!\!\!\!-\!\!\!\!\!\bigcirc\!\!\!\!\!-OH + n \ \bigcirc\!\!\!\!\!-O-\!\!\!\!\!\underset{\parallel}{\overset{O}{C}}\!\!\!\!\!-O-\!\!\!\!\!\bigcirc \longrightarrow$$

$$\left(\!\!O-\!\!\!\!\!\bigcirc\!\!\!\!\!-\!\!\!\!\!\underset{\underset{CH_3}{\overset{CH_3}{|}}}{C}\!\!\!\!\!-\!\!\!\!\!\bigcirc\!\!\!\!\!-O\!\!\underset{\parallel}{\overset{O}{C}}\!\!\right)_{\!\!n} + 2n \ \bigcirc\!\!\!\!\!-OH$$

这种方法是双酚 A 和碳酸二苯酯的熔融缩聚法,与涤纶的生产类似。反应过程中,双酚 A 与碳酸二苯酯进行酯交换反应,在高温减压条件下不断排除苯酚,提高反应程度,获得高分子量的聚碳酸酯。熔融缩聚分成两个阶段进行:第一阶段,温度 180～200 ℃,压力 2.7～4 kPa,转化率 80%～90%;第二阶段,温度逐渐升至 290～300 ℃,减压至 130 Pa 以下,加深反应程度,完成反应。起始碳酸二苯酯过量,在高温减压条件下酯交换,不断排除苯酚。由苯酚排除量来自动调节两种官能团的摩尔比,从而达到控制产物分子量的目的。但苯酚沸点高,从高黏度熔体中脱除并不容易。

聚碳酸酯的熔体黏度要比涤纶高得多,如分子量为 3 万,300 ℃时的黏度达 600 Pa·s,对反应设备的搅拌混合和传热有着更高的要求。因此,酯交换法合成聚碳酸酯的分子量受到限制,一般不超过 3 万。

双酚 A 型聚碳酸酯是综合性能优良的热塑性透明工程塑料,由于其主链中含有苯环和四取代的季碳原子(柔顺的酯键和刚性苯环的交替结构),链的刚性和耐热性增加,$T_m = 230$ ℃,$T_g = 149$ ℃。可在 15～130 ℃内保持良好的力学性能、高的抗冲击性能(源于主链中碳酸酯键的次级松弛)和透明性、尺寸稳定性及抗蠕变性好,应用非常广泛,是重要的工程塑料。聚碳酸酯的优异性能使其在机械、汽车、电子、电器、医疗器械及飞机制造等工业中获得广泛的应用,如制造电器连接件、泵叶轮、齿轮、汽车仪表板和安全帽等。在国防及航天工业中,用作飞机、火箭、卫星中部分零件的结构材料。在光学领域应用于光盘基础材料、树脂眼镜片材料、汽车挡风屏、太阳镜和防弹玻璃等。聚碳酸酯的缺点是材料表面硬度低,耐擦伤和耐化学腐蚀性较差,一般需要采用涂层对其表面进行加硬改性。此外,材料易应力开裂,受热时对水解敏感,加工前应充分干燥。

2.7.3　聚酰胺

聚酰胺是指主链上带有酰胺特征键(—NHCO—)的含氮杂链聚合物,包括线型脂肪族聚酰胺和芳香族聚酰胺。由于聚酰胺中强极性酰胺键间强的氢键作用,聚合物的结晶度、熔点(180~260 ℃)和强度都显著提高,因此可用于纤维和工程塑料。

高分子量聚酰胺的合成方法有四种:① 二元羧酸和二元胺反应,如前面介绍的熔融法制备的尼龙-66;② 二元酰氯和二元胺反应,在前面的界面缩聚法中介绍过;③ 氨基酸的脱水缩合反应;④ 环状酰胺的开环聚合反应,另见开环聚合一章。这里主要以尼龙-6 和芳香族聚酰胺为例介绍。

1. 聚酰胺-6(尼龙-6)

聚酰胺-6 属于脂肪族聚酰胺,其产量仅次于尼龙-66,工业上已由己内酰胺开环聚合而成。聚合机理有两种:一种是碱作催化剂时属于阴离子开环聚合,采用模内浇铸聚合技术,用于制备机械零部件;另一种是以水或酸作催化剂时属于逐步开环,用于制造锦纶纤维。后一种方法伴有三种平衡反应:

① 己内酰胺水解成氨基酸:

$$H_2O + O=C\overset{NH}{\underset{}{\triangle}}(CH_2)_5 \rightleftharpoons H_2N(CH_2)_5COOH$$

② 氨基酸自缩聚:

$$\sim\sim\sim COOH + H_2N\sim\sim \rightleftharpoons \sim\sim\sim CONH\sim\sim + H_2O$$

③ 氨基上氮原子亲电进攻己内酰胺而开环,并不断增长:

$$\sim\sim\sim NH_2 + O=C\overset{NH}{\underset{}{\triangle}}(CH_2)_5 \rightleftharpoons \sim\sim\sim NHCO(CH_2)_5NH_2$$

己内酰胺开环聚合的速率比氨基酸自缩聚的速率至少要大一个数量级,可以预见到上述三个反应中氨基酸自缩聚只占很小的比例,反应以开环聚合为主。

在机理上,氨基酸以双离子 $[^-OOC(CH_2)_5NH_3^+]$ 形式存在,先使己内酰胺质子化,而后开环聚合,因为质子化单体对亲电进攻要活泼得多。

$$\sim\sim\sim \overset{+}{N}H_3 + O=C\overset{NH}{\underset{}{\triangle}}(CH_2)_5 \rightleftharpoons \sim\sim\sim NH_2 + O=C\overset{\overset{+}{N}H_2}{\underset{}{\triangle}}(CH_2)_5 \rightleftharpoons \sim\sim\sim NHCO(CH_2)_5\overset{+}{N}H_3$$

无水时,聚合速率较低;有水存在时,聚合加速,但反应速率随转化率提高而降低。

工业上,己内酰胺水催化聚合的过程大致如下:将单体和 5%~10% 水加热到 250~270 ℃,经 12~24 h 结束反应。常采用单官能团羧酸(如乙酸)作封端剂,控制产物的分子量。最终产物的聚合度与水的浓度有关。转化率达到 80%~90% 时,必须要将大部分催化用的水脱除。己内酰胺开环聚合产物中含有 8%~9% 的单体和 3% 的低聚物,这是七元环状单体和线型聚合物的热力学平衡问题。聚合结束后,切片可用热水浸取,除去平衡单体和低聚物,再在 100~120 ℃ 和 130 Pa 下真空干燥,将水分降至 0.1% 以下,即可得到产品。

锦纶主要用于轮胎帘子线、渔网、运输带、绳索、降落伞及衣料、针织品等。

2. 芳香族聚酰胺

芳香族聚酰胺主链上引入了芳环,可增加耐热性和刚性,熔点和强度更高,可用作特种纤维和特种塑料。最简单的全芳香族聚酰胺主要由芳二酸和芳二胺缩聚而成。芳胺的活性较低,缩聚时需要加入催化剂,并提高聚合温度。也可用活性高的芳香族二酰氯与芳二胺在室温下反应合成。目前开发最成功的聚对苯二甲酰对苯二胺(PPTA)是全芳香族聚酰胺的典型代表,属于溶致性液晶聚合物,可加工成纤维,杜邦公司商品名为 Kevlar。

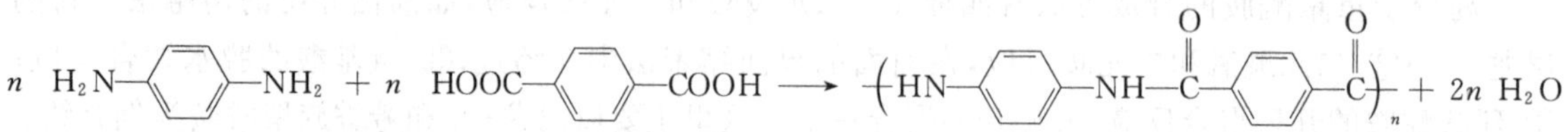

$$n \ H_2N\text{—}\bigcirc\text{—}NH_2 + n \ HOOC\text{—}\bigcirc\text{—}COOH \longrightarrow \ (HN\text{—}\bigcirc\text{—}NH\text{—}C\text{—}\bigcirc\text{—}C)_n + 2n \ H_2O$$

制备 PPTA 有两种方法:

① 由对苯二胺(PPD)和对苯二甲酸(TDA)直接缩聚。在活化剂(二氯亚砜或四氯化硅)和催化剂(液态三氧化硫或对甲苯磺酸和硼酸)及磷化剂(亚磷酸三苯酯)存在下、在 NMP/吡啶体系中加入酸吸收剂及氯化锂/氯化钙复合盐,反应温度为 115 ℃,PPD 和 TDA 可直接缩聚得到较高分子量的聚芳酰胺(对数比浓黏度 $\eta_{inh} = 6.2 \ dL \cdot g^{-1}$),其中磷化剂起到重要作用。

② 由对苯二胺和对苯二酰氯(TDC)缩聚。酰氯 TDC 活性高,与 PPD 反应剧烈,需采用低温(10 ℃)溶液聚合工艺。缩聚时,常采用 DMAc、NMP 作溶剂,氯化锂、氯化钙等作助溶盐,吡啶、叔胺类作酸吸收剂。具体合成过程:将溶剂和助溶盐混合搅拌溶解,冷却至 0~10 ℃,在搅拌下加入 PPD、TDC 和酸吸收剂,即缩聚成淡黄色微细粉末从溶液中析出,经洗涤干燥,可得 $\eta_{inh} = 6.5 \ dL \cdot g^{-1}$ 的 PPTA。酸吸收剂主要用来中和副产物 HCl,以免与二胺作用成铵盐,保证有效官能团的等化学计量。

PPTA 结构单元中有刚性的苯环和强极性的酰胺键,结构简单对称,排列规整。可用浓硫酸溶解制备纺丝溶液,溶解温度为 80 ℃,溶液浓度一般为 $14\% \sim 20\%$,这样可以获得更好的具有各向异性的液晶纺丝原液,然后采用干喷湿纺法纺丝,该方法有利于保持纺丝溶液的液晶态和纺丝溶液的拉伸。所得纤维可在氮气流的保护下,进行约 550 ℃ 的热处理来提高模量。经浓硫酸溶液纺丝可制成高性能纤维,具有高强度(2 400~3 000 MPa)、高模量(62~143 GPa)、耐高温($T_g = 375$ ℃,$T_m = 530$ ℃)等优异性能,其比强度高于玻璃纤维和碳纤维,但密度却不高(1.14~1.47 g·mL^{-1}),已广泛应用于航天航空、军事装备和轮胎帘子线等方面。纤维的强度和分子量有关,要求 η_{inh} 在 4.0 dL·g^{-1}(相当于数均分子量 2 万)以上,同时要求纺丝工艺合理。

聚间苯二酰间苯二胺((PMIA,商品名 Nomex)是另一种重要的芳香族聚酰胺,也可用于纺丝制备纤维。可由间苯二胺和间苯二甲酰氯在 100 ℃ 下溶液缩聚合成,反应式如下:

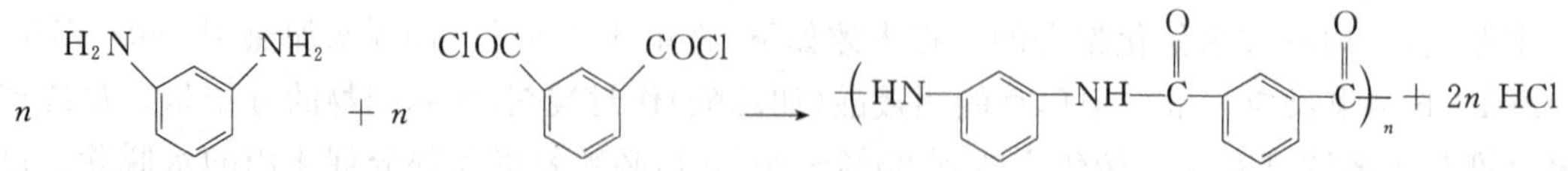

$$n \ H_2N\text{—}\bigcirc\text{—}NH_2 + n \ ClOC\text{—}\bigcirc\text{—}COCl \longrightarrow \ (HN\text{—}\bigcirc\text{—}NH\text{—}C\text{—}\bigcirc\text{—}C)_n + 2n \ HCl$$

反应体系中利用叔胺吸收产生的 HCl,溶剂可选择强极性的非质子性溶剂如 DMAc、NMP 和六甲基磷酰三胺(HMP)等,溶剂需防止聚合物过早沉淀。反应也需加入氯化锂和氯化钙等作助溶剂来提高聚酰胺的分子量。

【小知识】　高性能芳香族聚酰胺纤维——Kevlar 纤维

1965 年,美国杜邦公司的 Kwolek S L 首先发明出一种芳香族聚酰胺聚合物——聚对苯二甲酰对苯二胺(PPTA),并成功地用于制造高性能的芳纶纤维材料。1972 年,实现产业化,商品名为 Kevlar(凯芙拉),我国称芳纶-1414。这是世界上首例利用高分子液晶纺丝技术制成的纤维,其超高强度、高模量和耐高温、耐酸耐碱和质量轻等优良性能大大拓展了化学纤维的应用领域,被称为"合成纤维技术史上一个新的里程碑"。

Kevlar 纤维的分子链中苯环和酰胺键都按照一定规律排列,结构规整,因此结晶度较高。刚性大分子链都沿纤维的轴向高度定向排列,且分子间存在氢键,使大分子间横向连接,形成类似梯型结构聚合物。正是基于如上结构特点,Kevlar 纤维成为一种超高强度、高模量、低密度和高耐磨性的有机合成纤维。按照单位密度的拉伸强度来比较,Kevlar 纤维的强度是钢丝的 5～6 倍、铝的 10 倍、玻璃纤维的 3 倍,模量为钢丝或玻璃纤维的 2～3 倍,韧性是钢丝的 2 倍,而其密度仅为铝和玻璃纤维的一半,钢铁的五分之一。热稳定性很高,热失重直至 600 ℃才有明显的质量丧失,还具有很高的抗腐蚀性和耐磨性。Kevlar 纤维具有优异的耐热性,可在 -196～204 ℃下连续使用,在 260 ℃下可连续使用 1 000 h,强度可保持原来的 65%。

由于 Kevlar 纤维有如上诸多优点,目前已成为耐高温纤维中发展最快、综合性能优异的高科技特种纤维,已在航天航空、军事装备、信息、运输、建筑等军工和民用领域成为不可或缺的基础材料。图 2-21 所示是杜邦公司 Kevlar 纤维的典型应用。

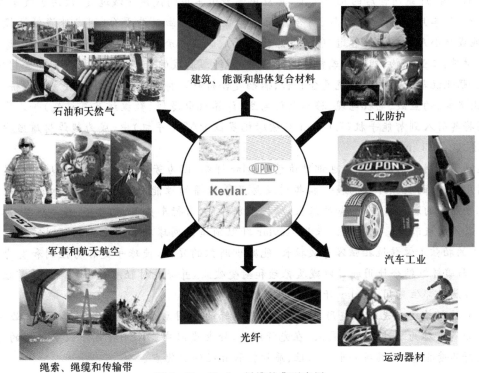

图 2-21　Kevlar 纤维的典型应用

由于 Kevlar 纤维具有低密度、高强度和刚性等优异性能，杜邦公司最初生产的 Kevlar29 和 Kevlar49 等纤维是应用于航空航天领域的先进复合材料，如美国洛克希勒－马丁公司的隐形飞机和波音 757 飞机等。例如，波音 767 飞机使用了 3 t Kevlar49 与石墨纤维混杂的复合材料，机身减重 1 t，比波音 727 节省油耗 30%。由于 Kevlar 纤维补强的复合材料具有比传统纤维材料高强、质轻的特点，还被用作飞机螺旋桨、逃生弹射椅、导弹和火箭的壳体。Kevlar 纤维层压薄板与钢板、铝板的复合装甲防护材料还被应用于坦克、装甲车及核动力航空母舰和导弹驱逐舰等，提高了装备的防护性能及机动性能。Kevlar 纤维还可用于单兵的装备防护，2009 年杜邦公司推出了适用于防弹衣的 Kevlar－XP 产品，已被许多国家的警察和士兵采用。美国用了 6 年时间，花费了 250 万美元研制出用 Kevlar 纤维制造的头盔，从而替代了传统的"钢盔"。这种头盔仅重 1.45 kg，防碎片和子弹的能力超出钢盔 25%～40%。

由于 Kevlar 纤维具有足够的强度，可以承受太空旅行中遭遇的极端应力和温度波动，还被应用在太空舱中，防护来自太空碎片的冲击。最近报道，使用杜邦公司 Kevlar 纤维增强的火星探路者飞船的着陆垫，保证了飞船在火星表面的安全着陆，在顺利完成了四千万英里的旅行后，保持原样并继续探索火星。最近，为了进行人类未来将实现的火星探访，美国宇航局（NASA）的科学家为宇航员最新设计出一种名为 NDX1 的太空服，造价为 10 万美元，是由 350 多种材料制成，其中包括美国杜邦公司研发的一种用于防弹衣的 Kevlar 及碳纤维。这种太空服可能在火星上帮助"拯救"宇航员的生命。NASA 近日在与已发现的火星环境比较相近的南极洲马兰比奥（Marambio）基地对 NDX1 太空服进行测试，结果表明这种太空服能够抵御极寒冷的天气和时速接近 50 英里（约 80.45 km·h^{-1}）的大风。

在 Kevlar 纤维问世后的几十年里，其应用逐渐由军用向民用领域过渡，被用于汽车工业（轮胎帘子线、刹车片、车身复合材料、离合器面片和软管）、石油钻井平台（固定外海钻油设备的缆索、陆地设施小尺寸热塑性管道、管道复原修复等）、工业手套（耐切割手套）和防护服、摩擦材料和密封材料、工业织物、烟机带或铝型材传输带（由纤维制成的针刺毡）、结构加固复合材料（风力涡轮机、强化混凝土结构的建筑复合材料、船舶复合材料）、特种绳索及绳缆（轻量悬索桥、防冰护栏、登山绳索、钓鱼线、电机电缆、移动电话电线、计算机电源线、数据线及耳机线）等。摩托罗拉公司还将其引入到智能手机（7.1 mm 双核摩托罗拉 RAZR 手机）中，成为超薄材质当中的佼佼者，厚度只有 0.3 mm。

运动装备制造商与消费者也都钟情于 Kevlar 纤维，因为芳纶复合材料比玻璃纤维复合材料更为耐用，纤维的抗损坏、抗疲劳、抗振动及防开裂传播的性能更佳。因此，Kevlar 纤维已被应用于几乎所有的运动装备中，如冲浪板、摩托车零部件、自行车头盔、钓鱼竿、撑竿跳竿、冰球和曲棍球杆及滑雪板和滑雪皮靴等。采用 Kevlar 纤维制造的网球拍和羽毛球拍可以防止断裂和脱落，制成的拍弦不像传统拍弦容易被拉长，能减少断弦的发生，使球手更容易控制和发力。Kevlar 纤维与碳纤维结合使用还可以减缓振动和耐受破裂，并提升对轻质超强网球拍的掌控。一些网球鞋在脚趾部位采用 Kevlar 纤维，提升耐磨性。

Kevlar 纤维还在光纤中被用作增强体，在光纤的外围形成一层保护膜，以提供必要防护。Kevlar 层一般称为缓冲层或涂覆层，在光纤以外，外表皮以内。Kevlar 层不仅有很好的柔韧性，保护光纤不受损害，还具备介电绝缘性、质量轻和直径细的优点。

2.7.4 聚氨酯

聚氨酯是指主链上带有特征氨基甲酸酯键（—NHCOO—）的杂链聚合物,因此全称为聚氨基甲酸酯,最常用的合成方法是由多异氰酸酯和多元醇通过聚合加成反应得到,无副产物生成,因此有时也被称为异氰酸酯类聚合物,在聚合机理上属于逐步聚合机理。

合成聚氨酯的单体——异氰酸酯在工业上主要是通过光气和胺或铵盐的反应合成。

$$R—NH_2 + COCl_2 \longrightarrow R—NCO + 2HCl$$

鉴于光气的毒性较大,近年来又研究出通过一氧化碳与硝基化合物的反应来制备芳香族异氰酸酯。聚氨酯中的异氰酸酯单元起着硬段的作用。常见的已经商业化的多异氰酸酯有 2,4-或 2,6-甲苯二异氰酸酯(TDI)、4,4′-二苯基甲烷二异氰酸酯(MDI)、脂肪族异氰酸酯如六亚甲基二异氰酸酯(HDI)、HDI 三聚体和异佛尔酮二异氰酸酯(IPDI)等。结构如下:

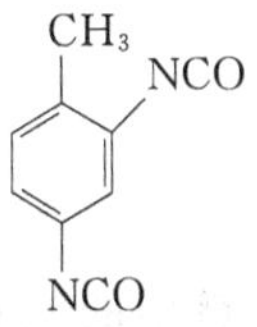

$$HOROH + 2n\ CH_2—CH—CH_3 \longrightarrow HO(CHCH_2O)_nR(OCH_2CH)_nOH$$

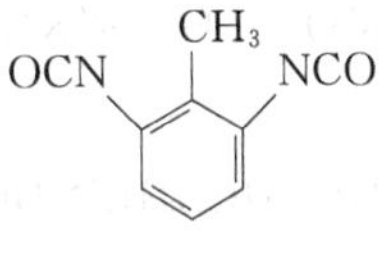

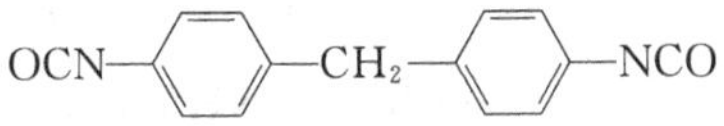

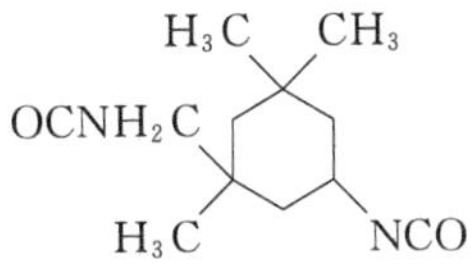

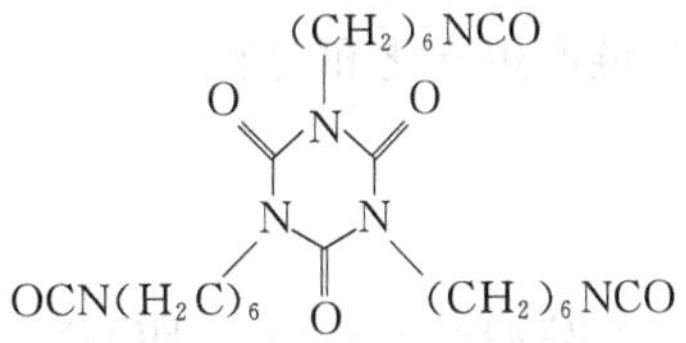

异氰酸酯的反应可分为两大类:一类是与含有活泼氢的化合物如醇、水、胺、羧酸和巯基等发生加成反应,生成氨基甲酸酯、脲、酸酐、酰胺及硫代氨基甲酸酯等;另一类是自缩合反应。

制备聚氨酯的另一个原料是多元醇,起着软段的作用。常用的二醇单体有乙二醇、丁二醇和己二醇等,可用于制备线型聚氨酯,但用得更多的是聚酯二醇和聚醚二醇,分子量从几百到几千。聚酯二醇是由二元酸(如己二酸)和过量的二元醇(如乙二醇或丁二醇)缩聚而成,分子量为 3 000～8 000。聚醚二醇是以二元醇为起始原料,在碱(如 NaOH 或 KOH)催化下,由环氧乙烷或环氧丙烷开环聚合而成。

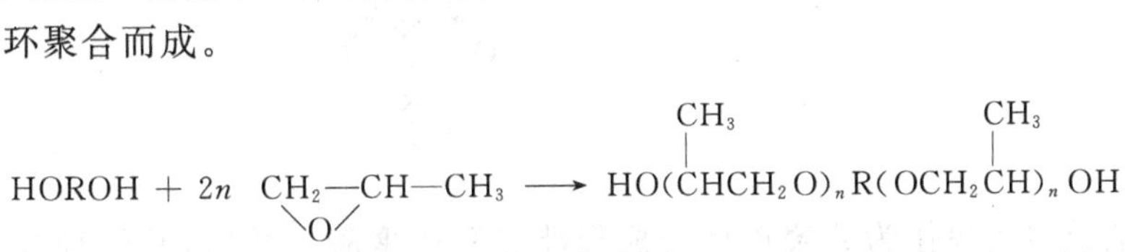

如果以甘油($f=3$)、季戊四醇($f=4$)和甘露醇($f=6$)等作起始原料,使环氧乙烷或环氧丙烷开环聚合,则可形成相应的多元醇,用来制备交联聚氨酯。

制备聚氨酯时常使用催化剂如亚锡及其他金属的羧酸盐和三级胺。聚合温度接近常温,不能高于 100～120 ℃,否则会发生降解反应。

聚氨酯的合成和成型过程通常要经过预聚、交联等阶段,有时还要扩链。

① 预聚　一般将稍过量的二异氰酸酯与聚醚二醇或聚酯二醇先反应,形成异氰酸酯封端的预聚物:

$$OCNRNCO + HOR'OH \longrightarrow OCNRNHCOOR'O\!\!-\!\!(CONHRNHCOOR'O)_{\!\!\pi}\!\!-\!\!CONHRNCO$$

获得的二异氰酸酯封端的预聚物再与二元醇反应,就可形成嵌段聚氨酯。其中,异氰酸酯单元构成硬段,聚醚二醇或聚酯二醇构成软段。聚氨酯的许多性质,如玻璃化转变温度、熔点、模量、弹性和抗张强度及吸水性等,都可以由硬段和软段的种类和比例来调整,包括二异氰酸酯的种类,聚醚二醇或聚酯二醇的种类和分子量,二者的比例等。若采用两种二元醇,则可将亲水链段和亲油链段、软段和硬段组合在一起。

② 扩链　对聚氨酯预聚物的分子量有较高要求时,如弹性纤维和橡胶,可以通过二元醇、二元胺或肼等进行扩链,后者主链中间将形成脲基团。

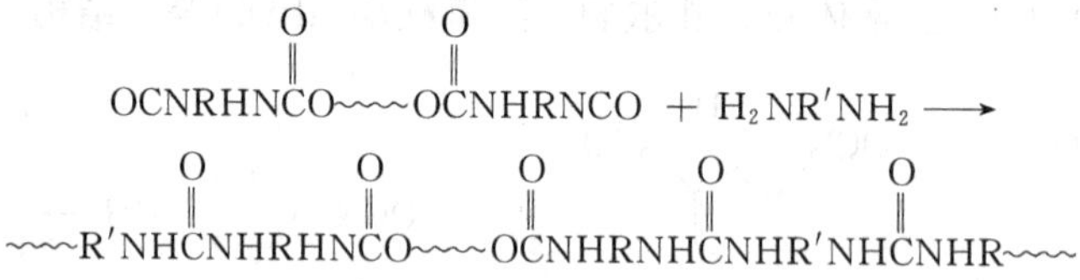

③ 交联　聚氨酯用作弹性体时,需要交联。在加压加热条件下,分子链中的氨基甲酸酯和脲单元中的 N—H 键可进一步与异氰酸酯官能团反应分别生成脲基甲酸酯和缩二脲结构,从而使聚合物链产生支化和交联。

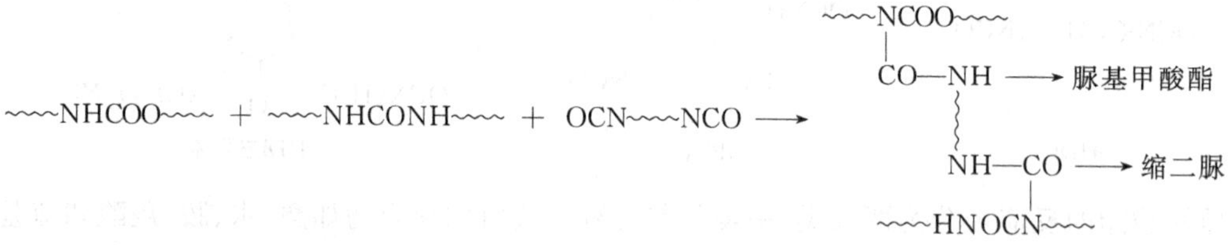

氨基甲酸酯单元中的 N—H 键更活泼一些,更容易形成脲基甲酸酯。异氰酸酯的三聚反应也可能引起聚合物链的支化和交联。

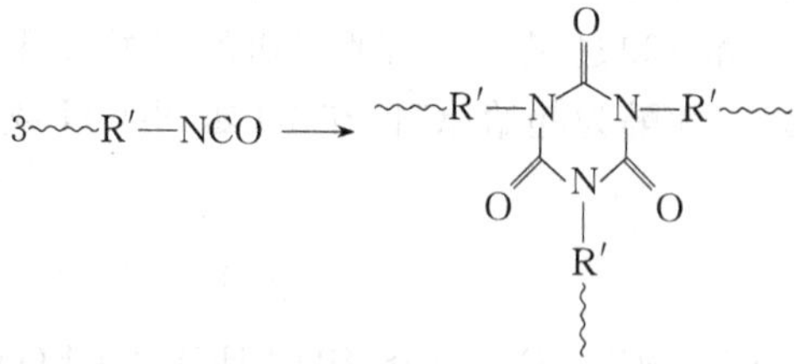

当使用甘油或多元醇作为共聚单体合成聚酯二醇或聚醚二醇时,其侧羟基也可以起交联作用。

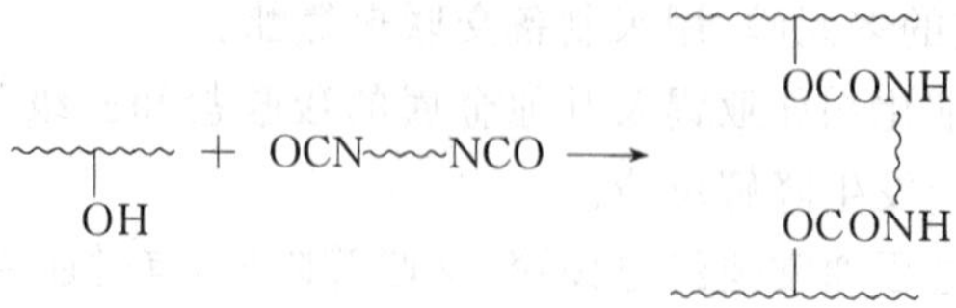

聚氨酯具有耐摩擦、抗撕裂、抗冲击和抗油脂性好等优点,用途广泛,如用作纤维、弹性体材料、泡沫塑料、涂料和黏合剂等。

① 聚氨酯纤维 常见的制备工艺是在惰性气体保护下,连续将二异氰酸酯加入到乙二醇中并缓慢升温至 200 ℃。反应是放热反应,放出的热量必须排出。商品化的聚氨酯纤维因其可膨胀性而成为独一无二的弹性体材料。它是一种由"软"和"硬"两种链段所组成的交替嵌段共聚物。其软链段由分子量在 1 000～4 000 的聚醚二醇或聚酯二醇组成,通过氨基甲酸酯键与硬链段连接、硬链段是由芳香族二异氰酸酯和脂肪族异氰酸酯或芳香族二元胺组成。肼或肼的衍生物有时替代二元胺作为扩链剂。预聚物被纺成纤维,然后交联,或边纺织边交联形成有回弹力的弹性纤维。这些纤维类似于脂肪族的聚酰胺,缺点是难以染色、像金属线似的,后处理困难。现在人们对于聚氨酯纤维的兴趣有所减退。

② 聚氨酯弹性体 从加工成型角度讲,固体弹性体可分为可铸的、可轧的和热塑性的。可铸弹性体是由低分子量的液态预聚物在模具中加热后交联形成的高分子量材料。弹性体软并可伸缩,但缺乏优良的机械强度。机械性能较好的聚氨酯弹性体是由线型的聚酯二醇或聚醚二醇与低分子量聚氨酯反应制备的。首先,二元醇大分子与二异氰酸酯预反应,其反应过程类似于弹性纤维的制备,然后,反应产物与低分子量的二元醇或二元胺混合,在模具中以 110 ℃加热24 h。使用比化学计量稍小的二元醇或二元胺以得到异氰酸酯基封端的聚合物,这些异氰酸酯基在模具里继续与氨基甲酸酯键上的 N—H 键反应,形成脲基甲酸酯键交联。也可能发生异氰酸酯基的三聚反应,但通常这种反应需要在 130 ℃下加催化剂才能进行。

可铸弹性体的缺点是其搁置寿命有限,并且必须在干燥的环境下储藏,因此,又发展了可轧弹性体。这种弹性体是通过线型脂肪族聚酯或聚醚与二异氰酸酯反应先形成以羟基封端的线型聚氨酯预聚物,一种类似于口香糖样的橡胶,它可以加上其他组分与橡胶混炼并发生反应,也可加入二异氰酸酯、硫黄或过氧化物交联。

聚氨酯热塑性弹性体在室温下的物理性能类似于可铸、可轧弹性体。但这种材料没有交联,随着温度的升高而开始流动。这种材料与其他热塑性弹性体类似,分子量高并以羟基封端。这类聚合物是由低分子量的聚酯或聚醚与低分子量的聚氨酯反应制备的,属于聚酯-聚氨酯嵌段共聚物或聚醚-聚氨酯嵌段共聚物。为了获得较高分子量的聚合物,必须保持严格的化学计量。热塑性弹性体的弹性来自于聚合物分子链间的物理交联作用。在这样的多嵌段共聚物中,室温下硬段容易结晶,可形成氢键,因此会聚集形成刚性的微区,并分散在非结晶的柔性链的连续相中,这些分散的刚性微区就像交联点一样,把聚合物分子链拉在一起形成一个网络结构。因此,得到的聚氨酯材料具有弹性体的性质。但这种交联点是物理性质的,不是化学性质的,它们在硬段的熔点以上时,就会软化而失去作用,可以流动,当再冷却时,弹性又会重现。这些特性使其克服了普通弹性体不能再加工的缺点,但缺点是抗溶剂和抗温度形变性不如普通弹性体,且只能在熔点以下的温度范围内使用。聚氨酯热塑性弹性体被誉为高级聚合物材料,分子中无双键,具有热稳定性好、耐老化、强度高、电绝缘、难燃、耐磨等优点,广泛用作结构材料和密封材料,如叉车轮胎、汽车部件、体育用品、密封垫、阻尼元件和电线的绝缘层等。

③ 聚氨酯泡沫 聚氨酯可用来制备泡沫塑料。软泡沫塑料通常先由聚酯二醇或聚醚二醇与二异氰酸酯反应得到异氰酸酯封端的预聚物,加水,形成脲基团并使分子量增加,同时释放出 CO_2,发泡。

$$\text{\textasciitilde\textasciitilde\textasciitilde NCO} + H_2O \longrightarrow \left[\begin{array}{c} O \\ \parallel \\ \text{\textasciitilde\textasciitilde\textasciitilde NH—C—OH} \end{array}\right] \longrightarrow \text{\textasciitilde\textasciitilde\textasciitilde NH}_2 + CO_2$$

$$\text{\textasciitilde\textasciitilde\textasciitilde NH}_2 + \text{\textasciitilde\textasciitilde\textasciitilde NCO} \xrightarrow{\text{扩链}} \text{\textasciitilde\textasciitilde\textasciitilde NHCNH\textasciitilde\textasciitilde\textasciitilde}$$

　　硬泡沫塑料由多羟基预聚物制成。带有侧羟基的聚酯二醇或聚醚二醇及高支化的多元醇（如基于山梨糖醇或蔗糖的聚醚多元醇）可与二异氰酸酯反应产生交联。侧羟基越多，交联密度越大，泡沫也越硬。在许多工业制品中，固化时常引入低沸点卤代烃、CO_2 和氟里昂等，因为低沸点物质可以产生更多的气泡。加入适当的催化剂（有机锡或叔胺）和泡沫稳定剂或表面活性剂可以控制泡沫的形成、泡孔尺寸大小及其固化。控制泡孔大小必需的表面活性剂通常是以硅氧烷为基础的。软泡沫塑料可用于各种垫子和地毯等，硬泡沫塑料可用于隔音、隔热材料等。

【小知识】　从鲨鱼皮泳衣到高尔夫球——聚氨酯的应用

　　2000 年悉尼奥运会中，伊恩·索普穿着鲨鱼皮泳衣（图 2-22）一举夺得 3 枚金牌，使得鲨鱼皮泳衣一举成名。鲨鱼皮泳衣是 Speedo 公司设计的一种模仿鲨鱼皮肤制作的高科技泳衣，使用了能增加浮力的聚氨酯纤维材料。其实早在 1974 年由聚氨酯纤维制作的泳衣就已经诞生了，它可以有效防止泳衣伸长后从缝隙流入过多的水，性能得以大幅提高。生物学家发现，鲨鱼皮肤表面粗糙的 V 形皱褶可以大大减少水流的摩擦力，使身体周围的水流更高效地流过，鲨鱼得以快速游动。鲨鱼皮泳衣的超伸展纤维表面便是仿造鲨鱼皮肤表面制成的。此外，这种泳衣在胸部、臀部等人体阻力较大的部位，采用聚氨酯材料对肌

图 2-22　鲨鱼皮泳衣

肉进行压缩，以便把运动员的身体尽可能"塑造"成流线型。2008 年北京奥运会中，因为鲨鱼皮四代（表面多加一层聚氨酯，有效降低 10% 的水阻力，减少 5% 的耗氧量，吃水量减少 69%）的出现，运动员打破了 34 项游泳世界纪录。鲨鱼皮泳衣价格不菲，一件造价在 7 000 元人民币以上，而为了达到最佳效果，一件只能穿 6 次。2009 年罗马游泳世界锦标赛中出现了比鲨鱼皮更猛的意大利产 Jaked 泳衣（100% 聚氨酯制作），打破的世界纪录数超过了北京奥运会。但这也是最后的疯狂了，2009 年 7 月，国际泳联宣布禁用高科技泳衣。

　　聚氨酯还被用来制造高尔夫球的外层材料（图 2-23），因为这种球硬度较低，提供了较佳的感觉，更高的巴肖尔应变能力，较高的抗张强度、撕裂强度和伸长率。2011 年高尔夫欧巡赛约翰内斯堡公开赛上，南非名将夏·舒瓦特泽尔以 4 杆的优势赢得了个人的第六个欧巡赛事冠军，而这位卫冕冠军的夺冠利器就是一款 One Your D 高尔夫球。这款由 Nike 公司特殊设计的高尔夫球具有无缝的聚氨酯表层、中间覆盖

图 2-23　高尔夫球

层及从柔软的中心延续到坚硬外围的内核，这种三层结构设计可以提供更好的发球距离。

2.7.5 酚醛树脂

酚醛树脂是由苯酚和甲醛按照加成−缩合机理形成的加成缩合聚合物(addition polycondensation),是最早研制成功并商品化的合成树脂,目前在热固性聚合物中仍然占有重要地位。

苯酚和甲醛反应时,苯酚的邻、对位氢是可反应的位点,官能度 $f=3$,甲醛的官能度 $f=2$,因此为 2−3 体系。酚醛树脂的合成按照催化剂的不同分为两种类型:一种是在碱催化且醛过量条件下形成酚醇无规预聚物,称为酚醛树脂 A(Resoles),进一步加热可交联固化得到热固性树脂;另一种是在酸催化且酚过量条件下得到线型或支化结构热塑性酚醛树脂(Novolacs),属于结构预聚物,本身不能固化,需加入固化剂交联。

1. 碱催化酚醛预聚物

在碱性催化剂(如氢氧化钠、氢氧化钡、氢氧化钙或氨等)作用下,苯酚以共振稳定的阴离子形式存在:

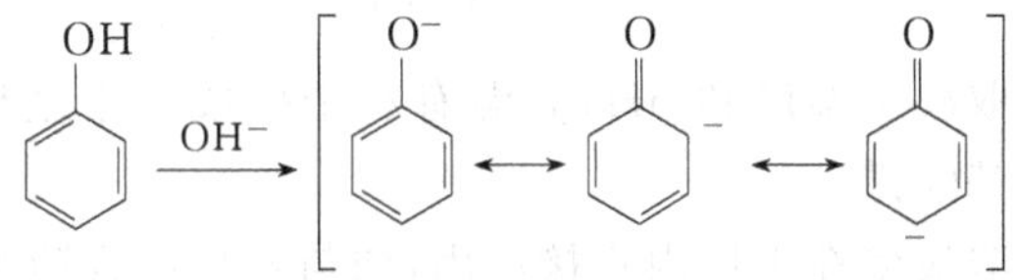

上述结构和过量甲醛发生类似羟醛缩合的反应,即苯酚阴离子对甲醛的羰基进行亲核加成反应生成羟甲基酚(麦克尔加成反应),羟甲基酚可进一步相互反应,形成带有亚甲基桥连接的多元酚醇,再经过系列加成缩合反应,可生成三核和四核的多元酚醇组成的低分子量酚醛树脂。因此,在碱性条件下聚合得到的酚醛树脂混合物的主要组成结构如下:

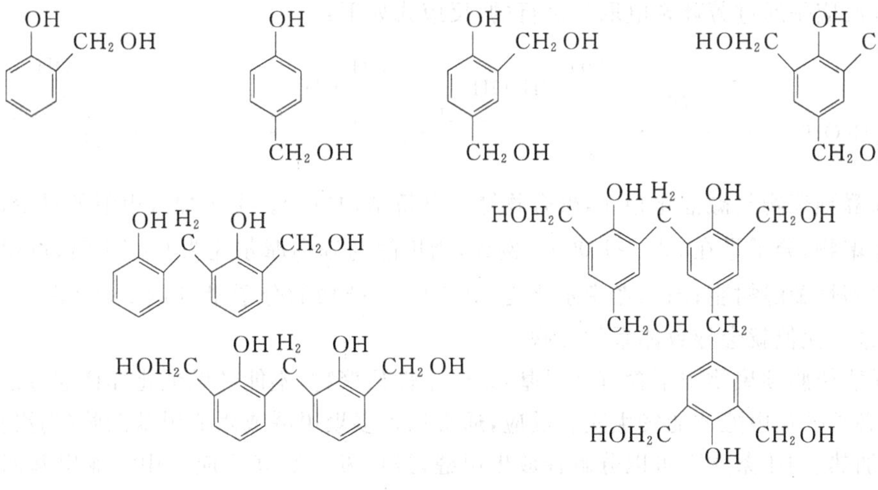

聚合反应一般在甲醛与苯酚以(1.2∼3.0)∶1 的摩尔比下进行。甲醛用 36%∼50% 的水溶液(福尔马林),1%∼5% 的催化剂,在 80∼95 ℃加热反应 3 h 得到预聚物。为防止反应发生凝胶化,当反应进行到一定程度时,中和至微酸性,使聚合停止,并在真空条件下快速脱水。

碱催化酚醛树脂常分成三个阶段:A 阶段,预聚物是可溶可熔的,流动性良好,反应程度 $p<p_c$;进一步反应,使反应程度接近 p_c,达到 B 阶段,黏度有所提高,溶解性虽然差一些,但能熔融塑化加工。预聚物分子量一般为 500∼5 000,体系呈微酸性,其水溶性与分子量和组成有

关。A 或 B 阶段的预聚物可在成型阶段继续受热反应,交联固化,称为 C 阶段。pH 和组成决定着交联反应速率,交联反应(熟化)常在 180 ℃下进行,交联和预聚物合成的化学反应是相同的,苯环间由亚甲基或醚桥连接而形成一个网状结构:

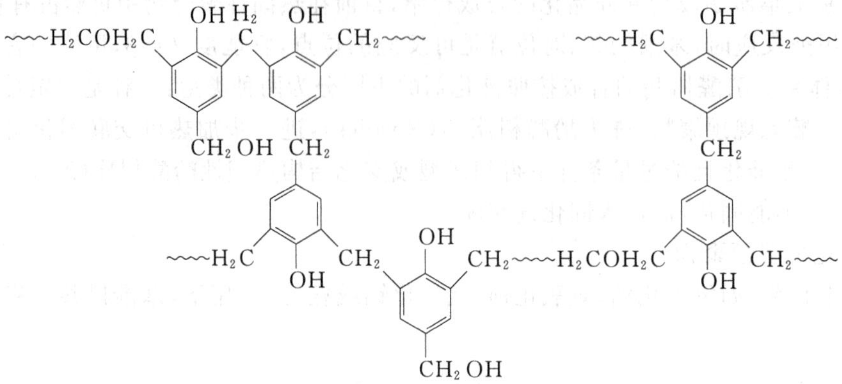

亚甲基和醚桥的形成取决于温度和 pH,高温有利于生成亚甲基桥结构,而在中性、酸性和较低温度下易于形成二苄基醚键。

碱性酚醛树脂预聚物溶液多在工厂内直接使用,如与木粉混合铺在基材(如装饰面板)上,经压热机热压即可得到合成板,也可将浸有树脂溶液的纸张热压成层压板。

2. 酸催化酚醛预聚物——热塑性酚醛树脂

苯酚和甲醛在酸催化下会生成线型酚醛树脂预聚物,与前面碱性催化条件不同。一般,甲醛和苯酚摩尔比为(0.75~0.85):1 (有时更低),常用草酸或硫酸作催化剂,加热回流 2~4 h,完成聚合反应。该反应是通过芳环亲电取代进行的,反应式如下:

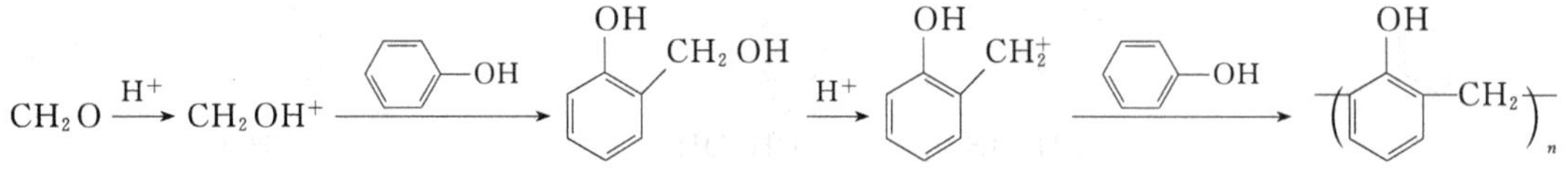

酸催化酚醛预聚物与碱催化相比,聚合物链含醚桥结构较少。由于加入甲醛的量少,只能生成低分子量预聚物,分子量在 230~1 000。例如,当甲醛与苯酚摩尔比为 0.8:1 时,可得分子量约为 850 的热塑性酚醛树脂;当二者摩尔比为 0.9:1 时,产物的分子量可达 1 000 左右,几乎达到极限,超过这个比值就会导致体系的交联。

酸催化酚醛树脂预聚物中不含有羟甲基,是热塑性预聚物,不能像碱催化那样通过加热来实现交联固化,必须外加甲醛才能发生交联反应,通常加入多聚甲醛或六亚甲基四胺(乌洛托品)作为固化剂,在加热、加压条件下可以分解释放出甲醛,进而发生交联反应。用六亚甲基四胺作固化剂时,六亚甲基四胺分解提供交联所需的亚甲基,其作用与甲醛相当。同时产生的氨,部分可能与酚醛树脂结合,在交联分子中形成一些苄胺桥连接成的网状结构。

碱催化酚醛树脂主要用作黏结剂,生产层压板;酸催化酚醛树脂则用于模塑粉。酚醛树脂具有较高的力学强度、尺寸稳定性、电气性能、耐热性及抗溶剂和抗湿气性等优良性能,因此应用广泛,包括胶黏剂、涂料、无碳复印纸、模塑料、黏结和涂敷磨料、摩擦材料、铸造树脂、层压板、空气或油过滤器、木材和纤维黏结、复合材料等。

3. 酚醛树脂的化学改性

酚醛树脂具有高力学强度和尺寸稳定性好、抗冲击和蠕变、耐热、耐老化、良好的绝缘性、耐化学腐蚀性和抗湿气性好等优点。但大多数酚醛树脂都需要用填料增强。通用级酚醛树脂常用云母、黏土、木粉或矿物质粉、纤维素和短纤维来增强,而工程级酚醛树脂则要用玻璃纤维或有机纤维、弹性体、石墨及聚四氟乙烯来增强,使用温度可达 $150\sim170$ ℃。含酚醛树脂的复合材料可以用于航空飞行器,还可做成开关、插座及机壳等。

【小知识】 人类第一个合成聚合物——酚醛树脂

20世纪初,随着电器工业的发展,需要大量的绝缘材料,当时的绝缘材料是虫胶,它是东南亚的一种昆虫,即紫胶虫吸取宿主树树液后分泌出的紫色天然树脂,但其产量远远不能满足人们的需求,仅美国年需虫胶量就达到 150 亿只紫胶虫分泌的天然树脂。因此寻找虫胶的替代物成为科学家的研究热点。1907 年,美籍比利时化学家利奥·贝克兰德(1863—1944 年,图 2-24)也在极力寻找虫胶的替代物,他在查阅相关文献时注意到,诺贝尔化学奖获得者阿道夫·贝耶尔——染料化学之父,曾经报道,苯酚和甲醛混合容易产生一种树脂状物质,极难溶解,可以固化,牢牢黏于瓶底,其原意是提醒人们如何避免这种现象的发生,以免造

图 2-24 贝克兰德

成反应容器的报废。但贝克兰德对这种树脂状物质产生了浓厚的兴趣,他意识到这种树脂很可能成为无价之宝。后来,他通过加热加压来加快反应进程,反应结束后他发现反应器里有一种像琥珀一样的物质(图 2-25)。贝克兰德将这种物质添加木屑加热、加压模塑成各种制品,并以他的姓氏命名为贝克莱特(Bakelite,即酚醛塑料),今天称之为电木。贝克兰德创造了第一种不是用天然物质制造的新的聚合物。随后,人们又对其进行了改性从而提高它的性能。

图 2-25   贝克兰德用来合成酚醛树脂的反应釜及酚醛树脂照片

由于酚醛树脂具有良好的耐酸性能、力学性能和耐热性能,而且它的原料易得,合成方便,已经在工业中得到广泛应用,至今已有百年历史。例如,在温度大约为 1 000 ℃的惰性气体条件下,酚醛树脂会产生很高的残碳,这有利于维持酚醛树脂的结构稳定性,因此它可以应用于耐火材料领域(图 2-26)。与其他类型摩擦材料相比,树脂基摩擦材料具有性能调节容易、适用面广、生产工艺简单、廉价等多方面优点,因此被广泛地应用于摩擦材料(图 2-27)。另外,由酚醛树脂制备的胶合板(图 2-28)耐水性好、变形小、幅面大、使用方便,在建材家具、包装和交通运输等领域有着非常广泛的应用。在我国,电子级酚醛树脂大量应用于电子材料制造行业,主要是环氧塑料制造业及覆铜板(图 2-29)制造业。酚醛树脂还可以用于制造酚醛泡沫塑料、酚醛层压塑料、酚醛树脂无机纤维保温材料、酚醛树脂涂料、酚醛胶黏剂等。总之,酚醛树脂在我们的日常生活中应用极其广泛。

图 2-26   耐火材料   图 2-27   摩擦材料

图 2-28 胶合板

图 2-29 覆铜板

2.7.6 氨基树脂

目前商品化的氨基树脂主要包括脲醛树脂和蜜胺甲醛树脂,是由甲醛分别和尿素($f=4$)及三聚氰胺($f=6$)聚合得到的。

尿素　　　　　三聚氰胺

1. 脲醛树脂

脲醛树脂是由尿素和甲醛反应得到的无规预聚物。聚合反应既可以在碱性条件下,也可以在酸性条件下进行。通过反应温度和 pH 来控制反应,达到一定反应程度后,冷却反应混合物、中和使 pH 接近中性,停止聚合反应。预聚物的熟化是在加入酸性催化剂和加热的条件下完成的。尿素呈碱性,分子中的一个羰基不足以平衡两个氨基,与甲醛反应时,先亲核加成,形成羟甲基衍生物,构成预聚物。

$$NH_2—\overset{O}{\overset{\|}{C}}—NH_2 + H_2C=O \longrightarrow HOH_2CHN—\overset{O}{\overset{\|}{C}}—NH_2$$

尿素官能度为 4,与甲醛反应可生成由一羟甲基脲到三羟甲基脲组成的各种衍生物,它们的含量随配比、pH 等反应条件而定。四羟甲基脲一般很少形成,可忽略。

$$HOH_2CHN—\overset{O}{\overset{\|}{C}}—NH_2 \qquad HOH_2CHN—\overset{O}{\overset{\|}{C}}—NHCH_2OH \qquad (HOH_2C)_2N—\overset{O}{\overset{\|}{C}}—NH_2$$

$$(HOH_2C)_2N—\overset{O}{\overset{\|}{C}}—NHCH_2OH \qquad (HOH_2C)_2N—\overset{O}{\overset{\|}{C}}—N(CH_2OH)_2$$

预聚阶段,为防止预聚物在酸性条件下迅速缩合交联,必须调节反应溶液的 pH,使其保持微碱性。所得预聚物可在中性、酸性条件下加热交联固化。脲醛树脂预聚物中,羟甲基与酰胺反应,在两氮原子间形成亚甲基桥,先形成线型,后交联;在碱性条件下,形成二亚甲基醚桥。在固化的树脂中都发现有亚甲基和醚氧交联。此外,还可能有环状结构形成。

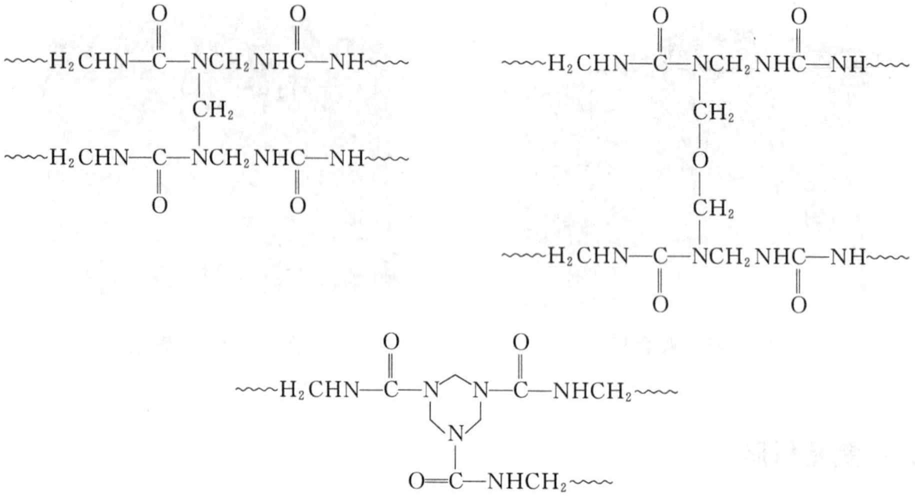

脲醛树脂与酚醛树脂性质相似,但色浅或无色透明,硬度较高,但抗冲击强度、耐热性和抗湿性差一些。可用作涂料、黏结剂、层压材料和模塑品。脲醛树脂与纤维素(纸浆)、固化剂、颜料等混合,可配制模塑品,用来制作低压电器和日用品。脲醛树脂也可用作木粉、碎木的黏结剂,制作木屑板和合成板。脲醛树脂还可与醇酸烘烤漆混用,改善硬度。

2. 三聚氰胺(蜜胺)树脂

三聚氰胺树脂也称为蜜胺树脂,与上面的脲醛树脂制备类似,是由甲醛和三聚氰胺在弱碱性条件下聚合得到的各种羟甲基蜜胺混合物:

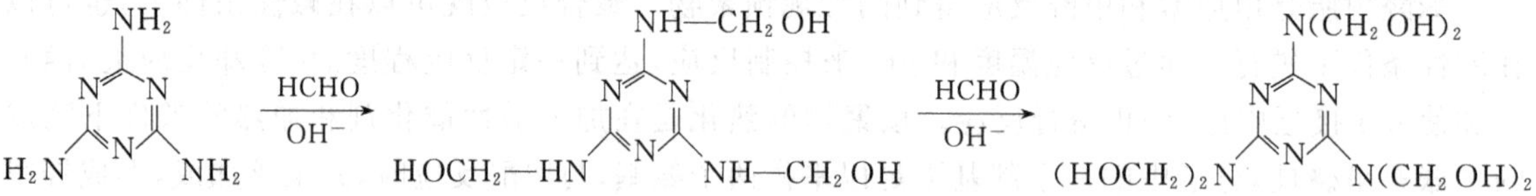

原则上每一个氨基可以形成两个羟甲基,一个三聚氰胺分子可能带有六个羟甲基,但实际上也有不少单羟甲基衍生物存在。上述预聚物不需要酸化,单靠加热,或通过羟甲基和氨基或羟甲基之间的缩合反应形成亚甲基或亚甲基醚桥进行交联固化。为了提高预聚物的溶解性,工业上经常使用甲醇或丁醇来醚化,甚至得到六羟甲基蜜胺的六甲基醚及更高的同系物,其六甲基醚结构如下:

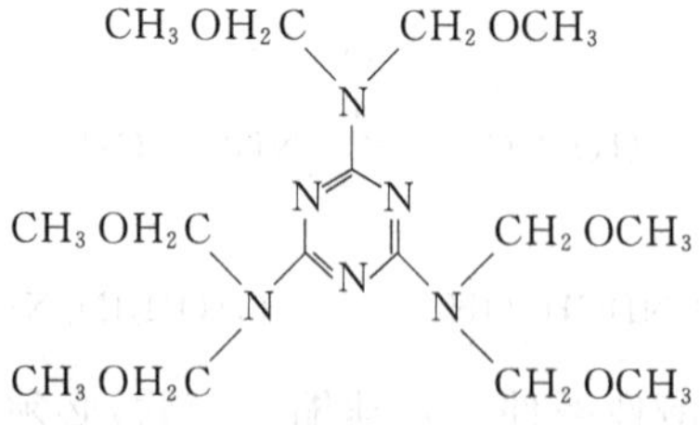

醚在酸化作用下发生断裂同时形成网络结构。

蜜胺树脂比脲醛树脂的硬度、耐热性和抗湿性更好,蜜胺树脂和脲醛树脂分别在 130～150 ℃和 100 ℃下连续使用。氨基树脂的应用基本与酚醛树脂相同,可以用于处理棉纤维,使衣物具有抗皱耐洗性。蜜胺树脂因其透明、无色,又有很好的物理性能,最大的用途是用来制作色彩鲜艳的餐具和电器制品。还可与酚醛树脂结合,制作桌面及柜台面用层压装饰板。酚醛树脂的力学性能好,用作基体,蜜胺树脂透明而坚硬,用作表层;也可以用作汽车漆,以较便宜的脲醛树脂为底漆,蜜胺树脂为面漆。

2.7.7 环氧树脂

环氧树脂是由一系列可交联的以环氧三元环为主要官能团的低分子量材料组成的。最典型的环氧树脂是由双酚 A 和环氧氯丙烷在 50～90 ℃下碱催化反应合成的:

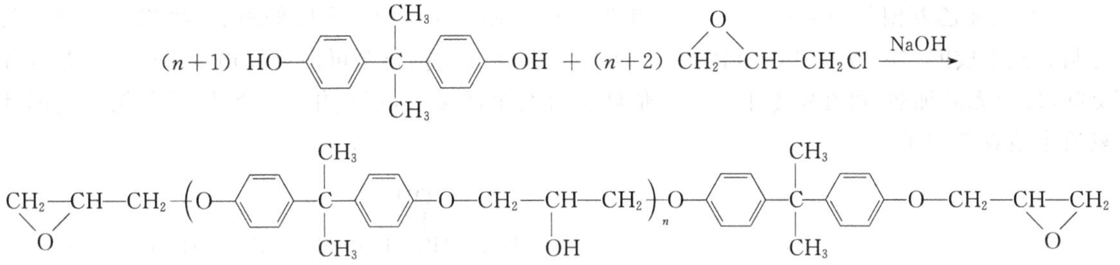

其中 n 一般在 0～12,分子量相当于 340～3 800,个别 n 可达 19(分子量达 7 000)。$n=0$ 和 $n=1$ 时为淡黄色黏滞液体,$n \geqslant 2$ 时则为固体。n 值的大小可由原料配比、加料顺序、操作条件来控制,环氧氯丙烷是过量的。环氧树脂的分子量大小常用环氧值或环氧摩尔质量表示。环氧值是指 100 g 环氧树脂中含有的环氧基团的物质的量;环氧摩尔质量是指含有 1 mol 环氧基团的树脂的质量,用 EEW 表示,二者的关系:$EEW=100/$环氧值。

上述双酚 A 型环氧树脂,也称双酚 A 二缩水甘油醚,其合成原理是环氧基的开环和再成环的反复过程:在碱催化条件下,双酚 A 先形成酚氧阴离子,然后与环氧环上位阻最小的碳发生亲核加成反应开环,接着是分子内氯原子取代和闭环反应。如此反复,使聚合度不断增加。新形成的环氧环也可以与双酚 A 阴离子反应,形成侧羟基。

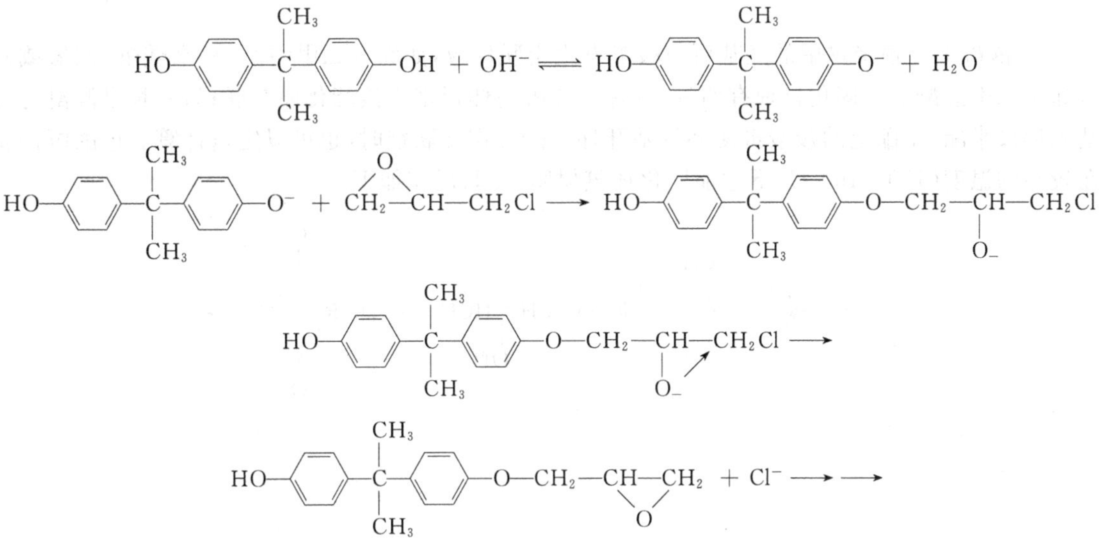

$$\mathrm{CH_2-CH-CH_2}\left(\mathrm{O}-\!\!\bigcirc\!\!-\overset{\underset{\displaystyle CH_3}{|}}{\underset{\displaystyle CH_3}{C}}-\!\!\bigcirc\!\!-O-CH_2-\underset{\underset{\displaystyle OH}{|}}{CH}-CH_2\right)_{\!n}\!\!O-\!\!\bigcirc\!\!-\overset{\underset{\displaystyle CH_3}{|}}{\underset{\displaystyle CH_3}{C}}-\!\!\bigcirc\!\!-O-CH_2-CH-CH_2$$

环氧树脂初期产物分子量低,结构比较明确,属于结构预聚物。

环氧树脂应用时需要外加固化剂进行交联固化,分为两种方法:一种是加入适当的引发剂引发环氧基的开环聚合;另一种是加入能与环氧树脂中的环氧基反应的物质,称为固化剂或交联剂。其中第二种方法使用较普遍。胺类和酸酐是较常用的固化剂。

① 多元胺类　伯胺比仲胺反应活性高。常用的固化剂有乙二胺($f=4$),二亚乙基三胺($f=5$)、三亚乙基四胺($f=6$)、4,4'-二氨基二苯甲烷($f=4$)和多元胺的酰胺(由二亚乙基三胺与脂肪酸生成的二酰胺)。用多元胺作为固化剂时,多元氨的氨基可使环氧预聚物的环氧基开环交联,反应无需加热,可在室温下进行。伯胺中有两个活泼氢,可按化学计量根据环氧树脂的环氧值来估算其用量。

$$\mathrm{CH_2-CH-CH_2}\sim\!\!\!\sim + H_2N-R-NH_2 \longrightarrow$$

② 叔胺类　叔胺虽无活性氢,但对环氧基的开环却有催化作用,因此也可用作环氧树脂固化的催化剂,但其用量无法定量计算,固化温度也稍高,70~80 ℃。

$$\mathrm{CH_2-CH-CH_2}\sim\!\!\!\sim + R_3N: \longrightarrow R_3\overset{+}{N}-CH_2CH\sim\!\!\!\sim \longrightarrow R_3\overset{+}{N}-CH_2CH\sim\!\!\!\sim$$

③ 酸酐类　预聚物中的羟基可与酸酐发生交联反应,如邻苯二甲酸酐、马来酸酐、四氢或六氢邻苯二甲酸酐等。固化机理有两种:一种是酸酐与侧羟基直接酯化而交联;另一种是酸酐与羟基先形成半酯,半酯上的羧酸再使环氧基开环。酐类作交联剂时,也可以定量计算。但酸酐需要在较高的温度(150~160 ℃)下才能固化环氧树脂,交联反应如下:

$$\sim\!\!\!\sim\!\mathrm{O}-\!\!\bigcirc\!\!-\overset{\underset{\displaystyle CH_3}{|}}{\underset{\displaystyle CH_3}{C}}-\!\!\bigcirc\!\!-O-CH_2\underset{\underset{\displaystyle OH}{|}}{CH}CH_2\sim\!\!\!\sim + \underset{\underset{\displaystyle O}{\|}}{\overset{\overset{\displaystyle O}{\|}}{R}}C\!\!\!-\!\!\!O \longrightarrow$$

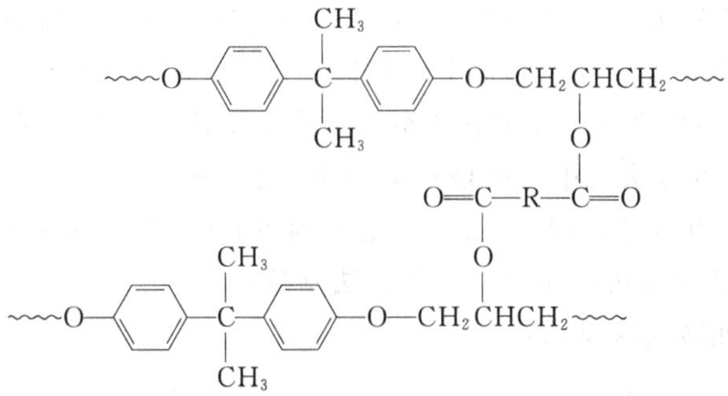

大多数环氧树脂配方中,都要加入稀释剂、填料或增强材料及增韧剂。稀释剂可以是反应性的单环或双环环氧基化合物,也可以是非反应性的邻苯二甲酸正丁酯。增韧剂可用低分子量的聚酯或含有端羧基的丁二烯-丙烯腈共聚物。

环氧树脂分子中的双酚 A 结构赋予聚合物优良的韧性、刚性和高温性能;醚键结构赋予聚合物良好的耐化学腐蚀性;醚键和仲羟基为极性基团,可与多种表面形成较强的相互作用,环氧基还可与接枝表面的活性基反应形成化学键,产生强力的黏结作用,因此环氧树脂对多种材料具有良好的黏结性能,被广泛用于黏合剂,常有"万能胶"之称。

环氧树脂的抗化学腐蚀性、力学和电学性能都很好,对许多不同的材料具有突出的黏结力。通过单体、添加剂和固化剂等的选择组合,可以产生适合各种要求的产品。环氧树脂的应用可大致分为涂覆材料和结构材料两大类,涂覆材料包括各种涂料,如汽车、仪器设备的底漆等。层压制品用于电气和电子工业,如线路板基材和半导体元器件的封装材料。

2.7.8　高性能逐步聚合物

1. 聚酰亚胺

聚酰亚胺(PI,polyimide)是指主链上含有酰亚胺环结构的一类聚合物,其中以含有酞酰亚胺环结构的聚合物最为重要,其结构如下:

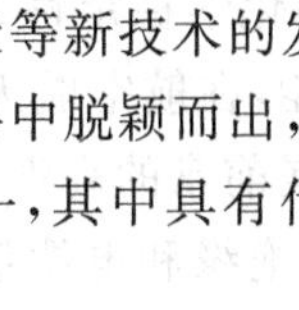

酞酰亚胺环 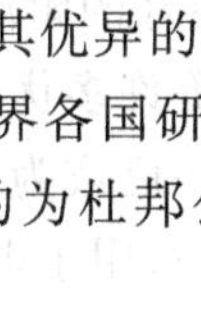　　　　脂肪族亚胺环

芳香族聚酰亚胺早在 1908 年就已有报道,但是作为一种高热稳定性的高分子材料,直到 20 世纪 50 年代末期,随着航空航天等新技术的发展,因其优异的综合性能、多样的合成途径和广泛的应用领域才从众多高分子材料中脱颖而出,引起世界各国研究者的注意。均苯型聚酰亚胺是最早实现商品化的聚酰亚胺之一,其中具有代表性的为杜邦公司开发的 Kapton 薄膜,其结构如下:

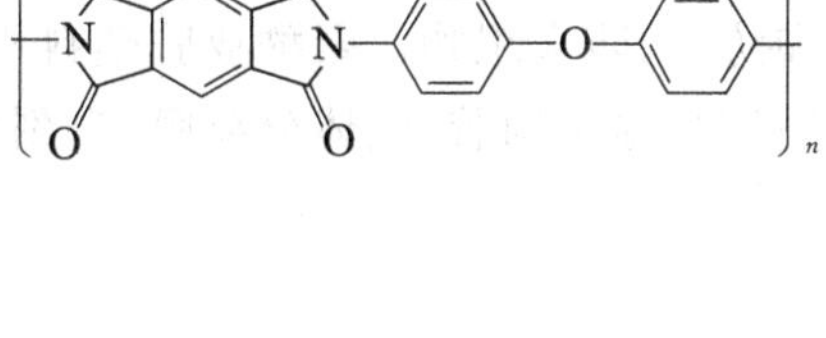

聚酰亚胺的品种繁多,形式多样,在合成上具有多种途径,因此可以根据不同的应用目的进行分子设计,在合成上的灵活性是其他高分子难以具备的。根据反应的原料,聚酰亚胺的合成方法可以分为两大类:① 在聚合过程中或在大分子反应中形成酰亚胺环的方法;② 以含酰亚胺环的单体聚合成聚酰亚胺的方法。第一种是较常用的方法,如工业上由二酐和二元胺反应生成聚酰亚胺的方法就是最典型的代表,前面已经讨论过的 Kapton 型聚酰亚胺的合成就属于这种方法。此外,在第一种方法中也可以由下面三种方法制备:

① 由四元酸和二元胺反应制备:

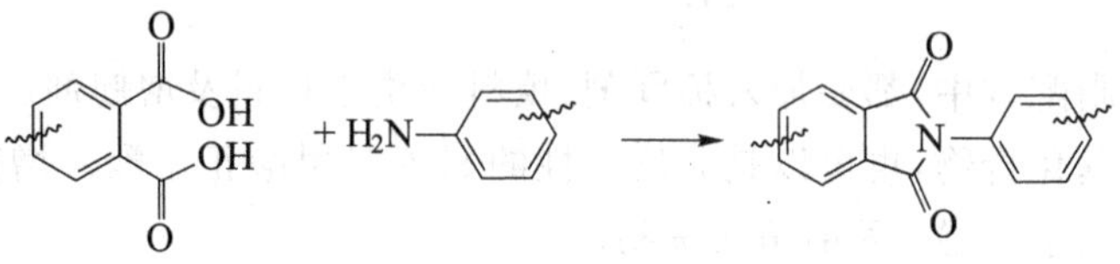

② 由四元酸的二酯和二元胺反应制备:

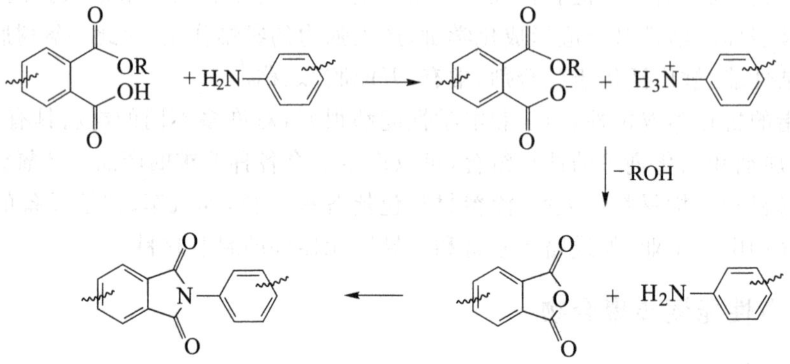

③ 由二酐和二异氰酸酯反应制备:

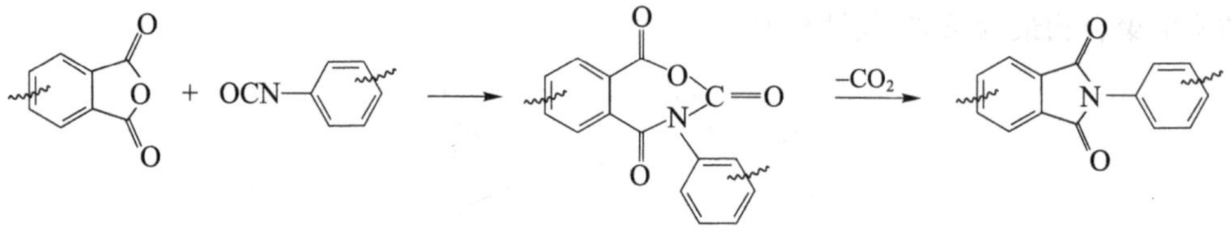

聚酰亚胺作为耐热性高分子材料,由于具有优良的电性能和机械性能(Kapton 薄膜为 170 MPa)、较高的热稳定性(热分解温度一般在 500 ℃)、耐低温性、较低的介电常数和热膨胀系数($2.0×10^{-5} \sim 3×10^{-5}$℃$^{-1}$),很好的耐溶剂性和化学稳定性、尺寸稳定性和加工流动性,以及易于制得形状复杂的高精度制件等许多优良的性能,在航空航天、电子、核动力、通信及汽车等尖端技术领域中获得了广泛的应用并已成为很有发展前景的高性能结构与功能材料之一。薄膜是聚酰亚胺最早应用的商品形式之一,用于电机的槽绝缘和电缆绕包材料。透明的聚酰亚胺薄膜还可作为柔软的太阳能电池底板。聚酰亚胺作为绝缘漆用于电磁线,或作为耐高温涂料使用,最为显著的用途就是用于航空、航天器及火箭零部件的先进复合材料。聚酰亚胺纤维可作为高温介质及放射性物质的过滤材料和防弹、防火织物。聚酰亚胺塑料用作耐高温隔热材料或密封、绝缘及结构材料。聚酰亚胺还可用作高温结构胶、气体分离膜、光刻胶和液晶显示用的取向排列剂

等,在微电子器件中还可用作层间绝缘的介电层、减少应力的缓冲层、屏蔽 α 粒子的保护层,无源或有源波导材料及光学开关材料等。

2. 聚苯并咪唑、聚苯并噻唑及相关聚合物

聚苯并咪唑(PBI,polybenimidazole)是研究较早且获得成功的耐高温聚合物材料,是由二元酸或二元酯与芳香族四元胺缩聚得到的。以 3,3′-二氨基联苯胺和间苯二甲酸二苯酯缩聚为例:

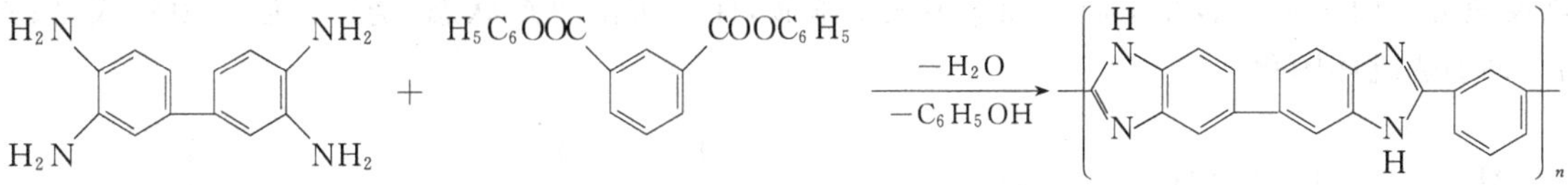

上述缩聚反应是亲核取代反应,第一步在 200~300 ℃形成可溶性氨基-酰胺预聚物,第二步在 350~400 ℃高真空下成环固化。PBI 合成时,采用芳香族二元酯可比芳香族二元酸获得更高分子量的聚合物,因为缩聚温度较高,羧基容易脱羧。

聚苯并咪唑还可以由二氨基苯甲酸苯酯自缩聚合成,反应式如下:

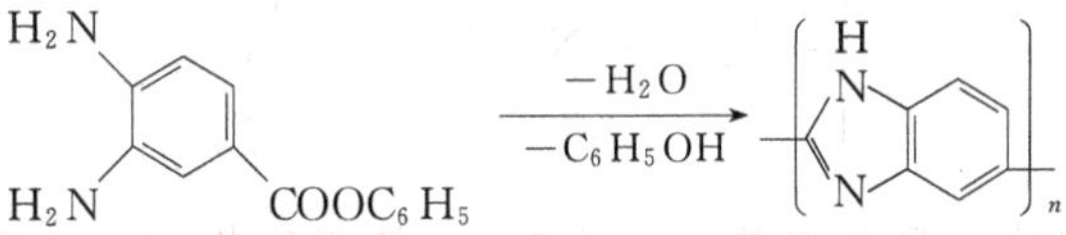

PBI 也是耐高温聚合物,其熔点在 400 ℃以上,耐热性比最好的聚酰亚胺还高 25 ℃,薄膜和纤维在 300 ℃时仍能保持良好的力学性能。PBI 的耐水解性也比聚酰亚胺要好。PBI 用作工业制造中的耐热组分、金属丝磁漆及高温用途的涂料和纤维,如其薄膜和绝缘漆用作宇宙飞行器燃料电池的耐热、耐碱隔膜;织物可用作回收火箭时的减速降落伞和防原子辐射的飞行服等。

用对苯二甲酸分别与二巯基苯二胺盐酸盐和二酚基苯二胺盐酸盐进行缩聚,可以制备聚苯并噻唑(PBT)和聚苯并噁唑(PBO)类耐热聚合物,如 2,5-二氨基-1,4-苯硫酚二盐酸盐与对苯二甲酸反应制备聚苯并噻唑:

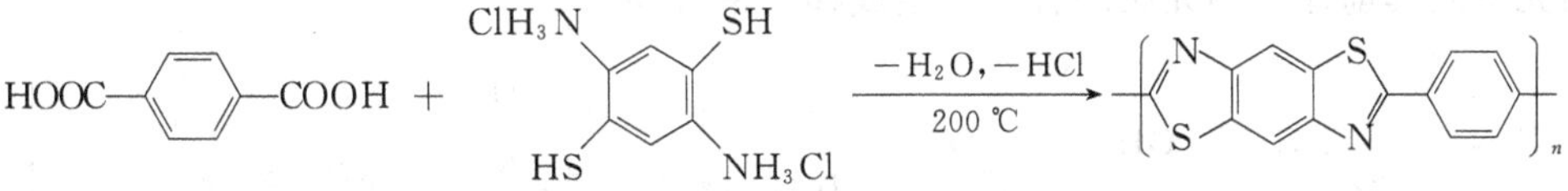

又如,4,6-二氨基-1,3-苯二酚二盐酸盐与对苯二甲酸在聚磷酸介质中反应制备聚苯并噁唑:

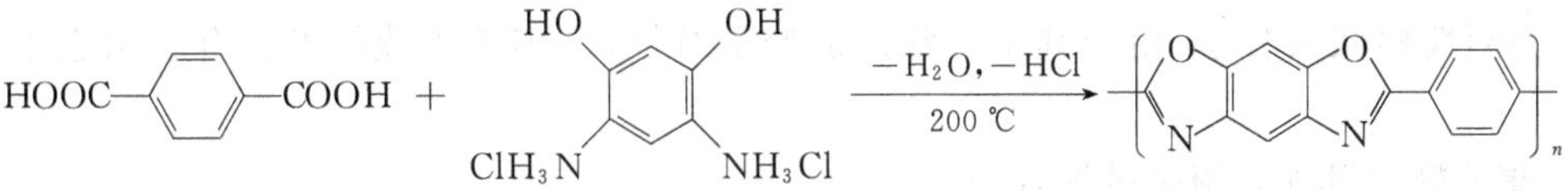

这两种聚合物都呈刚棒状(rigid-rod)构象结构,在多磷酸溶液中(含量>5%)会形成溶致液晶,适合于干湿纺丝技术制备高模量和高强度的纤维。

3. 芳香族梯型聚合物

前面讨论的高性能聚合物包括聚酰亚胺、聚苯并咪唑等都属于半梯型聚合物,主链中存在单

键,具有有限的柔性,在高温受热时易断裂。芳香族梯型聚合物则不然,即使聚合物中有一根键断裂,尚有一根键保持。梯型结构一般刚性很大,有利于转变温度的升高。这种刚性降低了熔融熵 ΔS_m,因熔点 T_m 可由 $\Delta H_m / \Delta S_m$ 得出(ΔH_m 是熔融热),因此 T_m 显著提高。刚性也阻碍了一些链的运动,这就使玻璃化转变温度 T_g 上升。所以,芳香族梯型聚合物可以经受极高的温度。

芳香族梯型聚合物可由全芳族 4-4 体系制备,典型的梯型聚合物是聚咪唑并吡咯烷酮和聚喹喔啉。例如,均苯四甲酸酐和均苯四胺缩聚反应可形成全梯型聚合物——聚咪唑并吡咯烷酮。该反应分成两步:首先,在室温下预缩聚成聚酰胺,保持可溶可熔状态,浇铸成膜或模塑成型;然后,再加热成环固化。

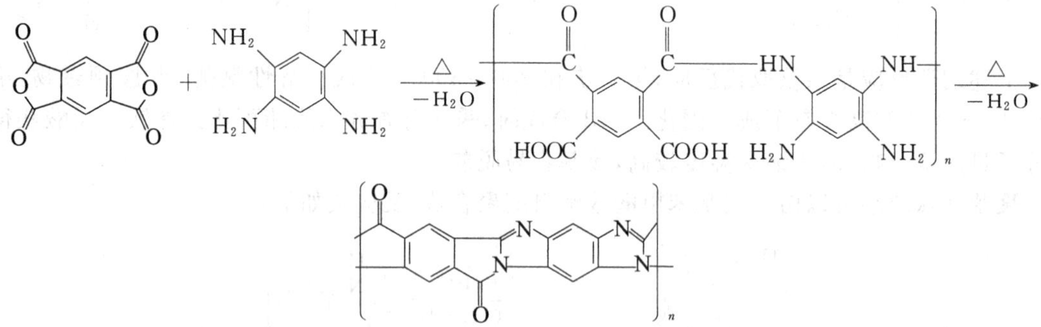

上面的梯型聚合物是由全环状结构单元组成的,热稳定性、熔点、玻璃化转变温度和刚性均很高,并耐辐射,可在航天设备中应用。

不同梯型聚喹喔啉也可以通过该方法制备,如下式:

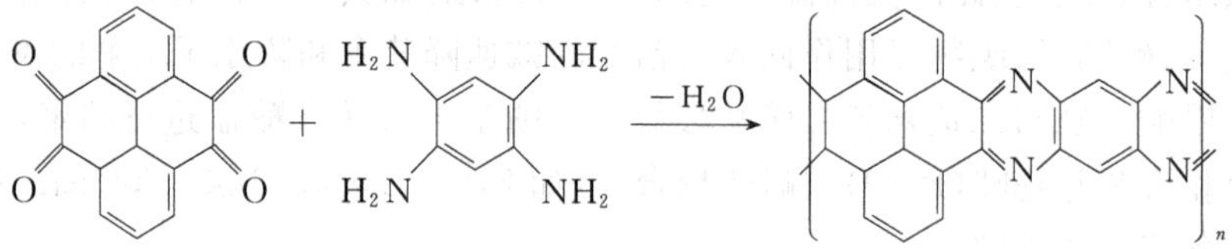

四元酮或其前体与四元胺缩合也可生成梯型聚合物:

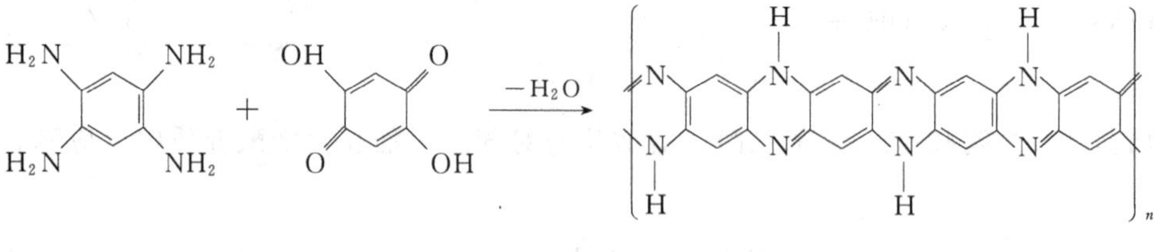

作为刚性棒状大分子,由于其不寻常的流变学特性,许多芳香族梯型聚合物引起了人们的关注。

4. 聚芳砜及其他含硫杂链聚合物

聚砜是一种重要的工程塑料,包括脂肪族和芳香族聚砜。但是脂肪族聚砜热稳定性较差,模塑困难,应用受限。

苯环的引入,可提高聚合物的刚性、强度和玻璃化转变温度,因此芳香族聚砜(或称聚芳砜)具有许多优良的性能。第一个最重要的商品化聚芳砜是由双羟基苯基丙烷(双酚 A)的钠盐与

4,4′-双氯苯基砜经亲核取代反应制备的,这个反应属于 Williamson 反应,由于砜基的存在增强了卤素的反应活性。

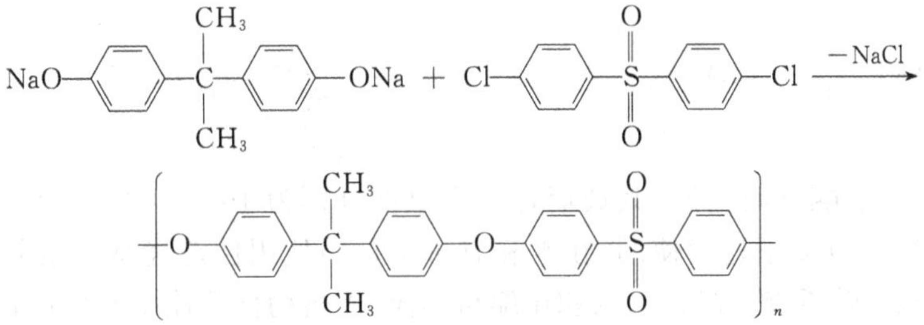

这个反应大致过程如下:将双酚 A 在氢氧化钠浓溶液中配制成双酚 A 钠盐,产生的水分子经二甲苯蒸馏带走,温度约 160 ℃,除净水分子,防止水解,这是获得高分子量聚芳砜的关键。在惰性氛围下,以二甲基亚砜为溶剂,使双酚 A 钠盐与二氯二苯砜进行亲核取代反应得到聚芳砜。工业上可得到分子量为 2 万～4 万的聚芳砜。

一般芳氯对这类亲核取代反应并不活泼,但吸电子的砜基却使苯环上的氯活化。苯酚羟基的亲核性低,难以反应,但双酚 A 的亲核性比较强。聚芳砜的分子量可由两种原料官能团的配比来控制,最后由氯甲烷作封端剂。因此该反应对原料纯度的要求较高,不能含有单官能团和三官能团酚类。

双酚 A 型聚芳砜为透明无定形聚合物,玻璃化转变温度为 195 ℃,能在 −180～150 ℃下长期使用。主链中较多的苯环使聚芳砜的刚性、耐热性和力学性能都优于聚碳酸酯,并且具有良好的抗氧化性和抗水解能力。聚芳砜主要用于制造微波炉炊具、医用器具、照相机机身和蓄电池外壳等。

无异丙基的聚苯醚砜抗氧化性和耐热性更好,玻璃化转变温度为 180～220 ℃,在空气中 500 ℃下稳定,可模塑。在 150～200 ℃下能保持良好的力学性能,在水中有很好的抗碱性和抗氧化性。这类聚苯醚砜可以由 $FeCl_3$、$SbCl_5$、$InCl_3$ 作催化剂,通过 Friedel-Crafts 反应制备:

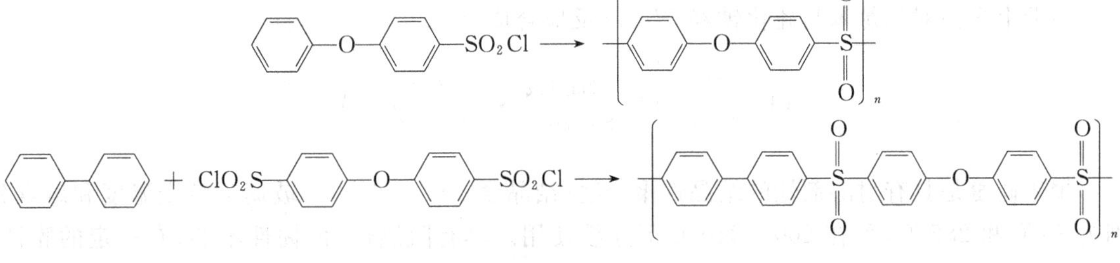

5. 聚醚酮和聚醚醚酮

近年来,已经开始开发聚芳基醚酮类高性能的聚合物材料,这是由于它们能够提供出色的化学、机械和物理综合性能,可用作结构材料。商品化的聚醚酮和聚醚醚酮就是典型的代表,结构如下:

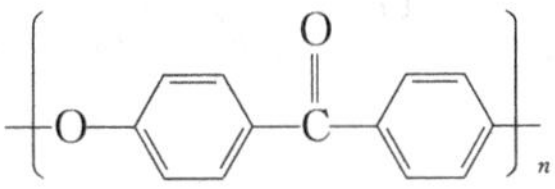

聚醚酮(PEK) 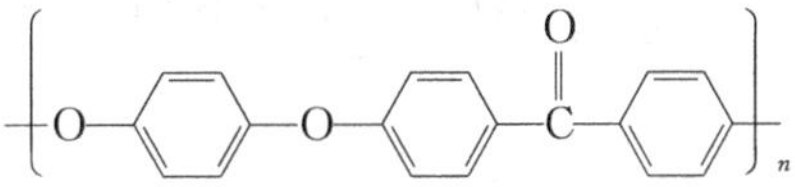　　　　　聚醚醚酮(PEEK)

PEK 和聚芳基醚酮可以由亲核取代和亲电取代两种反应制备。例如,在配合物 H[BF₄] 催化下,由联苯醚和对苯二甲酰氯合成聚醚酮酮(PEKK)的 Friedel-Craft 反应如下:

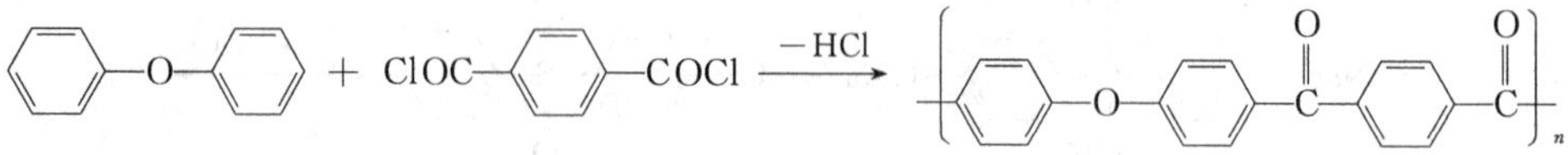

聚醚酮和聚醚醚酮都耐高温,其玻璃化转变温度分别为 165 ℃ 和 143 ℃,熔点为 365 ℃ 和 334 ℃,可在 280～340 ℃ 下连续使用,在水和有机溶剂中使用性能优良。聚芳醚酮可用来制造机械零部件,如汽车轴承、汽缸活塞、泵和压缩机的阀、飞机构件等使用条件比较苛刻的零部件。

6. 聚苯醚和聚苯硫醚

工业上典型的聚苯醚(PPO)是以 2,6-二甲基苯酚为单体,亚酮盐-三级胺类(吡啶)为催化剂,在有机溶剂中,经氧化偶合反应制备的。该反应是按特殊的醌-缩酮机理进行的自由基过程,但具有逐步聚合特性,分子量可达 3 万。

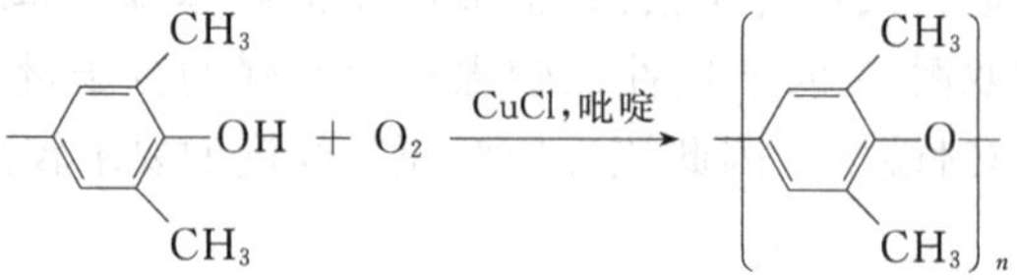

聚苯醚是耐高温塑料,可在 190 ℃ 下长期使用,其耐热性、耐水性、力学性能、耐蠕变性都比聚酰胺、聚碳酸酯和聚砜等工程塑料好,可用作耐热机械零部件。为了降低成本,改善加工性能,聚苯醚常与聚苯乙烯或高抗冲聚苯乙烯共混使用。

聚苯硫醚(PPS)由对氯硫酚或对溴硫酚经自缩聚制备:

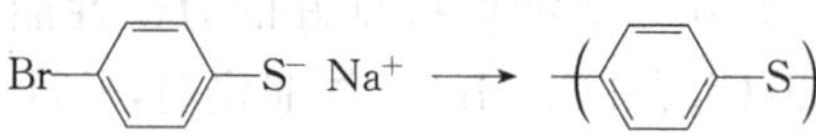

商业上多由对二氯苯与硫化钠经 Wurtz 反应合成:

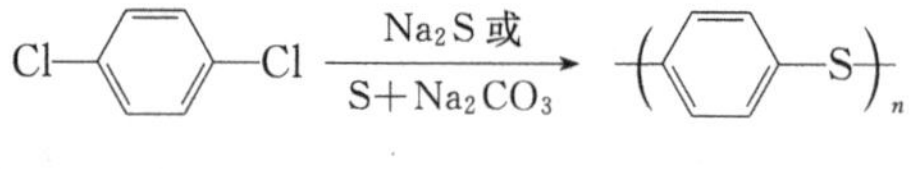

聚苯硫醚是具有耐溶剂性的结晶性聚合物(结晶度 60%～65%),玻璃化转变温度和熔点分别为 85 ℃ 和 285 ℃,可在 200～240 ℃ 下连续使用。具有阻燃性,但韧性不够,有一定的脆性。PPS 可以用作汽车部件、微波炉部件、阀管、热交换器及电动机等的防护涂层。

此外,采用二苯醚与 SCl₂ 或 S₂Cl₂ 在氯仿溶液中反应,可制备同时含有醚键和硫醚键的聚合物,除了耐化学药品和耐热外,该聚合物有一定的柔性,便于加工。

2.7.9 高度支化聚合物（树枝型和超支化聚合物）

前面讨论了具有三维球型结构的高度支化聚合物的合成方法和结构,包括树枝型聚合物和超支化聚合物两类。高度支化聚合物材料含有数目巨大的末端基团使其具有独特的物理性质。研究得最多的是早期合成的树枝型聚合物——聚酰胺－胺(polyamidoamine,PAMAM),反应过程如下:

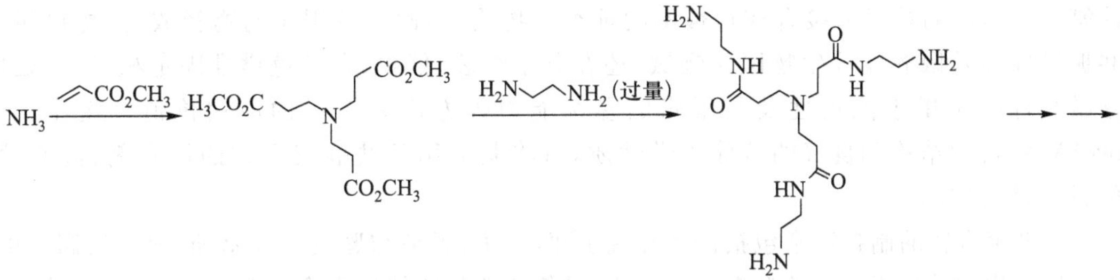

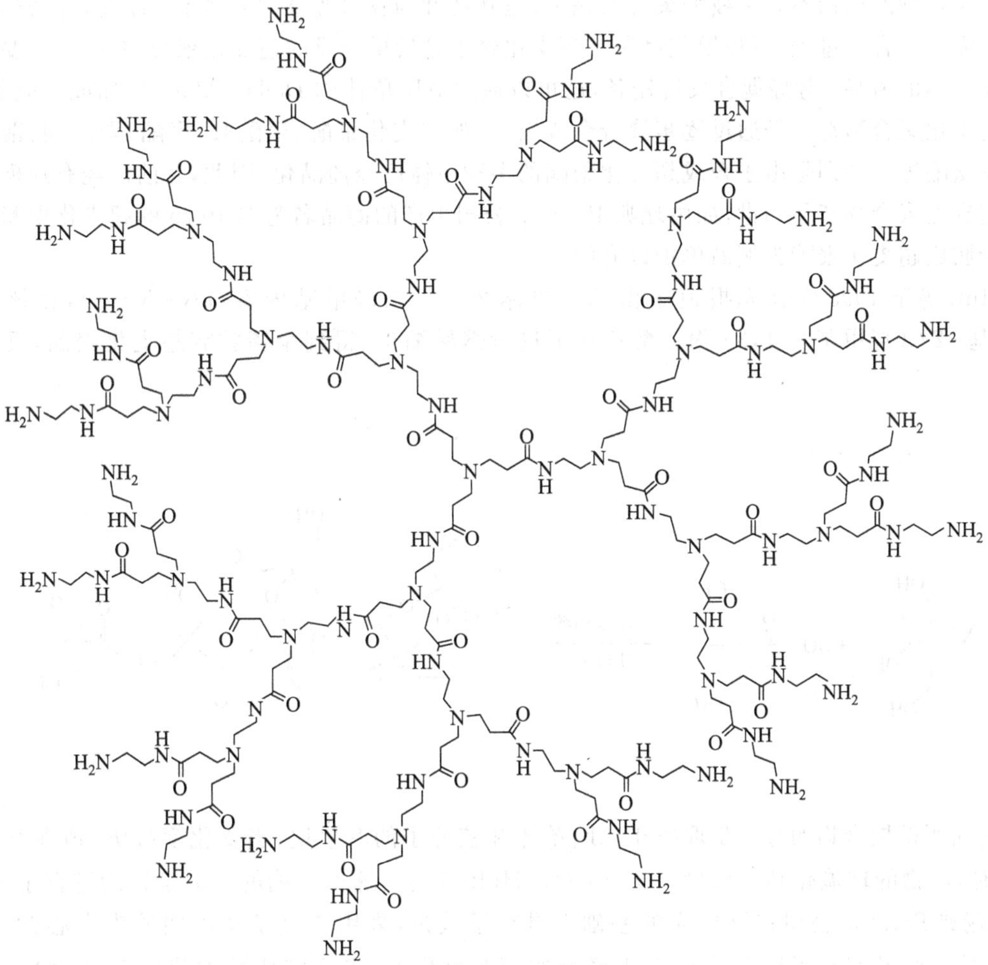

(第4代PAMAM)

每一代 PAMAM 的合成都是通过胺和丙烯酸甲酯进行彻底的 Michael 加成反应得到 β-氨基酸酯。首先,将 NH_3 加入到过量的丙烯酸甲酯中,其产物与过量乙二胺反应形成带有三条臂的"星"型(或支化多胺)分子;然后,再与过量的丙烯酸甲酯继续反应,产物再加入过量乙二胺形成带有六条臂的分子。不断重复以上反应过程,可得到更高代数的分子,即每完成一步反应增长半代,完成两步反应增长一代(generation,G)。每增长一代,得到的分子末端氨基数增加一倍,上面给出的是第四代 PAMAM 树枝状聚合物结构。

PAMAM 具有三维立体球状结构,粒径为 $1\sim20$ nm,其最大的特色在于能够同时利用表面的氨基与内部的孔隙来接合或包覆不同种类的物质,因此可应用于药物释放、生物检测、核磁共振成像和基因载体等生物医学领域,还在分子组装、催化、电动色谱准固定相、废水处理、改善激光打印机墨水流动性及与纸张的黏结能力等方面有广泛的应用价值。此外,由于 PAMAM 独特的结构和良好的流体力学性质,可将其应用于共混聚合物的增容剂、流变学改性剂、增韧增强等。

树枝型聚合物的制备通常包括许多合成步骤,分离、提纯和鉴定过程繁琐、成本较高。尽管超支化聚合物的结构不如树枝型聚合物完美,但其特性与树枝型聚合物类似,合成方法较简单,一般只需一步合成过程,可规模化制备。超支化聚苯是最早合成的超支化聚合物之一,主要是通过 AB_2 单体的芳烃-芳烃偶合反应制备,还可以通过 AB_2 单体的 Diels-Alder 环加成反应制备。许多超支化聚合物都已经通过逐步聚合合成出来,如超支化聚醚、聚酰胺、聚酯、聚醚酮、聚酰亚胺和聚氨酯等。特别是由于合成超支化聚酯的多种单体已经商品化,因此,目前已经有规模化生产的超支化聚合物产品问世,如由瑞典 Perstop 公司生产的商品名为 Boltorn 的超支化聚酯。以这类脂肪族超支化聚酯为例简单加以介绍。

Hult 等于 1995 年首先报道了由 AB_2 单体 2,2'-二羟甲基丙酸(bis-MPA),在核分子 2-乙基-2-(羟甲基)-1,3-丙二醇存在下进行熔融缩聚,得到全脂肪族超支化聚酯,反应式如下:

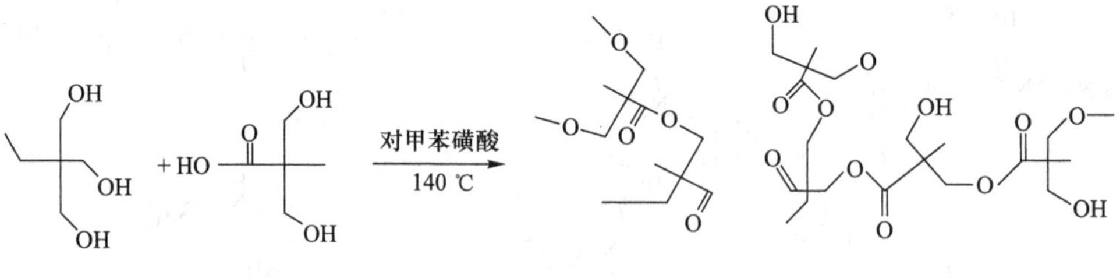

上面所得聚合物的分子量取决于 AB_2 单体和核分子的摩尔比,当支化度(DB)值在 $0.83\sim0.96$ 时,产物的玻璃化转变温度接近 40 ℃。Hult 等还对这类聚酯的动力学行为进行了研究。目前,瑞典 Perstop 公司在该反应的基础上进行了改进,采用乙氧基季戊四醇为中心核,以该 AB_2 单体为原料实现了脂肪族超支化聚酯的商业化生产,将不同代数的聚酯命名为"Boltorn aliphatic HB polyesters",如 Boltorn H20、Boltorn H30、Boltorn H40 等,分别对应第二代、第三

代、第四代等超支化聚酯。其化学结构如下：

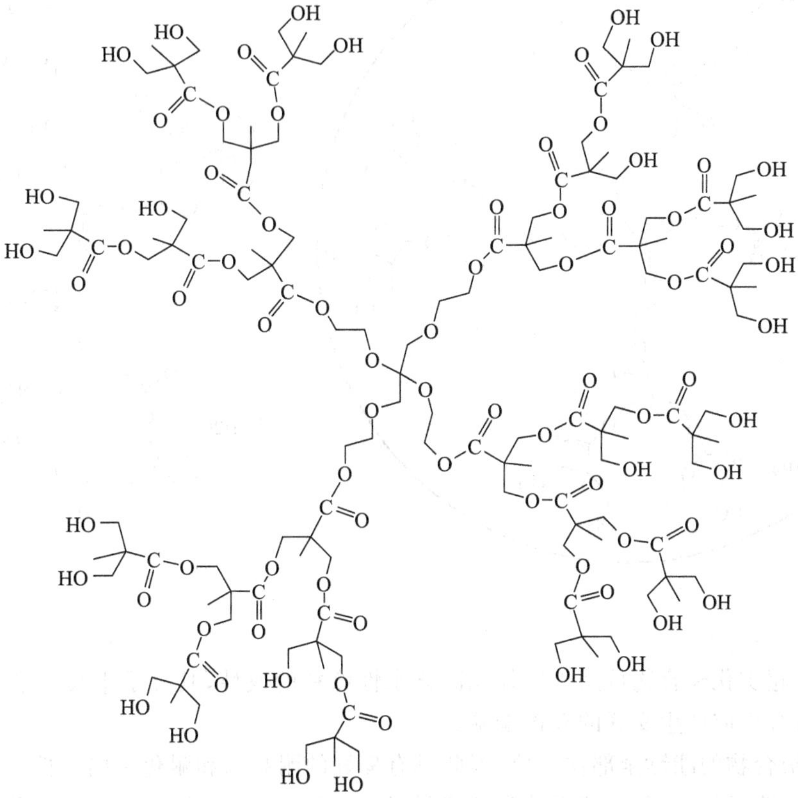

超支化聚合物带有大量端基（如 Boltorn H20 含有 16 个伯羟基，Boltorn H40 含有 64 个伯羟基），其性质在很大程度上决定了聚合物的物理化学性质，而通过对端基官能团的化学改性可以对超支化聚合物的性质进行改进。因此端基改性已经成为超支化聚酯功能化和扩大应用领域的重要途径。上面讨论的以二羟甲基丙酸为单体得到的脂肪族超支化聚酯具有大量端羟基，可以通过端羟基与酰氯、酸酐、一元羧酸、饱和及不饱和脂肪酸等的反应使超支化聚酯获得不同的物理、化学性质及后继实际应用中的化学反应特性。例如，以第二代端羟基超支化聚酯（Boltorn H20）为起始原料，丁二酸酐和丙烯酸缩水甘油酯（GMA）为端基改性剂，1,4-二氧六环为溶剂，在 $SnCl_2$ 催化下，于 90 ℃ 反应可得到端基带双键的超支化聚酯，合成路线如下：

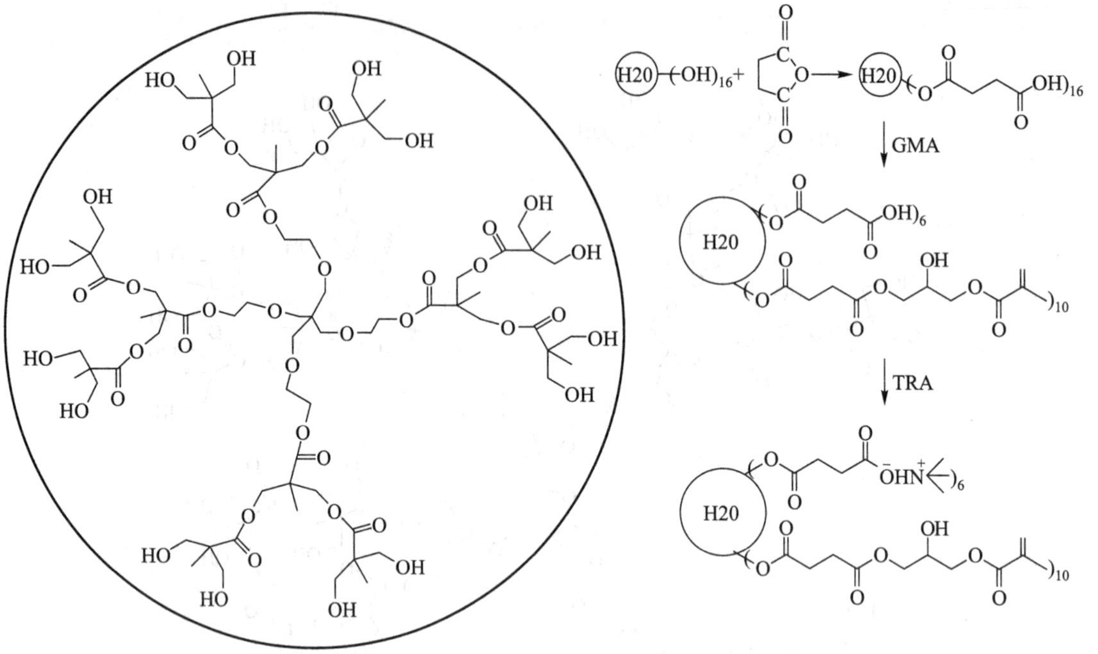

该改性的超支化聚合物可用于紫外光固化水性涂料的改性,其分子中具有亲水性端基和可发生自由基聚合反应产生交联的双键端基。

Boltorn 聚合物的酯键全部在叔位,因此具有良好的耐高温和耐化学腐蚀性。大量分支还可改善反应活性、降低黏度,从而获得均衡的机械性能。Boltorn 聚合物可应用于弹性聚氨酯泡沫添加剂,如汽车座椅;可用于弹性体交联剂,如改善铸塑聚氨酯弹性体产品的玻璃化转变温度/弹性比。此外,在紫外光固化应用中可充当低聚物的前体,大大提高固化速率并获得优良的产品性能;用作建筑涂料中使用的特性树脂,可实现用水性树脂替代溶剂性树脂,除去后者引入的挥发性有机化合物。

本 章 总 结

① 逐步聚合反应的一般特点和类型   逐步聚合反应的最大特点是带有不同官能团的单体之间经过多次重复反应逐步形成聚合物分子链,无活性中心,聚合物的分子量随着反应时间的增加而逐渐增大,转化率达到 98% 以上时,分子量才能较高。为了获得高分子量的聚合产物,逐步聚合需要严格控制反应单体的配比,避免副反应的发生等。

逐步聚合反应的类型按反应机理分为缩聚反应、逐步加成聚合、氧化偶联聚合和加成缩合聚合反应等。还可按照参加反应的单体、聚合反应热力学特征、形成聚合物分子链结构、生成的化学键结构和逐步聚合实施方法等分类。

②　线型缩聚反应机理　阐述了缩聚反应中几个重要的基本概念：单体官能度、官能团等活性假设、平衡常数、反应程度和平均聚合度等。线型缩聚反应过程包括逐步特性和可逆平衡特性，大部分缩聚反应都是可逆平衡反应，在缩聚反应中还可能存在环化、链交换、链裂解和消去等副反应。

③　线型缩聚动力学　缩聚反应动力学主要研究缩聚反应速率及其各种影响因素，重点介绍了反应程度和反应时间的关系及缩聚产物的数均聚合度（或分子量）与时间的关系。缩聚反应速率通常用单位时间、单位体积内反应（或消耗）掉的官能团数或生成新键的数目来表示。线型缩聚动力学分为不可逆和平衡缩聚动力学两种条件。不可逆条件下，无外加酸自催化缩聚时，动力学行为主要是三级反应，$(\overline{X}_n)^2$ 与 t 呈线性关系$[(\overline{X}_n)^2=2kc_0^2t+1]$。聚酯化反应中聚合物的数均聚合度随反应时间增加缓慢，要获得高分子量的聚合物，需要较长的时间。外加强酸催化聚酯化反应属于二级反应，$\overline{X}_n$ 与 t 呈线性关系$(\overline{X}_n=k'c_0t+1)$。与自催化体系相比，外加强酸催化可明显提高聚酯化反应的速率。

④　线型缩聚物的分子量及其分布　讨论了反应程度、平衡常数和反应官能团配比对数均聚合度的影响。

反应程度的影响：$\overline{X}_n=\dfrac{1}{1-p}$

平衡常数的影响：封闭体系 $\overline{X}_n=\sqrt{K}+1$

$$\text{开放体系 } \overline{X}_n=\sqrt{\frac{K}{pc_w}}\approx\sqrt{\frac{K}{c_w}}$$

反应官能团配比的影响：

2-2体系两单体非等物质的量配比，其中一种单体稍过量时，

$$\overline{X}_n=\frac{1+r}{1+r-2rp}=\frac{q+2}{q+2(1-p)}$$

2-2体系两单体等物质的量配比或 2 体系，外加少量单官能团物质时，上面公式仍然适用，只是，$r=\dfrac{N_a}{N_a+2N_c}$。

线型缩聚物平均分子量控制实例：PET 和尼龙-66 的合成。

用统计法推导出分子量数量分布函数和质量分布函数，进一步可求出数均分子量、重均分子量和分子量分布宽度：

$$\left.\begin{array}{l}N_x=N_0p^{x-1}(1-p)^2\\w_x=\dfrac{xN_x}{N_0}=xp^{x-1}(1-p)^2\end{array}\right\}\Rightarrow\left.\begin{array}{l}\overline{X}_n=\dfrac{1}{1-p}\\\overline{X}_w=\dfrac{1+p}{1-p}\end{array}\right\}\Rightarrow\dfrac{\overline{X}_w}{\overline{X}_n}=1+p$$

⑤　非线型逐步聚合反应　非线型逐步聚合反应分为支化逐步聚合反应和体型逐步聚合反应。讨论了支化逐步聚合反应的特点，合成方法，支化聚合物的性质；体型逐步聚合反应的特点，一些基本概念：无规预聚物、结构预聚物、凝胶化作用，以及简单实例。重点介绍凝胶点的预测与实验测定方法。

支化聚合物的产生条件是聚合反应体系的单体组成为 $AB+A_f(f\geqslant3)$，AB_f 或 AB_f+AB ($f\geqslant2$)。支化聚合物还包括超支化和树枝状聚合物两类特殊的聚合物，二者都属于具有三维球型结构的树枝型支化大分子，尽管二者在结构上存在较大的差异，但宏观性能相似。树枝型聚合物常采用发散法和收敛法制备。超支化聚合物较常用的方法是 AB_x 单体缩聚法。

体型逐步聚合反应会形成交联结构聚合物。讨论了无规预聚物和结构预聚物的概念和特点。体型逐步聚合反应的核心问题是凝胶点的预测，出现凝胶化时的临界反应程度称作凝胶点，其理论预测方法有 Carothers 法、Flory 统计法和概率法等。

Carothers 法：两官能团等物质的量时， $$p_c=\frac{2}{\overline{f}},\overline{f}=\frac{\sum f_iN_i}{\sum N_i}=\frac{f_aN_a+f_bN_b+\cdots}{N_a+N_b+\cdots}$$

两官能团非等物质的量时， $$p_c=\frac{2}{\overline{f}},\overline{f}=\frac{2(N_Af_A+N_Cf_C)}{N_A+N_B+N_C}$$

Flory 统计法： $$(p_A)_c=\frac{1}{[r+r\rho(f-2)]^{1/2}}$$

概率法：A_a-B_b 型体系， $(a-1)(b-1)r_Ap_A^2=1$

A_a-B_b-C_c 型体系， $[r_Bp_B^2(b-1)+r_Cp_C^2(c-1)](a-1)=1$

与实测值相比，Carothers 方程得到的凝胶点普遍都偏高，而 Flory 统计法和概率法得到的都偏低，但实验测定值都介于二者之间，且更接近于后者。

⑥ 逐步聚合反应实施方法　包括熔融聚合、溶液聚合、界面缩聚和固相缩聚，讨论了它们的特点、优缺点及应用实例。

⑦ 重要的逐步聚合物举例　主要以逐步聚合物材料为主线，从聚合物的制备方法到性能再到应用分别加以介绍。介绍一些常见的重要逐步聚合物，包括聚酯（线型饱和脂肪族聚酯和线型不饱和聚酯）、聚碳酸酯、聚酰胺（尼龙-6 和芳香族聚酰胺）、聚氨酯、酚醛树脂（碱催化和酸催化酚醛预聚物）、氨基树脂（脲醛树脂和蜜胺甲醛树脂）、环氧树脂及高性能逐步聚合物（聚酰亚胺、聚苯并咪唑、聚苯并噻唑及相关聚合物、芳香族梯型聚合物、聚芳砜及其他含硫杂链聚合物、聚醚酮和聚醚醚酮、聚苯醚和聚苯硫醚）。简介近年来发展起来的高度支化聚合物（树枝型和超支化聚合物）的典型实例。

参 考 文 献

[1] Solomon D H. Step-Growth Polymerization. New York：Dekker,1972.

[2] Stille J K. J Chem Educ, 1981, 58：862.

[3] Fried J R. Polymer Science and Technology. 2nd ed. Upper Saddle River：Pearson Education Inc.，2003.

[4] Allcock H R，Lampe F W，Mark J E. Contemporary Polymer Chemistry. 3rd ed. Upper Saddle River：Pearson Education Inc.，2003.

[5] 潘祖仁. 高分子化学（增强版）. 北京：化学工业出版社,2007.

[6] Flory P J. Principles of Polymer Chemistry. Ithaca：Comell University Press,1953.

[7] Odian G. Principles of Polymerization. 4th ed. New York：Wiley，2004.

[8] Billmeyer R W. Textbook of Polymer Science. 3rd ed. New York：John Wiley &Sons, Inc., 1984.

[9] 董炎明. 高分子科学简明教程.2 版.北京：科学出版社,2014.

[10] 唐黎明,庹新林. 高分子化学.北京：清华大学出版社,2009.

[11] 韩哲文. 高分子科学教程.2 版.上海：华东理工大学出版社,2011.

[12] 卢江,梁晖. 高分子化学.2 版.北京：化学工业出版社, 2010.

[13] 张兴英,程珏,赵京波. 高分子化学.北京：化学工业出版社, 2006.

[14] 邢其毅,裴伟伟,徐瑞秋,等.基础有机化学(下册).3 版.北京：高等教育出版社,2005.

[15] 夏炎. 高分子科学简明教程.北京：科学出版社,2002.

[16] 熊联明. 高分子化学简明教程.北京：化学工业出版社, 2010.

[17] Ueberreiter K, Engel M. Makromol Chem, 1977, 178：2257.

[18] Rand L, Thir B, Reegen S L, et al. J Appl Polym Sci, 1965, 9：1787.

[19] Allan P E M, Patrick C R. Kinetics and Mechanism of Polymerization Reactions.New York：Wiley−Interscience 1974.

[20] 林尚安,陆耘,梁兆熙. 高分子化学.北京：科学出版社,1982.

[21] Carothers W H. Trans Faraday Soc, 1936, 32：39.

[22] Carothers W H. J Am Chem Soc, 1929, 51：2548；Flory P J, Chem Rev, 1946, 39：137.

[23] Flory P J. J Am Chem Soc, 1939, 61：3334；Hamann S D, Solomon D H, Swift J D. J Macromol Sci Chem, 1968, A2：153.

[24] Korshak V V. Pure Appl Chem, 1966, 12：101.

[25] Ravve A. Principles of Polymer Chemistry. 2nd ed. New York：Kluwer Academic/Plenum Publishers. 2000.

[26] 张邦华,朱常英,郭天瑛. 近代高分子科学.北京：化学工业出版社,2006.

[27] Wilks E S. Industrial Polymer Handbook：Products, Processes, Applications. New York：Wiley, 2001.

[28] Hermes M E. Enough for One Lifetime：Wallace Carothers, Inventor of Nylon. Chemical Heritage Foundation, 1996.

[29] 钱保功. 高分子科学技术发展简史.北京：科学出版社,1994.

[30] 唐敖庆,等. 高分子反应统计理论.北京：科学出版社,1985.

[31] 潘才元. 高分子化学.2 版.合肥：中国科学技术大学出版社,2012.

[32] 谭惠民,罗运军. 超支化聚合物.北京：化学工业出版社,2005.

[33] Fréchet J M J, Tomalia D A. Dendrimers and Other Dendritic Polymers. New York：John Wiley & Sons Ltd, 2001.

[34] Flory P J. J Am Chem Soc, 1952, 74：2718.

[35] Voit B I, Lederer A. Chem Rev, 2009, 109：5924.

[36] Gao C, Yan D. Prog Polym Sci, 2004, 29：183.

[37] 罗运军,夏敏,王兴元. 超支化聚酯.北京：化学工业出版社,2009.

［38］丁孟贤. 聚酰亚胺——化学、结构与性能的关系及材料.北京：科学出版社,2006.

［39］沈中和. 高分子通报,1964,11：43.

［40］Morgan P W. Condensation Polymer：By Interfacial and Solutions Methods.New York：Wiley－Interscience, 1965.

［41］Schnell H. Chemistry and Physics of Polycarbonates, Polymer Reviews.New York：Interscience Publishers, 1964.

［42］Vouyiouka S N, Karakatsani E K, Papaspyrides C D. Prog Polym Sci, 2005, 30：10.

［43］Christopher W F, Fox D W. Polycarbonates. New York：Reinhold Publishing, 1962.

［44］董建华,张希,王利祥.高分子科学学科前沿与展望.北京：科学出版社,2011.

［45］董炎明. 奇妙的高分子世界.北京：化学工业出版社, 2012.

［46］Occhiello E, Corti M. Polyurethanes.New York：Wiley, 1983.

［47］刘益军.聚氨酯树脂及其应用.北京：化学工业出版社, 2012.

［48］Ulrich H. Chemistry and Technology of Isocyanates. New York：John Wiley, 1996.

［49］Ozkai S. Chem Rev, 1972, 72：457.

［50］Knop A, Plato L A. Phenolic Resins.New York：Springer－Verlag, 1979.

［51］黄发荣,万里强. 酚醛树脂及其应用.北京：化学工业出版社, 2011.

［52］Vale C P, Taylor W G K. Aminoplastics.London：Iliffe,1964.

［53］Koeda K. J Chem Soc Japan, Pure Chem Soc, 1954, 75：571.

［54］Bruins P F. Epoxy Resin Technology.New York：Wiley－Interscience, 1968.

［55］Potter W G. Epoxy Resins. New York：Springer－Verlag, 1970.

［56］Bogert M T, Renshaw R R. J Am Chem Soc, 1908, 30：1135.

［57］Liaw D J, Wang K L, Huang Y C, et al. Prog Polym Sci, 2012, 37：907.

［58］Mark HF. Encyclopedia of polymer science and engineering.3rd ed.New York：Wiley－Interscience, 2007.

［59］Vogel H, Marvel C S. J Polym Sci, 1961, 50：511.

［60］Wolfe J F, Loo B H, Arnold F E. Macromolecules, 1981, 14：915.

［61］Wolfe J F, Arnold F E. Macromolecules, 1981, 14：909.

［62］Hersch S S. J Polym Sci, 1969, 7：15.

［63］Stille J K, Feeburger M E. J Polym Sci, Polym Lett, 1967, 5：989.

［64］Stille J K, Mainen E L. Macromolecules, 1968, 1：36.

［65］吴忠文,方省众. 特种工程塑料及其应用.北京：化学工业出版社, 2011.

［66］Niume K, Toda F, Uno K, et al. J Polym Sci, Polym Lett, 1977, 15：283.

［67］Hay A S. Adv Polym Sci, 1967, 4：496.

［68］谭惠民,罗运军. 树枝形聚合物.北京：化学工业出版社,2002.

［69］Malmström E, Johansson M, Hult A. Macromolecules, 1995, 28：1698.

［70］Malmström E, Johansson M, Hult A. Macromolecules, 1996, 29：1222.

［71］Asif A, Shi W. Eur Polym J, 2003, 39：933.

习题与思考题

1. 解释下列名词：反应程度和转化率，平衡缩聚和不平衡缩聚，线型缩聚和体型缩聚，均缩聚、混缩聚和共缩聚，官能团和官能度，官能团等活性理论，摩尔系数和过量百分数；平均官能度和凝胶点，树枝型大分子，结构预聚物和无规预聚物、环氧值和环氧摩尔质量；界面缩聚和溶液缩聚。

2. 简述能进行逐步聚合的单体类型。

3. 用结构特征命名法命名大分子链中含有下列特征基团的聚合物，并各写出一例聚合反应式。

(1) —O—　(2) —OCO—　(3) —NH—CO—　(4) —NH—O—CO—

(5) —NH—CO—NH—

4. 简述线型缩聚的条件、逐步机理，以及转化率和反应程度的关系。

5. 在平衡缩聚条件下，聚合度与平衡常数、副产物残留量之间有何关系？

6. 简述缩聚中的水解、化学降解和链交换等副反应对缩聚反应有哪些影响，说明其有无可利用之处。

7. 影响线型缩聚物聚合度的因素有哪些？两单体非等化学计量，如何控制聚合度？

8. 为什么缩聚产物的分子量一般都不大，在实践中通过哪些手段可以提高分子量？

9. 试推导线型缩聚物的数均分子量、重均分子量和分子量分布宽度的表达式。

10. 说明下列单体反应得到的聚合物类型：

(1) A_2+B_2　　(2) AB_2　　(3) AB_3　　(4) A_2+B_3　　(5) AB_2+B_3　　(6) $AB+B_3$

11. 写出并描述下列缩聚反应所形成的聚酯结构，并说明(2)、(3)、(4)聚酯结构与反应物配比有无关系。

(1) $HO—R—COOH$

(2) $HOOC—R—COOH + HO—R_1—OH$

(3) $HOOC—R—COOH + R_1(OH)_3$

(4) $HOOC—R—COOH + HO—R_1—OH + R_2(OH)_3$

12. 体型缩聚时有哪些基本条件？平均官能度如何计算？归纳说明产生凝胶点的条件。

13. 不饱和聚酯的主要原料为乙二醇、马来酸酐和邻苯二甲酸酐，它们各自的主要作用是什么？采用什么方法提高树脂的柔韧性？它们之间比例调整的原理是什么？用苯乙烯固化的原理是什么？如果考虑室温固化时可选何种固化体系？

14. 写出合成 Kapton 型聚酰亚胺的反应式，并说明为什么要采取两步法。

15. 解释什么是线型不饱和聚酯，用化学反应解释其是如何制备及交联的。

16. 描述并给出制备商品化聚对苯甲酸乙二醇酯的反应条件、催化剂和化学方程式。

17. 工业上合成聚碳酸酯为什么选用双酚 A 作单体？比较聚碳酸酯的两条合成路线、产物的分子量及控制。

18. 写出由双酚 A 和环氧氯丙烷制备环氧树脂的反应式和化学性质，并讨论环氧树脂与胺和二酐的交联反应。

19. 讨论可溶性酚醛树脂的化学性质,并用化学反应说明它们是怎么合成的。A 阶段,B 阶段,C 阶段树脂分别代表什么?

20. 讨论脲醛树脂的化学性质及其制备和用途。

21. 从原料配比、预聚物结构、预聚条件、固化特点等方面来比较碱催化和酸催化酚醛树脂的区别。

22. 请列举出合成聚氨酯常用的两种二异氰酸酯和两种多元醇。试写出异氰酸酯和羟基、氨基、羧基的反应式。软、硬聚氨酯泡沫塑料的发泡原理有何差别?

23. 聚苯并咪唑、聚苯并噁唑及聚苯并噻唑是怎么制备的?用化学方程式说明。

24. 比较聚苯醚和聚苯硫醚的结构、主要性能和合成方法。

25. 简述超支化大分子和树枝型大分子的合成方法及它们在结构和性能方面的特点与差别。

26. 计算自催化和外加催化剂聚酯化反应时,不同反应程度 p 下 $\overline{X}_n$、c/c_0 与时间 t 值的关系。

27. 等物质的量的二元醇和二元酸经外加酸催化缩聚,试证明从开始到 $p=0.98$ 所需的时间与 p 从 0.98 到 0.99 的时间相近。

28. 己二酸和己二胺缩聚反应的平衡常数 $K=432$,问两种单体等物质的量投料,要得到数均聚合度为 200 的尼龙-66,体系中的含水量必须控制在多少?

29. 等物质的量的二元醇和二元酸在密闭容器体系中进行聚合反应,若平衡常数为 200,问所能够达到的最大聚合反应程度和聚合度是多少?假如羧基的起始浓度为 2 mol/L,要使聚合度达到 200,需将水的浓度降低到什么程度?

30. 某耐热聚合物的数均分子量为 24 116,聚合物水解后生成 39.31%(质量分数)的间苯二胺、59.81% 的间苯二酸和 0.88% 的苯甲酸。试写出该聚合物的分子式,并计算聚合度和反应程度。如果苯甲酸增加一倍,试计算对聚合度的影响。

31. 等物质的量的己二胺和己二酸缩聚,试画出 $p=0.99$ 和 0.995 时数量分布曲线和质量分布曲线,并计算数均聚合度和重均聚合度,比较两者分子量分布的宽度。

32. 用羟基庚酸进行线型缩聚时,测得产物的重均分子量为 18 400,试计算:(1) 羧基已经酯化的百分数;(2) 数均聚合度;(3) 结构单元数

33. 1 kg 环氧树脂(环氧值为 0.2)用等物质的量的乙二胺或二次乙基三胺固化,以过量 10% 计,试求两种固化剂的用量。

34. 邻苯二甲酸酐与季戊四醇缩聚,两种基团数相等,(1) 试求平均官能度;(2) 按 Carothers 法求凝胶点;(3) 按统计法求凝胶点

35. 用两种以上方法计算下列单体混合后反应到什么程度会成为凝胶。苯酐和甘油的物质的量之比为(1) 苯酐:甘油=1.5:0.98;(2) 苯酐:甘油:乙二醇=1.5:0.99:0.002;(3) 苯酐:甘油:乙二醇=1.5:0.5:0.7。

36. 欲使环氧树脂预聚体(环氧值为 0.2)用官能团等物质的量的二乙烯基三胺固化,试计算固化剂的用量,并分别用 Carothers 法、Flory 统计法及概率法计算凝胶点 p_c。

37. AA、BB、A_3 混合体系进行缩聚,$N_{A_0}=N_{B_0}=3.0$,A_3 中 A 基团数占混合物中 A 总数(ρ)

的 10%，试求 $p=0.970$ 时缩聚产物的 $\overline{X}_n$ 及 $\overline{X}_n=200$ 时的反应程度。

38. 若制备醇酸树脂的配方为 1.21 mol 的季戊四醇、0.50 mol 的邻苯二甲酸酐和 0.49 mol 的丙三羧酸，试问能否不产生凝胶而反应完全。

39. 已知等物质的量的己二胺和己二酸反应制备聚酰胺，设反应程度为 0.995，若反应过程中用乙酸调节分子量，试用两种方法计算要得到分子量为 15 000 的聚酰胺时需加入多少乙酸。最终产物有什么特征？

第三章 自由基聚合

通过烯类单体双键打开并加成实现的聚合反应,属于连锁聚合反应。其中,有一类是通过自由基引发的,可以用于合成很多种聚合物。在本章中,将探讨自由基引发的均聚及共聚反应。对于其他符合连锁聚合机理的聚合反应(如阴离子聚合、阳离子聚合和配位聚合等),将会在其他相关章节中进行论述。

连锁聚合反应由链引发、链增长、链终止等基元反应串联、并联而成,其反应物主要包括两种物质:烯类单体和引发剂。图 3-1 为一个典型的连锁聚合反应的示意图。

链引发:

链增长:

链终止:

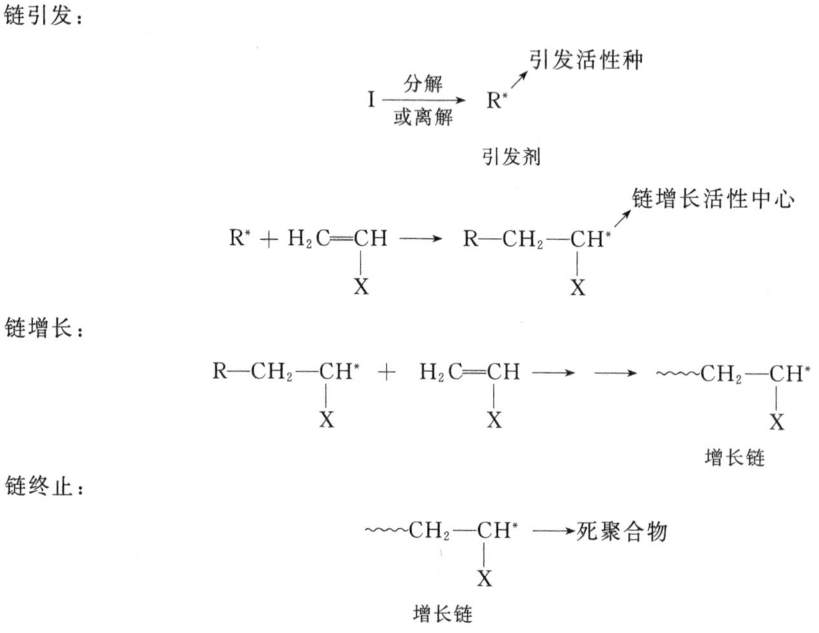

图 3-1 典型的连锁聚合反应的示意图

引发剂一般是带有弱键、易分解成活性种的化合物,其中共价键有均裂和异裂两种形式。均裂时,形成各带一个单电子的两个中性自由基(游离基)。异裂时,共价键上一对电子全归属于某一基团,形成阴(负)离子;另一个就成为缺电子的阳(正)离子。活性种 R^* 包括自由基、阴离子和阳离子。然后,活性种打开单体 M 的 π 键,与之加成,形成单体活性种,而后进一步不断与单体加成,促使链增长。最后,增长着的活性链失去活性,使链终止。

根据引发活性种与链增长活性中心的不同,链式聚合反应可分为自由基聚合、阳离子聚合和阴离子聚合等。配位聚合属于离子聚合。

3.1　连锁聚合反应

3.1.1　连锁聚合反应的特点

① 聚合过程一般由多个基元反应组成，即链引发、链增长、链终止。各基元反应的反应速率和活化能差别大。

② 连锁聚合反应一般都是放热反应。这是因为，在聚合过程中每一次加成都是打开一个双键的 π 键，同时形成两个 σ 单键。打开 π 键需要 264 kJ/mol 的能量，而形成两个 σ 单键放出 348 kJ/mol 的能量，因而是放热反应。

③ 虽然连锁聚合反应是放热反应，但是必须先使引发剂产生一个活性种，然后该活性种与单体反应生成新的活性种，再重复这一过程，达到链长增加的目的。

④ 一旦聚合过程开始，在很短的时间内，就能生成分子量很大的聚合物分子，直至单体消耗尽，同时活性种通过一定的结合方式消失后，聚合过程才会结束。

根据上面的分析，一个连锁聚合反应最为关键的步骤就是活性种的产生。而在活性种中，自由基占有非常大的分量，所以下面将针对自由基聚合进行阐述。

3.1.2　自由基的产生

通过加热、光辐射、氧化还原过程和电化学等方法，可以使引发剂分解出自由基。具体来讲，当引发剂分子中共价键分裂发生均裂时，共用电子对分属于两个原子（或基团），形成自由基。

3.1.3　自由基的活性

自由基由于有未成对电子，非常的活泼，通常无法分离得到。其活性与分子结构有关，共轭效应和位阻效应对自由基均有稳定作用。不同自由基按活性次序排列如下：

$$\dot{H} > \dot{C}H_3 > \dot{C}_6H_5 > R\dot{C}H_2 > R_2\dot{C}H > Cl_3\dot{C} > R_3\dot{C} > Br_3\dot{C} > R\dot{C}HCOR > R\dot{C}HCN$$

$$> R\dot{C}HCOOR > CH_2{=}CH\dot{C}H_2 > C_6H_5\dot{C}H_2 > (C_6H_5)_2\dot{C}H > (C_6H_5)_3\dot{C}$$

$\dot{H}$、$\dot{C}H_3$ 过于活泼，易引起爆聚，很少在自由基聚合中应用；最后五种则是稳定自由基，如 $(C_6H_5)_3\dot{C}$ 有三个苯环与 p 单电子共轭，非常稳定，无引发能力，而成为阻聚剂。

自由基引发烯类单体加聚使链增长是自由基聚合的主反应，另有偶合和歧化终止、转移反应，还有氧化还原、消去等副反应，将在聚合机理中加以介绍。

3.1.4　通过自由基聚合得到的聚合物

自由基聚合产物占聚合物总产量 60% 以上，其重要性可想而知。

重要的自由基聚合产物包括高压聚乙烯、聚氯乙烯、聚苯乙烯、聚四氟乙烯、聚醋酸乙烯酯、聚（甲基）丙烯酸及其酯类、聚丙烯腈、聚丙烯酰胺、丁苯橡胶、丁腈橡胶、氯丁橡胶和 ABS 树脂等。

3.2 连锁聚合反应的单体

3.2.1 单体种类及特点

自由基产生后,由于其较强的活泼性质,将与单体进行加成,形成单体活性种。但是并不是所有能聚合的化合物,都能够按照连锁聚合反应机理进行聚合反应。连锁聚合的单体包括单烯类、共轭二烯类、炔类、羰基和环状化合物。单体分子中 π 键的电子云分布情况对单体的聚合能力(适于何种聚合机理)起着重要的作用,而电子云的分布情况又受单体中取代基的影响。

3.2.2 取代基的电子效应

单体对聚合机理的选择与分子结构中的电子效应(共轭效应和诱导效应)有关,基团体积大小所引起的位阻效应对能否聚合也有影响(只是动力学上的影响),但与所选择的聚合机理的关系较小(热力学的结果)。也就是说,乙烯基单体取代基的诱导效应和共轭效应将改变双键的电子密度,影响活性种的稳定性,因此对自由基、阴离子、阳离子聚合的选择起着决定性的作用。

乙烯虽有聚合倾向,但无取代基,结构对称,无诱导效应和共轭效应,较难聚合,只能在高温高压的苛刻条件下进行自由基聚合,或以特殊配位引发体系进行配位聚合。

① 供电子取代基 烯类单体分子上的供电子取代基,如烷氧基、烷基、苯基和乙烯基等,将使 C=C 双键电子密度增加,有利于阳离子的进攻。

$$CH_2^{\delta -}=CH\leftarrow Y$$

同时,供电子基团可使阳离子增长种共振稳定。例如,乙烯基烷基醚聚合时,烷氧基使正电荷离域到碳氧两原子上,使碳阳离子稳定。

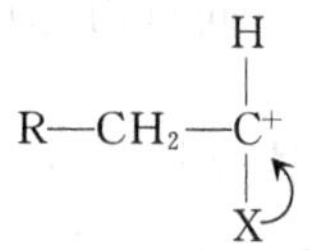

$$R—CH_2—\overset{H}{\underset{X}{\overset{|}{C^+}}}$$

由于以上两个原因,带供电子基团的乙烯基单体有利于阳离子聚合。烷基的供电子性和超共轭效应均较弱,丙烯不易聚合成高分子量聚丙烯,只有 1,1-双取代的异丁烯才能进行阳离子聚合。异丁烯、烷基乙烯基醚、苯乙烯、异戊二烯都是能进行阳离子聚合的单体。

② 吸电子取代基 烯类单体中的氰基和羰基(醛、酮、酸、酯)等吸电子基因将使双键 π 电子密度降低,并使阴离子活性种共振稳定,因此有利于阴离子聚合。

$$CH_2^{\delta +}=CH\rightarrow X$$

同时,取代基的电子效应分散了阴离子增长种的负电性,稳定了活性中心,因此有利于阴离子聚合。

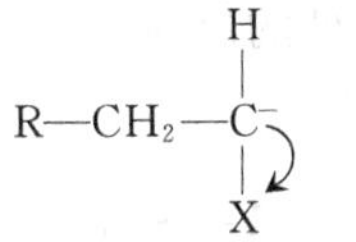

卤原子的诱导效应是吸电子性的,而共轭效应却是供电子性的,两者相抵后,电子效应微弱,因此氯乙烯既不能阴离子聚合,也不能阳离子聚合,只能自由基聚合。

许多带有吸电子基团的烯类单体,如丙烯腈、丙烯酸酯类等,能同时进行阴离子聚合和自由基聚合。但取代基吸电子性太强时,则只能进行阴离子聚合,如同时含两个强吸电子取代基的单体:$CH_2\!=\!CCl_2$、$CH_2\!=\!C(CN)_2$ 等。

③ 共轭取代基　还有一类取代基是具有共轭结构的取代基。带有共轭体系的烯类单体,如苯乙烯、α-甲基苯乙烯、丁二烯、异戊二烯等,π 电子流动性较大,易诱导极化,可随进攻试剂性质的不同而取不同的电子流向,能按上述三种机理进行聚合。

3.2.3 取代基的位阻效应

单体中取代基的体积、位置和数量等所引起的位阻效应,在动力学上对聚合能力有显著的影响,但对聚合机理的选择却无甚关系。

① 单取代　单取代的烯类单体,包括带大侧基的乙烯基单体,一般均能聚合。例如,

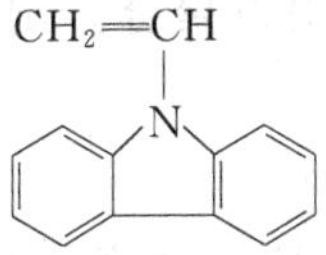

N-乙烯基咔唑 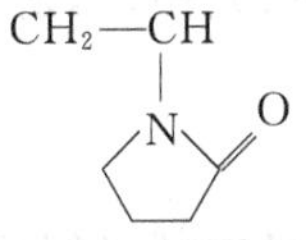　　　　乙烯基吡咯烷酮

② 双取代　对于 1,1-双取代的烯类单体 $CH_2\!=\!CXY$,一般都能按取代基的性质进行相应机理的聚合。并且由于结构的更不对称、极化程度的增加,更易聚合。当两个取代基都是体积较大的芳基时,如 1,1-二苯基乙烯,只能形成二聚体。

与 1,1-双取代的烯类不同,1,2-双取代的烯类单体 $XCH\!=\!CHY$,结构对称,极化程度低,加上位阻效应,一般不能均聚,或只能形成二聚体。例如,马来酸酐难以均聚。

③ 多取代　三取代和四取代乙烯一般都不能聚合,但氟代乙烯却是例外。无论氟的数量和位置如何,均易聚合,这是由于氟的原子半径很小(仅大于氢)。聚四氟乙烯和聚三氟氯乙烯就是典型例子。

3.3　自由基聚合机理

烯类单体的自由基聚合反应一般由链引发、链增长、链终止等基元反应组成。此外,还可能伴有链转移反应。现将分述各基元反应及其主要特征。

3.3.1 基元反应

1. 链引发

链引发反应是形成单体自由基活性种的反应。用引发剂引发时,将由下列两步组成:

① 引发剂 I 分解,形成初级自由基 R·。

$$I \longrightarrow 2R·$$

引发剂分解(均裂)形成自由基,为吸热反应,活化能高,反应速率慢。

$$E = 105 \sim 150 \text{ kJ/mol} \tag{3-1}$$

$$k_d = 10^{-4} \sim 10^{-6} \text{ s}^{-1} \tag{3-2}$$

② 初级自由基与单体加成,形成单体自由基。

$$R· + CH_2{=}CH \longrightarrow R{-}CH_2{-}\overset{·}{C}H$$
$$\qquad\qquad | \qquad\qquad\qquad\qquad |$$
$$\qquad\qquad X \qquad\qquad\qquad\qquad X$$

初级自由基与单体加成,为放热反应,活化能低,反应速率快。

$$E = 20 \sim 34 \text{ kJ/mol} \tag{3-3}$$

链引发必须包含第二步,这一步反应与后继的链增长反应相似,但一些副反应可以使某些初级自由基不参与单体自由基的形成,也就无法实现链增长。

另外,有些单体可以用加热、光照、辐射等直接引发聚合。例如,苯乙烯聚合已工业化;紫外光固化涂料也已大规模使用。

2. 链增长

在链引发阶段形成的单体自由基,仍具有活性,能打开第二个烯类分子的 π 键,形成新的自由基。新自由基活性并不衰减,继续和其他单体分子结合成单元更多的链自由基。这个过程称作链增长,实际上是加成反应。

$$R{-}CH_2{-}\overset{·}{C}H + H_2C{=}CH \longrightarrow R{-}CH_2{-}CH{-}CH_2{-}\overset{·}{C}H$$
$$\qquad\quad | \qquad\qquad\quad | \qquad\qquad\qquad\qquad | \qquad\qquad |$$
$$\qquad\quad X \qquad\qquad\quad X \qquad\qquad\qquad\qquad X \qquad\qquad X$$

$$\longrightarrow \longrightarrow \sim CH_2{-}\overset{·}{C}H$$
$$\qquad\qquad\qquad\qquad |$$
$$\qquad\qquad\qquad\qquad X$$

为了书写方便,上述链自由基可以简写成 $\sim CH_2{-}\overset{·}{C}H$,其中锯齿线代表由许多单元组成的 $\quad\;|$ $\quad\; X$ 碳链骨架,基团所带的单电子处在碳原子上。

链增长有两个特征,一是放热反应,烯类单体聚合热为 $55 \sim 95 \text{ kJ/mol}$;二是增长活化能低,$20 \sim 34 \text{ kJ/mol}$,增长速率极高,在 0.01 s 至几秒钟内,就可以使聚合度达到数千,甚至上万。这样高的速率是难以控制的,单体自由基一经形成以后,立刻与其他单体分子加成,增长成活性链,而后终止,形成大分子。因此,聚合体系内往往由单体和聚合物两部分组成,不存在聚合度递增的一系列中间产物。

对于链增长反应,除了应注意速率问题以外,还需研究对大分子微观结构的影响。自由基聚合反应中,结构单元间的连接存在"头尾"、"头头"(或"尾尾")两种可能的形式,一般以头尾结构为主。

$$\sim CH_2-\overset{\cdot}{C}H + CH_2=CH \longrightarrow \begin{cases} \sim CH_2CHCH_2\overset{\cdot}{C}H \\ \quad\quad X \quad\quad\quad X \\[4pt] \sim CH_2CH\overset{\cdot}{C}HCH_2 \quad 或 \quad \sim CHCH_2CH_2\overset{\cdot}{C}H \\ \quad\quad X\; X \quad\quad\quad\quad X \quad\quad\quad\quad X \end{cases}$$

原因:① 头尾连接时,自由基上的单电子与取代基构成共轭体系,使自由基稳定。而头头连接时无共轭效应,自由基不稳定。两者活化能相差 34~42 kJ/mol。共轭稳定性较差的单体,容易出现头头结构。聚合温度升高,头头结构增多。② 以头尾方式结合时,空间位阻要比头头方式结合时的小,故有利于头尾结合。虽然电子效应和空间位阻效应都有利于生成头尾结构聚合物,但还不能做到序列结构上的绝对规整。从立体结构来看,自由基聚合物分子链上取代基在空间的排布是无规的,因此聚合物往往是无定形的。

3. 链终止

自由基活性高,有相互作用而终止的倾向。终止反应有偶合终止和歧化终止两种方式。

偶合终止:两链自由基的单电子相互结合成共价键的终止反应称作偶合终止。偶合终止时,大分子的聚合度为链自由基重复单元数的两倍。用引发剂引发并无链转移时,大分子两端均为引发剂碎片。

$$\sim CH_2-\overset{\cdot}{C}H + \overset{\cdot}{C}H-CH_2\sim \xrightarrow{\text{偶合}} \sim CH_2-CH-CH-CH_2\sim$$
$$\quad\quad\quad\; X \quad\quad\quad X \quad\quad\quad\quad\quad\quad\quad\quad X \quad\; X$$

歧化终止:某个链自由基夺取另一自由基的氢原子或其他原子的终止反应,则称作歧化终止。歧化终止时,聚合度与链自由基中单元数相同,每个大分子只有一端为引发剂残基,另一端为饱和基团或不饱和基团,两者各半。

$$\sim CH_2-\overset{\cdot}{C}H + \overset{\cdot}{C}H-CH_2\sim \xrightarrow{\text{歧化}} \sim CH_2-CH_2 + HC=CH\sim$$
$$\quad\quad\quad\; X \quad\quad\quad X \quad\quad\quad\quad\quad\quad\quad X \quad\quad X$$

链终止方式与单体种类和聚合条件有关。一般单取代的烯基单体聚合时以偶合终止为主,而二元取代乙烯基单体由于立体阻碍难以双基偶合终止。实验确定,60 ℃下聚苯乙烯以偶合终止为主。甲基丙烯酸甲酯在 60 ℃以上进行聚合时,以歧化终止为主,在 60 ℃以下进行聚合时,两种终止方式都有。聚合温度升高,苯乙烯聚合时歧化终止比例增加。

事实上,如果没有强烈的终止倾向,则增长反应将无限制地进行,直到体系内所有单体耗尽。偶合终止的活化能约为 0,歧化终止的活化能为 8~21 kJ/mol。另外,终止反应速率常数在 $10^6 \sim 10^8$ L·mol^{-1}·s^{-1} 内,比链增长速率常数大几个数量级。尽管如此,链增长反应仍不受其阻止,因为体系内自由基的浓度很低($10^{-9} \sim 10^{-7}$ mol/L),而单体浓度(1~10 mol/L)通常很高。

工业生产时,链自由基还可能被初级自由基和金属器壁的自由电子所终止。

4. 链转移

在自由基聚合过程中,链自由基有可能从单体、溶剂、引发剂等低分子或大分子上夺取一个原子而终止,并使这些失去原子的分子成为自由基,继续新链的增长,使聚合反应继续进行下去,这一反应称作链转移。链自由基向低分子转移的反应式示意如下:

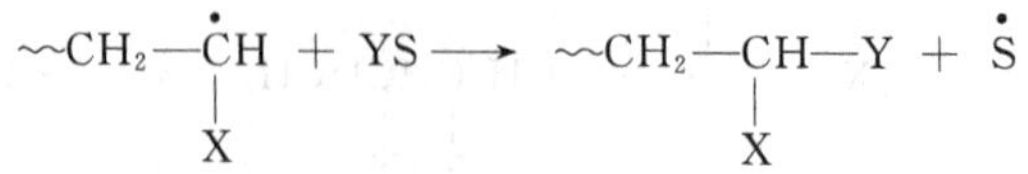

$$\sim CH_2 \overset{\cdot}{\underset{X}{C}}H + YS \longrightarrow \sim CH_2 \overset{}{\underset{X}{C}}H-Y + \overset{\cdot}{S}$$

使聚合物分子量降低。

链自由基向大分子转移一般发生在叔氢原子或氯原子上,使叔碳原子带上单电子,进一步引发单体聚合,形成支链。

链自由基向某些物质转移后,如果形成稳定自由基,就不能再引发单体聚合。最后失活终止,产生诱导期,这一现象称作阻聚作用。具有阻聚作用的化合物称作阻聚剂,如苯醌。

5. 自由基聚合反应特征

根据上述机理分析,可将自由基聚合反应的特征概括如下:

① 自由基聚合反应在微观上可以明显地区分成链引发、链增长、链终止等基元反应,其中引发速率最小,是控制聚合速率的关键。整个反应过程可以概括为慢引发、快增长、速终止。

② 只有链增长反应才使聚合度增加。一个单体分子从引发,经增长和终止,转变成大分子,时间极短,不能停留在中间聚合度阶段,反应混合物仅由单体和聚合物组成。在聚合全过程中,聚合度变化较小。

③ 在聚合过程中,单体浓度逐步降低,聚合物浓度相应提高。延长聚合时间主要是提高转化率,对分子量影响较小。

④ 少量(0.01%～0.1%)阻聚剂足以使自由基聚合反应终止。

3.3.2 引发剂

用加热、光照、化学反应、氧化还原等方法都能产生自由基,引发聚合反应。链引发是聚合微观历程的关键反应,引发剂是控制聚合速率和分子量的主要因素。

1. 引发剂的种类

引发剂受热裂解生成自由基引发的聚合反应称为热引发聚合,是应用最广泛的聚合方式,用作热引发剂的化合物的键的解离能在 $100 \sim 170$ kJ/mol 内,大于或小于此值时,解离将过慢或过快,因而不实用。根据这一要求,引发剂主要有下列几类:

① 偶氮类引发剂 一般为带吸电子取代基的偶氮化合物,根据分子结构可分对称和不对称两大类。

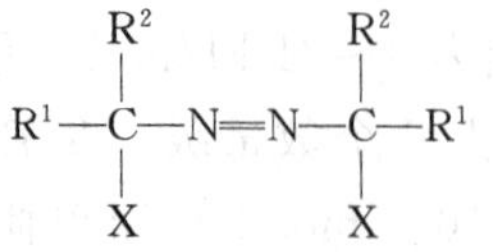

$$R^1 \overset{R^2}{\underset{X}{C}} - N = N - \overset{R^2}{\underset{X}{C}} R^1 \qquad\qquad R \overset{R}{\underset{X}{C}} - N = N - \overset{R^2}{\underset{X}{C}} R^1$$
对称 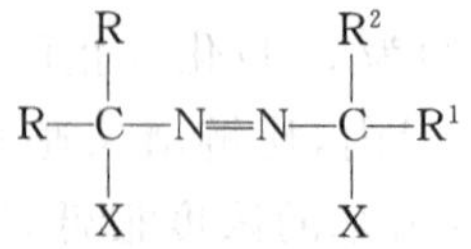 不对称

X 为吸电子取代基,如—NO_2、—COOR 和—CN 等。

偶氮二异丁腈（AIBN）是最常用的偶氮类引发剂,其热分解反应式如下:

$$(CH_3)_2C-N=N-C(CH_3)_2 \longrightarrow 2(CH_3)_2\overset{\bullet}{C} + N_2$$
$$| | |$$
$$CN CN CN$$

偶氮二异丁腈一般在 45~65 ℃下使用,也可用作光聚合的光敏剂。其分解特点是几乎全部为一级反应,只形成一种自由基,无诱导分解,因此广泛用于聚合动力学研究和工业生产。另一优点是比较稳定,可以纯粹状态安全储存,但在 80~90 ℃时也会剧烈分解。AIBN 分解后形成的异丁腈自由基是碳自由基,缺乏脱氢能力,因此不能用作接枝聚合的引发剂。

偶氮类引发剂分解时有氮气逸出,工业上可用作泡沫塑料的发泡剂,科学研究上可利用反应的氮气放出速率来研究反应的分解速率。

② 有机过氧化合物　过氧化氢是过氧化合物的母体。过氧化氢热分解,产生两个氢氧自由基,但其分解活化能较高(约 220 kJ/mol),很少单独用作引发剂。

$$HO-OH \longrightarrow 2HO\cdot$$

过氧化氢分子中一个氢原子被取代,成为氢过氧化合物;两个氢原子被取代,则成为过氧化合物。这一类引发剂很多。

常用的过氧化合物包括无机过氧化合物和有机过氧化合物。有机过氧化合物引发剂:烷基过氧化合物($\overset{R}{\underset{}{}} O-OH$)、二烷基过氧化合物($\overset{RR'}{\underset{}{}} O-O$)、过氧化酯类 $\left[R-\overset{O}{\overset{\|}{C}} R' \atop O-O \right]$ 、

过氧化二酰类 $\left[R-\overset{O}{\overset{\|}{C}} \overset{O}{\overset{\|}{C}}-R \atop O-O \right]$ 和过氧化二碳酸酯类 $\left[R-O-\overset{O}{\overset{\|}{C}} \overset{O}{\overset{\|}{C}}-O-R \atop O-O \right]$ 等。过氧

化合物受热分解时,过氧键均裂生成两个自由基。

过氧化二苯甲酰（BPO）是最常用的有机过氧化合物引发剂,一般在 60~80 ℃分解。BPO 的分解按两步进行:第一步,均裂成苯甲酸基自由基,有单体存在时,即引发聚合;无单体存在时,进一步分解成苯基自由基,并析出 CO_2,但分解并不完全。

$$\text{（苯环）}-\overset{O}{\overset{\|}{C}}-O-O-\overset{O}{\overset{\|}{C}}-\text{（苯环）} \longrightarrow 2\text{（苯环）}-\overset{O}{\overset{\|}{C}}-O\cdot \longrightarrow 2\text{（苯环）}\cdot + 2CO_2$$

③ 无机过氧化合物　代表品种为过硫酸盐,如过硫酸钾（$K_2S_2O_8$）和过硫酸铵〔$(NH_4)_2S_2O_8$〕。水溶性引发剂,主要用于乳液聚合和水溶液聚合。分解温度为 60~80 ℃,解离能为 109~140 kJ/mol。

$$KO-\overset{O}{\underset{O}{\overset{\|}{\underset{\|}{S}}}}-O-\overset{O}{\underset{O}{\overset{\|}{\underset{\|}{S}}}}-OK \longrightarrow 2KO-\overset{O}{\underset{O}{\overset{\|}{\underset{\|}{S}}}}-O\cdot \longrightarrow 2\,{}^-O-\overset{O}{\underset{O}{\overset{\|}{\underset{\|}{S}}}}-O\cdot + 2K^+$$

④ 氧化还原引发体系　许多氧化还原反应可以产生自由基,用来引发聚合,这类引发剂称

作氧化还原引发体系。这一体系的优点是活化能较低（40～60 kJ/mol），可在较低温度（0～50 ℃）下引发聚合，而且有较高的聚合速率。氧化还原引发体系的组分可以是无机或有机化合物，性质可以是水溶性或油溶性。

(a) 水溶性氧化还原引发体系：这类体系的氧化剂有过氧化氢、过硫酸盐、氢过氧化合物等；还原剂则有无机还原剂（Fe^{2+}、Cu^+、$NaHSO_3$、Na_2SO_3 和 $Na_2S_2O_3$ 等）和有机还原剂（醇、胺、草酸和葡萄糖等）。过氧化氢单独热分解时的活化能为 220 kJ/mol，与亚铁盐组成氧化还原体系后，活化能降低到 40 kJ/mol，可在 5 ℃下引发聚合。

$$\dot{H}O{-}OH + Fe^{2+} \longrightarrow HO\cdot + OH^- + Fe^{3+}$$

上述反应属于双分子反应，一分子氧化剂只形成一个自由基。如还原剂过量，将进一步与自由基反应，使活性消失。

$$HO\cdot + Fe^{2+} \longrightarrow HO^- + Fe^{3+}$$

因此，还原剂的用量一般较氧化剂少。

除了以上反应外，过氧化氢与亚铁盐组成氧化还原体系还有以下竞争反应：

$$HO\cdot + H_2O_2 \longrightarrow H{-}O{-}O\cdot + H_2O$$
$$H{-}O{-}O\cdot + H_2O_2 \longrightarrow HO\cdot + H_2O + O_2$$

影响 H_2O_2 的效率和反应重现性，所以，多用过硫酸盐低价盐体系。

$$S_2O_8^{2-} + Fe^{2+} \longrightarrow SO_4^{2-} + SO_4^-\cdot + Fe^{3+}$$

亚硫酸盐和硫代硫酸盐经常与过硫酸盐构成氧化还原体系，反应以后，形成两个自由基。

$$S_2O_8^{2-} + SO_3^{2-} \longrightarrow SO_4^{2-} + SO_4^-\cdot + SO_3^-\cdot$$
$$S_2O_8^{2-} + S_2O_3^{2-} \longrightarrow SO_4^{2-} + SO_4^-\cdot + S_2O_3^-\cdot$$

高锰酸钾或草酸都不能用作引发剂，但两者组合后，却可成为引发体系，反应在 10～30 ℃下进行，活化能为 39 kJ/mol。

$$KMnO_4 + \underset{\substack{\| \\ }}{HOC}\overset{\substack{O \quad O}}{-}COH \longrightarrow KMnO_3 + H_2O + \cdot O{-}\overset{\substack{O \quad O}}{C}{-}C{-}O\cdot$$

(b) 油溶性氧化还原引发体系：这类体系的氧化剂有氢过氧化合物、过氧化二烷基和过氧化二酰基等。用作还原剂的有叔胺、环烷酸盐、硫醇和有机金属化合物[$Al(C_2H_5)_3$、$B(C_2H_5)_3$ 等]。最常用的油溶性氧化还原引发体系为过氧化二苯甲酰（BPO）- N, N - 二甲基苯胺（DMBA），可用于不饱和聚酯固化体系。

乳液聚合常采用氧化还原引发体系。氧化剂、还原剂和辅助还原剂的选择和配合是个广阔的研究领域。

⑤ 光引发剂 过氧化合物和偶氮化合物可以热分解产生自由基,也可以在光照条件下分解产生自由基,称为光引发剂。除过氧化合物和偶氮化合物外,二硫化物、安息香酸和二苯基乙二酮等也是常用的光引发剂。

$$RSSR \xrightarrow{h\nu} 2RS\cdot$$

二硫化物

$$\underset{\text{安息香酸}}{Ph-\overset{\overset{\displaystyle O}{\|}}{C}-\overset{\overset{\displaystyle OH}{|}}{\underset{|}{C}H}-Ph} \xrightarrow{h\nu} Ph-\overset{\overset{\displaystyle O}{\|}}{C}\cdot \;+\; H\overset{\overset{\displaystyle OH}{|}}{\underset{\cdot}{C}}-Ph$$

$$\underset{\text{二苯基乙二酮}}{Ph-\overset{\overset{\displaystyle O}{\|}}{C}-\overset{\overset{\displaystyle O}{\|}}{C}-Ph} \xrightarrow{h\nu} 2\; Ph-\overset{\overset{\displaystyle O}{\|}}{C}\cdot$$

光引发的特点:

(a) 光照立刻引发,光照停止,引发也停止,因此易控制,重现性好;

(b) 每一种引发剂只吸收特定波长范围的光而被激发,选择性强;

(c) 由激发态分解为自由基的过程无需活化能,因此可在低温条件下进行聚合反应,可减少热引发因温度较高而产生的副反应。

2. 引发剂的分解动力学

在自由基聚合三步主要基元反应中,引发速率最小,是控制总反应的一步反应。研究聚合速率和分子量影响因素时,应该充分了解引发剂分解动力学,即引发剂浓度与时间、温度间的关系。

引发剂分解一般属于一级反应,分解速率 R_d 与引发剂浓度 $[I]$ 一次方成正比。

$$I \longrightarrow 2R\cdot$$

$$R_d \equiv -\frac{d[I]}{dt} = k_d[I] \tag{3-4}$$

式中,负号代表引发剂浓度随时间 t 的增加而减少;k_d 是分解速率常数,单位是 s^{-1},min^{-1} 或 h^{-1}。

对式(3-4)进行变量分离,并积分,得

$$\ln\frac{[I]}{[I]_0} = -k_d t \quad 或 \quad \frac{[I]}{[I]_0} = e^{-k_d t} \tag{3-5}$$

式中,$[I]_0$、$[I]$ 分别代表起始($t=0$)和时间为 t 时的引发剂浓度。$[I]/[I]_0$ 代表引发剂残留百分数,随时间呈指数关系而衰减。

同时式(3-5)代表引发剂浓度随时间变化的关系。通过实验,固定温度,测定不同时间 t 下的引发剂浓度变化,以 $\ln([I]/[I]_0)$ 对 t 作图,由斜率即可求得 k_d。对于偶氮类引发剂,可以测定析出的氮气体积来计算引发剂分解量。对于过氧类引发剂,则多用碘量法测定残留的引发剂浓度。

对于一级反应,常用半衰期来衡量反应速率大小。所谓半衰期是指引发剂分解至初始浓度一半时所需的时间,以 $t_{1/2}$ 表示。根据式(3-5),当$[I]=[I]_0/2$ 时,半衰期与分解速率常数有着下列关系:

$$t_{1/2}=\frac{\ln2}{k_d}=\frac{0.693}{k_d} \tag{3-6}$$

引发剂的活性可以用分解速率常数或半衰期来表示。分解速率常数越大或半衰期越短,引发剂活性越高。在科学研究中,常用分解速率常数,单位为 s^{-1};工程技术中,则多用半衰期,单位为 h。

引发剂分解速率常数与温度关系遵循 Arrhenius 经验公式:

$$k_d=A_d e^{-E_d/RT} \quad 或 \quad \ln k_d=\ln A_d-E_d/RT \tag{3-7}$$

在不同温度下,测得某一引发剂的多个分解速率常数,作 $\ln k_d$-$1/T$ 图,成一直线,由截距可求得指前因子 A_d,由斜率求出分解活化能 E_d。常用引发剂的 k_d 为 $10^{-4}\sim10^{-6}$ s^{-1},E_d 为 $105\sim150$ kJ/mol,单分子反应的 A_d 一般为 $10^{13}\sim10^{14}$。

引发剂分解速率常数的测定,常在苯和甲苯一类惰性溶剂中或单体中进行。在不同介质中测定的常数可能有些差别,在溶剂中测得的数值往往比在单体中测得的大,选用时需加以注意。

3. 引发效率

引发剂分解后,只有一部分用来引发单体聚合,还有部分引发剂由于诱导分解和笼蔽效应伴随的副反应而损耗。用于引发聚合的引发剂占引发剂分解或消耗总量的百分数称作引发剂效率,以 f 表示。

① 诱导分解 诱导分解实际上是自由基向引发剂的转移反应。例如,

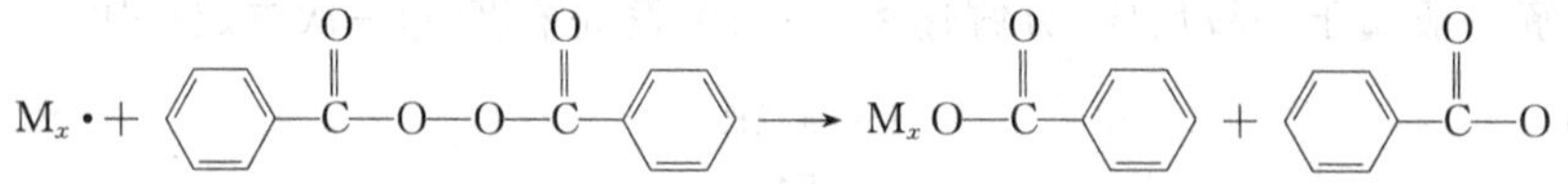

转移的结果是自由基终止成稳定分子,另产生了一新自由基。自由基数并无增减,但消耗一个引发剂分子,从而使引发剂效率降低。

偶氮二异丁腈一般无诱导分解,氢过氧化物 ROOH 特别容易诱导分解,或进行双分子反应。

$$M_x\cdot + ROOH \longrightarrow M_xOH + RO\cdot$$

丙烯腈、苯乙烯等活性较高的单体,能迅速与引发剂作用,引发链增长,因此引发剂效率较高。相反,乙酸乙烯酯一类低活性单体,对自由基的捕捉能力较弱,为诱导分解创造条件,因此引发剂效率较低。

② 笼蔽效应 聚合体系中引发剂浓度很低,引发剂分子处于单体或溶剂笼子包围之中。笼子内的引发剂分解成初级自由基以后,必须扩散出笼子,才能引发单体聚合。自由基在笼子内的平均寿命为 $10^{-11}\sim10^{-9}$ s。如来不及扩散出来,就可能发生副反应,形成稳定分子,消耗了引发剂,使引发剂效率降低,这种效应叫做笼蔽效应。

偶氮二异丁腈在笼子中可能发生的副反应:

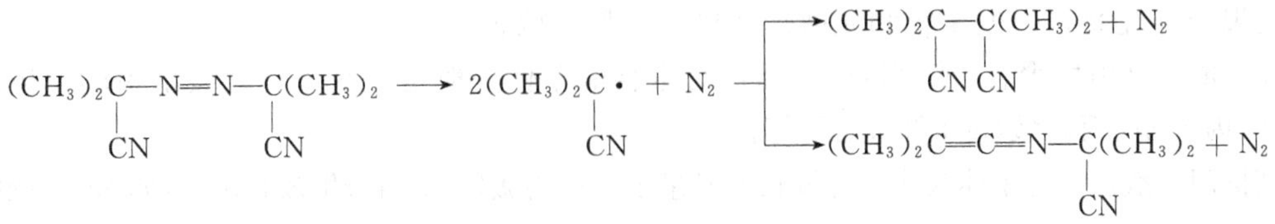

$$(CH_3)_2C-N=N-C(CH_3)_2 \longrightarrow 2(CH_3)_2C \cdot + N_2 \begin{cases} \rightarrow (CH_3)_2C-C(CH_3)_2 + N_2 \\ \quad\quad CN\ CN \\ \rightarrow (CH_3)_2C=C-N-C(CH_3)_2 + N_2 \\ \quad\quad\quad\quad\quad\quad CN \end{cases}$$

过氧化二苯甲酰在笼子中的反应可能按下式进行:

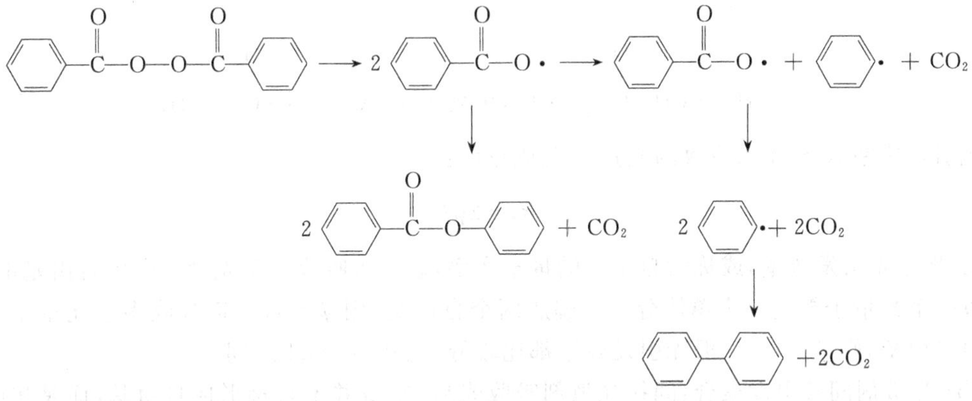

引发效率与单体、溶剂、引发剂、温度和体系黏度等因素有关,在 0.1～0.8 之间波动。

4. 引发剂的选择

首先,根据聚合方法选择引发剂类型。本体聚合、悬浮聚合和溶液聚合选用偶氮类和过氧类油溶性有机引发剂,乳液聚合和水溶液聚合则选用过硫酸盐一类水溶性引发剂或氧化还原引发体系。然后,根据聚合温度选择活化能或半衰期适当的引发剂,使自由基形成速率和聚合速率适中。

如引发剂分解活化能过高或半衰期过长,则分解速率过低,使聚合时间延长。但活化能过低或半衰期过短,则引发过快,温度难以控制,有可能引起爆聚,或引发剂过早分解结束,在低转化率阶段即停止聚合。一般应选择半衰期与聚合时间同数量级或相当的引发剂。

过氧类引发剂具有氧化性,易使聚合物着色,有时改用偶氮类为宜。

此外,在选用引发剂时,尚需考虑对聚合物有无影响,有无毒性,使用、储存时是否安全等问题。

5. 其他引发方式

① 热引发聚合 有些单体可在加热的作用下无需加引发剂便能自发聚合,称为热引发聚合,简称热聚合。常见的可热引发聚合的单体有苯乙烯及其衍生物、甲基丙烯酸甲酯等。其中,苯乙烯的热聚合已工业化。热聚合机理的研究也多限于苯乙烯,研究结果表明,其热引发是双分子单体的反应,先由两个苯乙烯分子形成 Diels–Alder 加成中间体,再与一个苯乙烯分子反应,生成两个自由基,而后引发聚合。

苯乙烯热聚合的转化率达 50%,在 29 ℃下需 400 d,在 127 ℃下需 235 min,在 167 ℃下仅需 16 min。所以苯乙烯在储存和运输过程中,为防止其聚合,常加入对苯二酚等作阻聚剂。聚合前需先用稀 NaOH 洗涤,随后再用水洗至中性,干燥后减压蒸馏提纯;否则将不聚合或有明显的诱导期。

② 光引发聚合 许多烯类单体在光的激发下,能够形成自由基而聚合,称作光引发聚合。

光引发聚合有光直接引发聚合和光敏剂间接引发聚合两种。

(a) 光直接引发聚合：能直接受光照进行聚合的单体一般是一些含有光敏基团的单体,如丙烯酰胺、丙烯腈、丙烯酸(酯)和苯乙烯等。

其机理一般认为是单体吸收一定波长的光量子后成为激发态,再分解成自由基,如丙烯酸甲酯：

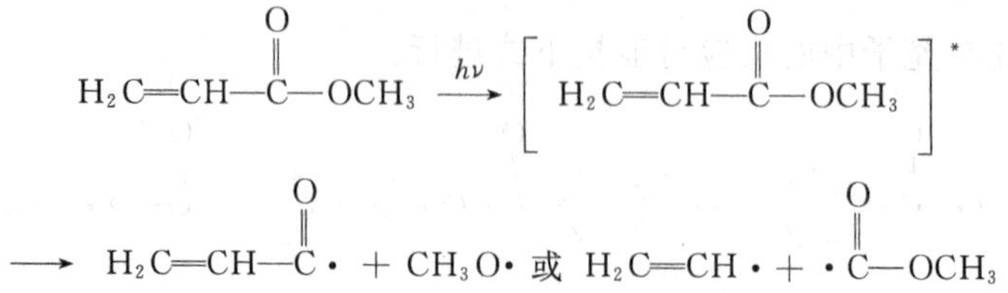

$$H_2C=CH-\overset{O}{\overset{\|}{C}}-OCH_3 \xrightarrow{h\nu} \left[H_2C=CH-\overset{O}{\overset{\|}{C}}-OCH_3 \right]^{\cdot}$$

$$\longrightarrow H_2C=CH-\overset{O}{\overset{\|}{C}}\cdot + CH_3O\cdot \text{ 或 } H_2C=CH\cdot + \cdot\overset{O}{\overset{\|}{C}}-OCH_3$$

光引发速率 R_i 与体系吸收的光强度 I_a 成正比：

$$R_i = 2\phi I_a \tag{3-8}$$

式中,ϕ 称作光引发效率,或称为自由基的量子产率,表示每吸收一个光量子产生自由基的对数。如吸收一个光量子能使一个单体分子分解成两个自由基,则 $\phi=1$；若需吸收多个光量子才能产生一对自由基,则 $\phi<1$。一般光引发效率都比较低,在 $0.01\sim0.1$ 之间。

(b) 光敏剂间接引发聚合：间接光敏剂吸收光后,本身并不直接形成自由基,而是将吸收的光能传递给单体或引发剂而引发聚合,这可称作光敏剂间接引发。二苯甲酮和荧光素、曙红等染料是常用的间接光敏剂。

在光敏剂间接引发的情况下,引发速率为

$$R_i = 2\phi\varepsilon I_0[S] \tag{3-9}$$

式中,I_0 为入射光强度；ε 是光敏剂的摩尔吸收系数,ε 越大,表示物质吸收光的本领越强,越易激发；$[S]$ 为光敏剂的浓度。

感光树脂就是利用光聚合原理得到的,已在印刷版和集成电路的制造上得到广泛应用。例如,不饱和聚酯树脂与邻苯-缩二甲基双丙烯酸酯、丙烯酸和丙烯酰胺胶等交联剂混合后,在一般光照和加热下,交联硬化较慢,如加入少量安息香一类光敏剂,光照时就能迅速固化。储存时,可加入少量对苯二酚,对以后光引发的影响不大。

③ 辐射引发　用于高能辐射聚合的有 α 射线、β 射线、γ 射线和 X 射线,由于其能量比紫外线大得多,分子吸收辐射能后往往脱去一个电子成为离子自由基,因此也称离子辐射。可在各种键上断裂,不具备通常光引发的选择性,产生的初级自由基是多样的。

3.4　聚合反应动力学

3.4.1　聚合反应速率及方程式

1. 聚合反应速率

聚合反应速率和分子量是聚合反应动力学的主要研究内容。研究在理论上可探明聚合机理,在实用上则为生产控制提供依据。

2. 聚合阶段的划分

聚合过程的速率变化常用转化率-时间曲线表示。苯乙烯、甲基丙烯酸甲酯等单体本体聚合的转化率-时间曲线一般呈 S 形,如图 3-2 所示,整个聚合过程一般可以分为诱导期、聚合初期、聚合中期、聚合后期等几个阶段。

在诱导期,初级自由基为阻聚杂质所终止,无聚合物形成,聚合速率为零。如果除净阻聚杂质,可以做到无诱导期。

诱导期过后,单体开始正常聚合。聚合微观动力学和机理的研究常在转化率为 5%~10% 的聚合初期进行,工业上则常将转化率在 10%~20% 的阶段称作聚合初期。

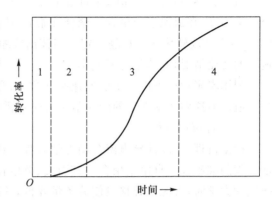

图 3-2 转化率-时间曲线
1—诱导期;2—聚合初期;3—聚合中期;4—聚合后期

转化率达 10%~20% 以后,聚合速率逐渐增加,出现了自动加速现象;加速现象有时可延续到转化率达 50%~70%,这阶段称作聚合中期;以后,聚合速率逐渐转慢,进入聚合后期;最后,当转化率到达 90%~95% 以后,聚合速率变得很小,即可结束反应。

不同时期聚合速率的特征为不同因素所控制,需要分别加以分析。

有些聚合体系可以做到接近匀速反应,这对生产控制和聚合釜传热设备的充分利用会有很大好处。有些也可能出现初期速率高而中后期转低的情况。

3. 聚合速率研究方法

聚合动力学主要是研究聚合速率、分子量与引发剂浓度、单体浓度和聚合温度等因素间的关系。

聚合速率可以用单位时间内单体消耗量或聚合物生成量来表示。测定方法有直接法和间接法两类。最常用的直接法是用沉淀法测定聚合物量。在聚合瓶、安瓿瓶一类仪器中进行聚合,定期取样,加沉淀剂使聚合物沉淀,然后经分离、精制、干燥、称量等手段,求得聚合物量。间接法是指测定聚合过程中比体积、黏度、折射率、介电常数、吸收光谱等物理性质的变化,间接求聚合物量。最常用的是比体积的测定——膨胀计法。

膨胀计法的原理是利用聚合过程的体积收缩与转化率的线性关系。单体转变成聚合物,低分子间力转变成链节间的共价键,比体积减小。转化率为 100% 时的体积变化率 K 可由单体比体积 V_m 和聚合物比体积 V_p 按照式(3-10)求得

$$K = \frac{V_m - V_p}{V_m} \times 100\% \qquad (3-10)$$

转化率 C 与聚合时体积收缩率 $\Delta V/V_0$ 呈线性关系,因此

$$C = \frac{\Delta V}{V_0} \frac{1}{K} \times 100\% \qquad (3-11)$$

式中,ΔV 为体积收缩值,V_0 为原始体积。

为了使体积变化测量精度更高,在设计上有各种膨胀计。膨胀计的结构主要由两部分组成下部为聚合容器,5～10 mL;上部连有带刻度的毛细管。将加有定量引发剂的单体充满膨胀计至一定刻度,在恒温浴中聚合。聚合开始后,体积收缩,毛细管内液面下降。根据下降的值按式(3-11)换算成转化率。每隔一定时间读出收缩值,就可以作出转化率-时间曲线,从而求出聚合速率的变化情况,尤其是初期速率。

利用膨胀计还可以测定引发速率常数,结合聚合速率,就可求出链增长和链终止的速率常数综合值。但这两速率常数的绝对值和分子量需由另外实验测定。

4. 聚合速率方程

根据机理,可以推导出聚合动力学方程。相反,动力学方程确立以后,经过实验考核,可以验证机理的准确性。自由基聚合中链引发、链增长、链终止三步基元反应对总聚合速率都有贡献。研究动力学时,考虑链转移只使分子量降低,并不影响速率,故暂忽略。

根据自由基聚合机理和质量作用定律,可以写出各基元反应的速率方程。

① 引发速率   链引发由下列两步反应串联而成:

引发剂分解 $\qquad\qquad\qquad\qquad$ $I \xrightarrow{k_d} 2R\cdot$

初级自由基与单体加成 $\qquad\quad$ $R\cdot + M \xrightarrow{k_i} RM\cdot$

引发剂分解是慢反应,控制着引发反应。一分子引发剂分解成两个初级自由基,理应产生两个单体自由基,引发速率应该是 $R_i = 2k_d[I]$。但由于诱导分解和笼蔽效应副反应消耗了部分引发剂,因此需引入引发效率 f。加上一般链引发速率与单体浓度无关的条件,则链引发速率方程可写成下式:

$$R_i = 2fk_d[I] \tag{3-12}$$

以上诸式中,I、M、R·、k 分别代表引发剂、单体、初级自由基和速率常数;d 和 i 则代表分解和引发。

② 增长速率   链增长是单体自由基连续加聚大量单体的链式反应:

$$RM\cdot \xrightarrow[k_{p1}]{+M} RM_2\cdot \xrightarrow[k_{p2}]{+M} RM_3\cdot \xrightarrow[k_{p3}]{+M} \cdots \rightarrow RM_x\cdot$$

处理自由基聚合动力学时,作等活性假定,即链自由基的活性与链长基本无关,或各步链增长反应的速率常数相等,即 $k_{p1} = k_{p2} = k_{p3} = k_{px} = \cdots = k_p$。令[M·]代表大小不等的自由基浓度[M_1·]、[M_2·]、[M_3·]、[M_x·]、…的总和,则链增长速率方程可写成

$$R_P \equiv -\left(\frac{d[M]}{dt}\right)_p = k_p[M]\sum(RM_x\cdot) = k_p[M][M\cdot] \tag{3-13}$$

③ 终止速率   链终止速率以自由基消失速率表示,链终止反应及其速率方程可写成下式:

偶合终止 $\qquad\qquad\qquad\qquad$ $M_x\cdot + M_y\cdot \rightarrow M_{x+y}$

歧化终止 $\qquad\qquad\qquad\qquad$ $M_x\cdot + M_y\cdot \rightarrow M_x + M_y$

终止总速率 $\qquad\qquad\qquad$ $R_t \equiv -\frac{d[M\cdot]}{dt} = 2k_t$ $\qquad\qquad$ (3-14)

以上诸式中,下标 p、t 分别代表链增长、链终止。

式(3-14)中系数 2 代表终止反应将同时消失两个自由基,这是美国的习惯用法。欧洲一些

国家的习惯并无系数 2。两者换算时需注意 $2k_t(美)=k_t'(欧)$。

在链增长和链终止的速率方程中都出现自由基浓度 $[M\cdot]$ 因子。自由基活泼,寿命很短,浓度极低,测定困难。可作"稳态"假定,设法消去 $[M\cdot]$。经过一段聚合时间,引发速率与终止速率相等 $(R_i=R_t)$,构成动态平衡,自由基浓度不变。由式(3-14)可解出 $[M\cdot]$。

$$[M\cdot]=\left(\frac{R_i}{2k_t}\right)^{1/2} \tag{3-15}$$

聚合速率以单体消耗速率表示。假定高分子聚合度很大,用于引发的单体远少于增长所消耗的单体,因此,聚合总速率就等于链增长速率。

$$R\equiv-\frac{d[M]}{dt}=R_i+R_p\approx R_p \tag{3-16}$$

将稳态时的自由基浓度式(3-15)代入式(3-13),即得总聚合速率的普适方程。

$$R\approx R_p=k_p[M]\left(\frac{R_i}{2k_t}\right)^{1/2} \tag{3-17}$$

用引发剂引发时,将式(3-13)的 R_i 关系代入式(3-17),则得

$$R_p=k_p\left(\frac{fk_d}{k_t}\right)^{1/2}[I]^{1/2}[M] \tag{3-18}$$

式(3-18)就是引发剂引发的自由基聚合微观动力学方程,表明聚合速率与引发剂浓度平方根、单体浓度一次方成正比。

图3-3是甲基丙烯酸甲酯和苯乙烯聚合速率与引发剂浓度的关系图,$\lg R_p$ 与 $\lg[I]$ 呈线性关系,斜率为0.5,表明 R_p 与 $[I]$ 成正比。苯乙烯在较低引发剂浓度下聚合时,对1/2次方的关系略有偏离,这可能是由于伴有热引发的原因。图3-4表明甲基丙烯酸甲酯聚合初期速率 $\lg R_p$ 与单

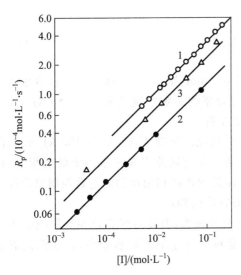

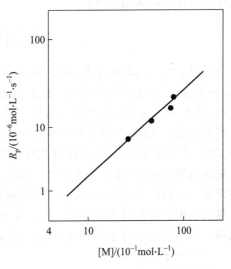

图3-3 聚合速率与引发剂浓度的关系

1—MMA/AIBN,50 ℃;2—St/BPO,60 ℃;

3—MMA/BPO,50 ℃

图3-4 甲基丙烯酸甲酯聚合初期速率

与单体浓度的关系

体浓度 lg[M] 呈线性关系,斜率为1,表明对单体浓度呈一级反应。

在低转率(<5%)下聚合,各速率常数恒定;采用低活性引发剂时,短期内浓度变化不大,近于常数;考虑引发效率与单体浓度无关;在这些条件下,将式(3-18)积分,得

$$\ln \frac{[M]_0}{[M]} = k_p \left(\frac{f k_d}{k_t} \right)^{1/2} [I]^{1/2} t \qquad (3-19)$$

如 $\ln[M]_0/[M]$ 与 t 呈线性关系,也表明聚合速率与单体浓度呈一级反应。

④ 三个假设 通过上述的推导过程,可以看出由于聚合反应过程很复杂,影响因素众多,为了简化动力学方程的处理,作了以下基本假设:

(a) 忽略链转移反应,终止方式为双基终止;

(b) 链自由基的活性与链的长短无关,即各步链增长速率常数相等,可用 k_p 表示;

(c) 在反应开始短时间后,增长链自由基的生成速率等于其消耗速率($R_i = R_t$),即链自由基的浓度保持不变,呈稳态,$d[M\cdot]/dt = 0$;

(d) 聚合产物的聚合度很大,链引发所消耗的单体远少于链增长过程的,因此可以认为单体仅在链增长反应消耗。

(e) 一般说来,提高温度,将加速引发剂分解,从而提高聚合速率。这可以从 Arrhenius 经验公式进行说明。

$$k = A e^{-E/RT} \qquad (3-20)$$

根据式(3-18)可知(总)聚合速率常数 k 与各基元反应速率常数有如下关系:

$$k = k_p \left(\frac{k_d}{k_t} \right)^{1/2} \qquad (3-21)$$

综合式(3-20)、式(3-21)及各基元反应的速率常数的 Arrhenius 关系,可得总活化能 E 与基元反应活化能的关系如下:

$$E = \left(E_p - \frac{E_t}{2} \right) + \frac{E_d}{2} \qquad (3-22)$$

一般,$E_d \approx 125$ kJ/mol,$E_p \approx 29$ kJ/mol,$E_t \approx 17$ kJ/mol,则 $E = 83$ kJ/mol。总活化能为正值,表明温度升高,速率常数增大。E 值越大,温度对速率的影响也越显著。$E = 83$ kJ/mol 时,温度从 50 ℃升到 60 ℃,聚合速率常数将增为 2.5 倍左右。

在聚合总活化能中,引发剂分解活化能 E_d 占主要地位。选择 E_d 较低(如 105 kJ/mol)的引发剂,则可显著加速反应,比升高温度的效果还要显著。氧化还原引发体系用于低温聚合,仍能保持较高的聚合速率,就是这个原因。因此,引发剂种类的选择和用量的确定是控制聚合速率的主要因素。在自由基聚合中,引发剂的研究就成为极宽广的领域。

热引发聚合活化能为 80~96 kJ/mol,与引发剂引发相当,温度对聚合速率的影响很大。而光照和辐射引发的活化能却很低,约 20 kJ/mol,温度对聚合速率的影响较小,在较低的温度下(0 ℃)也能聚合。

3.4.2 自动加速效应

以上着重介绍低转化率阶段的正常聚合动力学行为。根据式(3-18),单体浓度和引发剂浓

度随转化率增加而降低后,聚合速率理应降低。但到达一定转化率(如 15%~20%)后,却出现自动加速现象。直到后期,聚合速率逐渐减慢。自由基聚合的转化率-时间曲线往往呈 S 形。

甲基丙烯酸甲酯在苯中的溶液聚合情况见图 3-5,从图中可见单体浓度在 40% 以下无加速现象,而浓度在 60% 以上则明显加速。以本体聚合为例,转化率在 10% 以下,体系从易流动的液体开始转变成黏滞的糖浆状,但加速尚不明显;转化率达到 10%~50%,体系从黏滞液体逐渐变成软固体;转化率为 15% 时就开始明显加速,在几十分钟内,转化率就可到达 70%~80%;转化率达到 50%~60% 以后,聚合开始转慢,直至 80% 以后,速率几乎慢到实际上停止聚合的状态。

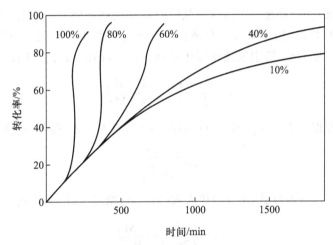

图 3-5 甲基丙烯酸甲酯聚合转化率-时间曲线
引发剂为过氧化二苯甲酰,溶剂为苯;温度为 50 ℃
曲线上数字是甲基丙烯酸甲酯质量分数

自动加速现象主要是由体系黏度增加引起的,因此又称凝胶效应。产生加速的原因可用链终止受扩散控制来解释。

链自由基的双基终止过程可分三步:链自由基的平移;链段重排,使活性中心靠近;双基相互反应而使链终止。其中链段重排是控制的一步,受体系黏度的影响极大。

体系黏度随转化率提高后,链段重排受到阻碍,活性末端甚至可能被包埋,双基终止困难,终止速率常数 k_t 显著下降;转化率达 40%~50% 时,k_t 降低可达上百倍。但这一转化率下,体系黏度还不足以严重妨碍单体扩散,增长速率常数 k_p 变动不大,因此使 $(k_p/k_t)^{1/2}$ 增加了近 7~8 倍,活性链寿命延长十多倍,因此自动加速显著,分子量也同时迅速增加。

转化率继续升高后,黏度大到妨碍单体活动的程度,链增长反应也受扩散控制,k_p 开始变小,k_t 继续变小。如使 $(k_p/k_t)^{1/2}$ 综合值减小,则聚合速率降低。最后会降低到实际上不能再继续聚合的程度,如甲基丙烯酸甲酯本体聚合时,25 ℃ 的最后转化率约为 80%,85 ℃ 时则为 97%。利用这一特点,可以逐步升温,使聚合趋向于完全。

聚合物在单体或溶剂中溶解性能的好坏,影响链自由基的卷曲、包埋,对双基终止速率的影响也很大。自动加速现象在不溶解聚合物的非溶剂中出现得早,可能有单基终止,对引发剂浓度的反应级数将在 0.5～1 之间,极限的情况(如丙烯腈)会接近于 1,自动加速现象在良溶剂中较少出现,在不良溶剂中则介于非溶剂(沉淀剂)和良溶剂之间。

根据活性链被包埋、难以双基终止的原理,有许多方法如沉淀聚合,都因终止速率降低而使聚合速率提高,如乳液聚合、气相聚合、交联聚合和固相聚合等。

3.4.3 聚合度

1. 动力学链长与聚合度

聚合度是表征聚合物的重要指标,影响聚合速率的诸多因素,如引发剂浓度、温度等,也同时影响着聚合度,但影响方向却往往相反。

在聚合动力学研究中,常将一个活性种从链引发开始到链终止所消耗的单体分子数定义为动力学链长 ν,无链转移时,相当于每一个链自由基所连接的单体单元数,可由链增长速率和链引发速率之比求得。稳态时,链引发速率等于链终止速率,因此动力学链长的定义表达式为

$$\nu = \frac{R_p}{R_i} = \frac{R_p}{R_t} = \frac{k_p[M]}{2k_t[M\cdot]} \tag{3-23}$$

由链增长速率方程式 $R_p = k_p[M][M\cdot]$ 解出 $[M\cdot]$,代入上式,得 $\nu - R_p$ 关系式。

$$\nu = \frac{k_p^2[M]^2}{2k_t R_p} \tag{3-24}$$

如将稳态时的自由基浓度式(3-14)代入式(3-23),则得 $\nu - R_i$ 关系式。

$$\nu = \frac{k_p}{(2k_t)^{1/2}} \cdot \frac{[M]}{R_i^{1/2}} \tag{3-25}$$

引发剂引发时,链引发速率 $R_i = 2fk_d[I]$,则

$$\nu = \frac{k_p}{2(fk_d k_t)^{1/2}} \cdot \frac{[M]}{[I]^{1/2}} \tag{3-26}$$

式(3-23)～式(3-26)是动力学链长多种表达式。式(3-26)表明,动力学链长与引发剂浓度平方根成反比。由此看来,增加引发剂浓度来提高聚合速率的措施,往往使聚合度降低。

2. 歧化终止及偶合终止情况

双基偶合终止时,数均聚合度 $\overline{X}_n = 2\nu$;歧化终止时,$\overline{X}_n = \nu$。兼有两种方式终止时,则 $\nu < \overline{X}_n < 2\nu$,可按比例计算。

$$\overline{X}_n = \frac{R_p}{\frac{R_{tc}}{2} + R_{td}} \quad \text{或} \quad \overline{X}_n = \frac{\nu}{\frac{C}{2} + D} \tag{3-27}$$

式中,C、D 分别代表偶合终止和歧化终止的百分数。

热引发和光引发时,将有关引发速率代入式(3-25),就得到相应的动力学链长方程。

3.4.4 转移反应对聚合度的影响

在自由基聚合反应中,除了链引发、链增长、链终止反应外,往往伴有链转移反应。活性链向

单体、引发剂、溶剂等低分子转移的反应式和速率方程如下：

$$M_x \cdot + M \xrightarrow{k_{tr,M}} M_x + M \cdot \qquad R_{tr,M} = k_{tr,M}[M\cdot][M] \qquad (3-28)$$

$$M_x \cdot + I \xrightarrow{k_{tr,I}} M_x R + R \cdot \qquad R_{tr,I} = k_{tr,I}[M\cdot][I] \qquad (3-29)$$

$$M_x \cdot + YS \xrightarrow{k_{tr,S}} M_x Y + S \cdot \qquad R_{tr,S} = k_{tr,S}[M\cdot][S] \qquad (3-30)$$

其中，下标 tr、M、I 和 S 分别代表链转移、单体、引发剂和溶剂。

按定义，动力学链长是每个活性中心自引发到终止所消耗的单体分子数，这在无链转移情况下是很明确的。但有链转移反应时，转移后，动力学链长尚未真正终止，仍在继续引发增长。因此，动力学链长应该考虑自初级自由基引发开始，包括历次转移及最后双基终止所消耗的单体总数。而聚合度则等于动力学链长除以链转移次数和双基终止之和。

终止由真正终止和链转移终止两部分组成。为方便起见，双基终止暂作歧化终止考虑。数均聚合度就是增长速率与形成大分子的所有终止（包括链转移）速率之比。

$$\overline{X}_n = \frac{R_p}{R_t + \sum R_{tr}} = \frac{R_p}{R_t + (R_{tr,M} + R_{tr,I} + R_{tr,S})} \qquad (3-31)$$

将式(3-28)~式(3-30)代入上式，转成倒数，化简得

$$\frac{1}{\overline{X}_n} = \frac{2k_t R_p}{k_p^2 [M]^2} + \frac{k_{tr,M}}{k_p} + \frac{k_{tr,I}[I]}{k_p[M]} + \frac{k_{tr,S}[S]}{k_p[M]} \qquad (3-32)$$

令 $k_{tr}/k_p = C$，定名为链转移常数，是链转移速率常数与链增长速率常数之比，代表这两反应的竞争能力。向单体、引发剂、溶剂的链转移常数 C_M、C_I、C_S 的定义如下：

$$C_M = \frac{k_{tr,M}}{k_p} \qquad C_I = \frac{k_{tr,I}}{k_p} \qquad C_S = \frac{k_{tr,S}}{k_p} \qquad (3-33)$$

将上式关系及按速率方程(3-18)解出的引发剂浓度[I]代入式(3-32)，可得

$$\frac{1}{\overline{X}_n} = \frac{2k_t R_p}{k_p^2 [M]^2} + C_M + C_I \frac{k_t R_p^2}{f k_d k_p^2 [M]^3} + C_S \frac{[S]}{[M]} \qquad (3-34)$$

$$\frac{1}{\overline{X}_n} = \frac{2k_t R_p}{k_p^2 [M]^2} + C_M + C_I \frac{[I]}{[M]} + C_S \frac{[S]}{[M]} \qquad (3-35)$$

式(3-35)是链转移反应对数均聚合度影响的总关系式，右边四项分别代表正常聚合、向单体转移、向引发剂转移、向溶剂转移对数均聚合度的贡献。

1. 向单体转移

采用偶氮二异丁腈一类无链转移反应的引发剂进行本体聚合时，只保留向单体的转移，式(3-35)可简化为

$$\frac{1}{\overline{X}_n} = \frac{2k_t}{k_p^2} \cdot \frac{R_p}{[M]^2} + C_M \qquad (3-36)$$

向单体的转移能力与单体结构、温度等因素有关。键合力较小的原子，如叔氢原子、氯原子

等,容易被自由基夺取而发生链转移反应。

苯乙烯、甲基丙烯酸甲酯等单体的链转移常数较小,为 $10^{-5} \sim 10^{-4}$,对分子量并无严重影响。乙酸乙烯酯的链转移常数稍大,主要从乙酰氧的甲基上夺取氢。氯乙烯单体的链转移常数是单体中最高的一种,约 10^{-3},其转移速率远远超出了正常的链终止速率,即 $R_{tr,M} > R_t$,因此,聚氯乙烯的数均聚合度主要决定于向氯乙烯链转移的速率常数:

$$\overline{X}_n = \frac{R_p}{R_t + R_{tr,M}} \approx \frac{R_p}{R_{tr,M}} = \frac{k_p}{k_{tr,M}} = \frac{1}{C_M} \tag{3-37}$$

或者说,向氯乙烯链转移常数 C_M 很大,已经大到式(3-36)右边第一项可以忽略的程度。

曾在 50 ℃下测得氯乙烯本体聚合时链转移常数 $C_M = 1.35 \times 10^{-3}$,计算得 $\overline{X}_n = 740$。这表明,每增长 740 个单元,约向单体转移一次。该计算值虽然与实测值有偏差,但属于同一数量级。

链转移速率常数和链增长速率常数均随温度升高而增加,但前者数值较小,活化能较大,温度的影响比较显著。结果,两者比值 C_M 也随温度而增加,这可通过 Arrhenius 公式看出。

$$C_M = \frac{k_{tr,M}}{k_p} = \frac{A_{tr,M}}{A_p} \exp[-(E_{tr,M} - E_p)/RT] \tag{3-38}$$

其中,$(E_{tr,M} - E_p)$ 为链转移活化能和链增长活化能的差值,是影响 C_M 的综合活化能,根据实验数据,向氯乙烯链转移常数 C_M 与温度有如下指数关系:

$$C_M = 125 \exp(-30.5/RT) \tag{3-39}$$

温度升高,C_M 增加,聚氯乙烯分子量因而降低。在常用的聚合温度(40~70 ℃)下,聚氯乙烯聚合度与引发剂用量基本无关,仅决定于聚合温度,就是因为向氯乙烯链转移显著的结果。对于氯乙烯聚合这一特殊情况来说,聚合度由聚合温度来控制,聚合速率则由引发剂用量来调节。

2. 向引发剂转移

自由基向引发剂转移,即链自由基对引发剂的诱导分解,使引发效率降低,同时也使聚合度降低。

向引发剂链转移常数难以单独测定,需与向单体的链转移常数同时处理。单体进行本体聚合时,无溶剂存在,式(3-35)可简化成

$$\frac{1}{\overline{X}_n} = C_M + \frac{2k_t}{k_p^2} \cdot \frac{R_p}{[M]^2} + C_I \frac{k_t}{fk_d k_p^2} \cdot \frac{R_p^2}{[M]^3} \tag{3-40}$$

如 C_M 已知,将式(3-40)重排如下:

$$\left(\frac{1}{\overline{X}_n} - C_M\right)/R_p = \frac{2k_t}{k_p^2} \cdot \frac{1}{[M]^2} + C_I \frac{k_t}{fk_d k_p^2} \frac{R_p}{[M]^3} \tag{3-40a}$$

以式(3-40a)的左边对 R_p 作图,由直线斜率可求出 C_I。

也可将式(3-40)改写成

$$\left(\frac{1}{\overline{X}_n} - \frac{2k_t}{k_p^2} \cdot \frac{R_p}{[M]^2}\right) = C_M + C_I \frac{[I]}{[M]} \tag{3-40b}$$

以式(3-40b)左边对[I]/[M]作图,从直线斜率可求出 C_I,同时由截距求出 C_M。

与单体的链转移常数($10^{-5} \sim 10^{-4}$)相比,向过氧化合物引发剂的链转移常数要大得多。过氧化二烷基和过氧化二酰类通过置换反应而转移。

$$M_n \cdot + RO—OR \longrightarrow M_n—OR + RO \cdot$$

氢过氧化物是引发剂中最易链转移的物质。转移反应可能是夺取氢原子。

$$M_n \cdot + ROOH \longrightarrow M_n—H + ROO \cdot$$

引发剂浓度将从两方面对聚合度产生影响:一是正常的引发反应,即式(3-35)右边的第一项;另一个是向引发剂转移,即式(3-35)右边的第三项。

一般情况下,C_I 比 C_M 大,但向引发剂转移而引起的聚合度降低却较小。因为影响聚合度的是 $C_I[I]/[M]$,一般聚合体系中[I]很低($10^{-4} \sim 10^{-2}$ mol·L^{-1}),[I]/[M]在 $10^{-3} \sim 10^{-5}$ 内。

3. 向溶剂转移及分子量调节剂

溶液聚合时,需考虑向溶剂链转移对分子量的影响。将式(3-33)右边前三项合并成($1/\overline{X}_n$),以代表无溶剂时的聚合度的倒数,则

$$\frac{1}{\overline{X}_n} = \left(\frac{1}{\overline{X}_n}\right)_0 + C_S \frac{[S]}{[M]} \tag{3-41}$$

通过实验,测定[S]/[M]不同比值下的聚合度,以 $1/\overline{X}_n$ 对[S]/[M]作图,由斜率可求得向溶剂的链转移常数 C_S。

向溶剂的链转移常数与自由基种类、溶剂种类、温度等因素有关。一般活性较大的单体(如苯乙烯),其自由基活性较小,对同一溶剂的链转移常数一般要比低活性单体(如乙酸乙烯酯)的链转移常数小。因为链增长和链转移是一对竞争反应,自由基对高活性单体反应快,链转移相对减弱,因此其 C_S 值较小。

对于具有比较活泼氢原子或卤原子的溶剂,链转移常数一般较大,如异丙苯>乙苯>甲苯>苯;四氯化碳和四溴化碳的 C_S 值更大,因为 C—Cl 键、C—Br 键键合较弱,更易链转移。四氯化碳常用作调节聚合的溶剂。

因为 $C_S = k_{tr,s}/k_p$,链转移活化能比链增长活化能一般要大 $17 \sim 63$ kJ/mol,升高温度,$k_{tr,s}$ 的增加比 k_p 的增加要大得多,所以,提高温度一般可使链转移常数增加。链转移常数可从聚合物手册中查得,但选用时,必须注意指定的单体、溶剂和温度条件。

4. 向大分子转移

链自由基除了向上述低分子物质转移外,还可能向大分子转移。向大分子转移后,在主链上形成活性点,单体在该活性点上加成增长或与增长链自由基偶合终止,即形成支链。

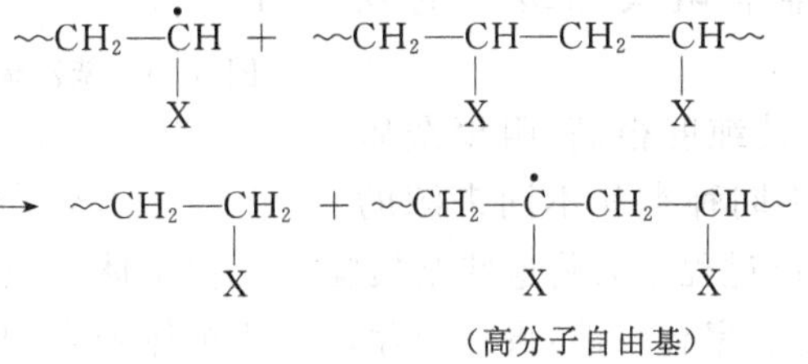

(高分子自由基)

（支化高分子）

（支化高分子）

由分子间转移而形成的支链一般较长。高压聚乙烯除含有少量长支链外，还有乙基、丁基等许多短支链，可能是分子内转移的结果。

3.5　阻聚和缓聚

3.5.1　阻聚作用和缓聚作用

某些杂质对聚合有抑制作用。这些杂质同自由基作用，可能形成非自由基物质，或形成活性低、不足以再引发的自由基。根据对聚合反应的抑制程度，可将这类物质粗略地分成阻聚剂和缓聚剂。阻聚剂可使每一自由基都终止，使聚合完全停止。缓聚剂的效率则较低，只使一部分自由基终止，使聚合减慢。两者只在抑制程度上有差别。图3-6是不同化合物对苯乙烯热聚合的影响。

苯醌是典型的阻聚剂，加入后，产生诱导期。诱导期间，聚合完全不能进行，如图3-6中曲线2。苯醌耗尽后，诱导期结束，才开始正常聚合，聚合速率与苯乙烯热聚合（曲线1）基本相同；曲线2几乎是曲线1的平移，只相差诱导期。苯乙烯中加有少量硝基苯进行热聚合时，并无诱导期，但聚合速率却显著降低，如曲线3，这是典型的缓聚作用。加入亚硝基苯时，有诱导期，诱导期过后，又使聚合速率降低，似乎兼有阻聚和缓聚的双重作用。

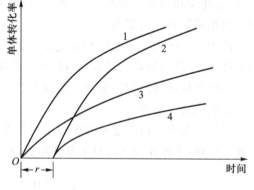

图3-6　苯乙烯100℃热聚合的阻聚作用

1—无阻聚剂；2—0.1%苯醌；

3—0.5%硝基苯；4—0.2%亚硝基苯

供聚合用的单体要求其纯度很高，阻聚杂质需限制在一定含量以下，不同种类和不同来源的单体，杂质的种类各异，生产过程中需将这些杂质除去。在单体分离精制和储运过程中，需加一定数量的阻聚剂，以防聚合。聚合以前，再行脱除。有些单体聚合到一定转化率后，需加入终止剂,结束聚合反应。因此对阻聚剂的种类和阻聚机理应有所了解。

3.5.2 阻聚剂和阻聚机理

许多化合物可用作阻聚剂,如苯醌、硝基化合物、芳胺、酚类和含硫化合物等,这些物质都属于分子型阻聚剂。还有少数稳定自由基也有显著的阻聚作用,称作自由基型阻聚剂,如 1,1−二苯基−2−三硝基苯肼(DPPH)。按照机理,阻聚剂与自由基可以进行加成反应、链转移反应或电荷转移反应。

1. 加成型阻聚剂

氧、苯醌和芳香族硝基化合物等。氧是最常见的自由基聚合反应的阻聚剂。氧和自由基反应,形成比较不活泼的过氧自由基,过氧自由基本身与其他自由基偶合终止成过氧化合物。低温下,这些过氧化合物无引发活性,使聚合反应停止;但高温时却能分解成活泼自由基,起引发作用。乙烯的高压高温聚合利用氧作引发剂就是这个道理。

$$M_n\cdot+O_2\longrightarrow M_n-O-O\cdot\xrightarrow{M_n\cdot} M_nOOM_n\xrightarrow{\text{高温}}2M_nO\cdot\xrightarrow{\text{引发聚合}}\cdots$$
(低活性)

除乙烯的高压高温聚合外,大部分自由基聚合反应都在排除氧的条件下进行。

苯醌是最重要的阻聚剂。其阻聚机理比较复杂,苯醌分子上的氧原子和碳原子都有可能与自由基加成,分别形成醚和醌,而后偶合或歧化终止。

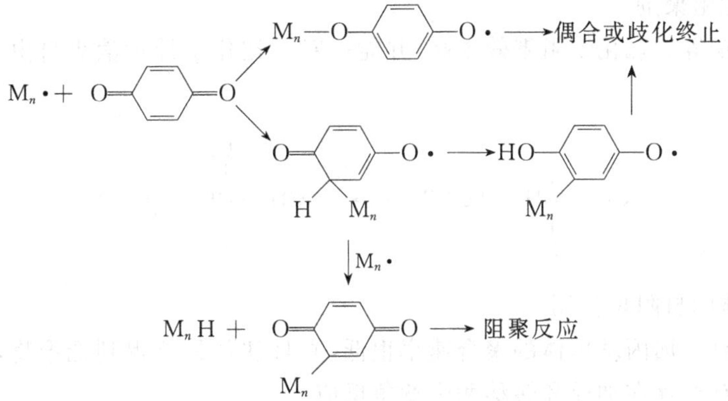

每一分子苯醌所能终止的自由基数可能大于1,甚至到达 2。

极性效应对醌类的阻聚作用有显著的影响。苯醌是缺电子的,对于富电自由基(如乙酸乙烯酯和苯乙烯)是阻聚剂,对缺电自由基(丙烯腈和甲基丙烯酸甲酯)却是缓聚剂。加入富电的第三组分(如胺)可以增加苯醌对缺电单体的阻聚能力,起了协同作用。

芳香族硝基化合物也是常用的阻聚剂。其阻聚机理可能是自由基向苯环进攻,与苯环加成后,可以与另一自由基再反应而终止。

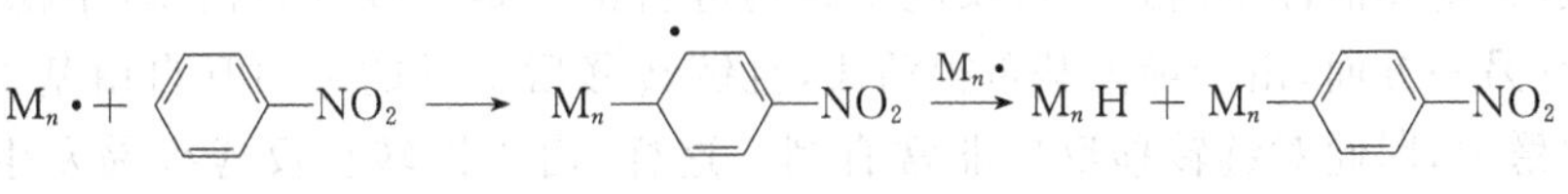

自由基也可以与硝基加成,所以,一分子硝基苯能消灭至少两个自由基。1,3,5−三硝基苯

能与 5～6 个自由基作用。

芳香族硝基化合物对比较活泼的富电自由基的阻聚效果较好。硝基化合物对乙酸乙烯酯是阻聚剂,对苯乙烯则是缓聚剂,对丙烯酸甲酯和甲基丙烯酸甲酯的阻缓作用就很弱。苯环上硝基数增多,阻聚效率也增加,三硝基苯的阻聚效率比硝基苯要大 1～2 个数量级。

2. 链转移型阻聚剂

1,1-二苯基-2-三硝基苯肼(DPPH)、苯酚和苯胺等。DPPH 是自由基型高效阻聚剂,浓度在 10^{-4} mol/L 以下,就足以使乙酸乙烯酯或苯乙烯完全阻聚。一个 DPPH 分子能够化学计量地消灭一个自由基,是理想的阻聚剂,因此可用来测定链引发速率。DPPH 有自由基捕捉剂之称。

DPPH 通过链转移反应消灭自由基,原来呈黑色,反应后,则呈无色,可用比色法测量。

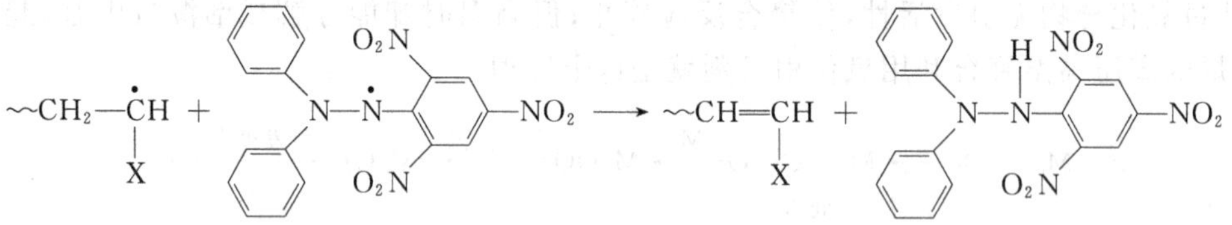

一些含活泼氢的芳仲胺和酚类,其活泼氢易被自由基夺去,本身生成因苯环共振作用稳定化的自由基,该自由基不能引发聚合,与其他自由基发生终止反应。常见的有芳胺、对苯二酯和 2,6-二叔丁基-4-甲基苯酯等。

3. 电荷转移型阻聚剂

氯化铁、氯化铜等。氯化铁阻聚效率高,并能一对一按化学计量消灭自由基,可用于测定引发速率。

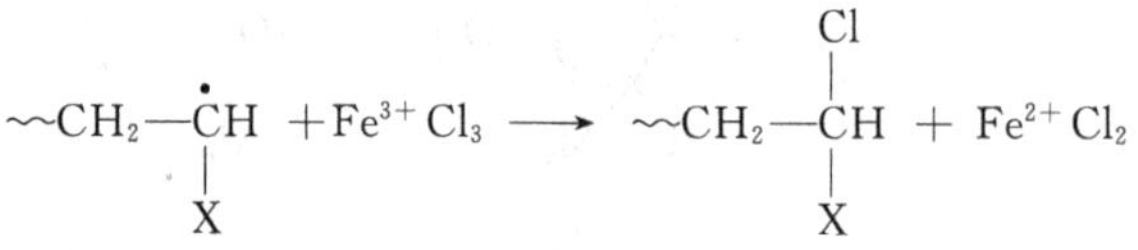

4. 丙烯类单体的自阻聚作用

在自由基聚合中,烯丙基单体的聚合速率很低,并且往往只能得到低聚物,这是因为自由基与烯丙基单体反应时,存在加成和转移两个竞争反应。

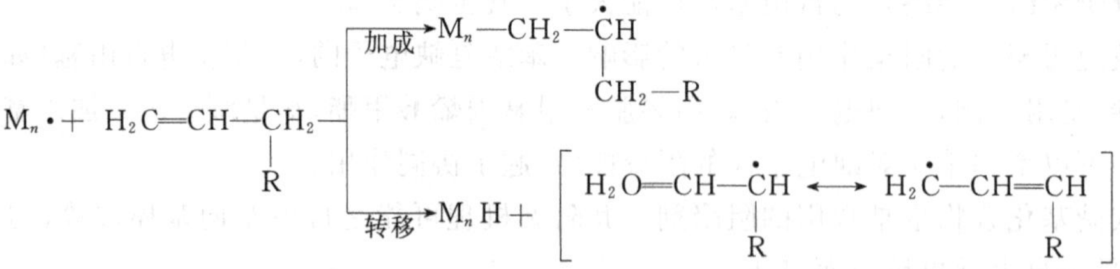

一方面,这类单体活性不高且加成反应生成的链自由基是二级碳自由基,不稳定,不利于加成反应的进行;另一方面,由于烯丙基氢很活泼,且链转移后生成的烯丙基自由基由于有双键的共振作用非常稳定,因此对链转移反应非常有利。这样,由于链转移反应极易发生,$k_{tr} \gg k_p$,烯丙基单体聚合只能得到低聚物,并且由于链转移生成的烯丙基自由基很稳定,不能引发单体聚

合，只能与其他自由基终止，起缓聚或阻聚作用。

丙烯、异丁烯等单体的自由基聚合活性较低，可能也是向烯丙基氢衰减转移的结果。

甲基丙烯酸甲酯也有烯丙基 C—H 键，但不进行衰减转移。酯基对自由基有稳定作用，降低链转移的活性，同时单体增长的活性却增加，因此，用自由基聚合可制得高聚物。

3.6 分子量分布

除聚合速率和平均分子量外，分子量分布是需要研究的第三个重要指标。

分子量分布可由实验测得，也可以作理论推导。推导方法有概率法和动力学法两种。理论推导是在低转化率下稳态时作出的，保持引发速率、单体浓度、k_p 和 k_t 等不变。歧化终止和偶合终止时分布不同，现分别介绍如下。

3.6.1 歧化终止

无链转移时，链增长和链终止是竞争反应。增长一步增加一个单元，称做成键；歧化终止只夺取或失去一个原子，称作不成键。成键概率 p 是链增长速率与链增长和链终止速率和之比。稳态时，$R_i = R_t = 2k_t[M\cdot]^2$，则

$$p = \frac{R_p}{R_p + R_t} = \frac{k_p[M]}{k_p[M] + (2k_t R_i)^{1/2}} \tag{3-42}$$

终止或不成键概率则为

$$1 - p = \frac{R_t}{R_p + R_t} = \frac{(2k_t R_i)^{1/2}}{k_p[M] + (2k_t R_i)^{1/2}} \tag{3-43}$$

一般加聚物的聚合度高达 $10^3 \sim 10^4$，表明每增长 $10^3 \sim 10^4$ 次才终止一次。因此 $1 > p > 0.999$，或者说 p 接近 1。

如有链转移反应，则与链增长、链终止一起竞争。链增长成键，链终止和链转移不成键，两者概率可仿照写出。

x 聚体的数量分布函数为

$$N_x = N p^{x-1}(1-p) \tag{3-44}$$

x 聚体的质量分布函数为

$$\frac{m_x}{m} = x p^{x-1}(1-p)^2 \tag{3-45}$$

数均聚合度和重均聚合度分别为

$$\overline{X}_n = \frac{1}{1-p} \tag{3-46}$$

$$\overline{X}_{\mathrm{w}}=\frac{1+p}{1-p}=\frac{2}{1-p} \tag{3-47}$$

歧化终止时,重均聚合度和数均聚合度的比值为

$$\overline{X}_{\mathrm{w}}/\overline{X}_{\mathrm{n}}=1+p\approx2 \tag{3-48}$$

3.6.2 偶合终止

苯乙烯聚合时,链终止以双基偶合为主。其他单体聚合往往兼有偶合终止和歧化终止,聚合温度降低时,偶合终止所占的比例有所增加。

偶合终止时,x 聚体的数量分布函数为

$$N_x=Nxp^{x-2}(1-p)^2 \tag{3-49}$$

偶合终止时,x 聚体的质量分布函数为

$$\frac{m_x}{m}=\frac{1}{2}x^2p^{x-2}(1-p)^3 \tag{3-50}$$

数均聚合度为

$$\overline{X}_{\mathrm{n}}=\frac{1+p}{p(1-p)}\approx\frac{2}{1-p} \tag{3-51}$$

由此可以看出,偶合终止时的数均聚合度是歧化终止时的 2 倍。

重均聚合度为

$$\overline{X}_{\mathrm{w}}\approx\frac{3}{1-p} \tag{3-52}$$

因此双基偶合终止时,$\overline{X}_{\mathrm{w}}/\overline{X}_{\mathrm{n}}$ 不再是 2,而是 1.5,说明分子量分布更均匀些。

上述分子量分布函数都是在低转化率下推导出来的,高转化率时有凝胶效应,则更复杂。

重均聚合度和数均聚合度的比值称作分子量分布指数,其大小可以代表分子量分布的宽度。分子量均一的活性高分子,该比值接近 1;凝胶效应显著的聚合物,比值大于 10;支链比较多的聚合物甚至高达 20~50,见表 3-1。

表 3-1　聚合物 $\overline{X}_{\mathrm{w}}/\overline{X}_{\mathrm{n}}$ 的范围

聚合物	$\overline{X}_{\mathrm{w}}/\overline{X}_{\mathrm{n}}$	聚合物	$\overline{X}_{\mathrm{w}}/\overline{X}_{\mathrm{n}}$
理想均一聚合物	1.00	高转化率时乙烯基聚合物	2~5
实际上"单分散"活性聚合物	1.01~1.05	自动加速显著的聚合物	5~10
偶合终止加聚物	1.5	配位催化聚合物	8~30
歧化终止加聚物或缩聚物	2.0	支链聚合物	20~50

3.7 自由基共聚合

前面几节主要介绍了由一种单体参与的自由基聚合反应,在连锁加聚中,这种由一种单体参与的聚合,称作均聚,产物是组成单一的均聚物。事实上,在聚合过程中,还有由两种或多种单体同时参与的聚合,称作(二元)共聚或多元共聚,产物为多组分的共聚物。

3.7.1 概述

共聚这一名称多用于链式聚合,根据活性链形式不同,共聚反应分为自由基共聚、离子共聚和配位共聚等。本节着重介绍研究得比较成熟的自由基共聚。

根据大分子的微结构,共聚物有四种类型:无规共聚物、交替共聚物、嵌段共聚物和接枝共聚物。

3.7.2 共聚物的类型及命名

根据大分子中结构单元的排列情况,二元共聚物有下列四种类型。

① 无规共聚物　两结构单元 M_1、M_2 按概率无规排布,M_1、M_2 连续的单元数不多,从一至十几不等。多数自由基共聚物属于这一类型,如氯乙烯-醋酸乙烯酯共聚物。

$$\sim\sim\sim M_1 M_2 M_2 M_1 M_2 M_2 M_2 M_1 M_1 M_2 M_1 M_1 M_1 M_2 M_2 \sim\sim\sim$$

② 交替共聚物　共聚物中 M_1、M_2 两单元严格交替相间。

$$\sim\sim\sim M_1 M_2 M_1 M_2 M_1 M_2 M_1 M_2 \sim\sim\sim$$

可以看作无规共聚物的特例。苯乙烯-马来酸酐共聚物属于这一类。

③ 嵌段共聚物　由较长的 M_1 链段和另一较长的 M_2 链段构成的大分子,每一链段可长达几百至几千结构单元,这一类称作 AB 型嵌段共聚物。

$$\sim\sim\sim M_1 M_1 M_1 M_1 \sim\sim\sim M_1 M_2 M_2 M_2 \sim\sim\sim M_2 M_2$$

还有 ABA 型(如苯乙烯-丁二烯-苯乙烯三嵌段共聚物 SBS)和(AB)$_x$ 型嵌段共聚物。

④ 接枝共聚物　主链由 M_1 单元组成,支链则由另一种 M_2 单元组成。

$$
\begin{array}{c}
M_2 M_2 \sim\sim\sim M_2 M_2 M_2 \\
| \\
\sim\sim\sim M_1 M_1 M_1 \sim\sim\sim M_1 M_1 \sim\sim\sim M_1 M_1 M_1 \sim\sim\sim M_1 \sim \\
| \qquad\qquad | \\
M_2 M_2 \sim\sim\sim M_2 \qquad M_2 M_2 M_2 \sim\sim\sim M_2
\end{array}
$$

接枝共聚物商品往往是真正的接枝共聚物和均聚物或无规共聚物的混合物,如抗冲聚苯乙烯是丁二烯-苯乙烯接枝共聚物和聚苯乙烯的混合物,ABS 树脂是丁二烯-(苯乙烯-丙烯腈)接枝共聚物和苯乙烯-丙烯腈无规共聚物的混合物。

无规共聚物和交替共聚物呈均相,遵循同一共聚合原理,将在下面几节中作详细讨论。嵌段共聚物和接枝共聚物往往呈非均相,可由多种聚合机理合成,准备在其他章节进行介绍。

共聚物的命名原则：将两单体名称连以短横线，前面冠以聚字，如聚（丁二烯–苯乙烯），或称作丁二烯–苯乙烯共聚物。国际命名中常在两单体名之间插入–co–，–alt–，–b–，–g–，分别代表无规、交替、嵌段、接枝。无规共聚物名称中前一单体 M_1 为主单体，后为第二单体 M_2。嵌段共聚物名称中的前后单体则代表单体加入聚合的次序。接枝共聚物中前单体 M_1 为主链，后单体 M_2 则为支链。

3.8 共聚物组成微分方程

共聚物的性能与其组成有密切关系，通常两种单体共聚时，由于其化学结构不同，两者活性也有差异，因此共聚物组成与单体配料组成往往不同。在共聚过程中，先后生成的共聚物组成不一致，因此有些体系后期有均聚物产生。共聚物组成一般随转化率而变，存在着组成分布和平均组成问题。有时还会遇到容易均聚的两种单体难以共聚，以及不易均聚的单体却能共聚的情况。所有这些都需要对共聚物组成与原料组成间关系的基本规律进行研究，而共聚物组成（包括瞬时组成、平均组成和序列分布），则是共聚研究中的核心问题。

3.8.1 共聚物组成微分方程

共聚物组成方程是描述共聚物组成与单体组成间的定量关系，可以由共聚动力学或链增长概率推导出来。

20 世纪 40 年代，Mayo 等就着手研究共聚物组成问题，初步建立了共聚物组成方程和相关的共聚理论。

用动力学法推导共聚物组成方程时，需作下列假定：

① 等活性理论，即自由基活性与链长无关，在处理均聚动力学时已采用了这一假定；

② 无前末端效应，即链自由基中倒数第二单元的结构对自由基活性无影响；

③ 无解聚反应，即不可逆聚合；

④ 共聚物聚合度很大，链引发和链终止对共聚物组成影响可以忽略；

⑤ 稳态，要求自由基总浓度和两种自由基的浓度都不变。

以 M_1、M_2 代表两种单体，以 〜〜〜$M_1 \cdot$ 、〜〜〜$M_2 \cdot$ 代表两种链自由基。二元共聚时，有两种链引发、四种链增长、三种链终止。

链引发：

$$R \cdot + M_1 \xrightarrow{k_{i1}} RM_1 \cdot \quad （或 M_1 \cdot）$$

$$R \cdot + M_2 \xrightarrow{k_{i2}} RM_2 \cdot \quad （或 M_2 \cdot）$$

式中，k_{i1} 和 k_{i2} 分别代表初级自由基引发单体 M_1 和 M_2 的速率常数。

链增长：

$$\sim\sim\sim M_1 \cdot + M_1 \xrightarrow{k_{11}} \sim\sim\sim M_1 \cdot \qquad R_{11} = k_{11}[M_1 \cdot][M_1] \tag{3-53}$$

$$\sim\sim\sim M_1 \cdot + M_2 \xrightarrow{k_{12}} \sim\sim\sim M_2 \cdot \qquad R_{12} = k_{11}[M_1 \cdot][M_2] \tag{3-54}$$

$$\sim\sim\sim M_2 \cdot + M_1 \xrightarrow{t_{21}} \sim\sim\sim M_1 \cdot \qquad R_{12} = k_{21}[M_2 \cdot][M_1] \tag{3-55}$$

$$\sim\sim\sim M_2\cdot + M_2 \xrightarrow{t_{22}} \sim\sim\sim M_2\cdot \qquad R_{22}=k_{22}[M_2\cdot][M_2] \tag{3-56}$$

式中，R 和 k 的下标两位数中前一数字代表自由基，后一数字代表单体。例如，R_{11} 和 k_{11} 分别代表自由基 $M_1\cdot$ 和单体 M_1 反应的增长速率和增长速率常数。

链终止：

$$\sim\sim\sim M_1\cdot + \cdot M_1 \sim\sim\sim \xrightarrow{k_{t11}} \sim\sim M_1 M_1 \sim\sim\sim \qquad (自终止)$$

$$\sim\sim\sim M_1\cdot + \cdot M_2 \sim\sim\sim \xrightarrow{k_{t12}} \sim\sim M_1 M_2 \sim\sim\sim \qquad (交叉终止)$$

$$\sim\sim\sim M_2\cdot + \cdot M_2 \sim\sim\sim \xrightarrow{k_{t22}} \sim\sim M_2 M_2 \sim\sim\sim \qquad (自终止)$$

其中，k_{t11} 代表链自由基 $M_1\cdot$ 与链自由基 $M_1\cdot$ 的终止速率常数。

根据假定④，共聚物聚合度很大，链引发和链终止对共聚物组成的影响甚微，可以忽略不计。M_1 和 M_2 的消失速率或进入共聚物的速率仅决定于增长速率。

$$-\frac{d[M_1]}{dt}=R_{11}+R_{21}=k_{11}[M_1\cdot][M_1]+k_{21}[M_2\cdot][M_1] \tag{3-57}$$

$$-\frac{d[M_2]}{dt}=R_{12}+R_{22}=k_{12}[M_1\cdot][M_2]+k_{22}[M_2\cdot][M_2] \tag{3-58}$$

两单体消耗速率比等于两单体进入共聚物的摩尔比（n_1/n_2）。

$$\frac{n_1}{n_2}=\frac{d[M_1]}{d[M_2]}=\frac{k_{11}[M_1\cdot][M_1]+k_{12}[M_2\cdot][M_1]}{k_{12}[M_1\cdot][M_2]+k_{22}[M_2\cdot][M_2]} \tag{3-59}$$

对 $M_1\cdot$ 和 $M_2\cdot$ 分别作稳态处理，得

$$\frac{d[M_1\cdot]}{dt}=R_{i1}+k_{21}[M_2\cdot][M_1]-k_{12}[M_1\cdot][M_2]-R_{t12}-R_{t11}=0 \tag{3-60a}$$

$$\frac{d[M_2\cdot]}{dt}=R_{i2}+k_{12}[M_1\cdot][M_2]-k_{21}[M_2\cdot][M_1]-R_{t21}-R_{t22}=0 \tag{3-60b}$$

若想满足上述稳态假定的要求，需有两个条件：一个是 $M_1\cdot$ 和 $M_2\cdot$ 的引发速率分别等于各自的终止速率，即 $R_{i1}=R_{t11}+R_{t12}$、$R_{i2}=R_{t22}+R_{t21}$，这相当于自由基均聚中所作的稳态假定 $R_i=R_t$；另一个是 $M_1\cdot$ 转变成 $M_2\cdot$ 和 $M_2\cdot$ 转变成 $M_1\cdot$ 的速率相等，即

$$k_{12}[M_1\cdot][M_2]=k_{21}[M_2\cdot][M_1] \tag{3-61}$$

由式（3-61），解出 $[M_2\cdot]$，代入式（3-59），消去 $[M_1\cdot]$。并将均聚和共聚链增长速率常数之比定义为竞聚率 r，以表征两单体的相对活性。

$$r_1=\frac{k_{11}}{k_{12}} \qquad r_2=\frac{k_{22}}{k_{21}}$$

最后得到最基本共聚物组成微分方程，描述共聚物瞬时组成与单体组成间的定量关系。

$$\frac{d[M_1]}{d[M_2]}=\frac{[M_1]}{[M_2]}\cdot\frac{r_1[M_1]+[M_2]}{r_2[M_2]+[M_1]} \tag{3-62}$$

根据统计法,由链增长概率,也可以得到同样的结果。

令 f_1 等于某瞬间单体 M_1 占单体混合物的摩尔分数,即

$$f_1 = 1 - f_2 = \frac{[M_1]}{[M_1] + [M_2]}$$

而且代表同一瞬间单元 M_1 占共聚物的摩尔分数,即

$$F_1 = 1 - F_2 = \frac{d[M_1]}{d[M_1] + d[M_2]}$$

式(3-62)就可以转换成以摩尔分数表示的共聚物组成微分方程。

$$F_1 = \frac{r_1 f_1^2 + f_1 f_2}{r_1 f_1^2 + f_1 f_2 + r_2 f_2^2} \tag{3-63}$$

在不同场合,选用得当,式(3-62)和式(3-63)各有方便之处。也可以转换成以质量比或质量分数为单位的组成方程。

3.8.2 共聚物组成与原料组成曲线

式(3-63)表示,共聚物瞬时组成 F_1 是单体组成 f_1 的函数,可用相应的组成曲线 F_1-f_1 表示,影响两者关系的主要参数是竞聚率 r_1、r_2。竞聚率数值可以在很广的范围内变动,共聚行为或组成曲线也就有较大的差异。

在分析共聚行为以前,有必要预先了解一下典型竞聚率数值的意义。

竞聚率 $r_1 = k_{11}/k_{12}$,表示以 $M_1 \cdot$ 为末端的增长链,加载上本身单体 M_1 与加载上另一单体 M_2 的反应能力之比,$M_1 \cdot$ 加载上 M_1 的能力为自聚能力,$M_1 \cdot$ 加载上 M_2 的能力为共聚能力,即 r_1 表征了 M_1 单体的自聚能力与共聚能力之比。

$r_1 = 0$,表示 $k_{11} = 0$,活性端基只能加上异种单体。

$r_1 = 1$,表示 $k_{11} = k_{12}$,即当两单体浓度相等时,$M_1 \cdot$ 与 M_1 和 M_2 反应发生链增长的概率相等。

$r_1 = \infty$,表示只能均聚,不能共聚,实际上尚未发现这种特殊情况。

$r_1 < 1$,活性端基能加上两种单体,但更有利于加上异种单体;$r_1 > 1$,则更易加上同种单体。

根据两种单体的竞聚率 r_1、r_2 及其乘积可将二元共聚合反应分为以下几类,各自有其特征的 F_1-f_1 曲线。

(1) 交替共聚($r_1 = r_2 = 0$)

$r_1 = r_2 = 0$,即 $k_{11}/k_{12} = 0$,或 $k_{22}/k_{21} = 0$,表明两单体均不会发生自聚,只能共聚,也就是 $M_1 \cdot$ 只会与 M_2 反应,$M_2 \cdot$ 只会与 M_1 反应,M_1 和 M_2 交替与活性链末端反应生成交替共聚物,这种类型的共聚反应为交替共聚反应。由 F_1-f_1 摩尔分数共聚方程可见,不论 f_1 为多少,结果均为

$$d[M_1]/d[M_2] = 1, \quad F_1 = 0.5$$

在 F_1-f_1 图中代表一条水平线,与 f_1 值无关。含量少的单体消耗完毕,共聚就停止,留下多余的另一单体,不再共聚。

两种单体形成电荷转移配合物时,如马来酸酐和乙酸2-氯烯丙基酯,属于上述情况。

如某一竞聚率 $r_2=0$,另一竞聚率 $r_1>0$,不能忽略,则式(3-62)可简化为

$$\frac{d[M_1]}{d[M_2]}=1+r_1\frac{[M_1]}{[M_2]} \tag{3-64}$$

当[M₂]过量很多时,$r_1[M_1]/[M_2]\ll1$,才形成组成为1:1的共聚物。M₁耗尽后,聚合也就停止。如[M₁]和[M₂]不相上下,则共聚物中 $F_1>50\%$。60 ℃下,苯乙烯($r_1=0.01$)和马来酸酐($r_2=0$)共聚就是这方面的例子。

交替共聚物瞬时组成与单体组成的关系变化情况(交替共聚曲线)如图3-7所示。

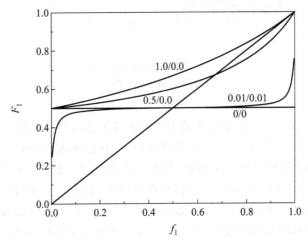

图3-7 交替共聚曲线

曲线上数值为 r_1/r_2

(2) 理想共聚($r_1r_2=1$)

可分两种情形:

① $r_1=r_2=1$,两种单体自聚与共聚的倾向相等,在这一条件下,不论配比和转化率如何,共聚物组成和单体组成完全相同,共聚物组成曲线(F_1-f_1)为一对角线,可称作理想恒比共聚。得到的共聚物为无规共聚物。四氟乙烯-三氟氯乙烯共聚就属于这一情况。

② $r_1r_2=1$,但 $r_1\neq r_2$,在这种情形下,$r_2=1/r_1$,式(3-62)可简化为

$$\frac{d[M_1]}{d[M_2]}=r_1\frac{[M_1]}{[M_2]} \tag{3-65}$$

式(3-65)表明,共聚物中两单体的物质的量之比等于原料中两单体物质的量比的 r_1 倍。其 F_1-f_1 曲线随 r_1 的不同而不同程度地偏离对角线,并且与另一对角线成对称状况,如图3-8所示。若 $r_1>1$,F_1-f_1 曲线在对角线的上方;若 $r_1<1$,则在对角线的下方。这类共聚反应称为一般理想共聚。

60 ℃下,丁二烯($r_1=1.39$)-苯乙烯($r_2=0.78$)共聚和偏二氟乙烯($r_1=3.2$)-氯乙烯($r_2=0.3$)共聚接近这种情况。离子共聚往往具有理想共聚的特征。

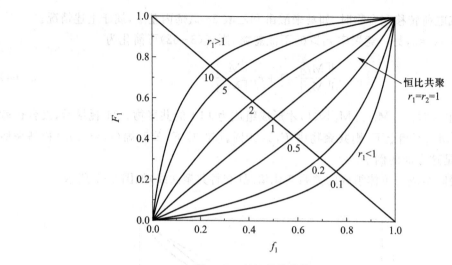

图 3-8 理想共聚曲线($r_1r_2=1$)

曲线上数字为 r_1 值

(3) 非理想共聚($r_1r_2\neq1$)(介于交替共聚与理想共聚之间的共聚反应)

① $r_1>1$, $r_2<1$(或 $r_1<1$, $r_2>1$) 在这种情形下,共聚单体对中的一种单体的自聚倾向大于共聚,另一种单体的共聚倾向则大于自聚,其 F_1-f_1 曲线与一般理想共聚相似。当 $r_1>1$, $r_2<1$ 时,曲线在对角线上方;当 $r_1<1$, $r_2>1$ 时,曲线在对角线的下方,都不会与对角线相交,但曲线是不对称的。$r_1>1$, $r_2<1$ 的例子很多,如氯乙烯($r_1=1.68$)-乙酸乙烯酯($r_2=0.23$)的自由基共聚(图 3-9 曲线 1),甲基丙烯酸甲酯($r_1=1.91$)-丙烯酸甲酯($r_2=0.5$)的自由基共聚等。

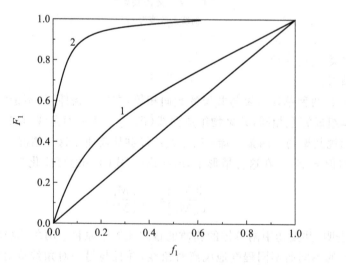

图 3-9 $r_1r_2\neq1$ 的非理想共聚体系的 F_1-f_1 曲线

1—氯乙烯($r_1=1.68$)-乙酸乙烯酯($r_2=0.23$)的自由基共聚;

2—苯乙烯($r_1=55$)-乙酸乙烯酯($r_2=0.01$)的自由基共聚

当 $r_1 \gg 1, r_2 \ll 1$（或 $r_1 \ll 1, r_2 \gg 1$）时，得到的实际上是两种单体的均聚物，如苯乙烯（$r_1 =$ 55）与乙酸乙烯酯（$r_2 = 0.01$）的自由基共聚属于这一类（图 3-9 曲线 2），聚合前期产物是含有少量乙酸乙烯酯单元的聚苯乙烯，后期产物是纯聚乙酸乙烯酯。当 r_1（或 r_2）特别大，而 r_2（或 r_1）接近 0，则实际上只能得到 M_1（或 M_2）的均聚物。

② $r_1 < 1, r_2 < 1$　在这种情形下，两种单体的自聚倾向小于共聚，得到的共聚物为无规共聚物，其显著特征是 $F_1 - f_1$ 曲线与对角线相交，在此交点处共聚物的组成与原料单体投料比相同，称为恒比点。把 $F_1 = f_1$ 代入摩尔分数共聚方程可求得恒比点处的单体投料比为

$$\frac{[M_1]}{[M_2]} = \frac{1 - r_2}{1 - r_1} \tag{3-66}$$

或

$$F_1 = f_1 = \frac{1 - r_2}{2 - r_1 - r_2} \tag{3-67}$$

当 $r_1 = r_2 < 1$ 时，恒比点的 $F_1 = f_1 = 0.5$，共聚物组成曲线相对于恒比点呈点对称。这一情况只有少数例子，如丙烯腈（$r_1 = 0.83$）与丙烯酸甲酯（$r_2 = 0.84$）共聚。$r_1 < 1, r_2 < 1, r_1 \neq r_2$ 时，恒比点不再在 $F_1 = 0.5$ 处，共聚物组成曲线对恒比点不再呈点对称，如图 3-10。这类例子很多，如苯乙烯（$r_1 = 0.41$）与丙烯腈（$r_2 = 0.04$）共聚，丁二烯（$r_2 = 0.3$）与丙烯腈（$r_2 = 0.2$）共聚等。

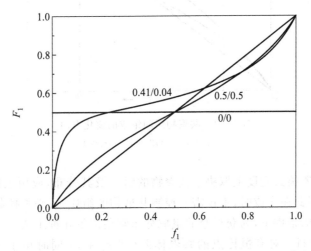

图 3-10　r_1 和 r_2 都小于 1 的非理想共聚体系的 $F_1 - f_1$ 曲线

③ $r_1 > 1, r_2 > 1$　这种情形极少见于自由基聚合，多见于离子或配位共聚合，其 $F_1 - f_1$ 曲线也与对角线相交，具有恒比点，只是曲线的形状和位置与 $r_1 < 1, r_2 < 1$ 的情况相反。这种情况下，共聚单体对中的两种单体的自聚倾向都大于共聚，形成嵌段共聚物，链段的长短决定于 r_1、r_2 的大小。但 M_1 和 M_2 的链段都不长，很难用这种方法制得真正的嵌段共聚物商品。

3.8.3　共聚物组成与转化率的关系

1. 转化率对共聚物组成的影响

由共聚方程式求得的是瞬间的共聚物组成,随着聚合反应的进行,通常情况下,由于两种单体的聚合反应速率不同,因此,共聚体系中两单体的摩尔比随反应的进行而不断改变,因此,除恒比共聚外,共聚产物的组成也会随反应的进行而不断改变。

2. 共聚物组成与转化率关系曲线

在 $r_1 > 1, r_2 < 1$ 的情况下,瞬时组成曲线如图 3-11 中曲线 1 所示,起始单体组成为 f_1^0,对应的瞬时共聚物组成为 $F_1^0 > f_1^0$。这就使得残留单体组成 f_1 递减,形成相应共聚物的组成 F_1 也在递减,组成变化方向如曲线 1 上箭头所示。$r_1 < 1, r_2 < 1$ 的情况下,瞬时组成曲线如图 3-11 中曲线 2 所示,f_1 低于恒比组成时,共聚曲线处于恒比对角线的上方,共聚物组成的变化与上同;f_1 大于恒比组成时,曲线处于对角线的下方,形成共聚物的组成 F_1 将小于单体组成 f_1,结果 f_1、F_1 均随转化率增加而增大。因此,假如不加以控制的话,得到的共聚产物的组成不是单一的,存在组成分布的问题。

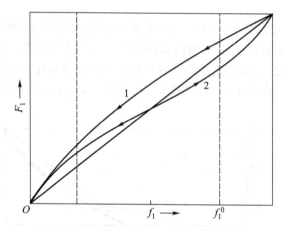

图 3-11 共聚物瞬间组成的变化方向
$1-r_1 > 1, r_2 < 1; 2-r_1 < 1, r_2 < 1$

由于共聚物的性能很大程度上取决于共聚物的组成及其分布,应用上往往希望共聚产物的组成分布尽可能窄,因此在合成时,不仅需要控制共聚物的组成,还必须控制组成分布。

在已选定单体对的条件下,为获得窄的组成分布常用以下几种工艺。

① 恒比点附近投料 对有恒比点的共聚体系(即 r_1 和 r_2 同时小于 1 或大于 1 的共聚体系),可选择恒比点的单体组成投料。

以恒比点单体投料比进行聚合,共聚物的组成 F_1 总等于单体组成,因此聚合反应进行时,两单体总是恒定地按投料比消耗,体系中未反应单体的组成也保持不变,相应地,共聚产物的组成保持不变。

这种工艺适合于恒比点的共聚物组成正好能满足实际需要的情况。

② 控制转化率的一次投料法 当 $r_1 > 1, r_2 < 1$,以 M_1 为主时,如氯乙烯-乙酸乙烯酯共聚物($r_1 = 1.68, r_2 = 0.23$),工业上应用以氯乙烯为主,乙酸乙烯酯含量只要求 3%~15%,聚合结束的转化率一般在 90% 以下,组成分布并不宽。又如,苯乙烯-反丁烯二酸二乙酯一类的共聚,配料在恒比点附近,进行一次投料,控制一定转化率均可获得组成比较均一的共聚物。如果要求

组成更均一,则采用方法③。

③ 补充单体保持单体组成恒定法 由共聚方程式求得合成所需组成 F_1 的共聚物对应的单体组成 f_1,用组成为 f_1 的单体混合物作起始原料,在聚合反应过程中,随着反应的进行连续或分次补加消耗较快的单体,使未反应单体的 f_1 保持在小范围内变化,从而获得分布较窄的预期组成的共聚物。这方面的例子很多,如氯乙烯–丙烯腈、氯乙烯–偏二氯乙烯共聚物等。

3.9　共聚物链段的序列分布

以上讨论了共聚物瞬时组成和平均组成、转化率的关系。除了严格的交替共聚物和嵌段共聚物外,在无规共聚物中,同一大分子内 M_1、M_2 两单元的排列是不规则的,存在着链段序列分布问题。两大分子之间的链段分布也可能有差别。

以 $r_1 = 5$,$r_2 = 0.2$ 的理想共聚体系为例,$[M_1]/[M_2] = 1$ 时,按式(3–62)计算,得 $d[M_1]/d[M_2] = 5$。这并不表示大分子都完全由五个 M_1 链节组成的链段(简称 $5M_1$ 段)和一个 M_2 链节组成的链段($1M_2$ 段)相间而成,只不过是出现概率最大的一种情况而已。实际上,$1M_1$ 段、$2M_1$ 段、xM_1 段均可能存在,按一定概率分布,$1、2、\cdots、x$ 称作链段长。

~~~~M_2—$\underline{M_1 M_1 M_1 M_1 M_1}$—$M_2$—$\underline{M_1 M_1 M_1 M_1}$—$\underline{M_2 M_2}$—$\underline{M_1 M_1 M_1 M_1 M_1}$—$M_2$—$\underline{M_1 M_1 M_1}$—$\underline{M_2 M_2}$~~~~

链段分布有点类似聚合度分布,也可用概率法导出分布函数。

自由基 $M_1 \cdot$ 与单体 M_1、M_2 加聚是一对竞争反应,形成 $M_1 M_1 \cdot$ 和 $M_1 M_2 \cdot$ 的概率分别为 p_{11} 和 p_{12}。

$$p_{11} = 1 - p_{12} = \frac{r_1[M_1]}{r_1[M_1] + [M_2]} \qquad (3-68)$$

同理,形成 $M_2 M_2 \cdot$ 和 $M_2 M_1 \cdot$ 的概率分别为 p_{22} 和 p_{21}。

$$p_{22} = 1 - p_{21} = \frac{r_2[M_2]}{[M_1] + r_2[M_2]} \qquad (3-69)$$

由 $M_2 M_1 \cdot$ 形成 xM_1 段,必须连续加上个 $(x-1)$ 个 M_1 单元,而后接上一个 M_2。

$$\begin{array}{c} \vdash\!\!-\!\!-\!\!-\!\!-xM_1 \text{ 段}\!\!-\!\!-\!\!-\!\!-\!\dashv \\ \text{~~~~} M_2 M_1 M_1 M_1 M_1 M_1 M_1 \cdots M_1\!\!-\!\!M_2 \\ \vdash\!\!-\!\!-\!(x-1)M_1\!\!-\!\!-\!\dashv \ 1M_2 \end{array}$$

形成 xM_1 段 $\vdash\!(M_1)_x M_2\!\dashv$ 的概率 $(p_{M_1})_x$ 为

$$(p_{M_1})_x = p_{11}^{x-1} p_{12} = p_{11}^{x-1}(1 - p_{11}) \qquad (3-70)$$

式(3–70)称作数量链段序列分布函数,酷似数量聚合度分布函数式(3–44),其图像为图 3–12 的 1。

式(3–70)表明形成 xM_1 段的概率是单体组成和 r_1 的函数,与 r_2 无关,该式可用来计算某一单体组成下的共聚物链段分布。

同理,形成 $x\mathrm{M}_2$ 段 $\leftarrow(\mathrm{M}_2)_x\rightarrow$ 的概率 $(p_{\mathrm{M}_2})_x$ 为

$$(p_{\mathrm{M}_2})_x = p_{22}^{x-1}\,p_{21} = p_{22}^{x-1}(1-p_{22}) \tag{3-71}$$

式(3-71)表明 $(p_{\mathrm{M}_2})_x$ 是 r_2 的函数,与 r_1 无关。

$x\mathrm{M}_1$ 段的长度 $\overline{N}_{\mathrm{M}_1}$ 可以参照数均聚合度的关系式(3-46)求得。

$$\overline{N}_{\mathrm{M}_1} = \sum_{x=1}^{x} x(p_{\mathrm{M}_1})_x = \sum_{x=1}^{x} xp_{11}^{x-1}(1-p_{11}) = \frac{1}{1-p_{11}} \tag{3-72a}$$

同理,$x\mathrm{M}_2$ 段的数均长度为

$$\overline{N}_{\mathrm{M}_2} = \sum_{x=1}^{x} x(p_{\mathrm{M}_2})_x = \sum_{x=1}^{x} xp_{22}^{x-1}(1-p_{22}) = \frac{1}{1-p_{22}} \tag{3-72b}$$

式(3-72)中 x 为 M_1 或 M_2 链段任意长度,等于1、2、3等整数。

以 $r_1=5$,$r_2=0.2$,$[\mathrm{M}_1]/[\mathrm{M}_2]=1$ 为例,按式(3-68)计算得 $p_{11}=5/6$。再按式(3-70)计算出 $1\mathrm{M}_1$ 段、$2\mathrm{M}_1$ 段、$3\mathrm{M}_1$ 段、……的概率或百分数分别为 16.7%、13.9%、11.5%、…由此可见,$x\mathrm{M}_1$ 段的概率随段长增加而递减,详见表3-2第二列和图3-12的1。按式(3-72a)计算得 $x\mathrm{M}_1$ 段的数均长度 $\overline{N}_{\mathrm{M}_1}$ 为6。

表3-2　二元共聚物链段序列分布概率($r_1=5$,$r_2=0.2$,$[\mathrm{M}_1]/[\mathrm{M}_2]=1$)

M_1 单元链段长度 N_{M_1}	$x\mathrm{M}_1$ 链段概率 $(p_{\mathrm{M}_1})_x/\%$	$x\mathrm{M}_1$ 段中 M_1 单元数 $x(p_{\mathrm{M}_1})_x/\%$	$\dfrac{x(p_{\mathrm{M}_1})_x}{\sum x(p_{\mathrm{M}_1})_x}$
1	16.7	16.7	2.78
2	13.9	27.8	4.63
3	11.5	34.5	3.75
4	9.6	39.4	6.06
5	8.0	40.0	6.67
6	6.67	40.0	6.67
7	5.55	38.9	6.49
8	4.63	37.0	6.17
9	3.85	33.8	5.64
10	3.21	32.1	5.35
20	0.52	10.4	1.74
30	0.084	2.52	0.42
40	0.0136	0.54	0.09
50	0.0022	0.11	0.018
…	…	…	…
	$\sum(p_{\mathrm{M}_1})_x = 100\%$	$\sum x(p_{\mathrm{M}_1})_x = 600\% = 6$	100%

可进一步计算 $x\mathrm{M}_1$ 链段所含的 M_1 单元数。以100个链段计,数均链段长度 $\overline{N}_{\mathrm{M}_1}=6$,因此

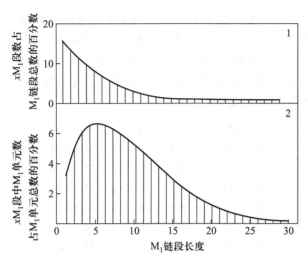

图 3-12 二元共聚物链段序列分布和链节分布
1—链段序列分布;2—链节分布

M_1 单元总数 $=600$。$1M_1$ 段含有 $100\times16.7\%=16.7$ 个单元,占 M_1 总单元数 600 的 2.78%;$2M_1$ 段含有 $2\times100\times13.9\%=27.8$ 个单元,占 4.63%;依此类推,详见表 3-2 第三列、第四列和图 3-12 的 2。$5M_1$ 段或 $6M_1$ 段中 M_1 单元数占 100 个链段中单元总数的百分数最大,约 6.7%。

根据式(3-70)和式(3-72a),$x M_1$ 段中的 M_1 单元数占 M_1 单元总数的百分数可由下式表示。

$$\frac{x(p_{M_1})_x}{\sum x(p_{M_1})_x}=xp_{11}^{x-1}(1-p_{11})^2 \tag{3-73}$$

式(3-73)与聚合度质量分布函数相当,如图 3-12 的 2。

同理,也可求出 $x M_2$ 段及其所含 M_2 单元的分布。

如聚合度不够大(<1000),二元共聚物中某一大分子与另一大分子的链段分布并不完全相同。聚合度大于 5000 以后,大分子间链段序列分布才较接近。

根据概率,也可以推导出二元共聚物组成微分方程。因此共聚物中两单元数比 m_1/m_2 等于两种链段的数均长度比 $\overline{N}_{M_1}/\overline{N}_{M_2}$,将式(3-72a)、式(3-72b)、式(3-68)和式(3-69)的关系代入,就可以得到与式(3-62)相同的方程。

$$\frac{m_1}{m_2}=\frac{\overline{N}_{M_1}}{\overline{N}_{M_2}}=\frac{1/(1-p_{11})}{1/(1-p_{12})}=\frac{[M_1]}{[M_2]}\cdot\frac{r_1[M_1]+[M_2]}{r_2[M_2]+[M_1]} \tag{3-74}$$

3.10　多元共聚

在实际应用中,共聚并不限于二元共聚,三元共聚已很普通,四元共聚也有出现。

常见的三元共聚物多以两种主要单体确定基本性能,再加少量第三单体作特殊改性。例如,氯乙烯-醋酸乙烯酯(15%)共聚物配有1%～2%马来酸酐可提高黏接性能,丙烯腈-丙烯酸甲酯(7%～8%)共聚物中加入1%～2%衣康酸,可改善聚丙烯腈的染色性能,乙烯-丙烯共聚物中加入2%～3%二烯烃,可为乙丙橡胶交联提供必要的双键等。

三元共聚物组成可以参照二元共聚方程进行推导。三元共聚时,有3种链引发,9种链增长,6种链终止。9种增长反应式及其速率方程如下:

$$
\begin{aligned}
M_1 \cdot + M_1 &\longrightarrow M_1 \cdot & R_{11} &= k_{11}[M_1 \cdot][M_1] \\
M_1 \cdot + M_2 &\longrightarrow M_2 \cdot & R_{12} &= k_{12}[M_1 \cdot][M_2] \\
M_1 \cdot + M_3 &\longrightarrow M_3 \cdot & R_{13} &= k_{13}[M_1 \cdot][M_3] \\
M_2 \cdot + M_1 &\longrightarrow M_1 \cdot & R_{21} &= k_{21}[M_2 \cdot][M_1] \\
M_2 \cdot + M_2 &\longrightarrow M_2 \cdot & R_{22} &= k_{22}[M_2 \cdot][M_2] \\
M_2 \cdot + M_3 &\longrightarrow M_3 \cdot & R_{23} &= k_{23}[M_2 \cdot][M_3] \\
M_3 \cdot + M_1 &\longrightarrow M_1 \cdot & R_{31} &= k_{31}[M_3 \cdot][M_1] \\
M_3 \cdot + M_2 &\longrightarrow M_2 \cdot & R_{32} &= k_{32}[M_3 \cdot][M_2] \\
M_3 \cdot + M_3 &\longrightarrow M_3 \cdot & R_{33} &= k_{33}[M_3 \cdot][M_3]
\end{aligned}
\tag{3-75}
$$

6个竞聚率为

$$
\begin{array}{cccc}
& M_1-M_2 & M_2-M_3 & M_1-M_3 \\
r_1: & r_{12}=\dfrac{k_{11}}{k_{12}} & r_{23}=\dfrac{k_{22}}{k_{23}} & r_{13}=\dfrac{k_{11}}{k_{13}} \\
r_2: & r_{21}=\dfrac{k_{22}}{k_{21}} & r_{32}=\dfrac{k_{33}}{k_{32}} & r_{31}=\dfrac{k_{33}}{k_{31}}
\end{array}
\tag{3-76}
$$

3种单体的消失速率为

$$
\begin{aligned}
-\frac{d[M_1]}{dt} &= R_{11} + R_{21} + R_{31} \\
-\frac{d[M_2]}{dt} &= R_{12} + R_{22} + R_{32} \\
-\frac{d[M_3]}{dt} &= R_{13} + R_{23} + R_{33}
\end{aligned}
\tag{3-77}
$$

作$[M_1 \cdot]$、$[M_2 \cdot]$、$[M_3 \cdot]$稳态假定,可以导出三元共聚组成方程。有两种稳态处理方式,相应有两种形式的方程式。

(1) Alfrey-Goldfinger 稳态假定

$$
\begin{aligned}
R_{12} + R_{13} &= R_{21} + R_{31} \\
R_{21} + R_{23} &= R_{12} + R_{32} \\
R_{31} + R_{32} &= R_{13} + R_{23}
\end{aligned}
\tag{3-78}
$$

得到三元共聚物组成比为

$$
d[M_1]:d[M_2]:d[M_3]=[M_1]\left\{\frac{[M_1]}{r_{31}r_{21}}+\frac{[M_2]}{r_{21}r_{32}}+\frac{[M_3]}{r_{31}r_{23}}\right\}\left\{[M_1]+\frac{[M_2]}{r_{12}}+\frac{[M_3]}{r_{13}}\right\}:
$$

$$[M_2]\left\{\frac{[M_1]}{r_{12}r_{31}}+\frac{[M_2]}{r_{12}r_{32}}+\frac{[M_3]}{r_{33}r_{13}}\right\}\left\{[M_2]+\frac{[M_1]}{r_{21}}+\frac{[M_3]}{r_{23}}\right\}: \qquad (3-79)$$

$$[M_3]\left\{\frac{[M_1]}{r_{13}r_{21}}+\frac{[M_2]}{r_{23}r_{12}}+\frac{[M_3]}{r_{13}r_{23}}\right\}\left\{[M_3]+\frac{[M_1]}{r_{31}}+\frac{[M_2]}{r_{32}}\right\}$$

（2）Valvassori-Sartori 稳态处理（比较简单）

$$R_{12}=R_{21} \qquad R_{23}=R_{32} \qquad R_{13}=R_{31} \qquad (3-80)$$

得到另一种形式的方程：

$$d[M_1]:d[M_2]:d[M_3]=$$

$$[M_1]\left\{[M_1]+\frac{[M_2]}{r_{12}}+\frac{[M_3]}{r_{13}}\right\}:[M_2]\frac{r_{21}}{r_{12}}\left\{\frac{[M_1]}{r_{21}}+[M_2]+\frac{[M_3]}{r_{23}}\right\}:[M_3]\frac{r_{31}}{r_{13}}\left\{\frac{[M_1]}{r_{31}}+\frac{[M_2]}{r_{32}}+[M_3]\right\}$$

$$(3-81)$$

Ham 用概率法处理，得到类似的结果。

如果已知三种单体两两竞聚率，就可以用式（3-79）或式（3-81）算出共聚物组成。很难说哪一方程比较准确。这两个方程还可以延伸用于四元共聚。

三元共聚或四元共聚时，如某一单体不能均聚，其竞聚率为零，就不能应用式（3-79）和式（3-81），需另作推导。

共聚类似气液平衡，以前常借用气液平衡原理来解释共聚行为。但当共聚理论发展以后，上述方程反过来倒可以用来关联三元气液平衡数据。

3.11 单体和自由基的相对活性

3.11.1 基本概念

链增长是自由基与单体两物种间的反应，增长速率常数的大小与两物种的活性都有关。很难用单体增长速率常数单一参数来判断单体活性或自由基活性，如苯乙烯的 $k_p=145$，醋酸乙烯酯的 $k_p=2300$，很容易误认为苯乙烯的活性小于醋酸乙烯酯，实际上苯乙烯单体的活性大于醋酸乙烯酯单体，而苯乙烯自由基的活性远小于醋酸乙烯酯自由基。因此比较两单体活性时，需考虑与同种自由基反应；相似，比较两自由基活性时，需考虑与同种单体反应。竞聚率对两物种活性的判断就起了关键作用。

3.11.2 单体和自由基的相对活性

1. 单体的相对活性

竞聚率的倒数 $1/r_1=k_{12}/k_{11}$，表示同一自由基和异种单体的交叉增长速率常数与和同种单体的自增长速率常数之比，可用来衡量两单体的相对活性。表 3-3 就是 $1/r_1$ 值，代表不同乙烯基单体对同一自由基的相对活性，如第二列代表各单体与苯乙烯自由基反应。

表 3-3   乙烯基单体对同一自由基的相对活性($1/r_1$)

单体	链自由基						
	B·	S·	VAc·	VC·	MMA·	MA·	AN·
B		1.7		29	4	20	50
S	0.4		100	50	2.2	6.7	25
MMA	1.3	1.9	67	10		2	6.7
甲基乙烯酮		3.4	20	10		1.2	1.7
AN	3.3	2.5	20	25	0.82		
MA	1.3	1.4	10	17	0.52		0.67
VDC		0.54	10		0.39		1.1
VC	0.11	0.059	4.4		0.10	0.25	0.37
VAc		0.019		0.59	0.050	0.11	0.24

从表 3-3 可看出,大部分单体的活性由上而下依次减弱。乙烯基单体 $CH_2=CHX$ 的活性次序可排列如下:

X:C_6H_5-,$CH_2=CH->CN$,$-COR>-COH$,$-COOR>-CCl>-OCOR$,$-R>-OR$,$-H$

2. 自由基的相对活性

$r_1=k_{11}/k_{12}$,其中 k_{11} 相当于单体 M_1 的增长速率常数 k_p。r_1 和 k_p 都是可测参数,因此,就可求出 k_{12} 值(列于表 3-4 中)。

表 3-4   同一自由基与不同单体反应的 k_{12} 单位:$L \cdot mol^{-1} \cdot s^{-1}$

单体	链自由基						
	B·	S·	MMA·	AN·	MA·	VC·	VAc·
B	100	246	2820	98000	41800		357000
S	40	145	1550	49000	14000	230000	615000
MMA	130	276	705	13100	4180	154000	123000
AN	330	435	578	1960	2510	46000	178000
MA	130	203	367	1310	2090	23000	209000
VC	11	8.7	71	720	520	10100	12300
VAc		3.9	35	230	230	2300	7760

比较表中横行可以发现自由基的相对活性从左到右依次增加。直列数据则可比较单体活性,从上而下依次减弱。从取代基的影响来看单体活性次序与自由基活性次序恰好相反,但变化的倍数并不相同。例如,苯乙烯单体的活性是醋酸乙烯酯单体的 50~100 倍,但醋酸乙烯酯自由基的活性却是苯乙烯自由基的 100~1000 倍。可见取代基对自由基活性的影响比对单体活性的影响要大得多,因此,醋酸乙烯酯均聚速率常数反而比苯乙烯的大。

3. 影响相对活性的因素

同影响烯类单体聚合倾向的因素一样,取代基的共轭效应、极性效应和位阻效应对单体活性和自由基活性均有影响,但影响程度不一。

① 共轭效应 按表 3-4 所列自由基活性的次序,共轭效应对自由基活性的影响很大。苯乙烯自由基中的苯环与单电子共轭稳定,使活性降低,几乎成为烯类自由基中活性最低的一员。—CN、—COOH、—COOR 等基团对自由基均有共轭效应,这类自由基的活性也不很高。相反,卤素、乙酰基、醚等基团只有卤、氧原子上的未键合电子对自由基稍有作用,因此氯乙烯、醋酸乙烯酯、乙烯基醚等自由基很活泼。另一重要现象是单体活性与自由基活性次序正好相反,即苯乙烯单体活泼,而醋酸乙烯酯单体并不活泼。

先选择单体活性和自由基活性处于两个极端的苯乙烯(M_1)-醋酸乙烯酯(M_2)体系为例,来说明四种增长反应速率常数变化规律显示共轭效应对单体活性和自由基活性影响的程度。

$$S\cdot + VAc \longrightarrow VAc\cdot \qquad k_{12} = 2.9$$
$$S\cdot + S \longrightarrow S\cdot \qquad k_{11} = k_{p1} = 145 \qquad r_1 = 55$$
$$VAc\cdot + VAc \longrightarrow VAc\cdot \qquad k_{22} = k_{p2} = 2300 \qquad r_2 = 0.01$$
$$VAc\cdot + S \longrightarrow S\cdot \qquad k_{21} = 230000$$

显然,低活性的苯乙烯自由基很难与低活性的醋酸乙烯酯单体交叉增长($k_{12} = 2.9$),而特高活性的醋酸乙烯酯自由基与高活性的苯乙烯单体将迅速交叉增长($k_{21} = 230000$)。一旦形成苯乙烯自由基,再难引发醋酸乙烯酯单体聚合。实际上,苯乙烯很难与醋酸乙烯酯共聚,只能先后形成两种均聚物。苯乙烯单体可以看作醋酸乙烯酯聚合的阻聚剂,要在苯乙烯完全均聚结束之后,醋酸乙烯酯才开始均聚。介于两种交叉增长之间的是二单体的均聚:苯乙烯单体的活性虽高,但其自由基活性过低,其均聚速率总是比较慢的($k_{11} = k_{p1} = 145$),聚合时间往往需十几个小时,而醋酸乙烯酯的自由基活性很高,足以弥补较低的单体活性,能以较高的速率($k_{22} = k_{p2} = 2300$)进行聚合,聚合时间以小时计。

自由基与单体活性次序相反的情况还可以用两者作用的势能图来说明。图 3-13 有两组势能曲线:一组是势能斥力线,代表自由基与单体靠近时势能随距离缩短而增加的情况;另一组是两条 Morse 曲线,代表形成键的稳定性。两组曲线的交点代表单体与自由基反应的过渡态,交点处键合和未键合状态的势能相同。带箭头垂直实线代表活化能,虚线则代表反应热。有共轭效应的取代基对自由基活性的降低远大于对单体活性的降低,因此两条 Morse 曲线间的距离比斥力曲线间的距离要大。

根据图 3-13 活化能的大小(实线的长短),反应速率常数的次序为

$$R_s\cdot + M < R_s\cdot + M_s < R\cdot + M < R\cdot + M_s$$

其中,下标 s 代表共轭。这进一步说明苯乙烯-醋酸乙烯酯间四种增长反应速率常数大小的原因。

② 极性效应 有些极性单体,如丙烯腈,在单体和自由基性次序中出现反常现象。供电子基团使烯类单体双键带负电性,吸电子基团则使其带正电性。这两类单体易进行共聚,并有交替共聚倾向,这称作极性效应。

单体按极性大小排成表 3-5 的形式。带供电子基团的单体处于左上方,带吸电子基团的单

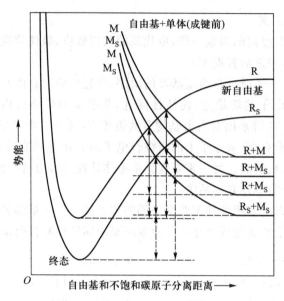

图 3-13　链自由基与单体作用的势能-距离图

体处于右下方。两单体在表中的位置相距越远,即极性相差越大,则 r_1r_2 乘积越接近 0,交替共聚倾向越强。一些难均聚的单体,如顺丁烯二酸酐(马来酸酐)、反丁烯二酸二乙酯,却能与极性相反的单体,如苯乙烯、乙烯基醚等共聚。反二苯基乙烯(电子给体)和马来酸酐(电子受体)两单体虽然不能均聚,却往往形成电荷转移络合物而交替共聚。络合物过渡态的形成将使活化能降低,从而使共聚速率增加。

表 3-5　自由基共聚中的 r_1r_2 值

乙烯基①醚类(-1.3)②	丁二烯(-1.05)	苯乙烯(-0.80)	醋酸乙烯酯(-0.22)	氯乙烯(0.20)	甲基丙烯酸甲酯(0.40)	偏二氯乙烯(0.36)	甲基乙烯基酮(0.68)	丙烯腈(1.20)	反丁烯二酸二乙酯(1.25)	马来酸酐(2.25)
乙烯基①醚类(-1.3)②										
	丁二烯(-1.05)									
	0.98	苯乙烯(-0.80)								
		0.55	醋酸乙烯酯(-0.22)							
	0.31	0.34	0.39	氯乙烯(0.20)						
	0.19	0.24	0.30	1.0	甲基丙烯酸甲酯(0.40)					
	<0.1	0.16	0.6	0.96	0.61	偏二氯乙烯(0.36)				
		0.10	0.35	0.83		0.99	甲基乙烯基酮(0.68)			
0.0004	0.006	0.016	0.21	0.11	0.18	0.34	1.1	丙烯腈(1.20)		
约 0		0.021	0.0049	0.056		0.56			反丁烯二酸二乙酯(1.25)	
约 0.002		0.006	0.00017	0.0024	0.11					马来酸酐(2.25)

注:括号内为 e 值。

① r_1r_2 值计算自表 4-7。

② 乙基、异丁基或十二烷基乙烯基醚。

马来酸酐自由基与苯乙烯单体间的电荷转移如下所示:

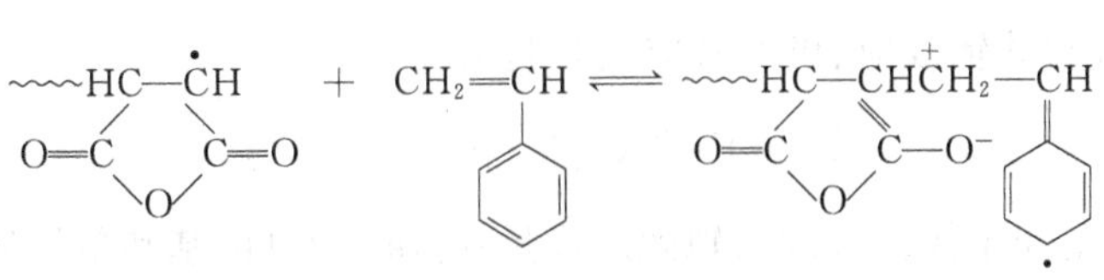

苯乙烯自由基与马来酸酐单体间的电荷转移也相似，如下所示：

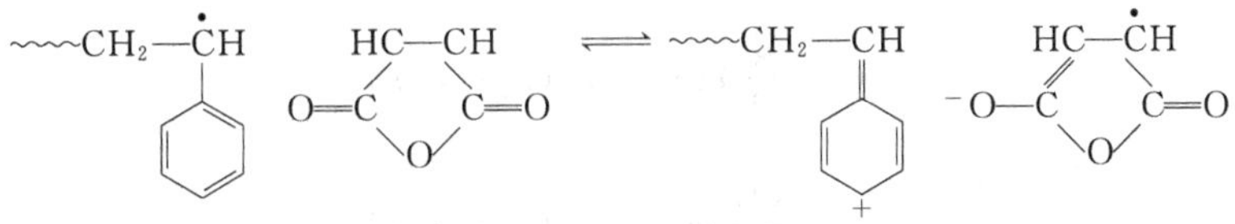

并非极性单一因素就能决定交替共聚倾向的次序，尚需考虑位阻的影响。例如，与丙烯腈共聚，醋酸乙烯酯的交替共聚倾向比苯乙烯小；与反丁烯二酸二乙酯共聚，则醋酸乙烯酯的交替共聚倾向比苯乙烯大。两者情况相反，这可能由于伴有位阻影响所致。

③ 位阻效应　自由基与单体的共聚速率还与位阻效应有关。表 3-6 为多种氯代乙烯与不同自由基反应的 k_{12} 值。

表 3-6　自由基-单体共聚速率常数 k_{12}

单体	链自由基			单体	链自由基		
	VAc·	S·	AN·		VAc·	S·	AN·
偏二氯乙烯	23000	78	2200	反-1,2-二氯乙烯	2300	3.90	
氯乙烯	10100	8.7	720	三氯乙烯	3450	8.60	29
顺-1,2-二氯乙烯	370	0.60		四氯乙烯	460	0.70	4.1

如果烯类单体的两个取代基处于同一碳原子上，位阻效应并不显著，两个取代基电子效应的叠加反而使单体活性增加。如果两个取代基处在不同的碳原子上，则因位阻效应使活性减弱。例如，与氯乙烯相比，偏二氯乙烯和多种自由基反应的活性要增加 2～10 倍，而 1,2-二氯乙烯的活性则降低 2～20 倍。

因位阻效应，1,2-双取代乙烯不能均聚，却能与苯乙烯、丙烯腈和醋酸乙烯酯等单取代乙烯共聚，共聚速率比 1,1-双取代乙烯要低。

比较顺式和反式 1,2-二氯乙烯，可以看出反式异构体的活性要高 6 倍，这是普遍现象。主要原因是顺式异构体不易成平面形，因而活性较低。氟原子体积小，位阻效应小，因此四氟乙烯和三氟氯乙烯既易均聚，又易共聚。

3.12　$Q-e$ 的概念

竞聚率是共聚物组成方程中的重要参数。每一对单体都可由实验测得一对竞聚率，100 种单体将构成 4950 对竞聚率，全面测定 r_1、r_2 值，将不胜其烦。因此希望建立单体结构与活性间的定量关系式来估算竞聚率。最通用的关系式是 Alfrey-Price 的 $Q-e$ 式。该式将自由基-单体间的反应速率常数与共轭效应、极性效应关联起来。

$$k_{12} = P_1 Q_2 \exp[-e_1(e_1 - e_2)] \tag{3-82}$$

式中,P_1,Q_2 为自由基和单体活性的共轭效应度量;e_1,e_2 为自由基和单体活性的极性度量。

假定单体及其自由基的极性 e 值相同,以 e_1 代表 M_1 和 $M_1\cdot$ 的极性,e_2 代表 M_2 和 $M_2\cdot$ 的极性,则可写出与式(3-82)相似的 k_{11}、k_{22}、k_{21} 表达式。最后可得到

$$r_1 = \frac{Q_1}{Q_2} \exp[-e_1(e_1 - e_2)] \tag{3-83}$$

$$r_2 = \frac{Q_2}{Q_1} \exp[-e_2(e_2 - e_1)] \tag{3-84}$$

上述两式相乘,得

$$\ln(r_1 r_2) = -(e_1 - e_2)^2 \tag{3-85}$$

由实验测得 r_1、r_2,但无法应用式(3-83)解出 e_1、e_2 两个未知数。因此规定苯乙烯的 $Q = 1.0$,$e = -0.8$ 作基准。代入式(3-85)、式(3-83)和式(3-84),就可求出其他单体的 Q、e 值。常用 Q、e 值见表 3-7。在没有竞聚率实验数据的情况下,可以由 Q、e 值来估算。

表 3-7　常用单体的 Q、e 值

单体	e	Q	单体	e	Q
叔丁基乙烯基醚	-1.58	0.15	甲基丙烯酸甲酯	0.40	0.74
乙基乙烯基醚	-1.17	0.032	丙烯酸甲酯	0.60	0.42
丁二烯	-1.05	2.39	甲基乙烯基醚	0.68	0.69
苯乙烯	-0.80	1.00	丙烯腈	1.20	0.60
醋酸乙烯酯	-0.22	0.026	反式丁烯酸二乙酯	1.25	0.61
氯乙烯	0.20	0.044	马来酸酐	2.25	0.23
偏氯乙烯	0.36	0.22			

竞聚率的测定有一定的实验误差,$Q-e$ 方程中还没有包括位阻效应,从实验和理论基础两方面看来,由 Q、e 来计算竞聚率会有偏差,但 $Q-e$ 方程仍不失为有价值的关联式。

Q 值大小代表共轭效应,表示单体转变成自由基的难易程度,如丁二烯($Q=2.39$)和苯乙烯($Q=1.0$)的 Q 值大,易形成自由基。e 值代表极性,吸电子基团使双键带正电性,规定 e 为正值,如丙烯腈 $e=1.20$。带有供电子基团的烯类单体 e 值为负,如醋酸乙烯酯 $e=-0.22$。

以 Q 值为横坐标,e 值为纵坐标,将各单体的 Q、e 值标绘在 $Q-e$ 图(图 3-14)上。

图 3-14 中右边和左边单体距离较远,Q 值相差较大,难以共聚。Q、e 值相近的一对单体,往往接近理想共聚,如苯乙烯-丁二烯、氯乙烯-醋酸乙烯酯。e 值相差较大的一对单体,如苯乙烯-马来酸酐、苯乙烯-丙烯腈,则有较大的交替共聚倾向。

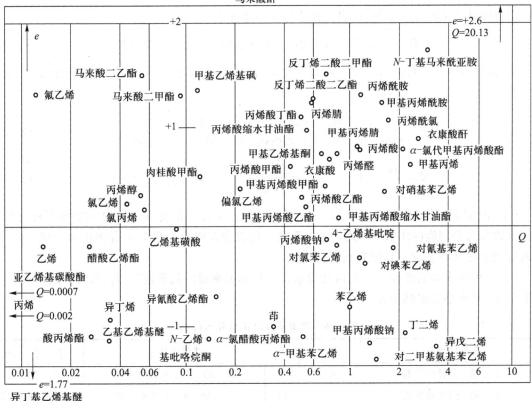

图 3-14 *Q-e* 图

3.13 共 聚 速 率

共聚速率是继共聚物组成之后的另一重要问题。共聚物组成仅与链增长反应有关,而速率则涉及链引发、链增长、链终止三种基元反应。与均聚相比,共聚有两种引发,四种增长,三种终止,影响共聚总速率的因素将更复杂。曾用两种不同方法推导共聚速率方程。

3.13.1 化学控制终止

20 世纪 50 年代以前,多假定终止为化学控制。

共聚总速率为四种增长速率之和。

$$R_p = -\frac{d[M_1]+d[M_2]}{dt}$$

$$= k_{11}[M_1\cdot][M_1]+k_{12}[M_1\cdot][M_2]+k_{22}[M_2\cdot][M_2]+k_{21}[M_2\cdot][M_1]$$

(3-86)

设法消去上式中的自由基浓度,作两种稳态假定:一是每种自由基都处于稳态,即

$$k_{21}[M_2\cdot][M_1]=k_{12}[M_1\cdot][M_2] \tag{3-87}$$

另一是自由基总浓度处于稳态,即引发速率等于终止速率。

$$R_i=2k_{t11}[M_1\cdot]^2+2k_{t12}[M_1\cdot][M_2\cdot]+2k_{t22}[M_2\cdot]^2 \tag{3-88}$$

将式(3-86)与式(3-87)、式(3-88)联立,消去自由基浓度,引入 r_1、r_2,就得到共聚速率方程:

$$R_p=\frac{(r_1[M_1]^2+2[M_1][M_2]+r_2[M_2]^2)R_i^{1/2}}{\{r_1^2\delta_2^2[M_1]^2+2\phi r r_1 r_2 \delta_1 \delta_2 [M_1][M_2]+r_2^2\delta_2^2[M_2]^2\}^{1/2}} \tag{3-89}$$

$$\delta_1=\left(\frac{2k_{t11}}{k_{11}^2}\right)^{1/2} \qquad \delta_2=\left(\frac{2k_{t22}}{k_{22}^2}\right)^{1/2} \qquad \phi=\frac{k_{t12}}{2(k_{t11}k_{t22})^{1/2}} \tag{3-90}$$

δ 是单体均聚时综合常数 $k_p/(2k_t)^{1/2}$ 的倒数,ϕ 为交叉终止速率常数的一半与两种自终止速率常数几何平均值的比值。ϕ 式分母中系数 2 代表交叉终止的机会比自终止多一倍。$\phi>1$,代表有利于交叉终止;$\phi<1$,则有利于自终止。

δ_1、δ_2 可由实验测得,r_1、r_2 则由共聚求得。再加上测得的共聚速率 R_p,就可按式(3-89)计算出 ϕ 值,其典型数据列于表3-8中。

表3-8　自由基共聚 ϕ 值和 $r_1 r_2$ 值

共单体体系	ϕ	$r_1 r_2$	共单体体系	ϕ	$r_1 r_2$
苯乙烯-丙烯酸丁酯	150	0.07	苯乙烯-甲基丙烯酸甲酯	13	0.24
苯乙烯-丙烯酸甲酯	50	0.14	苯乙烯-p-甲氧苯乙烯	1	0.95
甲基丙烯酸甲酯-p-甲氧苯乙烯	24	0.09			

有利于交叉终止($\phi>1$)往往也有利于交叉增长(交替倾向)。$r_1 r_2$ 接近零,ϕ 值增加,这也反映了极性效应有利于交叉终止的结论。

交替共聚的特点是增长加速(r_1 和 r_2 均小于1),终止也加速。这两种相反因素相互作用,就很难预测速率与单体配比的关系。速率-单体组成图的形状将决定于 ϕ、r_1、r_2。图3-15代表苯乙烯-甲基丙烯酸甲酯共聚速率与单体组成的关系,两条曲线代表 $\phi=1$ 和 13 时的理论曲线,实验点与 $\phi=13$ 时比较相符。从图上可看出共聚速率普遍降低的情况。对于交替共聚,由于终止加速超过增长加速,一般总有一段配比范围的共聚速率低于主单体的均聚速率,另一段配比就可能近于或高于另一单体的均聚速率。苯乙烯-甲基丙烯酸甲酯共聚就有此复杂行为。

苯乙烯-醋酸乙烯酯这对特殊体系,$r_1=55$,$r_2=0.01$,接近理想体系;$r_2\approx0$,式(3-89)可简化成下式:

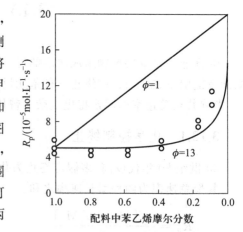

图3-15　苯乙烯-甲基丙烯酸甲酯共聚速率与单体组成的关系(AIBN,60 ℃)

两条实线为理论计算曲线,圆点为实验点

$$R_p = \left([M_1] + \frac{2[M_2]}{r_1}\right)\frac{R_i^{1/2}}{\delta_1} \tag{3-91}$$

r_1 很大($r_1 = 55$),上式右边括号内第二项很小,聚合速率主要决定于苯乙烯浓度。只要有苯乙烯存在,醋酸乙烯酯就很难聚合。这进一步帮助说明了苯乙烯是醋酸乙烯酯的阻聚剂的原因。

3.13.2 扩散控制终止

目前普遍认为,自由基聚合的终止属于扩散控制。可以认为终止是物理扩散和化学反应的串联过程,按理自终止(k_{t11}、k_{t22})和交叉终止(k_{t12})的速率常数不同。但在扩散控制的条件下,扩散成为链终止全过程的主要阻力,因此,再用 ϕ 因子来处理共聚合就不甚合理,特引入综合的扩散终止速率常数 $k_{t(12)}$:

$$\left.\begin{array}{l}[M_1\cdot] + [M_1\cdot] \\ [M_1\cdot] + [M_2\cdot] \\ [M_2\cdot] + [M_2\cdot]\end{array}\right\} \xrightarrow{k_{t(12)}} 死"聚合物" \tag{3-92}$$

扩散终止速率常数 $k_{t(12)}$ 无法测定。共聚物组成影响链的平移和链段重排,因此考虑 $k_{t(12)}$ 是共聚物组成和二均聚终止速率的函数,按摩尔分数(F_{11},F_{22})平均加和。

$$k_{t(12)} = F_1 k_{t11} + F_2 k_{t22} \tag{3-93}$$

对自由基总浓度作稳态处理,得

$$R_i = 2k_{t(12)}([M_1\cdot] + [M_2\cdot])^2 \tag{3-94}$$

联立方程(3-86)、方程(3-87)和方程(3-94),并引入 r_1、r_2,得扩散控制的共聚速率方程。

$$R_p = \frac{(r_1[M_1]^2 + 2[M_1][M_2] + r_2[M_2]^2)R_i^2}{k_{t(12)}^{1/2}\left\{\frac{r_1[M_1]}{k_{11}} + \frac{r_2[M_2]}{k_{22}}\right\}} \tag{3-95}$$

图 3-16 为醋酸乙烯酯-甲基丙烯酸甲酯共聚的 k_t 值与醋酸乙烯酯摩尔分数的关系曲线,实线是按式(3-93)的计算结果,虚线是实验结果按式(3-95)计算所得,两者有一定的差距。式(3-95)还不甚理想,尚停留在定性描述阶段。

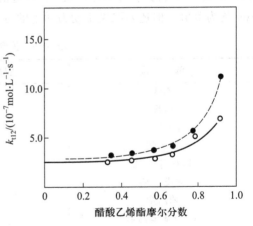

图 3-16 醋酸乙烯酯-甲基丙烯酸甲酯共聚 k_t 与醋酸乙烯酯摩尔分数的关系
实线按式(3-93)计算,虚线按式(3-95)计算

3.14 聚合反应热力学

单体能否聚合,可进一步从热力学和动力学两方面因素来考虑。热力学讨论聚合可能性或倾向,以及聚合-解聚的平衡问题,而动力学则研究引发剂和聚合速率等问题。从热力学判断,

乙烯应该能够聚合,但在发现高温高压的合适条件和/或特殊引发剂以前,却未能制得高分子量聚乙烯,这属于动力学问题。另一方面,α-甲基苯乙烯在 0 ℃下能够聚合,但在 100 ℃下不加压却无法聚合,这属于热力学问题。

本节从热力学宏观角度来剖析单体的聚合可能性,并着重讨论聚合热和聚合上限温度。

3.14.1　聚合热力学的基本概念

聚合反应的 ΔG、ΔH 和 ΔS 分别表示 1 mol 单体和聚合物中 1 mol 重复单元之间的自由能、焓和熵的差。聚合反应由链引发和链终止反应和许多步链增长反应所组成,但是,聚合反应的热力学仅仅与增长阶段有关。

烯烃的链式聚合反应是放热的($\Delta H < 0$),也是减熵的($\Delta S < 0$)。其放热性质是由单体分子的 π 键变成聚合物分子的 σ 键而释放能量所引起的。减熵的原因是聚合物的有序度比单体高。因此,从焓的观点来看,有利于聚合反应,但从熵的观点看却是不利的。由表 3-9 可看出,各种单体的 ΔH 变化较大,而 ΔS 值变化较小。估算 ΔH 的方法有对聚合反应的直接量热测定(即通过单体和聚合物之间燃烧热之差来测定)和测定聚合反应的平衡常数等。

$$\Delta G = \Delta H - T\Delta S \tag{3-96}$$

式中,ΔH 为负值,且其绝对值大于 $T\Delta S$,故 ΔG 为负值,表示烯烃聚合反应在热力学上十分有利。由表 3-9 的数据可知任何碳-碳双键的聚合在热力学上是普遍可行的,因为在所有情况下 ΔG 均为负值。但还要取决于动力学上的可行性,如特殊的催化体系等。

表 3-9　聚合反应(25 ℃)的焓和熵

单　　位	$-\Delta H/(\text{kJ·mol}^{-1})$	$-\Delta S/(\text{J·K}^{-1}·\text{mol}^{-1})$
乙烯	93	155
丙烯	84	116
1-丁烯	83.5	113
异丁烯	48	121
1,3-丁二烯	73	89
异戊二烯	75	101
苯乙烯	73	104
α-甲基苯乙烯	35	110
氯乙烯	72	—
偏氯乙烯	73	89
四氟乙烯	163	112
丙烯酸	67	—
丙烯腈	76.5	109
马来酸酐	59	—
乙酸乙烯酯	88	110
丙烯酸甲酯	78	—
甲基丙烯酸甲酯	56	117

注:ΔH 是指液体单体到非晶态或轻度结晶的聚合物的转化,ΔS 指的是单体(浓度 1 mol·L^{-1})到非晶态或轻度结晶的聚合物的转化。

3.14.2 单体结构效应

取代基对 ΔH 的变化有很大影响。不同取代基的乙烯，其 ΔH 的变化是由下列因素之一引起的。

① 由单体与聚合物之间共轭或超共轭的不同而引起它们之间共振稳定性的差别。例如，取代基苯环、羰基、C═C 和 CN 等，因与双键共振能稳定单体，但对聚合物的稳定性没有明显影响，因此降低了聚合反应的焓。烷基与 C═C 的超共轭效应也能使丙烯聚合时的 ΔH 降低。

② 由键角变形，键伸展或非成键原子间的相互作用引起的单体与聚合物之间空间张力的差异。例如，1,1－二取代的单体聚合后，在聚合物链上发生 1,2－相互作用，引起聚合物的空间张力升高，使 ΔH 值降低，如 α－甲基苯乙烯的 ΔH 为 35 kJ/mol，是单体中最小的。

③ 单体和聚合物之间的氢键或偶极相互作用的差异。有些单体如丙烯酸和丙烯酰胺，分子间缔合强，有效地稳定了单体，聚合后由于空间障碍阻止了取代基按要求排列，使相互作用减弱，ΔH 因而降低。

因为聚合反应的 ΔS 基本上是单体的移动熵，对单体的结构相对来说是不敏感的，其值稳定在 100～120 $J\cdot K^{-1}\cdot mol^{-1}$ 内。所有单体在 50 ℃时，$T\Delta S$ 在 30～40 kJ/mol 内变化。

3.14.3 对于 1, 2－二取代乙烯的聚合反应

这里指的取代基，其体积比氟原子大。这类取代乙烯，如下：

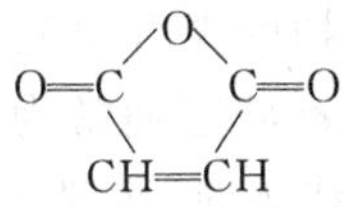

PhCH═CHPh　　ClCH═CHCl　　PhCH═CHCOPh

很少或不倾向于聚合反应，空间阻碍是主要原因，不是热力学因素。例如，马来酸的 ΔH 为 －59 kJ/mol。造成聚合倾向低的原因是动力学因素，即增长链自由基与单体分子接近时的空间阻碍，增长链自由基的 β－取代基和进入的单体分子双取代基之间有空间相互作用：

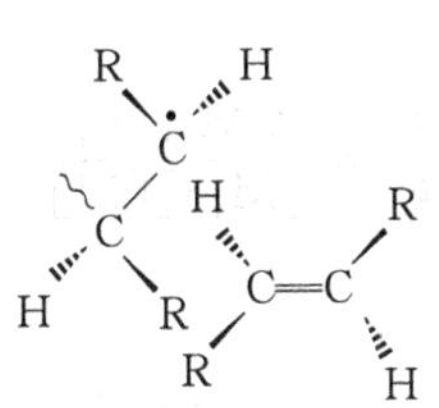

3.14.4 聚合－解聚平衡和聚合上限温度

大多数链式聚合反应都存在某一温度，在此温度下聚合反应与其逆反应达到平衡，链增长反应可以写成：

$$M_n\cdot + M \underset{k_{dp}}{\overset{k_p}{\rightleftharpoons}} M_{n+1}\cdot$$

式中，k_{dp}是逆反应（解聚反应、负增长反应）的速率常数。单体聚合时，起初升高温度使 k_p变大，故聚合反应速率也增大。但在较高温度时，k_{dp}从零开始上升，并随温度的升高变得越来越重要。

当达到最高聚合温度 T_c 时,增长速率与负增长速率相等,聚合物产生的净速率为零。图 3-17 表示苯乙烯聚合中温度的影响。

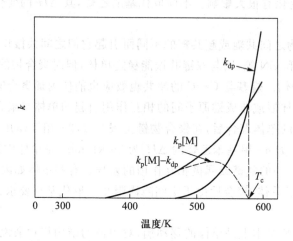

图 3-17 苯乙烯的 $k_p[M]$ 及 k_{dp} 随温度的变化

反应等温式:

$$\Delta G = \Delta G^{\ominus} + RT \ln K \tag{3-97}$$

可用于分析聚合-解聚平衡,式中,$\Delta G^{\ominus}$ 是在标准状态下,单体和聚合物的聚合反应自由能的变化值。单体的标准状态常用纯单体或 1 mol·L^{-1} 的溶液。聚合物的标准状态通常为非晶态或轻度结晶的固体聚合物,或含 1 mol·L^{-1} 重复单元的聚合物溶液。平衡状态时,定义 $\Delta G = 0$,结合式(3-96)与式(3-97)可得

$$\Delta G^{\ominus} = \Delta H^{\ominus} - T \Delta S^{\ominus} = -RT \ln K \tag{3-98}$$

平衡常数 K 为

$$K = \frac{k_p}{k_{dp}} = \frac{[M_{n+1} \cdot]}{[M_n \cdot][M]} = \frac{1}{[M]} \tag{3-99}$$

结合式(3-98)及式(3-99),得

$$T_c = \frac{\Delta H^{\ominus}}{\Delta S^{\ominus} + R \ln [M]_c} \tag{3-100a}$$

或

$$\ln [M]_c = \frac{\Delta H^{\ominus}}{RT_c} - \frac{\Delta S^{\ominus}}{R} \tag{3-100b}$$

以 $\ln[M]_c$ 对 $1/T$ 作图得直线,其负的斜率为 $\Delta H/R$,截距为 $-\Delta S^{\ominus}/R$。对应于一系列的平衡单体浓度,存在着不同的最高聚合温度,即对应于浓度为 $[M]_c$ 的单体溶液,都有一个使聚合反应速率不能进行的温度,此时 $k_{dp} = k_p[M]$。T_c 高,则初始单体浓度高。但在某一个上限温度以上时,即使用纯单体也不能得到聚合物,因为在这时聚合物的分解占主导。在一些文献中常常提供一个最高上限温度值,这是纯单体或 1 mol·L^{-1} 单体的 T_c 值。

许多烯类单体在常用的反应温度下基本上可完全转变成聚合物。表 3-10 列出了几种单体在 25 ℃时的平衡单体浓度及纯单体的最高聚合温度。由表 3-10 看出,任何聚合反应获得聚合物都含有剩余单体,其量由式(3-100)确定。另外,有些单体如纯的 α-甲基苯乙烯,在 60 ℃时不能聚合,又如甲基丙烯酸甲酯在 220 ℃以下可聚合,但转化明显不完全,如在 100 ℃下始终有 $0.039\ mol \cdot L^{-1}$ 的单体不能聚合。

表 3-10　聚合反应-解聚合反应的平衡

单　　体	$[M]_c/(mol \cdot L^{-1})(25\ ℃)$	纯单体的 $T_c/℃$
乙酸乙烯酯	1×10^{-9}	—
丙烯酸甲酯	1×10^{-9}	—
乙烯	—	400
苯乙烯	1×10^{-6}	310
甲基丙烯酸甲酯	1×10^{-3}	220
α-甲基苯乙烯	2.2	61
异丁烯	—	50

令人感兴趣的是聚合物在最高聚合温度以上并不发生解聚反应,例外的情况是在末端基或长链聚合物的某些部位发生键的断裂而产生活性端基时(由加热、化学反应、光照或其他途径产生)会发生解聚,直到单体浓度等于该温度下的 $[M]_c$ 时才会停止。

3.15　自由基聚合的聚合方法

经过大量的讨论,对自由基聚合已经有了一定的了解。但是聚合反应,不论实验室研究,还是实际生产,都需通过一定的聚合方法(过程)来实施。传统自由基聚合沿用本体聚合、溶液聚合、悬浮聚合、乳液聚合四种聚合方法。

本体聚合是单体加有(或不加)少量引发剂的聚合,包括熔融聚合和气相聚合;溶液聚合则是单体和引发剂溶于适当溶剂中的聚合,包括淤浆聚合;悬浮聚合一般是单体以液滴状悬浮在水中的聚合,体系主要由单体、水、油溶性引发剂和分散剂四部分组成,反应机理与本体聚合相同;乳液聚合则是单体在水中分散成乳液状而进行的聚合,一般体系由单体、水、水溶性引发剂、水溶性乳化剂组成,机理独特。表 3-11 列举了几种聚合体系和与其对应的实施方法。

表 3-11　聚合体系和实施方法示例

单体-介质体系	聚合方法	聚合物-单体-溶剂体系	
		均相聚合	沉淀聚合
均相体系	本体聚合(气相、液相、固相)	乙烯高压聚合、苯乙烯、丙烯酸酯	氯乙烯、丙烯腈、丙烯酰胺
	溶液聚合	苯乙烯-苯、丙烯酸-水、丙烯腈-二甲基甲酰胺	氯乙烯-甲醇、丙烯酸-己烷、丙烯腈-水

单体-介质体系	聚合方法	聚合物-单体-溶剂体系	
		均相聚合	沉淀聚合
非均相体系	悬浮聚合	苯乙烯、甲基丙烯酸甲酯	氯乙烯
	乳液聚合	苯乙烯、丁二烯、丙烯酸酯	氯乙烯

3.15.1　本体聚合

本体聚合体系仅由单体和少量(或无)引发剂组成,产物纯净,后处理简单,是比较经济的聚合方法;更适于实验室研究,如单体聚合能力的初步评价、少量聚合物的试制、动力学研究、竞聚率的测定等,所用的仪器有简单的试管、封管、膨胀计和特制模板等。

苯乙烯、甲基丙烯酸甲酯、氯乙烯和乙烯等气态、液态单体均可进行本体聚合。不同单体的聚合活性、聚合物-单体的溶解情况、凝胶效应等各不相同,本体聚合的动力学、传递特征及聚合工艺可以差别很大。

工业上,本体聚合可采用间歇法和连续法,关键问题是聚合热的排除。烯类单体的聚合热为 $55\sim95$ kJ/mol。聚合初期,转化率不高,体系黏度不大,散热无困难。但转化率提高(如 $20\%\sim30\%$)后体系黏度增大,产生凝胶效应,自动加速。如不及时散热,轻则造成局部过热,使分子量分布变宽,最后影响到聚合物的机械强度,重则温度失控引起爆聚。绝热聚合时,体系升温可在 100 ℃以上。这一缺点曾一度使本体聚合的发展受到限制,但经反应器搅拌和传热工程的改善和工艺的调整后,得到了解决。一般多采用两段聚合:第一阶段,保持较低转化率,$10\%\sim35\%$不等,黏度较低,可在普通聚合釜中进行;第二阶段,转化率和黏度较高,则在特殊设计的反应器内聚合。

下面介绍几种实例:

① 苯乙烯连续本体聚合　聚苯乙烯系列一般包括通用级聚苯乙烯(GPPS)、抗冲聚苯乙烯(HIPS)、可发性聚苯乙烯(EPS)三类;还可以扩展到苯乙烯-丙烯腈共聚物(SAN)、ABS 树脂等。除可发性聚苯乙烯采用悬浮法外,其他品种均可采用本体法生产。

苯乙烯连续本体聚合的散热问题可分预聚和聚合两段来克服。20 世纪 40 年代,开发了釜-塔串联反应器,分别承担预聚和后聚合的任务。预聚可在立式搅拌釜内进行,聚合温度 $80\sim90$ ℃,BPO 或 AIBN 作引发剂,转化率控制在 $30\%\sim35\%$以下。这时,尚未出现自动加速现象,聚合热不难排除。透明黏稠的预聚物流入聚合塔顶缓慢流向塔底,温度自 100 ℃渐增至 200 ℃,最后达 99%的转化率,自塔底出料,经挤出、冷却、切粒即成透明粒料产品。

旧有方法无脱挥装置,聚苯乙烯中残留有较多的单体,影响到质量。近几十年来,有多种新型聚合反应器能保证有效的搅拌混合和传热。在工艺上,添加 20%乙苯,并控制最终转化率在 80%以下,即最终聚合物含量约 60%,体系黏度不至于过高,保证聚合正常进行。聚合结束后,物料进入脱挥装置,将残留苯乙烯降到合理含量($<0.3\%$),保证质量。

② 甲基丙烯酸甲酯的间歇本体聚合——有机玻璃板的制备　甲基丙烯酸甲酯(MMA)可选用悬浮法、乳液法、甚至溶液法聚合,但间歇本体聚合仍是制备板、管、棒和其他型材的重要方法。

在间歇法制有机玻璃板过程中,有散热困难、体积收缩、产生气泡等诸多问题,可以分成预聚、聚合和高温后处理三个阶段来控制。

预聚阶段系将 MMA、引发剂 BPO 或 AIBN,以及适量增塑剂、脱模剂等加入普通搅拌釜内,于 90~95 ℃下聚合至 10%~20%转化率,成为黏稠浆液(黏度可达 1 Pa·s)。这时体系黏度不高,凝胶效应不显著,传热并无困难;并且体积已部分收缩,聚合热已部分排除,有利于后聚合,此外黏滞的预聚物不易漏模。有时在单体中可溶少量有机玻璃碎片,增加黏度,提前自动加速,缩短预聚时间。预聚结束,用水冷却,暂停聚合,备用。

聚合阶段系将黏稠预聚物灌入无机玻璃平板模,移入空气浴或水浴中,慢慢升温至 40~50 ℃,聚合数天,5 cm 板需要一周,达 90%转化率。低温缓慢聚合的目的在于与散热速率相适应。如聚合过快,来不及散热,造成热点,将影响到分子量分布和强度。此外,温度过高,易产生气泡。为了适应体系收缩,平板玻璃模间嵌有橡胶条,便于夹紧伸缩。

转化率达 90%以后,进一步升温至聚甲基丙烯酸甲酯(PMMA)玻璃化转变温度以上(如 100~120 ℃),进行高温后处理,使残余单体充分聚合。聚合结束后经冷却、脱模、修边,即成有机玻璃板成品。这样由本体浇铸聚合法制成的有机玻璃,分子量可达 10^6,而注射用的悬浮法 PMMA 的分子量一般只有 $5 \times 10^4 \sim 10^5$。

聚甲基丙烯酸甲酯呈非晶态,$T_g = 105$ ℃,强度好,尺寸稳定,耐光耐候,耐化学品,透射率 92%,有有机玻璃之称,可用作航空玻璃、光导纤维、指示灯罩和标牌仪表牌等。

3.15.2 溶液聚合

单体和引发剂溶于适当溶剂中的聚合称作溶液聚合,以水为溶剂时,则称为水溶液聚合。本节着重讨论自由基溶液聚合,顺便提及离子溶液聚合。

1. 自由基溶液聚合

溶液聚合体系黏度较低,混合和传热较易,温度容易控制,减弱凝胶效应,可避免局部过热。但是溶液聚合也有缺点:① 单体浓度较低,聚合速率较慢,设备生产能力较低;② 单体浓度低和向溶剂链转移的双重结果,使聚合物分子量降低;③ 溶剂分离回收费用高,难以除净聚合物中残留溶剂。因此,工业上溶液聚合多用于聚合物溶液直接使用的场合,如涂料、胶黏剂、合成纤维纺丝液和继续化学反应等,示例见表 3-12。

表 3-12　自由基溶液聚合示例

单体	溶剂	引发剂	聚合温度/℃	聚合液用途
丙烯腈加第二、第三单体	硫氰化钠水溶液	AIBN	75~80	纺丝液
	水	氧化还原体系	40~50	粉料,配制纺丝液
醋酸乙烯酯	甲醇	AIBA	50	醇解成聚乙烯醇
丙烯酸酯类	醋酸乙酯加芳烃	BPO	沸腾回流	涂料,黏结剂
丙烯酰胺	水	过硫酸铵	沸腾回流	絮凝剂

此外,溶液聚合有可能消除凝胶效应,有利于动力学研究。选用链转移常数小的溶剂,容易建立聚合速率、分子量与单体浓度、引发剂浓度等参数之间的关系。

自由基溶液聚合在选择溶剂时,需注意下列两方面问题:

① 溶剂对聚合活性的影响　溶剂往往并非绝对惰性,对引发剂有诱导分解作用,链自由基对溶剂有链转移反应。这两方面的作用都可能影响聚合速率和分子量。

各类溶剂对过氧类引发剂的分解速率依次增加如下:芳烃＜烷烃＜醇类＜醚类＜胺类。偶氮二异丁腈在许多溶剂中多呈一级分解,较少诱导分解。向溶剂链转移的结果,将使分子量降低。各种溶剂的链转移常数变动很大,水为零,苯较小,卤代烃较大。

② 溶剂对凝胶效应的影响　选用聚合物的良溶剂时,为均相聚合,如浓度不高,可不出现凝胶效应,遵循正常动力学规律。选用沉淀剂时,则成为沉淀聚合,凝胶效应显著。不良溶剂的影响则介于两者之间。有凝胶效应时,反应自动加速,分子量也增大。

链转移与凝胶效应同时发生时,分子量分布将决定于这两个相反因素影响的深度。

2. 丙烯腈连续溶液聚合

聚丙烯腈是重要的合成纤维,其产量仅次于涤纶和聚酰胺。

丙烯腈均聚物中氰基极性强,分子间吸力大,加热时不熔融,只分解;只有少数几种强极性溶剂,如 N,N'-二甲基甲酰胺和二甲基亚砜,才能使之溶解。均聚物难成纤维,纤维性脆不柔软,难染色。因此聚丙烯腈纤维都是丙烯腈和第二、第三单体的共聚物,其中丙烯腈 $90\%\sim92\%$。丙烯酸甲酯常用作第二单体($7\%\sim10\%$),适当降低分子间吸力,增加柔软性和手感,利于染料分子扩散入内。第三单体一般含有酸性或碱性基团,用量约 1%。羧基(如 1-亚甲基丁二酸或衣康酸)和磺酸盐(如烯丙基磺酸钠)有助于碱性染料的染色,碱性基团(如乙烯基吡啶)则有助于酸性染料的染色。

丙烯腈连续溶液聚合有两种工艺:均相聚合和沉淀聚合。

① 连续均相溶液聚合　选用能使聚丙烯腈溶解的溶剂进行共聚合,如 N,N'-二甲基甲酰胺、$51\%\sim52\%$硫氰化钠水溶液等。以后者为例:引发剂以偶氮二异丁腈为宜,以免过氧类引发剂将硫氰化钠氧化成硫氰$(SCN)_2$,异丙醇可用作分子量调节剂。介质 pH 约 5 ± 0.2,聚合温度 $75\sim80$ ℃,转化率 $70\%\sim75\%$,进料单体质量分数 17%,出料聚合物质量分数 13%,脱除单体后,即成纺丝液。这一方法称作一步法,该法中硫氰化钠溶液的浓度非常重要。

② 连续沉淀聚合　仅以水作介质进行共聚合。丙烯腈在水中有相当溶解度(25 ℃约 7.3%),而聚丙烯腈则不溶于水中,聚合后将从水中沉析出来。选用过硫酸盐或氯酸钠与适当还原剂组成氧化还原引发体系,聚合温度 $40\sim50$ ℃,转化率 80%。共聚物从水中沉析出来,经洗涤、分离、干燥(如必要),再用适当溶剂配成纺丝液。这一方法称作二步法,因质量容易控制,目前多有选用。

3. 醋酸乙烯酯溶液聚合

聚醋酸乙烯酯的玻璃化转变温度约 28 ℃,用作涂料或黏结剂时,多采用乳液聚合或分散聚合生产。如果要进一步醇解成聚乙烯醇,则采用溶液聚合的方法。

芳烃、酮类、卤代烃、醇类都是聚醋酸乙烯酯的溶剂,但从聚合速率和分子量两方面考虑,溶液聚合时多选用甲醇。向甲醇的链转移常数不大(60 ℃时约为 4.3×10^{-4}),但其用量对聚乙烯醇的分子量有影响。可用偶氮二异丁腈作引发剂,聚合温度约 65 ℃,在回流条件下聚合。转化率控制在 60%左右,过高将引起支链。产物聚合度为 $1\,700\sim2\,000$。

聚醋酸乙烯酯的甲醇溶液可以进一步醇解成聚乙烯醇。合成纤维用聚乙烯醇要求醇解度大于 99%,分散剂和织物上浆剂用聚乙烯醇则要求醇解度 80%左右。

4. 丙烯酸酯类溶液共聚合

(甲基)丙烯酸酯类种类很多,共聚物有耐光耐候、浅色透明、黏结力强等优点,用作涂料、黏结剂及织物、纸张、木材等的处理剂。

丙烯酸酯类有甲酯、乙酯、丁酯和乙基己酯等,其均聚物玻璃化转变温度都低,分别为 8 ℃、−22 ℃、−54 ℃和−70 ℃。这些酯类很少单独均聚,常用作共聚物中的软组分。苯乙烯、甲基丙烯酸甲酯和丙烯腈等则用作硬组分。根据两者比例来调整共聚物的玻璃化温度。

最简单的丙烯酸酯类溶液共聚系以丙烯酸丁酯为软单体,苯乙烯为硬单体,两者质量比为2∶1,再加入少量丙烯酸(2%～3%)。以醋酸乙酯和甲苯为溶剂,其量与单体相等。将全部溶剂和少量单体混合物、过氧化二苯甲酰引发剂加入聚合釜内,在回流温度下聚合,热量由夹套或釜顶回流冷凝器带走。其余单体混合物根据散热速率逐步滴加,对共聚物组成如有均一性要求,则可根据两单体的竞聚率和共聚方程来拟定滴加单体配比的方案。加完单体混合物,再经充分聚合后,冷却,聚合液出料装桶,即为成品。

现在为了环保需要,丙烯酸酯类共聚多改用乳液法。

5. 离子型溶液聚合

离子聚合和配位聚合的引发剂容易被水、醇、氧和二氧化碳等含氧化合物所破坏,因此不能用水作介质,而采用有机溶剂进行溶液聚合或本体聚合。

根据聚合物在溶剂中的溶解能力,可分为均相溶液聚合和沉淀(或淤浆)聚合。一些配位引发剂可溶于溶剂中,另一些则不溶,构成微非均相体系,见表 3−13。

表 3−13 离子型溶液聚合示例

聚合物	引 发 剂	溶 剂	溶解情况		聚合方法习惯名称
			引发剂	聚合物	
聚乙烯	$TiCl_4 - Al(C_2H_5)_3$	烷烃	不溶	沉淀	淤浆聚合
聚丙烯	$TiCl_3 - Al(C_2H_5)_2Cl$	烷烃	不溶	沉淀	淤浆聚合
顺丁橡胶	Ni 盐−$AlR_3 - BF_3 \cdot OEt_2$	烷烃或芳烃	不溶	均相	溶液聚合
异戊橡胶	LiC_4H_9	烷烃	溶	均相	溶液聚合
乙丙橡胶	$VOCl_3 - Al(C_2H_5)_2Cl$	烷烃	溶	均相	溶液聚合
丁基橡胶	$AlCl_3$	氯甲烷	溶	沉淀	悬浮聚合

离子聚合选用溶剂的原则:首先应该考虑溶剂化能力,即溶剂对活性种离子对紧密程度和活性的影响,这对聚合速率、分子量及其分布、聚合物微结构都有深远的影响;其次才考虑溶剂的链转移反应。在离子聚合中,溶剂的选择处于与引发剂同等重要的地位。

大规模溶液聚合一般选用连续法,聚合后往往有凝聚、分离、洗涤、干燥等工序。

6. 超临界 CO_2 中的溶液聚合

超临界 CO_2 的临界温度为 31.1 ℃,临界压力 7.38 MPa,呈低黏液体,可以用作聚合介质,对自由基稳定,无链转移反应,能溶解含氟单体和聚合物。

在超临界 CO_2 中,自由基聚合可以分成均相溶液聚合和沉淀分散聚合两类。第一类均相溶液聚合具有溶剂容易脱除、无毒、阻燃的优点。适用的单体包括四氟乙烯、丙烯酸 1,1−二羟基全氟辛酯和对氟烷基苯乙烯等。此外,氟代单体还可以与甲基丙烯酸甲酯、乙烯和苯乙烯等共聚不沉淀,仍能保持均相溶液状态。

第二类沉淀分散聚合的特点是单体和引发剂溶解,而聚合物不溶,苯乙烯、甲基丙烯酸甲酯等都属于这情况。随着反应条件和稳定剂的不同,分散粒径可达 100 nm～10 μm。该法聚合物的分子量比均相溶液聚合的要高,可能原因是自由基被包埋。

超临界 CO_2 聚合具有环保优势。该法不局限于自由基聚合,甲醛和乙烯基醚的阳离子聚合,环氧烷烃、丁氧环的开环聚合,降冰片烯的开环易位聚合(ROMP),甚至缩聚都可以在超临界 CO_2 中进行。可见发展前景很好。

3.15.3 悬浮聚合

单体以小液珠悬浮在水中进行的聚合反应叫悬浮聚合,也叫珠状聚合。悬浮聚合体系的主要组分有四个,即单体、引发剂、水和悬浮剂。引发剂溶解于单体中,单体在搅拌和悬浮剂的作用下,分散成小液珠悬浮于水中。随着聚合反应的进行,单体小液珠逐渐变成了聚合物固体小粒子。如果形成的聚合物溶于单体,在小液珠中进行的是均相聚合,得到的产物是珠状小粒子,如聚苯乙烯。若聚合物不溶于单体,则是沉淀聚合,得到的产物是粉状固体,如聚氯乙烯。悬浮聚合结束后,聚合物经分离、洗涤、干燥,即得到珠状或粉状产品。

悬浮聚合产物的粒径一般在 0.01～5 mm,与搅拌速率、分散剂的性质及用量有关。因为悬浮聚合中,反应是在单体小液滴中进行的,因此,聚合反应机理与本体聚合相似。

悬浮聚合有如下优点:① 以水作介质,比热容高,体系黏度低,散热和温度控制比本体和溶液聚合容易;② 产物分子量比溶液聚合高,产物分子量及分布稳定;③ 产物中杂质含量比乳液聚合低;④ 后处理工序比溶液聚合和乳液聚合简单,生产成本低。

悬浮聚合的主要缺点:产物中残留有少量悬浮剂,必须彻底除尽后,才能用于生产透明性和电绝缘性要求高的产品。

综合起来看,悬浮聚合兼有本体聚合和溶液聚合的优点,因此,悬浮聚合在工业上得到广泛的应用。

悬浮聚合的关键问题是悬浮粒子的形成与控制。其动力学研究则与本体聚合类似。

悬浮聚合所用的单体是非水溶性的。一般来说单体密度小于水,所以单体在上层。这类单体有苯乙烯、甲基丙烯酸甲酯和氯乙烯等,它们在水中的溶解度很小,只有万分之几到千分之几。

要将非水溶性单体以液珠分散在水相中,就必须借助外力的作用,如图 3-18 所示。处在水面上的单体层在搅拌产生的剪切力作用下,由变形到分散成小液滴。但单体液滴和水之间的界

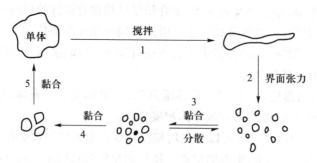

图 3-18 单体分散过程示意图

面张力使小液滴成球形,并倾向于聚集成大液滴。搅拌的剪切力和界面张力对分散过程作用的方向正好相反。当搅拌速率和界面张力保持不变时,在一定的时间内,分散过程就会达到一个动态平衡状态,液珠达到某一平均粒径,其大小有一定分布。

要使单体均匀、稳定地分散、悬浮在水中,仅靠搅拌难以达到目的。在聚合过程中,当转化率达到一定值时,如 20%,单体液珠中溶有一定量的聚合物,开始发黏。此刻两个液珠相碰后,很容易黏在一起,搅拌太快反而会促进黏结,最后会结成大块,再也无法使其分散。当聚合反应到 60%～70%的高转化率时,液珠基本变成了固体粒子,就不会黏在一起了。因此在悬浮聚合反应中,必须加入悬浮剂,悬浮剂在液珠表面形成保护层,防止黏结成块。

切记,在聚合反应进行到液珠发黏阶段时,即使加了悬浮剂,停止搅拌后,也仍有黏成块的危险。因此,搅拌和悬浮剂的加入缺一不可。

悬浮聚合中用的悬浮剂(也称分散剂或成粒剂)有两类,即水溶性有机高分子和非水溶性无机粉末,它们的作用机理是不同的。

1. 水溶性有机高分子

① 种类 这类聚合物中有合成高分子,也有天然高分子。合成高分子有聚乙烯醇(部分醇解)、聚丙烯酸和聚甲基丙烯酸盐、马来酸酐－苯乙烯共聚物等。天然高分子有甲基纤维素、羧甲基纤维素、PAC 丙基纤维素、明胶、淀粉和海藻酸钠等。但用得比较多的是合成高分子。

② 作用 一方面在单体液珠表面,形成了保护膜(图 3-19),另一方面溶于水,增大了介质的黏度,减少了两个液珠碰撞的机会。聚乙烯醇和明胶等还会降低界面张力,能使液珠更均匀。

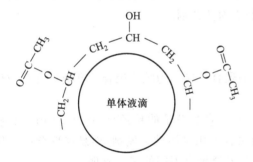

图 3-19 聚乙烯醇分散作用示意图

图 3-20 无机粉末分散作用示意图

2. 非水溶性无机粉末

这类物质有碳酸镁、碳酸钙、碳酸钡、硫酸钙、磷酸钙、滑石粉、高岭土和白垩等。能被吸附在液珠表面,起着机械隔离作用(图 3-20)。

悬浮剂种类的选择和用量的确定要根据合成聚合物的性能和用途及珠粒的大小、形态而定。聚乙烯醇及明胶的用量一般为单体量的 0.1%左右,无机粉末通常为水量的 0.1%～1%。珠粒的大小与界面张力有关,界面张力越小,形成的珠粒越小。因此,为了获得粒径小的珠粒,往往加入少量的表面活性剂降低体系的界面张力。

除搅拌和悬浮剂两个主要因素外,对珠粒大小及形态产生影响的其他因素还有水与单体比例、聚合反应温度和速率、单体和引发剂种类及用量等。

一般来说,搅拌转速越高,产生的剪切力越大,形成的单体液珠就越小。水与单体的质量比通常在 $1:1\sim6:1$ 范围内。水少会使珠粒变粗或结块,水多使珠粒变细,且粒径分布变窄。

下面,以氯乙烯的悬浮聚合为例说明该方法的工业应用。

氯乙烯的工业聚合方法有悬浮聚合、本体聚合和乳液聚合,其中悬浮聚合约占 80% 左右。

聚氯乙烯的品种很多,但从颗粒的形态看,有疏松型和紧密型之分,但绝大多数为疏松型。氯乙烯悬浮聚合配方中的主要组成是氯乙烯、水、油溶性引发剂和悬浮剂,根据疏松型和紧密型聚氯乙烯的要求,水与单体的质量比由 $2:1$ 到 $1.1:1$ 不等。除了主要组分外,视情况还要加入 pH 调节剂、防黏釜剂及消泡剂等。

氯乙烯悬浮聚合过程如下:先将 180 份去离子水加入聚合釜中,开动搅拌,依次加入悬浮剂、引发剂及其他助剂。抽空充氮气后,停止搅拌,加入 100 份氯乙烯,随后升温至 $50\sim60$ ℃,压力为 $0.7\sim0.83$ MPa,再开动搅拌开始聚合。采用低活性引发剂时,转化率在 60%~70% 后出现自动加速效应,反应温度迅速上升。应用水立即冷却,压力下降后,即可出料。疏松型聚氯乙烯的转化率一般在 80%~85% 以下。聚合结束后,单体回收再用,聚合物经过后处理、离心分离、洗涤、干燥、过筛即是聚氯乙烯成品。

聚氯乙烯的分子量与引发剂浓度无关,而决定于聚合反应温度,这是由于聚合物增长链的终止方式以向单体链转移为主。典型的工业生产聚氯乙烯的数均分子量为 3 万~8 万。

悬浮剂的选择对于聚氯乙烯颗粒形态的控制十分重要。选用明胶时,其水溶液表面张力较大(25 ℃时为 0.68 N/m),得到紧密型产品。当选用醇解度为 80% 的聚乙烯醇或羟丙基甲基纤维素时,水溶液表面张力较小(25 ℃时为 $0.52\sim0.48$ N/m),形成的是疏松型产品。目前更多的是用上述两种悬浮剂的复合体系,并加极少量的表面活性剂。

3.15.4   乳液聚合

单体被乳化剂以乳液状态分散在水介质中的聚合反应称为乳液聚合。乳液聚合反应体系的主要组成是单体、水、引发剂和乳化剂。

乳液聚合与悬浮聚合的差别:① 乳液聚合中,聚合物粒子的粒径小,只有 10 μm,而悬浮聚合的粒径为 $50\sim200$ μm(0.5~2 mm);② 乳液聚合中用水溶性引发剂,而悬浮聚合中则用油溶性引发剂。正是这些差别导致了乳液聚合具有与悬浮聚合不同的聚合机理。

对于本体、溶液和悬浮聚合,聚合反应速率和聚合物分子量之间存在着倒数关系,这一点严重地限制了对聚合物分子量的大幅度改变。要降低分子量可以无需改变聚合速率而用加入链转移剂来完成。但要大幅度提高分子量,只能通过降低引发剂浓度或反应温度从而降低聚合反应速率来实现。而乳液聚合却不同,它提供了一个提高聚合物分子量而不降低聚合速率的独特方法。

乳液聚合主要有以下优点:① 聚合反应可在较低的温度下进行,并能同时获得高聚合速率和高分子量;② 以水作介质,比热容大,体系黏度小,而且保持不变,有利于散热、搅拌和连续操作;③ 乳液产品(称胶乳)可以作为涂料、黏合剂和表面处理剂直接应用,而没有易燃及污染环境等问题。

乳液聚合的主要缺点:① 聚合物以固体使用时,需要加破乳剂,如食盐、盐酸或硫酸等,会产生大量废水,而且要洗涤、脱水、干燥,工序多,生产成本比悬浮聚合高;② 产物中杂质含量较高。

乳液聚合在工业上得到了广泛应用。例如,合成橡胶中产量最大的丁苯橡胶和丁腈橡胶就是采用连续乳液聚合法生产的。还有聚丙烯酸酯类涂料和黏合剂、聚醋酸乙烯酯胶乳等都是用乳液聚合方法生产的。

关于乳液聚合更为具体的内容将会在下章中进行详细介绍。

最后,表 3-14 总结了几种自由基聚合的实施方法。

表 3-14 自由基聚合实施方法比较

实施方法	本体聚合	溶液聚合	悬浮聚合	乳液聚合
配方主要成分	单体、引发剂	单体引发剂、溶剂	单体、引发剂、分散剂、水	单体、引发剂、乳化剂、水
聚合场所	本体内	溶剂内	液滴内	胶束和乳胶粒内
聚合机理	自由基聚合一般机理,聚合速率上升,聚合度下降	容易向溶剂转移,聚合速率和聚合度都较低	类似本体聚合	能同时提高聚合速率和聚合度
生产特征	设备简单,易制备板材和型材,一般间歇法生产,热不容易导出	传热容易,可连续生产,产物为溶液状	传热容易,间歇法生产,后续工艺复杂	传热容易,可连续生产,产物为乳液状,制备成固体的后续工艺复杂
产物特性	聚合物纯净,分子量分布较宽	分子量较小,分布较宽,聚合物溶液可直接使用	较纯净,留有少量分散剂	留有乳化剂和其他助剂,纯净度较差

[相关阅读]

自由基聚合在高分子化学中占有极其重要的地位,是开发最早、研究最为透彻的一种聚合反应历程。目前 60% 以上的聚合物是通过自由基聚合得到的,如低密度聚乙烯、聚苯乙烯、聚氯乙烯、聚甲基丙烯酸甲酯、聚丙烯腈、聚醋酸乙烯、丁苯橡胶、丁腈橡胶和氯丁橡胶等。

下面结合实际生产生活和科学研究的前沿来介绍自由基聚合中的一些例子。

1. 丁苯橡胶(SBR)

丁苯橡胶是苯乙烯与丁二烯的共聚物。丁苯橡胶按聚合方法分类,可分为乳液聚合和溶液聚合两种。由于这种橡胶具有较低的滚动阻力、较高的抗湿滑性和较好的综合性能,故发展较快。丁苯橡胶是产量最大的合成橡胶,据统计,1991 年全世界总产量为 755 万吨,约占合成橡胶的 55%,占全部橡胶的 34%,其中大约有 70% 用于轮胎制造业。

单体:1,3-丁二烯(CH_2=CH—CH=CH_2)、苯乙烯($C_6H_5C_2H_3$)。

聚合反应:

$$CH_2=CH-CH=CH_2+C_6H_5-CH=CH_2 \rightarrow \left[CH_2-CH=CH-CH_2-CH(C_6H_5)-CH_2 \right]_n$$

丁苯橡胶抗拉强度只有 $200 \sim 350 \text{ N/cm}^2$,加入炭黑补强后,抗拉强度可达 $2\,500 \sim 2\,800 \text{ N/cm}^2$;其黏合性、弹性和形变发热量均不如天然橡胶,但耐磨性、耐自然老化性、耐水性和气密性等却优于天然橡胶,因此是一种综合性能较好的橡胶。

　　丁苯橡胶可以通过溶液聚合得到。以丁基锂为催化剂,在非极性溶剂中合成丁苯橡胶。1964 年,由美国费尔斯通轮胎和橡胶公司、壳牌化学公司开始生产。20 世纪 80 年代,世界的年产量已达数十万吨。溶液聚合丁苯橡胶分嵌段共聚物(即热塑性橡胶)和无规共聚物两类。

　　具体来讲,溶液聚合丁苯橡胶在共聚合过程中,有自发形成聚苯乙烯嵌段的倾向,为了合成苯乙烯在主链上无规分布(即不含聚苯乙烯嵌段)的共聚物,可采取连续补加单体、90～150℃高温聚合,以及添加醚、叔胺、亚磷酸盐、硫化物或表面活性剂作无规剂等措施。溶液聚合无规丁苯橡胶的分子量分布比乳液聚合丁苯橡胶窄,支化度也低。为了减轻生胶的冷流倾向,需在共聚过程中添加二乙烯基苯或四氯化锡作交联剂,使聚合物分子间产生少量交联。还可以将分子量不同的共聚物掺混,使分子量分布加宽。溶液聚合无规丁苯橡胶的顺式 1,4-异构体含量为 35%～40%,耐磨、挠曲、回弹、生热等性能比乳液聚合丁苯橡胶好,挤出后收缩小,在一般场合可代替乳液丁苯橡胶,特别适宜制浅色或透明制品,也可以制成充油橡胶。国际上正在探索调整大分子链上的乙烯基含量,使溶液法丁苯橡胶既有很好的耐磨性,又有令人满意的抗滑性,以适用于高速车胎。

　　2. 在纳米粒子表面静电吸附可聚合单体的自由基聚合反应

　　除了上面提到的在实际生产生活中的例子外,在科学研究中,自由基聚合也得到了长足的发展。

　　纳米粒子是最近几年研究中的热点,特别是其中的半导体纳米晶更是受到普遍关注。由于半导体纳米晶表现出特殊的光电性质,此类材料对光电转换、传感、显示、生物成像等领域具有极其重要的影响。纳米晶材料由于尺寸小,表面效应非常显著,实际应用中极易聚集,进而影响其性能。因此,需要用适当的惰性介质稳定纳米晶材料,防止其聚集和粘连,保持其优良的性能。由于聚合物材料具有光学透明、物理化学性质稳定、机械性能可调和易加工成型等优点,是优化纳米晶功能的优良介质。因此,科学家在构筑纳米晶与聚合物复合材料方面投入了越来越多的精力期望能通过复合实现纳米晶性能的稳定及优化。

　　已知表面带负电荷的 CdTe 纳米晶与带正电荷的季铵盐类大分子存在静电相互作用,因此可以设计合成季铵盐两亲性大分子,直接用于包覆纳米晶得到复合物。基于这一思路,科研人员设计合成了一系列季铵盐类两亲性大分子,如十八烷基-乙烯基苄基-二甲基氯化铵与苯乙烯的共聚物,并对水相制备的 CdTe 纳米晶进行修饰,实现纳米晶从水相到油相的转移,从而直接制备纳米晶与聚合物的复合物(图 3-21)。该方法的主要优点:① 纳米晶无需加热聚合,可以避免共聚过程中自由基对纳米晶荧光的猝灭,从而最大限度地保持荧光,对疏基羧酸稳定的纳米晶

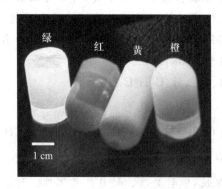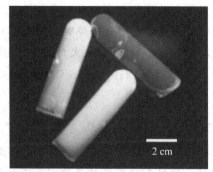

图 3-21　半导体纳米晶与聚合物复合材料的荧光照片

普遍适用;② 得到的复合物以溶液状态存在,易于加工,如加工成微米尺寸图案化结构、荧光微球及各种宏观形状的荧光固体等;③ 纳米晶在复合物中充当物理交联点,通过静电力将聚合物交联,提高材料的稳定性;④ 通过共聚合的方式灵活地在季铵盐两亲性大分子中引入光电功能基团,实现对复合物性能的调控。

【小知识】 聚氯乙烯的发明

聚氯乙烯(PVC)是用途最广泛的通用塑料之一。PVC具有很好的隔水性,所以被广泛用于制造水管、浴帘(图3-22);此外PVC具有阻燃性能,由于在燃烧时,PVC会开释出抑制燃烧的氯原子。在日常生活中,PVC可以应用于供水管道、家用管道、房屋墙板、商用机器壳体、电子产品包装、医疗器械、食品包装、仿木材料及代钢建材等。

图3-22 PVC管材

PVC的发明过程是十分有意思的。这要从100多年前的德国说起,当时电的价格很贵,照明用灯一般是用乙炔为燃料的。因而在早期的工业时代,乙炔气灯一直被广泛使用,因而乙炔市场被认为是一个很大的市场。所以一些德国企业就投资制造了大量的乙炔。可就在大量的乙炔被生产出来时,新型发电机被发明了。随之而来的是电价的大幅度下降,从此再没有人用乙炔气灯了。这样一来,大量的乙炔就没用了。

为了利用这些乙炔,在1912年,有一个叫Fritz Klatte的德国化学家,将乙炔与盐酸反应得到了氯乙烯。他把得到的氯乙烯放在实验室的架子上,过了一段时间,发现氯乙烯聚合了。聚氯乙烯(PVC)就这样被发明了。

遗憾的是,当时他并不知道聚氯乙烯有什么用处,虽然他所在的公司(Greisheim Electron)将聚氯乙烯这种材料在德国申请了专利,但直到1925年专利过期,他们也没有想出聚氯乙烯有什么用途。然而就在一年后,即1926年,美国化学家Waldo Semon又一次独立地发明了聚氯乙烯,而且发现这种材料具有优良隔水性能,非常适合做浴帘。于是,Semon和他所在的公司将聚氯乙烯在美国申请了专利,就这样PVC开始被大量生产应用。

PVC发展到现在,已经不仅仅用于制作浴帘,特别是在PVC基础上的改性PVC更是有着广阔的应用领域。

改性 PVC 的主要品种:

① 氯乙烯-醋酸乙烯酯共聚物   制造塑料地板、涂料、薄膜、压塑制品、唱片及短纤维等;

② 氯乙烯-偏二氯乙烯共聚物   这种共聚物制得的薄膜无毒、透明,具有极低的透气性与透湿性,是极好的食品包装材料,这种共聚物也是一种优良的防腐蚀材料,由其制造的纤维称偏氯纶,可做渔网、坐垫编织物和化工滤布等;

③ 丙烯-氯乙烯或乙烯-氯乙烯共聚物   丙烯含量约 10% 的共聚物,用于吹塑成型和注射成型等,与氯乙烯-醋酸乙烯酯共聚物相比,加工温度较低,且与热分解温度间隔大,熔体活动性好,无毒,透明,可制透明度高的薄膜、容器等;

④ 氯乙烯接枝共聚物   以乙烯-醋酸乙烯酯树脂为基材的氯乙烯接枝共聚物,具有优良的耐冲击性、耐候性和耐热性,适于作室外用建筑材料;

⑤ 氯化聚氯乙烯   PVC 经氯化而得的一种热塑性树脂,俗称过氯乙烯,简称 CPVC,含氯量 61%~68%,氢原子没有全部被氯取代,白色或淡黄紫色粉末,溶解性比聚氯乙烯好,能溶于丙酮、氯苯、二氯乙烷和四氯乙烷,耐热性比聚氯乙烯高 20~40 ℃,耐冷性比聚氯乙烯约低 25 ℃,不易燃烧,耐候性、耐化学药品及耐水性均优。

本 章 总 结

① 自由基聚合过程一般由多个基元反应组成,即链引发、链增长、链终止,同时各基元反应的反应速率和活化能差别大。这种聚合反应一般都是放热反应。首先,引发剂产生一个活性种,然后该活性种与单体反应生成新的活性种,再重复这一过程,达到链长增加的目的。一旦聚合过程开始,在很短的时间内,就能生成分子量很大的聚合物分子,直至单体消耗尽,同时活性种通过一定的结合方式消失后,聚合过程才会结束。

② 单体对聚合机理的选择性与分子结构中的电子效应(共轭效应和诱导效应)有关,基团体积大小所引起的位阻效应对能否聚合也有影响(只是动力学上的影响),但与所选择的聚合机理的关系较小(热力学的结果)。

③ 两链自由基的单电子相互结合成共价键的终止反应称作偶合终止。偶合终止后,大分子的聚合度为链自由基重复单元数的两倍。用引发剂引发并无链转移时,大分子两端均为引发剂碎片。

④ 某个链自由基夺取另一自由基的氢原子或其他原子的终止反应,则称作歧化终止。歧化终止后,聚合度与链自由基中单元数相同,每个大分子只有一端为引发剂残基,另一端为饱和基团或不饱和基团,两者各半。

⑤ 引发剂主要有下列几类:偶氮类引发剂、有机过氧化合物、无机过氧化类引发剂及氧化还原引发体系等。

⑥ 聚合过程一般可以分为诱导期、聚合初期、聚合中期、聚合后期等几个阶段。

⑦ 转化率达到 15%~20% 后,出现自动加速现象。

⑧ 由两种或多种单体同时参与的自由基聚合,则称作(二元)自由基共聚或多元共聚,产物为多组分的共聚物。

⑨ 用动力学法推导共聚物组成方程时,需作下列假定:等活性理论,即自由基活性与链长无关,在处理均聚动力学时已采用了这一假定;无前末端效应,即链自由基中倒数第二单元的结构对自由基活性无影响;无解聚反应,即不可逆聚合;共聚物聚合度很大,引发和终止对共聚物组成影响可以忽略;稳态,要求自由基总浓度和两种自由基的浓度都不变。

⑩ 自由基聚合采用本体聚合、溶液聚合、悬浮聚合、乳液聚合四种聚合方法。

参 考 文 献

[1] 潘祖仁.高分子化学(增强版).北京:化学工业出版社,2007.

[2] 潘才元,白如科,宗惠娟,等.高分子化学.合肥:中国科学技术大学出版社,1997.

[3] 董炎明,张海良.高分子科学教程.北京:科学出版社,2004.

[4] 周其凤,胡汉杰.高分子化学.北京:化学工业出版社,2001.

[5] Carraher C E,Jr. Polymer Chemistry.6th ed. New York:Marcel Dekker,Inc.,2003.

[6] Odian G.Principles of Polymerization.4th ed. New York:Wiley-Interscience,2004.

[7] Hageman H J. Photoinitiators for Free Radical Polymerization. Progress in Organic Coatings,1985,13:123-150.

习题与思考题

1. 解释概念

(1) 引发剂效率和引发剂半衰期

(2) 动力学链长及其表达式

(3) 链自由基的等活性理论

(4) 自动加速现象

(5) 配位聚合、阴离子聚合、阳离子聚合

(6) 自由基聚合的双基终止、歧化终止、偶合终止

(7) 阻聚、缓聚、阻聚剂、分子量调节剂

(8) 链转移常数的定义及表达式

2. 回答下列问题

(1) 举例说明自由基聚合时取代基的位阻效应、共轭效应、电负性、氢键和溶剂化对单体聚合热的影响。

(2) 自由基聚合是由哪些基元反应组成的,其中决定聚合反应速率的基元反应是什么? 决定大分子链结构的基元反应是什么? 决定聚合物分子量的两对竞争反应是什么与什么的竞争?

(3) 试总结自由基聚合反应特征。引发剂分解、链增长反应是放热反应还是吸热反应?

(4) 引发剂有哪些种类? 在无引发剂的情况下是否能发生自由基聚合? 如何引发?

(5) 什么是自动加速现象? 产生的原因是什么? 对聚合反应及聚合物会产生什么影响?

(6) 什么是凝胶效应和沉淀效应？举例说明。

(7) 什么叫链转移反应？有几种形式？对聚合反应速率和聚合物的分子量有何影响？

(8) 什么叫链转移常数？与链转移速率常数有何关系？

(9) 动力学链长的定义是什么？分析没有链转移反应与有链转移反应时动力学链长与平均聚合度的关系。

3. 计算题

(1) 苯乙烯溶液浓度 0.20 mol·L^{-1}，过氧类引发剂浓度 4.0×10^{-3} mol·L^{-1}，在 60 ℃下聚合，如引发剂半衰期 44 h，引发效率 $f=0.80$，$k_p=145$ L·mol^{-1}·s^{-1}，$k_t=7.0\times10^7$ L·mol^{-1}·s^{-1}，欲达到 50% 转化率，需多长时间？

(2) 过氧化二苯甲酰引发某单体聚合的动力学方程为 $R_p=k_p[M]\left(\dfrac{fk_t}{k_d}\right)^{1/2}[I]^{1/2}$，假定各基元反应的速率常数和 f 都与转化率无关，$[M]_0=2$ mol·L^{-1}，$[I]_0=0.01$ mol·L^{-1}，极限转化率为 10%。若保持聚合时间不变，欲将最终转化率从 10% 提高到 20%，试求

① $[M]_0$ 增加或降低多少倍？

② $[I]_0$ 增加或降低多少倍？$[I]_0$ 改变后，聚合速率和聚合度有何变化？

③ 如果热引发或光引发聚合，应该增加还是降低聚合温度？E_d、E_p、E_t 分别为 124 kJ·mol^{-1}、32 kJ·mol^{-1} 和 8 kJ·mol^{-1}。

(3) 以过氧化二苯甲酰作引发剂，苯乙烯聚合时各基元反应的活化能为 $E_d=125$ kJ·mol^{-1}，$E_p=32.6$ kJ·mol^{-1}，$E_t=10$ kJ·mol^{-1}，试比较从 50 ℃增至 60 ℃及从 80 ℃增至 90 ℃聚合速率和聚合度怎样变化？光引发的情况又如何？

(4) 以过氧化二苯甲酰为引发剂，在 60 ℃下进行苯乙烯聚合动力学研究，数据如下：60 ℃苯乙烯的密度为 0.887 g·cm^{-3}，引发剂用量为单体重的 0.109%，$r_p=2.55\times10^{-5}$ mol·L^{-1}·s^{-1}，聚合度 $=2\,460$，$f=0.8$，自由基寿命 $=0.82$ s。试求 k_d、k_p、k_t，建立三常数的数量级概念，比较 $[M]$ 和 $[M\cdot]$ 的大小，比较 R_d、r_p、R_t 的大小。

(5) 对于双基终止的自由基聚合物，每一大分子含有 1.30 个引发剂残基，假定无链转移反应，试计算歧化终止和偶合终止的相对量。

(6) 以过氧化叔丁基作引发剂，60 ℃时苯乙烯在苯中进行溶液聚合，苯乙烯浓度为 1.0 mol·L^{-1}，过氧化物浓度为 0.01 mol·L^{-1}，初期引发速率和聚合速率分别为 4.0×10^{-11} mol·L^{-1}·s^{-1} 和 1.5×10^{-7} mol·L^{-1}·s^{-1}。苯乙烯-苯为理想体系，计算 fk_d、初期聚合度、初期动力学链长，求由过氧化合物分解所产生的自由基平均要转移几次，分子量分布宽度如何？计算时采用下列数据：$C_M=8.0\times10^{-5}$，$C_I=3.2\times10^{-5}$，$C_S=2.3\times10^{-6}$，60 ℃下苯乙烯密度 0.887 g·mL^{-1}，苯的密度为 0.839 g·mL^{-1}。

(7) 按上题制得的聚苯乙烯分子量很高，常加入正丁硫醇($C_S=21$)调节，问加多少才能制得分子量为 8.5 万的聚苯乙烯？加入正丁硫醇后，聚合速率有何变化？

(8) 聚氯乙烯的分子量为什么与引发剂浓度无关而仅决定于聚合温度？氯乙烯单体链转移常数 C_M 与温度的关系如下：$C_M=12.5\exp(-30.5/RT)$，即活化能为 30.5 kJ·mol^{-1}，试求 40 ℃、50 ℃、55 ℃、60 ℃下的聚氯乙烯平均聚合度。

第四章 乳液聚合

自由基聚合反应制备聚合物有本体聚合、溶液聚合、悬浮聚合和乳液聚合四种方法。乳液聚合已成为高分子科学和工艺技术的重要领域。许多高分子材料,如合成树脂、合成橡胶、涂料、胶黏剂、纺织物后加工助剂、水泥添加剂、医用高分子材料和高新技术领域的功能聚合物微球等,都可以用乳液聚合方法生产。

4.1 乳液聚合概述

所谓乳液聚合是以单体和水在乳化剂作用下配制成乳液,加入引发剂在一定温度下进行的聚合反应。典型的乳液聚合的主要组分至少有四种,即单体、水、乳化剂和引发剂,其中单体是待进行聚合反应生成聚合物的组分,为分散相,一般是不溶于水或微溶于水的 ω -烯烃类化合物;水是分散介质,为连续相;乳化剂多为亲水性表面活性剂;引发剂一般为水溶性的过硫酸盐类或氧化还原体系。另外,在实际制备产物中,为了得到不同性能的产物和控制不同的工艺条件,不同聚合体系还会添加有其他助剂,如分子量调节剂、缓冲剂、终止剂、电解质、螯合剂和防冻剂等。

乳液聚合的反应体系为乳液状态,乳液是指水和油两种互不相溶的液体,在乳化剂的作用下形成均匀的多相分散液体,该多相分散液体在很长一段时间内能保持稳定而不分层,可以是热力学上稳定的体系、半稳定体系和不稳定体系。其稳定的时间长短,可有数小时、数天或数月不等。这取决于体系中的油、水两种液体和乳化剂及其他各组分配比及制备方法。通常将非水溶性的液体(也称为"油")在水(连续相)中形成的水包油状的乳液(O/W)称为传统乳液,而将水在油(连续相)中形成油包水状的乳液(W/O)称为反相乳液。在液-液分散体系中,分散相的尺度大小范围如图 4-1 所示。

4.1.1 乳液聚合的特点

通常提到的乳液聚合是指传统乳液聚合,同其他聚合方法,如本体聚合、溶液聚合等相比,乳液聚合方法有

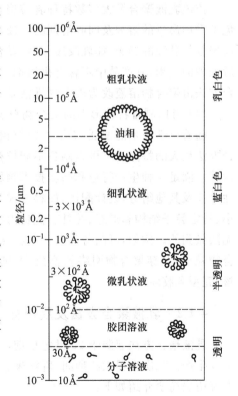

图 4-1 在液-液分散体系中分散相的尺度大小范围

如下的优点：

（1）反应热容易排除

乙烯类单体聚合反应放热大，其聚合热为 60～100 kJ/mol。在聚合物生产过程中，反应热的排除是一个重要问题，不仅关系到操作控制的稳定性和能否安全生产，而且严重影响着产品的质量和产量。对于本体聚合和高固含量溶液聚合来说，反应后期黏度急剧增大，反应体系的散热成了难以克服的困难，会造成局部过热，使产品质量变坏，甚至发生事故。但是乳液聚合中，由于聚合物乳胶粒很小，又是各自孤立存在，虽然乳胶粒内部黏度很高，但以水为介质的连续相使整个反应体系黏度不高，反应热很容易通过水扩散外传。

（2）聚合速率快和分子量高

在本体聚合、溶液聚合、悬浮聚合中，同时提高聚合物分子量和提高聚合速率二者有矛盾。一方面是如果要提高聚合速率，就必须提高反应温度，这样会加速自由基分解，使自由基浓度增加，链中止速率也增加，引起分子量减小；另一方面是要提高分子量则要降低反应温度，这样又会使反应速率降低。在乳液聚合中，一个一个自由基链被封闭在孤立的乳胶粒中，各个乳胶粒子有一定的稳定性，不容易合并，不同乳胶粒之间碰撞并使得链终止概率等于零。它只能和由水相中扩散进来的初级自由基发生链终止，故在乳液聚合中自由基链的平均寿命要长得多，有充分时间增长到很高的分子量。

（3）生产安全和环境污染小

传统乳液聚合及大多数特种乳液聚合方法（除了反相和非水分散聚合外）都以水作介质，避免了采用昂贵的溶剂及回收溶剂的麻烦，同时减少了引起火灾和污染的可能性。在直接利用合成聚合物乳液的领域，如乳胶漆、木材黏合剂、织物、皮革、纸张处理剂及乳液泡沫橡胶等，减少了后处理的过程，其产品中不含有机溶剂，无毒、不燃、安全、不污染环境，在这些应用领域中乳液聚合方法由聚合物溶液改为聚合物乳液是其重要发展方向。

（4）可以制备特种形态的聚合物粒子

随着科学技术的发展，需要一定粒径和特种形态的聚合物粒子。而乳液聚合和特种乳液聚合方法最大的特点就是可以制备不同粒径（约数十纳米到数十微米）、不同形态的聚合物粒子（或微球），满足各种生产行业和高新技术领域的特种需要。还可进行"粒子设计"，用不同单体、功能性单体及其他组分，设计配比、加料方式和特种聚合工艺技术，制备具有单分散性、所需要粒径大小、特定粒子结构和形态、并具有优良力学性能和特种功能的聚合物粒子，这是其他聚合方法所无法做到的。例如，可制备如下一些特殊的聚合物乳胶粒：单分散大粒径聚合物微球、纳米级聚合物粒子、互穿聚合物网络乳胶粒、无机/聚合物包覆型聚合物粒子、中空聚合物乳胶粒和各种核/壳型乳胶粒等。

4.1.2　乳液聚合方法发展历史

乳液聚合方法起源于 20 世纪早期，20 年代已有专利出现，30 年代初乳液聚合方法已见诸于工业生产。二次世界大战期间，乳液聚合理论研究、产品的开发取得了较大的进展。乳液聚合的发展历史简要介绍如下：

1909 年，德国 Bayer 公司的 Hofmann 用专利公布了关于烯类单体在水溶液中进行聚合的研究成果，这是公认的最早见于文献的报道，也是乳液聚合的萌芽。

1929 年，Dinsmorer 申请了一篇题为《合成橡胶及其制备方法》的专利，报道了烯类单体可用油酸钾和丹青混合物作乳化剂，在 50～70 ℃下反应六个月，制备得到坚韧、有弹性、可进行硫化的合成橡胶。这篇专利被看做是第一篇真正的乳液聚合文献。

1932 年，Luther 和 Henck 在一篇专利中介绍了用脂肪酸皂、异丁基萘磺酸钠（即土耳其红油）作乳化剂，在短波光照下进行的乳液聚合反应。同年他们又申请了一篇专利，内容是关于异戊二烯以过氧化氢为引发剂，在 50 ℃下保温两天进行乳液聚合反应，得到了天然胶乳状物质，然后用亚硫酸钠破坏过量的发乳剂，进行沉析后得到白色产物。

1936 年，Balandina 等人发表了一篇关于乳液聚合的论文，报道了丁二烯在肥皂及过氧化物存在时，在不同温度下进行的乳液聚合过程，这是首次以论文的形式公开报道乳液聚合。

1938 年，Fikensgher 提出了乳液聚合中心在水相，而不是在单体液滴中。单体液滴可以看做是单体的仓库，这个单体的仓库在聚合过程中可以不断地补充聚合反应中所消耗的单体，但还没有说明水相中聚合反应的确切位置。

1946—1947 年，Smith 和 Ewart 在 Harkins 理论的基础上，发表了一系列研究论文，建立了乳液聚合中定量的理论，确定了乳胶粒数目与乳化剂和引发剂之间的定量关系。他们的工作标志着乳液聚合理论和实践已经发展到了一个新阶段，为乳液聚合技术和理论的进一步发展奠定了基础。这一理论被后人看做是乳液聚合的经典理论。

由此以后，出现了研究乳液聚合的热潮，发表了大量论文，补充和发展了这一理论，并不断开发出乳液聚合的新技术，影响比较大的有以下一些科学家。

1965—1971 年，Gardon、Parts 等人利用数学方法对乳液聚合阶段 I 的经典理论进行了重新计算和引申，利用非稳态假设对乳液聚合阶段 II 慢速终止反应过程进行了求解。

1968—1977 年，Roe、Friis、Fitch 和 Gooall 等人研究了在水中溶解度较大的单体的乳液聚合，发现这类单体的反应级数较低，反应速率慢，平均一个乳胶粒中自由基数目少。而且容易发生水解反应，使大分子链末端生成离子基团（部分末端离子基团是由水溶性引发剂带入的）。这些末端生成的离子基团起乳化剂作用，故有时可在不加乳化剂的情况下进行乳液聚合。在研究乳胶粒成核机理中，发现在水相中进行聚合反应和生成乳胶粒的比例增大。

1972—1973 年，Friis、Hui 等人对乳液聚合阶段 III 的 Trommsdoff 效应，即凝胶效应进行了重点的研究。

1974 年以来，Min 和 Ray 在建立乳液聚合数学模型方面做了大量工作，提出了一个系统而全面的乳液聚合综合数学模型。

另外，很多科学家在单体溶胀的热力学、乳胶粒的核/壳理论、连续反应工艺、辐射乳液聚合、定向乳液聚合、离子型乳液聚合、非水介质乳液聚合及乳液聚合的新方法、新技术如反相乳液聚合、无皂乳液聚合、细乳液聚合、微乳液聚合、超浓乳液聚合、分散乳液聚合和悬浮乳液聚合等方面进行了大量的研究。

乳液聚合理论研究的核心是聚合物乳胶的成核及增长机理、动力学和稳定性，除了传统乳液聚合的胶束成核外，随着乳液聚合技术的发展，对于复杂体系的成核及增长机理也在不断地进行深入研究。

4.1.3 乳液聚合产品及应用

乳液聚合方法对聚合物产品的生产显得越来越重要,每年用乳液聚合方法生产的聚合物以千万吨计,如合成丁苯橡胶、聚氯乙烯糊树脂、乳胶涂料、乳液黏合剂、织物及纸品处理和深加工用乳液、ABS抗冲塑料等。乳液聚合及其产品由于有独特的优点,越来越受到人们的重视。目前,用乳液聚合方法进行大规模生产的聚合物有相当多的品种,如下所列:

① 丁苯胶乳 以丁二烯和苯乙烯为主单体,加上其他助剂用乳液共聚合方法制得的胶乳,直接用于胶黏剂或涂层剂等,或经进一步的加工而成丁苯橡胶。

② 聚醋酸乙烯乳液 俗称白乳胶,以醋酸乙烯酯为单体,在稳定剂或保护胶体聚乙烯醇和少量乳化剂存在下,以水为介质,以水溶性引发剂引发聚合,加入适量增塑剂和pH调节剂而成的胶乳。

③ 丁腈胶乳 主要用于制备丁腈橡胶,以丁二烯和丙烯腈为单体,加入水、乳化剂、pH调节剂、分子量调节剂等,在氧化还原引发剂作用下,通过乳液共聚合方法制得胶乳,然后经进一步处理而成橡胶。

④ 氯丁胶乳 主要用于制备氯丁橡胶,产物为反式-1,4-聚氯丁二烯,所得产物既可以是含硫的均聚物,也可以是含硫的共聚物。其单体为氯丁二烯,在乳化剂、分散剂及分子量调节剂等助剂存在下,用过硫酸钾作引发剂,根据要求于不同的温度下进行乳液聚合,聚合完成后加入终止剂终止反应,再加入防老剂搅拌均匀,进行后处理。水基氯丁胶乳是聚合物链上含有羧基。聚合物乳胶用聚乙烯醇稳定。

⑤ 聚苯乙烯及共聚物胶乳 聚苯乙烯是苯乙烯单体在简单乳化剂存在下,由引发剂加热引发聚合而成的。而作为胶乳直接应用的多为苯乙烯和其他单体的共聚物。苯乙烯常和丙烯酸酯类单体,特别是丙烯酸丁酯合成共聚物胶乳,这是一大类具有广泛应用的胶乳产品。

⑥ 聚氯乙烯糊树脂 有多种类型和用途,主要用于人造革、地板漆胶、壁纸、浸渍涂塑物及密封黏合剂等产品。可采用不同的乳液聚合方法制得,已经工业化的方法有间歇法、半连续聚合法、种子乳液聚合法、微悬浮聚合法及连续乳液聚合法。其中,种子乳液聚合法应用较多,产量较大,产物的特点是可降低增塑剂的吸收量和改善加工性。

⑦ VAE(或EVA)乳液 由乙烯和醋酸乙烯酯通过连续乳液聚合制得的共聚物胶乳,具有优良性能。以醋酸乙烯酯含量的不同,有多种不同性能的产品,可用于纺织品、纸品及建筑涂料等不同领域。

⑧ (甲基)丙烯酸酯共聚物乳液 (甲基)丙烯酸酯包含一大类单体,是比较容易进行乳液聚合的一类单体,既可以均聚,也可以在它们之间或/和其他乙烯基类单体共聚。所得胶乳适应性广,性能优良,用途广泛,如乳胶涂料、胶黏剂、织物涂层剂和轻纺工业助剂等。

⑨ ABS树脂 由丙烯腈(A)、丁二烯(B)和苯乙烯(S)三种单体共聚而成的热塑性树脂,可采用本体聚合、乳液聚合、悬浮聚合及溶液聚合方法制备。如果聚合物不溶于单体丙烯腈,则多采用乳液接枝共聚合方法。

聚合物乳液用途非常广泛,除了直接用于生产大批量固态聚合物材料如橡胶(丁苯橡胶)和树脂(聚氯乙烯糊树脂)外,直接使用聚合物乳液的行业也得到迅速发展,其品种涉及的行业和领域如下:

① 乳液黏合剂　用于木材、包装、纸张、橡胶、塑料薄膜、复合材料、压敏胶带、热合、延迟和再湿黏接等。

② 乳胶涂料　广泛用于建筑行业,如内墙、外墙涂料及金属、塑料涂层剂等。

③ 织物处理　如经纱上浆剂,织物涂料印花黏合剂,无纺布、喷胶棉、地毯背衬黏合剂,再生革胶乳,还用于织物抗静电、防火、防水、防腐处理等。

④ 造纸和印刷工业　如造纸用增强剂、浸渍剂,印刷油墨用固着剂及印刷品的覆膜胶等。

⑤ 建筑方面黏合剂　如建材胶黏剂、防水密封剂、封面胶、水泥增强添加剂及地面材料胶黏剂等。

产量较大、用途较广的几种主要聚合物乳液品种及其应用领域归纳于表 4-1 中。

表 4-1　聚合物乳液品种及其应用领域

品种	应用领域
丁苯胶乳	轮胎、海绵、绝缘电线、硬质橡胶制品、鞋底、生活用品等
聚丙烯酸酯乳液	涂料、织物整理、印花染色、织物涂层、静电植绒、无纺布、喷胶棉、建筑材料、皮革领面、涂布纸胶黏剂、抛光材料、压敏胶黏剂、絮凝剂、分散剂等
EVA 及醋酸乙烯酯乳液	黏合剂、涂料、织物加工、纸张加工、建筑薄膜、电线、电缆板材、管材、人造革等
聚氯乙烯乳液	异型材、鞋底、透明片、黏合剂、密封剂、涂料、人造革等
氯丁胶乳及其他乳液	电线、电缆护套、胶带、胶管、模压制品、黏合剂、浸渍薄膜制品等

时至今日,乳液聚合的基础研究方兴未艾,乳液聚合技术的发展日新月异,聚合物乳液产物的品种层出不穷,其聚合物乳胶粒产物的应用范围迅速扩大,并深入到电子、信息、生物和医疗等高新技术领域。

另外,还有特殊用途和功能的聚合物粒子也是用乳液聚合或特种乳液聚合方法制备而成的。合成各类高性能聚合物乳胶粒有一些重要技术参数,包括聚合物乳胶粒的组分、粒径大小、粒径的分散性、粒子形态和结构、粒子表面的官能团种类和数量等的设计及制备时的控制条件和程序等。

聚合物乳胶粒组分对其性能有着决定性的影响。例如,聚合物乳胶粒中所用单体均聚物的玻璃化转变温度(T_g)较高时,聚合物乳胶粒硬度高,低温下难以成膜,反之则较软,容易成膜且具有较大的黏结性。所用官能性单体的性质不同也会赋予乳胶不同的功能。例如,乙烯基不饱和羧酸单体可以使乳胶具有黏结性、渗透性;乙烯基氰基化合物可赋予聚合物乳胶耐油性;含环氧基、羟甲基氨基、异氰酸基或羟基等的单体可使乳胶带有反应性基团,可提高乳胶膜的强韧性、耐水性等;双烯和双丙烯酸酯类多官能团交联单体,可以赋予乳胶较高的强度。

在高科技应用方面,聚合物乳胶粒的大小及其单分散性是重要参数。同通常制备聚合物时,要求控制聚合物一定分子量及其单分散性一样,合成聚合物乳胶时,控制聚合物乳胶粒达到所需大小并具有单分散性,也是其重要研究内容。例如,在宇航器中,在无重力或微重力下,用种子乳液聚合法制得了完整球形且具有单分散性的粒径在 2.5～30 μm,甚至 40 μm 的聚合物微球,其中粒径为 10 μm 和 30 μm 的聚合物微球已被美国国家标准学会作为标准材料收藏。

功能性聚合物粒子不仅对改善聚合物性能起重要作用,而且对电子、生物、医药及仪器标准等高新技术领域的发展有重要影响。在聚合物乳胶粒上引入各种官能团,不仅可以改善和赋予乳胶粒某些特性,更重要的是可以利用官能团的反应性进行后续反应,生成新的功能化乳胶粒。制备功能性乳胶粒有两种方法:与官能单体共聚法和乳胶粒的后处理法。另外还有具有特殊应用性能的含硅、含氟及聚氨酯乳液。

采用特种乳液聚合技术,如两步溶胀乳液聚合、无皂乳液聚合、分散乳液聚合和超微乳液聚合等,可以制备出粒径在 $0.01\sim100\ \mu m$ 之间的单分散聚合物微球,这些微球具有不同分子量、不同结构形态与表面特性。在表面上引入不同官能团的聚合物微球具有比表面积大、吸附性好、凝聚作用高及表面反应能力强等特异性能,在许多高新领域中有着广阔的应用前景。目前,美国、英国、日本和瑞典等许多国家已有多种类型的聚合物微球商品生产,可用作电子工业检测不纯物的基准、间隙保持剂、化工催化载体、色谱柱填料、医疗诊断缓释药担体、黑白分离标识、致癌抗原诊断、电子印刷和照相材料、涂料,尤其是化妆品材料等,具体情况如下:

① 大粒径单分散聚合物微球可用作标准计量的基准物及电子显微镜、光学纤维、Coulter 粒径测定仪等的标准粒子,可用于胶体体系和聚合物乳液的研究及半透膜孔径的测定,还可在电子工业检测仪器中作标准物质。

② 聚合物微球在医学和生物化学中的应用日益广泛,可用于临床检验、药物释放、癌症和肝炎的诊断,细胞的标记、识别、分离和培养,放射免疫固相载体及免疫吸收等方面。若在聚合物微球内引入染料、荧光物质或放射性标记物质,可使微球易于用光学显微镜进行观察及便于放射自显影检测。若在合成聚合物微球时反应体系中有磁流体存在,则可以制成磁响应性聚合物微球,这样可使被标记的细胞很方便地在磁场中进行分离。若在微球表面接枝上丙烯醛,再和抗原形成共价键,就大大提高了抗原及抗体的附着力,这样可以显著提高免疫效果。

③ 在分析化学中,可作高效液相色谱填料,适当粒径的单分散微球可大大提高分离效果及检测精度,并可改善流动性。新近开发的新型快速蛋白质液相色谱以多孔性单分散聚合物微球为填料,可实现蛋白质、核苷酸的快速而精确的分离。

④ 在化学工业中,大粒径单分散并具有多孔结构的聚合物微球可用作催化剂载体,其催化活性高且副反应少,重复利用率和选择性高,并且催化剂易于回收。这种聚合物微球还可用于高效离子交换树脂。

⑤ 单分散聚合物微球在光电材料中,可作液晶片之间的间隙保持剂,将其施放在晶片之间,可准确保持和控制间距,这样就大大提高了液晶显示的清晰度。

⑥ 大粒径单分散聚合物微球还可作高档涂料和油墨添加剂,能显著提高其遮盖力;另外,还可用作干洗剂,以及化妆品的润滑材料,以改善其吸附性和吸湿性,也可用作电子印刷的照相材料及光电摄影调色剂等。

4.2　乳液聚合机理

虽然乳液聚合机理主要是自由基聚合,但是由于其独特的聚合反应体系,使乳液聚合过程与传统自由基聚合有所不同。

4.2.1　乳化剂

乳化剂是对可用于乳液聚合的表面活性剂的一种称谓,是传统乳液聚合中不可缺少的重要组分。所有的乳化剂分子都是由极性亲水基和非极性的亲油基或叫疏水基组成。

乳化剂的亲油基一般是由碳氢原子团即烃链构成,而亲水基种类较多。乳化剂在性质上的差异,除了与烃基的大小和结构有关外,主要与亲水基的类型有关。因此,乳化剂的类型主要按亲水基的性质不同来分类。通常乳化剂分为四种类型:阴离子型乳化剂、阳离子型乳化剂、非离子型乳化剂和两性乳化剂。

阴离子型乳化剂的亲水基为阴离子,在水溶液中解离时能生成阴离子基团。这种乳化剂在碱性介质中效果较好。根据阴离子的种类还可细分为高级脂肪酸盐类(脂肪酸皂类)、硫酸盐类、磺酸盐类和磷酸酯盐类等。高级脂肪酸盐类乳化剂的化学式为 $RCOOM$,其中 R 为烷基($C_8\sim C_{23}$)或芳基等,M 为钠、钾等金属,常用的有硬脂酸钠、月桂酸钠、油酸钠等。硫酸盐类乳化剂主要是烷基硫酸盐,通式为 $ROSO_3M$,其中 R 为 $C_8\sim C_{18}$,最常用的有十二烷基硫酸钠。碳链上的羟基和不饱和双键经过硫酸化反应后,可以制得硫酸酯盐类表面活性剂,包括硫酸化油、脂肪族酰胺硫酸盐、烃基聚乙二醇醚硫酸酯盐等,亦可用作乳化剂。磺酸盐类乳化剂的主要类型有烷基磺酸盐(通式为 RSO_3M)、烷基苯磺酸盐(通式为 $RC_6H_5SO_3M$,如十六烷基苯磺酸钠)和脂肪酰胺磺酸盐类等。磷酸酯盐类乳化剂有单酯盐和双酯盐两种,化学通式分别为 $ROP(OM)_2{=}O$ 和 $(RO)_2P(OM){=}O$,由磷酸与醇反应再以碱中和制得。

阳离子型乳化剂的亲水基为阳离子,在水溶液中解离时能生成阳离子基团。此类乳化剂在酸性介质中效果较好。根据阳离子的种类可分为季铵盐类、烷基铵盐类及其他铵盐类等。季铵盐类主要包括烷基季铵盐(如 $RN^+(CH_3)_3Cl^-$)、醚结构季铵盐、酰胺结构季铵盐和杂环结构季铵盐等;烷基铵盐类主要包括高级铵盐类,如伯铵盐($RNH_2 \cdot HCl$)、仲铵盐[$RNH(CH_3) \cdot HCl$]、叔铵盐[$RN(CH_3)_2 \cdot HCl$]等;其他铵盐类包括酯结构铵盐、酰胺结构铵盐等。

非离子型乳化剂分子在水中不含被解离的离子,其效果与介质酸碱性无关。主要类型有酯型、醚型、胺型和酰胺型。酯型非离子型乳化剂的典型代表为聚氧乙烯羧酸酯[$RCOO(CH_2CH_2O)_nH$],此外还有多元醇羧酸酯[如司盘(Span)系列]、聚氧乙烯多元醇羧酸酯[如吐温(Tween)系列]等;醚型非离子型乳化剂品种多并且最常用,主要有聚氧化乙烯烷基醚[通式 $RO(CH_2CH_2O)_nH$,如平平加系列]、聚氧化乙烯烷基芳基醚[通式 $RC_6H_5O(CH_2CH_2O)_nH$,如 OP 系列]等;胺型非离子型乳化剂有聚氧乙烯烷基胺[$RN((CH_2CH_2O)_nH)_2$]等;酰胺型非离子型乳化剂有烷基醇酰胺[$RCON(CH_2CH_2OH)_2$]、聚氧乙烯烷基酰胺[$RCON((CH_2CH_2O)_nH)_2$]等。

两性乳化剂是指一个分子中同时含有阴离子基团和阳离子基团,即分子中含有的亲水基是由带正电荷基团和带负电荷基团两部分组成的。在酸性介质中可解离为阳离子,在碱性介质中可解离成阴离子,因而不受介质 pH 的影响。主要有氨基羧酸酯、氨基硫酸酯和氨基磷酸酯及氨基磺酸酯等。

此外还有一些特殊类型的乳化剂,包括氟乳化剂、硅乳化剂、可聚合乳化剂及高分子乳化剂等。

乳液聚合和其他类型聚合的不同之处,主要是乳化剂在聚合体系中所起的特殊作用,即降低表面张力和界面张力、乳化作用、分散作用、增溶作用、导致按胶束机理生成乳胶粒的作用及发泡作用。

乳化剂是两亲性物质,随着在水中浓度的变化,其存在的状态会发生一系列明显的变化,即由杂乱无序的自由单分子状态到某种有序排列的变化,并形成胶束。当乳化剂的水溶液浓度很低时,以自由分子状态溶解于水中。当达到一定浓度后(通常离子型乳化剂质量溶解度为0.05%~0.1%,非离子型乳化剂质量溶解度为0.005%~0.2%),大约每50~100个分子形成一个聚集体,它们的亲油基彼此靠在一起,而亲水基向外伸向水相,这样的聚集体叫胶束。乳化剂形成的胶束形状有球形、棒状和层状等,其大小和形状取决于乳化剂的种类、浓度、温度及共存物质等条件。胶束的大小通常用聚集数,即平均每个胶束的乳化剂离子或分子数来表示,聚集数越大则胶束越大。胶束的大小主要受乳化剂分子结构影响:在同系列的乳化剂中,疏水基烃链越长,胶束越大;离子型乳化剂中,反离子越大,胶束越大;非离子型乳化剂中,亲水基越大,胶束越小。

能够形成胶束的最低乳化剂浓度叫临界胶束浓度,用 CMC 表示。CMC 是乳化剂性质的一个特征参数。乳化剂浓度在 CMC 以下时,溶液的表面张力与界面张力均随乳化剂浓度增大而迅速下降;当乳化剂浓度达到 CMC 以后,表面张力随浓度变化甚微。乳化剂水溶液的其他性质,如离子活性、电导率、渗透压、蒸气压、凝固点、勃度、密度、增溶性、光散射的性质及颜色等,在CMC 处也会发生明显转折。

乳化剂分子结构千差万别,种类繁多,有各自不同的性能,最重要的是对 CMC 的影响,影响的主要因素和基本规律如下:

① 烃链的长度和结构 同一类型的乳化剂中,烃链长度增加,胶束增大,CMC 降低。烃链的不饱和度越大,支化度越高,极性取代基越多,CMC 越大。

② 亲水基的数目 同一类型的乳化剂中亲水基越大,CMC 越大;亲水基越靠近烃链中央,CMC 越小。

③ 电解质的影响 体系中加入少量电解质会使 CMC 降低。

④ 温度的影响 离子型乳化剂有一个 K_P 点,即三相点(乳化剂真溶液、胶束和固体乳化剂),也叫临界溶解温度。水溶性越大,K_P 点越低。温度低于 K_P 点,乳化剂溶解度很低,乳化剂出现固体,没有胶束形成,乳化剂性能受到影响;非离子型乳化剂水溶液温度升高到一定温度时,溶液会由透明变得浑浊,这时的温度称为浊点,或雾点、昙点。继续升高温度溶液会分成两相。这是由于非离子型乳化剂的胶束质量随温度升高而变大。亲水链越长,浊点越高;亲油链越长,浊点越低。

向含有胶束的乳化剂水溶液中加入不溶于水的烃类,溶解度有明显的增大,且溶液呈透明而稳定的溶解体系,这种现象称为增溶作用。具有这种性质的乳化剂称作增溶剂,被增溶的物质称作增溶溶解质。

根据增溶溶解质分子的性质,具体的增溶机理如下:增溶溶解质为非极性小分子时,容易形成非极性增溶,或叫夹心型增溶;增溶溶解质为极性小分子时,分割插入胶束的乳化剂分子中,形成混合胶束,易形成极性-非极性增溶,或称栅型增溶;增溶溶解质为结构复杂的极性大分子时,吸附于乳化剂胶束的极性表面,形成吸附增溶;对于非离子型表面活性剂,增溶溶解质被包含于聚氧乙烯的溶剂化层中。

影响增溶能力大小的情况如下:乳化剂(增溶剂)烃链越长,浓度越大,支链越长,亲水基越靠近烃链中部,以及离子-非离子的混合体,都会使增溶作用增大;单体(增溶溶解质)碳原子数增加,增溶性减小,含芳烃的增溶性大,加入少量电解质可增大非极性单体增溶性。增溶作用的大小可用增溶临界值(g/100 g 溶液)或增溶能力(mol 溶质/mol 乳化剂)来表示。

乳化剂可以使两种互不相溶的液体形成稳定的乳化液,也可以使一种固体微粒分散于另一种液体中,形成稳定的分散液。对于复杂多变的乳液聚合体系,在进行乳液聚合之前,单体在水介质中形成乳化液,聚合后形成分散液,两者必须有较高的稳定性。

乳化剂分子中同时存在亲水基和亲油基,二者亲水性和亲油性的相对大小就决定了整个分子的亲水亲油性。1994 年,Griffin 提出用 HLB 值表征乳化剂的亲水亲油性,HLB 值即为亲水亲油平衡值,是指乳化剂分子中亲油基和亲水基两个相反基团,对其性质所作贡献大小的物理量。每一个乳化剂都有一个 HLB 值,HLB 值是一个相对值。规定亲油性强的石蜡的 HLB 值为 0,油酸的 HLB 值为 1,油酸钾的 HLB 值为 20,亲水性强的十二烷基硫酸钠的 HLB 值为 40。以此为标准,其他乳化剂都可相对制定出 HLB 值。HLB 值越小,乳化剂的亲油性越强;HLB 值越大,乳化剂的亲水性越强。表 4-2 列出了常见乳化剂的 HLB 值。

表 4-2　一些常见乳化剂的 HLB 值

化学组成	商品名称	HLB 值
石蜡		0
油酸		1
失水山梨醇三油酸酯	Span 85	1.8
失水山梨醇硬脂酸酯	Span 65	2.1
失水山梨醇单油酸酯	Span 80	4.3
失水山梨醇单硬脂酸酯	Span 60	4.7
聚氧乙烯(2)月桂酸酯	LAE-2	6.1
失水山梨醇单棕榈酸酯	Span 40	6.7
失水山梨醇单月桂酸酯	Span 20	8.6
聚氧乙烯(4)油酸酯	EO-4	7.7
聚氧乙烯(4)十二醇醚	MOA-4	9.5
双十二烷基二甲基氯化铵		10.0
十四烷基苯磺酸钠	ABS	11.7
油酸三乙醇胺	FM	12.0
聚氧乙烯(9)壬基苯酚醚	OP-9	13.0
聚氧乙烯(5)十二胺		13.0
聚氧乙烯(10)辛基苯酚醚	Triton X-100(TX-10)	13.5
聚氧乙烯失水山梨醇单硬脂酸酯	Tween 60	14.9
聚氧乙烯失水山梨醇单油酸酯	Tween 80	15.0
十二烷基三甲基氯化铵	DTC	15.0
聚氧乙烯(15)十二胺		15.3
聚氧乙烯失水山梨醇棕榈酸单酯	Tween 40	15.6
聚氧乙烯(30)硬脂酸酯	SE 30	16.0
聚氧乙烯(40)硬脂酸酯	SE 40	16.7
聚氧乙烯失水山梨醇月桂酸单酯	Tween 20	16.7
聚氧乙烯(30)辛基苯酚醚	TX-30	17.0
油酸钠	钠皂	18.0

化学组成	商品名称	HLB 值
油酸钾	钾皂	20.0
十六烷基乙基吗啉基乙基硫酸盐	阿特拉斯 263	25～30
十二烷基硫酸钠	AS	40

乳化剂的 HLB 值与其性能和作用有关,所以根据乳化剂 HLB 值,可以大体了解其作用和用途。在实际应用中,HLB 值也是选择合适乳化剂的依据。当然,选择最理想的乳化剂,还需要用试验来确定。在乳液聚合中,选择乳化剂的类型及用量是聚合成功的关键,一是根据亲水亲油平衡值 HLB,二是凭经验和进行试验。

4.2.2　单体

乳液聚合所用的单体大都是烯烃类单体,非烯烃类单体数量极少。据统计可进行乳液聚合的单体有 600 多种。乳液聚合是烯烃类按自由基机理进行聚合的四大方法之一,能进行乳液聚合的单体必须具备以下三个条件:一是能增溶溶解,但不是全部溶解于乳化剂的水溶液中;二是可在增溶作用的温度下进行自由基聚合;三是与水或乳化剂不发生任何反应。传统乳液聚合常用的而且已有大量聚合物乳液产品生产的单体有如下一些。

乙烯基类单体:苯乙烯(St)、乙烯(E)、醋酸乙烯(VAc)、氯乙烯(VC)和偏二氯乙烯(VD)等。

共轭二烯类单体:丁二烯(BDV)、异戊二烯(i-PDV)和氯丁二烯(BDVC)等。

(甲基)丙烯酸类单体:丙烯酸甲(乙、丁、异辛)酯(MA、EA、BA、2-EHA)、甲基丙烯酸甲(乙、丁、异辛)酯(MMA、EMA、2-EHMA)、丙烯腈(AN)和丙烯醛(AO)等。

乳液聚合的产物,除了通过后处理用于生产橡胶和粉末树脂外,大多数产物都是以胶乳形式直接应用,如乳胶涂料、乳液黏合剂,织物、纸品、皮革涂层剂。为了改善聚合物乳液产品的性能,以满足更广泛的需要,常用几种单体进行乳液共聚合和复合乳液聚合。单体的一些性能对乳液聚合及胶乳性能有直接影响,因而了解常用单体的一些主要性能非常必要。

4.2.3　引发剂

引发剂是乳液聚合中的重要组分之一,引发剂的种类直接影响乳液聚合反应速率、产物性质和产量。传统乳液聚合所用的引发剂大都为水溶性的,特种乳液聚合如反相乳液聚合、细乳液聚合、超浓乳液聚合等也可用油溶性引发剂。按引发剂的分解温度和组成,可分为热分解引发剂和氧化还原引发剂。

热分解引发剂:乳液聚合中常用的热分解引发剂主要是水溶性的过硫酸盐类,如过硫酸钾($K_2S_2O_8$)和过硫酸铵[$(NH_4)_2S_2O_8$]。过硫酸盐在水中的分解速率与其浓度、水的酸碱性、温度、过硫酸根离子浓度及离子强度有关。

氧化还原引发剂:在乳液聚合中,使用氧化还原引发剂,可以降低聚合反应温度,改善聚合物的性能。其引发聚合的自由基由氧化剂与还原剂的反应而产生。所选用的氧化剂与还原剂,要适当的配合,氧化能力与还原能力既不能太高也不能太低。氧化剂一般用过硫酸盐或过氧化物,过氧键的键能比较适中(146.5 kJ/mol)。常用的氧化还原体系有如下几种:过硫酸盐-硫醇

（$S_2O_8^{2-}$－HSR）、过硫酸盐－亚硫酸氢盐（$S_2O_8^{2-}$－HSO_3^{2-}）、氯酸盐－亚硫酸氢盐（ClO_3^-－SO_3^{2-}）、过氧化氢－亚铁盐（H_2O_2－Fe^{2+}）、有机过氧化氢－亚铁盐（$RCOOH$－Fe^{2+}）。广泛用于生产低温丁苯橡胶、丁腈橡胶等，有时需要加入助还原剂、配位剂和沉淀剂等。

4.2.4　乳液聚合体系的物理模型

　　传统乳液聚合是在 O/W 型乳液中进行的聚合反应，最终要形成聚合物粒子的胶体分散体。乳胶粒的形成（或叫成核）及增长，一直是乳液聚合领域中理论研究争论的焦点。胶束成核机理的定性理论，是 20 世纪 40 年代中期由 Harkins 提出的，关于乳液聚合的定量模型都是在此基础上发展起来的。根据反应机理可以将典型乳液聚合过程的转化率－时间关系分成四个阶段，即分散阶段、阶段Ⅰ（成核阶段）、阶段Ⅱ（增长阶段）及阶段Ⅲ（完成阶段），见图 4-2。

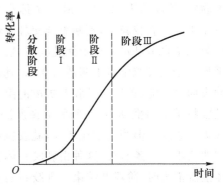

图 4-2　乳液聚合过程的四个阶段

　　① 分散阶段　将单体加入含有一定浓度的乳化剂水溶液中，并加入引发剂，搅拌分散成乳化液。此时体系中的乳化剂，以溶于水中游离的单分子、胶束、液滴吸附层形式存在；单体以小液滴、溶胀胶束、溶解的单分子存在；引发剂溶解于水中。单体为分散相，水为连续相，见图 4-3。据测定，各相的大小如下：一般是胶束为 5～10 nm；增溶胶束为 10～20 nm，浓度为 10^{18} 个/mL；单体液滴为 1 000～2 000 nm，浓度为 10^{12} 个/mL。

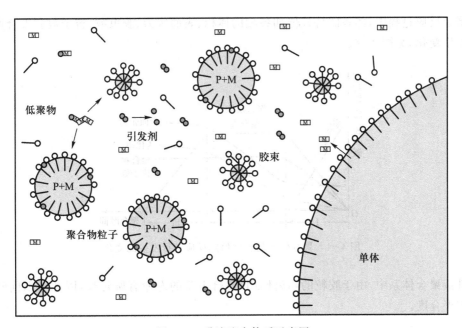

图 4-3　乳液聚合体系示意图

② 成核阶段（阶段Ⅰ） 当体系温度升高到使引发剂分解产生自由基时,在水相中的自由基直接进入胶束,或在水相中引发游离单体生成低聚自由基进入胶束,在胶束中引发或继续聚合形成初级粒子,称为胶束成核机理。这是由于胶束数目大,比表面积大,根据扩散理论,更容易捕获自由基。阶段Ⅰ中,自由基不断扩散进溶胀胶束,不断生成新的聚合物初级粒子。此时体系中除了分散阶段的组成外,还生成有聚合物初级粒子。当胶束消耗完时,成核结束,进入了阶段Ⅱ。

③ 增长阶段（阶段Ⅱ） 阶段Ⅱ一开始,体系中已没有胶束,即为粒子增长阶段。粒子数基本固定,浓度约为 10^{12} 个/mL。单体小液滴作为"仓库",不断将单体供给初级粒子,此时自由基不断扩散进乳胶粒中,不断聚合使乳胶粒长大。含有自由基且正在增长的乳胶粒,叫活乳胶粒;当第二个自由基进入这个活乳胶粒,发生了双基终止时,该乳胶粒就成为死乳胶粒。阶段Ⅱ中,平均一个乳胶粒中自由基数为0.5。乳胶粒中聚合物和单体的比例保持一个常数,这是由乳胶粒的表面自由能（单体向乳胶粒扩散的阻力）与乳胶粒内部的单体和聚合物的混合自由能（单体向乳胶粒扩散的推动力）之间的平衡所决定的。反应速率为常数,即为零级反应,转化率-时间曲线为一直线。但当乳胶粒增大,乳胶粒内的平均自由基数大于0.5时,反应速率加快,转化率-时间曲线不是一条直线,这种由乳胶粒体积增大而引起的聚合速率加快的现象,叫体积效应。当单体液滴消失时,阶段Ⅱ结束。乳胶粒的大小为50~1000 nm。

④ 完成阶段（阶段Ⅲ） 当单体小液滴已完全消失,聚合进入阶段Ⅲ。此时体系主要由乳胶粒和水相组成。乳胶粒中的单体不断被消耗,又得不到补充,自由基链终止速率常数急剧下降（$k_t \to 0$）,使反应速率加大（R_p 增大）,这种现象叫凝胶效应。有些单体,当聚合反应进行到阶段Ⅲ的后期,转化率达到某一值,反应速率会突然降至零（$R_p \to 0$, $k_t \to 0$, T_g 增大）,这种现象叫玻璃化效应。

在聚合反应过程中,体系的特性值如各相的体积、表面张力、胶束数、粒子数和聚合速率等都在不断发生变化,见图4-4。

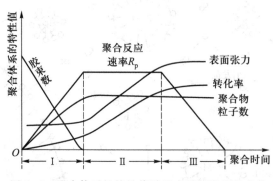

图4-4 聚合体系的特性值随反应进行发生的变化

在乳液聚合体系中,由于胶粒的隔离作用,使自由基的寿命有所延长,因此可以同时提高聚合速率和聚合度。

4.2.5 乳液聚合动力学

与传统自由基聚合相比,乳液聚合具有类似的反应机理,乳液聚合动力学应该遵循自由基聚合的普遍规律,但与均相的本体聚合或溶液聚合相比,却有其特殊性,同时有较高的聚合速率和较高的分子量是其主要特征。由于聚合反应主要发生在乳胶粒内部,在乳液聚合过程中,不同反应阶段其动力学也各有其特点。

1. 聚合速率

乳液聚合时,引发聚合在胶束和乳胶粒中进行。作动力学研究时,单体浓度和自由基浓度应该考虑乳胶粒中浓度,而不是整个体系或水相中的浓度。

按自由基聚合的机理,每个乳胶粒中发生聚合反应的聚合速率方程可表示为

$$R_p = k_p[M][M\cdot] \tag{4-1}$$

其中,活性自由基浓度$[M\cdot]$可由乳胶粒数N、乳胶粒中平均自由基数$\bar{n}$和阿伏加德罗常数N_A得出。

$$[M\cdot] = \frac{\bar{u}N}{N_A} \tag{4-2}$$

因此可以得出:

$$R_p = \frac{k_p[M]\bar{n}N}{N_A} \tag{4-3}$$

式(4-3)表明聚合速率与乳胶粒中平均自由基数、乳胶粒数成正比。第Ⅱ阶段,胶束消失,乳胶粒数N恒定,单体液滴的存在保证了乳胶粒内单体浓度$[M]$的恒定,因此速率也恒定。

由式(4-3)可见,乳液聚合速率取决于乳胶粒数。乳胶粒数N高达10^{14} cm^{-3},因而$[M\cdot]$可达10^{-7} mol·L^{-1},比一般自由基聚合($[M\cdot]=10^{-8}$ mol·L^{-1})要大一个数量级。同时,大多数聚合物和单体达溶胀平衡时,单体的体积分数为0.5~0.85,乳胶粒内单体浓度可达5 mol·L^{-1},因此乳液聚合速率比较快。

式(4-3)也可用来说明第Ⅰ阶段、第Ⅱ阶段的聚合速率变化。第Ⅰ阶段,乳胶粒数在增加,因此聚合速率也相应增加;第Ⅱ阶段,乳胶粒内的单体浓度在降低,因此速率也相应降低。

如果应用光学原理测得乳液体系中的乳胶粒数N,再测定某一单体浓度$[M]$下的聚合速率R_p,理想体系$\bar{n}=0.5$,就可以按式(4-3)求出增长速率常数。增长速率常数的这一测定方法,可以作为光阑法、顺磁共振法和脉冲激光猝灭法的补充。

2. 聚合度

自由基聚合物的动力学链长或聚合度可由增长速率和终止(或引发)速率的比值求得。但应考虑一个乳胶粒内的增长速率和引发速率。一个乳胶粒的引发速率r_i是总引发速率R_i与捕捉自由基的粒子数之比,而捕捉自由基的粒子数是乳胶粒中平均自由基数$\bar{n}$与总粒子数N的乘积。因此

$$r_i = \frac{R_i}{\bar{n}N} \tag{4-4}$$

一个乳胶粒的增长速率r_p为

$$r_p = k_p[M] \tag{4-5}$$

聚合物的数均聚合度为

$$\overline{X}_n = \frac{r_p}{r_i} = \frac{k_p[M]\overline{n}N}{R_i} \tag{4-6}$$

式(4-6)表明,乳液聚合中的聚合度与粒子数成正比,与自由基产生速率成反比。N/R_i 代表两个自由基先后进入某一乳胶粒的平均时间间隔,即自由基在乳胶粒中的平均寿命。例如,50 ℃,0.175% $K_2S_2O_8$,$R_i = 10^{13}$ mL^{-1}·s^{-1},乳胶粒数为 $10^{14} \sim 10^{15}$ mL^{-1},自由基平均寿命为 $10 \sim 100$ s,与均相聚合中自由基寿命,显然要长得多。在这样长的时间内,乳胶粒内的自由基一直在增长,使聚合度增大。如引发剂用量较多,自由基形成较快,则链自由基寿命缩短,聚合度有所减小。乳液聚合有点类似沉淀聚合,单个自由基被包裹在乳胶粒内,妨碍了双基终止,从而延长了自由基寿命或链增长时间,而分子量增加。

从上述分析可以看出,增加乳化剂用量,使乳胶粒增多,可以使聚合速率和聚合度同时增加。

乳液聚合时,链终止是在乳胶粒内的较长链自由基和扩散入的初级或短链自由基之间发生的,因此不论偶合终止还是歧化终止,聚合物的聚合度都等于动力学链长。

从以上理想体系乳液聚合机理来看,一个乳胶粒内的自由基数在 0 与 1 之间交替变化,平均数 $\overline{n} = 0.5$。一般自由基寿命只有 10^{-1} s,双基终止时间只有 10^{-3} s。由于隔离和包埋作用,乳胶粒内自由基的寿命很长($10 \sim 100$ s),因而有较长的增长时间,从而提高了分子量。

以上提到,经典乳液聚合的理想情况下,乳胶粒中平均自由基数 $\overline{n} = 0.5$。实际上 $\overline{n}$ 与单体水溶性、引发剂浓度、乳胶粒数、粒径、自由基进入乳胶粒的效率因子和逸出乳胶粒速率、终止速率等因素有关,基本上可分成下列三种情况。

① $\overline{n} = 0.5$ 单体难溶于水的理想体系,乳胶粒小,只容纳一个自由基,忽略自由基的逸出;第二个自由基进入时,双基终止,自由基数为零。每一乳胶粒的平均自由基数为 0.5。

② $\overline{n} < 0.5$ 单体水溶性较大而又容易链转移时,如醋酸乙烯酯、氯乙烯,短链自由基容易解吸,即自由基逸出速率大于进入速率,最后在水相中终止,就有可能出现 $\overline{n} = 0.1$ 的情况。

③ $\overline{n} > 0.5$ 当乳胶粒体积增大,可容纳两个或多个自由基同时增长时,乳胶粒中的终止速率小于自由基进入速率,自由基解吸可以忽略,则 $\overline{n} > 0.5$。例如,聚苯乙烯乳胶粒达 0.7 μm 和 90% 转化率时,$\overline{n}$ 从 0.5 增至 0.6;当乳胶粒达 1.4 μm 和 80% 转化率时,$\overline{n}$ 增加到 1;90% 转化率时,$\overline{n} > 2$。

3. 乳胶粒数

从上述分析可知,乳液聚合中的乳胶粒数 N 是决定聚合速率和聚合度的关键因素,且都成一次方的正比关系[式(4-3)和式(4-6)]。乳胶粒数与乳化剂用量、引发剂用量有关。乳化剂越多,形成的胶束越多,所能稳定的表面积也越大,因此可得到粒子较细和粒数较多的乳胶粒;相反,乳化剂越少,则乳胶粒数也越少,粒子越粗。初级自由基进入胶束成核后,才发展成乳胶粒,因此引发剂用量越大,自由基形成越快,形成乳胶粒也越多。

稳定的乳胶粒数与体系中的乳化剂总表面积($a_S \cdot S$)有关。a_S 是一个乳化剂分子所具有的表面积,S 是体系中乳化剂的总浓度。同时,N 也与自由基生成速率 R_i 直接有关。其定量关系为

$$N = k\left(\frac{R_i}{\mu}\right)^{2/5}(a_S S)^{3/5} \tag{4-7}$$

式中,μ 为乳胶粒体积增加速率;k 为常数,处于 $0.37\sim0.53$,取决于胶束和乳胶粒捕获自由基的相对效率及乳胶粒的几何参数,如半径、表面积或体积等。由于粒子数与粒径有立方根的关系,即乳胶粒数越多,粒径越小。

式(4-7)和式(4-3)表明,R_p 和 $\overline{X}_n$ 都与 $S^{3/5}$ 成正比。自由基生成速率 R_i 影响着乳胶粒的生成数,进而影响到聚合速率。乳胶粒数一旦恒定,尽管乳胶粒内仍进行着链引发、链增长、链终止,但引发速率 R_i 不再影响聚合速率。维持 R_i 恒定,增加乳化剂浓度以增加乳胶粒数,就可同时提高 R_p 和 $\overline{X}_n$。乳胶粒数 N 可由乳化剂量来调节,而乳胶粒内自由基数 $\overline{n}$ 却无法控制。

氯乙烯、醋酸乙烯酯等易链转移的单体,转移后产生的小自由基容易解吸,在水相中终止显著,乳胶粒内自由基数 $\overline{n}<0.05$,聚合速率对式(4-3)就有偏差。这些单体乳液聚合时,乳胶粒数 N 将与 S 一次方成正比,与 R_i 基本无关。

在一般自由基聚合中,升高温度,将使聚合速率增加,使聚合度降低。但温度对乳液聚合的影响却比较复杂,温度升高的结果是 k_p 增加;R_i 增加,因而 N 增加;乳胶粒中单体浓度 $[M]$ 降低;自由基和单体扩散入乳胶粒的速率增加。升高温度除了使聚合速率增加、聚合度降低外,还可能引起许多副作用,如乳液凝聚和破乳,产生支链和交联(凝胶),并对聚合物微结构和分子量分布产生影响。

4.2.6　聚合物胶乳的稳定

在乳液聚合体系中,由于表面活性剂的加入而降低了界面能,因而所生成的乳胶粒能稳定地分散在介质中,形成处于热力学亚稳状态的聚合物乳液。在乳液体系中,乳胶粒能否稳定地分散,一方面决定于乳胶粒的结构、形态及表面状况,另一方面决定于乳液所处的条件。在一定条件下,是稳定的乳液体系,而在另外一些条件下,如在强烈的机械力作用下、长期放置时、在低温或高温下或者当加入某些物质时,乳液则成为不稳定体系,导致破乳或凝聚。聚合物乳液承受外界因素对其破坏的能力称作聚合物乳液的稳定性。在某些场合,如在乳液聚合过程中,在储存、运输过程中或在乳液直接利用时,希望聚合物乳液具有高的稳定性;但是在另外一些场合,如当要求由聚合物乳液生产粉状或块状聚合物的时候,则需要创造一定条件,促使其破乳。

聚合物乳胶粒的尺寸一般在 $0.01\sim1\ \mu\text{m}$,这个尺寸刚好在胶体颗粒粒度范围之内,故人们常把聚合物乳液称作聚合物胶体。因此聚合物乳液的制造和应用与广义胶体科学基础理论密切相关。胶体理论不仅可以指导怎样来提高聚合物乳液的稳定性,或怎样加速凝聚过程的进行,而且可以指导怎样来合理地控制胶乳的流变性质和其他特性。从胶体意义上讲,稳定的聚合物乳液应当理解为无数聚合物乳胶粒各自作为布朗运动的一个单元,能够长期悬浮在介质中的胶体体系。

每一个乳胶粒都含有许多条大分子链,其分子量在 $10^5\sim10^7$。根据聚合物的特性、大分子链在乳胶粒内部的排列情况及外界条件,聚合物可以呈结晶态、橡胶态或玻璃态。当乳液体系中含有单体时,乳胶粒中的聚合物则被单体所溶胀。当对聚合物乳液进行干燥的时候,如果乳胶粒是软的,干燥到一定程度,乳胶粒将发生聚结,形成连续的膜;而对于硬的乳胶粒来说,干燥后则形成由无数独立的微小聚合物颗粒构成的粉状树脂。

乳胶粒的表面性质与吸附或结合在其表面上的起稳定作用的物质有关,这些物质包括吸附在乳胶粒表面上的乳化剂、引发剂引入聚合物链末端的离子基团、在乳胶粒表面上吸附或接枝的聚合物。乳胶粒稳定性的大小主要受如下五种作用的支配。

①静电力 带有同性电荷的乳胶粒相互排斥而使乳胶粒稳定分散；带有异性电荷的乳胶粒相互吸引而导致凝聚。

②空间障碍 在乳胶粒表面上吸附和接枝的大分子链的几何构型成为乳胶粒之间发生聚结的障碍而使乳液稳定。

③溶剂化作用 溶于介质中的大分子可以被吸附或接枝在乳胶粒表面上，形成具有一定厚度的溶剂化层，阻碍乳胶粒接近而发生聚结。

④亲和力 乳胶粒间的亲和力通常为范德华力，与构成乳胶粒的大分子的极性及密度有关。

⑤界面张力 乳胶粒很小，和介质间的相界面积很大，故有巨大的界面能，是乳胶粒聚结的推动力。界面张力越大，乳胶粒越不稳定。

聚合物乳液稳定性的影响因素很多，主要有电解质、机械作用、放置时间、表面活性剂及冻结和熔化的影响等。

聚合物乳液的稳定性与电解质浓度有密切的关系。当介质中电解质浓度大时，异性离子向乳胶粒表面扩散的概率就大，则在吸附层中的异性离子增多。由于正、负电荷中和的结果，表面电位下降，乳液稳定性减小。

在乳液聚合过程中的机械搅拌，在乳液存放、运输过程中的泵送、转移及在应用过程中的混合、处理等都会使聚合物乳液受到各种形式的机械剪切作用，这会给予乳胶粒相当大的能量，当这个能量超过了聚集活化能时，乳胶粒就会失去稳定性而发生凝聚。凝聚现象常常是不希望发生的，会给聚合物乳液的生产、各种处理及应用带来困难，尤其是在需要直接利用聚合物乳液的情况，凝聚会使其失去使用价值。因此，聚合物乳液的机械稳定性是一项重要的技术指标。

当聚合物乳液遇到低温条件时会发生冻结，冻结和消融会影响乳液的稳定性。冻结的乳液消融之后，轻则造成乳液表观黏度升高，重则造成乳液的凝聚。故在低温乳液聚合过程中或在运输及存放过程中应注意防冻。冻结之所以会影响乳液的稳定性，是因为水结冰后要发生膨胀，对聚集在冰晶之间的乳胶粒产生巨大的压力，迫使其相互接近而聚结。最常采用的防冻措施是向乳液中加入防冻剂。常用的防冻剂有甲醇、乙二醇及甘油等。这些物质可降低聚合物乳液的冻结温度。

聚合物乳液在长期放置过程中由于布朗运动会发生乳胶粒之间的碰撞而导致凝聚。同时由于重力的作用也会导致乳胶粒的沉降或升浮，而形成凝聚层。无论乳液具有多高的稳定性，在长期放置过程中终将不可避免地形成不可逆的凝聚体而遭破乳。所以对于聚合物乳液应规定存放期限。实践证明，乳液放置稳定性与乳胶粒的大小、体系黏度及环境条件等因素有关。另外，在放置过程中也会发生某些化学变化，如聚氯乙烯及聚偏氯乙烯脱氯化氢、聚醋酸乙烯酯水解等，也会影响聚合物乳液的放置稳定性。

4.3 乳液聚合技术进展

由于聚合物乳液的广泛用途及聚合物乳胶粒对高新技术发展的促进作用，乳液聚合技术正在向两方面快速发展。一方面,传统乳液聚合技术在工程技术上,向大规模、连续化、自动化、高效率、低消耗、节能源、无污染、无公害、品种多样化及高质量、高水平上发展。为了实现上述目标,从工程技术着手,逐步向理论的深度发展,利用计算机综合数模技术,系统控制方法,研究各种管理控制的软件和硬件,应用于实际生产中,以提高生产控制和产品质量水平。另一方面,乳液聚合用以制备特种聚合物乳胶粒的新方法、新技术及在高新技术领域的应用也在迅猛发展。

传统乳液聚合方法从理论到操作技术都比较成熟,大批量聚合物乳液产品已深入到各个应用领域。但传统乳液聚合和聚合物乳液产物,仍存在着一些不足。例如,在需要将聚合物乳液变成固体聚合物时,需要增加一系列复杂的后处理工序,如凝聚、洗涤、脱水、干燥等,不仅增加了成本,而且还有污水排出;聚合物乳液中的乳化剂和其他辅助成分很难除净,因而影响产品的某些性能,如力学性能、导电性等;传统乳液聚合与本体聚合相比,设备的利用率低,通常的含固量较低,为40%左右;直接将聚合物胶乳作胶黏剂和涂层剂等材料使用时,常温成膜干燥速率较慢,或需加热且能耗较大;传统乳液聚合是在以水为介质的乳化剂中的正相乳液聚合,因而水溶性单体无法使用该方法聚合;难以制备特种和异型聚合物粒子,不能满足高新技术领域的需要。为了解决上述问题并制得特种聚合物胶乳和功能聚合物乳胶粒,近年来,发展出许多新的乳液聚合技术,主要包括以下几种。

4.3.1 种子及核/壳乳液聚合

在乳液聚合中,为了控制最终产品乳液中的乳胶粒大小和粒径分布,除了调整乳化剂的种类和用量之外,采用不同的聚合方法也会产生显著作用。例如,种子乳液聚合方法,在总配方不变的情况下,采用不同的加料程序,可以有效地控制聚合物乳胶粒的大小和粒径分布。尤其是要制备粒径较大、分布较窄的乳胶粒,种子乳液聚合是一种行之有效的聚合方法。另外,利用种子复合乳液(或核/壳)聚合技术,控制聚合程序和条件,既可以制备正常形态的核/壳(core/shell)型乳胶粒,又可以得到异型结构的特种聚合物乳胶粒。

传统乳液聚合得到的粒子大小一般在0.05~1 μm。为了制得粒径较大的聚合物粒子,就研究了一种叫做种子乳液聚合的方法(或叫两步乳液聚合法)。所谓种子乳液聚合,就是第一步先按设计的条件,制备具有一定大小的聚合物粒子作为种子,第二步将欲聚合的单体和引发剂等加入到该种子乳胶体系中,控制水相中不含或含极少量游离的乳化剂,抑制新粒子的生成,使加入的单体在种子上继续聚合并使粒子增长,达到增大粒径和控制粒子分布的目的。种子乳液聚合在制备聚氯乙烯糊树脂上早已得到了广泛研究和应用。

两种性质不同的单体,在种子乳液共聚合和复合乳液聚合中,可以得到异相分离结构的核/壳型聚合物乳胶粒,所以也将这种聚合方法称为核/壳乳液聚合。这种在亚微观范围内使两种聚合物进行复合,并控制微相分离及形态的核/壳乳液聚合方法,是改善高分子材料性能的一种新技术。20世纪80年代,日本神户大学Okubo教授据此提出了粒子设计的新概念。粒子设计的主要内容包括粒子大小及分布、粒子的形态结构、异相结构的控制、官能团在粒子上的分布及粒子的表面状态等。此后,国内外学者对核/壳聚合物乳液从合成方法、控制因素、形成机理及结构性能等方面进行了大量研究。

核/壳型复合聚合物乳胶,是指乳胶粒内部(核)和外层(壳)分别由不同聚合物组成的复合聚合物乳胶分散体系。在多组分原料体系中,总体配比完全相同情况下,因为组分性质的差异,采用种子乳液聚合方法,控制不同的加料顺序和条件,可以得到结构形态不同的核/壳乳胶粒。核/壳型聚合物乳液与普通的具有均相结构的聚合物乳胶相比,在性质上有显著的优越性,如在流变性、最低成膜温度、玻璃化转变温度、抗张强度、抗冲性能、黏结强度、耐水性和加工性等方面都有显著的特点。

由于组分性质的差异、聚合工艺和条件的不同,用种子乳液聚合方法可以制得多种形态的聚合物乳胶粒,包括核/壳结构和特种结构。核/壳结构包括球形和非球形。其中已经制得了结构复杂的多种聚合物乳胶粒形态,如图4-5所示。

种子乳液聚合或分步乳液聚合是制备核/壳复合聚合物的主要方法。根据所要求的粒子形态,首先进行粒子设计,第一步先合成适宜的种子乳液,然后再以不同的方式加入第二部分单体,使之继续聚合,按照第二步单体加入的方式,单体和引发剂的性质等条件的影响,可以形成形态各异的核/壳聚合物粒子。表4-3给出

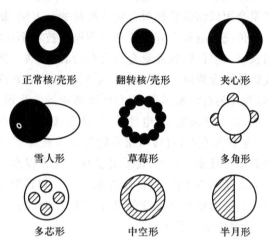

图4-5　各种聚合物乳胶粒结构形态示意图

（正常核/壳形、翻转核/壳形、夹心形、雪人形、草莓形、多角形、多芯形、中空形、半月形）

了典型的聚丙烯酸丁酯(PBA)核和聚苯乙烯(PS)壳型复合聚合物胶乳的一个配方。首先,用十二烷基硫酸钠(SDS)作乳化剂,采用通常乳液聚合方法合成 PBA 乳液,然后用透析法除去该体系中的乳化剂,在 PBA 粒子存在下,再加引发剂过硫酸钾(KPS),进行苯乙烯(S)种子乳液聚合,一般要 7 h。为防止单独形成 PS 粒子,必须除去体系中过多的游离的乳化剂,从而形成 PBA 核/PS 壳型的复合聚合物胶乳。

表4-3　PBA 核/PS 壳型复合聚合物胶乳制备配方

PBA 种子的制备配方/%		PS 的制备配方/%	
BA	31.0	PBA 种子	62.2
蒸馏水	69.0	S	19.2
SDS	0.39	蒸馏水	18.7
KPS	0.25	KPS	0.15
聚合温度	70 ℃	聚合温度	70 ℃
聚合时间	28 h	聚合时间	7 h

核/壳乳胶粒结构形态多种多样,它的形成过程,有哪些影响因素,如何控制等问题一直是高分子研究领域的热点。到目前为止,研究的单体体系主要是丙烯酸和/或(甲基)丙烯酸酯类及其他乙烯基单体,如甲基丙烯酸甲(乙、丁)酯(MMA、EMA、BMA)、苯乙烯(St)、醋酸乙烯(VAc)、丙烯腈(AN)和丁二烯(BD)等。大多数类型的聚合物,由于其性质的差异,形成的混合物是不相容的。如果两种聚合物完全不相容,尤其是直接通过种子乳液聚合形成的聚合物颗粒会产生相分离,而形成异相结构的粒子,并得到典型的、界限分明的核/壳聚合物粒子。如果两种聚合物之间有接枝反应、离子键合和交联反应等现象,即使两种不相容的聚合物也可以有一定的相容性,

其乳胶粒的核/壳界限就不太分明。

实际上,乳胶粒的形成过程受到诸多因素的影响,从大量的研究结果归纳起来,对粒子形态的影响因素主要有加料方法和顺序、两单体及两聚合物的互溶性、两聚合物的亲水性、引发剂的种类和浓度、聚合场所的黏度、聚合物的分子量、种子聚合物在第二单体中的溶解性及聚合温度等。这些因素是互相联系、互相制约和矛盾的。

核/壳聚合物乳胶粒的制备,主要采用种子乳液聚合工艺进行。种子聚合物乳液是由单体Ⅰ在第一步聚合制备的,所以叫聚合物Ⅰ,第二步加入的单体叫单体Ⅱ,形成的聚合物叫聚合物Ⅱ。单体Ⅱ加入的方式有三种:半连续法,第二步聚合时,当反应体系达到聚合温度后,维持单体Ⅱ在一定时间内均匀加入,使滴加速率小于聚合速率,体系中的单体Ⅱ浓度始终较小,即聚合处于饥饿状态;间歇法,第二步聚合时,当反应体系达到聚合温度后,单体Ⅱ一次性加入体系中,单体Ⅱ浓度处于富裕状态;溶胀法,第二步聚合时,当单体Ⅱ加入后,开始聚合以前,在种子乳胶粒上先溶胀一段时间,使单体Ⅱ部分渗入到种子乳胶粒中,然后再升到聚合温度开始聚合,该法叫平衡溶胀法,简称溶胀法。这三种加料方法,会使单体Ⅱ在种子乳胶粒的表面和内部的浓度分布不均匀。用半连续法时,种子乳胶粒的表面和内部的单体Ⅱ浓度都很低;用间歇法时,种子乳胶粒的表面单体Ⅱ的浓度很高;用溶胀法时,种子乳胶粒的表面和内部的单体Ⅱ浓度都很高。因此,单体Ⅱ的加入方法不同,对形成核/壳粒子的结构会产生重要影响。

用种子乳液聚合制备核/壳型聚合物乳胶粒,通常认为核/壳粒子的结构应该是种子聚合物Ⅰ为核,而第二步聚合生成的聚合物Ⅱ,应该累积在聚合物Ⅰ粒子的表面形成壳层。但是,实际上由于两类聚合物亲水性的差别及其他因素的影响,对乳胶粒的结构形态会产生较大的影响。一般乳液聚合都是用水作为分散介质,亲水性较大的聚合物容易和介质水接近,而疏水性较大的聚合物倾向于排斥介质水,因而会形成多种不同形态结构的乳胶粒。

通过种子乳液聚合技术,可以制备多种结构形态的核/壳复合聚合物胶乳,广泛用于抗冲材料、黏合剂、涂料和阻透材料等。由于核/壳胶乳是具有过渡层的微相分离结构,以橡胶态的软性聚合物为核,以玻璃态的刚性聚合物为壳,广泛用于各种高分子材料的抗冲改性剂。例如,以丙烯腈和苯乙烯共聚物为核,以丙烯酸丁酯为壳,得到的复合聚合物胶乳可以用作许多热塑性树脂(如聚苯乙烯、聚烯烃、聚醚和聚酯等)的抗冲改性剂;以丁二烯聚合物为核,以苯乙烯、丙烯腈和少量其他烯类单体的共聚物为壳,得到的聚合物可以提高聚酰胺的抗冲性和韧性;以丁二烯聚合物为核,以苯乙烯、丙烯腈为壳,得到的聚合物可以提高聚碳酸酯的抗冲性;以聚丙烯酸丁酯为核,以聚甲基丙烯酸甲酯为壳,组成的聚合物粒子可以作为应力改进剂,对环氧树脂进行改性,有效降低固化环氧树脂的内应力,有效提高黏结强度或避免材料裂缝的产生。

此外,因为核/壳结构的聚合物胶乳有更好的成膜性、稳定性、黏合性和膜的力学性能,在黏合剂、感光涂料、纸张浸渍、阻透材料、阻尼材料和装饰涂层材料等方面都有广泛的应用。

4.3.2 无皂乳液聚合

传统乳液聚合是单体分散于含有乳化剂的水溶液中,形成由增溶胶束和小液滴组成的乳化液。乳化剂是传统乳液聚合不可缺少的组分。由于乳化剂的存在,一方面,使乳液聚合得以顺利进行,并得到稳定的高分子量的聚合物胶体分散体;另一方面,会给某些产物和应用过程带来许多问题,如泡沫的产生、隔离、吸水和溶出作用,使含乳化剂的胶乳用作胶黏剂、涂料时会影响黏结力。另外也会使聚合物材料的某些应用性能如力学强度、电学性能、光学性能、表面性能及耐水性等受到影响;在制备固体聚合物时,还需要凝聚、洗涤、脱水、干燥等一系列复杂的后处理工序,才能从胶乳中分离出纯净的聚合物,并且会产生大量的含有乳化剂的废水。单分散、洁净的聚合物微球,在医学、生物及电子等方面有广泛的应用,但用传统的乳液聚合方法制备的乳胶粒因含有大量的乳化剂杂质,使其性能受到影响。为解决上述诸多问题,研究了用无皂(即无乳化剂)乳液聚合方法来制备比较清洁的聚合物乳胶粒。

无皂乳液聚合或无乳化剂乳液聚合,是指聚合体系中不含乳化剂,或仅含少量乳化剂(其浓度在临界胶束浓度CMC以下)的乳液聚合。20世纪60年代,Matsumoto和Ochi用无皂乳液聚合的方法,合成了单分散性聚苯乙烯、聚甲基丙烯酸甲酯及聚醋酸乙烯酯乳胶粒,此后针对无皂乳液聚合进行了大量的研究。无皂乳液聚合由于不含乳化剂,制得的聚合物乳胶粒较清洁,且乳胶粒的大小分布具有单分散性,可以用于胶体性质的研究、精密仪器测量和校正的基准物、临床检验及诊断等领域,因而引起人们的极大兴趣。无皂乳液聚合与传统乳液聚合相比,从组分上看,因不含乳化剂,对胶体起稳定作用的是一些带亲水基的物质;从聚合机理上看,由于体系中不含乳化剂,无胶束存在,则成核机理与经典理论不一致;从聚合动力学和分子量上看,与传统乳液聚合也不一样,如聚合速率较低、分子量偏小等。

在无皂乳液聚合中,因其体系中不含乳化剂,聚合物乳胶的稳定性主要借助结合在聚合物分子链或其端基上的离子基团、亲水基团。引入这些基团的方法主要有四种:利用可离子化的引发剂,如过硫酸盐,分解产生的自由基引发单体聚合后,结合于聚合物长链端基的引发剂碎片;与低分子羧酸单体共聚,然后用碱中和,产生稳定的离子基团;直接和离子型单体共聚,使聚合物链结合上离子基团;同亲水性的非离子单体共聚,这些基团处于粒子表面,依靠和水的缔合,产生空间位阻起稳定作用。

可离子化的引发剂可以在无皂乳液聚合过程中稳定聚合物乳胶粒。用可离子化的引发剂引发聚合,在引发剂分解后,生成离子型自由基。这些离子型自由基引发单体聚合后,结合于聚合物分子链末端,由于它的亲水性能,在聚合物形成乳胶粒后,作为大分子链的亲水端基,大部分会分布于乳胶粒的表面,类似于表面活性剂的作用。用这种方法,可以选用不同类型的引发剂,使乳胶粒表面带有不同的亲水功能基团,制备不同性质的聚合物微球。

在水溶液中可解离或产生水合物的单体聚合后可以直接稳定胶体粒子。无皂乳液聚合常用的单体包括低分子羧酸单体、离子型单体和非离子型水溶性单体。其中低分子羧酸单体主要有丙烯酸(AA)、甲基丙烯酸(MAA)、衣康酸、马来酸和富马酸等。羧酸单体作为无皂乳液的共聚单体,由于其羧基的强亲水性,倾向于位于粒子的表面而对胶乳起稳定作用。羧酸单体的种类、浓度、中和度及加料方式等聚合条件对聚合速率、稳定性、乳胶粒大小及胶乳性能都有影响。在无皂乳液聚合研究中,所用的离子型单体一般都带有强亲水离子基团,如—$SO_3^- Na^+$、—$COO^- Na^+$等。由这类单体制备的无皂乳胶粒表面都被离子基团包围,因其含量高,表面电荷密度高,胶乳的稳定性也高。该类离子型单体品种多,包括烃基链较短的和烃基链较长的离子型单体,后者具有表面活性,因而也叫表面活性单体。由于亲水性和极性不同,因而对聚合速率和成核机理也有不同的影响。此外,在无皂乳液聚合中,还可以选用非离子型的极性共聚单体,如丙烯酰胺或(甲基)丙烯酰胺衍生物等。

在无皂乳液聚合研究中,如何提高无皂乳液的稳定性,特别是高固含量无皂乳液的稳定性,是相关研究的重点。提高无皂乳液稳定性的途径可从以下几个方面考虑：

① 利用聚合物链末端的亲水性引发剂碎片 在无皂乳液聚合体系中,乳胶粒主要通过结合在聚合物链末端上的离子基团、亲水基团等得以稳定,所以增加无皂乳液稳定性的方法,最基本的是由离子型引发剂引发聚合,引发剂碎片及其他在聚合过程中引入的亲水基团分布在粒子表面而使粒子稳定,这种体系一般只可得到固含量为 10%(质量分数)的乳液。

② 在乳胶粒表面引入活性物质 在乳胶粒表面引入活性物质,从而降低油(乳胶粒)-水(介质)两相之间界面张力。表面活性物质的分子尺寸因体系而异,分子量为 $10^2 \sim 10^5$,对提高乳液的稳定性特别是稀释稳定性具有重要作用。传统的乳液聚合中所采用的乳化剂即表面活性剂,在聚合物乳液的制备和存放过程中起到保护乳胶粒的稳定作用,从而得到高固含量的乳液。但是这些乳化剂是通过物理吸附结合在乳胶粒表面的,并以游离方式残留在产品中,影响产品的某些应用性能。为解决这个问题,常采用具有表面活性的单体共聚或采用具有表面活性的引发剂,使表面活性物质通过化学键结合在聚合物粒子上,从而达到提高聚合物乳液稳定性的目的。

③ 提高乳胶粒表面的电荷密度 在无皂乳液聚合体系中,乳胶粒表面上以离子形式存在的基团,在乳胶粒表面形成一电荷层。该电荷层的周围会吸附一层反电荷,从而在乳胶粒周围形成双电层结构。乳胶粒表面的电荷,使乳胶粒之间由于静电斥力而难以接近并聚结,从而保持了聚合物乳液的稳定性,因此提高粒子表面电荷密度是增加乳胶粒稳定性的有效方法之一。例如,可以适当增加引发剂浓度,与离子型单体共聚及提高聚合体系的 pH,使存在的—COOH 中和成—COO⁻ 离子基团等方法,均可在一定程度上增加无皂乳液的稳定性,制得高固含量的稳定乳液。

④ 在乳胶粒表面引入亲水性物质 增加乳胶粒表面亲水性,可以使粒子表面与水相界面的相互作用增强,粒子表面能下降,粒子的稳定性提高,从而提高产物的稳定性和固含量,同时还可以大大提高聚合速率。可以通过与亲水性单体共聚的方法,引入亲水性基团。所用单体一般为羧酸类和丙烯酰胺及其衍生物,如甲基丙烯酸、丙烯酸、衣康酸和甲基丙烯酸甲酯等。水溶性单体的种类、浓度和加料方式等对粒子大小、形态、动力学及乳液稳定性都有影响。

⑤ 调整聚合反应的分散介质 在体系中加入一种能和水、也能和单体无限混溶,但又不溶解聚合物的有机溶剂(甲醇、乙醇、丙三醇和丙酮等),可以增大单体在分散相中的溶解度,提高引发剂在引发反应中的消耗量,使所形成的乳胶粒表面具有更多的离子基团。这既能提高乳液的稳定性,又有利于提高无皂乳液聚合的聚合速率和无皂乳液的固含量。例如,在 St/K₂S₂O₈/H₂O 无皂乳液聚合体系中加入非极性溶剂(如乙醇、甲基异丁酸酯)或极性溶剂(如丙三醇、丙酮),可以使聚合速率增大,且极性溶剂的加入可使乳胶粒变小。

⑥ 选择适当的无皂乳液制备工艺 采用适当的聚合技术和聚合条件,能使单体或基团在乳胶粒表面的分布率提高。例如,采用半连续法加入共聚单体,可保证其均匀地分布在聚合物粒子表面,提高其在表面的分布密度,从而提高乳液的稳定性。还可采用种子聚合技术、两步聚合及适当提高聚合温度、搅拌速率等,这些方法均可提高无皂乳液的稳定性。

4.3.3 反相乳液聚合

传统的乳液是以亲油性单体为分散相,水为连续相,在亲水性乳化剂作用下,形成水包油(O/W)型单体液滴和单体溶胀胶束的乳化体系。反相乳液是由水溶性单体溶于水中的液体作分散相,在亲油性乳化剂作用下,用非极性烃类溶剂作连续相,形成油包水(W/O)型的单体液滴和单体溶胀胶束的乳化体系。正相与反相乳胶粒的结构如图 4-6 所示意。该类乳化体系与传统体系在组成和体系的相结构上恰成镜式对照，故而被称为反相乳液（或叫反乳液、逆向乳液）。在反相乳液中，使水溶性单体进行聚合制备聚合物的过程叫反相乳液聚合。

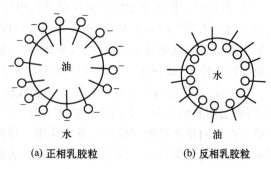

(a) 正相乳胶粒   (b) 反相乳胶粒

图 4-6   正相与反相乳胶粒。

⟐ 阴离子型乳化剂；◯ 非离子型乳化剂

反相乳液聚合的最终产物通常是亲水性聚合物粒子在连续油相中的胶体分散体系。这种聚合方法有许多好处，与溶液聚合相比，由于反应位置的分隔化，它把水溶性单体的高聚合速率和高聚合度联系在一起。该种聚合方法制备的反相胶乳粒，很容易反转并溶解于水中，便于很多领域的应用。

自从 Vanderhoff 等在 1962 年首次报道了对乙烯苯磺酸钠在甲苯介质中的聚合反应后，以有机溶剂为介质的水溶性单体的反相乳液聚合引起了人们的极大兴趣，特别是对丙烯酰胺反相乳液聚合的研究。反相乳液聚合能在高聚合速率下制备高分子量的亲水性聚合物，并在某些工业领域有特殊的用途。该聚合方法已经用于工业生产，制备了批量产品，如水处理用的絮凝剂、轻纺工业用的增稠剂、油田用的泥浆处理剂及造纸工业用的补强剂等。

与传统乳液聚合相比，对反相乳液聚合的研究要少得多。除了一些生产技术的专利外，对基本原理的研究从广泛性和深度来说都还不够。

反相乳液聚合所用的单体都是水溶性的，难溶于非极性的烃类溶剂中。用于反相乳液聚合研究和制备产品的单体有丙烯酰胺、丙烯酸和甲基丙烯酸及其钠盐、乙烯基苯磺酸钠、N-乙烯基甲酰胺、α-丙烯酸硫醚、N-乙烯吡咯烷酮、乙烯苯甲基氯化钠、甲基丙烯酸二氨基乙酯季铵盐和 α-氨基醚丙烯酸氯化氢等。由于单体的分子结构和性质差别较大，采用不同类型和性质的乳化剂形成反相乳液的稳定性及反应机理差别较大，重现性不太好，给理论研究带来了一定困难。但是对丙烯酰胺（AM）研究较系统、深入，因此，它是反相乳液聚合理论研究中所用单体的典型代表。通常，单体以水溶液的形式进行聚合，含量一般在 10%～50%。

反相乳液体系是油包水型（W/O），按其胶体体系对乳化剂的选择原理，必须选用亲油性乳化剂，即亲水亲油平衡值（HLB）较小的乳化剂，一般 HLB 值为 3～6，由于某些单体的离子性和酸度对乳化剂的影响，选用乳化剂的 HLB 值有时可达到 8～9。乳化剂的用量在一定范围内影响乳胶粒的大小和稳定性。由于不同油相与表面活性剂之间化学匹配不同，乳化剂用量可在较大范围内变化，一般占油相的 1%～10%，在反相乳液聚合中，一旦单体体系和介质确定，要想制得稳定性好的胶体，乳化剂种类的选择是极其重要的。反相乳液聚合采用的乳化剂通常为非离子型，如烷基酸聚氧乙烯醚、脂肪酸聚氧乙烯醚酯、司盘（Span）系列的山梨醇酯、烷基酚和脂肪醇分别与环氧乙烷的加成物，如 Montane83，低 HLB 的油酸山梨糖醇酯，聚氧乙烯-聚氧丙烯嵌段共聚物，以及烷基氨基聚氧乙烯醇等。对不同的单体体系，为了提高其反相乳液的稳定性，常用几种不同的 HLB 值的乳化剂组成复合乳化体系。由于反相乳液的连续相是油相，离子不能在其中存在，一般只有少数体系使用可溶于油相的阴离子型乳化剂，如长链脂肪酸盐、烷基萘磺酸钠盐和烷基酯磺酸盐。在反相乳液体系中，采用非离子型乳化剂，乳化剂对粒子的稳定作用，主要依靠界面的空间位阻及降低界面张力来实现,因此,乳胶粒的稳定性比传统乳液的稳定性差。为了提高反相乳液的稳定性,常加入一种至数种聚合物分散剂或稳定剂。

反相乳液聚合体系中用非极性介质作连续相,可选择任何不与水互溶的有机惰性液体。分散介质的性质,特别是介电常数、溶解度和对所选用的表面活性剂的溶解能力,对反相乳液聚合过程有着非常显著的影响。与常规聚合体系不同的是,油相或连续相介质可以在很广泛的范围内选择,与乳化剂可以组成多种匹配关系。根据有机溶剂和表面活性剂的相互关系,可以把有机溶剂分为三类:第一类是非溶剂化作用的溶剂,如乙二醇、二氨基乙醇,这类溶剂含有两个以上的氢键生成中心,其结构类似于水,在这类溶剂中形成与水溶液相同的正相胶束;第二类是形成反相胶束的溶剂,这是反相乳液聚合所选用的溶剂,通常为脂肪烃、芳烃和卤代烃等,如甲苯、邻二甲苯、异构石蜡、异构烷烃、环己烷、庚烷、辛烷、白油和煤油等,这些介质对预聚合的单体及聚合物不溶解、不反应,一般具有价格便宜、易得、低毒的特点,在工业生产中,为了得到固体粉状产物,常用减压蒸馏法脱除该类溶剂;第三类是不形成胶束的溶剂,如甲醇、乙醇和二甲基甲酰胺等,它们具有单个氢键生成中心,与表面活性剂不形成胶束。

油相与水相(分散相介质)的比例及油相的黏度,也是影响稳定性的重要因素。当油/水相的比例较大时,可防止粒子之间黏结,根据经验,采用油/水比为 $1 \sim 3$,适合的油水比在 1.6 左右,增大体系的黏度,可提高乳液的稳定性,加入一些增稠剂,如纤维素醚或酯、苯乙烯-马来酸酐共聚物、聚环氧丙烷和聚丙烯酰胺等。必须指出,增稠剂的加入,除提高连续相的黏度外,会在不同程度上改变油、水、表面活性剂之间的界面作用力和相平衡,影响是多方面的。

反相乳液聚合所用的引发剂既可以是水溶性的,如过硫酸盐,又可以是油溶性的,如过氧化苯甲酰(BPO)、偶氮二异丁腈类(AIBN)。少数体系也使用氧化还原引发剂,如叔丁基过氧化氢-$NaHSO_3$,过硫酸钾-脲氧化还原体系等,也可用辐射引发,而且也有使用复合引发体系的报道。

不同的单体体系,不同的烃类介质、乳化体系、引发体系,对反相乳液聚合的稳定性、聚合动力学、乳胶粒大小、分布及结构都有明显的影响。

4.3.4 细乳液聚合

从目前的研究结果来看,细乳液聚合与普通乳液聚合的差别,是在体系中引进了助乳化剂,并采用了微乳化工艺,这样使原来较大的单体液滴被分散成更小的单体亚微液滴。单体亚微液滴的直径在 $100 \sim 400$ nm,与普通乳液聚合体系相比,单体亚微液滴大于单体溶胀胶束(直径为 $40 \sim 50$ nm),小于单体液滴(直径 $1000 \sim 5000$ nm),单体亚微液滴的总表面积接近单体增溶胶束的总表面积。以胶束形式存在的乳化剂将转移到单体亚微液滴表面上,胶束的数量减少,因此,单体亚微液滴就成为聚合引发成核的主要位置。

细乳液聚合具有常规乳液聚合的大部分优点,例如,由于聚合体系在聚合过程中始终处于流动状态,自由基聚合放出的反应热很容易通过水相传递出去;聚合过程和产物都以水为介质,生产过程安全和环境问题较少等。同时,细乳液聚合也有着其独特的优点:体系稳定性高,有利于工业生产的实施;产物乳胶粒的粒径较大,且通过乳化剂的用量易于控制;聚合速率适中,生产易于控制。此外,细乳液聚合在制备具有互穿聚合物网络的胶乳方面有较大的潜力。

细乳液的制备通常包括如下三个步骤:

　　① 预乳化　将乳化剂(如十二烷基磺酸钠 SDS)和助乳化剂(如十六烷 HD 或十六醇 CA)溶于单体或水中；

　　② 乳化　将油相(单体或单体混合物)加入上述水溶液,并通过搅拌使之混合均匀；

　　③ 细乳化　将上述混合物通过超声振荡或均化器进一步均化。

　　将所得的细乳液加入引发剂进行聚合,即可得常规细乳液聚合的产品。

　　乳化温度的高低将直接影响细乳液的稳定性,而细乳液稳定性不好将会使细乳液聚合复杂化。乳化温度偏低,助乳化剂不能完全溶解,大大影响其发挥作用；乳化温度偏高,单体和乳化剂的活动性都会增加,易使单体从液滴中扩散出来。对每一体系应选择一个适中的温度,随着聚合温度的升高,产生的自由基数目增加,从而使形成颗粒的液滴数目增加,会导致聚合速率加快,乳胶粒尺寸变小。

　　均化方式是影响细乳液聚合的一个重要因素。可使用的均化器包括:超声波振荡和微型流化器、Omni 混合器和声波振荡器、细间隙均化器和转子-定子型机械均化器等。经研究发现,微型流化器比超声波振荡剪切更强更均匀,所获得的粒径小、分布均匀,聚合速率也快。但是使用高剪切的混合器会破坏聚合过程中产生聚合物颗粒的稳定性。因此,几乎所有的细乳液聚合均分为两步:细乳化过程和聚合过程。使用高剪切混合器进行细乳化,然后将细乳液转移到反应器中进行聚合,可使用磁力搅拌器或低剪切的搅拌器进行。

　　在细乳液聚合中,一般采用离子型乳化剂。由于同性离子相斥,可避免小单体液滴相互碰撞成大液滴,从而起到稳定细乳液的作用。乳化剂用量太低则不能很好地稳定该乳化液,用量太高则水相中会产生很多的胶束,胶束成核和均相成核的颗粒数目增加,会使粒径分布变宽。研究发现,一般常规乳液聚合的速率比细乳液聚合要快,但当乳化剂浓度小于临界胶束浓度时,由于无溶胀胶束的出现,细乳液的聚合速率比常规乳液聚合快。

　　细乳液聚合体系由于使用了助乳化剂而与常规乳液聚合体系有所不同。一般要求助乳化剂溶于单体而不溶于水。通常采用长链烃 HD 或长链脂肪醇 CA 作为助乳化剂。助乳化剂可在液滴表面形成界面障碍,延缓单体从小液滴向大液滴迁移。助乳化剂的水溶性越好,延缓效果越差。助乳化剂在细乳液聚合中有六个作用:① 使形成并稳定亚微(米级)单体液滴；② 使单体液滴成为主要的颗粒形成场所；③ 聚合后期,在未引发的单体中减少了聚合物颗粒中的单体平衡浓度；④ 增加了聚合物颗粒的溶胀能力；⑤ 通过改变成核机理消除体系的振荡性；⑥ 有利于乳化剂的吸附。

　　细乳液聚合中的引发剂一般可分为油溶性引发剂和水溶性引发剂。研究表明,油溶性引发剂更为有效,但是当两者浓度相同时聚合速率和颗粒数目几乎相同,这说明虽然两者生成自由基场所不同,但聚合机理可能是相同的。

　　总体上看,乳液聚合既可以胶束成核,又可以在水相中均相成核,还可以在单体液滴成核。但是,细乳液聚合由于采用了少量(低于 CMC 值)的乳化剂和助乳化剂混合物,使用了特殊均化工艺,使单体液滴被分散成亚微单体液滴,其表面积很大,有利于捕获自由基,消除了胶束成核；亚微单体液滴的表面积很大,使得水相中的低聚自由基在增长至临界溶解长度之前就被单体液滴捕获,因而水相中均相成核的可能性可以忽略。所以细乳液聚合的主要反应场所是亚微单体液滴内。

　　细乳液聚合的研究具有重要的理论和实际意义,细乳液聚合技术及聚合物胶乳已表现出以下诸多特点,有较好的工业应用前景:一定的条件下,乳化液稳定性高,在聚合过程中体系稳定,凝聚物产生的量较少,可以提高收率和避免黏釜;可采用批量聚合,粒径比普通乳液聚合大,而且可以用加入助乳化剂来控制和调节;反应速率平稳,热量可缓慢释放,在工业生产中容易控制;细乳液共聚合容易制取微相分离较明显的核/壳型结构的复合乳液;细乳液共聚合可以制得有 IPN 结构的共聚物,提高耐溶剂性和其他性能;可以采用油溶性和水溶性两类引发剂,聚合速率和数均粒径及分布变化不大,可应用于制备高固含量聚合物乳液。

4.3.5　微乳液聚合

微乳液是相对于普通乳液而言的,普通乳液是白色、浑浊且长期静置后容易分层的热力学不稳定体系,而微乳液是各向同性、热力学稳定的胶体分散体系,其分散相液滴尺寸为纳米级(10～100 nm),比可见光的波长短,一般为透明或半透明。根据体系中油水比例及其微观结构,可将微乳液的结构分为三种类型:① 正相(O/W)微乳液,当体系内富含水时,油相以均匀的小液滴形式分散于水连续相中,形成 O/W 正相微乳液;② 反相(W/O)微乳液,当体系内富含油时,水相以均匀小液滴的形式分散于油连续相中,形成 W/O 型的反相微乳液;③ 中间相反转区域的双连续相微乳液,当体系内水相和油相的量相当,水相与油相同时为连续相,二者无规连接,成为双连续相结构,此时的体系处于相反转区域。

微乳液与其他乳化体系相比,有如下一些特点:微乳液是热力学稳定体系。乳液虽然在动力学上也可以在较长时间内稳定存在,但终究会发生相分离,加入表面活性剂、高分子乳液保护剂及其他稳定剂可以降低乳液凝集速率,但减少两相接触界面面积的热力学驱动力仍未变化,故是一种热力学亚稳体系。微乳液则不同,其体系中常含油、表面活性剂和助乳化剂等,是热力学比较稳定的体系,不易破坏,且黏度较低。在制备方法上,传统乳液的制备需要一定能量来克服两相间的界面自由能及粒子间的凝聚,而微乳液的形成是自发的,只要体系组成恰当,稍加搅拌即可形成。微乳液较普通乳液粒径小,微乳液液滴的粒径小于 100 nm,所以微乳液呈透明或微蓝色。乳液液滴的粒径则为 100～500 nm,呈浑浊或半透明。

微乳液的常规制备方法有两种:一是把烃、水、乳化剂混合均匀,然后在该乳液中滴加醇,当滴加到一定的时候,该体系会突然间变得透明,这样就形成了微乳液,即 Schulman 法;二是把烃、醇、乳化剂混合成乳液体系,向该乳液中加入水,体系也会在某瞬间变得透明,形成微乳液,即 Shah 法。另外还有不加醇的方法:用强极性单体,如丙烯酰胺、(2-甲基丙烯酰氧乙基)三甲基氯化铵(DMMC)等,当选择适当的乳化剂时,也能得到微乳液。

对两个互不相溶的液体混合乳化时,会使界面面积及自由能增加,因此,要形成乳液,就必须降低界面张力,这可以通过表面活性剂在界面的吸附来实现。实验表明,当界面张力降至几乎为零时,体系会自发乳化并形成微乳液,其液滴小而均匀,直径大约为 10 nm。

微乳液主要由两种不相溶的液体组成,其中一种液体借助一种或多种表面活性剂和助表面活性剂而自发分散在另一种液体中。从理论上来讲,这两种液体可以都是非水溶性的,如碳氟化合物和碳氢化合物。但几乎所有报道的微乳液体系都含有水相,即为 O/W 型或 W/O 型。微乳液的结构随表面活性剂的种类、温度、电解质的含量、油相的化学特性和各组分的比例的不同而变化。电解质的作用主要为降低表面活性剂的临界胶束浓度和增加每个胶束中的表面活性剂分子聚集数。根据微乳液形成的混合膜理论,助表面活性剂的作用是调节表面活性剂的亲水亲油性质。助表面活性剂一般都是长链脂肪烃基的醇类、胺类和醚类,如十八醇、十八胺及高级碳醇醚等。

影响微乳液结构的主要因素是油相的化学结构及水相、表面活性剂和助表面活性剂的组成。当表面活性剂量大,并有极性醇、胺作为助乳化剂存在时,可以获得分散相小于 100 nm 的微乳液。使用聚氧乙烯型非离子型表面恬性剂或极性基在分子之间离子型表面活性剂时,一般不需助乳化剂。

微乳液形成的主要条件是油水界面张力低于 10^{-2} mN/m(超低界面张力),此时可发生自乳化现象。除了表面活性剂之外,还要加入增溶剂(如低碳醇)或助表面活性剂(如十八醇),使分散相达到分子水平分散,再加入连续相物料得到微乳液粒子。表面活性剂和助表面活性剂等通过界面扩散,均匀分配在油相及水相之间,从而使界面张力进一步降低。提高微乳液稳定性的其他条件包括:界面薪度要小;表面活性剂具有较好的化学稳定性,不受盐类及高温影响;与聚合物保护剂有较好的相容性等。

微乳液形成机理主要有以下几种理论:

① 增溶理论   增溶理论认为,微乳液的形成实际上是在一定条件下表面活性剂胶束溶液对油或水增溶形成增溶的胶束溶液。增溶作用只有在表面活性剂的浓度高于 CMC 时,才能明显地表现出来。在 CMC 以上,表面活性剂的浓度越高,生成的胶团束越多,能增溶于胶团的微溶或不溶物质也越多,增溶作用越强。

② 相平衡理论   相平衡理论可以给予增溶理论合理的解释:在有机硅微乳液体系中,有机硅、水、表面活性剂和助表面活性剂等相间存在着相平衡,当体系中水相增溶油的能力大于油相增溶水的能力时,就形成 O/W 型微乳液,反之,则形成 W/O 型微乳液。若油相和水相的增溶能力相当,则形成层状液晶结构。若部分油相的增溶能力大于水相,同时有部分水相的增溶能力大于油相,则有可能形成双连续相结构的微乳液。若表面活性剂的亲水性较强,在富水区,有利于形成 O/W 微乳液,在富油区,可达到 O/W 微乳液和过量油的平衡;若亲油性较强,在富油区,有利于形成 W/O 微乳液,在富水区,可达到 W/O 微乳液和过量水的平衡。

③ 界面张力理论   界面张力理论主要考虑的是表面活性剂、水、油体系的界面张力与形成稳定微乳液的关系。研究表明,当油水界面张力低于 $5\sim10$ N/m 时,就可以获得稳定的微乳液。在微乳体系中,表面活性剂在油相和水相中的溶解度都很小,被吸附在油水界面上,从而降低了两相间的界面张力,同时在助表面活性剂的协同作用下产生混合吸附,界面张力可降至零,甚至出现瞬间负值。一旦界面张力低于零后,体系将会自发扩张界面,然后吸附更多的表面活性剂和助表面活性剂,直至其本体浓度降至使界面张力恢复至零或微小的正值为止,从而自发形成稳定的微乳液。

④ 界面弯曲理论   微乳液胶束的形成需要界面的高度弯曲。表面活性剂亲油基和亲水基交界处空间位阻越大,越有利于界面弯曲;亲油基分子结构差异越大,越有利于其不规则排列,也就越有利于界面弯曲。添加油水两亲的小分子物质作助表面活性剂,如低分子醇、多元醇和有机酸等,将极大地改善界面流动性,导致界面弯曲和微乳液形成。

⑤ 界面膜理论   界面吸附膜的强度对微乳颗粒的形成及最后产物的质量均有很大影响。如果界面吸附膜强度较低,颗粒之间相互碰撞时,界面膜易被打开,固体核或超细粒子之间将会发生凝并,导致粒子粒径难以控制,产物的大小分布不均匀。表面活性剂浓度越高,吸附膜强度和液滴聚结所受的阻力越大,微乳液的稳定性越高。

微乳液聚合在得到认可和重视以来,利用该工艺研究过的单体主要有两大类:油溶性单体苯乙烯、氯乙烯等和水溶性单体丙烯酰胺、丙烯酸盐等。通常对油溶性单体采用油包水(W/O)型微乳液或水包油(O/W)型微乳液聚合,而对水溶性单体则主要采用油包水型或双连续微乳液聚合。

微乳液聚合常用的引发剂有水溶性的过硫酸铵(APS)、过硫酸钾(KPS),油溶性的偶氮二异丁腈(AIBN)、过氧化苯甲酰(BPO),另外还有 γ 射线(^{60}Co)、紫外光等。

微乳液体系中所用乳化剂既有离子型的也有非离子型的,其代表物有阳离子型乳化剂十六烷基三甲基溴化铵(CTAB)、十二烷基三甲基氯化铵(DTAC)等,阴离子型乳化剂则主要用双(2-乙基己酯)琥珀磺酸钠(AOT)、十二烷基硫酸钠(SDS)等,Span 系列和 Tween 系列等,非离子型乳化剂 OP、TX 系列也是制备微乳液体系时常用的。

当使用离子型乳化剂制备微乳液时,大多数情况下,体系中同时使用助乳化剂,这是制备普通乳液所不需要的。常用助乳化剂主要有长链烷烃、长链脂肪族醇或醚及中等链长的脂肪醇等,如十六烷(HD)、戊醇(PA)和乙醇(HA)等。助乳化剂在微乳液体系中的作用,一般认为是调节乳化剂的 HLB 值,同时通过吸收聚合物微粒表面的乳化剂从而起到一个分散的作用。另外,有些学者认为,作为助乳化剂,长链脂肪族醇在其中还起到一个潜在链转移剂的作用。助乳化剂的引入使得乳液聚合反应体系变得复杂,但因离子型乳化剂能使体系中分散粒子带静电从而可增加体系的稳定性,故在制备微乳液体系时仍优选离子型乳化剂。

微乳液聚合根据微乳液的特点可分为以下几种:

① 正相微乳液聚合 正相微乳液聚合即 O/W 型微乳液聚合。研究表明,只有在较高的乳化剂/单体比例下、在很窄的乳化剂浓度范围内,才能形成单体稳定地分散于水相的 O/W 型微乳液聚合体系。

② 反相微乳液聚合 反相微乳液聚合即 W/O 型微乳液聚合,主要针对丙烯酰胺(AM)、丙烯酸(AA)等水溶性单体的均聚及共聚合。反相微乳液聚合通常选择具有不同亲水亲油平衡值的非离子型乳化剂(如 Span 80、Tween 60 等)复合使用,也常采用负离子型乳化剂 AOT,无需另加助乳化剂。当采用油溶性单体进行反相微乳液聚合时,其体系构成及反应条件类似正向微乳液聚合,不过水含量很少。

③ 双连续微乳液聚合 双连续微乳液聚合,即反应前微乳液聚合体系处于双连续状态。目前关于双连续微乳液聚合的研究还主要集中在丙烯酰胺、丙烯酰胺/甲基丙烯酸甲酯及丙烯酰胺/苯乙烯体系,助乳化剂通常必不可少,而且一般多添加适量的交联剂,以防止在聚合过程中发生宏观相分离。

4.3.6 分散聚合

分散聚合是一种新的聚合方法,于 20 世纪 70 年代由英国 ICI 公司的研究者们最先提出。分散聚合是为了改变乙烯基涂料和丙烯酸酯类涂料的成膜依赖于稀溶液多次涂布的状况,以有机溶剂为介质分散相,从而形成稳定的胶态分散体系,以取代传统的有机高分子溶液类涂料而发展起来的。

分散聚合是一种由溶于有机溶剂(或水)的单体通过聚合生成不溶于该溶剂的聚合物,而且形成胶态稳定的分散体系的聚合工艺。体系的胶态稳定性来源于聚合物粒子表面吸附存在于连续相中的两亲高分子稳定剂或分散剂,其本质为立体稳定作用。分散聚合体系中主要组分为单体、分散介质、稳定剂和引发剂。聚合反应开始前,整个体系呈均相。但反应所生成的聚合物不溶于介质,在达到临界链长度后从介质中沉析出来,聚结成小颗粒,并借助稳定剂悬浮在介质中。因此,分散聚合也可以认为是一种特殊的沉淀聚合,其产物的聚集受到阻碍,且粒子尺寸得到控制。分散聚合和一般沉淀聚合的区别在于,分散聚合沉析出来的聚合物不形成粉末状或块状,而是形成类似于聚合物乳液的稳定分散体系。

分散聚合的最大特点是可以直接制备大粒径单分散的聚合物微球。聚合物微球制备的传统方法是乳液聚合法和悬浮聚合法,前者只能制备粒径小于 $0.5\ \mu m$ 的颗粒,而后者制成的聚合物颗粒粒径在 $10\sim100\ \mu m$,且难以控制为单分散性。后来采用无皂或低皂乳液聚合法得到了粒径接近 $1\ \mu m$ 的单分散聚合物微球,但对许多应用来说,粒径仍然太小。

分散聚合中,单体大都是油溶性的,也可以是水溶性的;介质可以是极性的,也可以是非极性的,极性介质一般选低级醇类,而非极性介质一般选烷烃类;常用的稳定剂有聚乙烯吡咯烷酮(PVP)、羟丙基纤维素(HPC)、聚丙烯酸、聚乙二醇(PEG)及糊精等;分散聚合中大都采用油溶性的引发剂,应用最多的是过氧化苯甲酰(BPO)与偶氮二异丁腈(AIBN)。

分散聚合能否顺利进行及所生成微球的大小均极大地依赖于分散剂的种类和用量。分散剂通常含有一个能溶于连续相的链段,称为溶解链段,和另一个不溶的链段,称为锚接链段。溶解链段伸展在连续相中,锚接链段则吸附在分散相的表面或插入分散相的内部。分散剂中锚接链段与溶解链段长度的比例(ASB值),一般在 $0.33\sim18$,ASB值可通过改变分散介质对分散剂的溶解度来控制。分散剂通过对分散介质中生长的高分子链的机械隔离作用和静电作用,阻止生长粒子发生凝聚而形成凝胶,起到稳定分散的作用。

在分散聚合中,分散剂的用量过低,将使分散体系得不到充分的保护;分散剂的用量过高,则因体系薪度过大,会阻碍成核与核聚结而影响颗粒的生长。一般情况下,分散剂用量越大,则形成的反应区域越多,导致粒径变小,而且分散剂浓度的提高加快了成核速率,使形成的核能以相似的速率生长,导致粒径分布变得更加均匀。

在分散聚合中,选择分散介质的基本原则是,必须对单体、引发剂和分散剂都能溶解,而不能溶解聚合产物,同时分散介质的黏度应小于 $2\sim3\ Pa\cdot s$,以利于反应物质的扩散。分散介质的组成与性质不同,将会直接影响体系的相转变过程,进而影响聚合产物的粒度及其分散性。一般情况下,对于非极性单体(如苯乙烯、丁二烯等),可选用低级醇、酸、胺等极性大的介质;对于极性大的单体(如丙烯酸、醋酸乙烯酯等),则应当选用脂肪烃类等非极性介质。为了合成单分散、大粒径的聚合物微球,若采用甲醇/水或乙醇/水的混合物作分散介质,可得到最好的效果。一般而言,醇/水比例越大,所得微球粒径越大,但粒径分布变宽。若控制介质的溶解度参数在 $11.5\sim11.9$,可制得单分散性的聚苯乙烯微球。

原则上讲,不管是油溶性还是水溶性单体都可以用分散聚合方法聚合,但是研究得最多的是苯乙烯和甲基丙烯酸甲酯,另外还加入了含两个或三个双键的交联单体、功能单体、软单体等,如二乙烯基苯、乙二醇双(甲基)丙烯酸酯、邻苯二甲酸双烯丙基酯、三丙烯酸甘油酯、丙烯酸、甲基丙烯酸、(甲基)丙烯酸羟乙(丙)基酯、丙烯酸丁酯和丙烯酰胺等。

分散聚合中大多采用油溶性引发剂。因为用油溶性引发剂比用水溶性引发剂所得聚合物微球粒径大、单分散性好。应用最多的是过氧化苯甲酰和偶氮二异丁腈,也有用其他偶氮类引发剂的。

　　分散聚合粒子成核机理比较复杂,仅文献报道的成核机理就有四种:胶束成核、均相成核、聚集成核和聚沉成核。

　　研究者对分散聚合的聚合条件、聚合机理、成核机理及稳定机理等都做了大量工作。随着研究的深入,对分散聚合的理论和应用的探讨日益深入。对于分散聚合的成核模型,现在大都倾向于两种机理:一是低聚物沉淀机理,二是接枝共聚物聚结机理。二者的过程基本相同,所不同的只是稳定剂的作用方式,即稳定机理的不同。低聚物沉淀机理认为,稳定剂以物理方式被吸附于聚合物颗粒表面。接枝共聚物聚结机理认为,含活性氢的稳定剂在自由基的作用下与低聚物形成接枝共聚物,接枝共聚物再以两种不同的方式锚接吸附于聚合物颗粒表面。

　　大多数研究者认为在聚合过程中两种机理都存在,将分散聚合过程分为如下四个阶段:

　　① 反应开始前,单体、分散剂及引发剂都溶解在介质中,当反应温度上升至引发剂分解温度时,引发剂分解产生自由基,引发单体聚合。

　　② 当反应生成的低聚物链长达到某一临界值时,就独自或相互聚结成核,并从介质中析出。

　　③ 这些核又相互聚结而形成聚合物粒子,与此同时也吸附分散剂及分散剂与聚合物链所生成的接枝共聚物,使其颗粒得以稳定。

　　④ 在颗粒成长阶段,聚合物粒子将继续吸收介质中的单体与低聚物,捕获游离的核,并在颗粒内部聚合而使其粒径逐渐增大,直至反应结束。

　　在分散聚合中,从成核聚结到聚合物粒子形成,是反应体系由均相到非均相的转变时期。这一转变虽然持续时间很短,但决定了整个体系中所形成聚合物的颗粒数目,而且颗粒数目在随后的反应中应当保持不变,才能最终获得粒度均匀的产品。

本 章 总 结

　　① 乳液聚合是以单体和水在乳化剂作用下配制成乳液,加入引发剂在一定温度下进行的聚合反应。典型的乳液聚合的主要组分至少有四种,即单体、水、乳化剂和引发剂。

　　② 乳液聚合有许多独特的优点,如聚合反应速率快、分子量高;聚合反应热容易排除;用水作介质,生产安全及减少环境污染;聚合物以乳胶粒(微球)形态存在,可以根据需要来控制其聚合物粒子大小和胶体状态;聚合物乳液产物可以直接应用于多种工业和其他科学技术领域等。

　　③ 乳液聚合和其他类型聚合的不同之处,主要是乳化剂在聚合体系中所起的特殊作用,即降低表面张力和界面张力、乳化作用、分散作用、增溶作用、导致按胶束机理生成乳胶粒的作用及发泡作用。

　　④ 乳液聚合所用的引发剂大都为水溶性的,特种乳液聚合如反相乳液聚合、细乳液聚合及超浓乳液聚合等也可用油溶性引发剂。按引发剂的分解温度和组成,可分为热分解引发剂和氧化还原引发剂。

　　⑤ 根据反应机理可以将典型乳液聚合过程的转化率-时间关系分成四个阶段,即分散阶段、成核阶段、增长阶段及完成阶段。

　　⑥ 与传统自由基聚合相比,乳液聚合体系具有类似的反应机理,乳液聚合动力学应该遵循

自由基聚合的普遍规律。但与均相的本体聚合或溶液聚合相比,有其特殊性,同时有较高的聚合速率和较高的分子量是其主要特征。

⑦ 乳液聚合中的聚合度与粒子数成正比,与自由基产生速率成反比。增加乳化剂用量,使乳胶粒增多,可以使聚合速率和聚合度同时增加。

⑧ 聚合物乳液的稳定性取决于乳胶粒的结构、形态、表面状况及乳液所处的条件,影响因素主要有电解质、机械作用、放置时间、表面活性剂及冻结和熔化等。

⑨ 在传统乳液聚合方法基础上,为改进生产工艺或制备特种聚合物胶乳和功能聚合物乳胶粒,发展出许多新的乳液聚合技术,包括可以有效控制聚合物乳胶粒的大小,分布及结构形态的种子乳液聚合,使用少量乳化剂或不加乳化剂的无皂乳液聚合,亲水性聚合物在连续油相中形成液滴并聚合的反相乳液聚合,以及由溶于有机溶剂(或水)的单体通过聚合生成不溶于该溶剂的聚合物、而且形成稳定的胶态分散体系的分散聚合等。

参 考 文 献

[1] 曹同玉,刘庆普,胡金生.聚合物乳液合成原理性能及应用.2版.北京:化学工业出版社,2007.
[2] 张洪涛,黄锦霞.乳液聚合新技术及应用.北京:化学工业出版社,2006.
[3] Blackley D C. Emulsion Polymerization. London:Applied Science Publisher,1975.
[4] Piirma I. Emulsion Polymerization. New York:Academic Press, 1982.
[5] Warson H. The Application of Synthetic Resin Emulsions. London:Ernest Benn,1972.

习题与思考题

1. 简述传统乳液聚合中单体、乳化剂和引发剂的所在场所,链引发、链增长和链终止的场所和特征,胶束、乳胶粒、单体液滴和速率的变化规律。

2. 简述胶束成核、液滴成核、水相成核的机理和区别。

3. 简述种子聚合和核/壳乳液聚合的区别和关系。

4. 无皂乳液聚合有哪几种途径?

5. 举例说明反相乳液聚合的特征。

6. 说明分散聚合和沉淀聚合的关系。举例说明分散聚合配方中的溶剂和稳定剂,以及稳定机理。

第五章　离子聚合和配位聚合

离子聚合是由离子活性种引发的聚合反应。根据离子电荷性质的不同,又可分为阴(负)离子聚合和阳(正)离子聚合。配位聚合也可归属于离子聚合的范畴,但机理比较独特。离子聚合和配位聚合都属于连锁机理,但与自由基聚合又有些差异。

大部分烯类单体都能进行自由基聚合,但离子聚合对单体却有较大的选择性,如表 5-1 所示。通常带有氰基、羰基等吸电子基的烯类单体,倾向于阴离子聚合,如丙烯腈、甲基丙烯酸甲酯等;带有烷基、烷氧基等供电子基的烯类单体,倾向于阳离子聚合,如异丁烯、烷基乙烯基醚等;带苯基、乙烯基等共轭烯类单体,如苯乙烯、丁二烯等,则既能阴离子聚合,又能阳离子聚合,也是自由基聚合的常用单体。

表 5-1　离子聚合的单体

阴离子聚合	阴、阳离子聚合	阳离子聚合
丙烯腈 $CH_2=CH-CN$	苯乙烯 $CH_2=CH-C_6H_5$	异丁烯 $CH_2=C(CH_3)_2$
甲基丙烯酸甲酯 $CH_2=C(CH_3)COOCH_3$	α-甲基苯乙烯 $CH_2=C(CH_3)C_6H_5$	3-甲基-1-丁烯 $CH_2=CHCH(CH_3)_2$
亚甲基丙二酸酯 $CH_2=C(COOR)_2$	丁二烯 $CH_2=CHCH=CH_2$	4-甲基-1-戊烯 $CH_2=CHCH_2CH(CH_3)_2$
α-氰基丙烯酸酯 $CH_2=C(CN)COOR$	异戊二烯 $CH_2=C(CH_3)CH=CH_2$	烷基乙烯基醚 $CH_2=CH-OR$
ε-己内酰胺 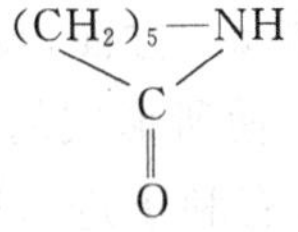 $(CH_2)_5-NH$ $C=O$	甲醛 $CH_2=O$	氧杂环丁烷衍生物 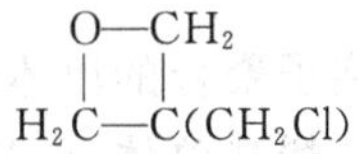 $O-CH_2$ $H_2C-C(CH_2Cl)$
	环氧乙烷 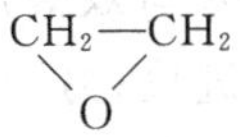　　环氧烷烃 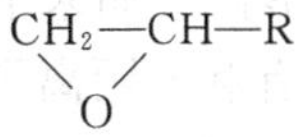 CH_2-CH_2　CH_2-CH-R O　　O	四氢呋喃 
	硫化乙烯 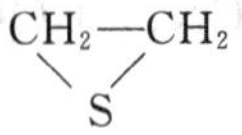 CH_2-CH_2 S	三氧六环 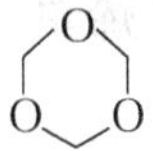

杂环化合物也是离子聚合的常用单体,部分见表 5-1,详见开环聚合一章。

烯类单体自由基聚合、阴离子聚合、阳离子聚合的活性链末端分别是碳自由基($C\cdot$)、碳负离子(C^-)、碳正离子(C^+),三种活性种的分子结构不同,反应特性和聚合机理差异较大。

离子聚合引发剂容易被水破坏,多采用溶液聚合方法。溶剂性质影响比较大,因此需综合考虑单体、引发剂和溶剂等组分对聚合速率、聚合度和聚合物立构规整性等方面的影响。

顺丁橡胶、异戊橡胶、丁基橡胶、聚醚和聚甲醛等重要聚合物,由离子聚合来合成。对于一些常用单体,如丁二烯、苯乙烯,通常可以简单采用自由基聚合来合成聚合物,但如果改用离子聚合或配位聚合后,就可控制结构、改进性能。可见离子聚合有其特殊作用。

5.1   阴离子聚合

早在 20 世纪初,科学家就已经发现了阴离子聚合。例如,丁二烯在金属钠的作用下聚合得到了当时盛行一时的丁钠橡胶。1956 年,Szware 根据苯乙烯–萘钠–四氢呋喃体系的聚合特征,首次提出活性阴离子聚合的概念。所谓活性,是指无终止、无链转移的聚合反应,即聚合物在所有单体全部耗尽后仍具有活性,加入新单体后仍可继续聚合。这一概念的提出,使阴离子聚合不仅在理论研究上取得了很大的进展,而且在工业生产上得到广泛应用。

阴离子聚合的常用单体有共轭烯类和丙烯酸酯类,常用引发剂有烷基锂,典型聚合物有顺聚丁二烯、顺–1,4–聚异戊二烯、苯乙烯–丁二烯–苯乙烯(SBS)嵌段共聚物等。

阴离子聚合反应的通式可表示如下:

$$B^- A^+ + M \longrightarrow BM^- A^+ \xrightarrow{M} \cdots\cdots \xrightarrow{M} BM_n^- A^+$$

B^- 表示阴离子活性中心,一般由亲核试剂提供;阴离子末端往往伴有金属阳离子 A^+ 作为反离子(或抗衡离子),形成离子对 $B^- A^+$。活性中心可以是自由离子、离子对,甚至是处于缔合状态的阴离子。通常单体不断插入离子对进行聚合。

阴离子聚合的优点为活性中心的稳定性好、聚合速率快、聚合体系简单、聚合温度范围宽和溶剂选择余地大等。例如,甲基丙烯酸酯等的聚合仅在几秒钟内聚合物分子量就可达到数万甚至数十万。

5.1.1   阴离子聚合的单体

阴离子聚合的单体必须含有能使链增长活性中心稳定的吸电子基团,主要包括带吸电子取代基的乙烯基单体、羰基化合物、异氰酸酯和杂环化合物等。

① 带吸电子取代基的乙烯基单体   如果取代基与双键形成 π–π 共轭,一方面,反应前,吸电子基能使双键上电子密度降低,有利于阴离子的进攻;另一方面,反应后,使所形成的碳阴离子的电子密度分散而共轭稳定。这类单体具有很高的阴离子聚合反应活性,有利于进行阴离子聚合。例如,乙烯单体的取代基为—NO_2、—CN、—COOR、—Ph 和 —CH=CH_2。

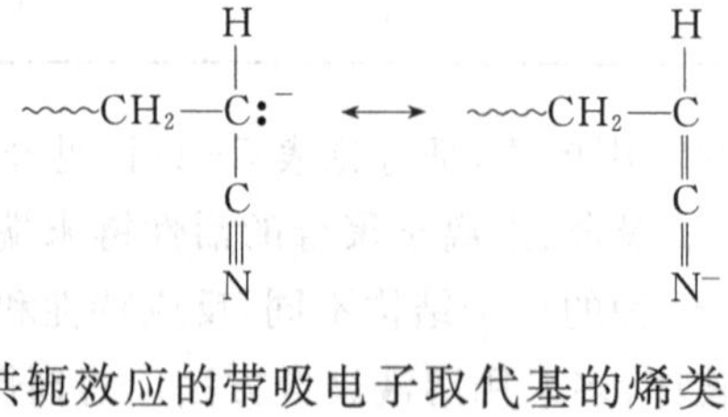

对同时具有供电子 p–π 共轭效应的带吸电子取代基的烯类单体,如氯乙烯,难以进行阴离子聚合,因为 p–π 供电子共轭效应和吸电子诱导效应相反,削弱了双键电子密度降低的程度,不

利于阴离子的进攻。

按阴离子聚合活性次序,可将烯类单体分成四组,列在表 5-2 内。表中从上而下,单体活性递增,A 组为共轭烯类,如苯乙烯、丁二烯,活性较弱;B 组为(甲基)丙烯酸酯类,活性较强;C 组为丙烯腈类,活性更强;D 组为硝基乙烯和双取代吸电子基单体,活性最强。

表 5-2　阴离子聚合的单体活性和引发剂活性

引发剂		单体	分子式	Q	e	σ
SrR_2,CaR_2		α-甲基苯乙烯	$CH_2{=}C(CH_3)C_6H_5$			-0.161
Na,NaR	a — A	苯乙烯	$CH_2{=}CHC_6H_5$	1	-0.8	0.009
Li,LiR		丁二烯	$CH_2{=}CHCH{=}CH_2$	1.28	0	
$RMgX$		甲基丙烯酸甲酯	$CH_2{=}C(CH_3)COOCH_3$	1.92	1.20	0.385
$t{-}ROLi$	b — B	丙烯酸甲酯	$CH_2{=}CHCOOCH_3$	1.33	1.41	
ROX		丙烯腈	$CH_2{=}CHCN$	2.70	1.91	0.660
$ROLi$	c — C	甲基丙烯腈	$CH_2{=}C(CH_3)CN$	3.33	1.74	
强碱		甲基乙烯基酮	$CH_2{=}CHCOCH_3$	3.45	1.51	0.502
吡啶		硝基乙烯	$CH_2{=}CHNO_2$			0.778
NR_3		亚甲基丙二酸二乙酯	$CH_2{=}C(COOC_2H_5)_2$			
弱碱	d — D	α-氰基丙烯酸乙酯	$CH_2{=}C(CN)COOC_2H_5$			1.150
ROR		偏二氰基乙烯	$CH_2{=}C(CN)_2$			
H_2O		α-氰基-2,4-己二烯酸乙酯	$CH_3CH{=}CHCH{=}C(CN)COOC_2H_5$			1.256

$Q{-}e$ 概念中的 e 值(极性或吸电子性),以及 Hammett 方程$[\lg(1/r_1)=\rho\sigma]$中的基团特性常数 σ 值,也可半定量地用来衡量聚合活性。表 5-2 中,ρ、σ 值从上而下逐渐增大,与聚合活性相一致。有些单体$+e$ 值虽不大、但 Q 值较大(共轭效应),也可进行阴离子聚合。

② 羰基化合物,如 HCHO 既能阳离子聚合,也能阴离子聚合。

③ 杂环化合物通常是含有氧、氮等杂原子的环状化合物,可由阴离子引发开环聚合。例如,

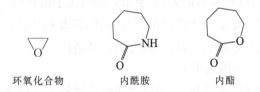

环氧化合物　　　内酰胺　　　内酯

5.1.2　阴离子聚合的引发剂和引发反应

阴离子聚合的引发剂主要有碱金属、碱金属的有机化合物、三级胺等碱类、给电子体或亲核试剂等,其活性可参见表 5-2,从上而下递减。其中碱金属引发属于电子转移机理,而其他则属于阴离子直接引发机理。

(1)碱金属——电子转移引发

锂、钠、钾等碱金属原子最外层只有一个价电子,容易转移给单体,形成阴离子而后引发聚合,这种引发称为电子转移引发。

① 电子直接转移引发　以苯乙烯为单体来说明其引发机理。

碱金属钠原子将最外层电子直接转移给单体,生成单体自由基阴离子,两分子的自由基末端偶合终止,转变成双阴离子,而后由两端阴离子引发单体双向链增长而聚合。

$$Na + CH_2{=}CH \underset{X}{} \rightarrow Na^{+-}CH_2{-}\underset{X}{CH} \cdot \quad \longleftrightarrow \quad Na^{+-}\underset{X}{CH}{-}CH_2 \cdot$$

$$Na^{+-}\underset{X}{CH}{-}CH_2 \cdot \quad \longleftrightarrow \quad Na^{+-}\underset{X}{CH}CH_2{-}CH_2\underset{X}{CH}^{-+}Na \quad \longrightarrow \quad 从两端增长聚合$$

聚合过程:通常把碱金属与惰性溶剂加热到金属的熔点以上,剧烈搅拌然后冷却得到金属微粒,再加入聚合体系。这属于非均相引发体系,聚合效率偏低。

② 电子间接转移引发 典型例子是钠-萘-四氢呋喃体系引发苯乙烯聚合。钠和萘溶于四氢呋喃中,钠将外层电子转移给萘,形成萘钠自由基阴离子,呈绿色。溶剂四氢呋喃中氧原子上的未共用电子对与钠离子形成配位阳离子,使萘钠结合疏松,更有利于萘自由基阴离子的引发。

$$Na + [萘] \xrightarrow{THF} [萘]^{:-} {}^{+}Na$$

$$[萘]^{:-} {}^{+}Na + CH_2{=}\underset{C_6H_5}{CH} \longrightarrow Na^{+-}\underset{C_6H_5}{CH}{-}CH_2^{:} + [萘]$$

$$2\ Na^{+-}\underset{C_6H_5}{CH}{-}CH_2^{:} \longrightarrow Na^{+-}\underset{C_6H_5}{CH}CH_2{-}CH_2\underset{C_6H_5}{CH}^{-+}Na$$

当加入苯乙烯时,萘自由基阴离子就将电子转移给苯乙烯,形成苯乙烯自由基阴离子,呈红色。两分子的自由基端基偶合成苯乙烯双阴离子,而后双向引发苯乙烯聚合。最终结果与金属钠的电子直接转移引发相似,只是萘作为电子转移的媒介,故称为电子间接转移引发。

聚合反应过程:先将金属钠与奈在惰性溶剂中反应,再加入到聚合体系引发聚合反应。这属于均相引发体系,效率较高。

苯乙烯单体聚合耗尽,红色并不消失,表明苯乙烯阴离子活性种仍然存在,再加入单体,仍可继续聚合,聚合度不断增加,显示出无终止的反应特征,因此称作活性聚合。碳阴离子 $C:^{-}$ 具有未成键的电子对,比较稳定,寿命长,为活性聚合创造了条件。

(2) 有机金属化合物——阴离子引发

这类引发剂有金属的氨基化合物、烷基化合物和烷氧基化合物、格氏试剂等亲核试剂。

① 金属氨基化合物 典型例子如氨基钾。由于钾的金属性强,液氨介电常数大,溶剂化能力强,KNH_2-液氨就构成了高活性的阴离子引发体系,氨基以游离的单阴离子存在,引发单体聚合,最后向氨转移而终止。

$$2\ K + 2\ NH_3 \longrightarrow 2\ KNH_2 + H_2$$

$$KNH_2 \rightleftharpoons K^{+} + {}^{-}NH_2$$

$$H_2N^{-} + CH_2{=}\underset{C_6H_5}{CH} \longrightarrow H_2N{-}CH_2\underset{C_6H_5}{CH}^{-} \xrightarrow{M} \cdots$$

② 金属烷基化合物 许多金属可以形成烷基化合物,但比较常用的阴离子聚合引发剂是丁

基锂,其次是格氏试剂 RMgX。因为需要兼顾引发活性和溶解性能两方面。

金属烷基化合物的活性和溶解性能与金属(M)的电负性有关。电负性越小,即金属性越强,如 K、Na(电负性为 0.8、0.9),M—C 键越倾向于离子键,引发活性虽然较强,但不溶于有机溶剂中,难以使用;相反,金属电负性越大,如 Al(1.5),M—C 键倾向于共价键,虽可改善溶解性能,但活性过低,无引发能力。

Li 锂电负性 1.0,是碱金属中原子半径最小的元素,Li—C 键为极性共价键,丁基锂可溶于非极性(如烷烃)和极性(如四氢呋喃 THF)等多种溶剂中。丁基锂在非极性溶剂中以缔合体存在,无引发活性;若添加少量四氢呋喃,则解缔合成单体。同时,THF 中氧的未配对电子与锂阳离子配位,有利于形成疏松离子对或自由离子,提高活性。

$$C_4H_9Li + \overset{\cdot\cdot}{:}OC_4H_8 \longrightarrow C_4H_9^- \parallel [Li \leftarrow OC_4H_8]^+$$

丁基锂是单阴离子的形式引发单体聚合,并以相同的方式进行链增长。

$$C_4H_9^-Li^+ + CH_2{=}\underset{X}{C}H \longrightarrow C_4H_9CH_2{-}\underset{X}{C}H^-Li^+ \xrightarrow{M} C_4H_9CH_2{-}\underset{X}{C}H\cdots CH_2{-}\underset{X}{C}H^-Li^+$$

③ 格氏试剂 由于 Mg 的电负性(1.2)较大,R_2Mg 中的 Mg—C 键的极性很弱,不能引发阴离子聚合。当烷基镁中引入卤素,成为格氏试剂 RMgX,使 Mg—C 键的极性增加,则可以成为阴离子引发剂,只是活性稍低,可以引发活性较大的单体聚合。

④ 金属烷氧化合物 甲醇钠或甲醇钾是这类引发剂的代表,由于活性较低,多用于高活性环氧烷烃(如环氧乙烷、环氧丙烷等)的开环聚合。

(3) 其他亲核试剂

R_3N、R_3P 和 ROH 等中性亲核试剂或给电子体,都有未共用的电子对。键引发和键增长过程中,生成电荷分离的两性离子,但其反应活性很弱,只能引发比较活泼的单体聚合。

$$R_3N\overset{\cdot\cdot}{:} + CH_2{=}\underset{X}{C}H \longrightarrow R_3N^+{-}CH_2\underset{X}{C}H^- \longrightarrow R_3N^+{-}(CH_2\underset{X}{C}H)_nCH_2\underset{X}{C}H^-$$

微量水和 CO_2 对阴离子引发剂都有破坏作用,单体、溶剂和实验器皿要彻底干燥、清洁。实验过程中要通高纯氮气或氩气排氧。

5.1.3 单体和引发剂的匹配

阴离子聚合的引发剂和单体活性各不相同,两者配合得当,才能聚合。表 5-2 中列出四组引发剂的活性,从上而下(a~d)递减,四组单体活性从上而下(A~D)递增,两者相互间能反应的以直线相连。

a 组引发剂活性最高,可引发 A、B、C、D 四组单体聚合。A 类单体是非极性共轭烯烃,只能用 a 类强的阴离子引发剂才能聚合。如果引发 C、D 组高活性单体,由于反应过于剧烈,难以控制,可能产生副反应使链终止,需要低温聚合。

b 组引发剂的代表是格氏试剂,能引发 B、C、D 组单体,在非极性溶剂中聚合,并可制得立体规整的聚合物。

c组引发剂可引发C、D组单体聚合。

d组是活性最低的引发剂,只能引发D组高活性单体聚合。微量水通常会终止阴离子聚合,但可引发高活性的α–氰基丙烯酸乙酯聚合,因为可将水看作微碱性或微酸性。

判断阴离子引发剂能否引发单体聚合,还需要有一个半定量的评价指标。

阴离子聚合引发剂属于Lewis碱类,其聚合活性与碱性强度有关。以乙基锂引发苯乙烯聚合为例,能否继续链增长,与苯乙烯阴离子的相对碱性有关。

$$C_2H_5Li + \underset{\underset{C_6H_5}{|}}{CH_2=CH} \longrightarrow \underset{\underset{C_6H_5}{|}}{C_2H_5-CH_2CH^-Li^+}$$

采用通式表达,共轭"碳酸"PH与碳阴离子P^-构成解离平衡。

$$PH \xleftarrow{\quad K_a \quad} P^- + H^+$$

$$K_a = \frac{[P^-][H^+]}{[PH]}$$

$$pK_a = -\lg K_a = \lg \frac{[PH]}{[P^-][H^+]}$$

K_a越小,则pK_a值越大,表示碱性越大,或亲电性越小。

pK_a值大的烷基金属化合物可以引发pK_a值较小的单体,反之则不能。从表5–3可见,苯乙烯pK_a(=40~42)最大,其阴离子碱性最强,活性最高,可以引发所有其他单体(如丙烯酸酯类(pK_a=24)聚合。这一规律可用来指导嵌段共聚物合成中单体的加入次序。

表5–3 化合物的pK_a值

化合物	pK_a值	化合物	pK_a值
苯乙烯,二烯烃	40~42	炔烃	25
氨	36	甲醇	16
丙烯酸酯	24	环氧化合物	15
丙烯腈	(25)	硝基烯烃	11

pK_a值很低的化合物,如甲醇(pK_a=16),所形成甲氧基阴离子活性很低,不能再引发苯乙烯、丙烯酸酯类单体,甲醇就成为这些单体阴离子聚合的阻聚剂。

自由基聚合中曾有单体活性次序与自由基活性次序相反的规律,阴离子聚合情况也类似,即单体活性越低,其阴离子的活性越高。

实际上,低活性的共轭二烯烃进行阴离子聚合,多选用丁基锂作引发剂,而高活性环醚的阴离子开环聚合,则多选用低活性的醇钠、醇钾作引发剂。

溶剂性质很大程度上决定离子对的结合状态,从而影响离子对的反应活性,进而对阴离子聚合速率和聚合物立构规整性有较大影响。阴离子聚合常用烃类(烷烃和芳烃)作溶剂,也有用四氢呋喃、二甲基甲酰胺及液氨作溶剂的,但不能用酸性物质(如无机酸、乙酸和三氯乙酸)、水和醇作溶剂,因为这类物质易与增长中的阴离子反应,造成链终止。应用得最多的阴离子聚合为二烯烃–丁基锂–烷烃体系,而苯乙烯–萘–钠–四氢呋喃体系多用于研究。

5.1.4 阴离子聚合反应机理

1. 链引发

（1）阴离子加成引发

根据引发阴离子与抗衡阳离子的解离程度不同，可分为两种情况。

① 自由离子　在极性溶剂中，引发剂主要以自由离子的形式存在，引发反应为引发阴离子与单体的加成反应。

$$Nu^- + H_2C=CH \longrightarrow Nu-CH_2-\overset{-}{CH}$$
$$\qquad\qquad\quad\; | \qquad\qquad\qquad\qquad\quad |$$
$$\qquad\qquad\quad\; X \qquad\qquad\qquad\qquad\quad X$$

② 紧密离子对　在非极性溶剂中，引发剂主要以紧密离子对的形式存在，通常认为其先形成引发剂与单体的 π 复合物，再引发聚合。例如，

$$R-Li + H_2C=CH \rightleftharpoons R-Li \cdots \overset{CH_2}{\underset{CHX}{\|}} \longrightarrow R-CH_2-CHLi$$
$$\qquad\qquad\qquad |\qquad\qquad\qquad\qquad\qquad\qquad\qquad\quad\; |$$
$$\qquad\qquad\qquad X\qquad\qquad\qquad\qquad\qquad\qquad\qquad\quad\; X$$

引发剂的解离程度与溶剂的极性、抗衡阳离子类型及温度有关。

（2）电子转移引发

引发剂将电子转移给单体形成单体阴离子自由基，通过双基偶合形成双阴离子再引发单体聚合。证据是把 CO_2 加入引发剂与单体的等物质的量的混合物可定量地生成二羧酸。

$$Na^+ \; \overset{-}{H}C-CH_2-CH_2-\overset{-}{C}H \; Na^+ + 2CO_2 \longrightarrow Na^+ \; {}^-OOC-CH-CH_2-CH_2-CH-COO^- \; Na^+$$

2. 链增长

引发反应产生的阴离子活性中心与单体进一步加成，又产生新的碳负离子，按此方式连续地反应下去，可使链不断增长。在阴离子聚合过程中，链增长活性中心与反离子之间存在以下解离平衡：

$$R-X \underset{极化}{\overset{}{\rightleftharpoons}} R-X^{\delta^- \; \delta^+} \underset{离子化}{\overset{}{\rightleftharpoons}} \overset{-}{R}\cdots\overset{+}{X} \underset{溶剂化}{\overset{}{\rightleftharpoons}} \overset{-}{R}\|\overset{+}{X} \underset{解离}{\overset{}{\rightleftharpoons}} \overset{-}{R}+\overset{+}{X}$$

共价化合物　　　极化分子　　　　紧密离子对　　　溶剂分离离子对　　　自由离子

由于链增长反应是靠极化了的单体插入离子对中进行的，所以反离子的结构及它与碳负离子的相互作用程度对链增长反应有较大的影响。一般来说，在极性溶剂中，由于溶剂化作用，离子对的结合较松散，形成自由离子的倾向增加，因而链增长速率较快。

3. 链转移与链终止

阴离子聚合中，单体一经引发生成阴离子活性种，将以相同的模式进行链增长，一般无链终止和链转移，因此称作活性聚合。

有几种方法可以说明阴离子聚合的无终止特性。许多链增长的碳负离子有颜色，直至单体 100% 转化，颜色也不消失，几天乃至几周都能保持活性。100% 转化后，再加入同种单体，仍可继

续聚合,单体内的大分子数不变,分子量相应增加。如加入其他单体,则形成嵌段共聚物。

阴离子聚合难以终止的原因:① 活性链末端都是阴离子,无法双基终止;② 抗衡阳离子为金属离子,链增长碳负离子难以与其形成共价键而终止;③ 从活性链上脱除氢负离子 H^- 需要很高的能量,也难进行。因此,对于理想的阴离子聚合体系,如果不外加链终止剂或链转移剂,一般不存在链转移和链终止反应。

微量杂质,如水、氧和二氧化碳,都容易使碳负离子终止,因此阴离子聚合需在高真空或惰性气氛下、试剂和玻璃器皿非常洁净的条件下进行,玻璃器皿表面吸附水通常用真空干燥、火焰烘烤等方法除去。痕量水分将通过质子转移使链增长的碳负离子终止,所形成的 OH^- 不能再引发聚合。

$$M_x^- Li^+ + O_2 \longrightarrow M_x O-OLi$$
$$M_x^- Li^+ + H_2O \longrightarrow M_x H + LiOH$$
$$M_x^- Li^+ + CO_2 \longrightarrow M_x \underset{\overset{\|}{O}}{C}-OLi$$

阴离子聚合机理的特征是快引发、慢增长,无终止、无链转移。所谓慢增长,是较引发慢而言,实际上阴离子聚合的链增长较自由基聚合的链增长要快得多。

根据无终止的机理特征,活性阴离子聚合可以有下列应用:

① 合成分子量均一的聚合物,用作凝胶色谱技术测定分子量时的填料标样。

② 制备带有特殊官能团的遥爪聚合物 活性聚合结束,加入二氧化碳、环氧乙烷或二异氰酸酯等进行反应,形成带有羧基、羟基或氨基等端基的聚合物。

$$M_x^{-+}A + CO_2 \longrightarrow M_x COO^{-+}A \xrightarrow{H^+} M_x COOH$$
$$M_x^{-+}A + \underset{\overset{\diagdown}{O}\diagup}{CH_2-CH_2} \longrightarrow M_x CH_2CH_2O^{-+}A \xrightarrow{H^+} M_x CH_2CH_2OH$$
$$M_x^{-+}A + OCN-R-NCO \longrightarrow M_x \underset{\overset{\|}{O^{-+}A}}{C}=N-R-NCO \xrightarrow{H^+} M_x \underset{\overset{\|}{O}}{C}-NH_2-R-NH$$

如果是双阴离子引发,则大分子链两端都有这些端基,就成为遥爪聚合物。

③ 制备嵌段聚合物 利用阴离子聚合,相继加入不同活性的单体进行聚合,就可以制得嵌段聚合物。

$$\sim\!\sim\!\sim M_1^- A^+ + M_2 \longrightarrow \sim\!\sim\!\sim M_1 M_2 \cdots M_2^- A^+$$

该法制备嵌段共聚物的关键在于单体加料的先后次序,并非所有活性聚合物都能引发另一种单体聚合,而决定于 M_1^- 和 M_2 的相对碱性,即 M_1^- 的给电子能力和 M_2 的亲电子能力。

表 5-3 所列的共轭酸碱的解离平衡常数对数值 pK_a 常用来表示单体碱性的相对大小,可以用来指导嵌段共聚中单体的加料次序。pK_a 值大的单体形成阴离子后,能引发 pK_a 值小的单体,反之则不能。例如,PS^-($pK_a=40\sim42$)可以引发 MMA($pK_a=24$)聚合,但 $PMMA^-$ 却不能引发苯乙烯(S)聚合。因此苯乙烯必须先聚合,MMA 后加再聚合。苯乙烯和丁二烯的 pK_a 值的属于同一级别,但 PS^- 易引发 BD,但 PBD^- 引发 S 要稍慢一些,这和 PBD^- 稍稳定有关。工业上已

用该法生产苯乙烯-丁二烯-苯乙烯三嵌段共聚物(SBS),用作热塑性弹性体。

5.1.5 阴离子聚合反应动力学

根据阴离子聚合的快引发、慢增长、无终止、无转移的机理特征,动力学处理比较简单。快引发活化能低,与光引发相当。所谓慢增长,是与快引发相对而言,受溶剂极性的影响显著。

1. 聚合速率

阴离子聚合的引发剂,如钠、萘钠和丁基锂等,有化学计量和瞬时解离的特性,聚合前,瞬时全部转变成阴离子活性种,然后以同一速率同时引发单体增长。在增长过程中,再无新的引发,活性种数不变。每一活性种所连接的单体数基本相等,聚合度就等于单体物质的量除以引发剂物质的量,而且比较均一,分布窄。如无杂质,则不终止,聚合将一直进行到单体耗尽。根据这一机理,就可依次写出链引发、链增长的反应式,以及聚合速率方程:

链引发 $\qquad\qquad\qquad\qquad B^-A^+ + M \longrightarrow BM^-A^+$

链增长 $\qquad\qquad\qquad\qquad BM^-A^+ + nM \longrightarrow BM_n^-A^+$

$$R_p = -\frac{d[M]}{dt} = k_p[B^-][M] \tag{5-1}$$

式(5-1)表明,聚合速率对单体呈一级反应。在聚合过程中,阴离子链增长活性种的总浓度 $[B^-]$ 始终保持不变,且等于引发剂浓度,即 $[B^-]=[C]$。如将式(5-1)积分,就可推导出单体浓度(或转化率)随时间作线性变化的关系式。

$$\ln\frac{[M]_0}{[M]} = k_p[C]_t \tag{5-2}$$

式(5-2)中,引发剂浓度 $[C]$ 和起始单体浓度 $[M]_0$ 已知,只要测得 t 时刻残留单体浓度 $[M]$,就可求出增长速率常数 k_p。在适当溶剂中,苯乙烯阴离子聚合的 k_p 值与自由基聚合的 k_p 可以相近,但阴离子聚合无终止,阴离子浓度($10^{-3}\sim10^{-2}$ mol·L^{-1})比自由基浓度($10^{-9}\sim10^{-7}$ mol·L^{-1})高得多,因此阴离子聚合速率比自由基聚合快得多。

2. 聚合度和聚合度分布

根据阴离子聚合机理,所消耗的单体平均分配键接在每个活性端基上,活性聚合物的数均聚合度就等于消耗单体数[即起始和 t 时刻单体浓度差($[M]_0-[M]$)]与活性端基浓度 $[M^-]$ 之比,因此可将活性聚合称作化学计量聚合。

$$\overline{X}_n = \frac{[M]_0-[M]}{[M^-]/n} = \frac{n([M]_0-[M])}{[C]} \tag{5-3}$$

式中,$[C]$ 为引发剂浓度,n 为每一大分子所带有的活性端基数。采用萘钠时,活性种为双阴离子,$n=2$;丁基锂活性种为单阴离子,$n=1$。如果聚合至结束,单体全部耗尽,则 $[M]=0$。

聚合度分布服从 Flory 分布或 Poissen 分布,即 x 聚体的摩尔分数为

$$x_x = N_x/N = e^{-\nu} \cdot \nu^{x-1}/(x-1)! \tag{5-4}$$

式中,ν 是每个引发剂分子所反应的单体分子数,即动力学链长。若引发反应包含一个单体分

子,则 $\overline{X}_n = \nu + 1$。由上式可得重均聚合度和数均聚合度之比

$$\frac{\overline{X}_w}{\overline{X}_n} = 1 + \frac{\overline{X}_n}{(\overline{X}_n + 1)^2} \approx 1 + \frac{1}{\overline{X}_n} \tag{5-5}$$

当 $\overline{X}_n$ 很大时,$\overline{X}_w/\overline{X}_n$ 接近1,表示分布很窄。例如,以萘钠-四氢呋喃引发所制得的聚苯乙烯,$\overline{X}_w/\overline{X}_n = 1.06 \sim 1.12$,接近单分散,可用作测定所制备聚合物分子量的标样。

活性阴离子聚合有下列特征:
① 大分子具有活性末端,有再引发单体聚合的能力;
② 聚合度正比于单体浓度/起始引发剂浓度的比值;
③ 聚合物分子量随转化率线性增加;
④ 所有大分子链同时增长,增长链数不变,聚合物分子量分布窄。

5.1.6 阴离子聚合增长速率常数及其影响因素

不同烯类单体阴离子聚合活性或增长速率常数 k_p 可以差别很大。25 ℃下,固定 Na^+ 为反离子,THF 为溶剂,多种单体的 k_p 值如表5-4所示。苯乙烯阴离子聚合 $k_p = 950$,是该单体自由基聚合 $k_p(=145)$ 的6~7倍。2-乙烯基吡啶和 α-甲基苯乙烯的 k_p 分别为7 300 和 2.5,说明吸电子的吡啶基和给电子的甲基对 k_p 有显著影响,也表明离子聚合对单体的选择性。

表5-4 阴离子聚合增长速率常数

单体	$k_p/(L \cdot mol^{-1} \cdot s^{-1})$	单体	$k_p/(L \cdot mol^{-1} \cdot s^{-1})$
α-甲基苯乙烯	2.5	苯乙烯	950
对甲氧基苯乙烯	52	4-乙烯基吡啶	3 500
邻甲基苯乙烯	170	2-乙烯基吡啶	7 300

溶剂、反离子和温度对阴离子聚合 k_p 值均有影响。

① 溶剂的影响 从非极性溶剂到极性溶剂,阴离子活性种与反离子所构成的离子对可以在极化共价键、紧密离子对、疏松离子对和自由离子之间平衡变动:

$$B^{\delta-}-A^{\delta+} \longleftrightarrow B^-A^+ \longleftrightarrow B^- \| A^+ \longleftrightarrow B^- + A^+$$

|极化共价键 | 紧密接触 | 溶剂隔离 | 自由离子 |
| | 紧密离子对 | 疏松离子对 | |

紧密离子对有利于单体的定向配位插入聚合,形成立构规整聚合物,但聚合速率较低;疏松离子对和自由离子的聚合速率较高,却失去了定向能力。单体-引发剂-溶剂配合得当,才能兼顾这两方面指标。

阴离子聚合中最常用的引发剂丁基锂可溶于多种非极性和极性溶剂,而最常用的溶剂是烷烃,另加少量四氢呋喃来调节极性。溶剂极性常用介电常数来评价,电子给予指数也是表征溶剂化能力的辅助参数(见表5-5)。

表 5-5　溶剂的介电常数和电子给予指数

溶剂	介电常数	电子给予指数	溶剂	介电常数	电子给予指数
己烷	2.2		四氢呋喃	7.6	20.0
苯	2.2	2	丙酮	20.7	17.0
二氧六环	2.2	5	硝基苯	34.5	4.4
乙醚	4.3	19.2	二甲基甲酰胺	35	30.9

增长速率常数 k_p 的测定值是离子对各种状态的综合结果,受溶剂极性影响明显,见表 5-6。疏松离子对和紧密离子对的差异很难量化,为简化起见,仅将活性种区分成离子对 P^-C^+ 和自由离子 P^- 两种,其增长速率常数分别以 $k_{\pm}$ 和 k_- 表示,解离平衡可表示如下:

$$P^-C^+ + M \xrightarrow[\text{离子对增长}]{k_{\pm}} PM^-C^+$$

$$\updownarrow K \qquad\qquad\qquad \updownarrow K$$

$$P^- + C^+ + M \xrightarrow[\text{自由离子增长}]{k_-} PM^- + C^+$$

表 5-6　溶剂对苯乙烯阴离子聚合 k_p 的影响(萘钠,25 ℃)

溶剂	介电常数	$k_p/(\text{L·mol}^{-1}\text{·s}^{-1})$	溶剂	介电常数	$k_p/(\text{L·mol}^{-1}\text{·s}^{-1})$
苯	2.2	2	四氢呋喃	7.6	550
二氧六环	2.2	5	1,2-二甲氧基乙烷	5.5	3 800

总聚合速率是离子对 P^-C^+ 和自由离子 P^- 聚合速率之和:

$$R_p = k_{\pm}[P^-C^+][M] + k_-[P^-][M] \tag{5-6}$$

联立式(5-1)和式(5-6),得表观增长速率常数 k_p:

$$k_p = \frac{k_{\pm}[P^-C^+] + k_-[P^-]}{[M^-]} \tag{5-7}$$

式(5-7)中,活性种总浓度 $[M^-]=[P^-]+[P^-C^+]$,两活性种处于平衡状态,平衡常数 K 为

$$K = \frac{[P^-][C^+]}{[P^-C^+]} \tag{5-8}$$

通常 $[P^-]=[C^+]$,则

$$[P^-] = (K[P^-C^+])^{1/2} \tag{5-9}$$

联立式(5-6)和式(5-9),得

$$\frac{R_p}{[M][P^-C^+]} = k_{\pm} + \frac{K^{1/2}k_-}{[P^-C^+]^{1/2}} \tag{5-10}$$

离子对的解离程度很小($K=10^{-7}$),而离子对、活性种和引发剂的浓度都相近,即 $[P^-C^+] \approx [M^-]=[C]$,代入上式,得

$$k_\mathrm{p}=k_\pm+\frac{K^{1/2}k_-}{[C]^{1/2}} \tag{5-11}$$

以 k_p 对 $[C]^{-1/2}$ 作图(见图5-1),得一直线,由截距得 $k_\pm$,由斜率得 $K^{1/2}k_-$。再由电导法测得平衡常数 K 后,就可求 k_-,结果见表5-7。以极性和溶剂化能力较强的四氢呋喃为溶剂,解离平衡常数仍然很小($K=10^{-7}$),大部分活性种以离子对形式存在。自由离子虽少,但其 k_- 极大(6.5×10^4),比离子对的 $k_\pm(=10^2)$ 要大上百倍,因此表观增长速率常数主要决定于 k_-。

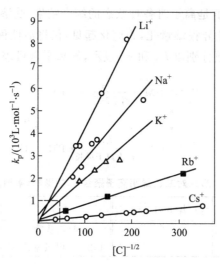

图 5-1 THF 中苯乙烯活性聚合表观速率常数 k_p 与 $[C]^{-1/2}$ 的关系

表 5-7 苯乙烯阴离子聚合增长速率常数(25℃)

抗衡离子	四氢呋喃			二氧六环
	$k_\pm/(\mathrm{L\cdot mol^{-1}\cdot s^{-1}})$	K	$k_-/(\mathrm{L\cdot mol^{-1}\cdot s^{-1}})$	$k_\pm/(\mathrm{L\cdot mol^{-1}\cdot s^{-1}})$
Li	100	2.2×10^{-7}		0.04
Na^+	80	1.5×10^{-7}		3.4
K^+	60~80	0.8×10^{-7}	6.5×10^4	19.8
Rb^+	50~80	1.1×10^{-7}		21.5
Cs^+	22	0.02×10^{-7}		24.5

② 反离子的影响 通常碱金属反离子半径越大,则溶剂化程度越低,离子对的解离程度也越低。由锂到铯,$k_\pm$ 递减($100\to22$),但以四氢呋喃作溶剂时,k_- 值大得多($10^4\sim10^5$),掩盖了反离子半径的影响。

当以极性和溶剂化能力均较小的二氧六环作溶剂时,解离平衡常数小,自由离子少,活性种可能以紧密离子对形式存在,导致 $k_\pm$ 很低。这种情况下,金属离子半径的影响就不容忽视,从锂到铯,原子半径递增,离子对越来越疏松,致使 $k_\pm$ 从 0.04 渐增至 24.5。

可见溶剂极性、溶剂化能力和反离子性质的综合影响关系复杂。

③ 温度的影响 温度对阴离子聚合 k_p 的影响比较复杂,需从对速率常数本身的影响和对解离平衡的影响两方面来考虑。一方面,升高温度可使离子对和自由离子的增长速率常数增加,遵

循 Arrhenius 指数关系。增长反应综合活化能一般是小的正值,速率随温度升高而略增。另一方面,升高温度使解离平衡常数 K 降低,自由离子浓度也相应降低,速率因而降低。两方面对速率的影响方向相反,并不一定完全相互抵消,可能有多种综合结果。

离子对解离平衡常数 K 与温度的关系如下:

$$\ln K = -\frac{\Delta H}{RT} + \frac{\Delta S}{R} \tag{5-12}$$

ΔH 为负值,因此 K 随 T 而反变。例如,苯乙烯-钠-THF 体系,温度从 $-70\ ℃$ 升至 $25\ ℃$,K 值约降低 300 倍,活性种浓度为 $10^{-3}\ mol \cdot L^{-1}$ 时,自由离子的浓度要减少 20 倍。

苯乙烯-钠体系在低极性溶剂(如二氧六环)中聚合,活性种以紧密离子对形式存在,其速率常数 $k_{\pm}$ 较小,活化能 $E_{\pm}$ 较大($37\ kJ \cdot mol^{-1}$)。而在极性溶剂 THF 中聚合,活性种以疏松离子对形式存在,温度变化时,出现 $k_{\pm}$ 随温度降低反而升高的现象,活化能可能是小的正值($4.2\ kJ \cdot mol^{-1}$),也可能出现负值($-6.2\ kJ \cdot mol^{-1}$)。在 $-80 \sim +25\ ℃$ 内,$E_{\pm}$ 的符号会发生变化,$\ln k_{\pm}-1/T$ 的 Arrhenius 图不呈线性关系,而呈 S 形。这可能是紧密离子对和疏松离子对相对量变化的结果。

5.1.7 丁基锂的配位能力和定向作用

引发剂反离子和溶剂不仅影响阴离子聚合速率,而且还影响到配位定向能力。碱金属和溶剂对聚丁二烯微结构的影响见表 5-8。

表 5-8 引发剂反离子和溶剂对聚丁二烯微结构的影响(聚合温度:0 ℃)

溶剂和反离子	聚丁二烯微结构/%			溶剂和反离子	聚丁二烯微结构/%		
	顺-1,4-	反-1,4-	1,2-		顺-1,4-	反-1,4-	1,2-
在戊烷中				在四氢呋喃中			
Li	35	52	13	萘锂	0	4	96
Na	10	25	65	萘钠	0	9	91
K	15	40	45	萘钾	0	18	82
Rb	7	31	62	萘铷	0	35	75
Cs	6	35	59	萘铯	0	35	75
				自由基聚合(5 ℃)	15	68	17

在戊烷中,锂引发聚顺-1,4-丁二烯含量(约 35%)最高,并随碱金属原子半径增大而降低。在四氢呋喃中,以任何碱金属作引发剂,顺-1,4-结构均为零,以 1,2-结构为主,且随碱金属原子半径增加而逐渐降低。

碱金属和溶剂对聚异戊二烯微结构的影响见表 5-9。以丁基锂为引发剂,在戊烷、苯、环己烷中聚合,聚异戊二烯的顺-1,4-含量依次递减。戊烷中添加 10% THF 或全用 THF 作溶剂,则顺-1,4-含量降为零。总的规律是溶剂的极性和碱金属的原子半径增加,均使顺-1,4-结构减少。

表 5-9   引发剂和溶剂对聚异戊二烯微结构的影响

引发剂	溶剂	聚合物微结构/%			
		顺式-1,4-	反式-1,4-	1,2-	3,4-
C_4H_9Li	戊烷	93	0	0	7
C_4H_9Li	苯	75	12	0	7
$C_4H_9Li/2THF$	环己烷	68	19	0	13
C_4H_9Li	90%戊烷/10%THF	0	26	9	66
C_4H_9Li	THF	0	12	27	59
Li	戊烷	94	0	0	6
Li	乙醚	0	49	5	46
Li	苯甲醚	64	0	0	36
Li	二苯醚	82	0	0	18
Na	戊烷	0	43	6	51
Na	THF	0	0	18	82
Cs	戊烷	4	51	8	37

聚二烯烃的微结构有两类:一类是 1,4-和 1,2-(或 3,4-)连接,另一类是顺式和反式、全同或间同构型。决定聚二烯烃微结构的因素中,除碱金属的电负性和原子半径及溶剂的极性对离子对的紧密程度影响以外,还需考虑单体本身构型的配位和定向问题。

阴离子聚合时,丁二烯活性链末端可能有 σ 烯丙基和 π 烯丙基两种形态。非极性烃类溶剂中以 σ 烯丙基末端为主,多 1,4-加成;极性溶剂中,则以 π 烯丙基末端为主,多 1,2-加成,如下所示:

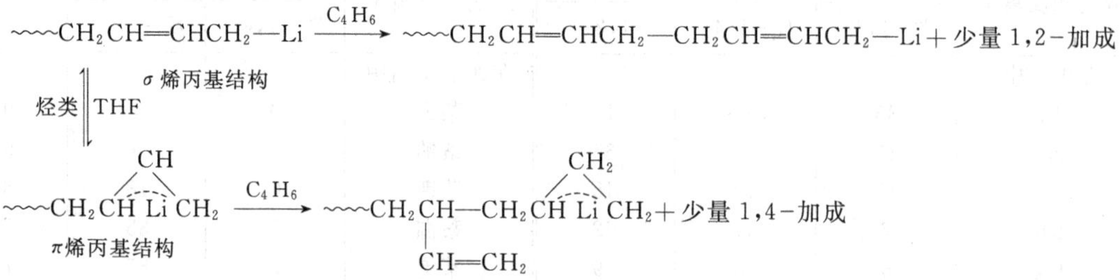

在非极性溶剂中,由丁基锂引发二烯烃聚合时,单体首先与 sp^3 杂化的 Li^+ 配位,形成六元环过渡态,如下所示,而后插入 C^-Li^+ 键而增长,结果是顺-1,4-结构占优势。

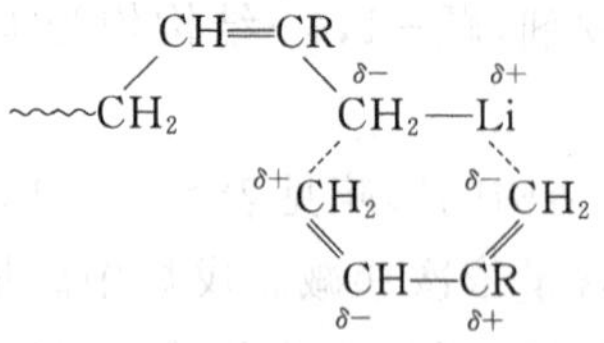

此外,NMR 研究表明,在非极性溶剂中,聚异戊二烯增长链主要是顺式,负电荷基本在 ^1C 和 ^3C 之间,1,4-结构占优势,加上锂离子同时与增长链和异戊二烯单体配位(如下所示),^2C 上的甲基阻碍了链端上 $^2C-^3C$ 单键的旋转,使单体处于 S-顺式,单体的 ^4C 和烯丙基的 ^1C 之间成

键后,即成顺-1,4-聚合,其含量可以高达$90\%\sim94\%$。对于丁二烯,^2C—^3C键可以自由旋转,而且单体又以S-反式为主,因而聚丁二烯的顺-1,4-结构含量很低($30\%\sim40\%$)。在极性溶剂中,上述链端配位结合较弱,致使链端^2C—^3C键可以自由旋转,顺、反-1,4-,甚至1,2-和3,4-聚合随机进行。因此,在极性溶剂中易获得反-1,4-或1,2-聚丁二烯、3,4-聚异戊二烯。

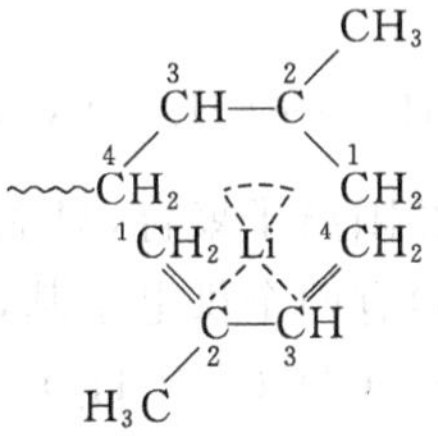

上述规律可以指导工业生产:丁二烯或异戊二烯的自由基聚合物呈无规立构($10\%\sim20\%$顺-1,4-结构)。以丁基锂为引发剂,在烷烃中聚合,可制得$36\%\sim44\%$顺-1,4-聚丁二烯和$92\%\sim94\%$顺-1,4-聚异戊二烯。在四氢呋喃中聚合,则得高1,2-聚丁二烯(约80%)或75%3,4-聚异戊二烯。采用非极性和极性混合溶剂,还有可能制得中乙烯基($35\%\sim55\%$)和更高的1,2-聚丁二烯。

5.2 阳离子聚合

阳离子聚合的引发剂种类很多,从质子酸到 Lewis 酸。但可供阳离子聚合的单体种类较少,主要是异丁烯。可用的溶剂有限,通常选用氯甲烷等卤代烃。主要的聚合物商品有聚异丁烯、丁基橡胶等。

阳离子聚合的活性中心是碳正离子 A^+,与反离子(或抗衡离子)B^-形成离子对,单体插入离子对而引发聚合,反离子是紧靠中心离子的引发剂残基或碎片。阳离子聚合的通式可表示如下:

$$A^+B^- + M \longrightarrow AM^+B^- \xrightarrow{M} \cdots \xrightarrow{M} AM_n^+B^-$$

5.2.1 阳离子聚合的单体

阳离子聚合的活性单体主要包括以下几类:

1. 带供电子取代基的烯烃

阳离子聚合的烯类单体要求带有供电子基团,如异丁烯、烷基乙烯基醚、芳环取代乙烯和共轭双烯等几种。

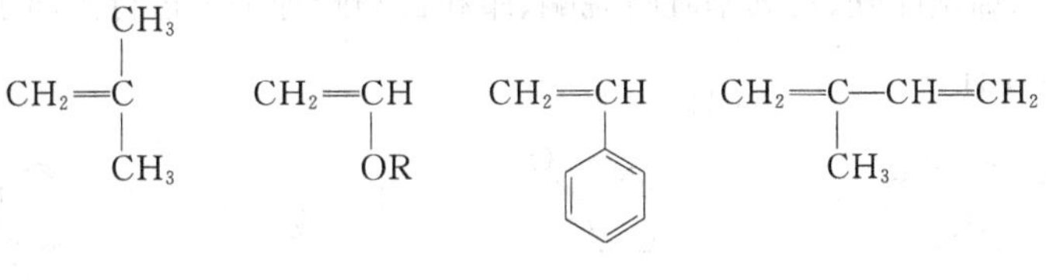

单体中的供电子取代基,一方面在反应前使碳碳双键电子密度增加,有利于阳离子活性种的

进攻,另一方面反应后使生成的碳正离子电子云分散而共振稳定。

① 偏二烷基取代烯烃单体　无取代基乙烯,对称结构非极性,电子密度低难以被碳正离子进攻,所以无法聚合。丙烯、丁烯等烯烃只有一个烷基,供电性不足,对质子或阳离子亲和力弱,聚合速率慢;另一方面,反应生成的二级碳正离子比较活泼,易重排生成较稳定的三级碳正离子 C^+。

$$H^+ + CH_2{=}CHC_2H_5 \longrightarrow CH_3C^+HC_2H_5 \longrightarrow (CH_3)_3C^+$$

因此,单取代烯烃如丙烯、丁烯等经阳离子聚合,只能得到低分子油状物,甚至二聚物。

偏二烷基取代烯烃单体(如异丁烯)有两个供电子基,使碳碳双键电子密度增加很多,易受阳离子进攻而被引发,形成三级碳正离子—$CH_2C^+(CH_3)_2$。链中—CH_2—上的氢受两边取代基的保护,不易被夺取,减少了转移、重排和支化等副反应,最终则可增长成高分子量的线型聚合物。

② 乙烯基烷基醚　乙烯基烷基醚很容易进行阳离子聚合。其中烷氧基的诱导效应使双键的电子密度降低,但氧原子上未共用电子对与双键形成的 p-π 共轭效应,却使双键电子密度增加,相比之下,共轭效应占主导地位。因此,烷氧基的共振结构使形成的碳正离子上的正电荷分散而稳定,结果,乙烯基烷基醚更容易进行阳离子聚合。

$$\sim\!\!\sim\!\!CH_2\overset{+}{C}H \longleftrightarrow \sim\!\!\sim\!\!CH_2CH$$
$$\quad\quad | \qquad\qquad\qquad |$$
$$\quad\quad OR \qquad\qquad\quad +OR$$

③ 共轭烯烃　苯乙烯、α-甲基苯乙烯、丁二烯和异戊二烯等共轭烯烃的 π 电子活动性强,易诱导极化,因此能进行阴、阳离子聚合和自由基聚合。但其阳离子聚合活性远不及异丁烯和乙烯基烷基醚。以苯乙烯为标准,烯类单体阳离子聚合的相对活性如表 5-10 所示。

表 5-10　烯类单体阳离子聚合相对活性

单体	相对活性	单体	相对活性
烷基乙烯基醚	很大	α-甲基苯乙烯	1.0
对甲氧基苯乙烯	100	对氯代苯乙烯	0.4
异丁烯	4	异戊二烯	0.12
对甲基苯乙烯	1.5	氯苄基乙烯	0.05
苯乙烯	1	丁二烯	0.02

共轭烯类很少用阳离子聚合来生产均聚物,多选作共聚单体,如异丁烯与少量异戊二烯共聚,制备丁基橡胶。共聚时,需考虑两单体的竞聚率。在 $AlCl_3$-CH_3Cl 中,$-100\,℃$ 下,异丁烯-异戊二烯的竞聚率为 $r_1 = -2.5, r_2 = -0.4$;异丁烯-丁二烯的竞聚率为 $r_1 = -115, r_2 = -0.01$。可见丁二烯阳离子聚合活性过低,不宜选作共单体。

④ 其他　N-乙烯基咔唑、乙烯基吡咯烷酮、茚和古马隆等都是进行阳离子聚合的活泼单体。

N-乙烯基咔唑　　乙烯基吡咯烷酮　　茚　　古马隆

2. 异核不饱和单体

$R_2C=Z$,Z 为杂原子或杂原子基团,如醛 $RHC=O$、酮 $RR'C=O$、硫酮 $RR'C=S$ 和重氮烷基化合物 $RR'CN_2$ 等。由于这类单体使用较少,不做详细介绍。

3. 杂环化合物

环结构中含杂原子的化合物,包括环醚、环亚胺、环缩醛、环硫醚、内酯和内酰胺等。另见开环聚合一章。

环氧乙烷   四氢呋喃   环乙亚胺   二氧戊环   己内酯   己内酰胺

阳离子活性种与单体加成总是进攻单体分子中亲核性最强的基团。

5.2.2　阳离子聚合的引发体系和引发作用

阳离子聚合的引发剂都是亲电试剂,主要有质子酸和 Lewis 酸等几类。

1. 质子酸

质子酸使烯烃质子化,有可能引发阳离子聚合。酸要有足够强度,保证质子化种的形成,但酸中阴离子的亲核性不应太强(如卤氢酸),以免与质子或阳离子共价结合而终止。

$$H^+X^- + CH_2=\overset{\overset{\displaystyle H}{|}}{\underset{\underset{\displaystyle R}{|}}{C}} \longrightarrow CH_3\overset{\overset{\displaystyle H}{|}}{\underset{\underset{\displaystyle R}{|}}{C^+}}X^- \longrightarrow CH_3\overset{\overset{\displaystyle H}{|}}{\underset{\underset{\displaystyle R}{|}}{C}}-X$$

无机酸包括浓硫酸、磷酸、高氯酸、氯磺酸(HSO_3Cl)和氟磺酸(HSO_3F)等,有机酸包括三氯代乙酸(CCl_3COOH)、三氟代乙酸(CF_3COOH)和三氟甲基磺酸(CF_3SO_3H)等。强质子酸在非水介质中部分解离,产生质子 H^+,能引发一些烯类单体聚合。

在实际应用中,多将质子酸分散在载体上,在 200~300 ℃下,按阳离子机理引发 ω-烯烃低聚,产物分子量很少超过几千,主要用作柴油、润滑油等。用硫酸作引发剂,古马隆和茚的阳离子聚合产物分子量 1 000~3 000,可用作涂料、黏结剂、地砖和蜡纸等。

2. Lewis 酸

主要为金属卤化物、有机金属化合物及它们的复合物,是最常用的阳离子引发剂。Lewis 酸种类很多,主要有 $AlCl_3$、BF_3、$SnCl_4$、$TiCl_4$、$ZnCl_2$ 和 $SbCl_5$ 等。聚合多在低温下进行,所得聚合物分子量可以很高(10^5~10^6)。

纯 Lewis 酸引发活性低,需添加微量共引发剂作为阳离子源,才能保证正常聚合。阳离子源有质子供体和碳正离子供体两类,与 Lewis 酸配合的引发反应举例如下:

① 质子供体　如 H_2O、ROH、$RCOOH$ 和 HX 等,与 Lewis 酸先形成配合物和离子对,如三氟化硼-水体系,然后引发烯烃单体聚合。

$$BF_3 + H_2O \Longleftrightarrow [H_2O \cdot BF_3] \Longleftrightarrow H^+(BF_3OH)^-$$

$$CH_2=\underset{\underset{CH_3}{|}}{\overset{\overset{CH_3}{|}}{C}} + H^+ (BF_3OH)^- \longrightarrow [CH_2=\underset{\underset{CH_3}{|}}{\overset{\overset{CH_3}{|}}{C}}\cdot H^+ (BH_3OH)^-] \longrightarrow CH_3\underset{\underset{CH_3}{|}}{\overset{\overset{CH_3}{|}}{C}}{}^+ (BF_3OH)^-$$

烯烃单体不断插入离子对中间,按引发的相同模式,以极快的速率进行链增长,可以获得很高的聚合度。

② 碳正离子供体 如 RX、RCOX 和 $(RCO)_2O$ 等(R 为烷基),离子对的形成和引发反应与上式相似,如 $SnCl_4$–RCl 体系:

$$SnCl_4 + RCl \rightleftharpoons R^+(SnCl_5)^-$$

$$R^+(SnCl_5)^- + CH_2=\underset{\underset{CH_3}{|}}{\overset{\overset{CH_3}{|}}{C}} \longrightarrow RCH_2\underset{\underset{CH_3}{|}}{\overset{\overset{CH_3}{|}}{C}}{}^+(SnCl_5)^-$$

以上两式表明,Lewis 酸称作阳离子引发剂,水或氯代烷称作共引发剂,它们共同作用称作引发体系。由于生成的抗衡阴离子都是体积较大且亲核性较弱的一些阴离子团,因此与单独 Lewis 酸体系相比,较难与链增长活性中心结合发生链终止反应。

引发剂和共引发剂的不同组合,得到不同的引发活性,主要取决于向单体提供质子或 R^+ 的能力。主引发剂的活性与接受电子的能力、酸性强弱有关,次序如下:

$$BF_3>AlCl_3>TiCl_4>SnCl_4$$
$$BF_3>BCl_3>BBr_3$$
$$AlCl_3>AlRCl_2>AlR_2Cl>AlR_3$$

$SnCl_4$ 引发异丁烯聚合时,聚合速率随共引发剂酸性的强度增加而增大,其次序如下:

$$氯化氢>醋酸>硝基乙烷>苯酚>水>甲醇>丙酮$$

一般引发剂和共引发剂有一最佳比,在这一条件下获得最大聚合速率和最高分子量。定性地说,共引发剂过少,则活性不足;共引发剂过多,则将终止。例如,以 BF_3、$AlCl_3$ 作引发剂时,极微量水就足以保证高活性,引发速率可以比无水时高 10^3 倍。聚合体系未经干燥,实际上就吸附有微量水。水过量,却使引发剂失活。

有些强 Lewis 酸,如 $AlCl_3$、$AlBr_3$ 和 $TiCl_4$ 等,通过自离子化或不同 Lewis 酸相互离子化,产生阳离子引发聚合反应。但引发活性较低,只能引发高活性单体。

$$2AlBr_3 \rightleftharpoons AlBr_2^+[AlBr_4]^- \overset{M}{\longrightarrow} AlBr_2M^+[AlBr_4]^-$$

3. 其他能产生阳离子的引发剂

其他阳离子引发剂有碘、氧鎓离子,以及高氯酸盐 $[CH_3CO^+(ClO_4)^-]$、三苯基甲基盐 $[(C_6H_5)_3C^+(SbO_6)C^-$、$(C_6H_5)_3C^+(BF_4)^-]$ 和环庚三烯盐 $[C_7H_7^+(SbO_6)^-]$ 等比较稳定的阳离子盐。

碘分子按下式歧化而成离子对,再按阳离子机理引发聚合。

$$I_2 + I_2 \longrightarrow I^+(I_3)^-$$

$TiCl_4$ 经自解离,可以直接引发单体聚合。

$$TiCl_4 + M \longrightarrow TiCl_3 M^+ Cl^-$$

此外,电解、电离辐射也曾用来引发阳离子聚合。

5.2.3 阳离子聚合机理

阳离子聚合的机理可以概括为快引发、快增长、易转移、难终止。转移是终止的主要方式,是影响聚合度的主要因素。阳离子聚合的特点:引发剂往往与共引发剂配合使用,引发体系解离度很低,很难达到活性聚合的要求。

① 链引发 一般情况下,Lewis 酸(C)先与质子供体(RH)或碳正离子供体(RX)形成配合物离子对,小部分解离成质子(自由离子),两者构成平衡,而后引发单体 M。

$$C + RH \rightleftharpoons H^+(CR)^- \rightleftharpoons H^+ + (CR)^-$$

$$H^+(CR)^- + M \xrightarrow{k_i} HM^+(CR)^-$$

阳离子引发速率很快,几乎瞬间完成,引发活化能较低 $E_i = 8.4 \sim 21 \ kJ \cdot mol^{-1}$,与自由基聚合中的慢引发截然不同($E_d = 105 \sim 125 \ kJ \cdot mol^{-1}$)。

② 链增长 引发生成的碳正离子活性种与反离子形成离子对,单体分子不断插入其中而增长。

$$HM_n^+(CR)^- + M \xrightarrow{k_p} HM_n M^+(CR)^-$$

阳离子聚合的增长反应有下列特征:

(a) 增长反应速率快,活化能低($E_p = 8.4 \sim 21 \ kJ \cdot mol^{-1}$),几乎与引发同时瞬间完成,表现出快增长的特征。

(b) 来自引发剂的反离子始终处于中心阳离子附近,形成离子对,影响聚合速率和分子量。阳离子聚合中,单体按头尾结构插入离子对而增长,对单体单元构型有一定控制能力,但控制能力远不及阴离子聚合和配位聚合,较难达到真正活性聚合的标准。

(c) 增长过程中伴有分子内重排、转移、异构化等副反应。例如,3-甲基-1-丁烯的阳离子聚合产物含有下列两种结构单元,就是发生重排反应的结果,因此阳离子聚合有异构化聚合或分子内氢转移聚合之称。

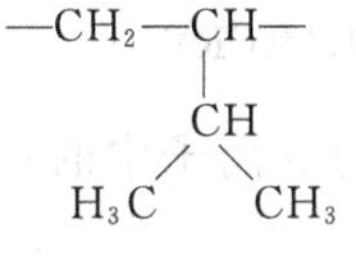

正常产物 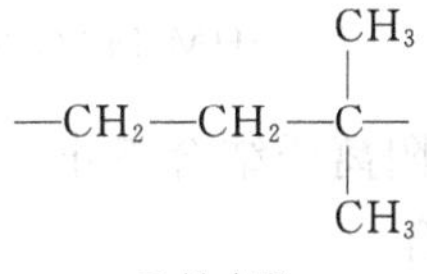　　　　　　重排产物

③ 链转移 阳离子聚合的活性种很活泼,容易向单体或溶剂链转移,同时再产生出仍有引发能力的离子对,使动力学链不终止。

(a) 向单体链转移。活性中心向单体分子转移,形成带不饱和端基的大分子,再产生出的离子对仍有引发能力,以异丁烯-三氟化硼-水体系为例:

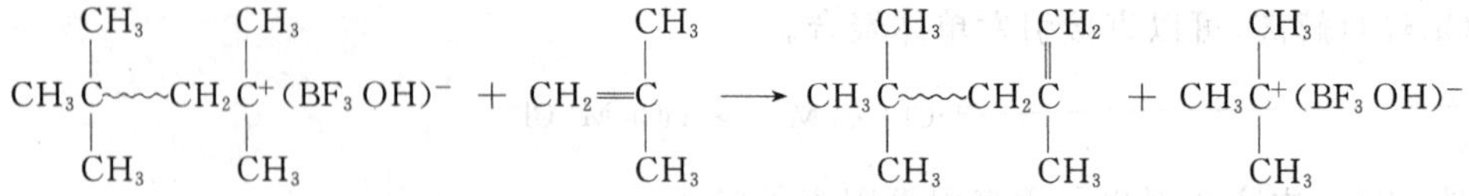

$$HM_n M^+ (CR)^- + M \xrightarrow{k_{tr,M}} M_{n+1} + HM^+(CR)^-$$

向单体链转移是阳离子聚合中最主要的获得聚合物方式之一。向单体的链转移常数很大（$C_M = -k_{tr,M}/k_p = 10^{-2} \sim 10^{-1}$），比自由基聚合的 $C_M (= 10^{-5} \sim 10^{-3})$ 要大 2～3 个数量级。向溶剂转移的情况类似。因此阳离子聚合中链转移反应更容易发生，成为控制分子量的关键因素。阳离子聚合往往在低温（如-100 ℃）下进行，以减弱链转移，提高分子量。

(b) 脱 H^+ 链转移。这种副反应导致聚合产物分子量下降和分子量分布变宽，需要通过添加 Lewis 碱来抑制，如在聚合体系中加入质子捕捉剂 2,6-二特丁基吡啶（DtBP）。

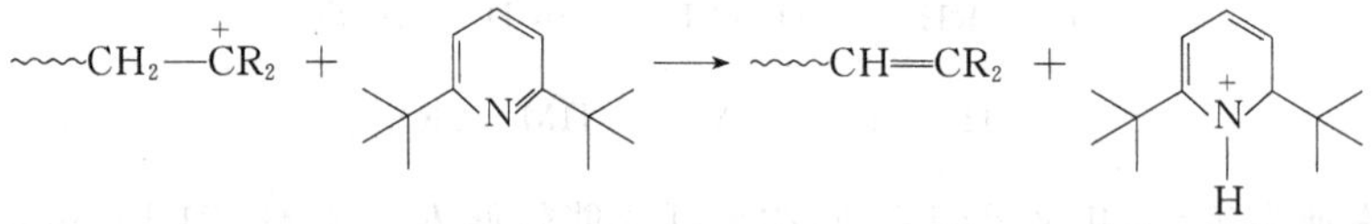

DtBP 由于两个体积大的特丁基具有立体阻碍，只能与 H^+ 反应生成稳定的镒离子，从而抑制了其链转移反应。虽然使单体转化率降低，但能提高聚合物的平均分子量，降低分子量分布。

④ 链终止　阳离子聚合的活性种带有电荷，同种电荷相斥，不能双基终止，也无凝胶效应，这是与自由基聚合显著不同之处。但也可能有以下几种终止方式。

(a) 自发终止。链增长的离子对重排，终止成聚合物，同时再产生出引发剂-共引发剂配合物，继续引发单体聚合，保持动力学链不终止。但自发终止比向单体或溶剂转移终止要慢得多。具体反应如下：

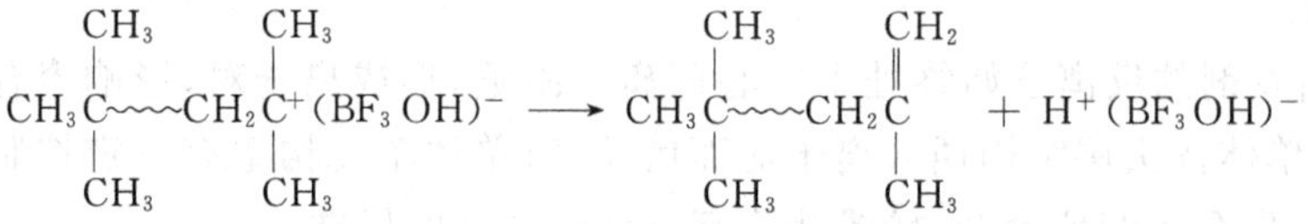

$$HM_n M^+ (CR)^- \xrightarrow{k_t} M_{n+1} + H^+(CR)^-$$

(b) 与反离子加成终止。当反离子的亲核性足够强时，将与增长链的碳正离子共价结合而终止。例如,三氟乙酸引发苯乙烯聚合,就有这种情况发生。

$$HM_n M^+ (CR)^- \longrightarrow HM_n M(CR)$$

(c) 与反离子团中某阴离子结合终止。活性中心与反离子中的一部分结合,生成稳定的共价键而终止,不再引发聚合。

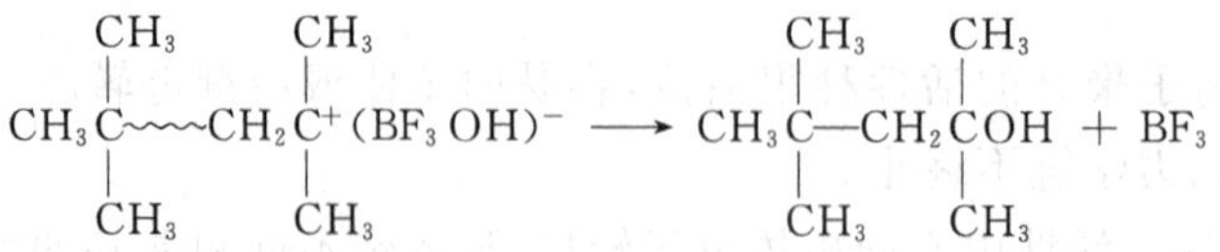

以上几种阳离子聚合终止方式往往都难以顺利进行,因此有难终止之称,但未达到完全无终

止的程度。

(d) 添加某些链转移剂或终止剂。在阳离子聚合中,添加水、醇、酸、酐、酯或醚等转移剂或终止剂是主要终止方式。下式形成的 XCR 再无引发活性。添加胺,则形成稳定季铵盐,也不再引发。

$$HM_n^+(CR)^- + HX \xrightarrow{k_{tr,S}} HM_n MH + XCR$$

$$HM_n^+(CR)^- + :NR_3 \xrightarrow{k_p} HM_n M^+ NR_3 (CR)^-$$

苯醌对自由基聚合和阳离子聚合都有阻聚作用,但阻聚机理不同,因此苯醌不能用来判别这两类聚合的归属。阳离子活性链将质子转移给醌分子,生成稳定的二价阳离子而终止。

$$2 HM_n M^+(CR)^- + O=\!\!\!\!\!\bigcirc\!\!\!\!\!=O \longrightarrow M_{n+1} + [O\!\!-\!\!\bigcirc\!\!-\!\!O]^{2+}(CR^-)_2$$

阳离子聚合中真正动力学链终止反应比较少,又不像阴离子聚合那样无终止而成为活性聚合。阳离子聚合机理特征为快引发、快增长、易转移、难终止;动力学特征是低温高速,高分子量。

5.2.4 阳离子聚合动力学

阳离子聚合动力学研究要比自由基聚合困难得多,因为阳离子聚合体系总伴有共引发剂,使引发反应更复杂,微量共引发剂和杂质对聚合速率影响很大;离子对和(少量)自由离子并存,两者影响难以分离;聚合速率极快,引发和增长几乎同步瞬时完成,数据重现性差;很难确定真正的终止反应,稳态假定并不一定适用等。

① 聚合速率   为了建立速率方程,多选用低活性引发剂,如 $SnCl_4$,进行研究。选择向反离子转移作为(单分子)自终止方式,终止前后引发剂浓度不变,则各基元反应的速率方程如下:

引发 $\qquad R_i = k_i [H^+(CR)^-][M]$

$$= K k_i [C][RH][M] \tag{5-13}$$

增长 $\qquad R_p = k_p [HM^+(CR)^-][M] \tag{5-14}$

自终止 $\qquad R_t = k_t [HM^+(CR)^-] \tag{5-15a}$

向单体转移终止 $\qquad R_{tr} = k_{tr} [HM^+(CR)^-][M] \tag{5-15b}$

式中,$[HM^+(CR)^-]$ 代表所有增长离子对的总浓度;K 代表引发剂-共引发剂配位平衡常数。

虽然阳离子聚合极快,一般 $R_i > R_t$,很难建立稳态,但对聚合较慢的异丁烯-$SnCl_4$ 体系,作稳态假定,$R_i = R_t$,倒也可取,因此由式(5-13)和式(5-15)可以解得离子对浓度。

$$[HM^+(CR)^-] = \frac{R_i}{k_t} = \frac{K k_i [C][RH][M]}{k_t} \tag{5-16}$$

将上式代入式(5-14),则单分子终止时的聚合速率方程为

$$R_p = \left(\frac{k_p}{k_t}\right)[M] R_i = \frac{K k_i k_p [C][RH][M]^2}{k_t} \tag{5-17a}$$

式(5-17)表明,在自终止的条件下,聚合速率对引发剂和共引发剂浓度呈一级反应,对单体

浓度则呈二级反应。自终止比较困难,而向单体转移往往是主要终止方式,如果 $R_i = R_t$,也可得类似速率方程式(5-17b),只是与单体浓度一次方成正比。

$$R_p = \frac{K k_i k_p [\text{C}][\text{RH}][\text{M}]}{k_t} \tag{5-17b}$$

② 聚合度　在阳离子聚合中,向单体转移和向溶剂转移是主要的终止方式,转移后,聚合速率不变,聚合度降低。向单体和溶剂转移的速率方程如下:

$$R_{\text{tr,M}} = k_{\text{tr,M}} [\text{HM}^+(\text{CR})^-][\text{M}] \tag{5-18}$$

$$R_{\text{tr,S}} = k_{\text{tr,S}} [\text{HM}^+(\text{CR})^-][\text{M}] \tag{5-19}$$

阳离子聚合物的聚合度综合式可表示如下:

$$\frac{1}{\overline{X}_n} = \frac{k_t}{k_p[\text{M}]} + C_M + C_S \frac{[\text{S}]}{[\text{M}]} \tag{5-20}$$

式中,右边各项分别代表单基终止、向单体转移和向溶剂(及杂质)转移终止对聚合度的贡献。

在氯甲烷中,低温下合成丁基橡胶,向单体转移和向溶剂转移对聚合度的影响都不容忽视,温度不同,两者影响程度不一。图5-2中聚合度与温度倒数的关系曲线在-100℃附近有一转折点。低于-100℃,主要向单体转移;-100℃以上,主要向溶剂转移。

暂时忽略向溶剂转移,则式(5-20)可简化为

$$\frac{1}{\overline{X}_n} = \frac{k_t}{k_p[\text{M}]} + \frac{k_{\text{tr,M}}}{k_p} \tag{5-21}$$

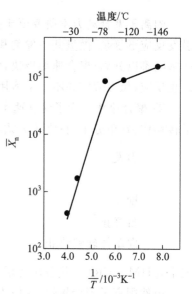

图 5-2　三氯化铝引发异丁烯聚合 $\overline{X}_n$ 与温度的关系

根据 $1/\overline{X}_n$-$1/[\text{M}]$ 的线性关系,由截距,可求得向单体的链转移常数。阳离子聚合向单体链转移常数为 $10^{-1} \sim 10^{-2}$,比自由基聚合的要大 2～3 个数量级,因此,向单体链转移成为重要终止方式。低温聚合的目的就是要减弱链转移反应,提高分子量。

③ 阳离子聚合动力学参数　阳离子聚合速率常数测定值(表观值)k_p 往往是离子对 $k_\pm$ 和自由离子 k_+ 的综合贡献,两者贡献大小随引发体系和实验条件而定。一般引发体系的解离度很小,虽然自由离子只占极小的比值,但 k_+ 值要比 $k_\pm$ 值大 1～3 个数量级,结果,综合表观增长速率常数也较大。

测定阳离子聚合中自由离子单独的增长速率常数 k_+ 的方法有两种:(a) 辐射引发,无反离子存在;(b) 稳定的阳离子盐作引发剂,如 $(\text{C}_6\text{H}_5)_3\text{C}^+ \text{SbCl}_6^-$ 和 $\text{C}_7\text{H}_7^+ \text{SbCl}_6^-$,瞬时完全解离成自由离子。典型的 $k_p(k_+)$ 如表 5-11 所示。

表 5-11 自由阳离子增长速率常数

单体	溶剂	温度/℃	引发剂	$k_p/(10^4\ \text{L·mol}^{-1}\text{·s}^{-1})$
苯乙烯	无	15	辐射	350
α-甲基苯乙烯	无	0	辐射	400
异丁基乙烯基醚	无	30	辐射	30
异丁基乙烯基醚	CH_2Cl_2	0	$C_7H_7^+SbCl_6^-$	0.5
甲基乙烯基醚	CH_2Cl_2	0	$C_7H_7^+SbCl_6^-$	0.014

数据表明，即使在较低温度下，辐射聚合的 k_p 高达 10^6，远比 60 ℃ 自由基聚合的 k_p 大。$C_7H_7^+SbCl_6^-$ 作引发剂时，$k_p(102\sim103)$ 较小，与自由基聚合相当。

工业上，异丁烯-三氯化铝体系的阳离子聚合速率很快，动力学参数较难获得。现取活性较低的阳离子聚合动力学参数，与自由基聚合比较。由表 5-12 可以看出，阳离子聚合的 k_p 变化范围较大，随引发体系而定；$k_{tr,M}$ 要大 3～4 个数量级，对聚合度的影响显著；结合终止 k_t 要小 9 个数量级，综合常数比 $k_p/k_t^{1/2}$ 大 4 个数量级，可见阳离子聚合极快，近于瞬时反应。

表 5-12 苯乙烯阳离子聚合和自由基聚合动力学参数比较

项目	苯乙烯/H_2SO_4	异丁基乙烯基醚/$(C_6H_5)_3C^+SbCl_6^-$	苯乙烯/BPO
溶剂	二氯乙烷，25 ℃	二氯乙烷，0 ℃	本体，60 ℃
$[I]/(\text{mol·L}^{-1})$	约 10^{-3}	6.0×10^{-5}	$10^{-2}\sim10^{-4}$
$k_p/(\text{L·mol}^{-1}\text{·s}^{-1})$	7.6	7.0×10^3	145
$k_{tr,M}/(\text{L·mol}^{-1}\text{·s}^{-1})$	1.2×10^{-1}	1.9×10^2	$10^{-4}\sim10^{-5}$
自终止 k_t/s^{-1}	4.9×10^{-2}	0.2	
结合终止 k_t/s^{-1}	6.7×10^{-3}		$10^6\sim10^8$
	$k_p/k_t^{1/2}=10^2$		$k_p/k_t^{1/2}=10^{-2}$

5.2.5 影响阳离子聚合速率常数的因素

① 溶剂 阳离子聚合所用的溶剂受到许多限制：烃类非极性，离子对紧密，聚合速率过低；芳烃可能与碳正离子发生亲电取代反应；含氧化合物（如四氢呋喃、醚、酮和酯等）将与阳离子反应而终止。通常选用低极性卤代烷作溶剂，如氯甲烷、二氯甲烷、二氯乙烷、三氯甲烷和四氯化碳等。因此，阳离子聚合引发体系较少解离成自由离子，这一点与阴离子聚合选用的四氢呋喃/烃类作溶剂有所区别。

溶剂的极性（介电常数）和溶剂化能力将有利于疏松离子对和自由离子的形成，因此也影响阳离子活性种的活性和增长速率常数，如表 5-13 所示。

表 5-13 溶剂极性对苯乙烯阳离子聚合增长速率常数的影响

（$HClO_4$，$[M]=0.43\ \text{mol·L}^{-1}$，25 ℃）

溶剂	介电常数	$k_p/(\text{L·mol}^{-1}\text{·s}^{-1})$	溶剂	介电常数	$k_p/(\text{L·mol}^{-1}\text{·s}^{-1})$
CCl_4	2.3	0.0012	$CCl_4/(CH_2Cl)_2$,20/80	7.0	3.2
$CCl_4/(CH_2Cl)_2$,40/60	5.16	0.40	$(CH_2Cl)_2$	9.72	17.0

② 反离子　反离子对阳离子聚合影响很大:亲核性过强,将使链终止;反离子体积大,则离子对疏松,聚合速率较大。1,2-二氯乙烷中 25 ℃下,分别以 I_2、$SnCl_4-H_2O$ 和 $HClO_4$ 引发苯乙烯聚合,表观增长速率常数分别为 0.003 $L \cdot mol^{-1} \cdot s^{-1}$、0.42 $L \cdot mol^{-1} \cdot s^{-1}$ 和 1.701 $L \cdot mol^{-1} \cdot s^{-1}$,就可说明这一点。

③ 聚合温度　阳离子聚合通过离子对和自由离子引发,温度对引发速率影响较小,对聚合速率和聚合度的影响决定于温度对 $k_i k_p / k_t$ 和对 $k_p / k_{tr,M}$ 的影响。Arrhenius 式如下:

$$R_p \propto \frac{A_i A_p}{A_t} \exp[(E_t - E_i - E_p)/RT] \tag{5-22}$$

$$\overline{X}_n = \frac{A_p}{A_{tr,M}} \exp[(E_{tr,M} - E_p)/RT] \tag{5-23}$$

阳离子引发和增长的活化能一般都很小,终止活化能较大,且 $E_t > E_p + E_i$,聚合总活化能 $E_R = E_i + E_p - E_t = -21 \sim 42$ kJ·mol^{-1}。因此,会出现聚合速率随温度降低而增加的现象。但不论 E_R 为正还是负,其绝对值都较小,温度对速率的影响比自由基聚合时要小得多。

阳离子聚合 E_t 或 $E_{tr} > E_p$,$E_{Xn} = (E_{tr,M} - E_p)$ 常为正值(12.5～29 kJ·mol^{-1}),聚合度将随温度降低而增大。因此,常在 -100 ℃下合成丁基橡胶,减弱链转移反应,提高分子量。

5.2.6　聚异丁烯和丁基橡胶

由异丁烯合成聚异丁烯和丁基橡胶是阳离子聚合的重要工业应用。

以 $AlCl_3$ 为引发剂,在 $-40 \sim 0$ ℃下,异丁烯经阳离子聚合,可合成低分子量聚异丁烯($\overline{M}_n <$ 5 万),该产物是黏滞液体或半固体,主要用作黏结剂、嵌缝材料、密封材料、动力油料的添加剂,以改进黏度。异丁烯在 -100 ℃下低温聚合,则得橡胶状固态的高分子量聚异丁烯($\overline{M}_n = 5 \times 10^4 \sim 10^6$),可用作蜡、其他聚合物和封装材料的添加剂。

以氯甲烷为稀释剂,-100 ℃下,$AlCl_3$ 为引发剂,异丁烯和异戊二烯(1%～6%)进行共聚,可合成丁基橡胶,反应几乎瞬间完成。丁基橡胶不溶于氯甲烷,以细粉状沉析出来,属于淤浆聚合,俗称悬浮聚合。保证传热和悬浮分散是技术关键。丁基橡胶分子量在 20 万以上才不发黏,低温下并不结晶,-50 ℃下仍能保持柔软,具有耐臭氧、气密性好等优点,主要用来制作轮胎内胎。

5.3　配位聚合

从热力学判断,乙烯、丙烯都应该是能够聚合的单体,但在很长一段时期内,却未能聚合成高分子量聚合物,主要是引发剂和动力学上的原因。

1937—1939 年,英国 ICI 公司在高温(180～200 ℃)、高压(150～300 MPa)的苛刻条件下,以微量氧作引发剂,按自由基聚合机理(高温下聚合易发生链转移反应),使乙烯聚合成多支链(8～40 个支链/1 000 碳原子)、低结晶度(50%～65%)、低熔点(105～110 ℃)和低密度(0.91～0.93 g·cm^{-3})的聚乙烯,旧称高压聚乙烯,现多改称低密度聚乙烯(LDPE),主要用来加工薄膜。

但是,在相似的条件下,迄今还未能使丙烯聚合成聚丙烯。

1953 年,德国科学家 Ziegler K 以四氯化钛−三乙基铝[$TiCl_4$−$Al(C_2H_5)_3$]作引发剂,在温度(60~90 ℃)和压力(0.2~1.5 MPa)比较温和条件下,使乙烯聚合成少支链(1~3 支链/1 000 碳原子)、高结晶度(约 90%)、高熔点(125~135 ℃)的高密度(ρ=0.94~0.96 g·cm^{-3})聚乙烯 HDPE。1954 年,意大利科学家 Natta G 进一步以 $TiCl_3$−$AlEt_3$ 作引发剂,使丙烯聚合成等规聚丙烯(溶点 175 ℃),其中甲基侧基在空间等规定向排布。Ziegler 和 Natta 所用的引发剂是金属有机化合物/过渡金属化合物的配位体系,单体配位而后聚合,聚合产物呈定向立构,故称作配位聚合,也有称作定向聚合。Ziegler 和 Natta 为高分子科学开拓了新的领域,因在这方面的成就而获得诺贝尔化学奖。

随后,分别采用 $TiCl_4$−$Al(C_2H_5)_3$ 和烷基锂引发剂,使异戊二烯聚合成高顺−1,4−聚异戊二烯(90%~97%),成功合成了天然橡胶。采用钛、钴、镍或稀土配位引发体系,也合成了高顺−1,4−聚丁二烯(94%~97%),即顺丁橡胶。

在石油化工中,乙烯、丙烯、丁二烯即所谓"三烯",是合成高分子的重要单体。Ziegler−Natta 引发剂的重大意义:可使难以自由基聚合或离子聚合的烯类单体聚合,并形成立构规整聚合物,赋予特殊的性能,如高密度聚乙烯、线型低密度聚乙烯、等规聚丙烯、间规聚苯乙烯、等规聚 4−甲基−1−戊烯等合成树脂和塑料,以及顺−1,4−聚丁二烯、顺−1,4−聚异戊二烯、乙丙共聚物等合成橡胶。

下面将依次介绍聚合物的立体异构现象、配位聚合引发剂、聚合机理和动力学、定向机理等,并从烯烃扩展到二烯烃。

5.3.1 配位聚合的基本概念

配位聚合是指单体分子首先在活性种的空位上配位,形成配合物(常称为 σ−π 配合物),而后插入的聚合反应,也可称作配位引发聚合。配位聚合是一种离子过程,叫做配位离子聚合更为明确。按增长链端所带电荷性质不同,可分为配位阴离子聚合和配位阳离子聚合。但实际上增长的活性链端所带的反离子通常是金属(如锂)或过渡金属(如钛),而单体通常在这类亲电性金属原子上配位,因此配位聚合大多属于阴离子型。

配位阴离子聚合的增长反应分为两步:第一步是单体在活性种空位上配位而活化,第二步是活化后的单体在金属−烷基键(M—R)中间插入增长。这两步反应反复进行,就形成长链大分子。其反应式如下:

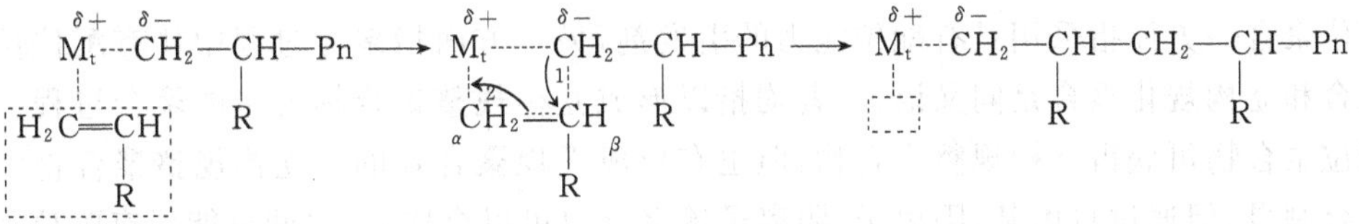

式中,M_t 为过渡金属,虚方框为空位,Pn 为增长链。

配位聚合有如下特点:

① 单体首先在亲电性反离子或金属上配位。

② 反应具有阴离子性质。

③ 反应是经过四元环(或称四中心)的插入过程。插入过程包括两个同时进行的反应:一是增长链端阴离子对 C=C 双键的 β-碳的亲核进攻(反应 1),二是阳离子 $M_t^{\delta+}$ 对烯烃 π 键的亲电进攻(反应 2)。

④ 单体的插入可能有两种途径,一是 α-碳带负电荷和反离子 M_t 相连,这称为一级插入;二是 β-碳带负电荷和 M_t 相连,这称为二级插入。其反应式如下:

$$Pn-\overset{\delta-}{C}H-CH_2-\overset{\delta+}{M_t} + H_2C=CH \longrightarrow Pn-CH-CH_2-\overset{\delta-}{C}H-CH_2\overset{\delta+}{M_t}$$
$$\underset{R}{|} \qquad\qquad\qquad \underset{R}{|} \qquad\qquad \underset{R}{|} \qquad\quad \underset{R}{|}$$

$$Pn-CH_2-\overset{\delta-}{C}H-\overset{\delta+}{M_t} + H_2C=CH \longrightarrow Pn-CH_2-CH-CH_2-\overset{\delta-}{C}H-\overset{\delta+}{M_t}$$
$$\qquad\qquad \underset{R}{|} \qquad\qquad\quad \underset{R}{|} \qquad\qquad\quad \underset{R}{|} \qquad\quad \underset{R}{|}$$

丙烯全同聚合为一级插入,而间同聚合为二级插入。

配位阴离子聚合的特点是有可能制得立构规整聚合物,其立构规整度取决于引发体系的类型、各组分的配合和比例、单体种类和聚合条件等因素。

① 引发剂类型和作用 配位阴离子聚合引发剂主要有三类:一是 Ziegler-Natta 型,这类用得最广;二是 π-烯丙基镍型($\pi-C_3H_5NiX$);三是烷基锂类。

配位引发剂的作用一方面是提供活性种,另一方面是引发剂的金属反离子紧邻引发中心,使单体定位,以一定构型进入增长链,起模板的作用。

② 引发体系的组合和单体类型 配位阴离子聚合引发体系各组分间及引发剂-单体之间的特定配合,对能否获得立构规整聚合物极为重要。通常 Ziegler-Natta 型引发剂既可使 ω-烯烃,又可使二烯烃、环烯烃定向聚合,而 π-烯丙基镍型引发剂则专供引发丁二烯的顺式和反式 1,4-聚合。烷基锂可在均相溶液体系中引发二烯烃和极性单体,形成立构规整聚合物。

Ziegler-Natta 型引发体系两组分的选择和组合,以及与单体的匹配,对立构规整度有很大影响。

③ 单体的极性和聚合体系的相态 单体极性影响其配位能力,进而影响聚合物的立构规整性。ω-烯烃不带有极性基团,配位能力差,需用立构规化能力强的非均相 Ziegler-Natta 引发剂才能使单体定位,发生全同聚合。若采用均相引发剂,则多形成无规物。(甲基)丙烯酸酯等极性单体有很强的配位能力,采用均相引发剂(如 MMA-烃-PhMgBr 体系)聚合,就可获得全同聚合物。苯乙烯和 1,3-二烯烃等极性不大的共轭单体对聚合的要求则介于上述两类单体之间,均相与非均相引发剂均可获得立构规整聚合物。

配位聚合一方面指采用具有配位能力的引发剂,另一方面指聚合过程中伴有配位反应。而定向聚合和立构规化聚合是同义语,二者均指以形成立构规整聚合物为主的聚合过程。很大一部分配位聚合物可获得立构规整聚合物,但也有形成无规聚合物的。立构规整聚合物大部分由配位聚合制得,但通过自由基、阳离子、阴离子等聚合也可以合成,这之间可能伴有配位作用。凡能形成立构规整聚合物的聚合过程,都可称作定向聚合。

5.3.2 聚合物的立体异构现象

低分子有同分异构(结构异构)现象,高分子的异构更具多重性,除结构异构外,还有立体构型异构。这两种异构对聚合物性能都有显著的影响。

结构异构是元素组成相同、而原子或基团键接位置不同而引起的。例如,聚乙烯醇和聚氧化乙烯、聚甲基丙烯酸甲酯和聚丙烯酸乙酯、聚酰胺-66 和聚酰胺-6 等互为结构异构体。

$$—CH_2CH—$$
$$|$$
$$OH$$
聚乙烯醇

$$—O—CH_2CH_2—$$
聚氧化乙烯

$$—CH_2C(CH_3)—$$
$$|$$
$$COOCH_3$$
聚甲基丙烯酸甲酯

$$—CH_2CH—$$
$$|$$
$$COOC_2H_5$$
聚丙烯酸乙酯

$$—NH(CH_2)_6NHOC(CH_2)_4CO—$$
聚酰胺-66

$$—NH(CH_2)_5CONH(CH_2)_5CO—$$
聚酰胺-6

这里着重讨论立体构型异构。

1. 立体(构型)异构及其图式

立体(构型)异构是原子在大分子中不同空间排列——构型(configuration)所产生的异构现象,与绕 C—C 单键内旋转而产生的构象(conformation)有差别。

立体异构包括对映异构和顺反异构两种:① 对映异构,又称手性异构,由手性中心产生的光学异构体 R(右)型和 S(左)型,如丙烯、环氧丙烷的聚合物;② 顺反异构,由双键引起的顺式(Z)和反式(E)的几何异构,两种构型不能互变,如聚异戊二烯。不论哪一类构型,立构规整聚合物多以螺旋状构象存在。

① 乙烯衍生物 丙烯、1-丁烯等 ω-烯烃(CH_2=CHR)所形成的聚烯烃大分子含有多个手性中心 C^* 原子,C^* 连有 H、R 和两个碳氢链段。紧邻 C^* 的 CH_2 链段不等长,对旋光活性的影响差异甚微,并不显示光学活性,这种手性中心常称作假手性中心。

$$n\ CH_2\!\!=\!\!CH \longrightarrow \sim CH_2C^*H—CH_2C^*H—CH_2C^*H\sim\sim$$
$$| \qquad\qquad | \qquad\quad | \qquad\quad |$$
$$CH_3 \qquad\quad CH_3 \quad\ CH_3 \quad\ CH_3$$

每个假手性中心 C^* 都是立体构型点,与 C^* 相连的取代基可以产生右(R)型和左(S)型两种构型。如将 C–C 主链拉直成锯齿形,使其处在同一平面上,取代基处于平面中轴的同侧,或相邻手性中心的构型相同,就成为全同立构(或等规,isotactic)聚合物,如等规聚丙烯(it-PP)。若取代基交替地处在平面轴的两侧,或相邻手性中心的构型相反并交替排列,则成为间同立构(间规)聚合物,如间规聚丙烯(st-PP)。若取代基在平面轴两侧或手性中心的构型呈无规则排列,则称为无规聚合物,如无规聚丙烯(at-PP)。还有可能形成立构嵌段聚合物。

聚 ω-烯烃的立体构型可用多种图式来描述:图 5-3(a)为锯齿形图式,碳-碳主链处在纸平面上,H、R 处于纸平面上、下方的分别以实线和虚线表示。图 5-3(b)为 Fischer 投影式,如将 Fischer 图式按逆时针方向扭转 90°,就成为 IUPAC 所推荐的图式,如图 5-3(c)。

对于 1,1-双取代乙烯,若是两个基团相同 CH_2=CR_2,如异丁烯和偏二氯乙烯,则没有立体异构现象。若两个不同取代基 CH_2=CRR′,如甲基丙烯酸甲酯 CH_2=C(CH_3)COOCH_3,则第二取代基伴随第一取代基同步定向,立体异构与单取代乙烯相似,也有等规、间规、无规三种构型。

而 1,2-双取代乙烯 RCH=CR′ 聚合物的构型异构更加复杂,该聚合物的结构单元有两个

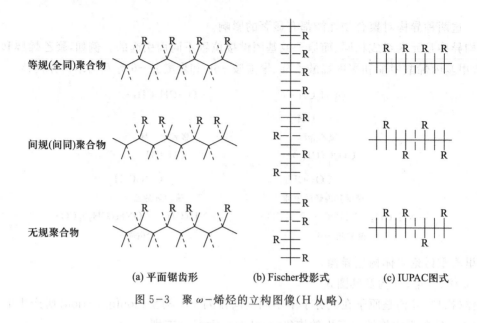

(a) 平面锯齿形　　　(b) Fischer投影式　　　(c) IUPAC图式

图 5-3　聚 ω-烯烃的立构图像（H 从略）

假手性中心 C*，通过不同组合，将形成更多的立体异构现象。

$$\sim \underset{\underset{R}{|}}{\overset{\overset{H}{|}}{C^*}} - \underset{\underset{R}{|}}{\overset{\overset{H}{|}}{C^*}} \sim$$

如果两手性碳原子 C* 均为等规，则可能出现两个双等规立构：(a) 两个手性碳原子 C* 的构型互为对映体时，在 IUPAC 图中 R 和 R′ 在主链两侧，称为苏阿型对双等规立构（threodiisotactic)；(b) 两个手性碳原子 C* 的构型相同时，R 和 R′ 在主链同侧，则称为赤藓型叠双等规立构（erythrodiisotactic)。相似地，也有对双间规立构（threodisyndiotactic）和叠双间规立构（erythrodisyndiotactic)。

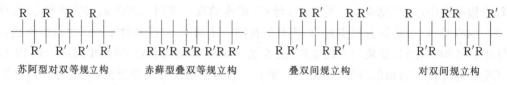

苏阿型对双等规立构　　赤藓型叠双等规立构　　叠双间规立构　　对双间规立构

② 聚环氧丙烷　环氧丙烷分子本身含有手性碳原子 C*。聚合后，手性碳原子保留在聚环氧丙烷大分子主链中，连有四个不相同的基团，属于真正的手性中心，如条件得当，就可以显示出旋光性。

$$\underset{\underset{CH_3}{|}}{CH_2 - C^* H} \longrightarrow \sim CH_2 - \underset{\underset{CH_3}{|}}{\overset{\overset{H}{|}}{C^*}} - O - CH_2 - \underset{\underset{CH_3}{|}}{\overset{\overset{H}{|}}{C^*}} - O \sim$$

如果起始环氧丙烷是含有等量 R 和 S 对映体的外消旋混合物，所用引发剂，如氯化锌-甲醇体系，对两种对映体的聚合无选择性，则 R 和 S 对映体将等量地进入大分子链，所得聚合产物也外消旋,不显示光学活性。纯的全同立构聚合物具有旋光活性,而间同聚环氧丙烷的相邻手性中心间有内对称面,使旋光活性消失。

③ 聚二烯烃　丁二烯聚合,可以为1,4-或1,2-加成,可能有顺、反-1,4-和全同、间同-1,2-聚丁二烯四种立体构型异构体。

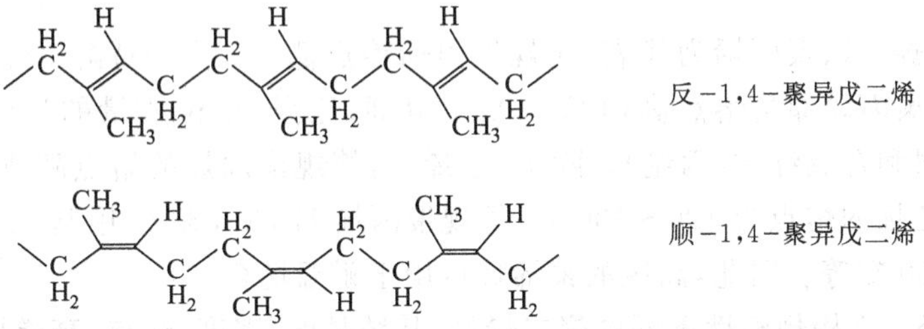

图5-4　顺-1,4-和反-1,4-聚异戊二烯结构的平面示意图

对于1,3-异戊二烯聚合,可以采用1,4-、1,2-、3,4-加成:1,4-加成中有顺、反结构,如图5-4所示;1,2-或3,4-加成,都可能有全同和间同异构。理应有六种异构体,但目前还只制得顺-1,4-、反-1,4-和3,4-三种立构异构体,这可能由于位阻效应不利于1,2-加成。

异戊二烯1,2-或3,4-加成,以及1,4-加成的聚合反应式如下:

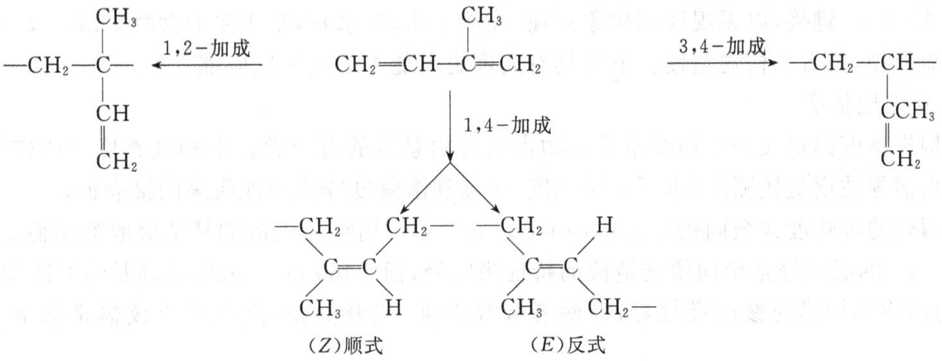

2. 立构规整聚合物的性能

聚合物的立构规整性首先影响大分子堆砌的紧密程度和结晶度,进而影响到相对密度、熔点、溶解性能、强度和高弹性等一系列物理性能,部分数据列于表5-14中。

表5-14　聚烯烃和聚二烯烃的物理性能

聚烯烃	相对密度	熔点/℃	聚二烯烃	相对密度	熔点/℃	T_g/℃
低密度聚乙烯	0.91~0.93	105~110	顺式1,4-聚丁二烯	1.01	2	−102
高密度聚乙烯	0.94~0.96	120~130	反式1,4-聚丁二烯	0.97	146	−58
无规聚丙烯	0.85	75	全同1,2-聚丁二烯	0.96	126	—
全同聚丙烯	0.92	175	间同1,2-聚丁二烯	0.96	156	—
全同聚1-丁烯	0.91	124~130	顺式1,4-聚异戊二烯	—	28	−73
全同聚3-甲基-1-戊烯	—	136	反式1,4-聚异戊二烯	—	74	−58

续表

聚烯烃	相对密度	熔点/℃	聚二烯烃	相对密度	熔点/℃	T_g/℃
全同聚 4−甲基−1−戊烯	—	304				
全同聚苯乙烯	—	240				
间同聚苯乙烯	—	270				

① 聚 ω−烯烃　以聚丙烯为代表,无规聚丙烯熔点低(75 ℃),易溶于烃类溶剂,强度差,用途有限。而等规聚丙烯却是熔点高(175 ℃)、耐溶剂、比强(单位质量的强度)大的结晶性聚合物,广泛用作塑料和合成纤维(丙纶)。除 1−丁烯外,等规聚烯烃的熔点随取代基增大而显著提高,如高密度聚乙烯的熔点为 120~130 ℃,等规聚丙烯 175 ℃,聚 3−甲基−1−丁烯 300 ℃,聚 4−甲基−1−戊烯 250 ℃等。因此,高级的聚烯烃可用于耐温场合。

② 聚二烯烃　立构规整性不同的聚二烯烃,其结晶度、密度、熔点、高弹性、机械强度等物理性能也有差异。全同和间同 1,2−聚二烯烃是熔点较高的塑料,顺式 1,4−聚丁二烯和顺式 1,4−聚异戊二烯都是 T_g 和 T_m 较低、不易结晶、高弹性良好的橡胶,而反式 1,4−聚二烯烃则是 T_g 和 T_m 相对较高、易结晶、弹性较差、硬度大的塑料。

③ 天然高分子　许多天然高分子也具有立体规整性,且有立体异构现象。例如,纤维素与淀粉互为异构体,纤维素的葡萄糖结构单元按反−1,4−键接,以伸直链的构象存在,分子堆砌紧密,结晶度较高,不溶于水,难水解,有较强的力学性能,可用作纤维材料。而淀粉中的葡萄糖单元则按顺−1,4−键接,以无规线团构象存在,能溶于水,易水解,是重要的食物来源。蛋白质是氨基酸的缩聚物,具有立构规整性。酶是具有高度定向能力的生化反应催化剂。

3. 立构规整度

立构规整度的定义是立构规整聚合物占聚合物总量的百分数。立构规整度可由红外光谱、核磁共振谱等波谱直接测定,也可由结晶度、密度和溶解度等物理性质来间接表征。

聚丙烯的等规度或全同指数 ⅡP(isotactic index)可用红外光谱的特征吸收峰来测定。波数为 975 cm^{-1} 的吸收峰是全同螺旋链段的特征吸收峰,而 1460 cm^{-1} 的吸收峰是与 CH_3 基团振动有关、对结构不敏感的参比吸收峰,取两者吸收强度(或峰面积)之比乘以仪器常数 K 即为等规度。

$$ⅡP = KA_{975}/A_{1460} \qquad (5-24)$$

间规度可用波数 987 cm^{-1} 的吸收峰为特征吸收峰面积来计算。

对于聚二烯烃,常用顺−1,4、反−1,4、全同 1,2、间同 1,2 等的百分数来表征立构规整度。根据红外光谱特征吸收峰的位置(波数,cm^{-1})和核磁共振氢谱的化学位移(δ),可以定性表征各种立构构型的存在,从各特征吸收峰面积的积分则可定量计算这四种立构规整度的数值。

另外,采用溶解性能、结晶度和密度等物理性质可间接表征等规度。例如,常用沸腾的正庚烷萃取聚丙烯,其剩余物占原样品的质量百分数表示聚丙烯的等规度 ⅡP;也可测定无规和等规聚丙烯的密度来计算等规度,用 X 射线衍射直接测定等规聚丙烯的结晶度来推算等规度。

5.3.3　Ziegler−Natta 引发体系

配位聚合引发剂除引发聚合外,还是影响聚合物立构规整程度的关键因素。

配位聚合在经过单体定向配位、配位活化、插入增长等过程,才形成立构规整(或定向)聚合物,因而有配位聚合、插入聚合、定向聚合等名称,本章选用配位聚合。

目前配位阴离子聚合的引发体系有下列四类:

① Ziegler-Natta 引发体系,这类最典型且数量最多,可用于 ω-烯烃、二烯烃和环烯烃的定向聚合;

② π-烯丙基镍(π-C_3H_5NiX),限用于共轭二烯烃聚合,不能使 ω-烯烃聚合;

③ 烷基锂类,可引发共轭二烯烃和部分极性单体定向聚合,已在离子聚合一章内介绍;

④ 茂金属引发剂,可用于多种烯类单体的聚合,包括氯乙烯。

这些体系参与引发聚合以后,残基都进入大分子链,因此本书采用"引发剂"代替习惯沿用的"催化剂"。

1. Zieglei-Natta 引发体系的组成和种类

Ziegler 用 $TiCl_4$-$Al(C_2H_5)_3$ 实现了乙烯的低压聚合,而 Natta 用 $TiCl_3$-$Al(C_2H_5)_3$ 进行了丙烯定向聚合。虽然两者在状态、性质、活性、结构、选择性等方面都有差异,但组分相近,后来把这一批类似引发体系统称为 Ziegler-Natta 引发体系,最初主要由 $TiCl_4$(或 $TiCl_3$)和 $Al(C_2H_5)_3$ 两组分构成,以后发展到由 ⅣB~ⅧB 族过渡金属化合物和 ⅠA~ⅢA 族金属有机化合物两大组分配合而形成的系列。

① 主引发剂是 ⅣB~ⅧB 族过渡金属(M_t)化合物,包括 Ti、V、Mo、Zr、Cr 的卤化物 M_tX_n(X=Cl,Br,I)、氧卤化物 M_tOX_n、乙酰丙酮物 $M_t(acac)_n$、环戊二烯基(Cp)金属卤化物 Cp_2TiX_2 等,这些组分主要用于 ω-烯烃的配位聚合;$MoCl_5$ 和 WCl_6 组分专用于环烯烃的开环聚合;Co、Ni、Rh、Ru 等的卤化物或羧酸盐组分则主要用于二烯烃的定向聚合。

② 共引发剂是 ⅠA~ⅢA 族金属有机化合物,如 LiR、MgR_2、ZnR_2、AlR_3 等,其中 R 为烷基或环烷基。其中有机铝化合物用得最多,如 $AlR_{3-n}Cl_n$、AlH_nR_{3-n},一般 $n=0\sim1$。最常用的有 $Al(C_2H_5)_3$、$Al(C_2H_5)_2Cl$、$Al(i-C_4H_9)_3$ 等。

在两组分 Ziegler-Natta 引发剂中,聚合物的立构规整度主要取决于过渡金属组分,如进一步添加给电子体和负载,可以提高活性和等规度。

2. Zieglei-Natta 引发体系的溶解性能

根据 Ziegler-Natta 引发体系两组分反应后形成的配合物在烃类溶剂中的溶解情况,可分成非均相(不溶)和均相(可溶)体系两大类,溶解与否与过渡金属组分和反应条件有关。立构规整聚合物的合成一般与引发体系的非均相有关。

① 非均相引发体系　　低价态的过渡金属卤化物以钛系为主要代表。$TiCl_3$-AlR_3(或 AlR_2Cl)在 $-78\ ^{\circ}C$ 下尚可溶于庚烷或甲苯,对乙烯聚合有活性,对丙烯聚合的活性则很低。升高温度至 $-35\sim-30\ ^{\circ}C$,则转变成非均相,对丙烯和丁二烯聚合活性有所提高。低价态结晶性的氯化钛(或钒),如 $TiCl_3$、$TiCl_2$、VCl_4 等,本身不溶于烃类,与 AlR_3 或 AlR_2Cl 反应后,仍为非均相体系,对丙烯聚合有较高的活性和定向作用。

② 均相引发体系　　以钒系为代表,如合成乙丙橡胶中的 $VOCl_3/AlEt_2Cl$ 或 $V(acac)_3/AlEt_2Cl$。卤化钛中的卤素部分或全部被 RO、acac 或 Cp 所取代,再与 AlR_3 配位,如 Cp_2TiCl_2-$AlEt_3$,也成为可溶性均相体系,对乙烯聚合有活性,但对丙烯聚合的活性和定向能力都很差。

凡能使丙烯聚合的引发剂一般能使乙烯聚合,但能使乙烯聚合的引发剂却未必能使丙烯聚合。

3. Ziegler-Natta 引发体系的性质和反应

Ziegler-Natta 引发体系的性质取决于两组分的化学组成、过渡金属的性质、两组分的配比和化学反应。以 $TiCl_4-Al(C_2H_5)_3$（或 AlR_3）为代表，剖析两组分的反应情况。

引发剂中 ⅣB～ⅧB 族过渡金属化合物（如 $TiCl_4$）是 Lewis 酸，为阳离子聚合引发剂；而 ⅠA～ⅢA 族金属有机化合物（如 AlR_3）是阴离子引发剂。这两种引发剂单独使用时，都难使乙烯或丙烯聚合，但两者相互配合作用后，却易使乙烯聚合；$TiCl_3-AlEt_3$ 体系还能使丙烯定向聚合。

配制引发剂时通常需要一定的陈化时间，保证两组分适当反应。反应比较复杂，首先是两组分间基团交换或烷基化，形成钛-碳键。烷基氯化钛不稳定，进行还原性分解，在低价钛上形成空位，供单体配位之需，还原是产生活性不可或缺的反应。相反，高价钛的配位点全部与配体结合，就很难产生活性。分解产生的自由基双基终止，形成 C_2H_5Cl、$n-C_4H_{10}$、C_2H_6 和 H_2 等。

烷基化
$$TiCl_4 + AlR_3 \longrightarrow RTiCl_3 + AlR_2Cl$$
$$TiCl_4 + AlR_2Cl \longrightarrow RTiCl_3 + AlRCl_2$$
$$RTiCl_3 + AlR_3 \longrightarrow R_2TiCl_2 + AlR_2Cl$$

烷基钛的均裂和还原
$$RTiCl_3 \longrightarrow TiCl_3 + R\cdot$$
$$R_2TiCl_2 \longrightarrow RTiCl_2 + R\cdot$$
$$TiCl_4 + R\cdot \longrightarrow TiCl_3 + RCl$$

自由基的终止
$$2R\cdot \longrightarrow 偶合或歧化终止$$

以 $TiCl_3$ 作主引发剂时，也发生类似反应。两组分比例不同，烷基化和还原的深度也有差异。上述只是部分反应式，非均相体系还可能存在着更复杂的反应。

研究 $Cp_2TiCl_2-AlEt_3$ 可溶性引发剂时，发现所形成的蓝色结晶有一定熔点（126～130 ℃）和一定分子量，经 X 射线衍射分析，确定结构为 $Ti\cdots Cl\cdots Al$ 桥形配合物（a）。估计氯化钛和烷基铝两组分反应，也可能形成类似的双金属桥形配合物（b）或单金属配合物（c），成为烯烃配位聚合的活性种。但情况会更加复杂。

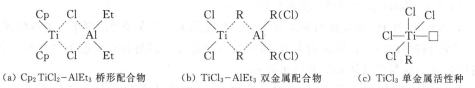

(a) $Cp_2TiCl_2-AlEt_3$ 桥形配合物　　(b) $TiCl_3-AlEt_3$ 双金属配合物　　(c) $TiCl_3$ 单金属活性种

4. Ziegler-Natta 引发体系两组分对聚丙烯等规度和聚合活性的影响

等规度（IIP）和分子量是评价聚丙烯性能的重要指标，而衡量配位聚合引发剂的主要指标则是等规度和聚合活性。聚合活性常以单位质量钛所能形成聚丙烯的质量 [g(PP)/g(Ti)] 来衡量，有时还引入时间单位 [g(PP)/g(TD)·h]，以便比较速率。由于 Ziegler-Natta 引发体系两组分的不同搭配和配比，等规度和聚合活性会有很大的差异，从表 5-15 中数据可以看出影响聚丙烯等规度的一般规律。

表 5-15　Ziegler-Natta 引发体系组分对聚丙烯等规度的影响

组别	主引发剂 过渡金属化合物	共引发剂 烷基金属化合物	ⅡP	组别	主引发剂 过渡金属化合物	共引发剂 烷基金属化合物	ⅡP
Ⅰ	$TiCl_4$	$AlEt_3$	30~60	Ⅲ	$TiCl_3(\alpha,\gamma,\delta)$	$BeEt_2$	94
	$TiBr_4$		42			$MgEt_2$	81
	TiI_4		46			$ZnEt_2$	35
	VCl_4		48			$NaEt$	0
	$ZrCl_4$		52	Ⅳ	$TiCl_3(\alpha)$	$Al(CH_3)_3$	50
	$MoCl_4$		50			$Al(C_2H_5)_3$	85
Ⅱ	$TiCl_3(\alpha,\gamma,\delta)$	$AlEt_3$	80~92			$Al(n-C_3H_7)_3$	78
	$TiBr_3$		44			$Al(n-C_4H_9)_3$	60
	$TiCl_3(\beta)$		40~50			$Al(n-C_6H_{13})_3$	64
	TiI_3		10			$Al(C_6H_5)_3$	约60
	$TiCl_2(OC_4H_9)$		35				
	$TiCl(OC_4H_9)_2$		10	Ⅴ	$TiCl_3(\alpha)$	$AlEt_2F$	83
	VCl_3		73			$AlEt_2Cl$	83
	$CrCl_3$		36			$AlEt_2Br$	93
	$ZrCl_4$		53			$AlEt_2I$	98

　　引发剂组分的变化往往会使聚合活性和等规度的变化方向相反,选用时需要注意。两组分对聚 ω-烯烃立构规整性影响大致规律如下:

　　① ⅣB~ⅧB 族过渡金属组分的影响　定向能力与过渡金属元素的种类和价态、相态和晶型、配体的性质和数量等有关。例如,研究最多的过渡金属是钛,+4、+3、+2 等不同价态都可能成为活性中心,但定向能力各异,其中 $TiCl_3(\alpha,\gamma,\delta)$ 的定向能力最强。过渡金属对定向能力的影响规律如下。

　　(a) 三价过渡金属氯化物: $TiCl_3(\alpha,\gamma,\delta) > VCl_3 > ZrCl_3 > CrCl_3$。

　　(b) 高价态过渡金属氯化物: $TiCl_4 \approx VCl_4 \approx ZrCl_4$。

　　(c) 不同价态的氯化钛: $TiCl_3(\alpha,\gamma,\delta) > TiCl_2 > TiCl_4 \approx \beta-TiCl_3$。

　　(d) 三价卤化钛的配体: $TiCl_3(\alpha,\gamma,\delta) > TiBr_3 \approx \beta-TiCl_3 > TiI_3$; $TiCl_3(\alpha,\gamma,\delta) > TiCl_2(OR) > TiCl(OR)_2$。

　　(e) 四卤化钛的配体: $TiCl_4 \approx TiBr_4 \approx TiI_4$。

　　(f) 三氯化钛的晶型:三氯化钛有 $\alpha,\beta,\gamma,\delta$ 四种晶型,其中 α,γ,δ 三种结构相似,紧密堆砌,层状结晶,都可以形成高等规度的聚丙烯。而 $TiCl_4$ 经 $AlEt_3$ 还原成的 $\beta-TiCl_3$ 却是线形结构,定向能力最低,只能形成无规聚合物。

　　② ⅠA~ⅢA 族金属烷基化合物的影响　ⅠA~ⅢA 族金属有机化合物组分参与反应,对引发剂活性和定向能力都有显著影响。Ⅰ族的 Li、Na、K,Ⅱ族的 Be、Mg、Zn、Cd,Ⅲ族的 Al、Ga 等烷基物,用于乙烯或 ω-烯烃定向聚合都很有效,其中由于铝化合物使用方便,用得最广泛。Ga 价格贵,Be 有毒,Ⅰ族烷基物难溶于烃类溶剂,都很少应用。

　　若针对相同的主引发剂 $TiCl_3$,金属烷基化合物共引发剂中的金属和烷基对等规度 ⅡP 影响规律如下。

(a) 金属：$BeEt_2 > MgEt_2 > ZnEt_2 > NaEt$。

(b) 烷基铝中的烷基：$AlEt_3 > Al(n-C_3H_7)_3 > Al(n-C_4H_9)_3 \approx Al(n-C_6H_{13})_3 \approx Al(n-C_6H_5)_3$。

(c) 一卤代烷基铝中的卤素：$AlEt_2I > AlEt_2Br > AlEt_2Cl > AlEt_2F$。

(d) 氯代烷基铝中氯原子数：$AlEt_3 > AlEt_2Cl > AlEtCl_2 > AlCl_3$。

如果ⅠA～ⅢA族金属原子大小和电负性与过渡金属相当，如 Be、Al 与 Ti，可使活性种的稳定性增加。三烷基铝中如被一个氯原子取代，可使铝的电负性更接近钛；而第二个取代氯原子则使铝的电正性过大，从而失去活性。

总体看，Ziegler-Natta 引发体系两组分对聚丙烯等规度的影响因素非常复杂，诸多因素如反应后形成配合物的晶型、状态和结构，活性种的价态和配位数，过渡族金属和ⅠA～ⅢA族金属的电负性和原子半径，以及烷基化速率和还原能力等。从等规度ⅡP考虑，丙烯配位聚合的主引发剂首选 $TiCl_3(\alpha, \gamma, \delta)$，但共引发剂的存在对丙烯聚合速率却起着重要作用，影响结果见表 5-16。

表 5-16　$AlEt_2X$ 对丙烯聚合速率和ⅡP的影响[主引发剂为($\alpha-TiCl_3$)]

$AlEt_2X$	相对聚合速率	ⅡP	$AlEt_2X$	相对聚合速率	ⅡP
$AlEt_3$	100	83	$AlEt_2I$	9	96
$AlEt_2F$	30	83	$AlEt_2OC_6H_5$	0	—
$AlEt_2Cl$	33	93	$AlEt_2SC_6H_5$	0.25	95
$AlEt_2Br$	33	95			

从ⅡP、聚合速率和价格等指标综合考虑，丙烯配位聚合时，共引发剂优选 $AlEt_2Cl$。对于乙烯聚合，无定向可言，聚合速率成为考虑的首要条件，因此选用 $TiCl_4-AlEt_3$ 引发体系。立构规整度和聚合速率不仅取决于引发剂两组分的搭配，而且还与配比有关。对于许多单体，最高立构规整度和最高转化率处在相近的 Al/Ti 比（物质的量之比）（表 5-17），这对聚合工艺参数的选定比较有利。

表 5-17　Al/Ti 比对转化率和聚烯烃立构规整度的影响

单体	最高转化率的 Al/Ti 比	最高立构规整度的 Al/Ti 比	单体	最高转化率的 Al/Ti 比	最高立构规整度的 Al/Ti 比
乙烯	2.5～3	—	苯乙烯	2.0	3
丙烯	1.5～2.5	3	丁二烯	1.0～1.25	1.0～1.25(反-1,4)
1-丁烯	2	2	异戊二烯	1.2	1
4-甲基-1-丁烯	1.2	1			

$TiCl_3(\alpha, \gamma, \delta)-AlEt_2Cl$ 选作引发体系，聚丙烯的分子量也受 Al/Ti 比的影响，优化的条件为 Al/Ti 比＝1.5～2.5 时，转化率和分子量均达到最大值。

对于同一引发体系，因取代基空间位阻的影响，ω-烯烃的聚合活性次序如下：

$$CH_2=CH_2 > CH_2=CHCH_3 > CH_2=CHC_2H_5 > CH_2=CHCH_2CH(CH_3)_2$$

$$> CH_2\!=\!CHCH(CH_3)C_2H_5 > CH_2\!=\!CH(C_2H_5)_2 \gg CH_2\!=\!CHC(CH_3)_3$$

5. Ziegler-Natta 引发体系的发展

引发剂是 ω-烯烃配位聚合的核心问题,研究重点放在提高聚合活性、提高立构规整度、使聚合度分布和组成分布均一等目标上。对早期 Ziegler-Natta 引发体系的改进措施主要有两方面:添加给电子体和负载。

① 第三组分——给电子体(Lewis 碱)的影响　α-TiCl$_3$ 配用 AlEt$_2$Cl 引发丙烯配位聚合时,定向能力比配用 AlEt$_3$ 时高,聚合活性则稍有降低。如配用 AlEtCl$_2$,则活性和定向能力均接近零,但若加入含有 O、N、P、S 等给电子体 B:(Lewis 碱)后,聚合活性和 $\mathrm{I\!I}$P 均有明显提高,分子量也增大。这可以从化学反应角度进行局部解释,例如,AlEtCl$_2$ 歧化成 AlEt$_2$Cl 和 AlCl$_3$ 后,Lewis 碱可与 AlCl$_3$ 配位,使 AlEt$_2$Cl 游离出来,恢复了部分活性和定向能力。

$$2\ AlEtCl_2\ +\ :B \longrightarrow AlEt_2Cl\ +\ AlCl_3\ :B$$

给电子体对铝化合物的配位能力随其中氯原子含量增多而加强,其顺序如下:

$$B:AlCl_3 > B:AlRCl_2 > B:AlR_2Cl > B:AlR_3$$

20 世纪 50 年代,第一代 α-TiCl$_3$-AlEt$_3$ 两组分引发剂对丙烯的聚合活性只有 5×10^3 gPP/gTi,聚丙烯 $\mathrm{I\!I}$P 约 90%。20 世纪 60 年代,曾添加六甲基磷酸胺(HMPTA),使丙烯聚合活性提高到 5×10^4 gPP/gTi,增加了十倍。20 世纪 70、80 年代以后,添加酯类给电子体,并负载,活性提高到 2.4×10^6 gPP/gTi,$\mathrm{I\!I}$P>98%。活性提高后,引发剂用量减少,残留引发剂不必脱除,后处理简化。

② 负载的影响　在早期 Ziegler-Natta 引发剂中,由于只有裸露在晶体表面或缺陷处的 Ti 原子才能成为活性中心,只约占 Ti 含量的 1%,这是活性较低的重要原因。如果将氯化钛充分分散在载体上,使大部分 Ti 原子裸露(如 90%)而成为活性中心,则可大幅度地提高聚合活性。

载体种类很多,如 MgCl$_2$、Mg(OH)Cl、Mg(OR)$_2$、SiO$_2$ 等。对于丙烯聚合,以 MgCl$_2$ 最佳。常用的无水氯化镁多为晶型,结构规整,钛负载量少,活性也低。负载时,如经给电子体活化,则可大幅度地提高活性。活化方法有研磨法和化学反应法两种。

(a) 研磨法:TiCl$_4$-AlEt$_3$ 引发剂、MgCl$_2$ 或 Mg(OH)Cl 载体、给电子体(如苯甲酸乙酯 EB)共同研磨,使分散并活化,可显著提高聚合活性,这种在引发剂制备过程中所加入的给电子体,俗称内加给电子体(或内加酯)。提高活性的原因可能是形成了 MgCl$_2$·EB 或 MgCl$_2$·EB·TiCl$_4$ 配合物,构成了负载型引发剂的主体,推测有如下结构:

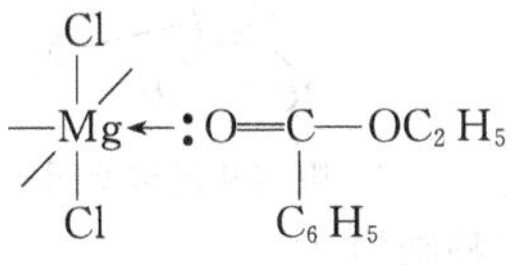

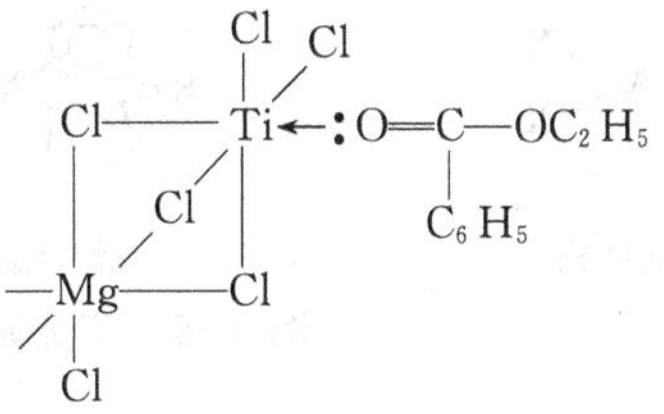

内加酯的配位能力越强,产物等规度越高。酯的配位能力与电子密度和邻近基团空间障碍有关,以 R$_1$COOR$_2$ 为例,R$_1$ 基团越大,则 ω-烯烃定向配位得越好;而 R$_2$ 基团增大,则影响到

MgCl₂ 与酯的配位,导致等规度下降。一般双酯(如邻苯二甲酸二丁酯)引发体系活性中心对等规度的贡献比单酯(如苯甲酸乙酯)大。

加入内加酯后的负载型引发剂用于聚合时,往往还应加另一酯类,如二苯基二甲氧基硅烷,这称为外加酯(给电子体)。外加酯参与活性中心的形成,改变了钛中心的微环境,增加了立体效应,有利于等规度的提高。载体和内、外加酯种类很多,配合得当,效果更佳,如 MgCl₂/邻苯二甲酸二丁酯/二苯基二甲氧基硅烷,引发剂的聚合活性可以高达 10^6 gPP/gTi。

(b) 化学反应法:研磨法主要是物理分散,而化学反应法则是在溶液中反应而后沉淀出来,使引发剂组分在载体中分散得更细小,形态更好。一般先将 MgCl₂ 与醇、酯、醚类 Lewis 碱(LB)等制成可溶于烷烃的复合物。

$$MgCl_2(s) + ROH \longrightarrow MgCl_2 \cdot ROH$$
$$MgCl_2 \cdot ROH + LB \longleftrightarrow MgCl_2 \cdot ROH \cdot LB$$

再与 TiCl₄ 进行一系列化学反应,重新析出 MgCl₂,同时使部分钛化合物负载在 MgCl₂ 表面。加有 Lewis 碱,析出带有螺旋(rd)结构的晶体 MgCl₂·LB(s),这是高活性引发剂的最好载体。而无 Lewis 碱时,析出的则是立方和六方紧密堆砌的 MgCl₂ 晶体,活性较差。载体上继续负载钛,就形成活化钛。

$$MgCl_2(s) + TiCl_4 \longrightarrow MgCl_2(s) \cdot TiCl_4$$
$$MgCl_2(s) + Cl_3TiOR \longrightarrow MgCl_2(s) \cdot Cl_3TiOR$$

根据成型加工的需要,还可以将负载引发剂制成球型,使烯烃在此骨架上聚合发育成长,最终形成球型树脂。现已发展有多种高效、颗粒规整、结构可控的新型引发体系。

5.3.4 茂金属引发剂

茂金属引发剂(metallocene)是由五元环的环戊二烯基类(简称茂)、ⅣB 族过渡金属、非茂配体三部分组成的有机金属配合物的简称。

20 世纪 50 年代,发现双(环戊二烯基)二氯化钛(Cp₂TiCl₂)与烷基铝配合,成为可溶性引发剂,但对烯烃聚合的活性较低,未能实际应用。1980 年,Kaminsky 用二氯二锆茂(Cp₂ZrCl₂)作主引发剂,改用甲基铝氧烷(MAO)作共引发剂,对乙烯显示出超高的聚合活性。从此,新型高活性茂金属引发剂迅速发展。

茂金属引发剂有普通结构、桥链结构和限定几何构型配位体结构三种,简示如图 5-5。

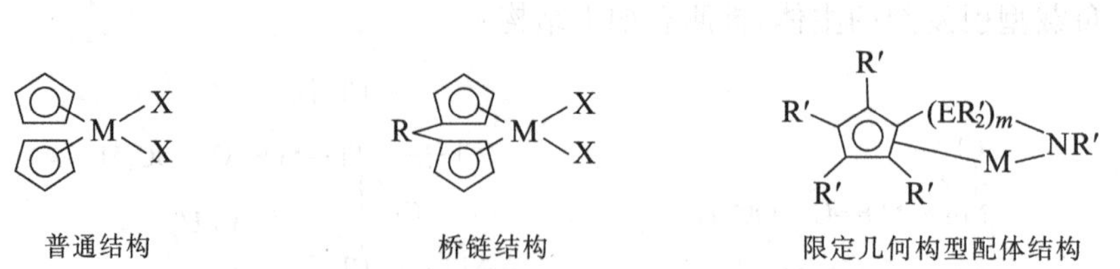

普通结构   桥链结构   限定几何构型配体结构

图 5-5 茂金属引发剂的三种结构

茂金属引发剂中的五元环可以是单环或双环戊二烯基(Cp)、茚基(Ind)或芴基,环上的氢可被烷基取代。通常过渡金属 M 为锆(Zr)、钛(Ti)或铪(Hf),分别称为茂锆、茂钛、茂铪。非茂配体 X 为氯、甲基等。二氯二茂锆是普通结构的代表。桥链结构中 R 为亚乙基、亚异丙基、二甲基亚硅烷基等,将两个茂环连接起来,以防茂环旋转,增加刚性;亚乙基二氯二茂锆则是桥链结构的代表。限定几何构型只采用一个环戊二烯基,另一茂基被氨基所替代,由亚硅烷基(ER$_2'$)$_m$ 桥连接,R′为氢或甲基。

单独茂金属引发剂对烯烃聚合基本没有活性,常加入共引发剂甲基铝氧烷 MAO[含—Al(CH$_3$)—O—]。MAO 由二甲基铝水解而成,呈线形或环状结构,能清除体系中的毒物,提高聚合活性。MAO、(CH$_3$)$_3$Al 或 (CH$_3$)$_2$AlF 与 Cp$_2$ZrCl$_2$ 或 Et(Ind)$_2$ZrCl$_2$ 组合的引发剂,对乙烯或丙烯聚合都有很高的活性。为了提高聚合活性和选择性,一般要求 MAO 大过量,充分包围茂金属分子,以防引发剂双分子失活,因此成本较高。近年来开发了非 MAO 共引发剂,如AlMe$_3$/(MeSn)$_2$O。

茂金属引发聚合机理与 Ziegler-Natta 体系相似,即烯烃分子先与过渡金属配位,而后在增长链端与金属之间插入而增长。

均相茂金属引发剂发展迅速,其优点如下:① 高活性,几乎 100% 金属原子均可形成活性中心(原来的钛系只有 1%~3%),如 Cp$_2$ZrCl$_2$/MAO 用于乙烯聚合时的活性可高达 10^8 g(PE)/(gZr·h),比高效 Ziegler-Natta 引发剂的活性 10^6 g(PE)/(gTi·h)要高两个数量级;② 单一活性中心,可获得窄分子量分布(1.05~1.8)、共聚物组成均一的产物;③ 立构规整性高,聚合物结构和性能容易控制,立构规整能力强,可合成纯等规或纯间规聚丙烯、间规聚苯乙烯;④ 可聚合的烯类单体范围广,包括环烯烃、共轭二烯烃、氯乙烯、丙烯腈等极性单体。利用这些特点,可以实现聚合物结构设计和性能控制,如密度、分子量及其分布(包括单峰或双峰)、共聚物组成分布、共单体结合量、支化度、晶体结构和熔点等。

茂金属引发剂也可负载,赋予非均相引发剂的优点:聚合结束容易后处理和分离,可降低Al/M 比,使引发剂更稳定。

当然,茂金属引发剂也有一些缺点,如合成困难、价格贵、很难从聚合物中脱除、对氧和水分敏感等。

茂金属引发剂反应效率高,已经成功地用于合成线型低密度聚乙烯、高密度聚乙烯、等规聚丙烯、间规聚丙烯、间规聚苯乙烯、乙丙橡胶和聚环烯烃等。可采用淤浆聚合、溶液聚合和气相聚合诸多方法,无需脱灰工序。茂金属引发剂的研究和生产发展迅猛,已超过传统的 Ziegler-Natta 引发剂。

在茂金属引发剂之后,还发现一系列新型单活性中心烯烃聚合引发剂,俗称茂后引发剂。茂后引发剂分两类,即非茂体系化合物及含环戊二烯基的非ⅣB族过渡金属化合物,后过渡金属镍、钯、铁、钴的多亚胺类化合物。

5.3.5 ω -烯烃配位聚合的机理

关于 Ziegler-Natta 引发剂的活性中心结构及聚合反应机理有几种理论。这里以丙烯配位聚合为例进行介绍。

丙烯经 Ziegler-Natta 引发剂聚合,可制得等规聚丙烯。等规聚丙烯是结晶性聚合物,熔点高(175 ℃),拉伸强度高(35 MPa),相对密度低(约 0.90),比强大,耐应力开裂和耐腐蚀,电性能优良,性能接近工程塑料,可制纤维(丙纶)、薄膜、注塑件和热水管材等,是目前发展最快的塑料品种,约占聚合物总产量的 1/5。

1. 丙烯配位聚合反应机理

丙烯由 $\alpha\text{-TiCl}_3\text{-AlEt}_3$(或 AlEt_2Cl)体系引发进行配位聚合,机理特征与活性阴离子聚合相似,基元反应主要由链引发、链增长组成,难终止,难转移。增长链寿命长,加入第二单体,可以形成嵌段共聚物。反应机理如下:

① 链引发 钛-铝两组分反应后,形成活性种 $\overset{\delta+}{ⓒ}\text{—}\overset{\delta-}{R}$(简写 ⓒ—R)。

$$ⓒ\text{—H} + CH_2\text{=CH} \xrightarrow{k_1} ⓒ\text{—}CH_2\text{—}CH_2$$
$$\underset{R}{|} \qquad \underset{R}{|}$$

$$ⓒ\text{—}C_2H_5 + CH_2\text{=CH} \xrightarrow{k_2} ⓒ\text{—}CH_2\text{—}CH\text{—}C_2H_5$$
$$\underset{R}{|} \qquad \underset{R}{|}$$

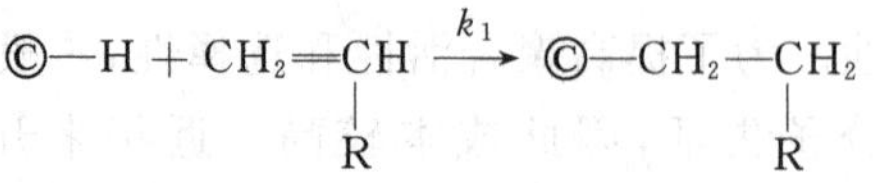

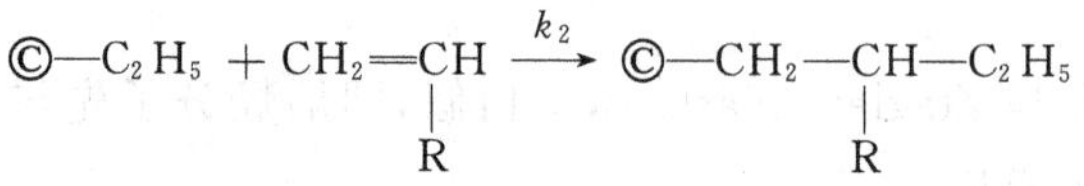

② 链增长 单体在过渡金属-碳键间($ⓒ\text{—}C$ 或 $\overset{\delta+}{M_t}\text{—}\overset{\delta-}{CH_2}\sim P_n$)插入而增长。

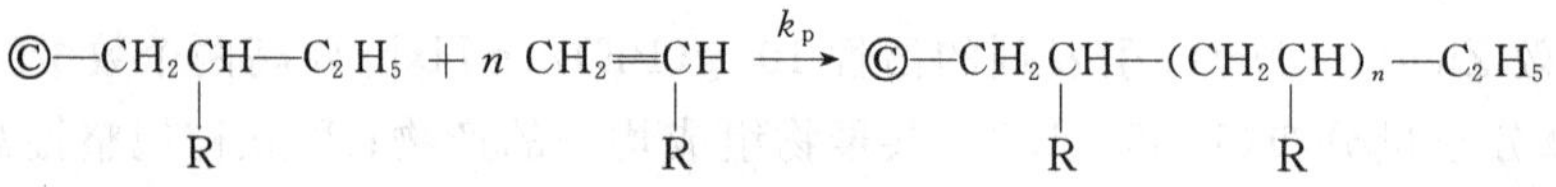

$$ⓒ\text{—}CH_2CH\text{—}C_2H_5 + n\,CH_2\text{=CH} \xrightarrow{k_p} ⓒ\text{—}CH_2CH\text{—}(CH_2CH)_n\text{—}C_2H_5$$
$$\underset{R}{|} \qquad \underset{R}{|} \qquad \underset{R}{|}\quad\underset{R}{|}$$

链增长反应是经四元环的插入过程。可能有两种进攻方式同时进行:一是增长链端阴离子对烯烃双键的碳作亲核进攻(反应 1),二是阳离子 $M_t^{\delta+}$ 对烯烃 π 键的亲电进攻(反应 2)。

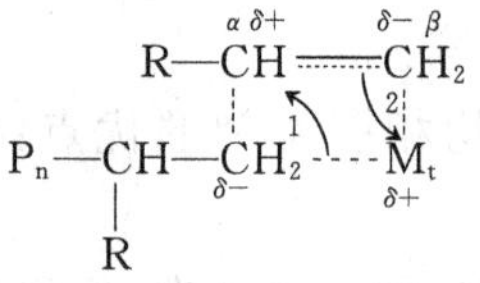

$$\begin{array}{c} \overset{\alpha\,\delta+}{R\text{-}CH}\text{=====}\overset{\delta-\,\beta}{CH_2} \\ \vdots\quad_1\quad\vdots\,_2 \\ P_n\text{—}CH\text{------}M_t \\ \underset{\delta-}{}\qquad\underset{\delta+}{} \\ \underset{R}{|} \end{array}$$

③ 链转移 难以发生链转移,活性链可能向烷基铝、丙烯转移,但链转移常数较小。通常采用加入氢作链转移剂来控制分子量。

向烷基铝转移

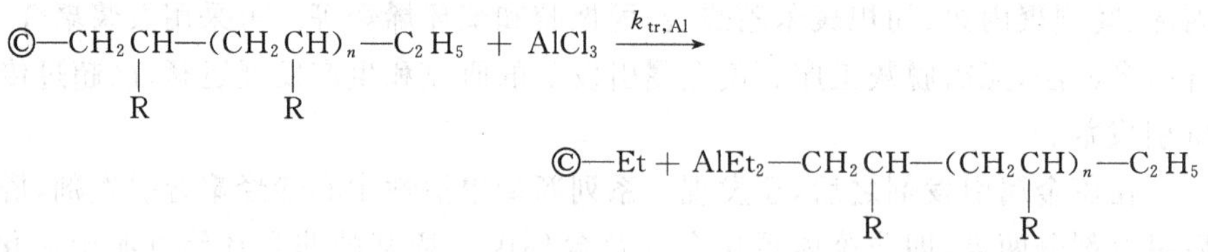

$$ⓒ\text{—}CH_2CH\text{—}(CH_2CH)_n\text{—}C_2H_5 + AlCl_3 \xrightarrow{k_{tr,Al}}$$
$$\underset{R}{|} \qquad \underset{R}{|}$$

$$ⓒ\text{—Et} + AlEt_2\text{—}CH_2CH\text{—}(CH_2CH)_n\text{—}C_2H_5$$
$$\underset{R}{|} \qquad \underset{R}{|}$$

向单体转移

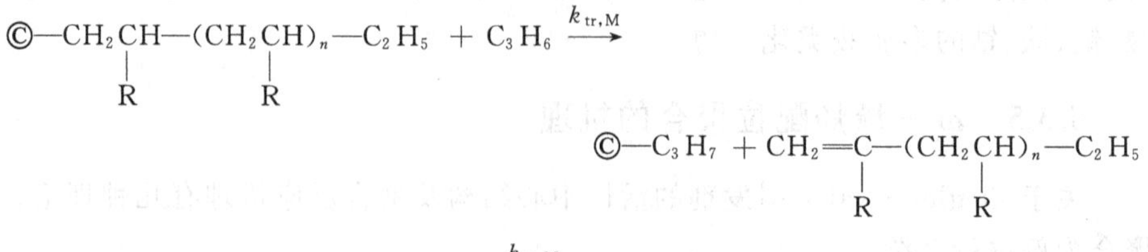

$$ⓒ\text{—}CH_2CH\text{—}(CH_2CH)_n\text{—}C_2H_5 + C_3H_6 \xrightarrow{k_{tr,M}}$$
$$\underset{R}{|} \qquad \underset{R}{|}$$

$$ⓒ\text{—}C_3H_7 + CH_2\text{=C}\text{—}(CH_2CH)_n\text{—}C_2H_5$$
$$\underset{R}{|} \qquad \underset{R}{|}$$

向氢转移

$$ⓒ\text{—}CH_2CH\text{—}(CH_2CH)_n\text{—}C_2H_5 + H_2 \xrightarrow{k_{tr,M}} ⓒ\text{—H} + CH_3CH\text{—}(CH_2CH)_n\text{—}C_2H_5$$
$$\underset{R}{|} \qquad \underset{R}{|} \qquad\qquad\qquad \underset{R}{|}\qquad \underset{R}{|}$$

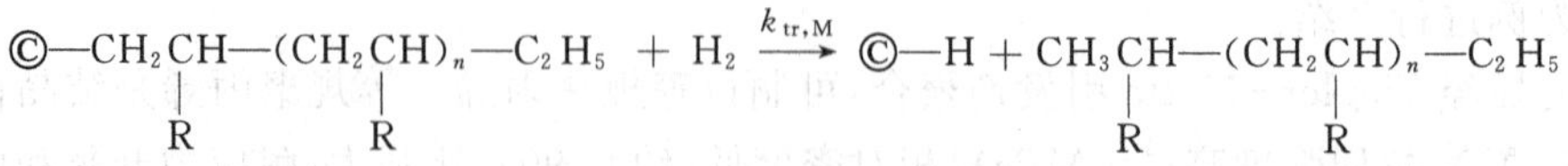

④ 链终止 配位聚合难终止,经过长时间,也可能向分子链内的 $\beta\text{-H}$ 转移而自身终止。

$$\text{©}—CH_2CH—(CH_2CH)_n—C_2H_5 \xrightarrow{k_t} \text{©}—H + CH_2=C—(CH_2CH)_n—C_2H_5$$
$$\qquad\quad |\qquad\quad\ |\qquad\qquad\qquad\qquad\qquad\qquad\ \ |\qquad\quad\ |$$
$$\qquad\quad R\qquad\quad R\qquad\qquad\qquad\qquad\qquad\qquad\ R\qquad\quad R$$

　　水、醇、酸和胺等含活性氢的化合物是配位聚合的终止剂。聚合前,要除净这些活性氢物质,对单体纯度有严格的要求;聚合结束后,可加入醇一类终止剂终止聚合。

$$\text{©}—CH_2CH—(CH_2CH)_n—C_2H_5 + ROH \xrightarrow{k_t} \text{©}—OR + CH_3CH—(CH_2CH)_n—C_2H_5$$
$$\qquad\quad |\qquad\quad\ |\qquad\qquad\qquad\qquad\qquad\qquad\qquad\qquad |\qquad\quad\ |$$
$$\qquad\quad R\qquad\quad R\qquad\qquad\qquad\qquad\qquad\qquad\qquad\ \ R\qquad\quad R$$

2. 丙烯配位聚合的定向机理

　　Ziegler—Natta 引发剂引发 ω-烯烃配位聚合的机理,主要集中在活性中心的结构和性质、增长的场所(钛-碳或铝-碳键)和定向的原因等问题上。

　　高价态过渡金属的配位点已全部被配体所占据,无空位可供烯类 C=C 进行 π 配位;但低价过渡金属却能和烯烃形成稳定的 π 配合物,是由于过渡金属的 d 轨道和烯烃的 π 轨道重叠。

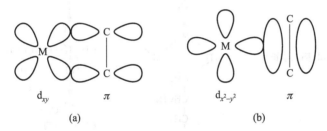

图 5-6　过渡金属与烯烃配位的轨道重叠图

　　重叠可能有两种形式:一种是金属 d_{xy} 轨道与烯烃的 π 反键轨道重叠[图 5-6(a)],另一种是 $d_{x^2-y^2}$ 轨道的一叶与烯烃的 π 轨道重叠[图 5-6(b)]。可见引发剂制备过程中,还原是关键反应。

　　关于 ω-烯烃配位聚合,曾提出过多种机理,主要有双金属机理和单金属机理。目前单金属机理更易被接受,但双金属机理也有部分参考价值。不论哪种机理,配位聚合过程都可以归纳为形成活性中心(或空位),吸附单体定向配位,配位活化,插入增长,接续类似模板地进行定向聚合,形成立构规整聚合物。两种机理的过程和模式比较如图 5-7 所示。

　　① Natta 双金属活性中心机理　1959 年,Natta 提出双金属活性中心机理。金属有机化合物化学吸附在氯化钛上,反应形成缺电子桥双金属配合物,成为活性中心,如图 5-7(a)。富电子的 ω-烯烃在亲电的钛原子和增长链端(或烷基)间配位(或 π 配位),在钛上引发,如图(b)。缺电子桥配合物发生部分极化后,与配位后的单体形成六元环过渡状态,如图(c)。极化的单体插入 Al—C 键而增长,使六元环结构瓦解,恢复四元缺电子桥配合物状态,如图(d)。如此反复,继续增长。由于聚合时首先是富电子的烯烃在钛上配位,Al—R 键断裂成 R 碳离子接到单体的碳上,因此称作配位阴离子聚合机理。

　　双金属机理的核心思想是单体在 Ti 上配位,而后在 Al—C 键间插入,在 Al 上增长。这是最大的问题所在,因为许多实验表明,在过渡金属-碳键(M_t—C)插入增长。

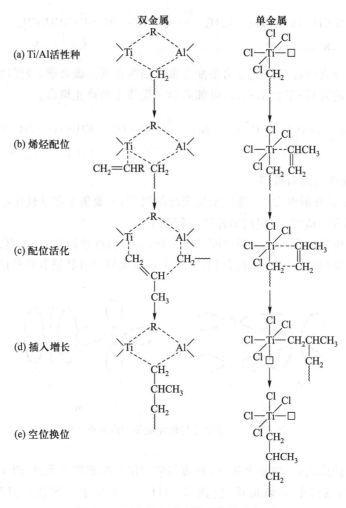

图 5-7   双金属和单金属配位聚合机理

② 单金属活性中心机理   1960 年,Cossee P 和 Arlman E J 提出单金属活性中心模型,核心思想是活性种由单一过渡金属(Ti)构成,单体在 Ti 上配位,而后在 Ti—C 键间插入增长。

氯化钛与烷基铝经交换烷基反应,形成以过渡金属原子为中心的活性种,其上连有四个氯原子和一个烷基配体 R,留出一个空位,呈正八面体,如图 5-7(a)所示。

丙烯在非均相引发剂 TiCl$_3$ 表面定向吸附于空位处,与烷基化后的 Ti^{3+} 配位(或 π 配位),如图(b)。双键 π 电子的给电子作用使 Ti—C 键活化,形成四元环过渡状态[图(c)],然后 CH$_2$—或烷基 R 从过渡金属转移给烯烃,发生加成,或者说烯烃在钛-碳键间插入增长[图(d)],同时空位重现,但位置改变。如果按照这种方式继续增长,将得到间规结构聚合物。欲实现丙烯按等规(全同)结构增长,空位需换位到原来位置。

用 Ⅰ A~Ⅲ A 族金属有机化合物单一组分,未能制得等规聚丙烯。但单用钛组分制得等规聚合物却有不少例子。加上 TiCl$_3$ 结晶表面存在空位的推断,以及过渡金属与烯烃配位时分子轨道能级的解释,这使单金属活性中心机理成为更多人接受的有力论点。但是不可忽视,钛组分需在ⅠA～ⅢA族金属烷基化合物作用下,才有较高的定向能力和活性,这一点在单金属机理中还无法解释。总之,配位聚合倾向于单金属机理,但有待进一步完善。

5.3.6 共轭二烯烃的配位聚合

1. 共轭二烯烃和聚二烯烃的构型

在轻油、重油裂解制乙烯的过程中,C_4馏分中含有大量丁二烯(30%～50%),C_5馏分中则有异戊二烯。这两种共轭二烯都是重要单体,经配位聚合可制备顺-1,4结构的合成橡胶。氯丁二烯则采用自由基聚合。

1,3-二烯烃的配位聚合和聚合物的立构规整性比烯烃更为复杂,原因有三:

① 加成有顺、反式、1,2-、3,4-等多种形式。

② 单体有顺、反两种构象。例如,在常温下,丁二烯的S-顺式占4%,S-反式占96%;相反,异戊二烯的S-顺式却占96%,而S-反式只占4%。

$$
\begin{array}{cccc}
\underset{\text{S-反式}}{\underset{\text{丁二烯}}{\begin{matrix}\text{CH}_2\\ \| \\ \text{CH—CH}\\ \| \quad \\ \text{CH}_2\end{matrix}}} &
\underset{\text{S-顺式}}{\begin{matrix}\quad\\ \text{CH—CH}\\ \| \quad\quad \| \\ \text{CH}_2 \quad \text{CH}_2\end{matrix}} &
\underset{\text{S-反式}}{\underset{\text{异戊二烯}}{\begin{matrix}\text{CH}_3 \quad \text{CH}_2\\ \text{C—C}\\ \| \quad\quad\backslash \\ \text{CH}_2 \quad\quad \text{H}\end{matrix}}} &
\underset{\text{S-顺式}}{\begin{matrix}\text{CH}_3 \quad \text{H}\\ \text{C—C}\\ \| \quad\quad \| \\ \text{CH}_2 \quad \text{CH}_2\end{matrix}}
\end{array}
$$

③ 增长链端有 σ 烯丙基和 π 烯丙基两种键型。

$$
-\text{CH}_2-\text{CH}=\text{CH}-\text{CH}_2-\text{M}_t^+ \rightleftharpoons -\text{CH}_2-\underset{\overset{|}{\text{M}_t^+}}{\overset{\overset{\text{CH}}{\diagup\diagdown}}{\text{CH}\text{CH}_2}}
$$

$$\quad\quad\quad\quad\quad\quad \sigma\text{烯丙基} \quad\quad\quad\quad\quad\quad\quad \pi\text{烯丙基}$$

式中,M_t 为过渡金属或锂,左边 σ 烯丙基由 M_t 和 CH_2 以 σ 键键合,右边 π 稀丙基则由 M_t 与三价碳原子成 π 键,两者构成平衡。

根据上述三种特点,有可能选用多种引发体系,产生不同的配位定向机理。

丁二烯可以配位聚合成顺-1,4-、反-1,4-和1,2-聚丁二烯,1,2-结构又有等规和间规之分。其中顺-1,4-聚丁二烯(顺丁橡胶)最重要,是我国第二大胶种,其玻璃化转变温度低达 -120 ℃,耐低温、弹性好、耐磨,虽然黏结、加工性能稍差,但与天然橡胶或丁苯橡胶混用,可制得综合性能优良的橡胶制品,包括轮胎。

聚异戊二烯的立体异构体更为复杂,其中顺-1,4-的结构性能与天然橡胶相同。

2. 二烯烃配位聚合的引发剂和定向机理

二烯烃配位聚合的引发剂主要有三类:Ziegler-Natta 型、π 烯丙基型和烷基锂。烷基锂引发二烯烃聚合已在阴离子聚合一节中作了介绍。

① Ziegler-Natta 引发剂和二烯烃单体-金属配位机理 在 Ziegler-Natta 引发剂中,除了两(或三)组分的适当搭配外,配体种类和两组分的比例对聚丁二烯的立构规整性影响较明显,详见表 5-18。

表 5-18   丁二烯立构规整聚合引发剂

聚合类型	引发剂	微观结构/%		
		顺-1,4-	反-1,4-	1,2-
顺-1,4-	TiI$_4$-AlE$_3$	95	2	3
	CoCl$_2$-2py-AlEt$_2$Cl	98	1	1
	Ni(naph)$_2$-AlEt$_3$-BF$_3$·OEt$_2$	97	2	1
	Ln(naph)$_2$-AlEt$_2$Cl-Al(i-Bu)$_3$	97	2	1
	U(OCH$_3$)-AlEtCl$_2$-AlCl$_3$	98	1	1
反-1,4-	TiCl$_4$-AlR$_3$　Al/Ti<1	6	91	3
	Co(acac)$_2$-AlEt$_3$	0	97	3
	V(acac)$_4$-AlEt$_2$Cl	0	99	1
	VCl$_3$THF-AlEt$_2$Cl	0	99	1
1,2-间规	V(acac)$_3$-AlR$_3$　Al/V=10(陈化)	3~6	1~2	92~96
	MoO$_2$(acac)$_2$-AlR$_3$　Al/Mo<6	3~6	1~2	92~96
	Cr(CNC$_6$H$_5$)$_6$-AlR$_3$(未陈化)	4~5	0~2	93~95
	Co(acac)$_2$-AlR$_3$-amine	0	2	98
1,2-等规	Cr(CNC$_6$H$_5$)$_6$-AlR$_3$(未陈化)	0~3	2	97~100

注:naph—环烷酸基;py—吡啶;acac—乙酰基丙酮基;Ln—镧系元素。

经典的 Ziegler-Natta 引发剂(TiCl$_4$-AlEt$_3$)用于丁二烯聚合,当 Al/Ti<1,产物中反-1,4-结构占 91%;而 Al/Ti>1,则顺-1,4-和反-1,4-结构各半。如改用 TiI$_4$-AlEt$_3$,则顺-1,4-结构可高达 95%。又如,TiCl$_4$-AlEt$_3$ 引发异戊二烯聚合,Al/Ti<1 时,反-1,4-占 95%;Al/Ti>1 时,则顺-1,4-结构占 96%。

可见以 Ti、Co、Ni、U 和稀土(镧系)元素为引发体系,如组分选择适当,都可以合成高顺-1,4-聚丁二烯,结果见表 5-18。例如,国外多用钛系(TiI$_4$-AlEt$_3$)和钴系(CoCl$_2$-2py-AlEt$_2$Cl),我国则用镍系[Ni(naph)$_2$-AlEt$_3$-BF$_3$·O-(i-Bu)$_2$],近些年还开发了稀土引发体系,如 Ln(naph)$_2$-AlEt$_2$Cl-Al(i-Bu)$_3$、NdCl$_3$·3i-PrOH-EtAl$_3$ 等。这些体系引发丁二烯聚合的技术条件相对比较温和:温度 30~70 ℃,压力 0.05~0.5 MPa,1~4 h,烃类作溶剂。

Ziegler-Natta 体系引发丁二烯聚合时,可用单体-金属的配位来解释定向机理,主要是单体在过渡金属(M$_t$)的 d 空轨道上的配位方式决定着单体加成的类型和聚合物的微结构。

若丁二烯以两个双键和 M$_t$ 进行顺式配位(双座配位),采用 1,4-插入,将得到顺-1,4-聚丁二烯;若单体只以一个双键与金属单座配位,则单体倾向于反式构型,采用 1,4-插入得反-1,4-结构;如果 1,2-插入得 1,2-聚丁二烯,具体模型结构如图 5-8 所示。当有给电子体(L)存在时,L 占据了空位,单体只能以一个双键(单座)配位,因此反-1,4-或 1,2-链节增多。

单座或双座配位取决于两个因素:

(a) 中心金属配位座间的距离,适于 S-顺式的距离约 28.7 nm,为双座配位;适于 S-反式的距离为 34.5 nm 者,为单座配位。

(b) 金属同单体分子轨道的能级是否接近,金属轨道的能级同时受金属和配体电负性的影响,电负性强的金属与电负性强的配体配合,才能获得顺-1,4-聚丁二烯,该结论与表 5-19 的规律相符,也是合成顺丁橡胶选用引发体系的依据,如钛系(TiI$_4$-AlEt$_3$)用碘化钛、钴系(CoCl$_2$-

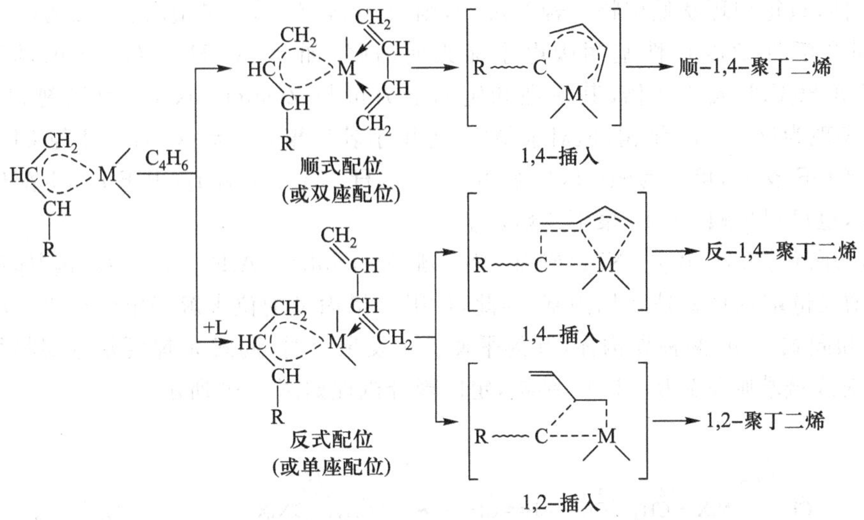

图 5-8 丁二烯-金属配位机理模型

M＝Ni 或 Co，L＝给电子体

2py-AlEt$_2$Cl)用氯化钴、镍系[Ni(Haph)$_2$-AlEt$_3$-BF$_3$·OBu$_2$]需与氟相配合。

表 5-19 过渡金属和配体的组合情况对聚丁二烯顺-1,4-结构含量(％)的影响

配体	Ti	Co	Ni	配体	Ti	Co	Ni
F	35	83	98	Br	87	91	80
Cl	75	98	85	I	93	50	10

② π 烯丙基镍引发剂和 π 烯丙基配位机理　通常 Ti、V、Cr、Ni、Co、Rh、U 等过渡金属均可与 π 烯丙基形成稳定的配合物，其中 π 烯丙基卤化镍(π-allyl-NiX)研究得最多，其中 X＝Cl、Br、I、OCOCO$_3$、OCOCH$_2$Cl、OCOCF$_3$ 等电负性基团。这类引发剂只含一种过渡金属，如配体电负性得当，单一组分对丁二烯聚合就有很高的活性，转化率、聚合速率、立构规整性均可与 Ziegler-Natta 引发体系相比，而且制备也比较容易。

π 烯丙基过渡金属卤化物种类很多，π-allyl-NiX 引发丁二烯聚合结果如表 5-20 所示。

表 5-20　π-allyl-NiX 引发剂对聚丁二烯微结构的影响

π-allyl-NiX	共 引 发 剂	质量分数/％		
		顺-1,4-	反-1,4-	1,2-
(π-C$_3$H$_5$)$_2$Ni		得 1,3,5-环十二碳三烯环化产物		
π-C$_3$H$_5$NiCl		92	6	2
π-C$_3$H$_5$NiI	(水溶液)	4	93	3
π-C$_3$H$_5$NiOCOCH$_2$Cl		92	6	2
π-C$_3$H$_5$NiOCOCF$_3$	CF$_3$COOH/Ni＝1	94	3	3
π-C$_3$H$_5$NiOCOCF$_3$	CF$_3$COOH/Ni＝5	50	49	1

其中，π-allyl-NiX 的配体 X 对聚丁二烯微结构有显著影响：π 烯丙基镍中如无卤素配体，

则无聚合活性,只得到环状低聚物。若引入 Cl,则顺-1,4-结构含量很高(约 92%)。而且顺-1,4-结构含量和活性随电负性基团吸电子能力而增强,如 $\pi - C_3H_5NiOCOCF_3$ 的活性比 $\pi - C_3H_5NiOCOCH_2Cl$ 要大 150 倍,其活性和定向能力可与 Ziegler-Natta 引发剂相比。而 $\pi - C_3H_5NiI$ 却表现为反-1,4-结构;但对水稳定,可用于乳液聚合。$\pi - C_3H_5NiI$ 与 CF_3COOH 共用时,I 与 $OCOF_3$ 交换,可变为顺-1,4-特性。$\pi - C_3H_5NiI$ 中加有 I_2,由于 I 和 I_2 配位,使 Ni 的电正性增大,也可提高顺-1,4-聚丁二烯含量。

π 烯丙基卤化镍(π-allyl-NiX)或镍-铝-硼$[Ni(naph)_2-AlEt_3-BF_3 \cdot OBu_2]$体系引发丁二烯聚合时,增长链端本身就是 π 烯丙基,因此,可用 π 烯丙基配位来解释定向机理。π 烯丙基有对式(anti)和同式(syn)两种异构体,互为平衡。引发聚合时,同式 π 烯丙基链端将得到顺-1,4-结构,而对式链端则得到反-1,4-结构,定向聚合机理如图 5-9 所示。

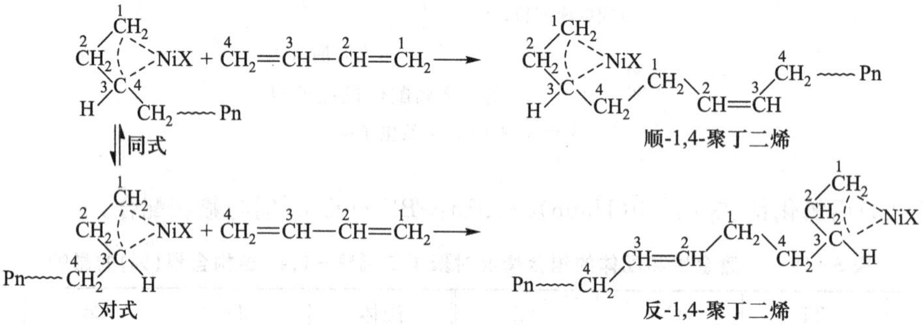

图 5-9   丁二烯定向聚合 π-烯丙基机理

5.4   离子聚合与自由基聚合的比较

从机理上看,自由基聚合与阴离子聚合及阳离子聚合都属于链式聚合反应,但由于链增长反应活性中心的性质不同,所以三种聚合反应在多方面表现出很大的差异,反映在单体种类、引发剂,以及溶剂、温度等因素上。归纳它们的特点对比列于表 5-21 中。

表 5-21   自由基聚合、阴离子聚合和阳离子聚合的特点比较

聚合反应	自由基聚合	离子聚合	
		阳离子聚合	阴离子聚合
引发剂	过氧化合物,偶氮化合物,本体、溶液、悬浮聚合选用油溶性引发剂;乳液聚合选用水溶性引发剂	Lewis 酸,质子酸,碳正离子,亲电试剂	Lewis 碱,碱金属,有机金属化合物,碳负离子,亲核试剂
单体聚合活性	弱吸电子基的烯类单体 共轭单体	供电子基的烯类单体 易极化为电负性的单体	吸电子基的共轭烯类单体 易极化为电正性的单体

聚合反应	自由基聚合	离子聚合	
		阳离子聚合	阴离子聚合
活性中心	自由基	碳正离子等	碳负离子等
主要终止方式	双基终止	向单体和溶剂转移	难终止,活性聚合
阻聚剂	生成稳定自由基和化合物的试剂,如对苯二酚 DPPH	亲核试剂,水、醇、酸、胺类	亲电试剂,水、醇、酸等含活性氢物质,氧、CO_2 等
水和溶剂	可用水作介质,帮助散热	氯代烃,如氯甲烷、二氯甲烷等	从非极性到极性有机溶剂
		极性影响到离子对的紧密程度,从而影响到聚合速率和立构规整性	
聚合速率	$[M][I]^{1/2}$	$k[M]^2[C]$	
聚合度	$k'[M][I]^{-1/2}$	$k'[M]$	
聚合活化能	较大,84~105 kJ·mol^{-1}	小,0~21 kJ·mol^{-1}	
聚合温度	一般 50~80 ℃	低温,-100~0 ℃	室温或 0 ℃ 以下
聚合方法	本体、溶液、悬浮、乳液	本体、溶液	

① 单体　大多数乙烯基单体都能自由基聚合,带有吸电子基的烯类单体容易阴离子聚合,带供电子基的烯类单体有利于阳离子聚合,共轭烯烃能以三种机理聚合。

② 引发剂和活性种　自由基聚合的活性种是自由基,常选用过氧类、偶氮类化合物作引发剂,引发剂的影响仅局限于引发反应。阴离子聚合的活性种是阴离子,选用碱金属及其烷基化合物等亲核试剂作引发剂。阳离子聚合的活性种是阳离子,选用 Lewis 酸等亲电试剂作引发剂。离子聚合的活性种常以离子对形式存在,离子对始终影响着聚合反应的全过程。

③ 溶剂　自由基聚合中,溶剂影响限于引发剂的诱导分解和链转移反应。离子聚合中,溶剂首先影响到活性种的形态和离子对的紧密程度,进而影响到聚合速率和定向能力。阴离子聚合可选用非极性或中极性的溶剂,如烷烃、四氢呋喃等;阳离子聚合则限用弱极性溶剂,如卤代烃等。

④ 温度　自由基聚合的引发剂分解活化能较大,需在较高的温度(50~80 ℃)下聚合,温度对聚合速率和分子量的影响较大。而离子聚合中的引发活化能较低,为了减弱链转移反应,通常在较低的温度下聚合,温度对聚合速率的影响较小。

⑤ 聚合机理特征　自由基聚合的机理概括为慢引发、快增长、速(双基)终止。阴离子聚合是快引发、慢增长、无终止、无转移,可称为活性聚合。阳离子聚合为快引发、快增长、易转移、难终止,主要是向单体或溶剂转移,或单分子自发终止。

⑥ 阻聚剂　自由基聚合的阻聚剂一般为氧、苯醌、DPPH 等能与自由基结合而终止的化合物。水、醇等极性化合物是离子聚合的阻聚剂,酸类(亲电试剂)使阴离子聚合阻聚,碱类(亲核试剂)则使阳离子聚合阻聚;苯醌也是阳离子聚合的终止剂。

根据表 5-21 中三种聚合反应的比较,分别通过以下几种方法,如考察反应体系对溶剂极性变化的敏感性,测定体系对溶剂的链转移常数,测定反应的活化能、聚合反应温度和各种阻聚剂的反应行为等,可以鉴别某一聚合反应体系所属的类型。

【小知识】 线型低密度聚乙烯

线型低密度聚乙烯(linear low density polyethylene,简称 LLDPE),乙烯与少量 ω-烯烃(如 1-丁烯、1-辛烯等)的共聚物。相对密度 0.918~0.940,熔点 122~124 ℃,机械性能介于高密度和低密度聚乙烯之间,耐低温性能比普通低密度聚乙烯好,耐环境应力开裂性比普通低密度聚乙烯高数十倍。其最大用途是制成薄膜,薄膜的强度、韧性和耐刺穿性均较低密度聚乙烯好,透明度虽稍差,但仍优于高密度聚乙烯。LLDPE 不易燃,但燃烧时会发出浓烟,发生火灾时,它在空气中可形成可燃性混合物。

LLDPE 在 20 世纪 70 年代由 Union Carbide 公司首先实现工业化生产。它代表了聚乙烯催化剂和工艺技术的重大变革,使所生产的产品范围显著扩大,用配位催化剂代替自由基引发剂,以及用较低成本的低压气相聚合取代成本较高的高压反应器。

在气相 LLDPE 工艺问世之前,聚乙烯的生产采用高压釜式或管式法和较低压力的溶剂和淤浆法工艺。这些工艺以其特定的产品市场为目标,分别生产 HP-LDPE、MDPE 和 HDPE。每一种工艺仅能生产有限密度变化范围的产品。气相 LLDPE 工艺问世后,使此情况发生很大变化,可用同一反应器生产所有密度范围的 PE 产品,能灵活地根据市场需求变化,改变所生产的 PE 品种。

现在,LLDPE 树脂可用液相和气相工艺进行生产。液相工艺中,Dow 公司的冷却低压法和 NOVA 公司的中压法占压倒优势。这两种工艺均可切换生产 LLDPE 和 HDPE。虽然历史上淤浆法以生产 HDPE 和 MDPE 为主,但现在已可生产 LLDPE 和塑性体。此外,LLDPE 也可用高压釜和管式反应器制造。

Univation 公司和 BP 公司控制了气相法 LLDPE 生产技术。气相法技术也能切换生产 LLDPE 和 HDPE。但如前所述,由于产品牌号切换会产生大量不合格的过渡产品,经济上不合算。因此,通常的做法是,一套装置在一段时间内专用于生产一种主要产品,而在另一段时间内生产另一种产品,不经常进行产品切换。Univation 公司的低压气相流化床工艺,亦即 Unipol-TM 工艺是生产 LLDPE 的最普通的工业化工艺。在此工艺中,乙烯和共聚单体(1-丁烯或 1-己烯)在流化床反应器中聚合,生成颗粒状聚合物。其特点是将一种载体型钛或钛-铬催化剂粉末连续送入流化床反应器,并连续地由反应器取出聚合物产品颗粒。在流化床中,增长的聚合物颗粒被循环的乙烯/共聚单体物流流态化。循环物流通过外部冷却器冷却,除去反应热。UnipolTM 工艺也可用于生产聚丙烯,采用 Shell 的超高活性催化剂(SHAC)。BP 公司的低压气相流化床工艺与 UnipolTM 工艺非常相似,仅冷凝液送入流化床的方式稍有不同。BP 公司的方法是先将冷凝液与循环物流分离,然后用置于流化床内的喷嘴雾化,将其送入流化床层。UnipolTM 则不进行分离,冷凝液随循环物流一起送入流化床反应器。

Montell(现为 Basell)的 Spherilene 工艺能生产密度范围为 0.890~0.970 g·cm^{-3} 的可裁剪分子量分布的聚乙烯。此工艺采用一台小的液相环形反应器与一台或两台气相流化床反应器串联,可使用 C$_2$~C$_8$ 烯烃共聚单体的混合物,在反应器内生成掺混物和合金。此工艺可直接得到球型聚合物,故可取消挤出造粒工序。

Dow 公司生产线型聚乙烯的低压溶剂法工艺已用于许多工厂,但这些工厂均属 Dow 公司的自有工厂。在此工艺中,乙烯、1-辛烯和 $C_8 \sim C_9$ 异构链烷烃溶剂与改性的 Ziegler 催化剂溶液一起送入两台串联的搅拌反应器。第二台反应器溶液中,聚合物的含量为 10%。总停留时间为 30 min。反应器的流出物经过闪蒸,除去溶液中的乙烯。继之,用加热/闪蒸步骤除去溶剂。聚合物则进行挤压造粒。

生产线型聚乙烯的中压 Sclair 溶液法工艺系由 DuPont 公司开发,已转让给世界上 20 多家公司。在 1994 年中期,NOVA 公司购买了该技术及其技术转让业务,并采用新一代的非茂金属催化剂,提出了 Sclair II 技术。

Phillips 的淤浆环管反应器工艺主要用于生产 HDPE,但 1993 年 Phillips 采用新的铬氧化物催化剂,成功地降低了聚乙烯的密度范围,得到两种低密度(0.923 和 0.927 $g \cdot cm^{-3}$)线型聚乙烯。1995 年,又有报导采用茂金属催化剂可将密度进一步降低至 0.910 $g \cdot cm^{-3}$。

目前,LLDPE 主要用来制造薄膜,约占 LLDPE 消费总量的 72%。LLDPE 的其他用途是用于电线电缆的制造中。

本 章 总 结

① 阴离子聚合特点　带吸电子基团和共轭结构的烯类单体(如丙烯腈、丙烯酸酯类等)有利于阴离子聚合。碱金属及其烷基化合物(如丁基锂)等亲核试剂常用作引发剂。活性种是碳负离子,与碱金属反离子构成离子对。溶剂极性影响活性中心离子对的性质,进而影响聚合速率和定向能力。烃类是常用溶剂,可加少量四氢呋喃来调节介质的极性。

② 阴离子聚合活性(速率常数)　与单体中基团的吸电子能力、碳负离子的稳定性、引发剂活性、反离子溶剂化程度和溶剂的介电常数等有关,综合反映出单体、引发剂、溶剂三组分的影响。

③ 阴离子聚合的机理和动力学特征　机理特征是快引发、慢增长、无链转移、无终止,是典型的活性聚合,可用来合成窄分子量分布聚合物和嵌段共聚物。合成嵌段共聚物时。应使 pK_a 值大的单体先聚合,后加 pK_a 值小的单体再聚合。

聚合动力学比较简单,聚合速率和聚合度如下:

$$R_p = -\frac{d[M]}{dt} = k_p[B^-][M] \qquad \overline{X}_n = \frac{[M]_0 - [M]}{[M^-]/n} = \frac{n([M]_0 - [M])}{[C]}$$

④ 阴离子聚合引发剂丁基锂的特点　丁基锂有缔合倾向,烃类溶剂中加少量 Lewis 碱(醚类),可以解缔合。以离子对状态存在的丁基锂有配位定向能力,可以合成低顺聚丁二烯和顺-1,4-聚异戊二烯。

⑤ 阳离子聚合特点　带供电子基的烯类单体(如异丁烯、烷基乙烯基醚等)有利于阳离子聚合。Lewis 酸(如 BF_3、$AlCl_3$)用作引发剂,另加微量质子供体(如水)或阳离子供体(如氯乙烷)作共引发剂。活性种是碳正离子,活性高。易产生链转移等副反应。氯代烃是常用溶剂。

⑥ 阳离子聚合机理和动力学特征　机理特征是快引发、快增长、易转移、难终止。链转移是

聚合度的控制反应。动力学特征是低温高速。

⑦ 配位聚合聚合物的立体异构现象 聚合物的立体异构有手性异构和几何异构两类。聚丙烯的异构体有等规、间规和无规三种，等规度可用庚烷中不溶物的百分数来表示。丁二烯可以1,2-加成和1,4-加成，1,4-聚丁二烯有顺、反两种几何异构体。不同立体异构体的性质有很大的差异。

⑧ 配位聚合 Ziegler-Natta 引发剂从早期用于乙烯聚合的 $TiCl_4-Al(C_2H_5)_3$ 和用于丙烯聚合的 $TiCl_3-Al(C_2H_5)_2Cl$，发展到由 ⅣB～ⅧB 族过渡金属化合物和 ⅠA～ⅢA 族金属有机化合物两大组分配合的系列。其中以钛系为代表的非均相引发体系用于乙烯、丙烯的立构规整聚合。而以钒系为代表的均相体系则用于乙丙橡胶的合成。近年还发展了茂金属引发体系。

⑨ 丙烯的配位聚合机理特征 丙烯配位聚合具有阴离子活性聚合的性质，活性种难终止，链转移是主要终止方式。常加氢气作分子调节剂。定向机理先后有双金属机理和单金属机理。聚合过程可以归纳为形成活性中心（或空位），吸附单体定向配位，配位活化，插入增长，而后定向聚合。类似模板聚合。

⑩ 共轭二烯烃的配位聚合 有三类引发剂可用于二烯烃类的立构规整聚合：丁基锂、Ziegler-Nata 引发剂和 π 烯丙基卤化镍，配位定向机理互有差异。

参 考 文 献

[1] Billmeyer F W, Jr. Textbook of Polymer Science. New York：Wiley-Interscience, 1984.

[2] Odian G. Principles of Polymerization. 4th ed. New York：Wiley-Interscience, 2000.

[3] Flory P J. Principles of Polymer Chemistry. Ithaca：Cornell Univ Press, 1953.

[4] 潘祖仁.高分子化学(增强版).北京：化学工业出版社,2007.

[5] 董炎明,张海良.高分子科学教程.北京：科学出版社,2004.

[6] 潘才元,白如科,宗惠娟,等.高分子化学.合肥：中国科学技术大学出版社,1997.

[7] 邢其毅,裴伟伟,徐瑞秋,等.基础有机化学(下册).3版.北京：高等教育出版社,2005.

[8] Allan P E M, Patrick C R. Kinetics and Mechanism of Polymerization Reactions. New York：Wiley-Interscience, 1974.

习题与思考题

1. 下列引发剂可以引发哪些单体聚合？选择一种单体，写出引发反应式。

(1) KNH_2　(2) $AlCl_3+HCl$　(3) $SnCl_4+C_2H_5Cl$　(4) CH_3ONa

2. 下列单体选用哪一种引发剂才能聚合，指出聚合机理类型。

单体	$CH_2=CHC_6H_5$	$CH_2=C(CN)_2$	$CH_2=C(CH_3)_2$	$CH_2=CH-O-n-C_4H_9$	$CH_2=C(CH_3)COOCH_3$
引发体系	$(C_6H_5CO)_2O_2$	$Na+萘$	BF_3+H_2O	$n-C_4H_9Li$	$SnCl_4+H_2O$

3．试从单体结构来解释丙烯腈和异丁烯离子聚合行为的差异,选用何种引发剂? 丙烯酸、烯丙醇、丙烯酰胺、氯乙烯能否进行离子聚合,为什么?

4．在离子聚合中,活性种离子和反离子之间的结合可能有几种形式? 其存在形式受哪些因素影响? 不同形式对单体的聚合机理、活性和定向能力有何影响?

5．由阴离子聚合来合成顺式聚异戊二烯,如何选择引发剂和溶剂? 解释产生高顺式结构的机理。

6．丁基锂和萘钠是阴离子聚合的常用引发剂,试说明两者引发机理和溶剂选择有何差别。

7．分别叙述进行阴、阳离子聚合时,控制聚合速率和聚合物分子量的主要方法。

8．甲基丙烯酸甲酯分别在苯、四氢呋喃、硝基苯中用萘钠引发聚合。试问在哪一种溶剂中的聚合速率最大。

9．离子聚合反应过程中能否出现自动加速现象? 为什么? 离子聚合物的主要微观构型是头尾还是头头连接? 聚合温度对立构规整性有何影响?

10．由阳离子聚合来合成丁基橡胶,如何选择共单体、引发剂、溶剂和温度条件? 为什么?

11．阳离子聚合和自由基聚合的终止机理有何不同? 采用哪种简单方法可以鉴别属于哪种聚合机理?

12．用 BF_3 引发异丁烯聚合,如果将氯甲烷溶剂改成苯,预计会有什么影响?

13．试从单体、引发剂、聚合方法及反应特点等方面比较阴离子聚合、阳离子聚合、自由基聚合的主要差别。

14．为什么阳离子聚合反应一般需要在很低温度下进行才能得到较高分子量的聚合物?

15．如何判断乙烯、丙烯在热力学上能够聚合? 采用哪一类引发剂和工艺条件,才能聚合成功?

16．写出用阴离子聚合方法合成四种不同端基(—OH、—COOH、—SH、—NH$_2$)的聚丁二烯遥爪聚合物的反应过程。

17．区别聚合物构型和构象。简述光学异构和几何异构。聚丙烯和聚丁二烯有几种立体异构体?

18．什么是聚丙烯的等规度? 用红外光谱和沸庚烷不溶物的测定结果有何关系和区别?

19．下列哪些单体能够配位聚合,采用什么引发剂? 形成怎样立构规整聚合物? 有无旋光活性? 写出反应式。

(1) $CH_2\!=\!CH\!-\!CH_3$　　　　(2) $CH_2\!=\!C(CH_3)_2$　　　　(3) $CH_2\!=\!CH\!-\!CH\!=\!CH_2$

(4) $H_2N(CH_2)COOH$　　　　(5) $CH_2\!=\!CH\!-\!CH\!=\!CH\!-\!CH_3$　　(6) $CH_2\!-\!CH\!-\!CH_3$ (环氧,O)

20．下列哪一种引发剂可使乙烯、丙烯、丁二烯聚合成立构规整聚合物?

(1) $n\!-\!C_4H_9Li/$己烷　　　　(2) 萘钠/四氢呋喃

(3) $TiCl_4\!-\!Al(C_2H_5)_3$　　　　(4) $\alpha\!-\!TiCl_3\!-\!Al(C_2H_5)_2Cl$

(5) $\pi\!-\!C_3H_5NiCl$　　　　(6) $(\pi\!-\!C_4H_7)_2Ni$

21．简述 Ziegler–Nata 引发剂两主要组分,对烯烃、共轭二烯烃、环烯烃配位聚合,在组分选择上有何区别。

22．试举可溶性和非均相 Ziegler–Natta 引发剂的典型代表,对立构规整性有何影响?

23. 丙烯进行自由基聚合、离子聚合及配位阴离子聚合,能否形成高分子量聚合物? 分析其原因。

24. 简述丙烯配位聚合中增长、转移、终止等基元反应的特点。如何控制分子量?

25. 丙烯配位聚合时,提高引发剂的活性和等规度有何途径? 简述添加给电子体和负载的方法和作用。

26. 乙烯和丙烯配位聚合所用 Ziegler−Natta 引发剂两组分有何区别? 两组分间有哪些主要反应? 钛组分的价态和晶型对聚丙烯的立构规整性有何影响?

27. 简述丙烯配位聚合时的双金属机理和单金属机理模型的基本论点。

28. 列举丁二烯进行顺−1,4−聚合的引发体系,并讨论顺−1,4−结构的成因。

29. 生产等规聚丙烯和顺丁橡胶,可否采用本体聚合和均相溶液聚合? 体系的相态特征如何?

30. 简述茂金属引发剂基本组成、结构类型、提高活性的途径和应用方向。

31. 将苯乙烯加到萘钠的四氢呋喃溶液中。苯乙烯和萘钠的浓度分别为 $0.2\ mol\cdot L^{-1}$ 和 $10^{-3}\ mol\cdot L^{-1}$,在 25 ℃下聚合 5 s,测得苯乙烯的浓度为 $1.73\times10^{-3}\ mol\cdot L^{-1}$。试计算:

(1) 增长速率常数　(2) 引发速率　(3) 10 s 的聚合速率　(4) 10 s 的数均聚合度

32. 25 ℃下,四氢呋喃中,C_4H_9Li 作引发剂($0.005\ mol\cdot L^{-1}$),1−乙烯基萘($0.75\ mol\cdot L^{-1}$)进行阴离子聚合,计算:

(1) 平均聚合度

(2) 聚合度的数量分布和质量分布

33. 用正丁基锂引发 100 g 苯乙烯聚合,丁基锂加入量恰好是 500 分子,如无终止,苯乙烯和丁基锂都耗尽,计算活性聚苯乙烯链的数均分子量。

34. 将 5 g 充分纯化和干燥的苯乙烯在 50 mL 四氢呋喃中的溶液保持在 −50 ℃。另将 1.0 g 钠和 6.0 g 萘加入干燥的 50 mL 四氢呋喃中搅拌混匀,形成暗绿色萘钠溶液。将 1.0 mL 萘钠绿色溶液注入苯乙烯溶液中,立刻变成橘红色,数分钟后反应完全。加入数毫升甲醇急冷,颜色消失。将反应混合物加热至室温,聚合物析出,用甲醇洗涤,无其他副反应,试求聚苯乙烯的 $\overline{M}_n$。如所有大分子同时开始增长和终止,则产物的 $\overline{M}_w$ 应该是多少?

35. 将 10^{-3} mol 萘钠溶于四氢呋喃中,然后迅速加入 2.0 mol 苯乙烯,溶液的总体积为 1 L。假如单体立即混合均匀,发现 2000 s 内已有一半单体聚合。计算聚合 2000 s 和 4000 s 时的聚合度。

36. 异丁烯阳离子聚合时,以向单体链转移为主要终止方式,聚合物末端为不饱和端基。现在 4.0 g 聚异丁烯恰好使 6.0 mL 的 $0.01\ mol\cdot L^{-1}$ 溴−四氯化碳溶液褪色,试计算聚合物的数均分子量。

37. 在搅拌下依次向装有四氢呋喃的反应器中加入 0.2 mol n−BuLi 和 20 kg 苯乙烯。当单体聚合一半时,再加入 1.8 g 水,然后继续反应。假如用水终止的和以后继续增长的聚苯乙烯的分子量分布指数均是 1,试计算:

(1) 由水终止的聚合物的数均分子量;

(2) 单体全部聚合后体系中全部聚合物的分子量分布;

(3) 水终止完成以后所得聚合物的分子量分布指数。

38. 异丁烯阳离子聚合时的单体浓度为 2 mol·L^{-1}，链转移剂浓度分别为 0.2 mol·L^{-1}、0.4 mol·L^{-1}、0.6 mol·L^{-1} 和 0.8 mol·L^{-1}，所得聚合物的聚合度依次是 25.34、16.01、11.70 和 9.20。向单体和向链转移剂的转移是主要终止方式。试用作图法求转移常数 C_M 和 C_S。

39. −35 ℃下，以 TiCl$_4$ 作引发剂，水作共引发剂，异丁烯进行低温聚合，单体浓度对平均聚合度的影响如下：

[C$_4$H$_8$]/(mol·L^{-1})	0.667	0.333	0.278	0.145	0.059
OP	6 940	1 130	2 860	2 350	1 030

求 k_{tr}/k_p 和 k_t/k_p。

40. 在四氢呋喃中用 SnCl$_4$ + H$_2$O 引发异丁烯聚合。发现聚合速率 $R_p \propto$ [SnCl$_4$][H$_2$O] [异丁烯]^2。起始生成的聚合物数均分子量为 20 000。1.00 g 聚合物含 3.0×10^{-5} mol OH 基但不含氯。写出引发、增长、终止反应式。推导聚合速率和聚合度的表达式。指出推异过程中用了何种假定。什么情况下聚合速率对水或 SnCl$_4$ 呈零级关系，对单体为一级反应？

第六章 开环聚合

除了逐步和链式聚合反应,环状单体的开环聚合也很重要,如环醚、环缩醛、环酰胺(内酰胺)、环酯(内酯)和硅氧烷等。各种聚合反应中,开环聚合带来更多的商业利益,例如,

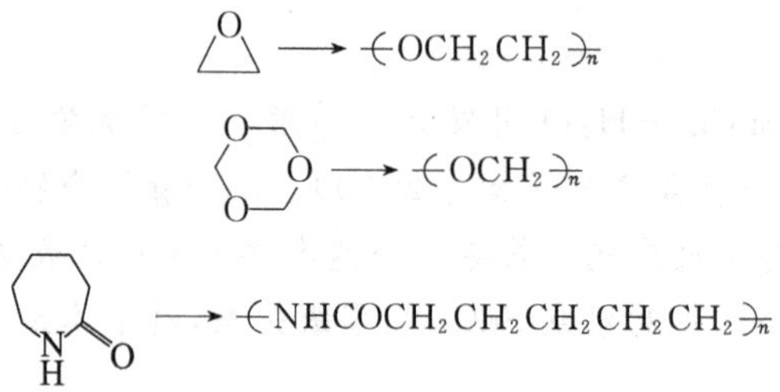

$$\triangle O \longrightarrow \text{—}(\text{OCH}_2\text{CH}_2)_{\overline{n}}$$

$$\longrightarrow \text{—}(\text{OCH}_2)_{\overline{n}}$$

$$\longrightarrow \text{—}(\text{NHCOCH}_2\text{CH}_2\text{CH}_2\text{CH}_2)_{\overline{n}}$$

和八甲基环四硅氧烷的聚合:

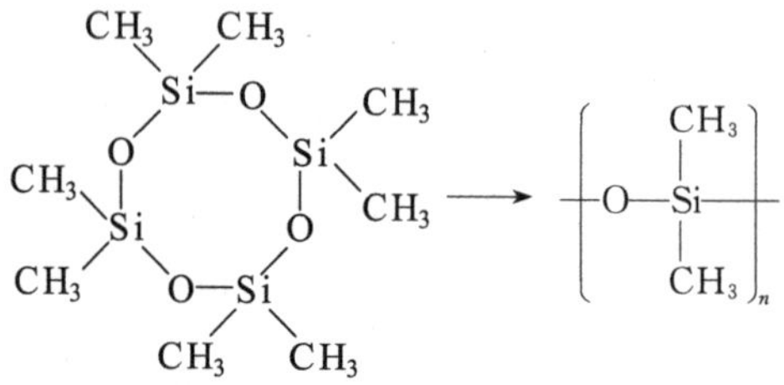

本章主要介绍环醚、内酰胺、内酯的开环聚合及易位聚合,以及含硫杂环化合物、环硅氧烷和环烯烃开环聚合,对其聚合机理和动力学研究进行阐述。

6.1　开环聚合机理和动力学

开环聚合反应通常是由相同类型的离子引发阳离子或阴离子单体的聚合反应。大多数阳离子开环聚合反应包括镓离子中心的形成和传递。反应包括单体上镓离子的亲核进攻:

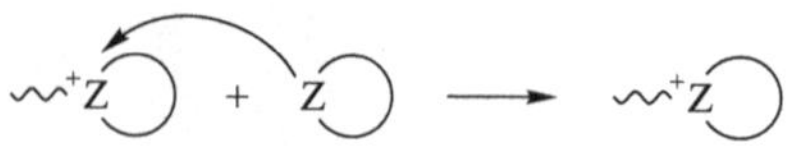

典型的阴离子开环聚合反应也涉及阴离子中心的形成和传递。阴离子在单体上的亲核进攻反应如下:

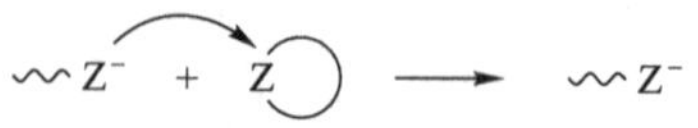

其中,Z 代表官能团,如醚、胺、硅氧烷、酯及酰胺中的 O、NH、Si—O、CO—O 及 CO—NH;Z⁻ 代

表阴离子活性中心,如来自环状单体的烷氧基或羧酸酯。

部分开环聚合是通过活化单体(AM)聚合来完成的,这种反应通常会涉及来自单体的阳离子或阴离子活性种。例如,在 AM 阳离子聚合过程中,与带有中性端基的聚合物反应的不是单体而是质子单体。

$$\sim ZH + H\overset{+}{Z}\curvearrowleft \quad \xrightarrow{-H^+} \quad \sim ZH$$

开环聚合(ROP)是连锁聚合反应,包括链引发、链增长和链终止等基元反应。与逐步聚合不同,在 ROP 中,单体不与单体反应,较大尺寸的活性种彼此之间不反应。对于活性开环聚合反应,聚合物分子量随着合成嵌段共聚物所使用的单体和引发剂的比例及转化率线性增大。

6.2 环醚的开环聚合

环醚在开环聚合中是研究得最早且最多的一类单体,聚合反应可用下列通式表示:

$$n \overset{O}{\underset{(CH_2)_x}{\frown}} \longrightarrow \left[O\left(CH_2 \right)_x \right]_n$$

环醚是 Lewis 碱,一般只能用阳离子引发剂引发开环,只有小环,如三元环氧化物因环张力大是个例外,但也能进行阴离子开环聚合。

6.2.1 阴离子聚合

1. 聚合机理

环氧化物如环氧乙烷和环氧丙烷的阴离子聚合反应的引发剂可以是氢氧化物、醇盐、金属氧化物和金属有机化合物,其中也包括萘钠这样的自由基阴离子活性种。用 M^+A^- 引发环氧乙烷聚合的反应式如下:

链引发 $\qquad \overset{O}{\underset{CH_2-CH_2}{\triangle}} + M^+A^- \longrightarrow A-CH_2CH_2O^-M^+$

链生长 $\qquad \overset{O}{\underset{CH_2-CH_2}{\triangle}} + A-CH_2CH_2O^-M^+ \longrightarrow A-CH_2CH_2OCH_2CH_2O^-M^+$

或用通式表示如下:

$$\overset{O}{\underset{CH_2-CH_2}{\triangle}} + A\left(CH_2CH_2O \right)_n CH_2CH_2O^-M^+ \longrightarrow A\left(CH_2CH_2O \right)_{n+1} CH_2CH_2O^-M^+$$

环氧化物的阴离子开环聚合具有活性聚合的特点,如不加入终止剂,则不发生终止反应。不对称的环氧化物如环氧丙烷在进行阴离子开环聚合时,有两种可能的增长方式:

$$CH_3\underset{3}{-}CH\underset{2}{\overset{O}{\frown}}CH_2\underset{1}{}\quad \sim O^-K^+ \quad \begin{array}{c} \nearrow \quad \sim \overset{CH_3}{\underset{|}{CH}}-CH_2-O^-\,K^+ \\[2em] \searrow \quad \sim CH_2-\overset{CH_3}{\underset{|}{CH}}-O^-\,K^+ \end{array}$$

这是由活性种进攻环氧基的不同部位所致,虽然初看起来因反应部位的不同,最终生成的聚合物可能会有不同的结构,但实际情况并非如此,所得到的聚合物除了端基不同外,聚合物的结构却是一样的。阴离子活性中心总是优先进攻位阻较小的 C1 位。

2. 交换反应

许多环氧化物的开环聚合,如醇盐或氢氧化物等引发的聚合,是在醇(常采用醇盐相应的醇)的存在下进行的。醇的存在,可以溶解引发剂,形成均相体系,同时能显著地提高聚合反应速率。这可能是由于醇增加了自由离子的浓度,同时将紧密离子对变为松散离子对。

在醇存在条件下,增长链与醇之间可发生交换反应:

$$R(CH_2CH_2O)_{\overline{n}}O^-Na^+ + ROH \Longrightarrow R(CH_2CH_2O)_{\overline{n}}OH + RO^-Na^+$$

新生成的高分子醇也会与增长链发生类似的交换反应:

$$R(CH_2CH_2O)_{\overline{n}}OH + R(CH_2CH_2O)_{\overline{m}}O^-Na^+ \Longrightarrow R(CH_2CH_2O)_{\overline{n}}O^-Na^+ + R(CH_2CH_2O)_{\overline{m}}OH$$

这些交换反应可引起分子量的降低及分子量分布的变宽。这时数均聚合度可表示为

$$\overline{X}_n = \frac{[M]_0 - [M]_t}{[I]_0 + [ROH]_0} \tag{6-1}$$

因为每个醇分子对增长链数目的贡献可视为同一个引发剂分子,通过交换反应生成的羟基封端的聚醚可以与增长链发生链转移反应。在反应体系中,每一个高分子链都在活性增长和休眠状态的变换之中。交换反应使得聚合物分子量有一个上限。聚合物分子量有一个上限的另一个原因是端羟基聚醚的脱水反应,使其成为死端聚合物而不能参与交换反应。

3. 向单体的链转移反应

环氧化物通过阴离子开环聚合,得到聚合物的分子量通常是比较低的。其中环氧丙烷仅能得到分子量小于 5 000 的低聚物,只有环氧乙烷,可获得分子量达 40 000~50 000 的聚合物(更高分子量的聚合物则需通过配位引发剂得到)。这是因为环氧化物对阴离子增长种活性较低,同时存在着增长链向单体的转移反应。对于取代的环氧乙烷如环氧丙烷来说,向单体的链转移反应尤为显著。增长链从取代基上夺氢,随之发生裂环反应,生成烯丙基阴离子:

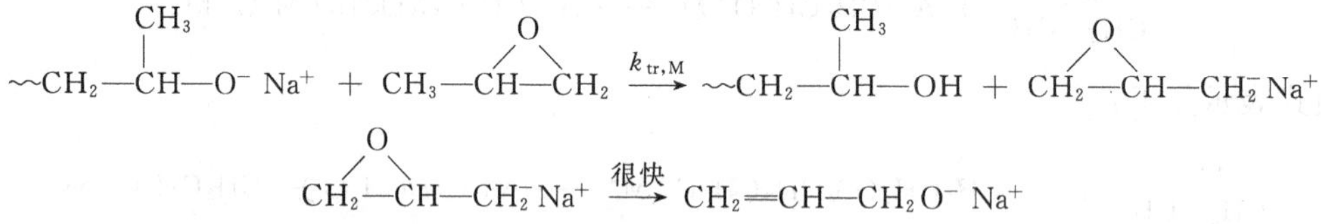

活性链向单体的转移,是聚合物分子量降低的原因之一。

除三元环醚外,能开环聚合的环醚还有环丁氧烷、四氢呋喃和二氧五环等。七元环醚和八元环醚也能开环聚合,但研究得较少。六元环醚四氢吡喃和二氧六环都不能开环聚合。环醚的活性次序:环氧乙烷>环丁氧烷>四氢呋喃>七元环醚>四氢吡喃。四元环和五元环的环张力较小,阴离子不足以进攻极性较弱的碳原子,多采用阳离子进攻极性较强的氧原子来进行开环聚合。在较高温度下,环醚的线型聚合物易解聚成环醚单体或环状齐聚物,构成环-线平衡,这是开环聚合中的普遍现象。

6.2.2 阳离子聚合

有些环醚的阳离子开环聚合具有活性聚合的特性,如活性种寿命长、分子量分布窄、引发比增长速率快,即所谓快引发、慢增长,但往往伴有链转移和解聚反应,使分子量分布变宽,也有终止反应。这里结合四元环醚和五元环醚阳离子开环聚合,介绍各基元反应的特征。

1. 链引发与活化

有许多阳离子引发剂可使四元环醚和五元环醚开环聚合。

① 质子酸和 Lewis 酸 浓硫酸、三氟乙酸、氟磺酸和三氟甲基磺酸等强质子酸,以及 BF_3、PF_5、$SnCl_4$ 和 $SbCl_5$ 等 Lewis 酸,都可用来引发环醚开环聚合。Lewis 酸与微量共引发剂(如水、醇等)形成配合物,而后转变为离子对($B^+ A^-$),提供质子或阳离子,有些 Lewis 酸自身也能形成离子对。

$$PF_5 + H_2O \longrightarrow [PF_5 \cdot H_2O] \longrightarrow H^+[PF_5OH]^-$$

$$2 PF_5 \longrightarrow [PF_4]^-[PF_6]^+$$

上述形成的离子对成为阳离子聚合的初始活性种,引发四氢呋喃形成单体活性种,四氢呋喃分子继续插入离子对而使链增长:

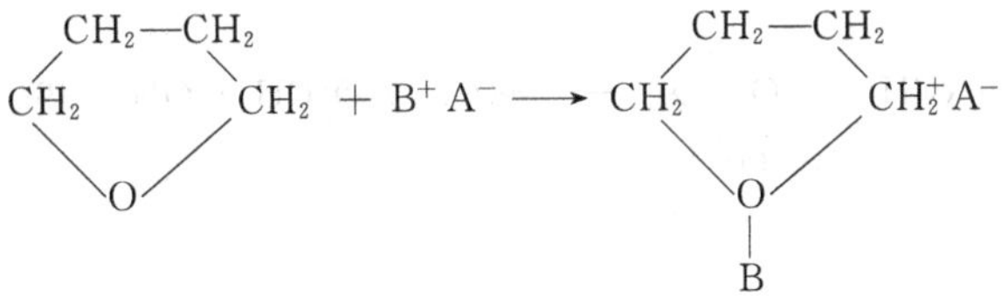

四氢呋喃是 Lewis 碱,BF_3 是 Lewis 酸,两者可能配位形成活性种,但活性较低。

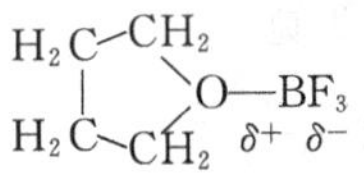

② 环氧乙烷活化剂 在阳离子活性聚合中,引发初始活性种往往是碳正离子,而环醚阳离子聚合的增长活性种却是三级氧𬭩离子。质子引发环醚开环,先形成二级氧𬭩离子,再次开环,才形成三级氧𬭩离子,因而产生了诱导期。而环氧乙烷却很容易被引发开环,直接形成三级氧𬭩离子,从而缩短或消除诱导期,因此环氧乙烷或丁氧烷常用作四氢呋喃开环聚合的活化剂。

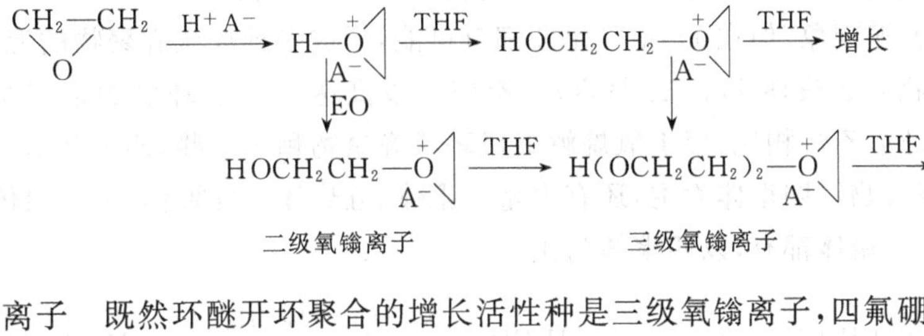

③ 三级氧𬭩离子 既然环醚开环聚合的增长活性种是三级氧𬭩离子,四氟硼酸三乙基氧𬭩盐$[(C_2H_5)_3O^+ BF_4^-]$能提供三级氧𬭩离子,就可以直接引发环醚聚合,例如,

$$(C_2H_5)_3O^+ BF_4^- \ + \ O\diamond \longrightarrow C_2H_5\!-\!\overset{+}{\underset{\overset{|}{BF_4^-}}{O}}\!\!\diamond + (C_2H_5)_2O$$

④ 有机金属引发剂　$Zn(C_2H_5)_2$、$Al(C_2H_5)_3$ 等有机金属化合物也曾用作引发剂，水或醇用作共引发剂，有时还用环氧氯丙烷作活化剂，形成 $C_2H_5ZnOZnC_2H_5$ 或 $(C_2H_5)_2AlOAl(C_2H_5)_2$ 活性种，多数按配位机理进行聚合。

2. 链增长

增长活性种氧鎓离子带正电荷，其邻近的 α-碳原子电子不足，有利于单体分子中氧原子的亲核进攻而开环，以 $3,3'$-二(氯亚甲基)丁氧环开环聚合的增长反应为例：

$$\sim CH_2\!-\!\underset{\underset{CH_2Cl}{|}}{\overset{\overset{CH_2Cl}{|}}{C}}\!-\!CH_2\!-\!\overset{+}{\underset{A^-}{O}}\!\!\diamond\!\!\overset{R}{\underset{R}{}} + O\diamond\overset{R}{\underset{R}{}} \longrightarrow \sim OCH_2\!-\!\underset{\underset{CH_2Cl}{|}}{\overset{\overset{CH_2Cl}{|}}{C}}\!-\!CH_2OCH_2\!-\!\underset{\underset{CH_2Cl}{|}}{\overset{\overset{CH_2Cl}{|}}{C}}\!-\!CH_2\!-\!\overset{+}{\underset{A^-}{O}}\!\!\diamond\!\!\overset{R}{\underset{R}{}}$$

$$R=CH_2Cl$$

如此一直增长下去。因此大多数环醚阳离子开环聚合都是 S_N2 反应。

3. 链终止

如反离子亲核性过强，则容易与阳离子活性种结合而链终止。

$$\sim(CH_2)_3\!-\!\underset{(BF_3OH)^-}{\overset{+}{O}}\!\!\diamond \longrightarrow \sim(CH_2)_3O(CH_2)_3OH + BF_3$$

4. 链转移和解聚

链转移与链增长是一对竞争反应，当增长较慢时，链转移更容易显现出来，大分子链中氧原子亲核进攻活性链中的碳原子，即增长链氧鎓离子与大分子链中醚氧进行分子间的烷基交换而链转移，如下式，转移结果使分子量分布变宽。

$$\sim O(CH_2)_4\!-\!\overset{+}{\underset{A^-}{O}}\!\!\bigcirc + O\!\!<^{(CH_2)_4\sim}_{(CH_2)_4\sim} \longrightarrow \sim O(CH_2)_4\!-\!O(CH_2)_4\!-\!\overset{+}{\underset{A^-}{O}}\!\!<^{(CH_2)_4\sim}_{(CH_2)_4\sim}$$

$$\xrightarrow{THF} \sim O(CH_2)_4\!-\!O(CH_2)_4\!-\!O(CH_2)_4\sim + \sim O(CH_2)_4\!-\!\overset{+}{\underset{A^-}{O}}\!\!\bigcirc$$

环醚的线型聚合物也可以分子内"回咬"转移，解聚成环状齐聚物，与开环聚合构成平衡，这是开环聚合的普遍现象，但在 1~4 单元处都有可能，形成多种环状齐聚物的混合物。例如，聚环氧乙烷解聚产物是二聚体 1,4-二氧六环，有时可以高达 80%。环醚的亲核性随着环的增大而增大，因此，与环氧乙烷相比，聚丁氧烷解聚成环状齐聚物稍少一些，四氢呋喃则更少。在丁氧烷聚合中，环状齐聚物以四聚体为主，还有少量三聚体、五聚体~九聚体，无二聚体。在四氢呋喃聚合中，二聚体~八聚体都有，以四聚体为主。

$$\sim CH_2CH_2O\!-\!CH_2CH_2\!-\!\overset{+}{\underset{A^-}{O}}\!\!\triangleleft \longrightarrow \sim CH_2CH_2\!-\!\overset{+}{\underset{A^-}{O}}\!\!\bigcirc O \xrightarrow{CH_2CH_2O} \sim CH_2CH_2\!-\!\overset{+}{\underset{A^-}{O}}\!\!\triangleleft + O\!\!\bigcirc\!\!O$$

5. 阳离子开环聚合动力学

环醚阳离子开环聚合速率可以有多种处理方式,有些与烯烃阳离子聚合类似,对于无终止聚合,则动力学方程如下:

$$R_p = k_p [M^*][M] \tag{6-2}$$

式中,$[M^*]$为增长氧鎓离子的浓度。

如果无终止,兼有增长-负增长平衡,应另作处理。

$$M_n^* \ + \ M \underset{k_{dp}}{\overset{k_p}{\rightleftharpoons}} M_{n+1}^*$$

聚合速率等于增长与负增长的速率差:

$$R_p = -\frac{d[M]}{dt} = k_p [M^*][M] - k_{dp}[M^*] \tag{6-3}$$

平衡时,单体浓度为$[M]_e$,聚合速率等于零,则

$$k_p [M]_e = k_{dp} \tag{6-4}$$

将式(6-4)代入式(6-3),则聚合速率为

$$R_p = -\frac{d[M]}{dt} = k_p [M^*]([M] - [M]_e) \tag{6-5}$$

分离变数,积分得

$$\ln \frac{[M]_0 - [M]_e}{[M] - [M]_e} = k_p [M^*] t \tag{6-6}$$

如果增长活性种的浓度随时间而变,就得用积分式。

$$\ln \frac{[M]_0 - [M]_e}{[M] - [M]_e} = k_p \int_{t_1}^{t_2} [M^*] dt \tag{6-7}$$

环醚聚合物的聚合度随时间而增加,但不像逐步聚合那样持续增长下去,到一定程度,聚合度不再变化,逐渐趋平,因为开环聚合有终止和成环逆反应,而基团数相等的逐步聚合则不终止。环醚阳离子聚合,达到解聚平衡时的聚合度为

$$\overline{X}_n = \frac{[M]_0 - [M]_e}{[C]_0 - [C]_e} \tag{6-8}$$

表明聚合度与起始、平衡时的单体、引发剂浓度有关。

式(6-3)和式(6-4)可用来求取增长速率常数。平衡单体浓度可由分析直接测得,也可由聚合速率与起始单体浓度图的截距求得。例如,以$Et_3O^+BF_4^-$为引发剂,0 ℃下四氢呋喃在二氯乙烷中的聚合动力学曲线如图6-1所示。

动力学实验数据也可按式(6-6)作图,斜率为$k_p[M^*]$,

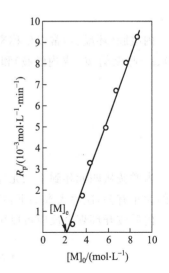

图 6-1 四氢呋喃聚合 R_p-$[M]_0$ 图

测得活性聚合物的数均分子量后,先求$[M^*]$,进一步可算出k_p。环醚开环聚合的k_p与逐步聚合相近,如环氧乙烷、丁氧烷、四氢呋喃、1,3-二氧庚环和三氧辛环的k_p值与聚酯相近,而远低于各种链式聚合。四氢呋喃在不同极性的溶剂中进行阳离子聚合时,离子对和自由离子的增长速率常数相近,可能离子对比较松散。这与烯烃阳离子聚合时的情况迥然不同。环醚开环聚合的活性种浓度为$10^{-3}\sim10^{-2}$ mol·L^{-1},与烯烃阳离子聚合相近。温度对环醚开环聚合速率和聚合度的影响与体系有关,单体、溶剂、引发剂、共引发剂或活化剂不同,影响深度不一。升高温度使速率增加,综合活化能为$20\sim80$ kJ·mol^{-1}。温度对聚合度的影响比较复杂,如BF$_3$引发四氢呋喃聚合,聚合度的特性黏度与温度的关系有一转折点,如图6-2所示。

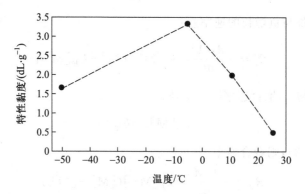

图6-2 聚四氢呋喃特性黏度与温度的关系

低温阶段,温度对终止尚无影响,聚合度将随温度升高而增加;高温阶段,将使链转移、回咬终止反应加速,聚合度则随温度升高而降低。

6.3 内酰胺的开环聚合

内酰胺(环酰胺)常以俗称来命名,如2-吖啶烷酮(β-丙内酰胺)、2-吡咯烷酮(γ-丁内酰胺)、2-哌啶酮(δ-戊内酰胺)和ϵ-己内酰胺等。

内酰胺   R=(CH$_2$)$_{2\sim12}$

内酰胺从四元环到十二元环以上,包括五元环、六元环都能够进行开环聚合,其聚合活性与环的大小有关,次序大致如下:4>5>7>8,6。

内酰胺开环聚合反应可以用下式表示:

$$n\ \widehat{NH(CH_2)_mC=O} \longrightarrow [NH(CH_2)_mCO]_n$$

阴离子、阳离子和水均能引发内酰胺开环聚合。

酰胺基团和亚甲基比不同,会使得聚内酰胺的性能差异很大,如聚丙内酰胺类似多肽酶,聚十二内酰胺接近聚乙烯。因此通过调节两基团数之比,或通过共聚,就可获得多种聚酰胺。

工业上应用最多的为己内酰胺。早在 20 世纪 30 年代,就对己内酰胺的水解聚合进行了研究,1945 年制得了具有工业意义的聚己内酰胺。20 世纪 50 年代末期,Herman 等人详细研究了己内酰胺水解聚合的反应动力学及反应机理。20 世纪 60 年代开始,Sebenda 等人又相继对己内酰胺的阴离子和阳离子开环聚合进行了深入研究。目前,己内酰胺以水为引发剂,在 250~270 ℃的高温下进行连续聚合合成尼龙 -6 已经工业化;其阴离子聚合速率快,引发后可直接浇入模内聚合成整体铸件,产品称作浇铸尼龙(casting nylon),用以制大型齿轮、轴承及涡轮等机械零部件。

内酰胺的阳离子聚合副反应多,转化率和聚合物分子量低,尚无实用价值。

6.3.1 阳离子聚合

内酰胺在阳离子催化剂的作用下可以进行阳离子开环聚合反应。常见的催化剂有各种含氢酸(如 HCl、H_2SO_4 和 H_3PO_4 等)、三氟醋酸、傅氏催化剂和有机金属化合物。与烯类单体的阳离子聚合类似,傅氏催化剂和有机金属化合物常需少量共催化剂,如水、醇及活泼环醚等才能发挥有效催化作用。不同的引发剂类型,只能改变反应速率和大分子的端基,但不会改变反应本性。下面以质子酸催化说明内酰胺的阳离子聚合机理。

在质子酸存在下,氢离子与内酰胺的氮原子结合,形成酰胺鎓离子:

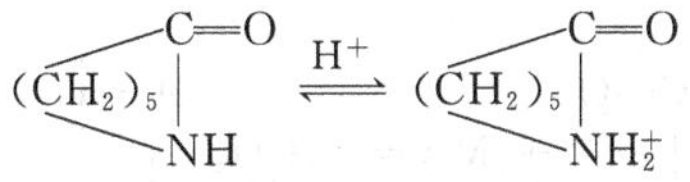

当鎓离子与内酰胺单体反应时,发生质子交换反应,形成铵盐,即反应的活性中心:

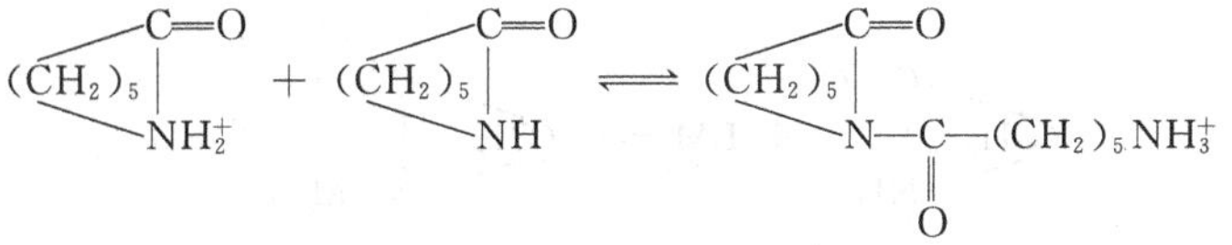

链增长是通过酰化反应进行的,反应中有质子交换,形成内酰胺阳离子和伯胺端基,后者是较强的亲核试剂,可以立刻和内酰胺鎓离子发生酰化反应,使单体加到增长链上,完成链增长:

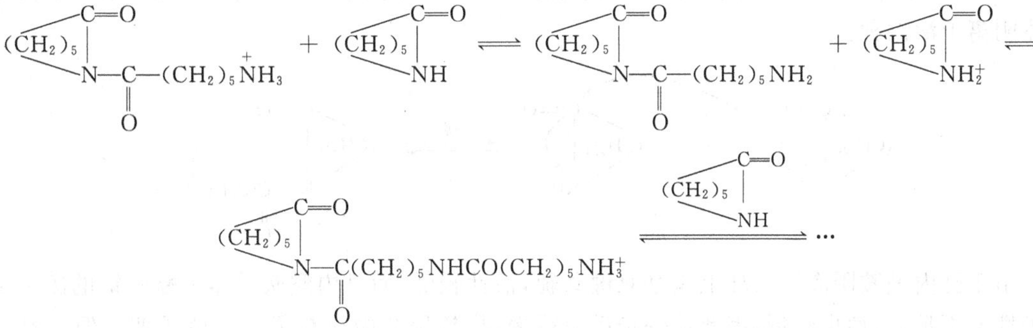

各种副反应大大限制了内酰胺进行阳离子聚合反应的转化率和聚合产物的分子量,其最高

的分子量可达 10 000~20 000。最突出的副反应是生成脒,脒的形成减少了反应体系中伯氨基的浓度,因而导致反应速率降低。反应中生成的水可以引发聚合,但速率很低;另外脒基能够迅速与酸性引发剂反应而给出相对不活泼的盐,从而降低了聚合速率和聚合度。并且由于副反应速率极快,有关内酰胺的阳离子聚合动力学也很难讨论。

6.3.2 阴离子聚合

强碱,如碱金属、金属氢化物、氨基金属和有机金属化合物等都可以通过生成内酰胺阴离子来引发内酰胺的开环聚合。常用的催化剂主要有 Li、Na、K、Cs 等碱金属和内酰胺单体的碱金属盐。内酰胺碱金属的解离程度大,则内酰胺阴离子的浓度高。阴离子聚合反应的链引发和链增长速率按下列碱金属盐的阳离子次序依次增大:

$$Li^+ < Na^+ < K^+ < Cs^+$$

金属有机化合物,如 $NaAlR_4$、$NaAlH_2(OR)_2$(R 为烷基),最大的优点是可溶于烃类溶剂,因此在工业生产中,其工艺操作优异于异相的碱金属引发剂。

下面以碱金属(M)或其衍生物 B^-M^+(如 NaOH、CH_3ONa 等)为例来介绍内酰胺阴离子开环聚合的机理。

1. 链引发

① 单体阴离子的形成   己内酰胺与碱金属(M)或其衍生物 B^-M^+ 反应,形成内酰胺单体阴离子。

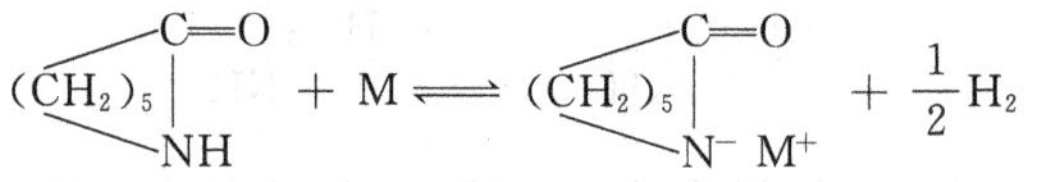

或

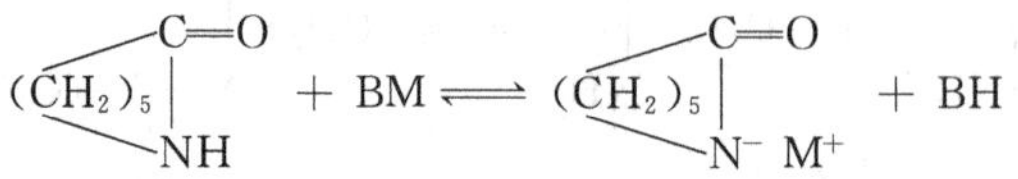

选用 NaOH 或 CH_3ONa 时,副产物水或甲醇需在减压下排净,然后进入真正引发阶段,即生成的己内酰胺阴离子进一步引发单体,生成一端带伯胺阴离子的二聚体。

② 二聚体阴离子活性种的形成   己内酰胺单体阴离子与己内酰胺单体加成,生成活泼的二聚体阴离子活性种。

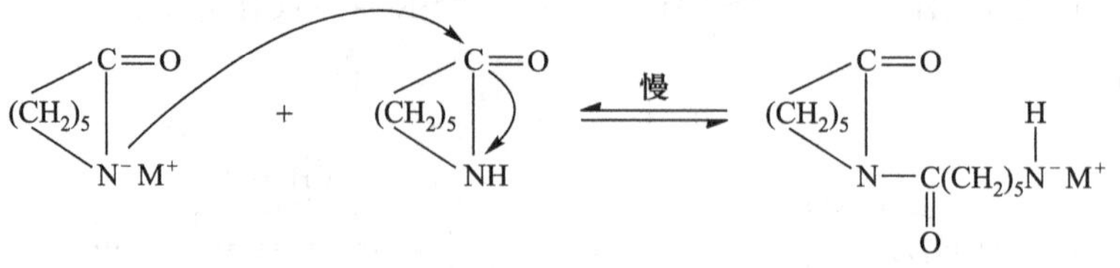

由于己内酰胺阴离子与环上羰基双键共轭,活性较低,而己内酰胺单体中酰胺键的碳原子缺电子性又不足,活性也较低,因此这一步反应缓慢,导致聚合中存在很长的诱导期。但一旦生成二聚体阴离子,因没有羰基的共轭作用,比酰胺阴离子活性高,能迅速与单体反应。

2. 链增长

二聚体阴离子夺取单体上的质子而链转移,形成二聚体,同时再产生内酰胺单体阴离子。

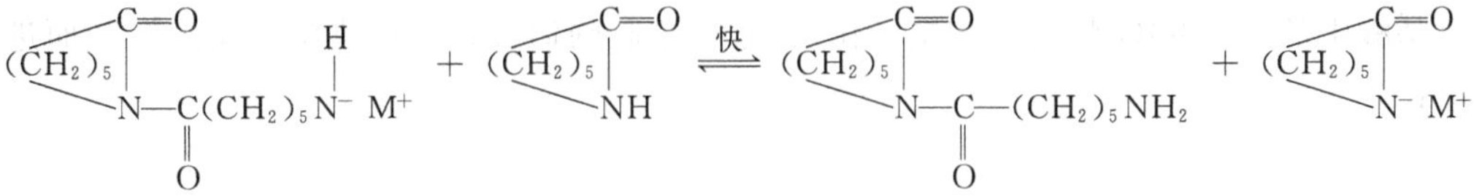

在酰亚胺二聚体中,氮原子受两侧羰基的双重影响,使环酰胺键的缺电子性增加,有利于低活性的己内酰胺单体阴离子的亲核进攻,很容易被开环增长,因此酰亚胺二聚体是引发作用的中心。生成的阴离子同单体快速质子交换,再产生出内酰胺阴离子和增长链,如此反复进行增长反应。

综上所述,内酰胺的碱性催化阴离子开环聚合与其他聚合反应相比有两个明显不同的特点:一是活性中心不是自由基、阴离子或阳离子,而是酰化的内酰胺键 ;二是不是单体加到活性链上,而是单体阴离子 ,又称活化单体 加到活性链上。

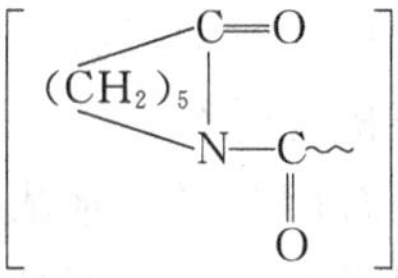

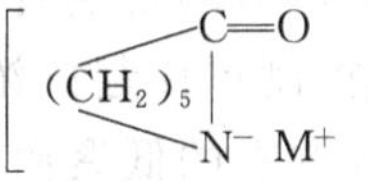

己内酰胺阴离子开环聚合的动力学特征是聚合速率与单体浓度并无直接关系,而是取决于活化单体和己内酰胺阴离子的浓度,这两物种的浓度又取决于碱的浓度,因此聚合速率决定于碱的浓度。

从上可知,单用强碱作为引发剂,仅能引发反应活性较大的内酰胺,如己内酰胺、庚内酰胺等的开环聚合,且存在诱导期。而对于活性小的单体,由于不能形成所需的酰亚胺二聚体,故不能引发聚合。据此,如能预先将单体和酰化剂如酰氯、酸酐、异氰酸酯或无机酸酐等反应,生成酰胺,就可使反应速率加快,诱导期消失,并可在较低的温度下进行聚合。目前工业上生产铸型尼龙,都加有酰化剂。

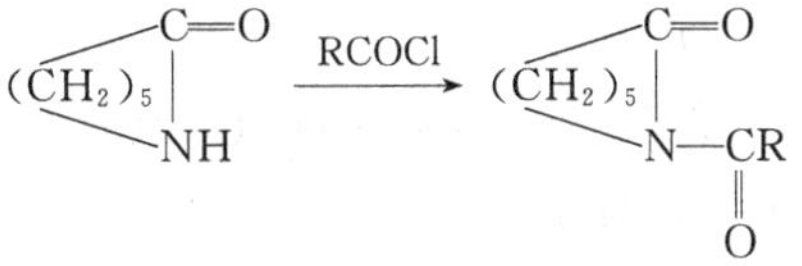

6.3.3 水解聚合反应

以聚己内酰胺(尼龙-6)为例说明用水作活化剂的水解开环聚合。制纤维用尼龙-6时,以水作催化剂,反应属于逐步聚合机理,目前已大规模用于工业生产。一般认为,水解聚合主要由水解、缩合和开环三种平衡反应组成。

己内酰胺水解成氨基酸:

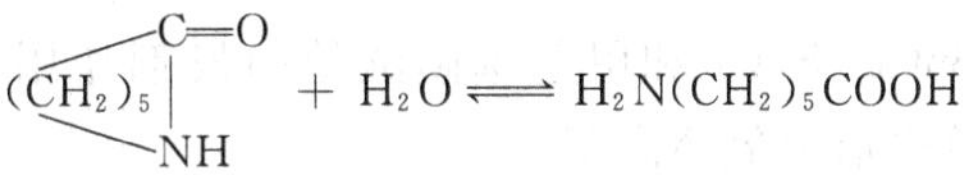

氨基酸自缩聚：

$$\sim COOH + H_2N\sim \Longrightarrow \sim CONH\sim + H_2O$$

氨基酸中的—COOH将内酰胺质子化,接着聚酰胺的伯胺亲核进攻质子化内酰胺而进行增长反应：

$$^-OOCRNH \underset{}{\overset{}{\leftarrow}} CORNH \underset{n}{\rightarrow} CORNH_2 + \quad \underset{R}{\overset{NH}{\underset{}{C^+}}}\!-OH \Longrightarrow HOOCRNH \underset{}{\overset{}{\leftarrow}} CORNH \underset{n+1}{\rightarrow} CORNH_2$$

己内酰胺开环聚合的速率比氨基酸自缩聚的速率至少要大一个数量级。因此氨基酸自缩聚只占很少的百分数,主要是以开环聚合形成聚合物。

研究表明己内酰胺的水解包括无催化反应过程和自动催化反应过程。在水解聚合开始,可以看成是无催化反应过程;但己内酰胺水解生成氨基酸后,就会产生自动催化过程,聚合反应按酸催化反应机理进行。

最终聚合度与平衡水浓度有关。为了得到高分子量的聚合物,在转化率达80%～90%时,要将用于引发聚合的大部分水除去。这时氨基酸的自缩合对产物的分子量起着重要作用,为控制分子量在一定的范围内,需要加适量水和控制单体起始浓度或添加一定量的单羧酸。己内酰胺最终聚合产物含有8%～9%的单体和3%左右的低聚物,纯尼龙-6加热时也有单体产生。这是七元环单体在开环线型聚合和成环之间构成一定平衡的结果。聚合结束后,可用热水浸取或真空蒸馏的办法除去聚己内酰胺中的平衡单体和低聚物,并在100～120 ℃和130 Pa压力下真空干燥,将水分降至0.1%以下,即成商品。

6.4 内酯的开环聚合

内酯能够进行三种机理的聚合:阳离子聚合、阴离子聚合及配位聚合,生成聚酯。

$$\underset{n}{\overset{}{}}\underset{O-(CH_2)_m}{\overset{\overset{O}{\|}}{C}} \longrightarrow \underset{n}{\overset{}{\leftarrow}}O-\underset{}{\overset{\overset{O}{\|}}{C}}-(CH_2)_m\underset{}{\overset{}{\rightarrow}}$$

内酯的聚合能力与环的大小有关,通常环张力较大的四元环如β-丙内酯、β-二甲基-β-丙内酯、β-丁内酯、七元环的ε-己内酯,以及六元环的乙交酯、丙交酯等都可以进行开环聚合。而五元环内酯如γ-丁内酯,以往认为是难以聚合的,最近的研究表明,γ-丁内酯能够与多种内酯如β-丁内酯、ε-己内酯等聚合,生成高分子量的共聚物。有些研究认为,γ-丁内酯在特殊的条件下,还能得到高分子量的均聚物。

6.4.1 阳离子聚合

内酯在$AlCl_3$、$ZnCl_2$、$SnCl_4$、$SbCl_5$和甲基苯磺酸等引发剂作用下,能够进行阳离子开环聚合,聚合机理与环醚相似,首先形成氧鎓离子：

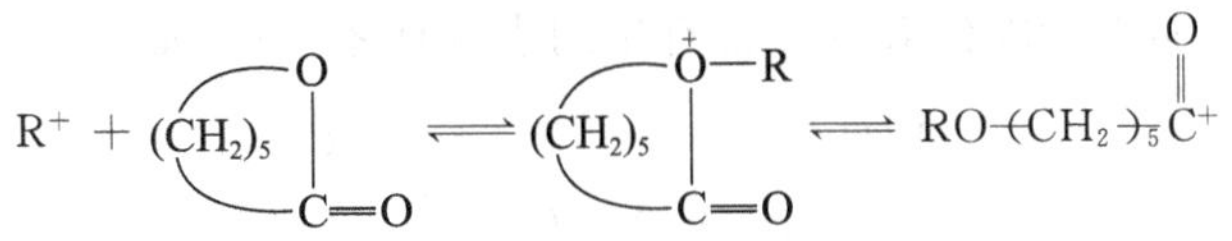

$$R^+ + (CH_2)_5 \overset{O}{\underset{C=O}{|}} \rightleftharpoons (CH_2)_5 \overset{\overset{+}{O}-R}{\underset{C=O}{|}} \rightleftharpoons RO(CH_2)_5C^+$$

增长反应相当于上述反应的多次重复,

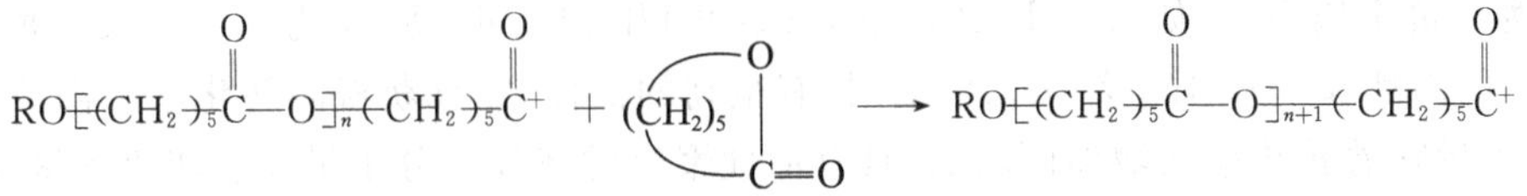

$$RO[(CH_2)_5C-O]_n(CH_2)_5C^+ + (CH_2)_5 \overset{O}{\underset{C=O}{|}} \longrightarrow RO[(CH_2)_5C-O]_{n+1}(CH_2)_5C^+$$

6.4.2 阴离子聚合

在阴离子聚合中,引发反应是碱对内酯中羰基的亲核进攻:

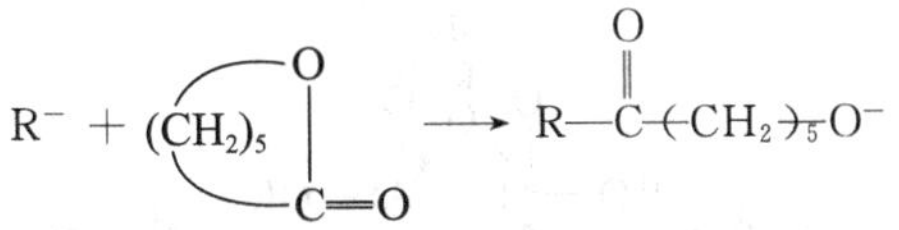

$$R^- + (CH_2)_5 \overset{O}{\underset{C=O}{|}} \longrightarrow R-C(CH_2)_5O^-$$

增长反应与上述反应相似,

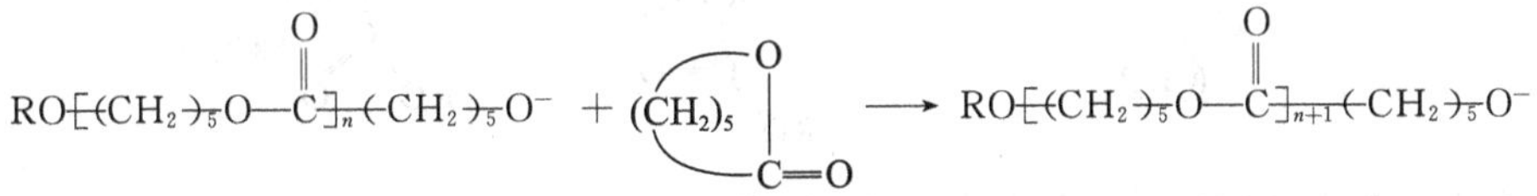

$$RO[(CH_2)_5O-C]_n(CH_2)_5O^- + (CH_2)_5 \overset{O}{\underset{C=O}{|}} \longrightarrow RO[(CH_2)_5O-C]_{n+1}(CH_2)_5O^-$$

对于大部分内酯来说,阴离子开环聚合是通过酰-氧键的断裂进行的,这与酯的碱性皂化机理是一致的。

6.4.3 配位聚合

内酯在 $AlEt_3$、$ZnEt_2$ 及少量水组成的引发体系的作用下,发生配位聚合。在聚合过程中,有机金属化合物首先与单体作用,生成相应的金属醇盐,该醇盐即是引发活性种:

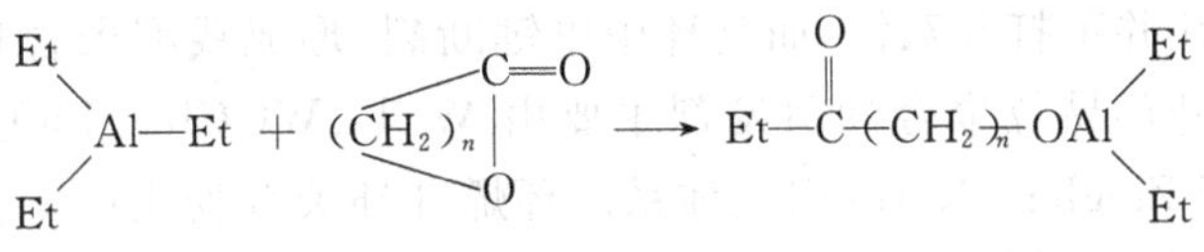

$$\overset{Et}{\underset{Et}{Al}}-Et + (CH_2)_n \overset{C=O}{\underset{O}{|}} \longrightarrow Et-C(CH_2)_nOAl\overset{Et}{\underset{Et}{}}$$

增长过程中,单体先与增长链末端的活性种配位,使单体的亲电性提高,之后在铝醇盐这种弱亲核试剂的作用下,很快开环:

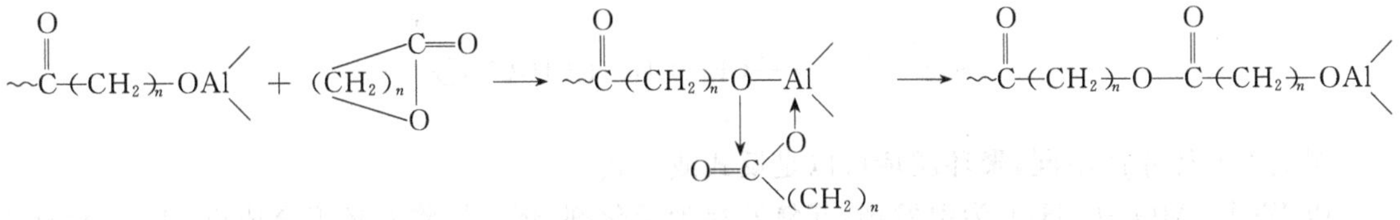

$$\sim C(CH_2)_nOAl\backslash + (CH_2)_n \overset{C=O}{\underset{O}{|}} \longrightarrow \sim C(CH_2)_nO-Al\backslash \longrightarrow \sim C(CH_2)_nO-C(CH_2)_nOAl\backslash$$

上述醇盐增长活性种的亲核性较弱,难以使单体脱 $\alpha-H$,因此不发生链转移。由此得到的聚合物的分子量通常比普通阴离子聚合要高得多。

双金属联氧盐是内酯进行配位聚合非常有用的引发体系,具有如下的体系:

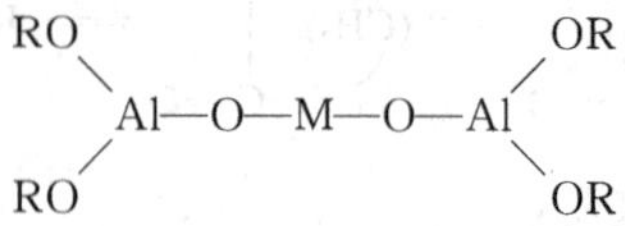

$$\begin{matrix} RO & & & & OR \\ & Al-O-M-O-Al & & \\ RO & & & & OR \end{matrix}$$

其中,M 为二价金属离子,如 Zn(Ⅱ)、Co(Ⅱ)、Fe(Ⅱ)和 Mn(Ⅱ)等,R 为烷基。双金属联氧盐对内酯如 β-丙内酯、δ-戊内酯及 ε-己内酯,具有很高的活性,能够获得高转化率和高分子量。聚合物的分子量随着转化率的增加而增加,具有活性聚合的特征。分子量随着转化率呈线性关系。当单体消耗后,补加单体,聚合反应继续进行。对于 β-丙内酯而言,聚合物的分子量可达200 000,平均分子量分布系数为 $M_w/M_n \geqslant 1.05$。聚合反应通过内酯向 Al—OR 键之间的插入反应进行。内酯的酰氧键断裂,活性中心是金属烷氧化物,而不是羧基负离子:

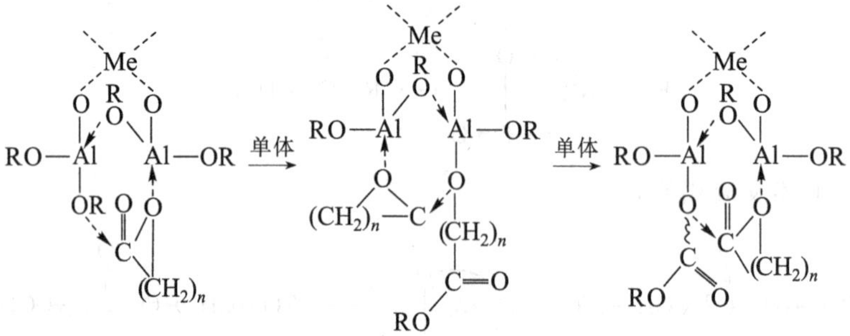

增长链交替的在两个 Al 原子间移动,聚合反应不断地进行。

6.5 其他开环聚合反应

6.5.1 开环易位聚合

环烯开环聚合往往并不打开双键,而是环中单键断裂,形成线型聚合物,这一聚合称作开环易位聚合(ROMP)。开环易位聚合的引发剂主要由 WCl_6、$WOCl_4$、MoO_3 和 $RuCl_2$ 等和烷基铝共引发剂组成,也属于 Ziegler-Natta 引发体系。环烯开环聚合物主链中含有双键,分子链柔性大,可用作橡胶,现介绍如下例子:

1. 环戊烯

由 WCl_6 或 $MoCl_5$ 与烷基铝组成引发剂,可使环戊烯开环聚合。

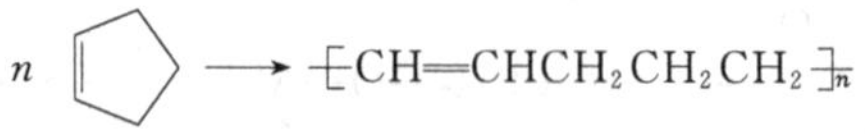

$$n \, \bigcirc \longrightarrow \left[CH=CHCH_2CH_2CH_2 \right]_n$$

根据引发体系的不同,聚环戊烯可以是反式或顺式。

以 $WCl_6/Al(i\text{-}C_4H_9)_3$ 为引发剂,环氧乙烷为活化剂,环戊烯将开环聚合成反-1,5-聚环戊烯,其 T_g 为 $-97\ ℃$,熔点 $18\ ℃$,性能类似于丁苯橡胶。调节 Al/W 比和聚合温度,可将反式结构的含量控制在 85% 以下,防止过度结晶,保持高弹性。但耐热性差,硬度较大,至今尚未工业化。以 $MoCl_5/Al(C_2H_5)_3$ 为引发剂,环戊烯在 $-40\sim-30\ ℃$ 下开环聚合,得 99% 顺式聚环戊烯,其 T_g 为 $-114\ ℃$,结晶熔点 $-41\ ℃$,耐低温是其特点,但其物理机械性能稍差。

2. 环辛烯

根据引发体系和聚合温度的不同,聚环辛烯也可以有反式或顺式。以 $WCl_6/Al(C_2H_5)_3$ 或 $WCl_6/Al(i-C_4H_9)_3$ 为引发剂,在 $-30\ ℃$ 下,环辛烯可开环聚合成 80% 反 $-1,8-$ 聚环辛烯橡胶 ($T_g=-80\sim-75\ ℃$)。以 $WCl_6/C_2H_5AlCl_2$ 为引发剂,则得 $75\%\sim80\%$ 顺 $-1,4-$ 聚环辛烯。若用 $WCl_6/Al(i-C_4H_9)_3$,则需要调节温度来控制顺式结构。环辛二烯及其衍生物可以进行类似开环聚合。环十二碳烯也可以开环聚合成相应聚合物。

3. 环辛四烯

在特殊钨引发剂作用下,环辛四烯可以开环聚合成聚乙炔,用来制备导电高分子。

4. 双环烯

降冰片烯是双环烯,1955 年曾用 $TiCl_4/MgC_2H_5Br$ 体系进行开环聚合,1976 年实现工业化。

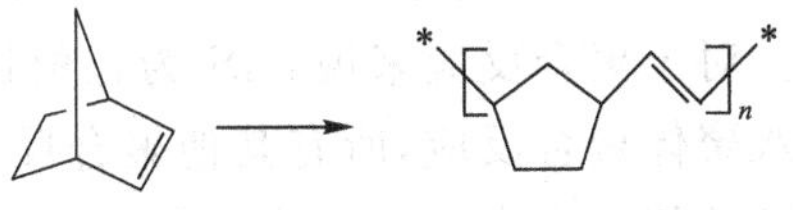

聚降冰片烯分子链中保留有五元环和双键,是性能特殊的橡胶,吸收几倍自重的油类增塑剂,仍能保持原有性质。撕裂强度和动力阻尼特性均高,可用于噪声控制和减震。

6.5.2 含硫杂环化合物

三元和四元的环硫化物分别被称为硫杂环丙烷和硫杂环丁烷,二者都容易用离子型引发剂聚合。例如,用硫化乙烯聚合得聚(硫化乙烯)。

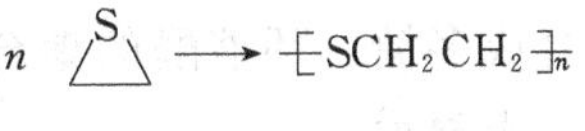

由于存在容易极化的碳-硫键,这一聚合反应比相应的环醚更容易,这也可以用于解释硫杂环丁烷的阴离子引发聚合。由于硫原子体积较大,环硫化合物的张力不如相应的环氧化合物大,因此硫杂环戊烷(四氢噻吩)不同于四氢呋喃,不发生聚合反应,也没有见到更大的单环硫化物聚合的报道。在阳离子和阴离子聚合反应中,增长链活性中心分别为环𬭩离子 ($\sim\sim SCH_2CH_2-\overset{+}{S}\triangleright$)和硫阴离子($\sim\sim CH_2CH_2SCH_2\overset{+}{C}H_2S^-$)。

6.5.3 环硅氧烷

线型聚硅氧烷(俗称硅酮),可由环硅氧烷进行阴离子或阳离子聚合来合成。常用的单体为八甲基环四硅氧烷(D4),其聚合反应如下:

$$n/4 \quad \underset{\text{(环八甲基硅氧烷结构)}}{} \longrightarrow \left[\text{Si}-\text{O}\right]_{\overline{n}}$$

环硅氧烷的阴离子聚合可以用碱金属的氧化物、氢氧化物、硅烷醇盐(如三甲硅烷醇钾)和其他碱来引发。

$$A^- + \overset{O}{\underset{}{\text{SiR}_2}}-(\text{OSiR}_2)_3 \longrightarrow A(\text{SiR}_2\text{O})_3\text{SiR}_2\text{O}^-$$

引发和增长反应都包括硅烷醇盐负离子对单体的亲核进攻,与环氧化物的阴离子聚合反应类似:

$$\sim\sim\text{SiR}_2\text{O}^- + \overset{O}{\underset{}{\text{SiR}_2}}-(\text{OSiR}_2)_3 \longrightarrow \sim\sim(\text{SiR}_2\text{O})_4\text{SiR}_2\text{O}^-$$

这一聚合反应的 ΔH 几乎为零,而 ΔS 为正值,约为 $6.7\ \text{J}/(\text{K}\cdot\text{mol})$,聚合时熵的增加(无序化),是这一聚合反应的推动力。对于聚合反应来说,ΔS 为正值比较少见,文献报道的熵变为正值的其他实例只有硫和硒的环八聚体聚合反应,所有其他聚合反应均涉及熵值的降低,因为聚合物相对于单体来说无序性低。环硅氧烷聚合时 ΔS 为正值,可以解释为线型聚合物链是由很大的原子组成,聚合物链有高度的柔顺性。这种高度的柔顺性使得线型聚合物相对于环状单体来说,有较大的自由度。

环硅氧烷的阴离子聚合在工业上已得到广泛的应用,而阳离子聚合的重要性则差得多。

6.5.4　环缩醛

在环中含有 —OCH$_2$O— 基团的环状物称为环缩醛,环结构中至少含有一个 1,1-二烷氧基,很多环缩醛都能够发生阳离子开环聚合,但 1,3-二氧六环由于六元环的稳定性不能发生聚合。此外还有双环缩醛的聚合可以用来合成多糖。环缩醛的聚合机理与单体、引发剂的种类及聚合条件有关。其开环聚合可用下列通式来表示:

$$n \ \underset{\text{CH}_2}{\overset{R}{O \diagup \diagdown O}} \longrightarrow (\text{OCH}_2\text{OR})_{\overline{n}}$$

1,3,5-三氧六环,即三聚甲醛,是甲醛的三聚体,化学性质稳定,室温下为晶体,易精制提纯,聚合热较小,聚合反应易控制,已实现工业化生产。聚甲醛是性能优良的工程塑料。

三聚甲醛易受三氟化硼-水体系[$\text{H}^+(\text{BF}_3\text{OH})^-$ 或 H^+A^-]引发,进行阳离子开环聚合。工业上一般采用 $\text{BF}_3\cdot\text{OEt}_2$ 在微量水存在下起引发反应。

聚合机理有如下特点:引发反应时,H^+A^- 与三氧六环形成氧鎓离子,然后开环转化为碳正离子;碳正离子成为增长种,三聚甲醛单体就在 $\text{CH}_2^+\ \text{A}^-$ 之间插入增长。

$$\underset{\substack{|\\\text{O}-\text{CH}_2}}{\overset{\text{O}-\text{CH}_2}{\text{H}_2\text{C}}}\underset{}{\overset{}{\Big\rangle}}\text{O} \xrightarrow{\text{BF}_3\cdot\text{H}_2\text{O}} \quad \underset{\substack{\text{O}-\text{CH}_2\\\\\text{O}-\text{CH}_2}}{\text{H}_2\text{C}}\overset{\text{H}}{\underset{-\text{A}}{\text{O}^+}} \longrightarrow \text{HOCH}_2\text{OCH}_2\text{OCH}_2^+\ {}^-\text{A}$$

$$\xrightarrow{(\text{CH}_2\text{O})_3} \ \sim\!\!\sim\!\!\sim(\text{OCH}_2)_3\text{OCH}_2\text{OCH}_2\text{OCH}_2^+ \underset{\substack{\text{CH}_2-\text{O}\\\\\text{A}^-\\\text{CH}_2-\text{O}}}{\overset{}{\text{O}}}\underset{}{\overset{}{\text{CH}_2}} \longrightarrow \sim\!\!\sim\!\!\sim(\text{OCH}_2)_3\text{OCH}_2\text{OCH}_2\text{OCH}_2^+\ {}^-\text{A}$$

A^- 是反离子 $[(\text{BF}_3\text{OH})^-]$。在链引发及链增长过程中,氧鎓离子可转变成共振稳定的碳正离子,有利于活性种的稳定:

$$\sim\!\!\sim\!\!\sim\text{O}-\overset{+}{\text{C}}\text{H}_2 \rightleftharpoons \sim\!\!\sim\!\!\sim\overset{+}{\text{O}}=\text{CH}_2$$

三聚甲醛聚合过程的开始阶段存在诱导期,这是因为存在聚甲醛–甲醛平衡或增长–解聚平衡的现象:

$$\sim\!\!\sim\!\!\sim\text{OCH}_2\text{OCH}_2\text{O}\overset{+}{\text{C}}\text{H}_2 \rightleftharpoons \sim\!\!\sim\!\!\sim\text{OCH}_2\text{O}\overset{+}{\text{C}}\text{H}_2 + \text{CH}_2\text{O}$$

在诱导期阶段,阳离子的解聚反应速率大于与三聚甲醛聚合的速率,直到游离的甲醛达到平衡浓度后,诱导期结束,阳离子与三聚甲醛的聚合才成为主要反应。如果在聚合开始阶段外加入一定量的甲醛或少量 1,3,5,7–四氧八环,则可缩短或不产生诱导期。

在三聚甲醛聚合过程中,由于聚合体系中微量杂质存在,会发生链转移过程:

$$\sim\!\!\sim\!\!\sim\text{OCH}_2\text{OCH}_2^+ + \text{ROH} \longrightarrow \sim\!\!\sim\!\!\sim\text{OCH}_2\text{OCH}_2-\text{OH} + \text{R}^+$$

$$\sim\!\!\sim\!\!\sim\text{OCH}_2\text{OCH}_2^+ + \text{HCOOR} \longrightarrow \underset{\underset{\text{O}}{\|}}{\sim\!\!\sim\!\!\sim\text{OCH}_2\text{OCH}_2\text{OCH}} + \text{R}^+$$

其中,R 是 H 或 CH_3,新产生的阳离子能重新进攻三聚甲醛,引起聚合,链转移导致分子量降低。此外,三聚甲醛聚合反应中还存在一个特别的转移终止反应,即通过向单体的氢负离子转移而产生末端为甲氧基的聚合物链。

$$\sim\!\!\sim\!\!\sim\text{OCH}_2\text{OCH}_2\text{O}\overset{+}{\text{C}}\text{H}_2 + \underset{\substack{\text{O}\\\text{O}}}{\overset{\text{O}}{\bigcirc}} \longrightarrow \sim\!\!\sim\!\!\sim\text{OCH}_2\text{OCH}_2\text{OCH}_3 + \underset{\substack{\text{O}\\\text{O}}}{\overset{\text{O}^+}{\bigcirc}}$$

由三聚甲醛聚合制得的聚甲醛,其链末端为半缩醛基团,受热不稳定,易发生分解反应。

$$\sim\!\!\sim\!\!\sim(\text{CH}_2\text{O})_n\text{CH}_2\text{OCH}_2\text{OH} \longrightarrow \sim\!\!\sim\!\!\sim(\text{CH}_2\text{O})_n\text{CH}_2\text{OH} + \text{HCHO} \longrightarrow \sim\!\!\sim\!\!\sim\text{CH}_2\text{OH} + (n+1)\text{HCHO}$$

为了避免聚甲醛在加工过程中分解,工业上通常采用酯化或共聚的方法来提高聚甲醛的稳定性。酯化是将活性半缩醛转为不活泼的酯基,酯基的热稳定性大于半缩醛基团。常用酸酐作为封锁剂。这类产品称作均聚甲醛。

$$\sim\!\!\sim\!\!\sim(\text{CH}_2\text{O})_n-\text{CH}_2\text{OH} \xrightarrow{(\text{RCO})_2\text{O}} \text{RCOO}(\text{CH}_2\text{O})_{\overline{n}}\text{CH}_2\text{O}-\overset{\overset{\text{O}}{\|}}{\text{C}}-\text{R}$$

三聚甲醛与少量二氧五环共聚,在聚甲醛主链中引入—$\text{CH}_2\text{CH}_2\text{O}$—链节,得到的产品称为共聚甲醛,即使聚甲醛受热从端基开始解聚,也就到此而停止,阻断解聚。这种方法工艺操作方便,聚合转化率高,产物热稳定性好,在工业生产上用得最为广泛。

$$\text{\large\textasciitilde\textasciitilde\textasciitilde}(CH_2O)_n\text{---}CH_2CH_2OCH_2OCH_2OH$$

由三聚甲醛合成均聚甲醛或共聚甲醛,都可以选用溶液聚合或本体聚合。

6.5.5 环胺

环胺(或叫环亚胺)只能通过酸性催化剂引发聚合。许多阳离子聚合的引发剂,如无机酸、有机酸、BF_3 及其配合物、金属卤化物等,都可用于环胺的开环聚合。研究得最多的是三元环胺(氮丙啶),产物聚(亚氨基乙烯)能溶于水,可用作纸张和织物的处理剂。

$$n \quad \underset{NH}{\triangle} \quad \longrightarrow \quad \text{---}CH_2CH_2N\overset{}{\underset{H}{\text{---}}}_{\overline{n}}$$

三元环胺由于环张力大,聚合极快,即使在室温下,反应也非常剧烈。引发反应使乙烯亚胺质子化或阳离子化,单体亲核进攻亚胺阳离子,然后按相同方式增长,增长中心是亚胺阳离子,与环醚的阳离子聚合相似。

$$\underset{}{\triangle}NH \xrightarrow{H^+} \underset{}{\triangle}\overset{+}{N}H_2 \xrightarrow{\triangle NH} \underset{}{\triangle}\overset{+}{N}HCH_2CH_2NH_2$$

$$\underset{}{\triangle}\overset{+}{N}H\text{---}CH_2CH_2N\overset{}{\underset{H}{\text{---}}}_{\overline{n}}H + \underset{}{\triangle}NH \longrightarrow \underset{}{\triangle}\overset{+}{N}H\text{---}CH_2CH_2N\overset{}{\underset{H}{\text{---}}}_{\overline{n+1}}H$$

在三元环亚胺阳离子开环聚合过程中,由于质子可以从环上氮原子向开链氮上转移,这种转移可以发生在分子内,也可以转移至其他聚合链的伯、仲氮原子上,使得聚合物的端基往往含有氮丙啶环。正是由于质子的转移反应,使聚合反应复杂化。在聚合过程中,不同聚合链的仲氨基对亚氨阳离子活性中心进攻,会形成支化结构:

$$\underset{}{\triangle}N\text{---}\overset{H}{\underset{|}{N}}\text{---}\text{\textasciitilde} + \underset{}{\triangle}\overset{H}{\underset{A^-}{\overset{|}{N^+}}}\text{---}\text{\textasciitilde}NH_2 \longrightarrow \underset{}{\triangle}N\text{---}\overset{}{\underset{\underset{A^-}{CH_2CH_2\text{---}N^+\text{---}\text{\textasciitilde}NH_2}}{N}}\text{---}\text{\textasciitilde}$$

环化反应时,聚乙烯亚胺的另一副反应,是伯胺和仲胺亲核进攻分子内的亚胺阳离子,导致生成环齐聚物和含大环的高分子。氮丙啶分子上的取代基阻碍聚合反应:1- 和 2- 单取代的氮丙啶只能得到线型低聚物和环状齐聚物,1,2- 和 2,3- 双取代的氮丙啶则不能聚合。

四元环亚胺的阳离子聚合方式和氮丙啶一样。环亚胺不能进行阴离子聚合,因为胺阴离子不稳定。但 N-酰基氮丙啶例外,能进行阴离子聚合。这是氮原子缺电子和三元环高度张力的协同作用的结果。

6.5.6 含磷环酯

含磷环酯类生物聚合物是复合材料,链结构相似于核酸或胞壁酸,聚合物主链由二醇和磷酸单元交替构成,即磷酸酯。其中有些材料已被用于药物释放体系的研究,大多数研究中采用的是环磷酸酯。阴离子聚合得到高分子量聚合物,而阳离子聚合得到的分子量不超过数千。阳离子聚合的应用由于存在广泛的链转移反应而受到限制。

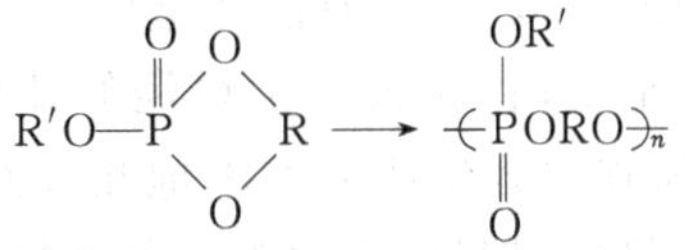

$$R'O-P\underset{O}{\overset{O}{\diamond}}R \longrightarrow \left(\underset{O}{\overset{OR'}{P}}ORO\right)_{\!\!n}$$

其他被研究过的单体还包括环状的亚磷酸盐和亚磷酸酯,以及某些类似的含硫和氮的衍生物。

6.6 环氧树脂及其应用概况

6.6.1 环氧树脂的定义及发展简史

1. 定义

环氧树脂(epoxy resin)泛指含有两个或两个以上环氧基 $-\overset{|}{\underset{O}{C}}-\overset{|}{C}-$,以脂肪族、脂环族或

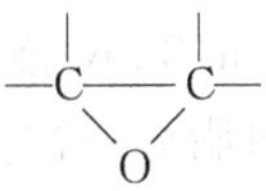

芳香族等有机化合物为骨架并能通过环氧基反应形成有用的热固性产物的高分子低聚体(oligomer)。当聚合度 n 为零时,称之为环氧化合物,简称环氧化物(epoxide)。分子量低的树脂虽不完全满足严格意义上环氧树脂的定义,但由于具有环氧树脂的基本属性,因而在命名时也统称为环氧树脂。典型的环氧树脂结构如下:

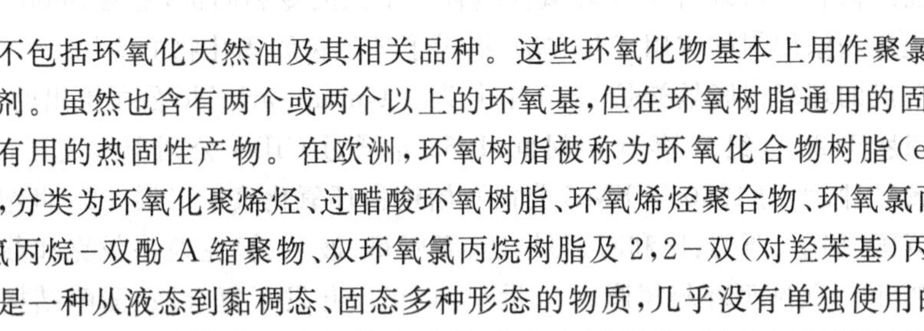

$$CH_2-CH-CH_2\!\!-\!\!\left[O-\!\!\bigcirc\!\!-O-CH_2-CH-CH_2\right]_n\!\!-O-\!\!\bigcirc\!\!-\overset{CH_3}{\underset{CH_3}{C}}$$

上述定义不包括环氧化天然油及其相关品种。这些环氧化物基本上用作聚氯乙烯等树脂的稳定剂和增塑剂。虽然也含有两个或两个以上的环氧基,但在环氧树脂通用的固化条件下不能充分反应得到有用的热固性产物。在欧洲,环氧树脂被称为环氧化合物树脂(epoxide resin)。依据化学性质,分类为环氧化聚烯烃、过醋酸环氧树脂、环氧烯烃聚合物、环氧氯丙烷树脂、双酚A 树脂、环氧氯丙烷-双酚 A 缩聚物、双环氧氯丙烷树脂及 2,2-双(对羟苯基)丙烷二缩水甘油醚。环氧树脂是一种从液态到黏稠态、固态多种形态的物质,几乎没有单独使用的价值,只有和固化剂反应生成三维网状结构的不溶不熔聚合物才有应用价值,因此环氧树脂归属于热固性树脂,属于网络聚合物。

2. 环氧树脂发展史

环氧树脂的发明经历了相当长的时期。早在 1891 年,德国的 Lindmann 用对苯二酚与环氧氯丙烷反应,缩聚成树脂并用酸酐使之固化,但其使用价值没有被揭示。1930 年,瑞士的 Castan

和美国的 Greenlee 进一步进行研究,用有机多元胺使上述树脂固化,显示出很高黏结强度,引起了人们的重视。广泛地讲,环氧树脂可以,从含有链烯基的母体化合物合成,也可以从含有活泼氢原子的母体化合物合成。20 世纪初,首先报道了烯烃的环氧化,直到 20 世纪 40 年代中期,Swern 和他在美国农业部的合作伙伴才开始研究聚不饱和天然油的环氧化,但此项技术也仅应用于高分子量单环氧化物的生产,最后引起广泛的工业化规模开发的兴趣,但在 10 年之后才应用于环氧树脂合成技术之中。大约在 20 世纪 20 年代中期,已经报道了双酚 A 与环氧氯丙烷的反应产物,15 年后首创了不稳定的环氧化脂肪胺中间产物的生产技术。1933 年,德国的 Schlack 最早研究现代双酚 A 环氧树脂同双酚 A 的分离技术,并且在一年之后报道了双环氧化物同有机酸、无机酸、胺和硫醇的反应,但确定双酚 A 环氧树脂的工业价值的是瑞士 de Trey 公司的 Castan 和美国 Devoe&Raynolds 公司的 Greenlee。1936 年,Castan 生产了琥珀色环氧氯丙烷 – 双酚 A 树脂,并同邻苯二甲酸酐反应生产出具有工业意义的用于浇铸和模塑制品的热固性制品。1939 年年初,Greenlee 也独自生产出了高分子量双酚 A 环氧氯丙烷树脂并用于高级热固性涂料。1937—1939 年,欧洲科学家曾尝试用环氧树脂补牙,但没有成功。除此之外,在第二次世界大战前,没有全面开发环氧树脂技术。"二战"后不久,Devoe&Raynolds 公司开始试生产涂料树脂,而 CIBA 公司得到 de Trey 公司许可,开始进一步发展液体涂料、层压材料和黏结剂用液体环氧树脂。然而环氧树脂第一次具有工业价值的制造是在 1947 年由美国的 Devoe&Raynolds 公司完成的,开辟了环氧氯丙烷 – 双酚 A 树脂的技术历史,环氧树脂开始了工业化开发,且被认为是优于酚醛树脂和聚酯树脂的一种技术进步。这种树脂几乎能与大多数其他热固性塑料的性能媲美,在一些特种应用领域其性能优于酚醛树脂和聚酯树脂。不久后,瑞士的 CIBA 公司、美国的 Shell 和 Dow 公司也开始了环氧树脂的工业化生产和应用开发工作。

1955 年,四种基本环氧树脂在美国获得生产制造许可证,Dow 和 Reichhold 公司建立了环氧树脂生产线。在普通双酚 A 环氧树脂生产应用的同时,一些新型的环氧树脂相继问世,如 1956 年美国 Union Carbride 公司开始出售脂环族环氧树脂,1959 年 Dow 公司生产酚醛环氧树脂。1960 年,Koppers 公司生产了邻甲酚醛环氧树脂,1956 年,CIBA 公司开始生产和销售该种树脂。1955—1965 年,环氧树脂质量明显提高,双酚 A 环氧树脂已有所有的平均分子量等级的牌号。酚醛环氧树脂确立了明显的耐高温应用的优异性能。Union Carbide 公司开发了对氨基苯酚三缩水甘油醚树脂。1957 年有关环氧树脂合成工艺的专利问世,是由 Shell 公司申请的,该专利研究了固化剂和添加剂的应用工艺方法,揭示了环氧树脂固化物的应用。

过醋酸法合成的环氧树脂最初是 1956 年由美国 Union Carbide 公司推出的。在欧洲,工业化脂环族环氧树脂于 20 世纪 60 年代初问世,1963 年通过 CIBA 公司引入美国,1965 年引进许多多官能团环氧品种,大约 1960 年 FMC 公司开始销售环氧化聚丁二烯。20 世纪 70 年代中期,美国、加拿大、英国、瑞士、西德、比利时、阿根廷、墨西哥、波兰、捷克斯洛伐克和苏联都开始制造双酚 A 环氧树脂和一些新型环氧树脂。20 世纪 80 年代开发了复合胺、酚醛结构的新型多官能团环氧树脂以满足复合材料工业需要。最近又开发了水性环氧树脂和稠环耐温耐湿环氧树脂。由于环氧树脂品种的增加和应用技术的开发,环氧树脂在电气绝缘、防腐涂料、金属结构黏结等领域的应用有了突破,环氧树脂作为一个行业蓬勃地发展起来。目前它的品种、应用开发仍很活跃,从 1960 年以来,已有数百种环氧树脂完成工业化开发,已有 40~50 种不同结构的环氧树脂可商品化制造或由中间试验厂提供,同时与之相适用的 100 多种工业化固化剂和许多的改性剂和稀释剂得到开发。

我国研制环氧树脂始于 1956 年,在沈阳、上海两地首先获得了成功,1958 年,上海开始了工业化生产。20 世纪 60 年代中期,开始研究一些新型的脂环族环氧树脂、酚醛环氧树脂、聚丁二烯环氧树脂、缩水甘油酯环氧树脂和缩水甘油胺环氧树脂等,到 70 年代末期已形成了从单体、树脂、辅助材料,从科研、生产到应用的完整工业体系。

环氧树脂具有优良的物理机械性能、电绝缘性能、耐药品性能和黏结性能,可以作为涂料、浇铸料、模压料、胶黏剂、层压材料以直接或间接使用的形式渗透到从日常生活用品到高新技术领域的各个方面。例如,飞机、航天器中的复合材料,大规模集成电路的封装材料、发电机的绝缘材料、钢铁和木材的涂料、机械土木建筑用的胶黏剂,乃至食品罐头内壁涂层等都大量使用环氧树脂,已成为国民经济发展不可缺少的材料。其产量和应用水平也可以从一个侧面反映一个国家的工业技术的发达程度。

3. 环氧树脂的性能及应用特点

环氧树脂、酚醛树脂及不饱和聚酯树脂被称为三大通用型热固性树脂,是热固性树脂中用量最大、应用最广的品种。环氧树脂中含有独特的环氧基,以及羟基、醚键等活性基团和极性基团,因而具有许多优异的性能。与其他热固性树脂相比,环氧树脂的种类和牌号最多,性能各异。环氧树脂固化剂的种类更多,再加上众多的促进剂、改性剂和添加剂等,可以进行多种多样的组合。从而能获得各种各样性能优异的、各具特色的环氧固化体系和固化物,几乎能适应和满足各种不同使用性能和工艺性能的要求。这是其他热固性树脂所无法相比的。

(1) 环氧树脂及其固化物的性能特点

① 力学性能高　环氧树脂具有很强的内聚力,分子结构致密,所以力学性能高于酚醛树脂和不饱和聚酯等通用型热固性树脂。

② 黏结性能优异　环氧树脂固化体系中活性极大的环氧基、羟基及醚键、胺键、酯键等极性集团赋予环氧固化物以极高的黏结强度。再加上有很高的内聚强度等力学性能,因此黏结性能特别强,可用作结构胶。

③ 固化收缩率小　一般为 1%～2%,是热固性树脂中固化收缩率最小的品种之一(酚醛树脂为 8%～10%,不饱和聚酯树脂为 4%～6%,有机硅树脂为 4%～8%)。线膨胀系数也很小,一般为 $6 \times 10^{-5} \, ℃^{-1}$。所以其产品尺寸稳定,内应力小,不易开裂。

④ 工艺性好　环氧树脂固化时基本上不产生低分子挥发物,所以可低压成型或接触压成型。配方设计的灵活性很大,可设计出适合各种工艺要求的配方。

⑤ 电性能好　是热固性树脂中介电性能最好的品种之一。

⑥ 稳定性好　不含碱、盐等杂质的环氧树脂不易变质。只要储存得当(密封、不受潮、不遇高温),其储存期为一年。超期后若检验合格仍可使用。环氧固化物具有优良的化学稳定性。其耐碱、酸、盐等多种介质腐蚀的性能优于不饱和聚酯树脂、酚醛树脂等热固性树脂。

⑦ 环氧固化物的耐热性一般为 80～100 ℃　环氧树脂的耐热品种可达 200 ℃或更高。

⑧ 在热固性树脂中,环氧树脂及其固化物的综合性能最好。

(2) 环氧树脂的应用特点

① 具有极大的配方设计灵活性和多样性,能按不同的使用性能和工艺性能要求,设计出针对性很强的最佳配方。这是环氧树脂应用中的一大特点和优点。但是每个最佳配方都有一定的

适用范围(条件),不是在任何工艺条件和任意使用条件下都宜采用,也就是说没有万能的最佳配方。必须根据不同的条件,设计出不同的最佳配方。由于不同配方的环氧树脂固化体系的固化原理不完全相同,所以环氧树脂的固化历程,即固化工艺条件对环氧固化物的结构和性能影响极大。相同的配方在不同的固化工艺条件下所得产品的性能会有非常大的差别。所以正确地作出最佳材料配方设计和工艺设计是环氧树脂应用技术的关键,也是技术机密所在。要生产和开发出所需性能的环氧材料,就必须设计出相应的专用配方及其成型工艺条件。因此,就必须深入了解和掌握环氧树脂及其固化剂、改性剂等的结构与性能、它们之间的反应机理及对环氧固化物结构及性能的影响。这样才能在材料配方设计和工艺设计中得心应手,运用自如,取得最佳方案,生产和开发出性能最佳、成本最低的环氧材料和制品。

② 不同的环氧树脂固化体系分别能在低温、室温、中温或高温固化,能在潮湿表面甚至在水中固化,能快速固化、也能缓慢固化,所以对施工和制造工艺要求的适应性很强。环氧树脂可低压成型或接触压成型,因此可降低对成型设备和模具的要求,减少投资,降低成本。

③ 在三大通用型热固性树脂中,环氧树脂的价格偏高,因而在应用上受到一定的影响。但是,由于其性能优异,所以主要用于对使用性能要求高的场合,尤其是对综合性能要求高的领域。

6.6.2 环氧树脂的应用领域及国内外应用发展概况

1. 环氧树脂的主要应用领域

环氧树脂优良的物理机械和电绝缘性能、与各种材料的黏结性能,以及其使用工艺的灵活性是其他热固性塑料所不具备的。因此能制成涂料、复合材料、浇铸料、胶黏剂、模压材料和注射成型材料,在国民经济的各个领域中得到广泛的应用。

(1)涂料

环氧树脂在涂料中的应用占较大的比例,能制成各具特色、用途各异的品种。其共性如下:

① 耐化学品性优良,尤其是耐碱性;

② 漆膜附着力强,特别是对金属;

③ 具有较好的耐热性和电绝缘性;

④ 漆膜保色性较好。

但是双酚 A 型环氧树脂涂料的耐候性差,漆膜在户外易粉化失光又欠丰满,不宜作户外用涂料及高装饰性涂料。因此环氧树脂涂料主要用作防腐蚀漆、金属底漆、绝缘漆,但杂环及脂环族环氧树脂制成的涂料可以用于户外。

(2)胶黏剂

环氧树脂除了对聚烯烃等非极性塑料黏结性不好之外,对于各种金属材料如铝、钢、铁、铜,非金属材料如玻璃、木材、混凝土等,以及热固性塑料如酚醛树脂、氨基树脂、不饱和聚酯等都有优良的黏结性能,因此有万能胶之称。环氧胶黏剂是结构胶黏剂的重要品种。

(3)电子电器材料

由于环氧树脂的绝缘性能高、结构强度大和密封性能好等许多独特的优点,已在高低压电器、电机和电子元器件的绝缘及封装上得到广泛应用,发展很快。主要用于:

① 电器、电机绝缘封装件的浇铸,如电磁铁、接触器线圈、互感器、干式变压器等高低压电器的整体全密封绝缘封装件的制造。在电器工业中得到了快速发展。从常压浇铸、真空浇铸已发

展到自动压力凝胶成型。

②　广泛用于装有电子元件和线路的器件的灌封绝缘。已成为电子工业不可缺少的重要绝缘材料。

③　电子级环氧模塑料用于半导体元器件的塑封。近年来发展极快，由于它的性能优越，大有取代传统的金属、陶瓷和玻璃封装的趋势。

④　环氧层压塑料在电子、电器领域应用甚广。其中，环氧覆铜板的发展尤其迅速，已成为电子工业的基础材料之一。

此外，环氧绝缘涂料、绝缘胶黏剂和导电胶黏剂也有大量应用。

（4）工程塑料和复合材料

环氧工程塑料主要包括用于高压成型的环氧模塑料和环氧层压塑料，以及环氧泡沫塑料。环氧工程塑料也可以看做是一种广义的环氧复合材料。环氧复合材料主要有环氧玻璃钢（通用型复合材料）和环氧结构复合材料，如拉挤成型的环氧型材、缠绕成型的中空回转体制品和高性能复合材料。环氧复合材料是化工及航空、航天、军工等高技术领域的一种重要的结构材料和功能材料。

（5）土建材料

主要用作防腐地坪、环氧砂浆和混凝土制品、高级路面和机场跑道、快速修补材料、加固地基基础的灌浆材料、建筑胶黏剂及涂料等。

2. 环氧树脂应用技术开发动向

环氧树脂技术开发向高性能化、高附加值发展，重视环境保护和生产的安全性。特殊结构环氧树脂和助剂产品向着精细化、功能化、能在特殊环境下固化发展。固化产物向着具有高韧性、高强度、耐辐照、耐高低温方向发展。由此特种树脂、固化剂、稀释剂的品种将会有更大发展，形成多品种、小批量的生产格局。随着高分子物理学的发展，品种的发展集中于采用化学合成的方法，通过共混、合金的手段来制得环氧-橡胶、环氧-热塑性塑料、各种有机无机的填充料复合物及环氧树脂基无机纳米复合材料。

（1）涂料

环氧涂料的发展趋势是降低污染、提高质量和安全性、开拓功能性。重点开发罐用涂料、防腐涂料、功能性涂料和环保型涂料及其推广应用。特别是其中水性环氧体系的品种开发和质量提高，将会在汽车工业（如电泳涂料）、家电行业、食品行业（如罐用涂料）、化学工业（如防腐涂料）、建筑行业（如地坪涂料、建筑胶黏剂、环氧砂浆及混凝土）等应用领域获得突破性进展。

（2）电子材料

随着电子设备向小型化、轻量化、高性能化、高功能化的发展，电子器件也相应向高集成化、薄型化、多层化方向发展，因此要求提高环氧封装材料的耐热性、介电性能和韧性，降低吸水性和内应力。当前开发的重点是高纯度、高耐热性、低吸水性和高韧性的环氧树脂和固化剂。例如，在环氧树脂和固化剂中引入萘、双环戊二烯、联苯、联苯醚、芴等骨架可大大提高环氧固化物的耐热性和电性能，降低吸水率。此外，无溴阻燃环氧体系的研究开发也引起国内外的极大关注。

（3）高性能环氧复合材料

高性能环氧复合材料的研究重点是提高耐湿热性、冲击后压缩强度及层间力学性能。为了提高耐湿热型，正如同环氧电子材料那样，可向环氧树脂和固化剂中引入萘、双环戊二烯、联苯、联苯醚、芴等骨架。为了提高冲击后压缩强度和层间力学性能,可采用提高环氧固化物断裂韧性的方法,通常是在环氧树脂中加入橡胶或耐热性热塑性树脂,形成海岛结构或互传网络结构的多相体系。

(4)防火型环氧材料

恶性火灾的不断发生使人们逐渐认识到材料仅具有阻燃性还远远不能达到防止火灾的目的。对飞机材料率先提出应具有防火性要求,即具有难燃(阻燃)、少烟、低毒(产生的气体毒性小)、低热释放率等性能要求。防火性环氧材料的研制开发,不仅对航空、航天,而且对车辆、船舶、家电、高层建筑及公共场所建筑等领域都具有极大的重要性。

(5)液晶环氧树脂

液晶环氧树脂是一种高度分子有序、深度分子交联的聚合物网络,融合了液晶有序与网络交联的优点,与普通环氧树脂相比,其耐热性、耐水性和耐冲击性都大为改善,可以用来制备高性能复合材料;同时,液晶环氧树脂在取向方向上线膨胀系数小,而且其介电强度高、介电损耗小,可以使用在高性能要求的电子封装领域,是一种具有应用前景的结构和功能材料,受到国内外的重视。

液晶环氧树脂的研究开始较晚,尚不成熟。从理论角度而言,固化工艺对固化过程中体系有序度的影响是值得深入研究的一个问题。初始反应体系的相态可以影响反应速率,而反应速率的快慢也影响到固化树脂的有序度,需要有确切的有序度和交联度的数据,目前尚未解决。从性能研究和开发角度而言,尚未有系统地表征液晶环氧树脂力学和电性能的报道,同时,利用液晶环氧树脂对普通环氧树脂进行改性是实现环氧树脂高性能化的一个可行途径,具有重要的应用价值。

(6)环氧树脂无机纳米复合材料

纳米材料和纳米复合材料是近20年来迅速发展起来的一种新型高性能材料,是当今新材料研究中活力最大、对未来经济和科技发展有十分重要影响的领域。日本把它列为材料科学四大研究任务之一,美国"星球大战"计划、欧洲"尤里卡"计划均将它列为重点项目,我国在"攀登"计划中也设立了纳米材料学科组。纳米材料是一种超细粒子材料,其粒径为 $1\sim100$ nm。因此,它的比表面积很大,表面能很高,表面原子严重配位不足,具有很强的表面活性和超强吸附能力。并具有常规材料所不具有的特殊性能,如体积效应、量子尺寸效应、宏观量子隧道效应和介电限域效应等。从而使纳米材料具有微波吸收性能、高表面活性、强氧化性、超顺磁性等,以及特殊的光学性质、催化性质、光催化性质、光电化学性质、化学反应性质、化学反应动力学性质及特殊的物理机械性质。纳米材料的应用将是传统材料,尤其是功能材料的一次革命。纳米材料用于复合材料中也将使复合材料的发展产生难以预料的巨大变化。纳米复合材料(nanocomposite)可分为两大类,一类是由金属/陶瓷、金属/金属、陶瓷/陶瓷组成的无机纳米复合材料;另一类是由聚合物/无机、聚合物/聚合物组成的聚合物纳米复合材料。聚合物纳米复合材料的研究起步较晚,但近两三年发展相当迅速。用于环氧树脂纳米复合材料的无机纳米材料有 SiO_2、TiO_2、Al_2O_3、$CaCO_3$、ZnO 和黏土等。初步研究结果表明,纳米材料能大大提高环氧复合材料的力学性能、耐热性、韧性、抗划痕能力等性能,能同时达到提高耐热性和韧性的效果。当前环氧纳米复合材料的研究重点是纳米材料在基体中均匀分散的方法;复合方法、复合效应、复合规律和复合机理的研究;环氧纳米复合材料的应用研究。纳米材料和技术为环氧涂料、胶黏剂、电子材料、塑料、复合材料和功能材料的发展增添了高科技含量,开辟了一条新的途径,必将使环氧材料的发展和应用产生巨大的变化。

6.6.3 环氧树脂及其应用的新进展

环氧树脂是分子中含有两个或两个以上环氧基的一类高分子化合物。自 20 世纪 40 年代以来,逐渐发展成为一类包含有许多类型的热固性树脂,如缩水甘油醚、缩水甘油胺、缩水甘油酯及脂环族环氧树脂等。环氧树脂由于具有优良的工艺性能、机械性能和物理性能,价格低,作为涂料、胶黏剂、复合材料树脂基体、电子封装材料等广泛应用于机械、电子、电器、航空、航天、化工、交通运输和建筑等领域。然而,通用环氧树脂,如双酚 A 环氧树脂及其改性树脂使用普通固化剂固化后,树脂交联密度高、内应力大,以及网络结构中含有许多易吸水的羟基,存在吸湿大、尺寸稳定性和介电性能差、韧性低和湿热稳定性差等缺点,不能满足近年来对环氧树脂的使用特性,如耐热性、吸湿性、介电性能、冲击韧性和固化性能等提出的更高要求,因此,环氧树脂改性和不同结构的新型环氧树脂得到快速发展,利用新型环氧树脂固化剂也成为环氧树脂高性能化的另一途径。

1. 合成新的固化剂

在高性能环氧树脂中常用的固化剂是二氨基二苯砜(DDS),环氧/DDS 体系的耐热性(T_g)高,但吸湿量大,耐湿热性差,且密度高,导致该体系脆性大。为了改善环氧树脂基体的耐湿热性和韧性,发展了下列多种聚醚二胺型固化剂,包括二氨基二苯醚二苯砜(BDAS)、二氨基二苯醚二苯醚(BDAO)、二氨基二苯醚双酚 A(BDAP)和 二氨基二苯醚-6F-双酚 A。

2. 新型耐热环氧树脂

双酚 A 二缩水甘油醚(DGEBA)是环氧树脂中最重要的一种,具有流动性好、力学性能高、价格低等优点,但耐热性较差($T_g<120\ ℃$),为了提高环氧树脂的耐热性,近年来合成了许多新型的环氧树脂。耐热性的环氧树脂品种主要是那些具有耐热骨架或可提高交联密度的多官能环氧树脂,其结构如下所示:

① 二缩水甘油醚型结构通式:

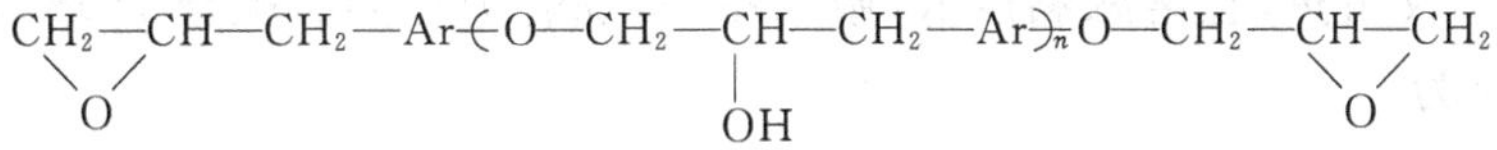

α,α'-双(4-羟基苯)-对-二异丙基苯二缩水甘油醚(DGEIB):无色黏稠液体,环氧摩尔质量为 240~255 g/mol,芳基 Ar 为

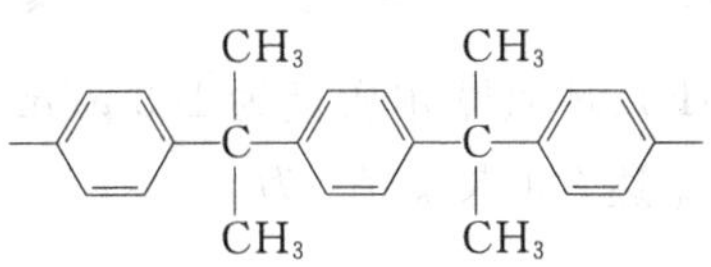

双酚 S 二缩水甘油醚(DGEBS):熔点 75 ℃,环氧摩尔质量为 305 g/mol,热膨胀系数低,原因是固化物中砜基自身间的相互作用,以及砜基与羟基之间生成氢键,束缚了分子间的滑动。芳基 Ar 为

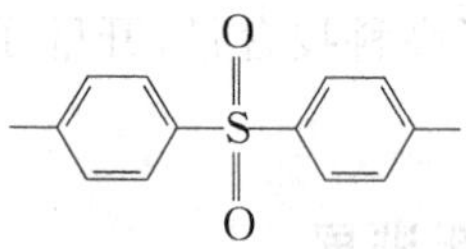

酚酞环氧树脂(DGEPP):白色黏稠树脂,环氧摩尔质量为 260 g/mol,芳基 Ar 为

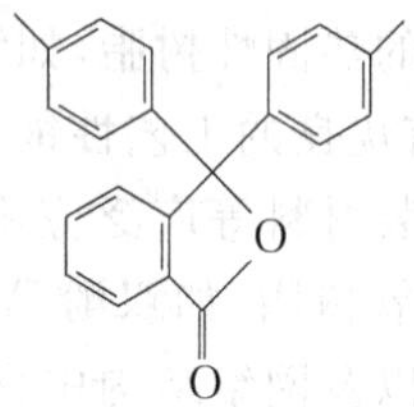

② 多官能缩水甘油醚型结构通式:

$$Ar\text{--}(CH_2\text{--}CH\text{--}CH_2)_n \quad (n>2)$$
$$\underset{O}{\diagup}$$

双酚 A 酚醛型环氧树脂:熔点 65 ℃,环氧摩尔质量为 201 g/mol,与传统酚醛树脂相比,不仅固化物的耐热性更高,和 DDS 固化后,T_g 达 224 ℃,并具有良好的综合平衡性能。芳基 Ar 为

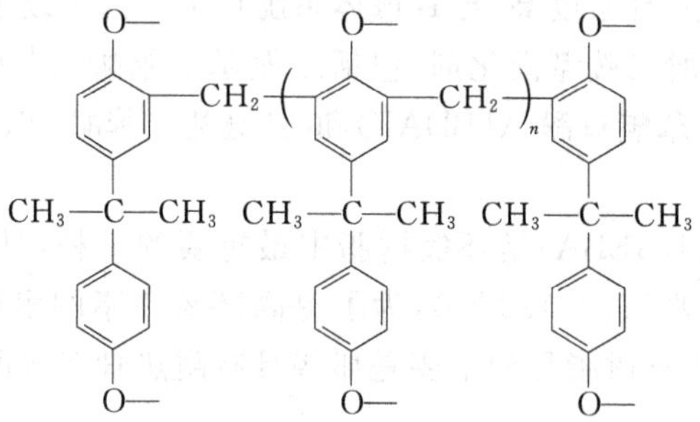

萘环酚醇型环氧树脂:熔点 110～115 ℃,环氧摩尔质量为 240～275 g/mol,由于引入疏水性的萘环骨架,不仅耐热,且熔融黏度低,吸水率小,黏合力优异。配合 DDS 固化后,T_g 高达 300 ℃。芳基 Ar 为

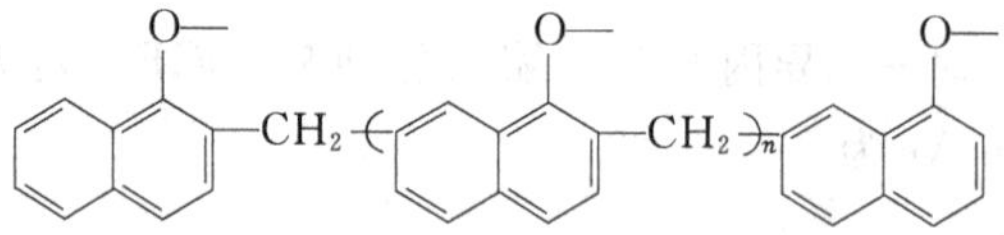

二苯甲酮型环氧树脂(BPTGE):环氧摩尔质量为 143 g/mol,是一种耐热并具有韧性的四缩水甘油醚树脂,与 DDS 固化后,T_g 达 260 ℃。Ar 为

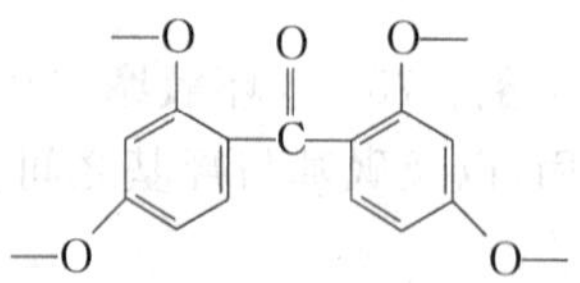

四苯乙烯四缩水甘油醚(E-1031s):熔点 92 ℃,环氧摩尔质量为 196 g/mol,和 DDS 固化

后，T_g 达 235 ℃。芳基 Ar 为

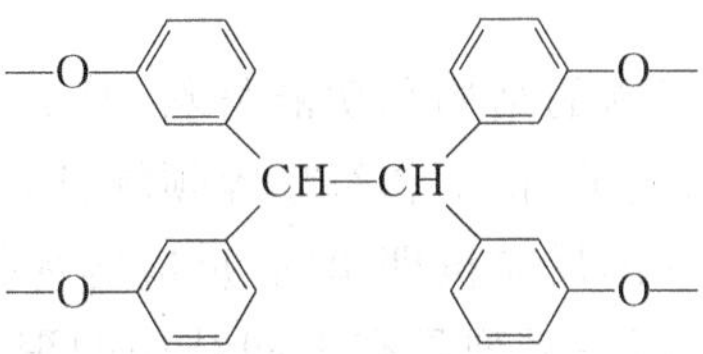

③ 缩水甘油胺型结构通式：

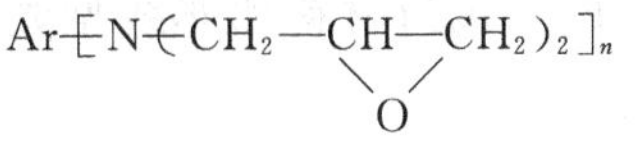

4,4′-二氨基二苯甲烷四缩水甘油胺（TGDDM）：环氧摩尔质量为 117～134 g/mol，TGDDM/DDS 树脂体系由于高的强度/质量比而普遍用于宇航复合材料。最高玻璃化转变温度约为 240 ℃。芳基 Ar 为

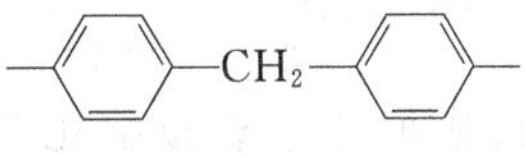

二异丙叉苯撑型四缩水甘油胺（TGBAP）：熔点 50 ℃，环氧摩尔质量为 150～170 g/mol。芳基 Ar 为

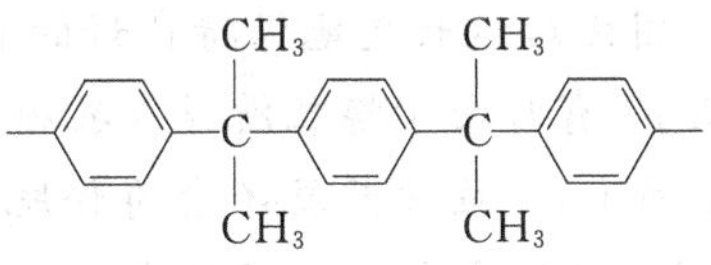

四甲基异丙叉苯撑四缩水甘油胺（TGMBAP）：熔点 65 ℃，环氧摩尔质量为 185～205 g/mol。芳基 Ar 为

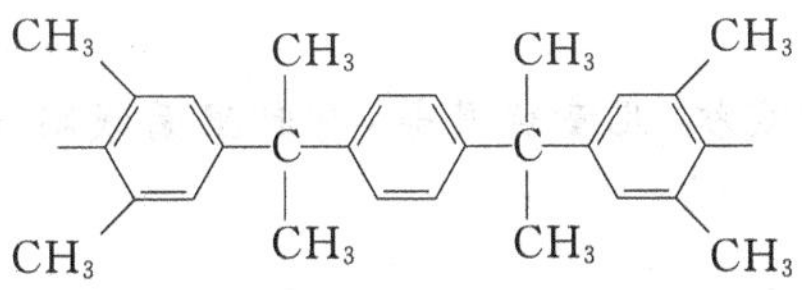

缩水甘油胺型环氧树脂目前是高性能复合材料常用的树脂基体。TGDDM 尽管耐热性较高，但由于其中 N 原子的存在，使固化物的耐湿热性较差。为此，开发了改性的 TGBAP 和 TGMBAP，由于结构中分子链延长，使树脂中亲水性的 N 原子的含量降低，耐湿热性能提高。

3. 新型耐热、耐湿环氧树脂及复合物

电子尖端领域的飞速发展，推动了环氧树脂的发展。用通用环氧树脂固化的封装料其耐热性和吸湿性都不能满足目前电子封装材料的技术要求。为了满足封装材料优良的耐热性和低吸水性，国外许多化工公司（如日本化药公司等）开发了适合半导体封装材料用的新型高性能环氧树脂。提高耐热性的重要因素就是增大交联密度，如果这样，一般的环氧树脂结构是随着交联密度的增大，自由体积也增大，这样，容易使水分子侵入固化物，而使吸水率上升。但越智等人指出萘环的平面结构为网目链排列，有使自由体积减小的效果。由于自由体积的减小，降低了吸水性和线膨胀系数。另一方而，通过萘酚环本身的耐热骨架使树脂具有耐热性。另外，从赋予树脂骨

架本身以高强韧性方面着手,还出现了含联苯骨架的环氧树脂。

4. 液晶环氧树脂

液晶热固性高分子作为一类优秀的结构和功能材料,具有强度高、模量高、耐高温及线膨胀系数小等特点,预计在航空、航天、电子、化工和医疗等领域具有重要的潜在应用价值。其中液晶环氧树脂由于环氧基与固化剂交联的反应机理明确,反应容易控制,而且还可以通过改变环氧化合物和固化剂的结构,较容易地合成一系列具有不同结构的聚合物网络。同时,在固化过程中,液晶可以形成自增强结构,从而改善固化物的韧性,并赋予材料一些新的物理、力学性能,有望在高性能树脂基复合材料、特种涂料、电子包封材料和非线型光学材料中得到广泛的应用,因而备受关注。

液晶环氧树脂可以分为小分子和齐聚物两大类。后者是在前者的基础上与二卤代烃共聚而得的。小分子环氧树脂根据所含液晶基元不同可以分为芳酯类、联苯类、α-苯乙烯类和亚甲胺类等。

【小知识】环氧树脂胶水日常生活妙用

环氧树脂胶水(环氧树脂 AB 胶),使用时需要按配比将环氧树脂(A 胶)和固化剂(B 胶)混合均匀,然后再涂胶,通常其配比为 1:1,固化时间按照不同的固化剂从 10 min 到 8 h 左右固化的都有,环氧树脂胶的最大优点就是对于金属、玻璃、木材、陶瓷、石头等硬质材料的黏结强度高,固化后耐水、耐油、耐酸碱性能好,固化后能长久地保持良好的黏结效果。例如,

① 家具的拉手或门栓等松脱了,有时由于螺丝滑丝或孔松动,无法再把螺丝拧紧,这时调配一点 AB 胶灌入螺丝孔中,将拉手固定,等固化后就不会再松脱了;

② 地板或瓷砖松动了,可将 AB 胶涂上或注入缝隙中;

③ 地板或天花板、墙壁渗水了,可将调好的 AB 胶灌注到裂缝中或涂刷在表面;

④ 水池、洗脸台、浴缸漏水了,可以将调好的 AB 胶涂在漏水的部位,等固化后就完好如初了;

⑤ 电子产品,如遥控器、游戏机、儿童玩具等,有时里面线路板的某些元件可能松了,固定不稳,也可以用 AB 胶来固定。

本 章 总 结

① 主要阐述了环状单体在某种引发剂作用下形成聚合物的开环聚合。

② 开环聚合可以与缩聚、加聚并列,成为第三大类的聚合反应。与缩聚相比,开环聚合没有小分子副产物产生;与烯类加聚相比,开环聚合又无双键的断裂。

③ 环张力的释放往往是开环聚合的推动力。从机理上考虑,大部分开环聚合属于连锁机理的离子型聚合,只有部分属于逐步聚合。

④ 如果能合成出环状单体(或齐聚物)并且能以高转化率完成聚合反应,开环聚合将成为合成高性能聚酯、聚酰胺、聚酰亚胺等的一条有效途径。

⑤ 开环聚合的主要工业化产品有聚醚、聚甲醛、聚己内酰胺和聚硅氧烷等。

⑥ 开环聚合也是无机高分子的主要合成方法,因此在高分子化学合成领域具有举足轻重的地位。

参 考 文 献

[1] 张邦华,朱常英,郭天瑛.近代高分子科学.北京:化学工业出版社,2006.
[2] 唐黎明,庹新林.高分子化学.北京:清华大学出版社,2009.
[3] 潘才元.高分子化学.合肥:中国科学技术大学出版社,2005.

习题与思考题

1. 氧化丙烯的负离子聚合通常仅能得到低分子量的聚合物,试讨论原因。

2. 逐步增长反应中,环状单体链增长的开环聚合反应机理是什么? 举例说明。

3. 请写出链增长和链断裂平衡时的开环聚合链增长速率表达式。

4. 写出参加聚合反应的单体总浓度的动力学表达式。

5. 设想三噁烷的聚合只能是先解离成甲醛,然后是甲醛的聚合。提出一些方法以辨别上述机理及另一种机理,即甲醛先三聚化成三噁烷,然后三噁烷聚合。

6. 四氢呋喃是一种大量应用于实验室或制造业中的普通有机溶剂,假如希望避免一种(可能是危险的)聚合反应,除 PF_5 以外不应该让什么试剂与四氢呋喃接触? 如何能保证在正常的实验室工作中不致引起四氢呋喃的聚合?

7. 思考一种环氧化物能与己内酰胺共聚的前景。这些反应可能选择什么样的反应条件? 能预见何种复杂性?

8. 合成聚硅氧烷时,为什么选用八甲基环硅氧烷作单体,碱作引发剂? 如何控制聚硅氧烷的分子量?

9. 以辛基酚为起始剂,甲醇钠为引发剂,环氧乙烷进行开环聚合,简述其聚合机理。辛基酚用量对聚合速率、聚合度和聚合度分布有何影响?

10. 环氧化物在氢离子或醇碱离子催化聚合反应时,为什么要以乙醇作条件? 乙醇对反应程度有何影响? 讨论乙醇对聚合反应速率和重均分子量分布的影响。

11. 下列单体进行阴离子开环聚合时得到高分子量的聚酯。请写出用碱(OH^-)作引发剂时,所得聚合物的结构(包括末端基团),并请解释为什么这些单体聚合时不会因链转移反应的影响而得不到高分子量聚合物。

12. 写出以下单体开环聚合所得聚合产物的结构。

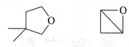

13. 请预测下列单体进行开环易位聚合时,聚合产物的结构。

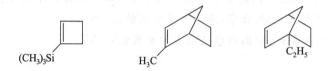

14. 给出合成下列各种聚合物所需的环状单体、引发剂和反应条件:

(1) $+NHCO(CH_2)_4\frac{}{}_n$

(2) $+NHCH(C_2H_5)CO\frac{}{}_n$

(3) $+NCH_2CH_2CH_2\frac{}{}_n$
    $\quad\quad|$
    $\quad\quad CHO$

(4) $+O(CH_2)_2OCH_2\frac{}{}_n$

(5) $+CH=CHCH_2CH_2\frac{}{}_n$

(6) $+Si(CH_3)_2-O\frac{}{}_n$

15. 为什么环氧丙烷阴离子开环聚合的产物分子量较低,试说明原因。

16. 依次写出内酰胺的阴离子、阳离子和水解聚合模式,并进行比较。讨论并指出每种聚合模式中的副反应。

17. 什么是易位聚合? 解释其机理并写出双取代烯烃易位聚合的反应式。

18. 解释环硫化合物能聚合的三种聚合机理,并逐一描述。

第七章　新型聚合反应

自高分子学科成立以来,一直在探索新颖的合成方法,主要目标是设计聚合物结构、控制聚合物分子量及其分布和赋予其特定的功能。在前面,学习了逐步聚合和自由基聚合方法,知道了生活中很多高分子材料都是通过这些传统的制备方法而获得的,但利用这些方法很难对聚合物的结构、分子量及其分布进行调控。活性聚合的出现使这种愿望成为现实,但也面临反应条件苛刻、应用范围较窄等诸多问题。因此,继续探索合成高分子材料的新方法任重道远。在最近的三四十年里,人们已经取得了很多成果,新颖方法的建立不仅丰富了高分子化学的内容,而且鼓舞人们继续努力发展简单、有效的合成高分子新材料的方法。在本章中,主要介绍自由基活性(可控)聚合、超分子聚合、点击化学在高分子合成中的应用、基团转移聚合、大分子引发剂和大分子单体、等离子体聚合及模板聚合等最近新发展起来并在高分子化学合成领域起到重要作用的几类聚合方法,重点阐述了每一类方法的特点、使用范围和应用。

7.1　自由基活性（可控）聚合

活性聚合技术的出现,使人们在合成高分子材料时可以对其结构和分子量进行调控。然而,活性聚合反应条件苛刻,工艺复杂,很难实现大规模工业化生产。另外,受到现有活性聚合技术的限制,可进行活性聚合的单体还以苯乙烯、丙烯酸酯类单体为主。活性聚合所面临的这些问题大大限制了其在高分子领域的应用。相比之下,传统自由基聚合方法的优点是单体广泛、合成工艺多样、操作简便、工业化成本低。因此,目前约 70% 的实用高分子材料源于自由基聚合。如果能将活性聚合的特征在自由基聚合过程中体现出来,即实现自由基活性(可控)聚合,将对活性聚合的研究方向和应用前景产生巨大影响。

要实现自由基聚合过程的可控性,需要考虑两方面的问题:第一,在整个聚合过程中,要始终保持低的自由基浓度;第二,在该自由基浓度下,避免所得聚合物分子量过大,使其结构无法设计,这显然是矛盾的。解决这一矛盾的设计思路是在聚合体系中引入某一反应物 X,该反应物可以与增长自由基迅速钝化形成"休眠种",并且不与单体反应,而此"休眠种"在某一实验条件下又可以均裂成增长自由基和 X。这样,就可以通过反应物 X 的浓度、钝化速率常数和活化速率常数来控制体系中增长自由基的浓度。当钝化反应和活化反应的转换速率高于链增长速率时,就可以实现自由基活性(可控)聚合。在本节中,将介绍几类常见的自由基活性(可控)聚合,包括引发-转移-终止法(iniferter 法)、TEMPO 引发体系、可逆加成-断裂链转移自由基聚合(reversible addition fragmentation chain transfer radical polymerization,RAFT)和原子转移自由基聚合(atomic chain transfer radical polymerization,ATRP),并对这几类方法在合成高分子材料领域的应用做简要介绍。

7.1.1　无金属引发体系的可控自由基聚合

1. 引发−转移−终止法

引发−转移−终止剂的概念是在 1982 年由日本学者 Otsu 提出的,并将其成功地运用到自由基聚合当中。从此,自由基(可控)聚合登上历史舞台。引发−转移−终止法的过程如下:设想如果增长自由基向引发剂分子的链转移反应活性很高,则自由基聚合过程可由以下方程式来表示:

$$R\!-\!R' + nM \longrightarrow R\!\!-\!\!\!\!-\!M\!\!-\!\!\!\!-_n\!R'$$

可以把自由基聚合过程简单地理解为单体分子向引发剂分子 R—R′ 的连续插入反应,其产物结构特征是聚合物两端带有引发剂的碎片。整个过程集引发、转移和终止于一体,所以被称为引发−转移−终止法,所选用的引发剂是引发−转移−终止剂。可见,要使用这种方法实现活性(可控)自由基聚合,引发剂的选择尤为关键。常见的引发−转移−终止剂主要包括热引发和光引发两类。对于热引发−转移−终止剂报道的种类少、活性低,并且只能在较高的温度下实现极性单体如甲基丙烯酸甲酯类单体的活性聚合,而对于非极性单体如苯乙烯类,其聚合机理还是传统的自由基聚合。所以目前发展现状是需要设计、合成结构新颖、活性较高的热引发−转移−终止剂,降低活性聚合的反应温度,扩大适用单体的范围。这样的引发剂包括 C—C 键型热引发−转移−终止剂,如 2,3−二氰基−2,3−二苯基丁二酸二乙酯(DCDPST)和 2,3−二氰基−2,3−(对甲苯基)丁二酸二乙酯,可以引发乙烯基单体的聚合。DCDPST 在 50 ℃ 下就可以实现甲基丙烯酸甲酯的活性聚合,所得聚合物材料分子量高且分布窄。不仅如此,该引发剂还首次实现了非极性单体苯乙烯的活性自由基聚合。

除热引发−转移−终止剂以外,还有新型光引发−转移−终止剂。例如,含有二乙基二硫代氨基甲酰氧基(DC)的新型光引发−转移−终止剂:2−N,N−二乙基二硫代氨基甲酰氧基乙酰对甲苯胺(TDCA)、2−N,N−二乙基二硫代氨基甲酰氧基乙酸乙酯和丁酯(EDCA 和 BDCA)及 2−N,N−二乙基二硫代氨基甲酰氧基乙酸苄酯(BzDCA),其结构如图 7−1 所示。

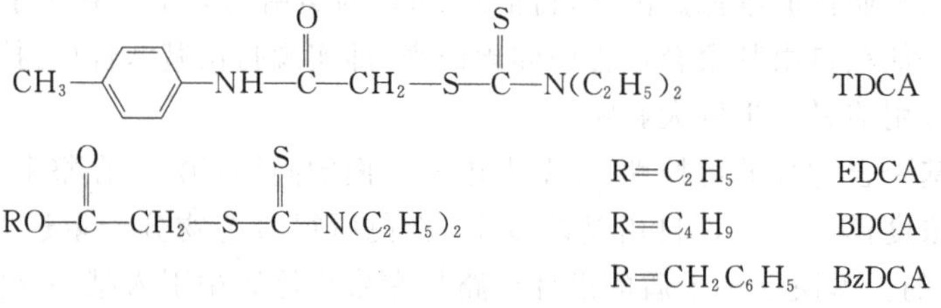

图 7−1　新型光引发−转移−终止剂的结构

这类引发剂的优点是活性高,但缺点是所得聚合物分子量分布较宽。使用这类引发剂引发的聚合反应具有活性自由基聚合的特征,其聚合机理如下:

$$R\!-\!SCN(C_2H_5)_2 \xrightarrow{h\nu} R\cdot + \cdot SCN(C_2H_5)_2$$
$$R\cdot + nM \longrightarrow RM_n\cdot$$
$$RM_n\cdot + M \longrightarrow RM_{n+1}\cdot$$

$$RM_n\cdot + \cdot \underset{\underset{\|}{S}}{S}CN(C_2H_5)_2 \longrightarrow RM_n\underset{\underset{\|}{S}}{S}CN(C_2H_5)_2$$

$$R\cdot = CH_3-\underset{\underset{\|}{O}}{\bigcirc}-NHCCH_2\cdot\ ,\quad CH_3CH_2\underset{\underset{\|}{O}}{O}CCH_2\cdot\ ,\quad CH_3CH_2CH_2CH_2\underset{\underset{\|}{O}}{O}CCH_2\cdot\ ,\quad \bigcirc-CH_2\underset{\underset{\|}{O}}{O}CCH_2\cdot$$

此外,还有可聚合光引发-转移-终止剂,主要是指具有 DC 基团和能进行自由基聚合的含双键化合物。热引发-转移-终止剂和光引发-转移-终止剂可以分别引发不同单体进行活性聚合,如果将六取代乙烷型 C—C 键和 DC 基团合成到一个分子中,将得到新型多功能引发-转移-终止剂。典型的例子是 2,3-二氰基-2,3-二(对二乙基二硫代氨基甲酰氧基甲基)苯基丁二酸二乙酯(DDDCS),同时拥有光引发-转移-终止剂和热引发-转移-终止剂的优点。

2. TEMPO 引发体系

TEMPO 最早在有机化学中作为自由基捕获剂使用。20 世纪 70 年代末,澳大利亚的 Rizzardo 等人用 TEMPO 捕获增长链自由基,获得了丙烯酸酯齐聚物,这是 TEMPO 首次应用在自由基聚合体系当中。1993 年,加拿大 Xerox 公司的研究人员在 Rizzardo 等人研究的基础上,发现采用 TEMPO 和 BPO 混合体系作为引发剂,在 120 ℃下可以引发苯乙烯单体的本体聚合,且其过程为活性聚合,在苯乙烯高温聚合方面获得了突破。实验表明在聚合过程中,TEMPO 是稳定自由基,只与增长自由基发生偶合反应形成共价键,但不能与单体反应,并且这种共价键在高温下又可分解产生自由基,因此 TEMPO 捕获增长自由基后,成为休眠种而不是活性链的真正死亡。

以 TEMPO 作为引发剂的自由基聚合具有明显的活性可控聚合的特征,而且无需离子活性聚合过程中涉及的各种苛刻反应条件,引起了高分子学术界和工业界的共同兴趣,大量研究成果随之而来。例如,将 4-羟基-2,2,6,6-四甲基氮氧化物(HTEMPO)与甲基丙烯酰氯进行酯化反应,得到带有活泼双链的氮氧自由基 MTEMPO,反应式如下:

$$CH_2=\underset{\underset{CH_3}{|}}{C}-COCl\ +\ HO-\bigcirc\overset{}{N}-O\cdot\ \xrightarrow{(C_2H_5)_3N}\ CH_2=\underset{\underset{CH_3}{|}}{C}-C=O$$

MTEMPO

MTEMPO 既可参与聚合,又可以捕获自由基,这一特点使其作为引发剂使用时,在保证聚合物分子量窄分布的基础上加快反应速率。这是因为当 MTEMPO 聚合到高分子链上之后,因高分子链构象的屏蔽作用降低了 TEMPO 的自由基捕获能力,导致休眠链数目减少,增长链数目增加,从而使聚合反应速率加快 2.5 倍左右,而分子量分布基本保持不变。

TEMPO 引发体系的缺点是反应温度高,反应速率相对较慢,所以达到高转化率所需的时间较长。例如,以 TEMPO/BPO 为引发体系引发苯乙烯聚合,转化率达到 90% 需要在 125 ℃下反应约 70 h。显然,如此长的反应时间限制了其在工业上的应用。为了加快反应速率,科学家们做了大量研究,如在 TEMPO 引发体系中加入少量酸性物质,可加速体系的聚合速率。1994 年,Georges 等报道了向苯乙烯聚合体系中引入低浓度($\leqslant 0.02$ mol·L^{-1})的樟脑磺酸(CSA),6 h 内转化率就达到 90%,且产物分子量分布很窄($\overline{M}_w/\overline{M}_n < 1.25$)。还发现转化率和分子量分布随 CSA 浓度的增加而提高。1995 年,Odell 等人发现少量对甲苯磺酸的 2−氟−1−甲基吡啶盐(FMPTS)比 CSA 在提高苯乙烯聚合速率方面更加有效。1997 年,Hawker 等报道了一系列酰化试剂,如乙酸酐、三氟乙酸酐等也可明显提高 TEMPO 引发体系的聚合速率。近年来,还发现乙酰乙酸乙酯、乙酰丙酮和丙二酸二乙酯等均可提高 TEMPO 体系引发下的苯乙烯聚合速率,且分子量和分子量分布均可控。

　　TEMPO 引发体系的另外一个主要问题是单体适用面窄,一般认为只适用于苯乙烯及其衍生物的活性聚合,而对甲基丙烯酸甲酯等极性单体不适用。且有研究表明,甲基丙烯酸甲酯以 TEMPO/BPO 为引发体系,在三氟乙酸酐增速剂存在下,当单体转化率低于 30% 时,可得到分子量随转化率线性增长、分子量分布较窄($\overline{M}_w/\overline{M}_n < 1.35$)的聚合物,具有活性自由基聚合的特征。然而,当转化率进一步上升时,分子量变得不可控。TEMPO 的价格昂贵,这也决定了该体系工业化价值不大。尽管如此,TEMPO 引发体系是首例自由基活性聚合,它坚定了科学家们探索其他活性自由基聚合方法的信念,具有重要的意义。

7.1.2　可逆加成−断裂链转移自由基聚合

1. 可逆加成−断裂链转移自由基聚合(RAFT)概念的提出

　　前面已经介绍过,正是由于传统自由基聚合的不可逆终止和链转移等基元反应导致聚合物结构和分子量无法控制。而 TEMPO 引发体系的自由基活性聚合是实现了增长链自由基的可逆链终止,很自然可以联想到是否可以利用增长链自由基的可逆链转移来实现自由基活性聚合呢?这正是接下来要介绍的可逆加成−断裂链转移自由基聚合,其概念的建立为活性可控自由基聚合研究指明了方向,当然,关键是能否找到理想链转移剂 A—X,可以实现下列反应:

$$R\cdot + A-X \xrightarrow{nM} R\!\!\left[M\right]_{n-1}\!\!M\cdot + A-X$$
$$R-X + A\cdot \ \not\!\!\longrightarrow\ R\!\!\left[M\right]_n\!\!X + A\cdot$$

　　1995 年,Matyjaszewski 等人以 1−碘乙基苯为转移剂,偶氮二异丁腈为引发剂进行苯乙烯和丙烯酸丁酯自由基聚合,发现该体系具有以下活性特征:① 转化率与时间呈线性关系;② 聚合物分子量随转化率单调增加;③ 在第一单体基本消耗完毕后,加入第二单体,聚合可继续进行,最终得到嵌段共聚物。但由于 1−碘乙基苯的链转移常数较小,使活性种和休眠种之间的转换速率较慢,导致聚合物的分子量分布仍比较宽。RAFT 理念的推广是在 1998 年第 37 界国际高分子学术讨论会上,Rizzardo 做了题目为"Tailored Polymers by Free Radical Processes"的报告,提出了可逆加成−断裂链转移自由基聚合的概念,引起了参会学者的强烈兴趣和反响。在传统自由基聚合中,不可逆链转移副反应是导致聚合反应不可控的主要因素之一,对聚合物结构和分子量的调控是不利的。然而,当链转移常数和链转移剂的浓度足够大时,链转移反应由不可逆变为可逆,聚合行为也由不可控变为可控。可逆加成−断裂链转移自由基聚合理念的成功实现归功于找到了具有高链转移常数和特定结构链转移剂双硫酯(ZCS$_2$R)。其化学结构如下所示:

单官能度：

$$Z=Ph, CH_3$$
$$R=C(CH_3)_2Ph, CH(CH_3)Ph, CH_2Ph, CH_2PhCH=CH_2,$$
$$C(CH_3)_2CN, C(CH_3)(CN)CH_2CH_2CH_2OH,$$
$$C(CH_3)(CN)CH_2CH_2COOH, C(CH_3)(CN)CH_2CH_2COONa$$

（单官能度结构：$\overset{S}{\underset{Z}{\parallel}}{\text{C}}$，C 连接 S—R，Z）

双官能度：

$$Z-CS\overset{CH_3}{\underset{CH_3}{\overset{|}{\underset{|}{C}}}} - \langle C_6H_4 \rangle - \overset{CH_3}{\underset{CH_3}{\overset{|}{\underset{|}{C}}}} CS-Z$$

多官能度：

$$ZCS_2CH_2 \ / \ CH_2CS_2Z$$
$$ZCS_2CH_2 \ / \ CH_2CS_2Z$$
（苯环四取代）

$$\begin{array}{c} CH_2CS_2Z \\ ZCS_2CH_2 \quad CH_2CS_2Z \\ ZCS_2CH_2 \quad CH_2CS_2Z \\ CH_2CS_2Z \end{array}$$
（苯环六取代）

2. RAFT 聚合的机理

RAFT 自由基聚合的机理可用下列反应式表示：

$$I \longrightarrow 2R\cdot$$

$$R\cdot + n\,CH_2=\underset{X}{\overset{Y}{C}} \longrightarrow R\!\left[CH_2-\underset{X}{\overset{Y}{C}}\right]_{n-1}CH_2-\underset{X}{\overset{Y}{C}}\cdot \;\rightleftharpoons\; \overset{S}{\overset{\|}{C}}\underset{Z}{\overset{S-R_1}{}}$$

$$R\!\left[CH_2-\underset{X}{\overset{Y}{C}}\right]_n S-\underset{Z}{\overset{S-R_1}{C}}\cdot \;\rightleftharpoons\; R\!\left[CH_2-\underset{X}{\overset{Y}{C}}\right]_n S-\overset{S}{\overset{\|}{C}}\underset{Z}{} + R_1\cdot$$

$$R_1\cdot + n\,CH_2=\underset{X}{\overset{Y}{C}} \longrightarrow R_1\!\left[CH_2-\underset{X}{\overset{Y}{C}}\right]_{n-1}CH_2-\underset{X}{\overset{Y}{C}}\cdot$$

　　上述反应过程中的 Z 是能够活化 C=S 对自由基加成的基团,通常为芳基、烷基;R 应是活泼的自由基离去基团,断键后生成的自由基 R· 应该能有效地再引发聚合,常用的 R 有异丙苯基、氰基异丙基等。Z 和 R 这两个基团在整个反应过程中起到至关重要的作用。这一机理过程已经由核磁共振谱和紫外–可见光谱等手段证明,结果表明聚合物链端存在链转移剂分子的残片。

3. RAFT 聚合的应用

　　表 7–1 列出了利用 RAFT 自由基聚合方法所得到的聚合物实例。可见,采用单官能度、双

官能度和多官能度的双硫酯类化合物作链转移剂,可成功地制备嵌段、星型等具有复杂分子结构的聚合物。

表 7-1 通过 RAFT 聚合制备结构可控的聚合物

产物名称	转化率/%	$\overline{M}_n$	$\overline{M}_w/\overline{M}_n$
PBA—PAA	8.3	52 400	1.19
PMMA—PSt	23.5	35 000	1.24
PHEMA—MMA—PHEMA	40.2	28 500	1.18
星状 PST	72.1	80 000	1.67
星状 P(BA—S)	71.4	82 500	2.16

7.1.3 原子转移自由基聚合

1. 基本原理

原子转移自由基聚合(ATRP)的概念源于有机化学中形成 C—C 键的有效方法,即过渡金属催化原子转移自由基加成(atom transfer radical addition,ATRA)。其反应过程如图 7-2 所示。

首先,还原态过渡金属种 M_t^n 从有机卤化物 R—X 中夺取卤原子 X,形成氧化态过渡金属种 M_t^{n+1} 和碳自由基 R·;然后,自由基 R·与烷烯 M 反应产生中间体自由基 R—M·。中间体自由基 R—M·再与氧化态过渡金属种反应得到目标产物 R—M—X,同时产生还原态过渡金属种 M_t^n;它又可与卤化物 R—X 反应,开始新一轮氧化还原循环。这种过渡金属催化的原子转移反应效率很高,产率常大于 90%。这一事实说明 M_t^n/M_t^{n+1} 的氧

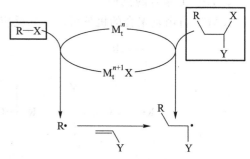

图 7-2 原子转移自由基加成反应示意图

化还原反应能产生低浓度自由基,进而抑制了自由基之间的终止反应。设想若所得到的产物 R—M—X 对单体 M 也具有足够高的反应活性,且 M 大大过量,就可以进一步获得 R—M—M—X。以此类推,假设每一步的产物都具有足够高的反应活性,就可以进行一连串的原子转移自由基加成反应,即可控自由基聚合就有可能发生,如图 7-3 所示。

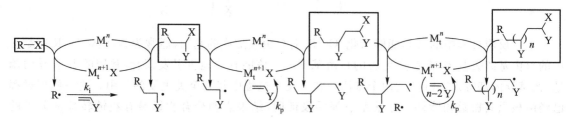

图 7-3 连续的原子转移自由基加成反应示意图

这一设想被 Matyjaszewski 和王锦山博士所证实,他们以 α-氯代苯乙烷为引发剂、氯化亚铜与 2,2′-联二吡啶的配合物为催化剂,在 130 ℃下进行了苯乙烯本体聚合,所得聚苯乙烯的实测分子量与理论计算值非常接近,且分布很窄。当加入第二单体丙烯酸甲酯时,成功地实现了嵌段共聚,具有明显的活性聚合特征。据此,他们提出了原子转移自由基聚合这一全新概念。

由以上反应过程可知,ATRA 的目标是卤原子怎样能顺利地加成到双键上去,形成 C—C 共价键,而加成物中的卤原子能否成功地转移下来则是 ATRP 所要解决的关键问题,这与反应介质、反应温度、过渡金属离子及配体的性质、卤代烷和不饱和化合物的分子结构密切相关。理论和实践证明,分子结构中的共轭效应或诱导效应能够削弱 α 位置 C—X 键的强度。这已成为选择 ATRP 引发剂的原则,也决定了 ATRP 所适用的单体范围。

根据上述理念,典型的原子转移自由基聚合的基本原理如下所示:

引发

$$R{-}X + M_t^n \rightleftharpoons R\cdot + M_t^{n+1}X$$

$$R{-}M{-}X + M \rightleftharpoons R{-}M\cdot + M_t^{n+1}X$$

增长

$$M_n{-}X + M_t^n \rightleftharpoons M_n\cdot + M_t^{n+1}X$$

在引发阶段,低氧化态的转移金属卤化物(盐)M_t^n 从有机卤化物 R—X 中夺取卤原子 X,生成引发自由基 R· 及高氧化态的金属卤化物 M_t^{n+1}—X。自由基 R· 可引发单体聚合,形成链自由基 R—M_n·。R—M_n· 从高氧化态的金属配合物 M_t^{n+1}—X 中重新夺取卤原子而发生钝化反应,形成 R—M_n—X,并将高氧化态的金属卤化物还原为低氧化态 M_t^n。如果 R—M_n—X 与 R—X 一样(不总是一样)可与 M_t^n 发生促活反应生成相应的 R—M_n· 和 M_t^{n+1}—X,同时若 R—M_n· 与 M_t^{n+1}—X 又可反过来发生钝化反应生成 R—M_n—X 和 M_t^n,则在自由基聚合反应进行的同时,始终伴随着一个自由基活性种与有机大分子卤化物休眠种的可逆转换平衡反应。

因为这种聚合反应中的可逆转移包含卤原子从有机卤化物到金属卤化物、再从金属卤化物转移至自由基这样一个反复循环的原子转移过程,所以是一种原子转移聚合。同时,其反应活性种为自由基,因此被称为原子转移自由基聚合。原子转移自由基聚合是一个催化过程,催化剂 M_t^n 及 M_t^{n+1}—X 的可逆转移控制着自由基浓度 $[M_n\cdot]$,即 R_t/R_p,因此使聚合过程可控;同时快速的卤原子转换控制着聚合物分子量及其分布,即实现聚合物结构的可控,这就为控制聚合反应提供了可行性。

2. 原子转移自由基聚合的引发剂

自 1995 年第一篇有关 ATRP 的论文发表以来,ATRP 研究热潮席卷全球,研究的内容主要围绕新的引发及聚合体系、聚合物的结构及材料性能、聚合反应工艺及工业产品开发,其中新引发体系的研究最受关注。研究结果表明,所有 α 位上含有诱导共轭基团的卤代烷都能引发

ATRP反应。目前比较典型的 ATRP 引发剂有 α-卤代苯基化合物,如 α-氯代苯乙烷、α-溴代苯乙烷、苄基氯和苄基溴等;α-卤代羰基化合物,如 α-氯丙酸乙酯、α-溴丙酸乙酯、α-溴代异丁酸乙酯等;α-卤代氰基化合物,如 α-氯乙腈、α-氯丙腈等;多卤化物,如四氯化碳、氯仿等。此外,Percec 等人又成功开发了芳基磺酰氯类引发剂。这类引发剂中的 S—Cl 键的解离能低,引发效率高于卤代烷,因此成为苯乙烯和(甲基)丙烯酸酯类单体的有效引发剂。近年的研究还发现,分子结构中没有共轭或诱导基团的卤代烷(如二氯甲烷、1,2-二氯乙烷)在 $FeCl_2 \cdot 4H_2O/PPh_3$ 的催化作用下,也可引发甲基丙烯酸丁酯的可控聚合,这一发现拓宽了 ATRP 的引发剂选择范围。

3. 原子转移自由基聚合的催化剂和配位剂

第一代 ATRP 技术引发体系的催化剂为 $CuX(X=Cl、Br)$。随后,Sawamoto 和 Teyssie 等人分别采用 Ru 和 Ni 的配合物为催化剂进行了 MMA 的 ATRP 反应,均获得成功。后来又发现了以卤化亚铁为催化剂的 ATRP 反应。这些催化剂的成功研究,为开发高效、无公害的引发体系奠定了基础。

配位剂具有稳定过渡金属和增加催化剂溶解性的作用,是 ATRP 引发体系中的一个重要组成部分。最早使用的配位剂是联二吡啶,缺点是与卤代烃、卤化铜组成的引发体系是非均相体系,因此用量大,引发效率不高,产物的分子量分布也较宽。Matyjaszewski 等人设计了含有长烷基链取代的联二吡啶作为配位剂,实现了 ATRP 均相反应。Haddleton 等人采用 2-吡啶醛缩亚胺为配位剂,也实现了 ATRP 均相反应。程广楼等人则将邻菲咯啉用于苯乙烯和甲基丙烯酸甲酯等单体的 ATRP 聚合,大大提高了催化剂卤化铜的催化活性和选择性。虽然烷基链取代联二吡啶可以使反应在均相中进行,但价格较昂贵,聚合速率比非均相体系慢得多。目前开发的价格低廉配位剂主要有多胺(如 N,N,N',N'',N''-五甲基二亚乙基三胺)、亚胺(如 2-吡啶甲醛缩正丙胺)和氨基醚类化合物[如双(二甲基氨基乙基)醚]等,其加成效果与取代联二吡啶相当。

4. 原子转移自由基聚合的单体

ATRP 最大的魅力是在活性聚合当中具有最宽的单体选择范围。目前已经报道的可通过 ATRP 聚合的单体有三大类:

① 苯乙烯及取代苯乙烯 如对氟苯乙烯、对氯苯乙烯、对溴苯乙烯、对甲基苯乙烯、间甲基苯乙烯、对氯甲基苯乙烯、间氯甲基苯乙烯、对三氟甲基苯乙烯、间三氟甲基苯乙烯和对叔丁基苯乙烯等。

② (甲基)丙烯酸酯 如(甲基)丙烯酸甲酯、(甲基)丙烯酸乙酯、(甲基)丙烯酸正丁酯、(甲基)丙烯酸叔丁酯、(甲基)丙烯酸异冰片酯、(甲基)丙烯酸-2-乙基己酯和(甲基)丙烯酸二甲氨基乙酯等。

③ 带有功能基团的(甲基)丙烯酸酯 如(甲基)丙烯酸-2-羟乙酯、(甲基)丙烯酸羟丙酯、(甲基)丙烯酸缩水甘油酯、乙烯基丙烯酸酯;特种(甲基)丙烯酸酯,如(甲基)丙烯酸-1,1-二氢全氟辛酯、(甲基)丙烯酸十五氟辛基乙二醇酯、(甲基)丙烯酸-β-(N-乙基-全氟辛基磺酰基)氨基乙酯、(甲基)丙烯酸-2-全氟壬烯氧基乙酯等;(甲基)丙烯腈;4-乙烯吡啶等。

5. ATRP 技术的应用

ATRP 可控聚合发现至今不到二十年,已用它合成得到了多种具有指定结构的聚合物,相对于其他活性聚合而言,ATRP 过程简单、效率高,在聚合物设计与合成领域具有重要的应用与研究价值。

（1）制备窄分子量分布聚合物

原子转移自由基聚合可得到分子量分布很窄的聚合物。例如,采用有机卤化物/CuX/2,2′-bpy(X 为 Cl、Br)引发体系引发苯乙烯聚合可得到分子量分布为 1.1~1.2 的均聚物。由于这类引发体系即使在高温下(100~120 ℃)反应仍是非均相的,因此聚合物的分子量分布不可能接近于典型的阴、阳离子活性聚合物的水平(阴、阳离子活性聚合物的 $\overline{M_w}/\overline{M_n}<1.1$)。但是如果使用正丁基、叔丁基等在 2,2′-bpy 杂环上进行取代反应,则上述引发体系可变为均相体系,由此得到的聚合物分子量分布可低至 $\overline{M_w}/\overline{M_n}\approx1.04$。

（2）制备末端含官能团的聚合物

用有机卤化物 RX(X 为 Cl 或 Br)作为引发剂时,产物的末端带有卤原子,而卤原子本身就是一种官能团,可以转化成为其他官能团如氨基、羧基、叠氮基和烯丙基等。例如,采用 1-苯基氯乙烷或 1-苯基溴乙烷/CuCl/2,2′-bpy 作为引发体系进行苯乙烯的聚合,产物末端为带有卤原子的聚苯乙烯。如果将 1-苯基卤乙烷改为 1,4-二氯(溴)甲基苯,则所得产物分子链两端均为卤原子的双官能度聚苯乙烯。在 TiCl₄ 催化下,聚苯乙烯末端的卤原子与烯丙基三甲基硅烷反应,端基就可转变为烯丙基。类似地,在四丁基氟化铵存在下,聚合物分子链末端的卤原子可以与叠氮基二甲基硅烷反应,得到端叠氮基聚苯乙烯。如果用带有另一种官能团 Z(如—OH、—COOH、—CH=CH₂)的有机卤化物作为引发剂,则 100% 的聚合物末端带上官能团 Z。例如,用 2-氯代醋酸乙烯引发苯乙烯聚合,得到的聚合物末端带有醋酸乙烯单元,这是一种大分子单体,可用于制备接枝共聚物。又如,以 2-溴异丁酸羟乙酯作为引发剂,在 CuBr/2-吡啶甲醛缩正丙胺的催化下进行甲基丙烯酸甲酯的原子转移自由基聚合,可制备端羟基聚甲基丙烯酸甲酯。目前报道带有官能团的引发剂主要有 4-氰基溴化苄、4-溴代溴化苄、氯甲基萘、烯丙基氯(溴)、2-溴丙酸叔丁酯、2-溴丙酸羟乙酯、2-溴丙酸缩水甘油酯、2-溴丁内酯、氯代醋酸乙烯酯、氯代醋酸烯丙酯和氯代乙酰胺等。

（3）制备嵌段共聚物

至今为止只有活性聚合反应才能合成出不含均聚物、分子量及组成均可控制的嵌段共聚物。用 ATRP 方法可直接制得二嵌段和三嵌段共聚物。用 ATRP 制备第一种单体的均聚物,因为 ATRP 反应结束时的产物是端基带卤素的稳定大分子,所以在第一单体反应完成后,打开反应瓶,加入第二单体,去氧,封瓶,加热,共聚反应就会继续进行,最后得到纯的嵌段共聚物。也可以用 ATRP 法制得含有卤原子的大分子,然后用这种大分子再作为引发剂,引发第二种单体聚合,得到二嵌段共聚物。这种制备嵌段共聚物的方法是离子型活性聚合反应不具备的。如果引发剂是二官能度的,则用上面两种方法均可得到三嵌段共聚物。例如,1,4-二氯(溴)甲基苯/CuBr/bpy 作为引发体系,先进行丙烯酸丁酯(BA)的原子转移自由基聚合,而后加入丙烯腈(AN)继续反应,制得了 PAN-PBA-PAN 三嵌段共聚物。

（4）制备星状聚合物

采用多官能度化合物作为引发剂使用 ATRP 方法可以制备星状聚合物,这种方法也被称为"先核后臂"法,所得星状聚合物末端含有多官能团,可以根据实际应用的需要将这些基团转化成其他官能团,所以应用前景很好。图 7-4 给出了可以作为多官能度引发剂的化合物分子结构。利用这些引发剂可以引发苯乙烯或甲基丙烯酸甲酯聚合,得到星状 PSt 或星状 PMMA。此外,用 ATRP "先臂后核"法也可以制备多臂星状聚合物,即先用 ATRP 法制备末端基含官能团的均聚物,然后与多官能团化合物反应,得到多臂星状聚合物。例如,先用 ATRP 制备末端均为活性卤原子的聚苯乙烯,然后再加入二乙烯基苯,继续进行 ATRP 反应,便可得到以网状交联二乙烯基苯为核的多臂星状聚苯乙烯。

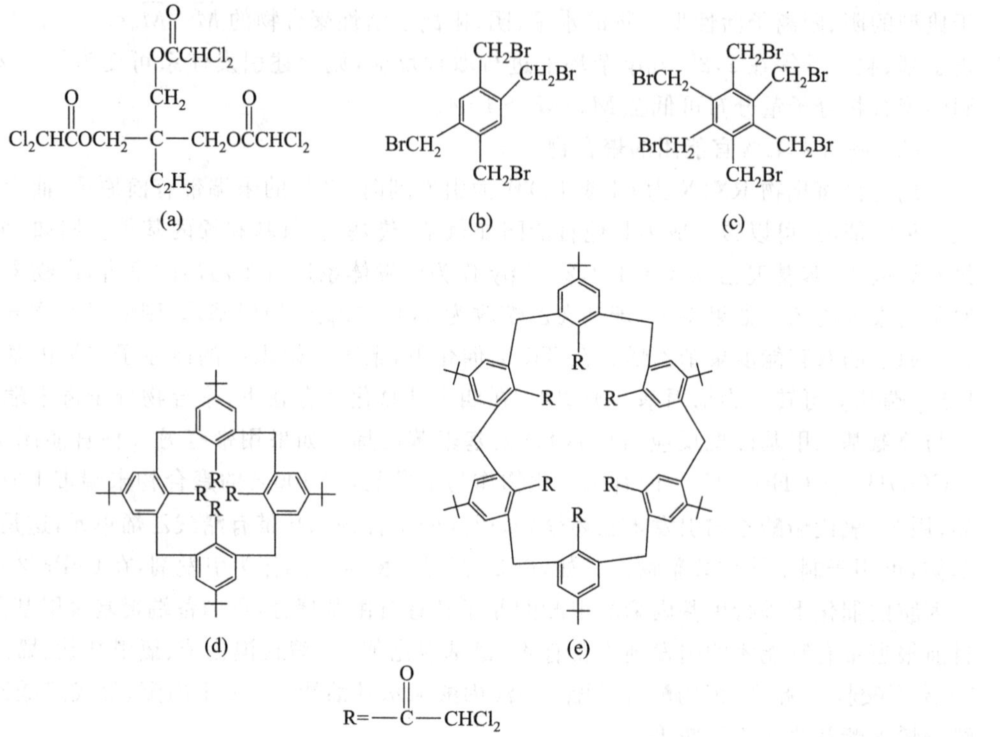

图 7-4　可以作为多官能度引发剂的化合物分子结构

7.2　超分子聚合

7.2.1　超分子聚合物的概念

利用单体分子间非共价键相互作用,使其在溶液中自组装形成的大分子,被称为超分子聚合物。所谓非共价键主要包括静电相互作用、氢键、亲水-疏水作用、主客体分子识别和 $\pi-\pi$ 堆积作用等。超分子聚合物是超分子化学和高分子合成化学紧密结合的产物,已成为当前高分子领域的研究热点。传统高分子材料的重复单元是通过共价键连接在一起的,与其相比,超分子聚合物最大特点就是它的动态结构,这一特性使其在药物缓释、日常保健和废物管理等多个领域具有潜在应用前景。

7.2.2 （准）聚轮烷和聚索烃的合成和应用

（准）聚轮烷和聚索烃是轮烷和索烃通过非共价键相互作用组装成的一维或多维复杂功能体，可以被看成是轮烷和索烃的高分子类似物。已经合成了许多不同种类的（准）聚轮烷，图 7-5 归纳了目前研究中所涉及的基本结构。

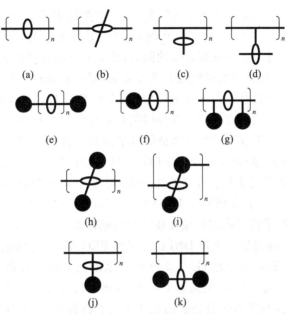

图 7-5　（准）聚轮烷的基本结构

（准）聚轮烷和聚索烃的研究属于高分子科学和超分子化学的交叉领域。传统聚合物仅以共价键相连，而（准）聚轮烷和聚索烃的主客体之间可通过非共价键相互作用组装成一维、二维或三维有序的超分子体系。由于非共价键相互作用的引入，可以使电子转移、能量传递、光、电、磁、机械运动等多种新颖的特殊性质在这类新型聚合物上得以体现。因此，对于它们的研究不仅在化学拓扑结构上具有重要意义，也丰富了超分子聚合物的内容。

1. （准）轮烷和索烃

轮烷由线型的哑铃状分子和穿在哑铃状分子上的环状分子组成，在哑铃状分子两端体积较大的封端基团可以保证大环分子不会从线型轴分子两端滑落，而线型分子和环状分子之间并不存在共价键作用（图 7-6）。

索烃是由连锁环状分子组成，含有两个或多个相扣的大环，每个环之间同样不存在任何共价键作用。轮烷和索烃是最常见的小分子机械互锁结构，可用 $[n]$ 轮烷或 $[n]$ 索烃表示，n 代表互锁结构单元的数目。如图 7-6 所示，$[2]$ 轮烷的两个互锁结构单元就像一对亲密恋人，虽不相连，却永不分离。准轮

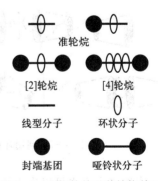

图 7-6　（准）轮烷及其结构单元

烷是指在结构上与轮烷很相似的超分子组装体,相对于轮烷,它不包含用于稳定超分子结构的封端基团;相对于索烃,它的线型轴没有闭合(图7-6)。准轮烷常被用作合成轮烷和索烃的前体,它的结构越稳定,也就标志着主体分子和客体分子间所形成的配合物的配位常数越高,越有利于制备轮烷和索烃。因此,制备结构稳定的准轮烷是获得轮烷和索烃的基础,非常重要。下面将以超分子化学中两类经典分子环糊精和冠醚为例来介绍(准)聚轮烷的合成与应用。

2. 基于环糊精的(准)聚轮烷

1990年,Harada和Kamachi等通过实验发现,将水溶性聚乙二醇(PEG)和α-环糊精(α-CD)的饱和水溶液在室温下混合,产生了白色沉淀,这就是准聚轮烷。推测其产生机理是当很多环糊精分子环绕在PEG链上形成准聚轮烷的同时,彼此靠近的环糊精通过氢键或疏水相互作用发生了聚集。如果在已经形成的准聚轮烷上进行封端,即可形成相应的聚轮烷,但实际上这并非易事。首先,这些准聚轮烷自身结构不是很稳定,当将其溶解于某些溶剂,如热水或DMSO中,溶液即变澄清,意味着准聚轮烷重新分散成环糊精和聚合物。另外,封端反应一般只有在非均相反应体系中才可以进行,封端基团对聚合物链终端的选择性要好而且不能与环糊精反应。这一难题的解决是选择了氨标记的PEG(NH₂-PEG-NH₂)和采用2,4-二硝基氟代苯(DNFB)为封端剂,主要是利用DNFB对氨基具有良好的选择性,而且其体积足以阻止环糊精从PEG链上脱落。首先利用α-CD和氨标记的PEG(NH₂-PEG-NH₂)合成了PEG-环糊精准聚轮烷,然后利用DNFB进行封端,制得了具有稳定机械互锁结构的聚轮烷。封端后,再加入NaOH使相邻环糊精上的羟基彼此交联,通过加热去掉DNFB基团和PEG轴,制得内径均一的交联环糊精。刘育等将末端连接氨基的聚丙二醇(PPG)与β-CD在水溶液中反应得到PPR1,再用醛基取代的β-CD作为封端基团而得到PR2,最后通过PR2尾端环糊精与富勒烯进行线型组装。这种有机分子的非共价键组装为延长所得聚合物链的长度提供了新的方法(见图7-7)。

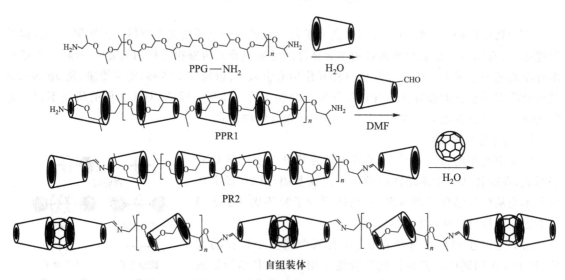

图7-7 利用环糊精作为封端基团制备聚轮烷及此聚轮烷和富勒烯的组装

嵌段聚合物也可以作为线性轴来制备(准)聚轮烷。例如,以PEG-PPG-PEG三嵌段共聚物为轴与环糊精作用获得准聚轮烷,然后以荧光素－4－异硫氰酸盐作为封端基团,即可以获得温度响应型聚轮烷。当温度升高时,大多数环糊精从 PEG 位置平移到 PPG 位置。这种环境响应型聚轮烷对制备刺激响应型纳米器件具有重要意义。

此外,还可以用共轭聚合物作为线性轴。通常,将具有高电荷迁移率等特殊光电性质的线性共轭聚合物称为分子导线(molecular wires)。当导电共轭聚合物被大环分子包埋在内部时,就如同在外面增加了一个保护壳,被形象地称作绝缘分子导线(insulated molecular wires,IMW)。例如,可以利用水相 Suzuki 偶联反应制备基于联苯和其衍生物为重复单元的线型聚合物的聚轮烷。可以用作(准)聚轮烷线性分子轴的共轭聚合物还包括聚芴、聚噻吩、聚(亚苯－1,2－乙烯)、聚(4,4′－二亚苯－1,2－二苯乙烯)、聚苯胺、聚亚胺和聚硅烷等。

还可以在同一线性轴上包含不同尺寸的环糊精。首先在主链骨架上选择性发生光致加成反应,发生反应的部分体积变大,与 γ-CD 的空腔尺寸匹配,而没有发生加成反应的部分可以与 β-CD 包合,所以构筑了一种主链线性轴同时包含 β-CD 和 γ-CD 的聚轮烷。这为合成非单一种类的环糊精包合主链聚轮烷提供了一种思路。

环糊精除了可以位于主链上,还可以得到侧链(准)聚轮烷。这主要是通过与侧链上含有反应活性功能基团的聚合物形成共价键来实现的。1991 年,Ritter 将聚丙烯酸甲酯侧链上的羧基氯化后,与尾端带有氨基的准轮烷反应首次制得侧链聚轮烷。此外,利用含功能化基团的聚合物侧链与环糊精在水溶液中形成包合物,也是制备(准)聚轮烷的一种方法,与前面的方法相比,这种方法的优点是过程简单。例如,可以通过自由基聚合,合成具有亲水主链、疏水侧链的聚合物,然后将环糊精与其侧链包合形成水溶性聚轮烷。这类水溶性聚合物近年来在家居和工业上都有广泛应用。

3. 基于冠醚的(准)聚轮烷

以冠醚为大环的主链(准)聚轮烷可以通过逐步增长聚合法(step－growth polymerization)来合成,即在冠醚存在的情况下,将两种不同官能团化合物单体进行缩聚而形成准聚轮烷和聚轮烷。例如,利用逐步聚合法制备非功能化的脂肪族和聚氨基甲酸酯等 A 类准聚轮烷。冠醚依靠和聚氨基甲酸酯的—OH 或者—NH—/—NHCO—基团之间的氢键,环绕在聚氨基甲酸酯上,维持结构稳定(见图 7-8)。

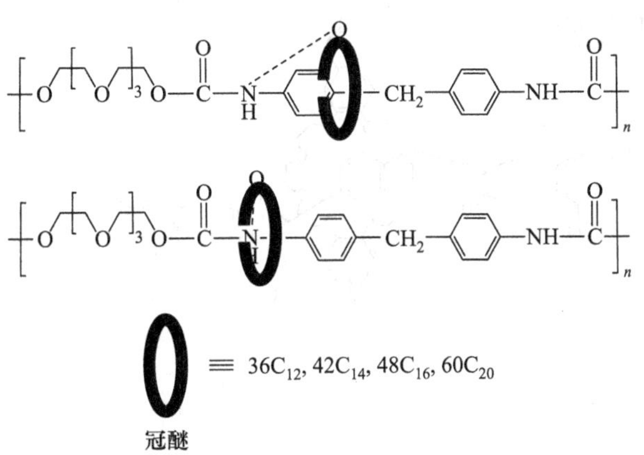

图 7-8 逐步增长聚合法制备基于冠醚的非功能化聚氨基甲酸酯 A 类准聚轮烷

　　Takata 等人先合成轮烷再将其聚合，为聚轮烷的合成提供了一种通用的方法。如图 7-9 所示，首先通过 Wittig 反应制备乙烯功能化的化合物 1，再以 1 为大环、二级铵盐 2a 为中心轴、3,5-二甲基安息香酸酐为封端试剂、三丁基膦为催化剂合成轮烷 3，产率达 72%，又经乙酸酐和三乙胺处理得轮烷 4，利用类似的方法合成了叔丁基取代轮烷 6，将轮烷 4 和二卤代物 7 在 n-Bu$_3$N 作用下通过 Pd 催化 Mizoroki-Heck 偶联反应，制备双苯并-24-冠-8 聚轮烷（图 7-9）。

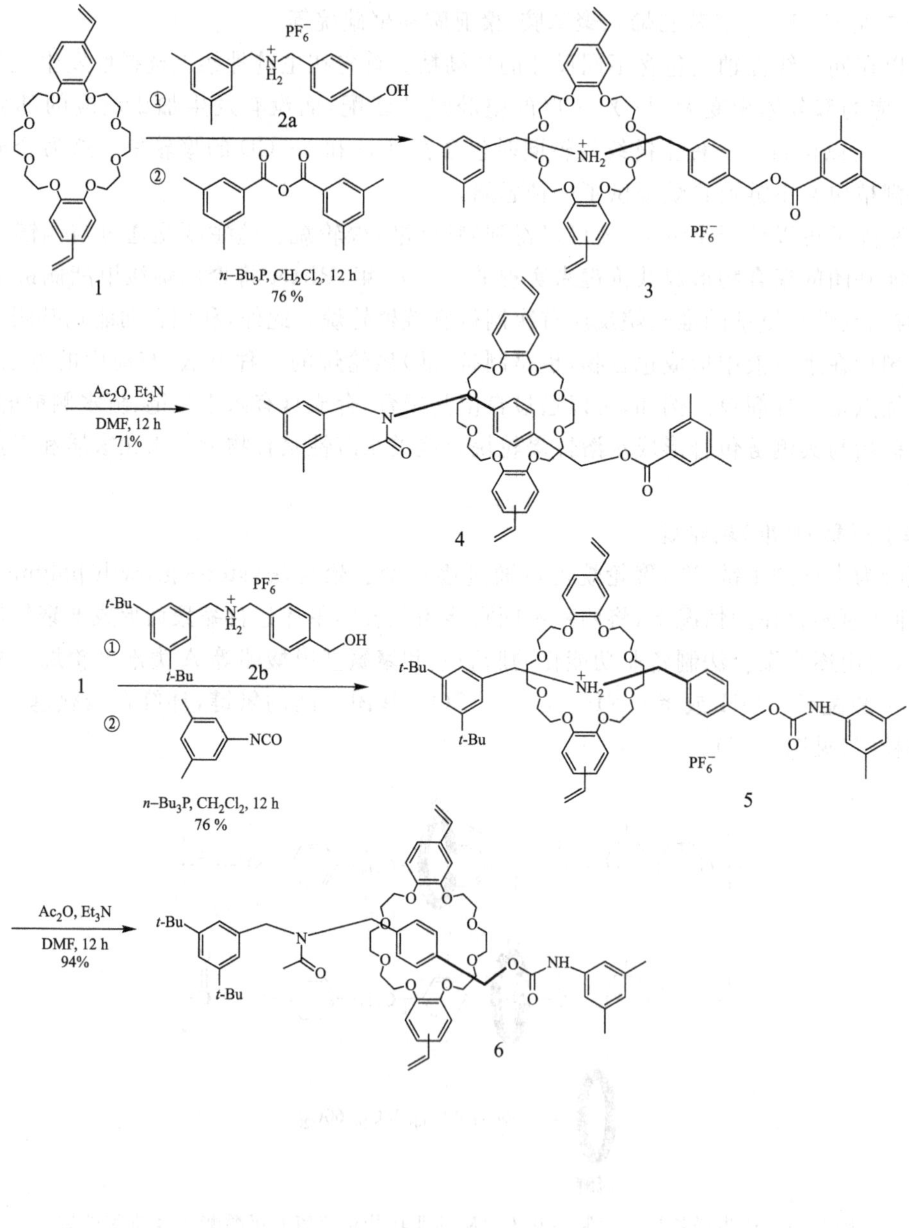

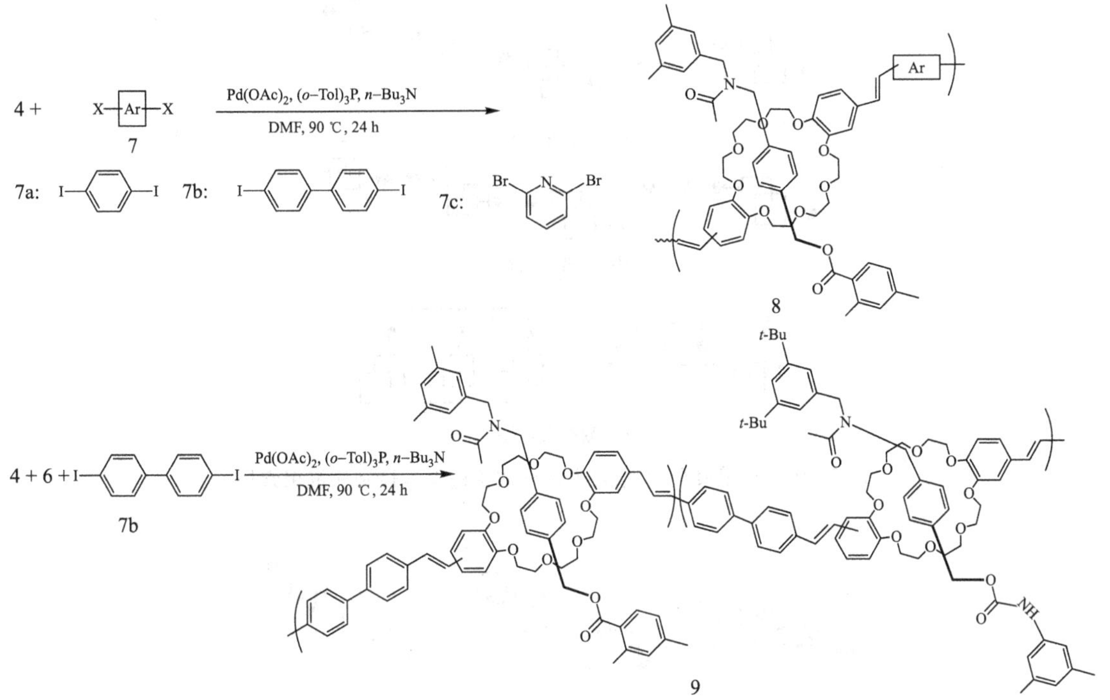

图 7-9　基于双苯并-24-冠-8 的主链聚轮烷的制备

利用自由基聚合反应合成含二级铵盐、三苯甲基和石蜡的聚合物,并在卡宾催化剂存在的条件下与双苯并-24-冠-8 发生烯烃复分解反应,还可以制备包含一定交联结构的侧链聚轮烷。利用准轮烷、半轮烷(semirotaxane)或轮烷单体的聚合,也可制备侧链(准)聚轮烷。总之,目前关于(准)聚轮烷的研究主要还是集中在冠醚、环糊精、双百草枯环番及葫芦脲等大环分子通过非共价键相互作用穿套在不同高分子上而形成的。特殊的拓扑结构使其具有不同于传统聚合物的特殊性质如降解性、温度响应性和 pH 响应性及特殊的光电性质等,可用来制备药物传输和基因传递的载体及纳米光电子器件。但是存在的问题也是显而易见的。最主要的问题是种类比较稀少,现在常用来制备(准)聚轮烷这些大环分子或者难以制备,或者难以衍生化,因此,设计和开发更多廉价的、易于制备的且与多数轴状分子有良好相互作用的主体大环分子迫在眉睫,对(准)聚烷烃的发展具有重要意义。

7.2.3　聚索烃的合成和应用

聚索烃是索烃的高分子类似物。在聚索烃中,环与环之间彼此独立并以非共价键相互作用,n 个索烃单元聚合为聚索烃。聚索烃的制备方法总的来说可分为两种:一种是通过在[2]索烃上引入功能性基团来实现,在 20 世纪 90 年代由 Stoddart 等人发展起来。首先,可以在[2]索烃上引入双功能基团,再通过[2]索烃间共价键聚合或者共聚反应得到主链聚[2]索烃,有点类似于逐步聚合。另外,还可以通过单功能基团取代的索烃与聚合物骨架之间的接枝来得到侧链聚[2]索烃(见图 7-10)。第二种方法是将所有环以机械键结合连接,所制备的聚索烃可能的拓扑结构见图 7-11。

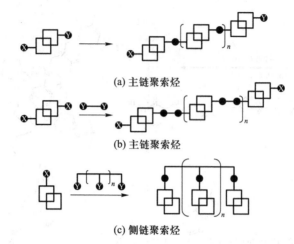

(a) 主链聚索烃

(b) 主链聚索烃

(c) 侧链聚索烃

图 7-10 利用聚合[2]索烃方法合成主链聚索烃和侧链聚索烃

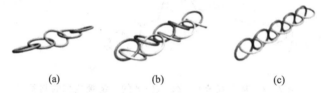

(a)   (b)   (c)

图 7-11 单纯机械键连接而形成聚索烃可能得到的拓扑结构

  图 7-12 所示为最常见的分子梯型聚索烃。例如,在 1,3,5-乙酸基苯的丙酮溶液和新制备的体积比为 1∶4 银氨水溶液与 DMSO 的混合液之间慢慢渗透,逐渐形成聚索烃晶体结构,这是利用阶层法(layering method)制备的第一个基于强氢键的聚集作用、由两个分子梯环环相套形成的聚索烃。

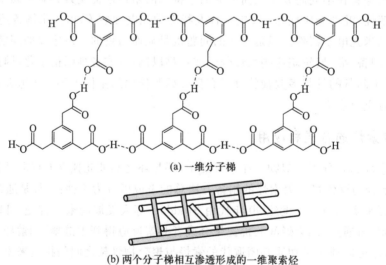

(a) 一维分子梯

(b) 两个分子梯相互渗透形成的一维聚索烃

图 7-12 分子梯型聚索烃

    利用金属离子与 N 等原子的配位作用也可以用来制备聚索烃。例如,通过 bpethy 配体上的 N 原子与 Zn^{2+} 和 Co^{2+} 配位,可以制备三维聚索烃,结构见图 7-13。此外,通过 $Cd(NO_3)_2$ 与配体 2 上的 N 原子配位,可以得到中间有长的两个锯齿状空间结构的分子梯(7-14)。图 7-11(a) 所示类型的聚索烃是利用一个完整的环与末端带活性取代基的小分子片段发生 $[n]+[n]$ 反应制得,过程如图 7-15 所示。但是由于合成难度较大,目前利用这种方法合成的聚索烃不多。最著名的此类聚索烃是五个环聚在一起形成的奥林匹克环[图 7-15(b)]。

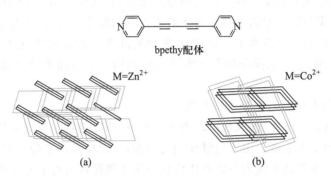

图 7-13　由一维分子梯制备的三维聚索烃

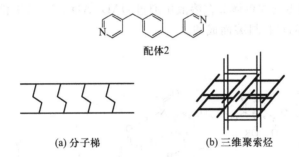

图 7-14　中间有两个锯齿状结构的分子梯及相应的三维聚索烃

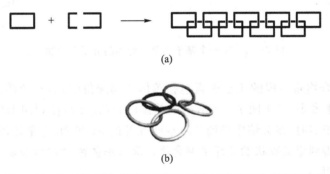

图 7-15　通过同时形成索烃和发生聚合反应的方法制备聚索烃

7.2.4 小分子自组装构筑超分子聚合物

以上讨论了以环糊精、冠醚作为单体单元,形成超分子聚合物的过程及其性质,在这里,将体系进一步拓展到其他分子,这些分子也是借助分子间弱的非共价键相互作用在溶液中自组装来"合成"超分子聚合物。从涵盖范围上讲,超分子聚合物有狭义和广义之分。狭义的超分子聚合物是小分子单体借助非共价键相互作用,包括氢键、π-π 堆积相互作用、亲水-疏水作用、金属配位作用、静电作用和电荷转移作用等自组装而得到聚合物,其重复单元之间只有非共价键相互作用力;广义的超分子聚合物还包括大分子自组装而得到的聚合物,即由大分子自组装而形成的超分子聚合物。在这里,将以前者为重点,根据重复单元间非共价键的相互作用力,即多重氢键作用、π-π 堆积相互作用、金属配位作用及主客体互穿结构四个方面来介绍超分子聚合物的合成和性质。

1. 基于多重氢键作用制备超分子聚合物

氢键的特点是具有方向性、饱和性和动态可逆性等,所以对基于氢键的超分子聚合物的形成过程和性质研究显得尤为重要。由于氢键作用力较弱,所以在形成超分子聚合物时,必须是多重氢键或者同时引入其他非共价键力与之产生协同作用才能保证所得超分子聚合物的稳定性。第一个超分子聚合物就是基于多重氢键形成的,由法国著名超分子化学家、诺贝尔化学奖获得者 Lehn 及合作者在 1990 年报道,结构见图 7-16,是由一个两端含有尿嘧啶的单体 1 和一个两端含有 2,6-吡啶二胺衍生物的单体 2 在溶液中通过 DAD-ADA(D:氢键供体;A:氢键受体)三重氢键相互作用、等物质的量自组装而成的。

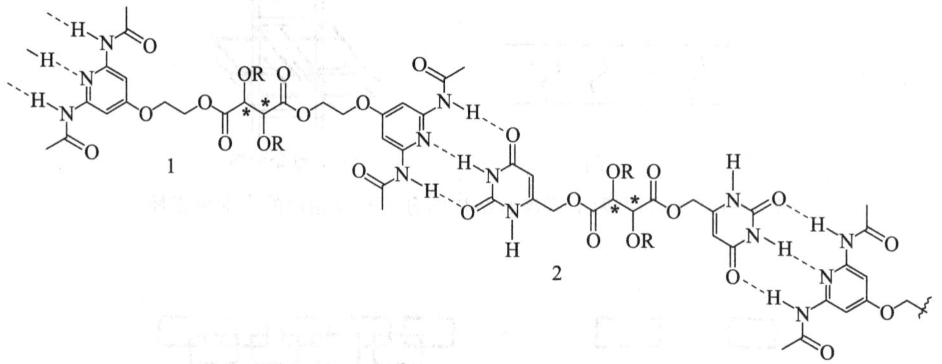

图 7-16 第一个基于多重氢键的超分子聚合物

影响超分子聚合物聚合度的主要因素包括单体之间配位的强弱、单体浓度及组装温度等。例如,Lehn 研究小组发现,对于图 7-17 给出的单体(3a)和(3b),在利用 DADDAD-ADAADA 氢键相互作用进行组装时,在癸烷中得到了以空间互补的 3a 和 3b 为单体的超分子共聚物。而在低溶液浓度下则得到呈凝胶状的长纤维聚合物。降低单体浓度和组装温度可以提高聚合度,反之则使聚合度缩短。

此外,组装还受到溶剂极性的影响。在低极性溶剂中,氢键相互作用较强。所以大部分基于氢键组装的体系都是在氯仿和癸烷等低极性溶剂中进行研究的。

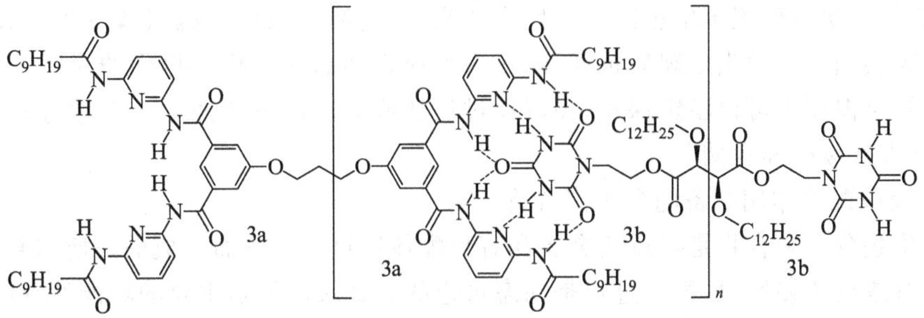

图 7-17 以空间互补的 3a 和 3b 为单体的基于六重氢键的线型超分子聚合物

除了以上因素能影响所形成的氢键超分子聚合物之外，利用外界条件的变化可以对超分子聚合物进行调控。如图 7-18 所示，Meijer 向纯双官能团化合物 4 体系中加入化合物 5，光照后分解为 6，而 6 可以通过与 4 的超分子聚合物两端形成四重氢键来终止链的生长，起到链终止剂的作用。因此，当利用适当外界条件来刺激"智能材料"时，聚合物的性质就随之改变。

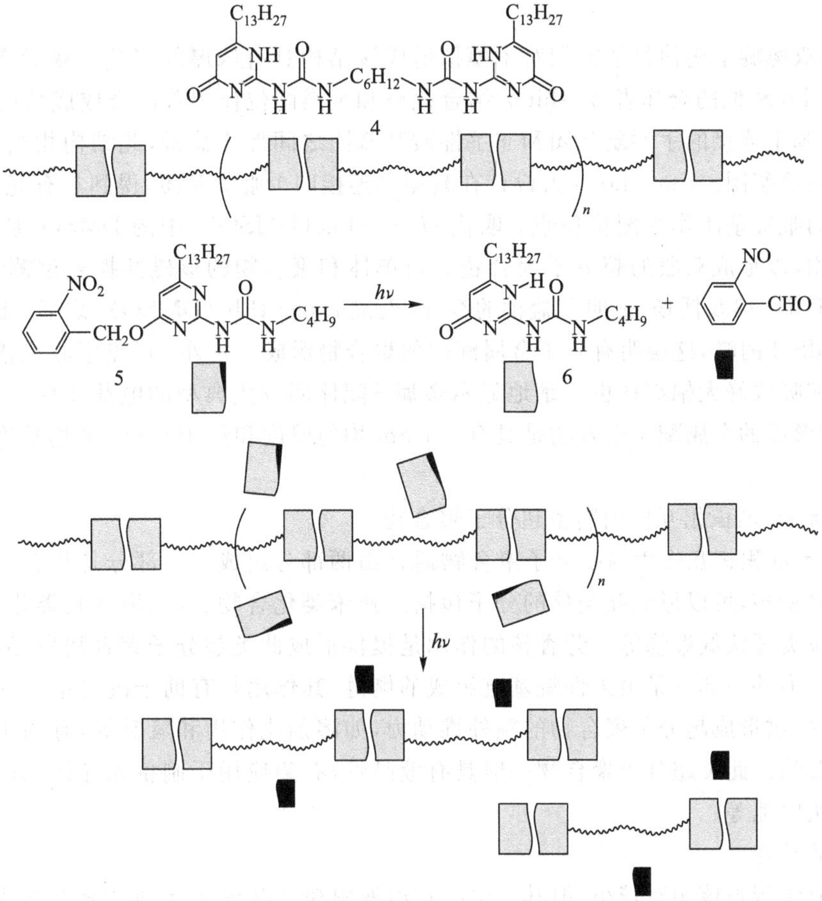

图 7-18 通过加入链终止剂来控制超分子聚合物的链长

偶氮苯光致顺反异构现象在超分子化学领域被广泛研究和利用,是 Natansohn 和 Tripathy 等人在 1995 年首次将偶氮苯生色团引入聚合物膜,通过激光照射使偶氮苯发生光致顺反异构,导致聚合物膜表面分子发生宏观质量迁移,从而形成表面起伏光栅。得到的表面结构在低于聚合物玻璃化转化温度下可以稳定保持,并可通过加热或光照的方法擦除。上述过程可以重复进行,实现信息多次读取和存储。

2. 基于金属配位作用制备超分子聚合物

金属配位超分子聚合物是指过渡金属和有机配体通过配位键而形成的。所得超分子聚合物在溶液中具有浓度依赖性,且组装过程是动态可逆的。金属离子是主要的功能性基团,可以改善聚合物的电子转移和运输过程。还可以利用金属离子的某些特殊性能如光合作用、能量转换、催化能力及磁性和氧化还原等性质来获得各种各样的金属配位超分子聚合物,这些材料在生物医学和纳米技术等领域有潜在应用价值。

第一个金属配位超分子聚合物是由 Velten 等人于 1996 年制备的。在 1,1,2,2-四氯乙烷溶液中,用正一价铜离子滴定包含两个邻二氮杂菲基团的双功能金属配体,在两者物质的量浓度相同时,体系具有高黏度,有高分子量超分子聚合物形成,说明上述体系在非竞争性溶剂中可以得到聚合度很高的超分子聚合物。但在金属配位竞争性溶剂(如乙腈)中,则不能得到超分子聚合物。

DNA 的双螺旋结构使科学家们对于模拟形成该结构具有浓厚的兴趣。双股螺旋超分子聚合物由 Furusho 和他的合作者 Yashima 结合盐桥和金属配位作用首次合成成功(见图 7-19)。首先,由三联苯上连接的手性醚基团和非手性羧基基团之间形成盐桥,此结构相当稳定,可在两端连接各种功能基团。Furusho 等人设计在其尾端连接四个吡啶基团,得到具有光活性的单体。这四个尾端的吡啶基团作为配位位点,取代 $cis-PtPh_2(DMSO)_2$ 中的 DMSO,从而与金属 Pt 发生配位作用,以形成双股的超分子聚合物。对单体和聚合物的核磁共振氢谱测试结果显示,NH 质子处于 $\delta=13.5$ 低场,证明了盐桥的存在;而加 $cis-PtPh_2(DMSO)_2$ 之后,出现了脱离出来的自由 DMSO 的峰,这说明有基于金属配位的聚合物形成。紫外-可见吸收光谱中聚合物相对单体的吡啶吸收峰大幅红移也清楚地显示金属-配体间发生典型的电荷转移。AFM 结果直观地表明,所形成的金属配位聚合物是具有 1.4 nm 均匀厚度和约 100 nm 平均长度的束状线型聚合物。

3. 基于 π-π 堆积相互作用制备超分子聚合物

基于 π-π 堆积相互作用的超分子聚合物通常由两部分组成。一部分是具有由平面的芳香体系组成的蝶型核,可以形成此类核的分子包括三亚苯类化合物、苯二甲氰胺类化合物、卟啉类化合物和苯炔类环状低聚物等。芳香核的作用是提供形成此类超分子聚合物所必需的 π-π 堆积相互作用。另外一部分是由柔性烷基链组成的侧链,其作用是有助于改善单体和聚合物的溶解性,有时可提供形成超分子聚合物的额外推动力,如溶剂化作用和氢键等,有助于在溶液中生成超分子聚合物。此类超分子聚合物一般具有液晶性,有望应用于制备光导体、分子天线、发光二极管及光伏电池等。

(1) 三亚苯类

虽然三亚苯芳香核相对较小,但其衍生物在溶液中却可以在 π-π 堆积相互作用的驱动下形成超分子聚合物。具有烷氧基侧链的三亚苯类液晶是最早被报道的蝶型液晶之一。Sheu 等人

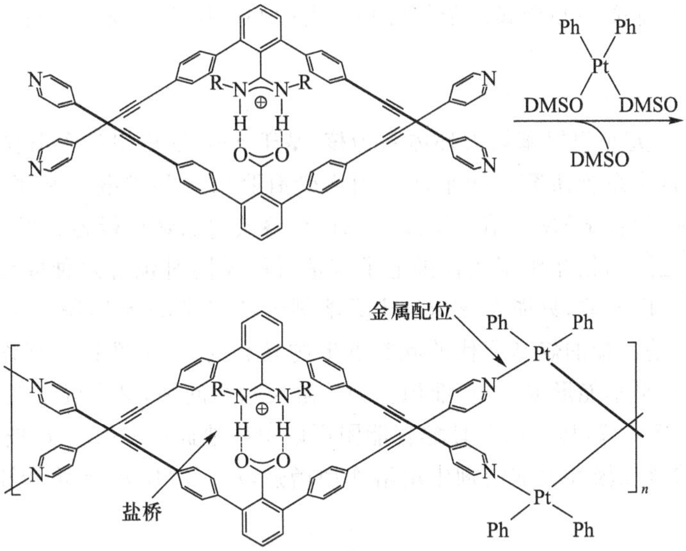

图 7-19 双股螺旋型超分子聚合物

用小角中子散射研究了三亚苯衍生物单体 7~9 在氘代十六烷中的聚合情况,发现组装过程与浓度关系很大。当浓度低时,聚合度较低,但当浓度大于 1 mmol·L⁻¹时,可以观测到棒状聚合物。但芳香核之间的距离大约为 6 Å,大于液晶中通常观察到的 3.5 Å,表示形成的是相对松散的堆积结构。Gallivan 等人通过光学方法观测了三亚苯衍生物的超分子聚合物的形成。他们发现,当单体 10 在正己烷中的浓度增加时,紫外-可见光谱变宽并且峰值增加,显示出超分子聚合物的形成(见图 7-20)。

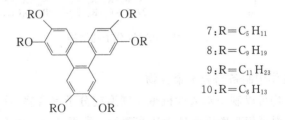

7:R=C₅H₁₁
8:R=C₉H₁₉
9:R=C₁₁H₂₃
10:R=C₆H₁₃

图 7-20 基于三亚苯基团的蝶型液晶超分子聚合物单体

(2)酞菁染料和卟啉类

酞菁、卟啉及它们的金属复合物可以形成非常有序的超分子聚合物,已经成为重要的超分子聚合物的构筑单元。相对于三亚苯,酞菁染料具有更大的芳香环,因此酞菁类化合物可以比三亚苯类化合物有更强的分子间 π-π 堆积相互作用,其超分子聚合物的稳定性也更好。Limura 等人研究了手性因素和中心金属对在水溶液中形成纤维状超分子聚合物的影响。研究发现,手性铜酞菁在水溶液中为左向螺旋聚集体,当浓度足够高时,由于受芳香核之间 π-π 堆积相互作用和侧链上羟基之间氢键作用的驱动,可以得到薄层状纤维超分子聚集体;铜酞菁的不具有手性的外消旋体则平行堆积,最终组装成二维六角形点阵纤维超分子聚集体。还发现,这种纤维状超分子聚集体的形成极大地受中心金属离子的影响。当中心金属离子换为锌时,就不能得到超分子聚集体。

(3) 苯炔大环类

美国的 Moore 研究小组以苯炔大环体系为核,基于 π-π 堆积相互作用制备了超分子低聚物并对其聚集行为进行了系统研究。向苯环中引入带有吸电子和供电子基团的长烷基链作为侧链,研究此类化合物(简称 PAMs,结构见图 7-21)在溶液中的聚集行为。得出的结论是,包含吸电子酯基的低聚物之间的相互作用比含供电子烷基醚链及同时包含两种取代基的低聚物要强。PAMs 的缺点是溶解性较差,只能在氯仿等少数溶剂中考察其 π-π 堆积相互作用的强弱。而实验表明,在氯仿中酯基连接的烷基取代的此类低聚物具有的 π-π 堆积相互作用较弱,而其他含烷基醚链的低聚物几乎不能形成 π-π 堆积。为了解决这个问题,又合成了三种具备更强极性侧链的苯炔类低聚物 25～27,其中的三甘醇官能团可以很好地促进 PAMs 在极性较大的溶剂中的溶解,并使苯炔环状核在极性大的溶剂中增溶作用增强,从而增强 π-π 堆积相互作用。

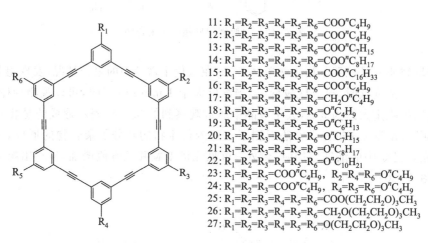

11: $R_1=R_2=R_3=R_4=R_5=R_6=COO^nC_4H_9$
12: $R_1=R_2=R_3=R_4=R_5=R_6=COO^nC_7H_{15}$
13: $R_1=R_2=R_3=R_4=R_5=R_6=COO^nC_7H_{15}$
14: $R_1=R_2=R_3=R_4=R_5=R_6=COO^nC_8H_{17}$
15: $R_1=R_2=R_3=R_4=R_5=R_6=COO^nC_{16}H_{33}$
16: $R_1=R_2=R_3=R_4=R_5=R_6=COO^nC_4H_9$
17: $R_1=R_2=R_3=R_4=R_5=R_6=CH_2O^nC_4H_9$
18: $R_1=R_2=R_3=R_4=R_5=R_6=O^nC_4H_9$
19: $R_1=R_2=R_3=R_4=R_5=R_6=O^nC_6H_{13}$
20: $R_1=R_2=R_3=R_4=R_5=R_6=O^nC_7H_{15}$
21: $R_1=R_2=R_3=R_4=R_5=R_6=O^nC_8H_{17}$
22: $R_1=R_2=R_3=R_4=R_5=R_6=O^nC_{10}H_{21}$
23: $R_1=R_3=R_5=COO^nC_4H_9$, $R_2=R_4=R_6=O^nC_4H_9$
24: $R_1=R_2=R_3=COO^nC_4H_9$, $R_4=R_5=R_6=O^nC_4H_9$
25: $R_1=R_2=R_3=R_4=R_5=R_6=COO(CH_2CH_2O)_3CH_3$
26: $R_1=R_2=R_3=R_4=R_5=R_6=CH_2O(CH_2CH_2O)_3CH_3$
27: $R_1=R_2=R_3=R_4=R_5=R_6=O(CH_2CH_2O)_3CH_3$

图 7-21 PAMs 分子的结构

4. 基于主客体配位作用制备超分子聚合物

基于主客体互穿结构可以制备永久性机械互锁型超分子聚合物,这是采用以上基于多重氢键、金属配位和 π-π 堆积等相互作用机理无法实现的。所得超分子聚合物材料具备一些独特的环境响应性质。但是到目前为止,基于主客体互穿结构超分子聚合物相关的报道还是不多。自从 Pederson 于 1967 年报道了冠醚可以和金属阳离子配位以来,冠醚已成为了主客体化学中最为常用的主客体之一。1998 年,Stoddart 研究小组曾尝试利用含有一个冠醚主体单元和一个有机客体单元(paraquat 衍生物或二级铵盐)的 AB 型单体来制备线型超分子聚合物,但由于当时是在低浓度下进行组装的,单体之间的配位常数又较低,因此并没有得到真正的超分子聚合物。Gibson 研究小组在研究中注意到了主客体初始浓度对形成聚合物的影响,成功地制备了一系列以冠醚为主体的基于主客体配位作用的超分子聚合物。例如,以双间苯 32-冠-10 作为主客体单元和 paraquat 作为客体单元的 AB 型单体,在丙酮中自组装而得到了线型超分子均聚物;黄飞鹤课题组在 AB 型线型超分子聚合物单体上引入金属配位位点三唑(triazole)基团,然后在该线型超分子聚合物的溶液中加入金属钯阳离子和竞争性配体三苯基膦,简单地实现了超分子聚合物在线型和交联两种拓扑结构之间的可逆转化。研究了金属钯阳离子和三苯基膦加入的量对这一可逆转化的影响,发现加入等量的金属钯阳离子和三苯基膦即可以实现这一可逆转化。考察了超分子聚合物形成的浓度依赖性,发现在单体初始浓度高于 75 mmol·L^{-1} 时,单体自组装得到的主要为线型超分子聚合物。进一步发现高分子的拓扑结构是影响高分子性能的一个重要参数,如果能控制高分子的拓扑结构就可以调控高分子的性能。

超分子的结构与其功能密切相关,超分子聚合物科学作为超分子化学和高分子化学的交叉学科,正日益受到关注。由小分子自组装来制备超分子聚合物的研究将传统高分子化学和有机化学结合起来。制备思路是,先进行合理的小分子设计,研究这些小分子如何在溶液中自组装成为小分子聚集体,对这些小分子聚集体的性质进行探索,然后将这些小分子结构引入单体的制备中去,再利用所得小分子单体在溶液中自组装来制备超分子聚合物。这是一种先小分子超分子聚集体再大分子超分子聚集体的研究思路。在小分子设计上,如何巧妙运用各种非共价键相互作用,使其相互协同,是一个值得思考的问题。在之前的研究中,基于多重氢键、金属配位、π-π堆积、主客体分子识别等非共价键相互作用的超分子聚合物已经展示出可逆性、自修复性和对外界刺激的响应性,这使超分子聚合物在智能材料、生物医药、纳米科学、光信息存储和通信等方面都有着广阔的应用前景。研究者们一方面不断地将基于单一非共价键相互作用的单体优化,以使所得到的超分子聚合物更接近实际应用;另一方面也在尝试将不同的非共价键相互作用引到同一单体上,从而获得具有多重响应性、综合性能更好的材料。在超分子聚合物的研究中,研究者们注意到了基础研究的重要性,开始了对单体自组装原理和超分子聚合机理进行更系统、更深入的研究。超分子聚合物研究的最终目标是制备出可以与自然界中存在的高度复杂的超分子聚合物相匹敌的人工体系。

7.3 点击化学

伴随着人们对新颖纳米材料需求的增长,寻找有效的路线来合成这些材料变得尤为重要。高分子科学与纳米技术的研究也始终紧密结合,息息相关。在过去几十年的研究中,科学家一直将注意力集中在如何设计合成结构更加新颖的聚合物材料方面,尽管已经取得了很多进展,但是,与某些生物大分子如蛋白质和核酸等相比,人工制备的大分子仍然具有结构和组成的不确定性。虽然目前有机合成已经可以实现对分子结构、组成乃至空间异构体的控制,但这还是局限于合成分子量较低的化合物。当合成高分子材料时,这些合成方法并非完全有效。事实上,科学家发展了很多合成和修饰聚合物的方法,但是这些方法大部分都非常复杂且应用范围偏窄。通常来说,一个聚合物的结构越是复杂,其制备方法就越应该简单。因此,无论目标是为了实现多种反应物功能的集成,还是对单一某个高分子进行修饰,发现和选择更加简单的合成方法对于高分子科学的发展是至关重要的。而选择最简单的路线是点击化学的基本思想,这个概念最早由Sharpless 提出。点击化学的理念是通过最简单有效的方法,来实现特定的功能。这需要向大自然去学习,在大自然中,经常可以观察到几个简单有效的反应就可以形成结构复杂的生物体系。

相似地,点击化学也是建立简单、直接有效的合成方法。点击化学经典实例无疑是铜催化叠氮化合物和烷基链的 Huisgen 1,3-偶极环加成反应,被称为 CuAAC 法。在没有催化剂的情况下,该反应速率慢,且缺少立够规整性,而在一价铜的催化下,一价铜和烷基加成形成一价铜炔配合物,环加成反应速率加快,立构规整性增强。而且,一价铜催化叠氮化合物与炔的环加成反应可以在包括水在内的各种溶剂中进行,同时也可以在其他各种官能团存在的条件下进行反应(图7-22)。虽然点击化学的概念已经成为有机合成领域中的重要内容,但其在材料科学领域也有着巨大的潜在应用。这里将就点击化学在聚合物合成领域中的应用做简单介绍。

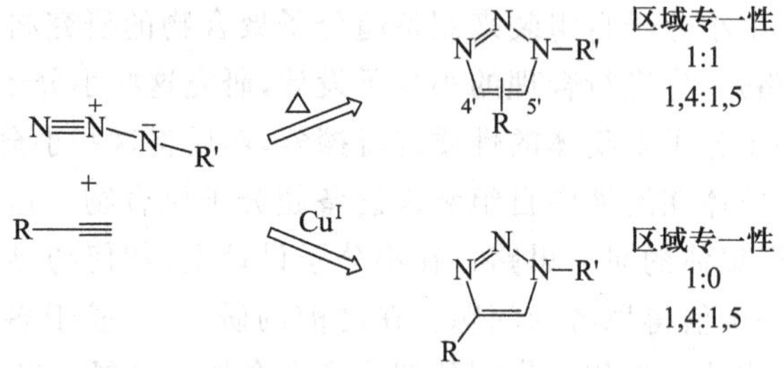

图 7-22　一价铜催化叠氮化合物与炔的环加成反应

7.3.1　CuAAC 法在聚合物合成中的应用

点击化学的理念在聚合物中首例应用是以叠氮和乙炔为单体,合成线型或星型的高分子及轮烷等(图7-23)。在这些反应当中,所得的新型大分子具有多重三唑或四唑重复单元,具有非常有趣的性质。Hawker 等人率先报道了利用 CuAAC 方法来获得超支化聚合物,效果非常理想。点击化学被认为是可以直接大规模生产含有三唑单元树枝状聚合物的有效方法。随后,Finn 等人又利用点击化学的方法获得了线型聚合物和大分子网状结构。Fleury 等人最近在这方面进行了更为深入的研究,实现了双功能的叠氮化合物和炔类的聚合。以 Cu(PPh₃)₃Br 作为催化剂,实现了 1,6-二唑己烷和 α,ω-二(O-炔丙基)二次乙基乙二醇的聚合,获得了含有三唑功能基团的共聚物。对该反应的动力学研究表明,在各种温度下聚合反应的活化能大约为 $45\pm5\ \mathrm{kJ\cdot mol^{-1}}$。此外,Qing 等人通过点击化学环加成的方法合成了含有 1,2,3-三唑基和全氟环丁基结构单元的聚(烷基芳基)醚,这些新颖的大分子材料展现了非常有趣的热稳定性和熔融流动性。相反,含有四唑功能团的聚合物热稳定性不好,含有多个四唑作为侧链官能团的聚合物可以通过聚丙烯腈前驱体和叠氮钠来制备获得,所得到的含四唑聚合物在 120 ℃下即分解。Matyjaszewski等人发现以叠氮化合物和炔烃作为端基的低聚物可以进一步聚合形成分子量更高的线型聚合物,这些聚合物可以是均聚物或者多嵌段聚合物。由于三唑单元的芳香性,CuAAC 被认为是非常有效的合成共轭聚合物的方法。Reek 和 Bunz 等报道了以二唑芴和二烯烃共聚制备聚芴与三唑共聚物的方法。总体来说,Huisgen 环加成是一种非常直接有效的制备结构新颖聚合物的方法,但是到目前为止,所有的研究工作还只是局限在化合物的合成,进一步深入了解含有三唑和四唑共聚物的性质是非常必要的。

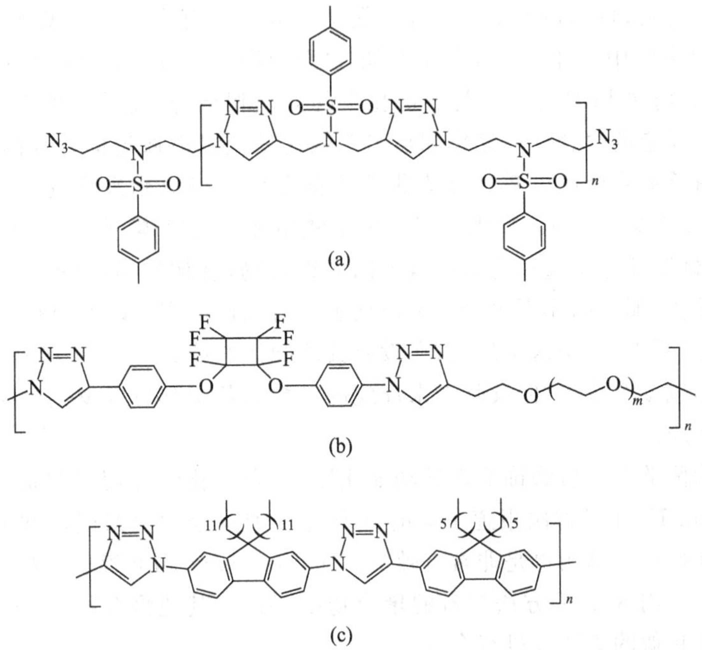

图 7-23 以叠氮和乙炔为单体,合成线型或星型的高分子及轮烷

7.3.2 利用点击化学法对聚合物进行修饰

大分子工程的主要研究内容之一是合成具有复杂结构的大分子,这些大分子具有特定的组成、微结构、功能及各种空间构型,包括聚合物分子刷、星型大分子、网状大分子及嵌段聚合物等。除了各种常见的聚合化学方法外,在已合成好的聚合物上修饰其他基团,给聚合物增添新的功能也是非常重要的方法。然而,这些修饰基团的反应往往与聚合反应无法同时进行,因此,选择高效的对聚合物后修饰的方法尤为重要。在后修饰的过程中,要确保可以在大分子的特定位置对聚合物进行修饰,因为没有修饰上的大分子链段将成为副产物,这些副产物和目标产物结构形似,分离困难。在这样的背景下,点击化学成为最有效的对聚合物进行后修饰的方法。这些反应包括阳离子或者阴离子的开环聚合反应、开环异位聚合反应、缩聚反应、传统的自由基聚合反应和原子转移自由基聚合反应等。原子转移自由基反应恰好可以与 CuAAC 方法相结合,所以将原子转移自由基的方法与点击化学方法联合制备新材料的报道很多,可以拓宽使用原子转移自由基的方法来制备大分子的种类。

CuAAC 法在聚合物化学中的首例应用就是对聚合物进行末端或者侧链功能化。例如,直接将 ATRP 和 CuAAC 法相结合,就可以获得末端功能化的远螯聚合物。具体过程是先使用 ATRP 方法来获得末端含有卤素的大分子聚合物,其末端的卤原子很容易被转化成为叠氮化物,然后,利用 CuAAC 方法实现对聚合物炔烃功能化。当然也可以利用叠氮化物或者炔烃功能化的分子作为引发剂引发 ATRP 反应,但在后来的聚合过程中需要对炔烃进行保护,以防止其聚合。含有炔烃官能团单体在聚合以后,可以利用 CuAAC 的方法对其侧链进行后修饰以实现功能化,合成侧链上含有多个官能团的聚合物。例如,Frèchet 利用环加成的方法构筑了侧链带有树枝状结构的聚合物;Hawker 等利用这个理念合成了具有十字交叉型侧链的大分子;Mantovani 等在 ATRP 方法中选择的单体是带有炔烃官能团的,而在 CuAAC 方法中,选择的叠氮化合物带有蔗糖基团,将 ATRP 的方法与点击化学的方法相结合,通过一步法制备了含有乙二醇官能团的聚合物。相应的聚合反应速率和点击功能化反应可以通过催化剂的浓度、溶剂和反应温度来调节。含有叠氮官能团的单体或者聚合物前驱体也可以用来实现对聚合物的侧基功能化。例如,Sumerlin 等以 3-叠氮异丙基甲基丙烯酸甲酯作为单体,来合成均聚物或者嵌段聚合物后,在其侧链上修饰低分子量的含炔烃官能团的聚合物,有趣的是,叠氮和炔的偶合速率要远远高于其相应的单体,加速的原因可能是邻位促进的自加速反应。以前曾有报道,三叠氮基团是一价铜很好的配体,所以,对于这个反应,在没有其他配体的情况下,三叠氮基团可以沿着聚合物的骨架与一价铜形成多个位点,使其临近未反应的三叠氮基团都可以发生反应,Fokin 等也报道了相应的自催化反应。

除了对聚合物侧链进行后修饰实现其功能化以外,点击化学还用来制备结构更为复杂的其他种类聚合物。van Hest 等首次报道了同时含有叠氮和炔烃的两亲嵌段共聚物。这种方法对于向天然产物中连接片段基团也是非常有效的。Barner-Kowollik 等也用相似的方法将叠氮基团和炔基直接引入到用 RAFT 方法制备的聚合物中,另外,其他聚合物,如星型、超支化和网状聚合物都可以利用相似的方法来进行合成。

7.3.3　生物大分子与聚合物共轭材料的制备

科学家们一直希望把天然大分子与人工合成的高分子材料结合到一起,使人工合成的高分子具有天然大分子的分子识别、自组装、靶向性和酶催化活性等功能,将这一过程称为高分子的生物功能化。而利用点击化学的方法可以很方便地实现高分子的生物功能化,并且功能化的程度可以通过改变催化剂的浓度、温度等实验条件进行调节。从而制备各种生物功能化的聚合物杂化材料。例如,CuAAC 方法就是一种使聚合物进行生物功能化的有效方法,通过这个方法,可以将核酸、多聚糖等功能基团修饰到聚合物上。序列确定的多肽基团也可以通过该方法接枝到已经合成好的大分子上。Nolte 等还描述了经过生物杂化,即偶合了多肽后的聚苯乙烯两亲嵌段聚合物在水溶液中的自组装。Lutz 等将短链的肽通过环加成的方法引入到采用 ATRP 合成的聚合物当中。还有先使用 ATRP 的方法制备聚合物,利用亲核取代反应将其末端卤原子换成叠氮基团,而后可以通过与含有多肽的炔烃官能团反应实现其生物功能化。这种方法使得叠氮功能化的聚苯乙烯可以在其末端通过含蛋白质类的炔烃反应实现其在溶液中可以携带基因、药物、蛋白质和核酸等,相似的方法也可以应用到聚(低聚乙二醇酯)当中。

7.3.4　通过点击化学法合成嵌段、星型、梳型等结构复杂高分子材料

复杂大分子体系结构的形成,如嵌段、星型、梳型,在过去的几十年里一直是合成高分子化学领域不变的主题。过去,一直使用阴离子聚合方法来合成结构确定的聚合物,但其反应条件相对苛刻。最近,活性(可控)自由基聚合方法的发展实现了在条件要求不高情况下合成结构复杂大分子体系的目标。其中最突出的活性(可控)自由基聚合方法是可逆加成-断裂链转移(RAFT)过程中的氮氧自由基介导的聚合(NMP)和原子转移自由基聚合(ATRP)。使用这些方法可以

构建嵌段、星型和梳状等复杂的聚合物体系。理论上,通过这些技术可以形成任意组合的嵌段共聚物。然而,形成嵌段结构和星型聚合物的过程有其局限性,并不是所有设计的结构都能得到。对于形成嵌段聚合物的局限性,有如下几点原因:① 合成嵌段共聚物单体的反应和类型不同。对于一种活性(可控)自由基聚合,若要通过链延长形成嵌段结构,两种单体的竞聚率要相匹配。例如,反应活性高的乙酸乙烯酯衍生物自由基和相对无反应活性的苯乙烯衍生物自由基的组合无法获得想要的嵌段结构。迄今为止,最简便的控制乙酸乙烯酯聚合过程是通过 RAFT 方法利用黄原酸盐作为控制剂实现的。然而,这种方法并不适用于其他大多数聚合单体。另外,为了合成单体来自不同类别的共轭聚合物(如乙烯基类单体和内酯),必须专门设计聚合引发剂/控制剂来实现不同的聚合技术,例如,用带有羟基的 NMP 引发剂来实现开环聚合(ROP)。② 合成具有疏水和亲水组分的两亲性嵌段共聚物比较困难。这种两亲性嵌段共聚物可以在溶液中自组装成胶束结构或囊泡,可作为药物载体使用,所以对其研究的意义十分重大。然而,由于两性嵌段共聚物的两极性,其制备往往被嵌段共聚物合成所用溶剂所限制。③ 合成非线型嵌段共聚物(如嵌段−星型或梳型)并不仅仅存在上述两个问题,也取决于合成其结构所用方法带来的复杂性。在 ATRP 和 NMP 过程中,自由基的传播(即链增长)总是从核开始(这也可能导致了核核偶联和其他不可预测的终止反应),RAFT 过程(通过所谓的 Z 基方法)允许无偶联干扰的臂生长进程。这两种方法都有弊端。当核本身承担了生长功能,转换就受到了限制,终端产品在整体产品分布中起决定性作用。RAFT−Z 基团方法产生多臂聚合物并不受终止杂质所限制,分子量往往由于增长而与硫羰基硫代功能核心的距离逐渐变远而受到限制。

如果先单独制备嵌段体,然后再将其偶联以获得复杂聚合物,对于问题①和③提供了一个好的解决办法。然而,这样聚合后偶联的做法需要高的化学转换效率。这些要求可由点击化学的特点轻易达到,尽管点击化学概念的最初设想是在 2001 年为合成低分子量有机物而提出,其在 2004 年的亮相使其在聚合物科学中的应用潜质大大增长。特别是铜(Ⅰ)催化的叠氮炔环加成反应(CuAAC)已被证明是典型的点击化学方法例子,也是大多数已发表工作中所选择的反应。Diels−Alder 反应、化学染色环的亲核反应、C—C 多重键的加成反应(硫醇−烯反应)也是效率较高的合成策略,被用于替代 CuAAC 或与之结合。下面,将重点介绍和总结,通过正交性、选择性和快速环加成反应生成结构复杂大分子体系的先进方法。

1. 嵌段共聚物

从嵌段共聚物来入手构建结构复杂大分子体系是点击化学在聚合物中应用的第一步。两亲性嵌段共聚物因其自组装性能和在构筑纳米容器及靶向给药等领域的潜在应用而在聚合物科学领域吸引了极大的研究兴趣。在前面提到,嵌段共聚物可由链延长直接聚合来合成,也可通过从单一引发剂开始两个单独的聚合反应或使用多官能团引发剂进行可控自由基聚合来制备。这些方法的难点在于单体选择范围受到限制。例如,具有显著不同反应活性的单体不能使用链延长方法。因此,先将不同构筑单元聚合后,再通过高效的共轭反应,即点击化学方法来连接两个或更多的聚合物链的思路更加可行。自从 van Hest 等人最早报道点击反应合成嵌段结构以来,已经发展了更多简单有效的利用其构筑嵌段聚合物的方法,可以说点击化学的应用已经开辟了一个全新的领域。例如,可以将不同反应活性的聚合物组合到一起,如乙酸乙烯酯和苯乙烯。接下来,将探讨如何将点击化学概念应用于采用合成其他方法很难或根本不可能实现的嵌段共聚物。

(1)点击共轭法制备聚合物

生成嵌段结构的第一个步骤是使构成嵌段聚合物的构筑单元功能化,以便进行点击化反应。基本上有两种方案:① 使引发剂功能化;② 聚合物末端基团功能化。

在使用可进行点击反应的引发剂时,必须考虑到点击部分和聚合过程的兼容性。对于被广泛使用的点击化学法——CuAAC法,注意力主要集中在炔基部分。在聚合反应条件下,三键容易发生加成反应。通过预聚合功能化生成炔终止线型聚合物的主要方法是 ATRP。ATRP 的催化体系和在 CuAAC 中使用的很相似,并且在许多情况下都是一致的。后者所涉及的炔基部分与 Cu(Ⅰ)催化剂的配位机理在带有炔基引发剂的 ATRP 过程中同样可能发生。因此,似乎有必要对炔基部分引入化学保护。对于炔基部分的保护,大多使用三甲基硅烷(TMS)基团,可以在聚合反应后很容易地被去除。例如,室温下用四丁基氟化铵(TBAF)进行处理。然而,van Hest 等人报道过,在 ATRP 中使用被保护的炔基引发剂,如在 Cu(Ⅰ)溴化 $-N,N,N,N,N-$ 五甲基二亚乙基三胺(PMDETA)催化体系中,70%的 TMS 基团被除去。这可能由于 PMDETA 的甲硅烷基团上氮原子的亲核性发生了副反应。为了改善这一问题,尝试使用亲核性较弱的 Cu(Ⅰ)溴化 $-2,2-$ 连二吡啶(bpy)ATRP 催化体系,只有 10%的被保护基团被除去了。另一种尝试方法是,将 TMS 基团替代为三异丙基硅烷基团。这种改变不受 ATRP 过程影响,因此,炔基基团应该继续被保护。

RAFT 聚合反应中使用的链转移剂同样带有炔基基团,与 ATRP 中生成线型嵌段结构中使用的引发剂类似。这里,TMS 作为保护基团也可在聚合反应后用与 ATRP 中相似的方式除去。虽然大多数人认为化学保护对于炔基功能化引发剂是必要的,仍然有很多报道使用未被保护的引发剂/链转移剂。Matyjaszewski 等人报道了在合成 $\alpha,\omega-$ 双官能团的聚苯乙烯中使用未被保护的炔基 ATRP 引发剂。^{1}H NMR 谱图清楚的显示了聚合物链中炔 $\alpha-$ 质子的存在,但没有定量的分析。此外,Nsrullah 等人及 Ranjan 和 Brittain 报道了未被保护的炔基部分作为 RAFT 试剂的使用。所生成的聚合物带有炔基部分,也被成功用于随后的 CuAAC 反应。CuAAC 的标志特征之一就是叠氮基的良性特征,因为它可以和聚合引发剂或链转移剂进行掺杂且不会发生除了本身的点击反应以外的其他反应。许多文献报道了预聚合功能化被用于生成带有叠氮部分的聚合物。

另外,已有文献报道观测到聚合过程中叠氮化物含量的减少。最近,Perrier 等人研究结果表明,叠氮部分可与各种单体的双键发生 1,3-环加成反应。使用单体的吸电子性是确定发生叠氮化物损失程度的关键。在应用条件下(60 ℃,20 h),丙烯酸甲酯与叠氮化物的反应中叠氮化物的转化率达到 95%,而对于更稳定的苯乙烯,叠氮化物的转化率只有 5%。因此,使用带有叠氮化物的自由基聚合引发剂时,也要考虑到所使用的单体,正如 Perrier 等人建议,限制叠氮化物的副反应可由缩短反应时间和降低反应温度来实现。

虽然点击化学的主要应用集中在 CuAAC,但其他采用点击化学的方法被证明是同样有效的。蒽基和功能化的顺丁烯二酰亚胺聚合物间的 Diel-Alder 环加成反应已被成功应用于合成大量的嵌段结构。在带有官能团的直链聚合物的预聚合反应中用到了一种蒽衍生物即 9-蒽甲醇。即使蒽在 Diels-Alder 反应中作为活跃二烯存在,其在自由基进攻下是稳定的,此种情况下并不需要化学保护。另一方面,顺丁烯二酰亚胺若被用于聚合反应,是需要化学保护的。顺丁二烯酰亚胺的化学保护是通过与呋喃进行 Diel-Alder 反应形成配合物来实现的,不同于化学保护炔烃的方法,顺丁烯二酰亚胺脱去是在点击共轭阶段通过原位逆 Diels-Alder 反应发生的。

通过点击共轭合成带有官能团的线型聚合物链的第二种方法是修饰聚合物链,如化学取代等。点击化学中聚合后官能化方法被广泛用于通过 ATRP 制备聚合物的溴化终端亲核取代反应,溴化终端通常由叠氮化钠在 N,N-二甲基甲酰胺(DMF)中或叠氮基三甲基硅烷在四氢呋喃(THF)中室温反应而成。聚合过程中叠氮化物任何潜在的副反应均有可能发生,对于合成更高聚合度的反应来说,此方法的唯一缺陷在于末端带有溴端基的聚合物链的减少限制了可被转化成"可点击"成分的数量。聚合后炔基官能化的主要优点是避开了对炔基部分进行化学保护。通过加入一个简单的 N,N-二环己基碳化二亚胺(DCC)的低分子量衍生物来将炔基部分掺入聚合物链。蒽-顺丁烯二酰亚胺路线同样可以使用简单的聚合后官能化方法合成,官能化的顺丁烯二酰亚胺可以通过简单的 DCC 偶联与 PEG 链相连。

(2)点击反应:方法和分离

在两个聚合物嵌段间通过 CuAAC 建立键合有很多方法。基本组成部分是叠氮化物官能化的嵌段和炔烃官能化的嵌段。如果需要,可以加入 Cu(Ⅰ)源及适当的溶解铜源的配体。最广泛使用的催化体系是溴化铜(Ⅰ)和 PMDEA 溶于 THF 或 DMF 溶剂。已报道的其他催化体系包括碘化铜(Ⅰ)和 1,8-二氮杂双环[5,4,0]-十一碳-7-烯(DBU)、溴化铜(Ⅰ)和 bpy 组合。对强碱敏感的聚合物体系,如含酰氨基团,可以使用三-三苯基膦溴化铜(Ⅰ)在 DMF 中的体系来进行催化。

图 7-24 展示了构建聚合物嵌段中 CuAAC 的使用。CuAAC 的通常条件是室温到 50 ℃,过夜。例外情况是利用一步共轭法进行两种不同形式的点击偶联,如 Tunca 等人利用一步法与 CuAAC 和蒽-顺丁烯二酰亚胺环内加成结合的方法合成各种 PEG、PS、聚甲基丙烯酸甲酯(PMMA)、聚 ε-己内酯(PCL)的三嵌段共聚物。因为 Diel-Alder 反应所需反应时间短,反应温度高(110~120 ℃),所以一步法反应也要在此温度下进行。另外一个例子,Huang 等人利用一步法和 CuAAC、原子转移氮氧自由基偶联方法相结合,从 PEG、聚丙烯酸叔丁酯(PtBA)、PS 和 PCL 出发,90 ℃下得到了一系列的三嵌段物。

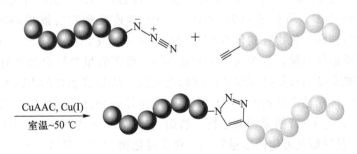

图 7-24 构建聚合物嵌段中 CuAAC 的使用

虽然有一些研究者在 CuAAC 中使用 1∶1 的叠氮化物官能化聚合物和炔基官能化聚合物,但大多数对于嵌段聚合物形成的报道都涉及叠氮化物或炔基的过量使用。绝大多数被用于构建嵌段结构的聚合物均由自由基可控聚合技术合成。因此,尽管可以获得分子量分布窄的聚合物,仍然存在聚合物链没有用于共轭反应的活性端基的问题。正是由于这个原因,一些研究者利用一种试剂过量来驱动点击反应的完成。这种方法的缺点在于需要额外纯化,除去过量的试剂。

蒽和顺丁烯二酰亚胺的 Diels－Alder 的环加成反应具有明显的不需要催化剂的优势。CuAAC 的效率,依赖于所用的体系,效率可达到 80%,而 Diel－Alder 反应可达到的理论效率是 97%。蒽和顺丁烯二酰亚胺的共轭可由简单的在高沸点溶剂(如甲苯)中加热两个功能化的嵌段聚合物来完成。与 CuAAC 类似,顺丁烯二酰亚氨基团需要化学保护来完成最后的点击反应。正如 CuAAC 中炔基部分的保护需要一个单独的脱保护步骤,呋喃保护的顺丁烯二酰亚胺在偶联步骤中原位发生反 Diels－Alder 反应。这样的 Diels－Alder 点击化学不需要催化剂,从而使形成的嵌段共聚物可通过简单的沉淀来分离。虽然,在这两方面蒽－顺丁烯二酰亚胺 Diels－Alder 环加成反应的简便性优于 CuAAC,但其缺点在于需要高的反应温度(110～120 ℃)和长的反应时间(36～120 h)。

2. 星型聚合物

星型聚合物可分为臂上带有相似化学性质基团的传统星型聚合物、带有三个或更多臂的杂臂星型聚合物及每个臂上带有分支的树枝型星型聚合物三种。虽然 CuAAC 是主导的反应方法,研究者们也探索了其他的合成途径。此外二硫代羰基 RAFT 试剂与二烯键连的 RAFT－HAD 方法已成功用于蒽－顺丁烯二酰亚胺的 Diels－Alder 反应。

最简单的球状结构,即臂上带有相同化学性质基团的星型聚合物。通过 CuAAC 合成星型聚合物的过程是,将带有叠氮化物或炔基官能团的线型聚合物链与拥有多个相反官能性的核相偶联。理论上,核可由任一基团形成。但在现实中需要考虑用于形成臂的不同反应类型。ATRP生成结构中,叠氮基团可由简单的对链末端溴基团的替换产生。羟基官能化的聚合物,如 PEG,可通过加入对甲苯磺酸轻易地转换为叠氮化物。因此,许多报道都是基于使用含炔核心与聚合物链末端的叠氮基团反应。

点击反应的成功不止与偶联的聚合物链长度有关,也与核的官能度有关。对于使用 ATRP 法产生的和叠氮化物官能化的分子量为 1 400 680 和 18 100 的聚合物而言,产率高度依赖于每个臂的链长。对二、三、四官能化的含炔烃核研究结构显示,合成低分子量的聚苯乙烯(1 400),产量从 90%(双官能核心)下降至 83%(四官能核心)。与预期一致,当使用有更高分子量分枝的反应物时,产量下降得更多。将分子量为 18 100 的 PS 链连接到双官能核心时,最大的产率为 80%。当将聚合物,如叠氮化物官能化的 PEG($M_n = 2\,600$)或 PtBA($M_n = 6\,700$)与四官能核心相偶联时,会得到类似的结果。若转化率未超过 87%,得到的星型聚合物带有的平均臂数小于 3。臂上带有的官能化基团过量时可提高反应的完整性。炔基官能化的 PCL($M_n = 2\,200$)和叠氮化物官能化的 β－环糊精之间的 CuAAC 反应就是这样一个例子。使用 9 倍过量的活性线型前驱体可定量合成带有 7－臂的星型聚合物。然而,在另外一个实例中,过量的线型前驱体并不能保证合成三臂嵌段星型共聚物的定量转化。对叠氮化物－PEG(臂 $M_n = 2\,000$)和炔烃(核)间的各种比例进行研究,现在达到最大比例 85% 时,炔烃－叠氮化物的最大比例是 4.5∶1。根据 Moteiro 等人的尝试,向臂反应混合液中缓慢加入核液,结合点的转换可从 75% 提高至 78%。上述方法得到的星型聚合物需要纯化步骤使用 PMDETA 作为配位体来除去铜催化剂。所以不需要使用 Cu 催化剂的合成策略就有了很大的潜在价值,如下文中讨论的基于 RAFT－HAD 概念的蒽－顺丁烯二酰亚胺的 Diels－Alder 环加成反应。顺丁烯二酰亚胺和蒽衍生物间的 Diels－Alder 反应不需要任何类型的催化剂但是需要在高温条件下延长反应时间。有趣的是,这种方法即使对于有高分子量臂的化合物仍然有较高的转化率(PMMA,$M_n = 8\,450$,89%;PtBA,

$M_n = 10\,600, 93\%$)。

如前面所示,RAFT基团和二烯烃间可通过将RAFT生成物偶联到多功能核上的直接反应来合成带有多种二烯官能团的星型聚合物。与CuAAC类似,两个官能团间的转换率取决于偶联剂的官能度。对于合成PS($M_n = 3\,600$)的反应,使用苄吡啶-2-基二硫代甲酸盐作为RAFT试剂和双二烯官能核心,可得到91%的转化率,而三、四官能化的核在臂和核间的转化率最多可达到86%和81%。有趣的是,被用于产生PS臂的RAFT试剂的类型会对反应活性有影响,进一步对平均的臂数产生影响。用乙氧基磷酰代替吡啶-Z基团制备PS臂可以得到类似的分子量,且得到的PS臂有低的HDA活性,而转换率则出现了10%左右的降低,分别是81%、77%和65%。RAFT-HDA概念在效率方面可与CuAAC方法媲美。更为重要是,这两种方法的组合导致不同的结合位点需要单独控制。

已经对杂臂星型聚合物结构的生成用一系列的概念进行了探讨。这些方法通常是将点击反应与RAFT、ATRP、NMP和ROP等方法相结合。CuAAC可被用于合成上述的除了一个特例之外的所有结构。用点击法合成杂臂星型聚合物通过加入过量的三烃基官能化核来与叠氮化物官能化的活性聚合物链反应来完成。在随后的步骤中,剩余的结合位点与更多的活性聚合物链偶联,生成AB₂星型结构。一系列的PS、PMMA、PtBA和聚甲基丙烯酸甲酯(PMMA)的组合均由单独分子量在5 000～7 000的聚合物合成。大多数合成杂臂星型聚合物的方法都要用到可发生点击反应的多官能化引发剂,可引发一系列的活性聚合。

3. 接枝共聚物

在众多大分子结构体系中,接枝共聚物因其独特的材料特性吸引了大家的兴趣。根据主链和侧链的不同化学特性,这样的结构在组织工程、生物材料、纳米技术和药物传输载体等方面有潜在的应用。原则上,接枝共聚物可由三种不同途径来合成:"接枝从"、"接枝通过"、"接枝到"。"接枝到"方法的效率受到活性侧链空间位阻的限制。因此,接枝密度通常较低,未反应的侧链依然存在,需要通过进一步的分馏来除去。为了克服这些困难,利用点击反应的优势采取高效的偶合方法。Emrick等人将PEG链和寡肽接枝到脂肪族聚酯上,这是第一例CuAAC"接枝到"反应,是在2005年聚合科学中出现的第一例点击化学应用不久之后出现的。从那时起,出现了一系列的用点击方法来进行"接枝到"反应的报道。

图7-25是两种主要的关于通过CuAAC"接枝到"构建接枝共聚物的设计。其中一种是带有叠氮官能团的大分子支架与带有炔基部分的聚合物进行转换或叠氮基封端的聚合物与炔基官能化的聚合物主链结合。链接反应的方法取决于构筑上述嵌段单元的单体类型和聚合技术。最后,使用基团化学保护方法和聚合后官能化法合成不同化学结构的大分子支架。

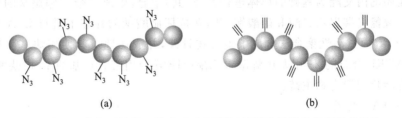

(a) (b)

图7-25 两种主要的关于通过CuAAC"接枝到"构建接枝共聚物的设计

（1）"接枝到"叠氮化主链

使用叠氮基聚合物骨架的主要优点在于，在发生叠氮乙烯基单体自由基聚合时不需要添加化学保护基团。然而，Perrier 等人的一项近期研究表明，在典型的自由基聚合条件下，缺电子单体在有机叠氮化合物存在可能发生副反应，短的反应时间和低的聚合温度可以尽量减少这种副反应的发生，从而得到具有明确结构的材料。Du Prez 和他的同事报道了这样一个例子，将甲基丙烯酸甲酯与 3-叠氮丙基甲基丙烯酸甲酯通过 ATRP 共聚。随后，得到的 PEAA 链和含炔基的引发剂均由溴化铜（Ⅰ）-PMDETA 系统连接到大分子前驱体上。GPC 分析证明了偶联反应成功，但需除去过量的 PEEA。Liu 等人将 3-叠氮丙基甲基丙烯酸甲酯与甲基丙酸叔丁酯和 2-甲基氨基-乙基甲基丙烯酸酯进行共聚，得到了类似的结果。与带有炔烃端基的聚 N-异丙基丙烯酰胺的 CuAAC"接枝到"反应是在无配体的条件下与溴化铜（Ⅰ）进行反应的。当炔基与叠氮基的比率小于 0.5：1 时，炔基可以被完全转换。

Matyjaszewski 等人将两个连续的点击反应结合来制备带有 PEG 侧链的刷型聚合物，这是点击方法构筑接枝共聚物多功能性的例子。含有甲基丙烯酸缩水甘油酯和甲基丙烯酸甲酯共聚物的环氧环与叠氮化钠进行转换得到相应的 1-羟基-2-叠氮基化合物，并且可通过与 PEG 戊炔和溴化铜（Ⅰ）在无配体或 PMDETA 条件下发生 CuAAC 反应进行进一步转化。当炔烃与叠氮化物的比率为 1：1 时，1 h 内活性炔烃侧链的最大转化率为 75%，1 h 后需加入更多的催化剂，否则转化率不会继续增长。

Jerome 和他的同事对使用 ROP 技术制备带有叠氮取代基的脂肪族聚酯进行了报道。α-氯-己内酯和己内酯（CL）或丙交酯（LA）的共聚物发生氯化取代反应转换成相应的叠氮共聚物。使用碘化铜（Ⅰ）三乙胺-THF 与炔基官能化的聚乙二醇发生 CuAAC 反应，得到了一个接枝密度约 25% 的两亲性接枝共聚物。在最近的工作中，他们改进了合成条件，制备了接枝密度为 40% 的聚酯聚乙二醇接枝共聚物。最后，合成了带两个 PEG 接枝尾巴的蝌蚪型的 PCL 和有潜在的新的宏观自组装特性的 8 字型的 PC-G-PEG。

（2）"接枝到"炔基主链

除了叠氮官能化的主链，带有残留炔基的聚合物骨架也可用于通过 CuAAC"接枝到"构筑接枝共聚物。通过自由基聚合的方法合成所需的炔烃主链需要保护基团或聚合后官能化，而 ROP 就成为了一个相对简便的方法。Emirick 和同事对 α-炔丙基-γ-戊内酯进行均聚和共聚反应得到了含有不同程度炔烃的脂族聚酯。得到的（共）聚合物随后被用于 PEG 和寡肽部分接枝。有趣的是，CuAAC 反应在聚酯水性分散体中进行，随着反应的进行就逐步溶解在水中了。接枝密度大于 80% 的两亲性接枝共聚物具有良好的生物相容性。Smith、Baker 和同事们用带有两个炔基官能团的丙交酯为基础的单体进行开环（共）聚合，生成了带有侧炔基的聚乙交酯均聚物和共聚物。叠氮终端聚乙二醇和硫酸铜（Ⅱ）在抗坏血酸钠的存在下进行 CuAAC 反应。Gao 和 Matyjaszewski 通过活性聚合法合成了聚合物骨架，并成功地对其使用炔基团进行官能化修饰。对通过 ATRP 合成的 2-甲基丙烯酸羟乙酯（HEMA）用带有羟基的 4-戊炔酸进行酯化，合成了高炔基官能化的聚合物主链。

（3）非 CuAAC 路径

除了大量的使用 CuAAC 反应来进行"接枝到"过程的报道，有两个使用其他合成路线的例子。蒽可通过与作为活性聚合物侧链的顺丁烯二酰亚胺官能化的 PEG 通过 Diels-Alder 环加成反应链接到聚合物骨架,这种方法被成功用于构建接枝共聚物。另一个例子是用酰胺官能化的聚合物作为合成手柄与聚五氟发生取代反应。

综上所述,通过简单、快速、正交化的共轭化学构建结构复杂的大分子体系是当代聚合物科学的主要驱动力之一。本节详细地讲述了使用简单的点击反应合成嵌段、星型和梳型(共)聚合物的路径,包括 CuAAC 和 Diels-Alder 共轭反应与活性(可控)聚合方法(包括 RAFT、NMP、ATRP 及 ROP)的结合。重点在于已有体系的新颖和更高效合成方法的探索和使用更为简单的单体来进行合成。本节还提供了一些合成特定复杂结构聚合物所需的分子支架和端基结构。许多研究者拓宽了作为合成工具的点击化学技术的应用范围,也可用于合成结构复杂的有机物质。然而,从点击化学被使用的方式中看得出,几乎是一个通用共聚,几乎可以在聚合物科学的各种情况下使用。因此它一直在构建结构复杂大分子的反应中被用于缩小一些特定的反应,这一尝试极大地提高了效率。在本节的介绍中,提供了用于点击共轭方法的聚合物的分子量范围和类型。然而,可以观察到点击化学在聚合物科学的通用性缺乏数据支持。目前应将精力集中于将聚合物科学与点击化学相结合形成新的步骤,利用其潜在的多样性,推动新的功能材料中复杂大分子体系合成的发展。

7.4 其他新型聚合方法

7.4.1 基团转移聚合

1. 概述

基团转移聚合(group transfer polymerization,GTP)开始于 1979 年,当时 Wester 等人在寻找一种氟化物作催化剂以制备新的丙烯酸酯类聚合物,由于氟化物储存容器破损,致使潮湿的空气进入罐内与之反应生成二氟化物。这一发现,导致了一种新技术——基团转移聚合的诞生。因为发现二氟化物对甲基丙烯酸甲酯的聚合反应具有非凡的催化能力。后来,Webster 等人又对基团转移聚合所用的引发剂、催化剂、溶剂、单体范围、反应机理、合成嵌段共聚物、端基官能团聚合物及聚合过程中转化率与时间的关系、产物与引发剂的浓度、催化剂浓度、单体浓度的关系等作了一系列的详细研究,取得很大的成绩。基团转移聚合是除自由基、阳离子、阴离子和配位阴离子型聚合外的第五种连锁聚合技术,被认为是继 20 世纪 50 年代 Ziegler 和 Natta 发现用配位催化剂使烯烃定向聚合、Szwarc 发明阴离子活性聚合之后的又一重要的新聚合技术。

所谓基团转移聚合,是以 α,β-不饱和酯、酮、酰胺和腈类等化合物为单体,以带有硅烷基、锗烷基、锡烷基等基团的化合物为引发剂,用阴离子型或 Lewis 酸型化合物作催化剂,选用适当的有机物为溶剂,通过催化剂与引发剂端基的硅、锗、锡原子配位,激发硅、锗、锡原子,使之与单体羰基上的氧原子或氮原子结合成共价键,单体中的双键与引发剂中的双键完成加成反应,硅烷基、锗烷基、锡烷基转移至末端形成活性化合物的过程。以上过程反复进行,得到相应的聚合物。其实,基团转移聚合与其他连锁聚合反应类似,也可分下列三个基元反应:

① 链引发反应　Webster 等人将少量的二甲基乙烯酮甲基三甲基硅烷基缩醛(以 MTS 表示)为引发剂,与大量甲基丙烯酸甲酯(MMA)单体在阴离子催化剂(HF_2^-)作用下发生下列加成反应:

$$
\begin{array}{c}
\underset{CH_3}{\overset{CH_3}{>}}C=C\underset{OSiMe_3}{\overset{OCH_3}{<}} \quad + \quad CH_2=C\underset{\overset{|}{C=O}}{\overset{CH_3}{|}}\ OCH_3 \xrightarrow{\ HF_2^-\ }
\end{array}
$$

$$
CH_3O-\underset{\overset{\|}{O}}{C}-\underset{\overset{|}{CH_3}}{\overset{CH_3}{C}}-CH_2-C=C\underset{OSiMe_3}{\overset{OCH_3}{}}
$$

（Ⅰ）

反应中,引发剂上的三甲基硅转移到 MMA 的羰基上,双键上带有负电性的 α-碳原子向单体上带有正电性的双键 α-碳原子加成,结果在新生成的中间体(Ⅰ)的端基上重新产生一个三甲基硅氧基和一个双键。

② 链增长反应　显然,上述加成产物(Ⅰ)的一端仍具有与 MTS 相似的结构,可与 MMA 的羰基氧原子进一步进行加成反应。这种过程可反复进行,直至所有单体全部消耗完毕,最后得到聚合物。所以,基团转移聚合的实际过程是活泼的三甲基硅基团首先从引发剂 MTS 转移到加成产物(Ⅰ)上,然后又不断向 MMA 单体转移,从而使分子不断增长,基团转移聚合反应由此得名。链增长反应过程可表示如下:

$$
CH_3O-\underset{\overset{\|}{O}}{C}-\underset{\overset{|}{CH_3}}{\overset{CH_3}{C}}-CH_2-C=C\underset{OSiMe_3}{\overset{OCH_3}{}} \quad + \quad CH_2=C\underset{\overset{\|}{O}}{\overset{CH_3}{|}}\ OCH_3
$$

$$
\longrightarrow CH_3O-\underset{\overset{\|}{O}}{C}-\underset{\overset{|}{CH_3}}{\overset{CH_3}{C}}-CH_2-\underset{\overset{|}{COOCH_3}}{\overset{CH_3}{C}}-CH_2-C=C\underset{OSiMe_3}{\overset{OCH_3}{}}
$$

$$
\xrightarrow{\ nMMA\ } CH_3O-\underset{\overset{\|}{O}}{C}-\underset{\overset{|}{CH_3}}{\overset{CH_3}{C}}-\left[CH_2-\underset{\overset{|}{COOCH_3}}{\overset{CH_3}{C}}\right]_n-CH_2-\underset{\overset{|}{CH_3}}{\overset{CH_3}{C}}-CH_2-C=C\underset{OSiMe_3}{\overset{OCH_3}{}}
$$

（Ⅱ）

③ 链终止反应　从活性聚合物(Ⅱ)可见,在加入终止剂之前,增长的聚合物链均含有三甲基硅氧基末端基,具有向剩余的同一单体或不同单体继续加成的能力,因此是一种活性聚合物

链。与阴离子聚合一样,这种活性链也可以通过人为加入与末端基发生反应的物质将其杀死,即进行链终止反应。例如,以甲醇为终止剂时发生如下的反应:

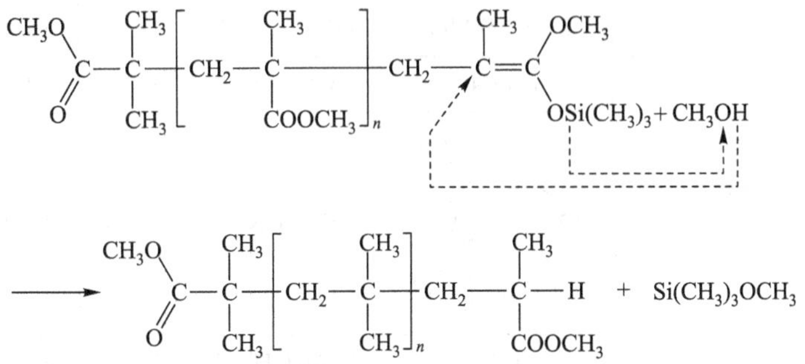

$$CH_3O-C(CH_3)_2-CH_2-C(CH_3)(COOCH_3) \cdots \left[CH_2-C(CH_3)(COOCH_3) \right]_n CH_2-C(CH_3)=C(OCH_3)[OSi(CH_3)_3] + CH_3OH$$

$$\longrightarrow CH_3O-C(CH_3)_2-CH_2-C(CH_3) \left[CH_2-C(CH_3) \right]_n CH_2-C(CH_3)(COOCH_3)-H + Si(CH_3)_3OCH_3$$

与阴离子活性聚合一样,在聚合体系中如果存在可能与活性中心发生反应的杂质,如活泼氢(质子)等,则活性链将被终止,因此一般要求聚合体系十分纯净。由于基团转移聚合技术与阴离子型聚合一样,均属活性聚合,故此种聚合体系在室温下也比较稳定,存放若干天后当加入相应的单体仍具有连续加成的能力。引发剂的引发速率大于或等于链增长速率,因此所有被引发的活性中心都会同时发生链增长反应,从而获得分子量分布很窄的、具有"泊松"分布的聚合物,一般分子量分布为 1.03~1.2。同时,产物的聚合度可以用单体和引发剂两者的浓度比来控制($DP=[M]/[I]$)。

当 $\overline{M}_n$ 在 1 000~20 000 之间时,产物的聚合度及其分布可以比较准确地控制,但要制取更高聚合度的聚合物时,控制窄分布就比较困难,因为这时所需引发剂用量少,容易受体系中杂质的干扰。然而,当使用高纯度的单体、试剂和溶剂时,也可制得数均分子量高达 10 万~20 万的聚合物。

2. 基团转移聚合的应用

基团转移聚合可以用来合成窄分子量分布的标准样品,制备无规和嵌段共聚物及带官能团的遥爪聚合物等功能高分子材料。

(1) 窄分子量分布均聚物的合成

表 7-2 列出了几种单体在不同催化剂下进行基团转移聚合的结果。可以看出,多数聚合物的分子量分布在 1.03~1.20 之间,都比较窄,仅少数接近 2。从表中数据还可看出催化剂的选择对于分子量的分布也是有影响的,当使用 ZnCl₂ 作为催化剂时,控制效果最差,而选用 ZnI₂ 所得产物的分布值最小,对分子量的控制最好。总之,可以通过引发剂对单体用量摩尔比的不同来调节聚合物的分子量及其分布,这是基团转移聚合的优点之一。

(2) 共聚物的合成

首先,可以采用基团转移聚合的方法来制备无规共聚物。可以使用 $(CH_3)_2C = C(OCH_3)[OSi(CH_3)_3]$ 为引发剂实现甲基丙烯酸乙烯基苄酯/甲基丙烯酸甲酯的基团转移聚合,得到以 PMMA 为主链,苯乙烯为侧链的共聚物。在聚合过程中,MMA 中的双键能够打开,而苯乙烯中的双键不可能打开,因此可将单体中的苯乙烯双键保留下来。但是,当

表 7-2　几种单体在不同催化剂下进行基团转移聚合的结果

单体	引发剂	催化剂	溶剂	聚合物			
				$\overline{M}_n$	$\overline{M}_w$	$\overline{M}_w/\overline{M}_n$	理论 $\overline{M}_n$
甲基丙烯酸甲酯	MTS	$TASF_2SiMe_3$	THF(-78 ℃)	1 120	1 750	1.56	2 040
		$TASN_3$	CH_3CN	3 000	3 100	1.03	3 700
		TAS（结构式）	CH_3CN	1 700	1 900	1.11	2 000
		$ZnBr_2$	$ClCH_2CH_2Cl$	6 020	7 240	1.20	3 400
甲基丙烯酸甲酯	Me_3SiCN	TASCN	CH_3CN	800	800	1.03	1 000
甲基丙烯酸甲酯		KHF_2	CH_3CN	18 000	21 400	1.18	20 200
丙烯酸乙酯		ZnI_2	CH_2Cl_2	3 300	3 400	1.03	3 360
甲基丙烯酸甲酯 57%（摩尔分数） 甲基丙烯酸丁酯 32%（摩尔分数） 甲基丙烯酸丙酯 11%（摩尔分数）	MTS	$TASHF_2$	THF	3 800	4 060	1.07	4 060
甲基丙烯酸甲酯 58%（摩尔分数） 甲基丙烯酸丁酯 17%（摩尔分数） 甲基丙烯酸水甘油酯 25%（摩尔分数）	MTS	$TASHF_2$	THF	3 010	4 290	1.10	4 092
N,N-二甲基甲酰胺	$Me_3SiCH_2CO_2Et$	$TASF_2SiMe_3$	THF	1 400	2 000	1.43	2 260
甲基乙烯酮	MTS	$TASF_2SiMe_3$	CH_3CN/THF	490	944	1.93	800
甲基丙烯酸甲酯	（结构式 $OSiMe_3$）	$TASF_2SiMe_3$	CH_3CN/THF	2 100	2 400	1.14	2 000
甲基丙烯酸甲酯 90%（摩尔分数） 甲基丙烯酸月桂酯 10%（摩尔分数）	MTS	$TASF_2SiMe_3$	THF	6 540	7 470	1.14	7 000

单体	引发剂	催化剂	溶剂	聚合物			
				$\overline{M}_n$	$\overline{M}_w$	$\overline{M}_w/\overline{M}_n$	理论 $\overline{M}_n$
甲基丙烯酸甲酯 75%(摩尔分数) 2-乙基己基甲基丙烯酸酯 25%(摩尔分数)	MTS	TASHF$_2$	THF	41 500	54 200	1.30	46 300
丙烯酸乙酯	MTS	ZnBr$_2$	ClCH$_2$CH$_2$Cl	17 000	26 600	1.57	10 100
		ZnCl$_2$	C$_6$H$_5$CH$_3$	5 800	11 300	1.96	4 100
丙烯酸丁酯	MTS	Et$_2$AlCl	CH$_2$Cl$_2$	2 340	2 740	1.17	2 100
丙烯酸乙酯		i-Bu$_2$AlCl	CH$_2$Cl$_2$	2 370	2 520	1.06	2 660
丙烯酸乙酯		$(i$-Bu$_2$Al$)_2$O	C$_6$H$_5$CH$_3$	1 380	1 580	1.19	2 100
甲基丙烯酸甲酯		Et$_2$AlCl	CH$_2$Cl$_2$	1 800	3 300	1.83	1 030

温度较高时,部分苯乙烯可能参与热聚合,所以要保证聚合在较低温度下进行。之所以要引入苯乙烯侧链,是因为其对进一步形成聚合物网络具有重要意义。利用基团转移聚合的方法还可以制备嵌段共聚物。因为基团转移聚合技术可形成活性聚合物的特点,可以通过按顺序加入不同单体的方法制备嵌段共聚物。当第一种单体反应完后,加入第二种单体,继续反应,即可形成 AB 型嵌段共聚物。当然这两类单体的活性要相差不大,如同一类单体(丙烯酸酯类/丙烯酸酯类或甲基丙烯酸酯类/甲基丙烯酸酯类),如果采用双官能度引发剂(如下)可形成三嵌段共聚物。

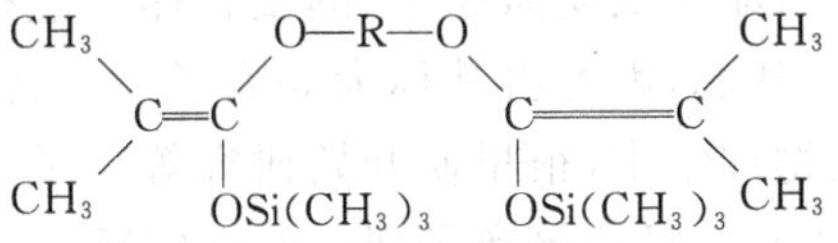

将基团转移聚合与其他聚合方法结合,也是制备嵌段共聚物的有效方法。例如,采用 GTP 法制备的 PMMA,用溴终止活性链,得到溴端基 PMMA。然后采用 CuBr/bpy 为引发剂,苯乙烯为单体进行 ATRP 聚合,就得到 PMMA-PS 嵌段共聚物,具体过程如下:

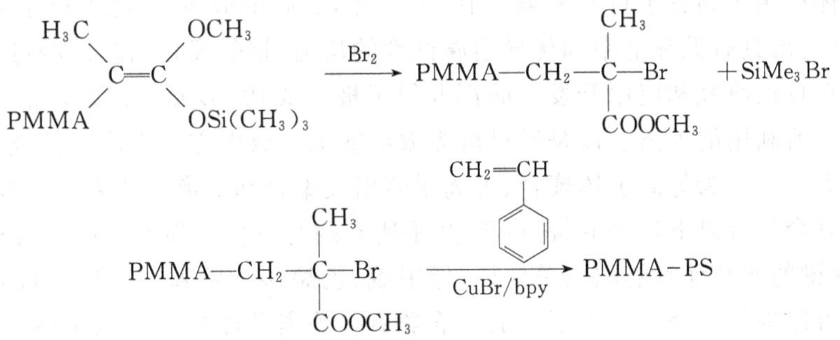

（3）接枝共聚物的合成

将基团转移聚合与其他活性聚合相结合制备接枝共聚物成功的例子有很多，所得聚合物具有结构明确且支链长度容易调控的优点，因此是合成接枝共聚物的重要方法之一。例如，采用阴离子活性聚合方法制备窄分子量分布的 PS，并用基团转移聚合法制备活性 PMMA。在催化剂无水氯化锌粉末存在下用氯化硫酰对 PS 进行氯甲基化，得到聚对氯甲基苯乙烯（PCMS）。最后将 PCMS 与活性 PMMA 按下式偶合得到接枝共聚物：

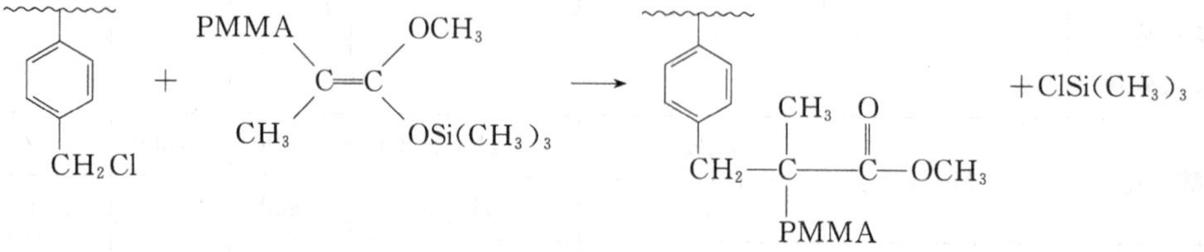

虽然 GPT 技术的发现具有一定偶然性，但是近几十年来在活性聚合领域不断探索研究的必然结果。GPT 在控制聚合物分子量、分子量分布、端基官能化和反应条件等方面比通常的聚合方法具有更多的优越性，从而为高分子的设计合成又增添了一种新的方法和手段。这种技术生产汽车面漆、合成液晶聚合物和一些特殊的聚合物，如嵌段、遥爪型高分子材料等已获得成功。当然，目前基团转移聚合技术尚不很成熟，其反应机理、反应条件和单体范围等问题还有待深入探讨。

7.4.2　等离子体聚合

物质具有三态是物理学的基本概念。随着外界供给物质的能量增加，物质的状态将发生由固态–液态–气态的转变，进一步给气态以能量，则气态原子中的价电子可以脱离原子而成为自由电子，原子则变成正离子。如果气体中有较多的原子被电离，则原来由单一原子组成的气态变为含有电子、正离子和中性粒子（原子及受激原子）的混合体。这种混合体中的电子和正离子的数量是相等的，宏观上呈电中性状态，因此将其称为等离子体。目前，物理学上已经将等离子态定义为物质的第四种状态。在物理学中，很早便开始研究等离子现象。物质的等离子态不同于常规的三态，具有十分独特的性能。目前等离子现象已被广泛应用于科学技术、工业生产和日常生活中，如利用其热性质作为焊接加工、热电子交换、核聚变等；利用其光学性质作为照明光源、气体激光器等；利用其导电性质作为放电管、计数管等；利用其电磁性质，将电离层用于电波传播、用于放大和振荡等；利用其力学性质作为喷气装置的推进和同位素的分离等。

将等离子体应用于高分子科学领域是在 1960 年，Goodman 成功地进行了苯乙烯的低温等离子体聚合，制备出具有低导电率和优异耐腐蚀性的均匀、超薄聚合物膜。经过 40 多年的发展，等离子体聚合在理论研究和应用开发方面都取得了极大成功，形成了许多新的概念和理论。在高分子化学领域所利用的等离子体是通过辉光放电或电晕放电方式生成的低温等离子体。低温等离子体聚合大致可分为等离子体聚合、等离子体引发聚合和等离子体表面处理三大类。

等离子体聚合具有以下显著的特点：① 几乎所有的有机化合物或有机金属化合物都可以进行聚合，除带双键的或其他官能团的单体外，像甲烷、乙烷、苯、甲苯、氟代烷、烷基硅烷等饱和烷烃类化合物都可以进行聚合而得到不同的聚合物；② 等离子体聚合可以由输入能量、单体加入速率及真空度等实验条件进行控制，不同条件下可以得到粉末、油状或薄膜状等不同性状的聚合物,产物结构复杂,通常支链很多;③ 由于多种活性粒子在气相中同时引发聚合反应,聚合产物在器壁和底层沉积,因此等离子体聚合的机理和过程极其复杂。

目前,等离子体聚合技术已在多方面获得利用。由等离子体聚合得到的聚合物膜具有以下特征:① 容易获得无孔的薄膜(通常厚度为 10 μm 以下);② 由于从理论上讲无论何种有机化合物都可能使之聚合,因此可制得具有新型结构、性能的聚合物;③ 可形成三维网状结构,因此具有优良的耐药品性、耐热性和力学性能;④ 合成工艺简单、清洁;⑤ 可对各种形状物体进行涂层处理。

等离子体聚合的不足之处:① 等离子体聚合的基本反应极其复杂,聚合机理不清楚,目前难以定量控制;② 等离子体聚合膜的结构十分复杂;③ 若等离子体反应装置不同,则很难得到再现性的结果;④ 很难做成较大厚度的膜。

通过低温等离子体引发高分子表面改性的特征是不会对高分子主体的性质产生本质性的影响,仅仅是对表面层(<10 nm)的改性。而同样作为高分子表面改性手法的放射线或电子束等高能射线则会深及高分子内部,使高分子内部也发生与表面同样的变化。在低温等离子体反应中,通过适当选择形成等离子体的气体种类和等离子体化条件,能够对高分子表面层的化学结构或物理结构进行有目的的改性。例如,可能发生的反应有表面刻蚀、表面层交联、表面化学修饰、接枝聚合和等离子体聚合涂层等。通过低温等离子体处理,高分子材料表面的润湿性、黏结性、耐磨损性、防水性、抗静电性、生物相容性和光学特性等均可获得改善,其中已有部分实用化。

7.4.3 模板聚合

1. 概述

模板聚合(matrix polymerization)一词自从 Kargin 于 1960 年提出以后,至今已有 40 多年的历史。日本学者土田英俊教授为模板聚合下的定义为将能与单体或增长链通过氢键、静电键合、电子转移和范德华力等相互作用的高分子(模板),事先放入聚合体系进行的聚合称为模板聚合。在实际中,模板聚合最常见的过程为,不饱和单体首先与模板聚合物进行某种形式的复合,然后在模板上进行聚合,形成的聚合物最后从模板上分离出来。反应历程如图 7-26 所示。

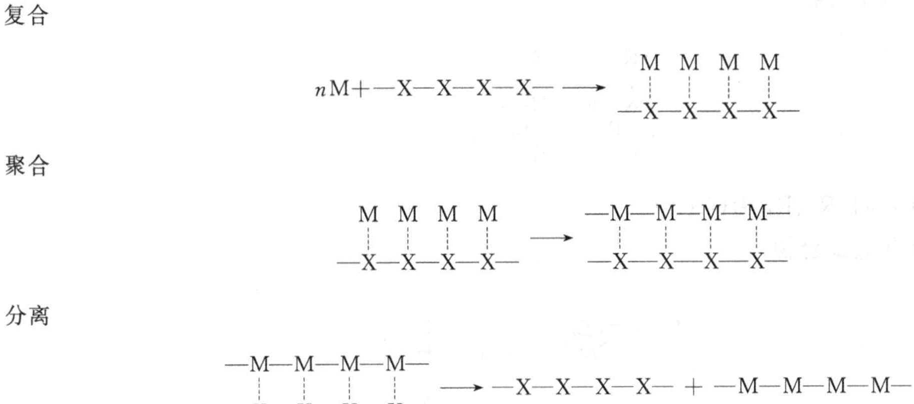

复合

$$n\text{M} + \text{—X—X—X—X—} \longrightarrow \begin{matrix} \text{M} \ \text{M} \ \text{M} \ \text{M} \\ \vdots \ \ \vdots \ \ \vdots \ \ \vdots \\ \text{—X—X—X—X—} \end{matrix}$$

聚合

$$\begin{matrix} \text{M} \ \text{M} \ \text{M} \ \text{M} \\ \vdots \ \ \vdots \ \ \vdots \ \ \vdots \\ \text{—X—X—X—X—} \end{matrix} \longrightarrow \begin{matrix} \text{—M—M—M—M—} \\ \vdots \ \ \vdots \ \ \vdots \ \ \vdots \\ \text{—X—X—X—X—} \end{matrix}$$

分离

$$\begin{matrix} \text{—M—M—M—M—} \\ \vdots \ \ \vdots \ \ \vdots \ \ \vdots \\ \text{—X—X—X—X—} \end{matrix} \longrightarrow \text{—X—X—X—X—} + \text{—M—M—M—M—}$$

M:单体;—X—X—X—X—:模板

图 7-26 模板聚合反应历程示意图

模板聚合方法最早用于生物化学反应方面。例如,聚核酸的合成中,不仅需要活化的核苷酸和适宜的生物酶,还要有己二酸二壬酯作为模板,即为典型一例。后来发现许多聚合反应中都存在模板聚合现象。例如,将 PMMA 溶解于 MMA 中,在反应温度为 60 ℃,无引发剂存在下可引起聚合;不同立体结构的 PMMA 对 MMA 单体在无引发剂存在下的聚合有很大影响;单体的聚合速率在规整的 PMMA 的作用下比在无规的 PMMA 作用下要大许多;使用分子量较大的 PMMA 也使单体聚合速率加快;同时还发现全同立构 PMMA 作用下有利于间同立构 PMMA 的形成,而在间同立构 PMMA 的作用下,有利于全同立构 PMMA 的形成。在丙烯酸的水溶液聚合中,单体浓度仅为 10% 时,聚合一旦开始,自动加速效应便十分明显。这显然很难用通常认为的由于体系黏度太大导致的扩散因素来解释。通过仔细研究,发现体系中一旦有聚合物生成,其余单体便会通过氢键吸附在聚合物的周围,如图 7-27 所示。

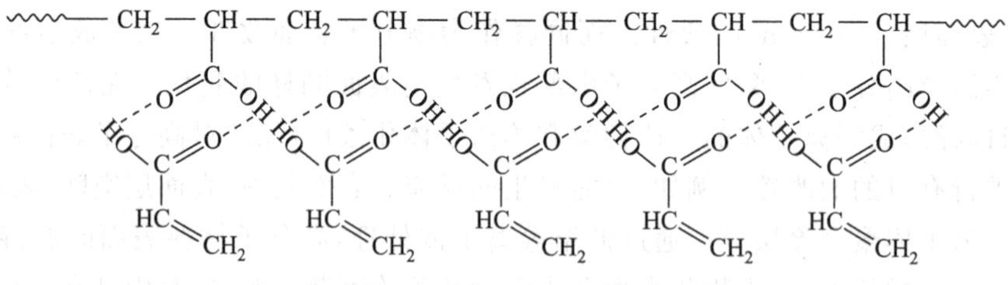

图 7-27 MMA 聚合过程中单体与聚合物之间的氢键吸附

这种氢键吸附的结构使得丙烯酸单体上双键的距离靠得很近,从而大大提高了其聚合速率。这显然是一种典型的模板聚合的例子。模板聚合虽然与一般聚合一样,都要从热力学和动力学两方面去考察反应能否进行,但由于模板的存在,使聚合速率加快,聚合物分子排列整齐,从而引起科学家的研究兴趣。但由于反应的复杂性,至今尚有许多理论问题没有得到解决。

2. 模板的种类与特征

目前模板聚合一般采用主链上含有氮原子的阳离子聚合物作为模板。使用最多的有脂肪族含氮聚合物和杂脂环族含氮聚合物,其结构可表示如下。

(1) 脂肪族含氮聚合物

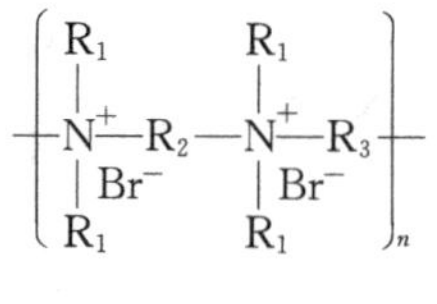

其中,R_1 为脂肪族基团;R_2、R_3 为 $(CH_2)_n$。

(2) 杂脂环族含氮聚合物

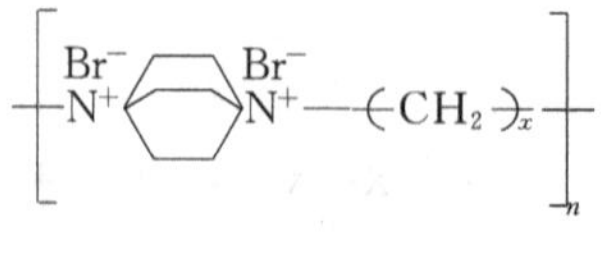

其中,$x = 4$、6、8。

这类聚合物的特点可归纳如下:① 离子位于聚合物的主链上,其密度较其他离子聚体要高;

② 离子在主链上的排列是有规律的,可以控制和变化;③ 合成过程简单;④ 通常反离子为卤原子,但是在一定条件下可以被其他阴离子取代。

模板聚合基本上可分为三类:① 当模板与单体的相互作用比与增长链的作用更强时,模板先于单体作用,然后随着聚合的进行,单体不断从模板上脱落而加成到增长链上,此时模板实际上起到了催化剂的作用,见图 7-28(a);② 增长链与模板的作用比单体更强时,增长链总是与模板处于缔合状态,得到如图 7-28(b)所示的高分子复合物;③ 单体、增长链与模板的相互作用相同,此时单体沿着模板进行聚合,所产生的聚合物与模板缔合,如图 7-28(c)所示。

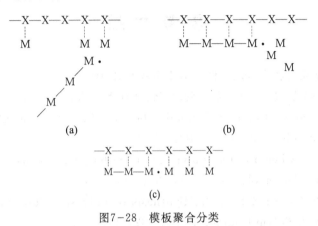

图7-28　模板聚合分类

本 章 总 结

① 重点讲述了自由基活性可控聚合,主要包括无金属引发体系的可控自由基聚合如引发－转移－终止法(iniferter 法)和 TEMPO 引发体系、可逆加成－断裂链转移自由基聚合(RAFT)和原子转移自由基聚合(ATRP)。这些自由基活性可控聚合可以避免活性聚合反应面临的一些缺点如可进行活性聚合的单体很少、条件苛刻、工艺复杂、很难实现大规模工业化生产等,并且具有传统的自由基聚合单体广泛、合成工艺多样、操作简便、工业化成本低的优点,对活性聚合的研究方向和应用前景产生巨大影响。

② 介绍了超分子聚合物的合成和应用。超分子聚合物科学作为超分子化学和高分子化学的交叉学科,正日益受到关注。由小分子自组装来制备超分子聚合物的思路是,先进行合理的小分子设计,研究这些小分子如何在溶液中自组装成为小分子聚集体,对这些小分子聚集体的性质进行探索,然后将这些小分子结构引入单体的制备中去,再利用所得小分子单体在溶液中自组装来制备超分子聚合物。这是一种先小分子超分子聚集体再大分子超分子聚集体的研究思路。在小分子设计上,如何巧妙运用各种非共价键相互作用,使它们相互协同,是一个值得思考的问题。在之前的研究中,基于多重氢键、金属配位、π-π 堆积、主客体分子识别等非共价键相互作用的超分子聚合物已经展示出可逆性、自修复性和对外界刺激的响应性,这使超分子聚合物在智能材料、生物医药、纳米科学、光信息存储和通信方面都有着广阔的应用前景。

③ 重点阐述了点击化学在高分子材料合成中的应用。点击化学的基本思想就是发现和选

择更加简单的合成方法、合成结构和分子量及其分布确定的高分子材料,这对于高分子科学的发展是至关重要的。将点击化学与高分子化学中的合成方法有效结合,对于丰富高分子材料具有重要意义。

④ 简要介绍了基团转移聚合、大分子引发剂和大分子单体、等离子聚合及模板聚合的特点和应用。可以看出,这些五花八门的聚合方法都有其各自独有的特点和应用,对于探索更加新颖完善的制备方法具有启示和鼓舞作用。

参 考 文 献

[1] 王建国.高分子合成新技术.北京:化学工业出版社,2004.

[2] 黄飞鹤,翟春熙,郑波,等.超分子聚合物.杭州:浙江大学出版社,2012.

[3] Harada A, Kamachi M. Complex Formation between Poly(ethylene glycol) and α-Cycold-extrin. Macromolecules, 1990, 23:2821-2823.

[4] Liu Y, Yang Y W, Chen Y, et al. Polyrotaxane with Cyclodextrins as Stoppers and its Assembly Behavior. Macromolecules, 2005, 38:5838-5840.

[5] Wu C, Bheda M C, Ya X S, et al. Synthesis of Polyester Rotaxanes via the Statistical Threading Method. Polym Commun, 1991, 32:204-207.

[6] Sato T, Takata T. Synthesis of Main-chain-type Polyrotaxane by Polymerization of Homoditopic [2] Rotaxane through Mizoroki-Heck Coupling. Macromolecules, 2008, 41:2739-2742.

[7] Zhu H F, Fan J, Okamura T, et al. Supramolecular Architectures Constructed by Strong Hydrogen Bonds. Chem Lett, 2002:898-899.

[8] Carlucci L, Ciani G, Proserpio D M. Self-assembly of Novel Co-ordination Polymers Containing Polycatenated Molecular Ladders and Intertwined Two-dimensional Tilings. J Chem Soc, Dalton Trans, 1999:1799-1804.

[9] Fujita M, Kwon Y J, Sasaki O, et al. Interpenetrating Molecular Ladders and Bricks. J Am Chem Soc, 1995, 117:7287-7288.

[10] Amabilino D B, Ashton P R, Reder A S, et al. Olympiadane. Angew Chem Int Ed Engl, 1994, 33:1286-1290.

[11] Watanabe J, Ooya T, Yui N. Effect of Acetylation of Biodegradable Polyrotaxanes on its Supramolecular Dissociation via Terminal Ester Hydrolysis. J Biomater Sci Polym Ed, 1999, 10:1275-1288.

[12] Huh K M, Tomita H, Lee W K, et al. Synthesis of α-Cyclodextrin-conjugated Poly(ε-lysine)s and their Inclusion Complexation Behavior. Macromol Rapid Commun, 2002, 23:179-182.

[13] Eguchi M, Ooya T, Yui N. Controlling the Mechanism of Trypsion Inhibition by the Numbers of α-Cyclodextrins and Carboxyl Groups in Carboxyethylester-polyrotaxanes. J

Controlled Release，2004，96：301－307.

[14] Stanier C A，Alderman S J，Claridge T D W，et al. Unidirectional Photoinduced Shuttling in Arataxane with a Symmetric Stilbene Dumbbell. Angew Chem Int Ed，2002，41：1769－1772.

[15] Okumura H，Kawaguchi Y，Harada A. Preparation and Characterization of the Inclusion Conplexes of Poly(dimethylsilane)s with Cyclodextrins. Macromolecules，2003，36：6422－6429.

[16] Murakami H，Kawabuchi A，Nakashima N. A Light－driven Molecular Shuttle Based on a Rotaxane. J Am Chem Soc，1997，119：7605－7606.

[17] Liu Y，Yu L，Chen Y，et al. Construction and DNA Condensation of Cyclodextrin-based Polypseudorotaxanes with Anthryl Grafts. J Am Chem Soc，2007，129：10656－10657.

习题与思考题

1. 什么是自由基活性(可控)聚合？请举例说明。

2. 原子转移自由基聚合的原理是什么？

3. 利用原子转移自由基聚合可以制备哪些类型的高分子聚合物？

4. 什么是超分子聚合？请列举超分子聚合的主要构筑单元。

5. 什么是点击化学？请举例说明将点击化学与其他高分子合成方法相结合来制备结构新颖的高分子材料。

第八章　聚合物的化学反应

前面几章介绍从单体出发制备高分子的聚合反应,本章进一步讨论已获得的聚合物的化学反应。研究聚合物的化学反应,使得有可能对天然和合成的高分子进行化学改性,将其转变成新的、用途更广的材料,利用化学反应还可制备具有功能性和高性能的聚合物。

聚合物化学反应种类多,范围广。目前,聚合物化学反应主要是按结构和聚合度变化来分类,分成基团反应、嵌段、接枝、扩链、交联和降解等几大类。基团反应时,聚合度和总体结构变化较小,因此可称为相似转变;嵌段、接枝、扩链、交联使聚合度增大,降解则使聚合度或分子量变小,这些都将引起结构改变,最终导致性质和功能的显著变化。例如,将纤维素乙酰化、硝化或醚化,就可得到纤维素的醋酸酯、硝酸酯或纤维素醚,用以生产人造丝、油漆、薄膜和塑料等。由聚苯乙烯基团化合成离子交换树脂,聚乙烯的氯磺化制特种橡胶,由聚丙烯腈纤维的热化学转变制成碳纤维等。

8.1　聚合物化学反应的分类、特征和影响因素

8.1.1　聚合物化学反应的分类

聚合物的性能取决于其结构和聚合度。聚合物化学反应种类繁多,主要根据聚合度和功能基团的变化作如下分类:

① 聚合物相似转变,即聚合度基本不变而仅限于侧基和/或端基变化的反应。高分子试剂、高分子催化剂等功能高分子属于这一类。

② 聚合度变大的反应,如交联、接枝、嵌段和扩链等。

③ 聚合度变小的反应,如解聚、降解等。

聚合物化学改性多属于基团发生变化而聚合度基本不变或变大的反应;聚合物的老化则往往是降解反应,有时也伴有交联反应。

8.1.2　聚合物化学反应的特征

聚合物和低分子同系物可以进行相似的基团反应,如纤维素和乙醇中的羟基都可以酯化,聚乙烯和己烷都可以氯化等。但由于高分子具有与小分子不同的结构特征,因而其化学反应也有不同于小分子的特性,产率或转化率及基团反应活性等都明显存在着差异。

在低分子反应中,副反应仅使主产物产率降低;而在高分子反应中,副反应却在同一分子上发生,且并非所有官能团都能参与反应,因此反应产物分子链上既带有起始官能团,也带有新形成的官能团。并且每一条高分子链上的官能团数目各不相同,不能将起始官能团和反应生成的

官能团分离开来,也很难像小分子反应提取得到含单一官能团的反应产物。由于主产物和副产物无法分离,形成类似共聚物的产物,因此不能用产率一词,而采用基团转化率表示。例如,丙酸甲酯水解,可得 80% 纯丙酸,残留 20% 丙酸甲酯尚未转化,以分子计的水解转化率为 80%。聚丙烯酸甲酯也可以进行类似的水解反应,可转变成含 80% 丙烯酸单元和 20% 丙烯酸甲酯单元的无规共聚物,两种单元无法分离,因此应该以基团的转化程度(80%)来表述。

$$\begin{array}{c}\text{—}(\text{CH}_2\text{CH})_n \\ | \\ \text{COOCH}_3\end{array} \longrightarrow \begin{array}{c}\text{—}(\text{CH}_2\text{CH})_{0.8n} \\ | \\ \text{COOH}\end{array}\begin{array}{c}(\text{CH}_2\text{CH})_{0.2n}\text{—} \\ | \\ \text{COOCH}_3\end{array}$$

　　从单个基团的反应比较,聚合物的反应活性应与同类低分子相同,在反应机理上一般也假定聚合物和低分子中基团的活性相同,在处理聚合动力学问题时,即使用了"官能团等活性"概念。但聚合物中的基团活性、反应速率和最高转化程度一般都低于同系低分子,少数也有增加的情况。主要由聚合物形态、邻近基团效应等物理、化学影响因素不同所引起。

8.1.3　聚合物化学反应的影响因素

1. 物理因素

　　聚合物化学反应受到结晶度、相态、溶解度等物理因素影响,从而反映出基团反应活性和反应速率的差异。

　　(1) 结晶度

　　对于晶态聚合物,多数结晶并不完全,具有晶区和非晶区共存状态,由于在其结晶区域分子链排列规整,分子链间相互作用强且结合紧密,反应试剂很难渗透入晶区,因此反应多在非晶区内进行。例如,结晶度为 60%~70% 的聚乙烯醇纤维与甲醛反应,只有 20%~40% 的非晶区才能缩醛化。又如,纤维素是高结晶度的天然高分子,必须用适当浓度的碱液或硫酸溶液溶胀或溶解,破坏其结晶性后,才能进行酯化或醚化反应。

　　玻璃态聚合物由于其链段被冻结,也不利于低分子试剂的扩散,最好在玻璃化转变温度以上或处于溶胀状态进行反应。例如,涤纶聚酯进行固相缩聚时需要在熔点以下和玻璃化转变温度以上进行反应,可以提高聚合度;而作为离子交换树脂母体材料的苯乙烯和二乙烯基苯共聚物,属于非晶态的交联聚合物,需预先用适当溶剂溶胀,才易进行后续的磺化或氯甲基化反应。

　　(2) 相态

　　聚合物化学反应的实施可以在均相溶液或非均相(液固、气固)状态下进行,但两者反应结果差别很大。非均相反应局限于表面反应,保留聚合物原有的聚集态结构,转化的基团分布不均匀;均相溶液反应可以消除聚集态方面的影响,反应后多形成非晶态聚合物,玻璃化转变温度和刚性均有改变,基团分布比较均匀。例如,均相和非均相反应条件下聚乙烯的氯化产物性能就有很大差异。

　　(3) 溶解度

　　聚合物的溶解性随化学反应的进行可能不断发生变化,一般溶解性好对反应有利,如果生成物完全不溶解,低分子反应试剂难以扩散,最终基团转化程度就会受到限制。但假若沉淀的聚合物对反应试剂有吸附作用,由于使聚合物上的反应试剂浓度增大,反而使反应速率增大。

（4）温度

一般温度升高有利于反应速率的提高，但温度太高可能导致不期望发生的氧化、裂解等副反应。

2. 化学因素

影响聚合物反应的化学因素主要有概率效应和邻近基团效应。

（1）概率效应

概率效应的主要体现是功能基孤立化效应。当聚合物链上的相邻侧基成对参与反应时，由于成对基团反应存在概率效应，中间往往留有未反应的孤立单个基团，由于单个功能基团难以继续反应，最高转化程度因而受到限制。例如，聚氯乙烯与锌粉共热脱氯成环，按概率计算，环化程度只有86.5%，尚有13.5%氯原子未能反应，被孤立隔离在两环之间。实验测定结果与理论计算相近。聚乙烯醇缩醛的反应也类似，这就是相邻基团按概率反应造成的。

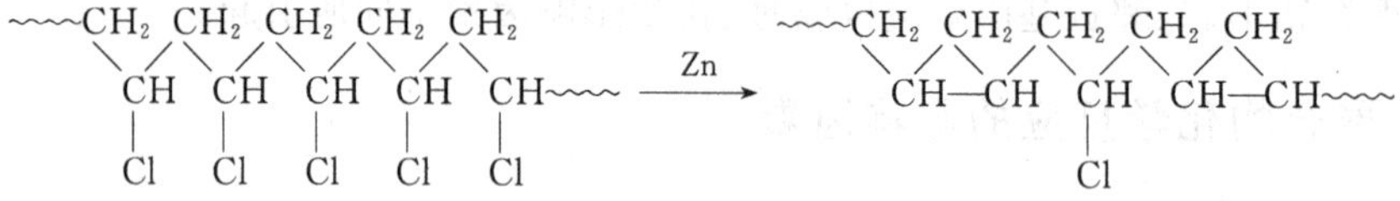

（2）邻近基团效应

高分子中原有基团或反应后形成的新基团的位阻效应和电子效应，以及试剂的静电作用，均可能影响到邻近基团的活性和基团的转化程度。

① 位阻效应　由于新生成的功能基团的立体阻碍，导致其邻近功能基团难以继续参与反应。例如，聚乙烯醇的三苯乙酰化反应，由于新引入的庞大的三苯乙酰基的位阻效应，使其邻近的—OH难以再与三苯乙酰氯反应。

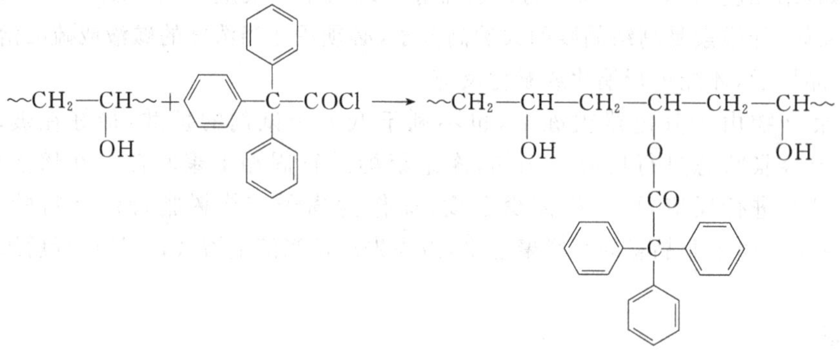

② 静电效应　邻近基团的静电效应可降低或提高功能基团的反应活性。例如，聚丙烯酰胺的水解反应速率随反应的进行而增大，其原因是水解生成的羧基与邻近的未水解的酰氨基反应，生成酸酐环状过渡态，促进了酰氨基中—NH_2的离去从而加速水解反应。

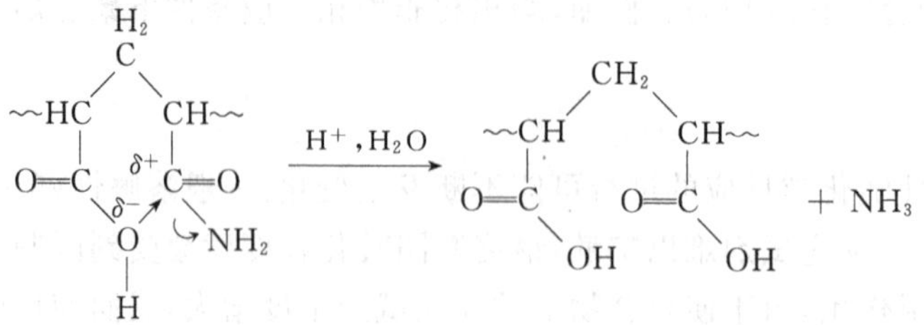

如果反应中反应试剂与聚合物反应后的基团带同种电荷,由于静电相斥作用,阻碍反应试剂与聚合物分子的接触,使反应难以充分进行。例如,聚甲基丙烯胺在强碱条件下水解,当其中某个酰氨基邻近的基团都已转化为羧酸根后,由于进攻的 OH^- 与高分子链上生成的—COO^- 带相同电荷而相互排斥,因而难以与被进攻的酰氨基接触,不能再进一步水解,因而聚甲基丙烯酰胺的水解程度一般在 70% 以下。

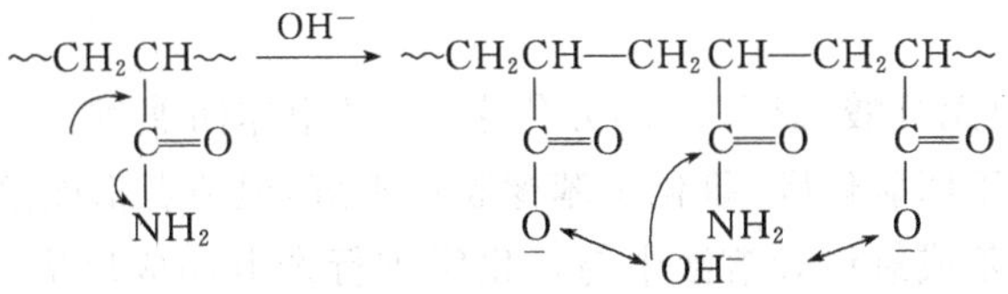

对于带电荷的聚合物和电荷相反的试剂反应,结果加速且转化程度较高。而从不带电荷的基团转变成带电荷基团的高分子,反应速率往往随转化程度的提高而降低,因此加盐对大分子上的电荷有屏蔽作用,能够部分降低自动减缓反应现象。

8.2 聚合物的相似转变

聚合物与低分子化合物作用,仅限于基团(侧基和/或端基)转变而聚合度基本不变的反应,称作(聚合度)相似转变。聚合物相似转变在工业上应用很多,可以在聚合物中引入新的功能基团,实现基团的转化等。

8.2.1 聚二烯烃的加成反应

与烯烃的加成反应相似,二烯类橡胶分子中含有双键,也可以进行加成反应,如加氢、氯化和氢氯化,从而引入原子或基团。

(1)加氢反应 顺丁橡胶、天然橡胶、丁苯橡胶、SBS(苯乙烯-丁二烯-苯乙烯二嵌段热塑性弹性体)等都是以二烯烃为基础的橡胶,大分子链中留有双键,易氧化和老化。但经加氢成饱和橡胶,玻璃化转变温度和结晶度均有改变,可提高耐候性,部分氢化的橡胶可用作电缆涂层。因此二烯类橡胶的加氢成为重要的研究方向。加氢的关键是寻找加氢催化剂(镍或贵金属类),并且不局限于化学反应,氢的扩散传递可能成为控制步骤。

$$\sim\sim\sim CH_2CH{=}CHCH_2\sim\sim\sim \ + \ H_2 \ \longrightarrow \ \sim\sim\sim CH_2CH_2{-}CH_2CH_2\sim\sim$$

(2)氯化和氢氯化 聚丁二烯的氯化与加氢反应相似,比较简单。天然橡胶氯化则比较复杂。

天然橡胶的氯化可在四氯化碳或氯仿溶液中、80～100 ℃下进行,产物含氯量可高达 65%(相当于每一重复单元含有 3.5 个氯原子),除在双键上加成外,还可能在烯丙基位取代和环化,甚至交联。

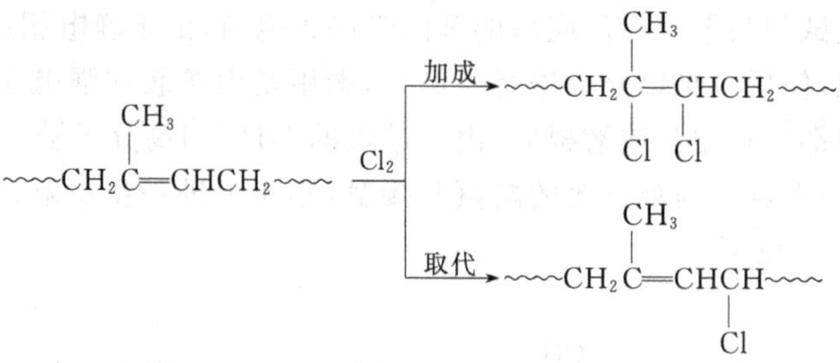

氯化橡胶不透水，耐无机酸、碱和大部分化学品，可用作防腐蚀涂料和黏合剂，如混凝土涂层。氯化天然橡胶能溶于四氯化碳，氯化丁苯橡胶却不溶，但两者都能溶于苯和氯仿。

天然橡胶还可以在苯或氯代烃溶液中与氯化氢进行亲电加成反应。按马氏规则，氯加在二级碳原子上。

$$—CH_2C(CH_3){=}CHCH_2 \xrightarrow{H^+} —CH_2\overset{+}{C}(CH_3)CH_2CH_2 \xrightarrow{Cl^-} —CH_2CCl(CH_3)CH_2CH_2—$$

碳正离子中间体也可能环化。氢氯化橡胶对水汽的阻透性好，除碱、氧化酸外，可耐许多化学品的水溶液，可用作食品、精密仪器的包装薄膜。

8.2.2　聚醋酸乙烯酯的醇解

聚乙烯醇是维尼纶纤维的原料，也可用作黏结剂和分散剂。但乙烯醇不稳定，无法游离存在，将迅速异构成乙醛。因此聚乙烯醇只能由聚醋酸乙烯酯经醇解（水解）来制备。

聚醋酸乙烯酯本身除可用作塑料和涂料外，还可醇解成维尼纶纤维的主要原料聚乙烯醇。在酸或碱的催化下，聚醋酸乙烯酯可用甲醇醇解成聚乙烯醇，即醋酸根被羟基所取代。碱催化效率较高，副反应少。醇解前后聚合度几乎不变，是典型的相似转变。

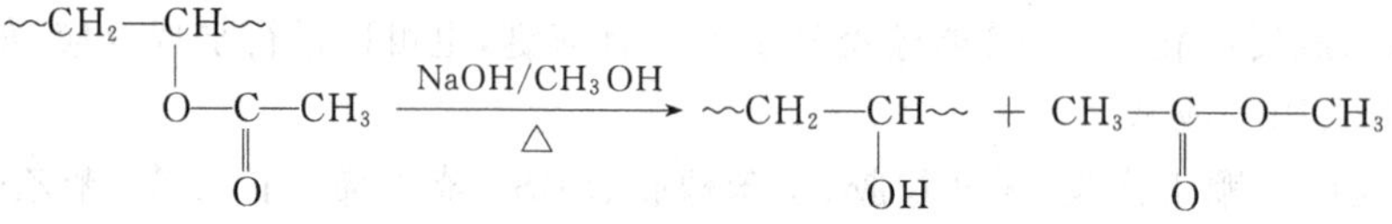

所得聚乙烯醇经醋酐酯化，也可以形成聚醋酸乙烯酯，相当于皂化的逆反应。借此可以证明聚醋酸乙烯酯和聚乙烯醇的结构。

在醇解过程中，并非全部醋酸根都转变成羟基，转变的摩尔分数称作醇解度（DH）。产物的水溶性与醇解度有关。纤维用聚乙烯醇要求 $DH>99\%$；用作氯乙烯悬浮聚合分散剂则要求 $DH\approx80\%$，两者都能溶于水；$DH<50\%$，则成为油溶性分散剂。

聚乙烯醇配成热水溶液，经纺丝、拉伸，即成部分结晶的纤维。晶区虽不溶于热水，但无定形区却亲水，能溶胀。因此需以酸作催化剂，进一步与甲醛反应，使其缩醛化。分子间缩醛，形成交联；分子内缩醛，将形成六元环。由于概率效应，缩醛化并不完全，尚有孤立羟基存在。

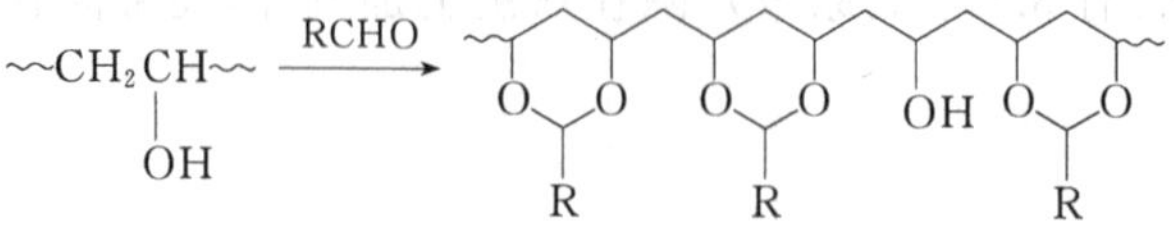

经过适当缩醛化后,就足以降低亲水性。因此维尼纶纤维的生产过程往往由聚醋酸乙烯酯的醇解、聚乙烯醇的纺丝拉伸、缩醛等工序组成。聚乙烯醇缩甲醛或缩丁醛,可用作安全玻璃夹层的黏结剂、电绝缘膜和涂料。

8.2.3　聚烯烃和聚氯乙烯的氯化

聚烯烃的氯化是取代反应,属于比较简单的高分子基团反应。

① 聚乙烯的氯化和氯磺化　聚乙烯与烷烃相似,耐酸,耐碱,化学惰性,但易燃。在适当温度下或经紫外光照射,聚乙烯容易被氯化,氯原子取代了部分氢原子而成为氯侧基,形成氯化聚乙烯(CPE),并释放出氯化氢,反应式可简示如下:

$$\sim CH_2-CH_2\sim \xrightarrow[-HCl]{Cl_2} \sim CH_2-\underset{\underset{Cl}{|}}{CH}-CH_2-CH_2\sim$$

氯化反应属于自由基连锁机理。氯气吸收光量子后,均裂成氯自由基。氯自由基向聚乙烯转移成链自由基和氯化氢。链自由基与氯反应,形成氯化聚乙烯和氯自由基。如此循环,连锁进行下去。

$$Cl_2 \xrightarrow[\text{或有机过氧化物}]{h\nu} 2\,Cl\cdot$$

$$\sim CH_2CH_2\sim + Cl\cdot \longrightarrow \sim CH_2\overset{\cdot}{C}H\sim + HCl$$

$$\sim CH_2\overset{\cdot}{C}H\sim + Cl_2 \longrightarrow \sim CH_2\underset{\underset{Cl}{|}}{CH}\sim + Cl\cdot$$

高密度聚乙烯多选作氯化的原料,高分子量聚乙烯氯化后可形成韧性的弹性体,低分子量聚乙烯的氯化产物则容易加工。氯化聚乙烯的含氯量可以调节在 10%～70%(质量分数)范围内。氯化后,可燃性降低,溶解度有增有减,视含氯量而定。氯含量低时,性能与聚乙烯相近。但含氯量 30%～40% 的氯化聚乙烯却是弹性体,阻燃,可用作聚氯乙烯 PVC 抗冲改性剂。大于 40% 则刚性增加,变硬。氯化聚乙烯的玻璃化转变温度比聚氯乙烯高,可用作热水硬管;其溶解性能也有所改善,可作涂料。

工业上聚乙烯的氯化有两种方法:① 溶液法,以四氯化碳作溶剂,在回流温度(如 95～130 ℃)和加压条件下进行氯化,产物含氯量达 15% 时,就开始溶于溶剂,可以适当降低温度继续聚合,产物中氯原子分布比较均匀;② 悬浮法,以水作介质,氯化温度较低(如 65 ℃),氯化多在表面进行,含氯量可达 40%。适当提高温度(如 75 ℃),含氯量还可提高,但需克服黏结问题。悬浮法产品中的氯原子分布不均匀。

$$\sim\sim CH_2CH_2\sim\sim CH_2CH_2\sim\sim \xrightarrow[-HCl]{Cl_2,SO_2} \sim\sim CH_2\underset{\underset{Cl}{|}}{CH}\sim\sim CH_2\underset{\underset{SO_3H}{|}}{CH}\sim\sim$$

聚乙烯还可以进行氯磺化。聚乙烯的四氯化碳悬浮液与氯、二氧化硫的吡啶溶液进行反应,则形成氯磺化聚乙烯,含 26%～29% 氯和 1.2%～1.7% 硫,相当于 3～4 单元有一个氯原子,40～

50 单元有一个磺酰氯基团(—SO$_2$Cl)。氯的取代破坏了聚乙烯的原有结晶结构,而成为弹形体,—50 ℃ 仍保持有柔性。少量磺酰氯基团即可供金属氧化物(氧化铅或氧化锰)交联,也可由硫和二苯基胍[(C$_6$H$_5$N)$_2$C=NH]来交联固化。

氯磺化聚乙烯弹性体耐化学药品、耐氧化,在较高温度下仍能保持较好的机械强度,可用于特殊场合的填料和软管,也可以用作涂层。

② 聚丙烯的氯化   聚丙烯含有叔氢原子,更容易被氯原子所取代。

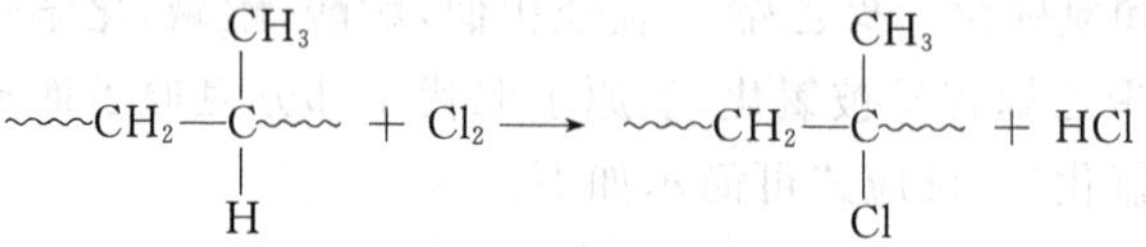

$$\sim\!\!CH_2\!-\!\!\underset{\underset{H}{|}}{\overset{\overset{CH_3}{|}}{C}}\!\!\sim + Cl_2 \longrightarrow \sim\!\!CH_2\!-\!\!\underset{\underset{Cl}{|}}{\overset{\overset{CH_3}{|}}{C}}\!\!\sim + HCl$$

聚丙烯经氯化,结晶度降低,并伴有降解,力学性能变差,使其发展受到限制。但氯原子的引入,增加了极性,提高了黏结力,可以用作聚丙烯的附着力促进剂。常用的氯化聚丙烯含有 30%~40%(质量分数)氯,软化点为 60~90 ℃,溶度参数 $\delta = 18.5~19.0$ J$^{1/2}\cdot$cm$^{-3/2}$,能溶于氯仿等弱极性溶剂,不溶于强极性的甲醇($\delta = 29.21$)和非极性的正己烷($\delta = 14.94$)。

③ 聚氯乙烯的氯化   聚氯乙烯的氯化可以水作介质,在悬浮状态下 50 ℃ 进行,亚甲基氢被取代。

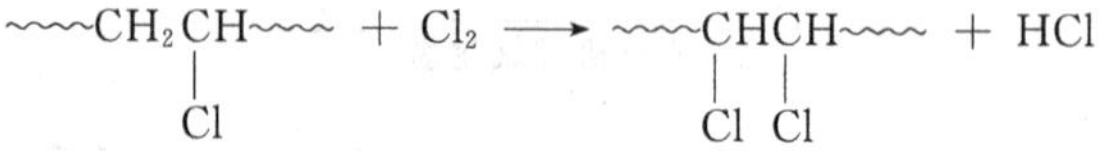

$$\sim\!\!CH_2CH\!\!\sim \underset{Cl}{|} + Cl_2 \longrightarrow \sim\!\!CHCH\!\!\sim \underset{Cl\ Cl}{|\ |} + HCl$$

聚氯乙烯是通用塑料,但其热变形温度低,约 80 ℃。经氯化,使氯含量从原来的 56.8% 提高到 62%~68%,耐热性可提高 10~40 ℃,溶解性能、耐候性、耐腐蚀性、阻燃等性能也相应改善,因此氯化聚氯乙烯可用于热水管、涂料和化工设备等方面。

8.2.4   苯环侧基的取代反应

聚苯乙烯中的苯环与苯相似,可以进行系列取代反应,如烷基化、氯化、磺化、氯甲基化和硝化等。聚苯乙烯与不饱和烃(如环己烯)经傅氏反应,可制得油溶性聚合物,用作润滑油的黏度改进剂。

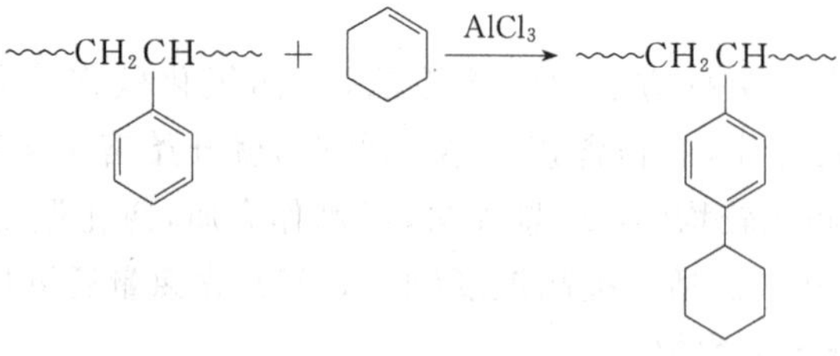

苯环取代反应的另一个重要的实际应用是离子交换树脂。苯乙烯和二乙烯基苯的共聚物是离子交换树脂的母体,如果与发烟硫酸反应,可以在苯环上引入磺酸根基团,利用磺酸根与金属阳离子的强相互作用,即成为阳离子交换树脂;与氯代二甲基醚反应,则可在苯环上引入氯甲基,进一步引入季氨基,可与阴离子作用,即成为阴离子交换树脂。

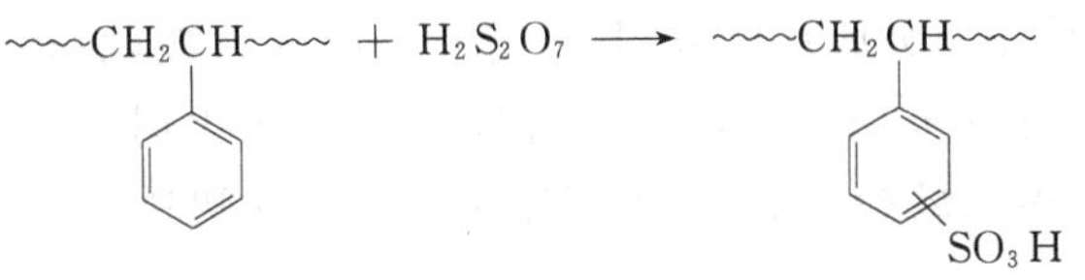

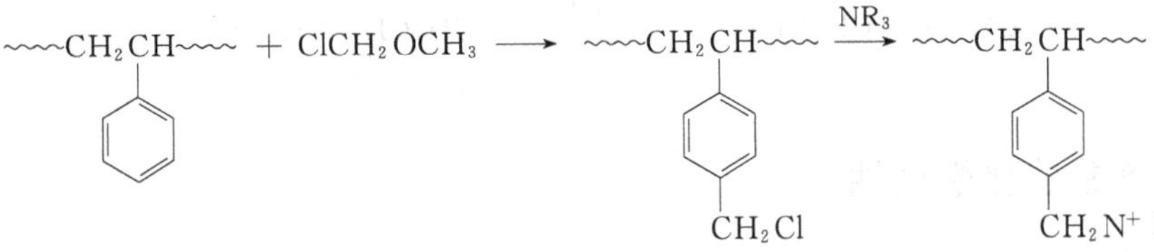

$$\sim\!\!CH_2CH\!\!\sim + H_2S_2O_7 \longrightarrow \sim\!\!CH_2CH\!\!\sim (C_6H_4\text{-}SO_3H)$$

$$\sim\!\!CH_2CH\!\!\sim + ClCH_2OCH_3 \longrightarrow \sim\!\!CH_2CH\!\!\sim(C_6H_4\text{-}CH_2Cl) \xrightarrow{NR_3} \sim\!\!CH_2CH\!\!\sim(C_6H_4\text{-}CH_2N^+R_3Cl^-)$$

8.2.5 聚丙烯酸酯类的基团反应

丙烯腈经水解,第一步先形成丙烯酰胺,进一步可水解成丙烯酸。相似,聚丙烯酸甲酯、聚丙烯腈、聚丙烯酰胺经水解,最终均能形成聚丙烯酸。

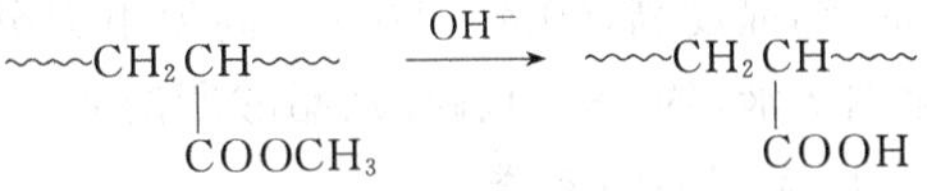

$$\sim\!\!CH_2CH(COOCH_3)\!\!\sim \xrightarrow{OH^-} \sim\!\!CH_2CH(COOH)\!\!\sim$$

聚丙烯酸或部分水解的聚丙烯酰胺可用于水的防垢和水处理的絮凝剂,水中有铝离子时,聚丙烯酸成絮状,与杂质一起沉降除去。

聚甲基丙烯酸受热失水,可形成高分子酸酐。高分子酸酐也具有酐的特征反应,即与水、醇和胺反应,可形成酸、酯和酰胺。苯乙烯-马来酸酐共聚物也有类似特性。

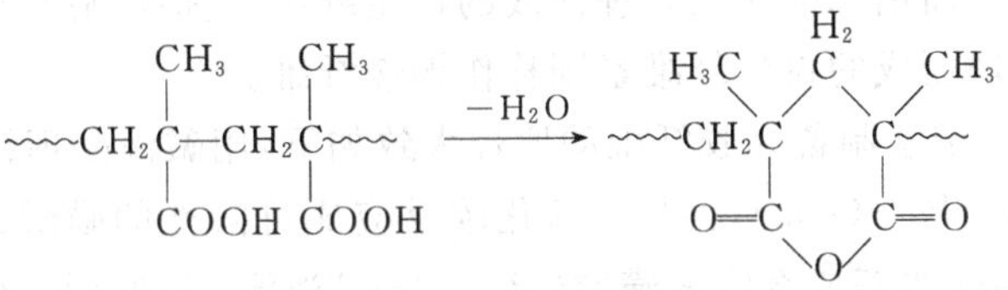

$$\sim\!\!CH_2C(CH_3)(COOH)CH_2C(CH_3)(COOH)\!\!\sim \xrightarrow{-H_2O} \text{(高分子酸酐)}$$

8.2.6 环化反应

前面已经介绍了几种可在大分子链中引入环状结构的反应,如聚乙烯醇缩醛等的环化。环的引入,使聚合物刚性增加,耐热性提高。有些聚合物,如聚丙烯腈或黏胶纤维,经热解后,还可能环化成梯型结构,甚至稠环结构。

由聚丙烯腈制碳纤维过程分成三段:先在 200~300 ℃预氧化,继而在 800~1 900 ℃炭化,最后在 2 500 ℃石墨化,析出其他所有元素,形成碳纤维。黏胶纤维也可用来制备碳纤维。碳纤维是高强度、高模量、耐高温的石墨态纤维,与合成树脂复合后,成为高性能复合材料,可用于宇航器和特殊场合。

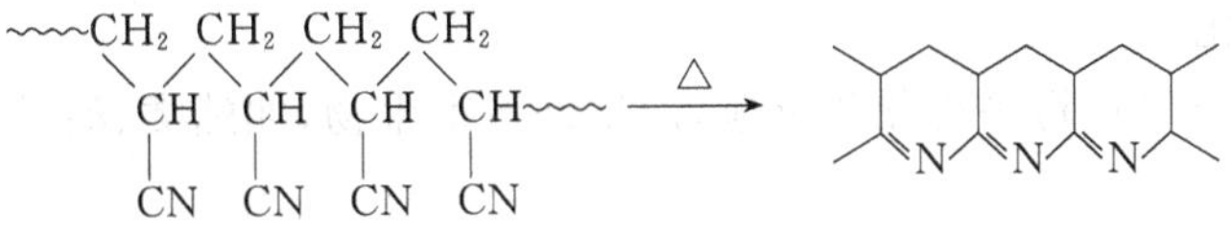

$$\sim\!\!CH_2CH(CN)CH_2CH(CN)\!\!\sim \xrightarrow{\triangle} \text{(梯型稠环结构)}$$

聚二烯烃的环氧化是另一类成环反应,其目的并非改变性能,而是引入可继续反应(如接枝和交联)的基团。环氧化可以采用过氧乙酸或过氧化氢作氧化剂。环氧化聚丁二烯容易与水、醇、酐和胺反应。环氧化聚二烯烃经交联,可用作涂料和增强塑料。

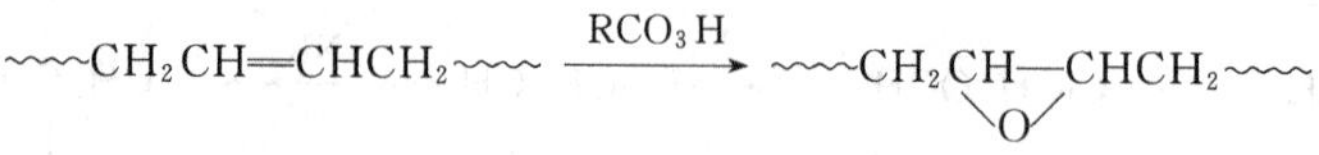

$$\sim\sim CH_2CH=CHCH_2\sim\sim \xrightarrow{RCO_3H} \sim\sim CH_2\underset{\displaystyle O}{CH-CH}CHCH_2\sim\sim$$

8.2.7 纤维素的化学改性

纤维素广泛分布在木材(约 50% 纤维素)和棉花(约 96% 纤维素)中。天然纤维素的重均聚合度可达 10 000~18 000,其重复单元由两个 D-葡萄糖结构单元 $[C_6H_7O_2(OH)_3]$ 按 β-1,4-键接而成。每一个葡萄糖结构单元有三个羟基,都可参与酯化、醚化等反应,形成许多衍生物,如黏胶纤维和铜铵纤维、硝化纤维素和醋酸纤维素等酯类,以及甲基纤维素和羟丙基纤维素等醚类。

纤维素分子间有强的氢键,结晶度高(60%~80%),高温下只分解而不熔融,不溶于一般溶剂中,可被适当浓度的氢氧化钠溶液(约 18%)、硫酸、醋酸所溶胀。因此纤维素在参与化学反应前,需预先进行溶胀,以便化学反应试剂的渗透。

(1)再生纤维素——黏胶纤维和铜铵纤维

再生纤维素一般以使用价值较低、纤维较短的木浆和棉短绒为原料,经溶胀和化学反应,再水解沉析凝固而成。与原始纤维素相比,再生纤维素的结构发生了变化:一是因纤维素溶胀过程中的降解,分子量有所降低;另一是结晶度显著降低。

纤维素经碱溶胀、继而用二硫化碳处理而成的再生纤维素称作黏胶纤维,用氧化铜的氨溶液溶胀、继而用酸或碱处理而成的再生纤维素则称作铜铵纤维。

① 黏胶纤维 从纤维素制备黏胶纤维的原理大致如下:用碱液处理纤维素(Ⓟ—OH),使其溶胀并转变成碱纤维素(Ⓟ—ONa),再与二硫化碳反应成可溶性的磺酸钠(Ⓟ—O—CSSNa)胶液,经纺丝拉伸凝固,用酸水解成纤维素磺酸(Ⓟ—O—CSSH),同时脱二硫化碳,再生出纤维素,图示如下:

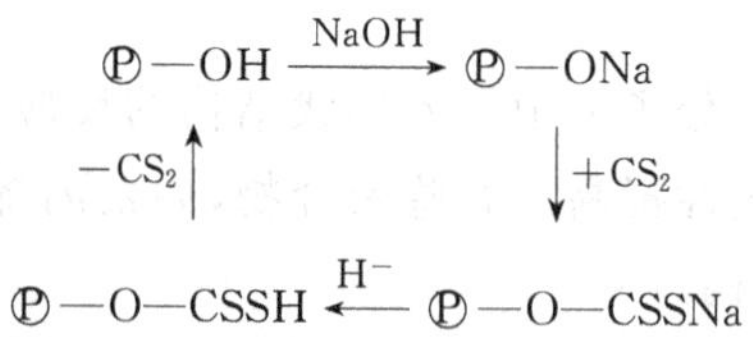

$$
\begin{array}{ccc}
\text{Ⓟ—OH} & \xrightarrow{NaOH} & \text{Ⓟ—ONa} \\
{\scriptstyle -CS_2}\big\uparrow & & \big\downarrow{\scriptstyle +CS_2} \\
\text{Ⓟ—O—CSSH} & \xleftarrow{H^-} & \text{Ⓟ—O—CSSNa}
\end{array}
$$

② 铜铵纤维 利用纤维素能在铜氨溶液 $[Cu(NH_3)_4]^{2+}[OH]_2^{2-}$ 中溶解及在酸中凝固的性质,也可以制备再生纤维素。将纤维素溶于铜氨溶液(25% 氨水、40% 硫酸铜、8% NaOH)中,搅拌,利用空气中氧气使该纺丝清液适当降解,降低聚合度,再经纺丝拉伸,在 7% 硫酸浴中凝固,洗去残留铜和氨,即得铜铵人造丝。玻璃纸的制法也相似,只是浆液浓度较大而已。

(2)纤维素的酯化

纤维素中的羟基可以进行多种化学反应,产生许多衍生物,如酯类、醚类,以及接枝共聚物和交联产物等。

纤维素酯类包括硝酸酯、醋酸酯、丙酸酯、丁酸酯及混合酯等。硝化纤维素是较早研究成功的改性天然高分子,之后是醋酸纤维素。

① 硝化纤维 硝化纤维素由纤维素在 25~40 ℃ 经硝酸和浓硫酸的混合酸硝化而成。浓硫酸起着使纤维素溶胀和吸水的双重作用,硝酸则参与酯化反应。

$$Ⓟ—OH + HNO_3 \xrightarrow{H_2SO_4} Ⓟ—ONO_2 + H_2O$$

并非三个羟基都能全部酯化,每单元中被取代的羟基数定义为取代度(DS),工业上则以含氮量 N‰ 来表示硝化度。理论上硝化纤维素的最高硝化度为 14.4‰($DS=3$),实际上则低于此值,硝化纤维素的取代度或硝化度可以由硝酸的浓度来调节。混合酸的最高比例为 H_2SO_4:HNO_3:$H_2O=6:2:1$。

不同取代度的硝化纤维应用于不同场合,详见表 8-1,低氮(10.0‰~12.5‰)硝化纤维素可用作塑料、片基薄膜和涂料;高氮(12.5‰~13.6‰)硝化纤维素用作火药。硝化纤维素稳定性差,易燃,加工费用高,已被醋酸纤维素所取代。

表 8-1 硝化纤维的取代度和用途

氮含量/%	取代度	用途	氮含量/%	取代度	用途
14.4		理论	10.6~12.4	2.25~2.6	硝化漆
12.6~13.4	2.7~2.9	火药	10.6~11.2	2.25~2.4	赛璐珞
11.8~12.4	2.5~2.6	胶卷			

② 醋酸纤维素 醋酸纤维素是以硫酸为催化剂经醋酸和醋酸酐乙酰化而成。硫酸和醋酸酐还有脱水作用。

$$Ⓟ(OH)_3 + CH_3COOH \xrightarrow{H_2SO_4} Ⓟ(OOCCH_3)_3 + H_2O$$

$$Ⓟ(OH)_3 + (CH_3CO)_2O \xrightarrow{H_2SO_4} Ⓟ(OOCCH_3)_3 + CH_3COOH$$

经上述反应,纤维素直接酯化成三醋酸纤维素(实际上 $DS=2.8$)。部分乙酰化纤维素只能由三醋酸纤维素部分皂化(水解)而成。使用较多的醋酸纤维素是取代度 2.2~2.8 的品种,可用作塑料、纤维、薄膜和涂料等。因其强度和透明,可用来制作录音带、胶卷、片基、玩具、眼镜架和电器零部件等。

$$Ⓟ(OOCCH_3)_3 + NaOH \longrightarrow Ⓟ(OOCCH_3)_2 + CH_3COONa$$

纤维素的醋酸-丙酸混合酯和醋酸(29‰~6‰)-丁酸(17‰~48‰)混合酯具有更好的溶解性能、抗冲性能和尺寸稳定性,耐水,容易加工,可用作模塑粉、动画片基、涂料和包装材料等。

(3)纤维素的醚化

纤维素醚类品种很多,如甲基纤维素、乙基纤维素、羟乙基纤维素、羟丙基纤维素、甲基羟丙基纤维素和羧甲基纤维素等。其中,乙基纤维素为油溶性,可用作织物浆料、涂料和注塑料等。甲基纤维素可用作食品增稠剂,以及黏结剂、墨水、织物处理剂的组分等。羧甲基纤维素、羟乙基纤维素和羟丙基纤维素可用作黏结剂、织物处理剂和乳化剂等。羟丙基甲基纤维素用作悬浮聚合的分散剂等。

制备纤维素醚类时,首先需用碱液使纤维素溶胀,然后由碱纤维素与氯甲烷、氯乙烷等氯代烷(RCl)反应,形成甲基纤维素或乙基纤维素。所引入烷氧基减弱了纤维素分子间的氢键,增加了水溶性。取代度增加过多,又会使溶解度降低。

$$Ⓟ—OH·NaOH + RCl \longrightarrow Ⓟ—OR + NaCl + H_2O$$

羧甲基纤维素由碱纤维素与氯代醋酸(ClCH_2COOH)反应而成,取代度为 0.5~0.8 的品种主要用作织物处理剂和洗涤剂;高取代度品种则用作增稠剂和钻井泥浆添加剂。

$$Ⓟ—OH·NaOH + ClCH_2COONa \longrightarrow Ⓟ—OCH_2COONa + NaCl + H_2O$$

羟乙基或羟丙基甲基纤维素则由纤维素与环氧乙烷或环氧丙烷反应而成。羟乙基纤维素可用作水溶性整理剂和锅炉水的除垢剂等。

$$Ⓟ—OH + \underset{\underset{O}{\diagdown\diagup}}{CH_2—CH_2} \longrightarrow Ⓟ—O—CH_2—CH_2—OH$$

8.3 聚合度变大的化学转变

使聚合度变大的化学转变主要有扩链反应、接枝和嵌段共聚反应,以及交联反应等。

8.3.1 扩链反应

分子量不高(如几千)的预聚物,通过适当方法,使两大分子端基键接在一起,分子量成倍增加,这一过程称为扩链。例如,带有端基的聚丁二烯(遥爪预聚物 $M_w=3\,000\sim6\,000$),呈液体状态,可称作液体橡胶,在浇铸成型过程中,通过端基间反应,扩链成高聚物。

液体橡胶主要是丁二烯预聚体或共聚物,也有异戊二烯、异丁烯、环氧氯丙烷和硅氧烷等低聚物。活性端基有羟基、羧基、氨基和环氧基等。端基预聚体可按许多聚合原理合成。

① 自由基聚合   应用带官能团端基的偶氮或过氧化类引发剂,引发丁二烯、异戊二烯、苯乙烯和丙烯腈等聚合,经偶合终止,即成带官能团端基的预聚物。

$$HO(CH_2)_2\underset{\underset{CN}{|}}{\overset{\overset{CH_3}{|}}{C}}—N\!=\!N—\underset{\underset{CN}{|}}{\overset{\overset{CH_3}{|}}{C}}(CH_2)_2OH \qquad HOOC(CH_2)_2\underset{\underset{CN}{|}}{\overset{\overset{CH_3}{|}}{C}}—N\!=\!N—\underset{\underset{CN}{|}}{\overset{\overset{CH_3}{|}}{C}}(CH_2)_2COOH$$

$$HOOC(CH_2)_2\underset{\underset{O}{|}}{C}O—O\underset{\underset{O}{|}}{C}(CH_2)_2COOH$$

② 阴离子聚合   以萘钠作引发剂,可以合成双阴离子活性高分子。聚合末期,加环氧乙烷或二氧化碳作终止剂,即成带羟端基或羧端基的遥爪预聚物。

③ 缩聚   二元酸和二元醇缩聚,酸或醇过量时,可制得羧端基或羟端基的预聚物。根据端基,选用适当二官能度或多官能度化合物进行反应,才能扩链或交联,见表 8-2。

表 8-2　遥爪预聚物的端基和扩链剂或交联剂的官能团

遥爪预聚物的端基	扩链剂或交链剂的端基	遥爪预聚物的端基	扩链剂或交链剂的端基
—OH	—NCO	$\overset{-CH-CH-}{\underset{O}{\diagup\diagdown}}$	—NH₂, —OH, —COOH
—COOH	$\overset{-CH-CH-}{\underset{O}{\diagup\diagdown}}$, $\overset{-CH_2-CHR}{\underset{-N}{\diagdown\diagup}}$	—SH	HO—N≡φ—N—OH, —NCO 金属氧化物,有机过氧化合物
$\overset{CH_2—CHR}{\underset{-N}{\diagdown\diagup}}$	—COOH, —X	—NCO	—OH, —NH₂, —COOH

注:φ 表示苯环。

8.3.2　接枝共聚

接枝和嵌段共聚反应,与扩链反应相似,都使聚合度增大,三种聚合物的结构特征区别如下:

AAAAAAAAAAAA　　AAAAAABBBBB　　AAAAAA~AAAAAA
|
BBBBBB

接枝共聚物　　　　嵌段共聚物　　　　扩链聚合物

接枝和嵌段共聚物都是多组分,还可能多相。通过接枝和嵌段共聚,可以将亲水的和亲油的、酸性的和碱性的、塑性的和高弹性的,以及互不相容的两链段键接在一起,赋予特殊的性能。

从组成考虑,接枝和嵌段聚合物都可称作共聚物,但其合成机理与常规的无规、交替共聚有所不同。自由基聚合、离子聚合、逐步聚合等多种聚合机理几乎都可以产生活性点,活性点在主链上,将进行接枝;活性点处于末端,则形成嵌段共聚物。

接枝共聚物的性能决定于主链和支链的组成结构和长度,以及支链数,这为分子设计指路。按照接枝点产生方式,分成长出支链、嫁接、大单体共聚三类。在大类之下,再考虑产生活性点的机理。

1. 长出支链

工业上最常用的接枝,是应用自由基向大分子(包括乙烯基聚合物和二烯烃聚合物)链转移的原理长出支链,也可利用侧基反应而长出支链。

① 乙烯基聚合物的接枝　高压聚乙烯和聚氯乙烯都有较多的支链,这是自由基向大分子链转移的结果。根据链转移原理,可以在某种聚合物的主链上接上另一单体单元的支链,形成接枝共聚物。要求母体聚合物含有容易被转移的原子,如聚丙烯酸丁酯、乙丙二元胶、氯化聚乙烯等乙烯基聚合物中的叔氢。

$$\sim\sim\sim A—A—A\sim\sim\sim \xrightarrow[-RH]{R\cdot} \sim\sim\sim A—A\cdot—A\sim\sim\sim \xrightarrow{nM} \sim\sim\sim\overset{\displaystyle A—A—A}{\underset{\displaystyle M_{n-1}M^*}{|}}\sim\sim\sim$$

单体/乙烯基聚合物体系进行自由基聚合时,引发剂所分解的自由基除引发单体聚合成均聚物外,还能向异种聚合物链转移,在主链中间形成活性点,进一步引发单体聚合而长出支链。最后,支链上的自由基终止,形成接枝共聚物。

$$\text{R·} + \sim\!\!\text{CH}_2\underset{\underset{\text{H}}{|}}{\overset{\overset{\text{COOR}}{|}}{\text{C}}}\!\!\sim \xrightarrow{-\text{RH}} \sim\!\!\text{CH}_2\underset{\underset{·}{}}{\overset{\overset{\text{COOR}}{|}}{\text{C}}}\!\!\sim \xrightarrow{\text{CH}_2=\text{CHX}} \sim\!\!\text{CH}_2\underset{\underset{\text{CH}_2\text{CHX}\sim\sim\text{CH}_2\overset{·}{\text{CHX}}}{|}}{\overset{\overset{\text{COOR}}{|}}{\text{C}}}$$

链增长和链转移反应相互竞争,产物中均聚物和接枝共聚物共存。链转移反应比链增长反应要弱,接枝效率将受到一定的限制,均聚物往往比接枝共聚物多,但这并不妨碍工业应用。

接枝效率的大小与自由基的活性有关,引发剂的选用非常关键。以 PSt/MMA 体系为例,用过氧化二苯甲酰作引发剂,可以产生相当量的接枝共聚物;用过氧化二叔丁基时,接枝共聚物很少;用偶氮二异丁腈时,就很难形成接枝共聚物。因为叔丁基和异丁腈自由基活性较低,不容易链转移。此外,不论采用何种引发剂,PMMA/VAc 或 PSt/VAc 体系,都很难形成接枝共聚物,只形成聚醋酸乙烯酯均聚物。

温度对接枝效率也有影响:升高聚合温度,一般使接枝效率提高,因为链转移反应的活化能比链增长反应高,温度对链转移反应速率常数的影响比较显著。

② 二烯烃聚合物上的接枝 聚丁二烯、丁苯橡胶和天然橡胶等主链中都含有双键,其接枝行为与乙烯基聚合物有些不同,关键是双键和烯丙基氢成为接枝点。现以聚丁二烯/苯乙烯体系进行溶液接枝共聚合成抗冲聚苯乙烯(HIPS)为例,来说明二烯烃聚合物的链转移接枝原理。

将聚丁二烯和引发剂溶于苯乙烯中,引发剂受热分解成初级自由基,一部分引发苯乙烯聚合成均聚物 PSt,另一部分与聚丁二烯大分子加成或转移,进行下列三种反应产生接枝点:

(a) 初级自由基与乙烯基侧基双键加成。

$$\text{R·} + \sim\!\!\text{CH}_2\underset{\underset{\text{CH}=\text{CH}_2}{|}}{\text{CH}}\!\!\sim \xrightarrow{k_1} \sim\!\!\text{CH}_2\underset{\underset{·\text{CHCH}_2\text{R}}{|}}{\text{CH}}\!\!\sim \xrightarrow{\text{CH}_2=\text{CHR}} \sim\!\!\text{CH}_2\underset{\underset{\text{RCH}_2\text{CH}(\text{CH}_2\text{CHR})_n\sim}{|}}{\text{CH}}\!\!\sim$$

(b) 初级自由基与聚丁二烯主链中双键加成。

$$\text{R·} + \sim\!\!\!\sim\text{CH}_2\text{CH}=\text{CHCH}_2\sim\!\!\!\sim \xrightarrow{k_2} \sim\!\!\!\sim\text{CH}_2\text{CHR}-\overset{·}{\text{CHCH}}_2\sim\!\!\!\sim \xrightarrow{\text{CH}_2=\text{CHR}}$$

$$\sim\!\!\!\sim\text{CH}_2\text{CHR}-\underset{\underset{\text{CH}_2\text{CHR}(\text{CH}_2\text{CHR})_n\sim}{|}}{\text{CHCH}_2}\sim\!\!\!\sim$$

(c) 初级自由基夺取烯丙基氢而链转移。

$$\text{R·} + \sim\!\!\!\sim\text{CH}_2\text{CH}=\text{CHCH}_2\sim\!\!\!\sim \xrightarrow[-\text{RH}]{k_3} \sim\!\!\!\sim\overset{·}{\text{CH}}\text{CH}=\text{CHCH}_2\sim\!\!\!\sim \xrightarrow{\text{CH}_2=\text{CHR}}$$

$$\sim\!\!\!\sim\underset{\underset{\text{CH}_2\text{CHR}(\text{CH}_2\text{CHR})_n\sim}{|}}{\text{CHCH}}=\text{CHCH}_2\sim\!\!\!\sim$$

上述三个反应速率常数大小依次为 $k_1 > k_2 > k_3$,可见 1,2-微结构含量高的聚丁二烯有利于接枝,因此低顺丁二烯橡胶(含 30%~40% 的 1,2-加成结构)优先选作合成抗冲聚苯乙烯的接枝母体。

上述方法合成的接枝产物是接枝共聚物 P[B-g-S]和均聚物 PB、PS 的混合物,其中 PS 占 90%以上,成为连续相;PB 占 7%~8%,以 2~3 μm 的粒子分散在 PS 连续相内。P[B-g-S]是

PB、PS 的增容剂，促进两相相容，从而提高了聚苯乙烯的抗冲性能。

60 ℃下研究天然橡胶/MMA/苯/过氧化二苯甲酰体系的接枝聚合机理时发现，$60\% \pm 5\%$ 属于双键加成反应，$40\% \pm 5\%$ 则属于夺取烯丙基氢的反应，也说明了 $k_2 > k_3$。

链转移接枝法有些缺点：(a) 接枝效率低；(b) 接枝共聚物与均聚物共存；(c) 接枝数、支链长度等结构参数难以定量测定和控制。但该法简便经济，实际应用并不计较这些缺点，工业上已经应用链转移原理来生产多种接枝共聚物产品。例如，St/AN 在聚丁二烯乳胶粒上接枝合成 ABS，用作工程塑料；MMA/St 在聚丁二烯乳胶粒上接枝合成 MBS，MMA 在聚丙烯酸丁酯乳胶粒上接枝合成 ACR，两者均用作透明聚氯乙烯制品的抗冲改性剂；St/AN 在乙丙橡胶上接枝合成 AOS，用作耐候抗冲改性剂等。

③ 侧基反应长出支链　通过侧基反应，产生活性点，引发单体聚合长出支链，形成接枝共聚物。

纤维素、淀粉和聚乙烯醇等都含有侧羟基，具还原性，可以与 Ce^{4+}、Co^{2+}、V^{5+}、Fe^{3+} 等高价金属化合物构成氧化还原引发体系，在聚合物侧基上产生自由基活性点，而后进行接枝反应。应用这一原理，由淀粉/Ce^{4+}/丙烯腈体系可合成高吸水性树脂。

$$\textcircled{P}-CH_2OH + Ce^{4+} \longrightarrow \textcircled{P}-CH_2CO\cdot + H^+ + Ce^{3+}$$
$$或 \textcircled{P}-\overset{\cdot}{C}HCOH$$

上述反应，自由基键接在主链上，只形成支链，可防止或减弱均聚物的形成。

还有许多侧基反应可用来合成接枝共聚物，尤其是聚苯乙烯类。例如，在聚苯乙烯的苯环上引入异丙基，氧化成氢过氧化物，再分解成自由基，而后引发单体聚合，长出支链，形成接枝共聚物。

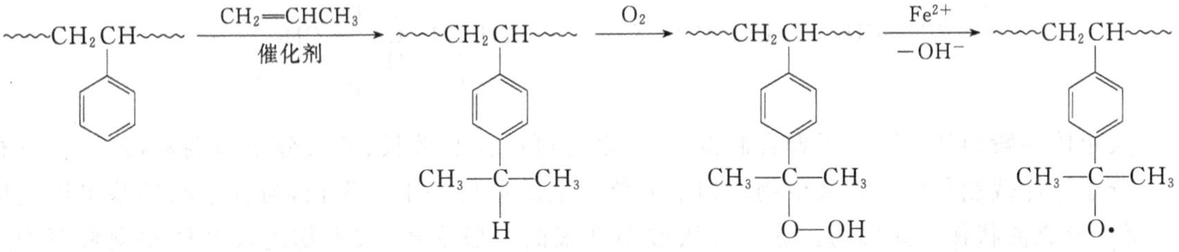

应用阴离子聚合机理，也可在大分子侧基上引入接枝点，如聚苯乙烯接上丙烯腈。

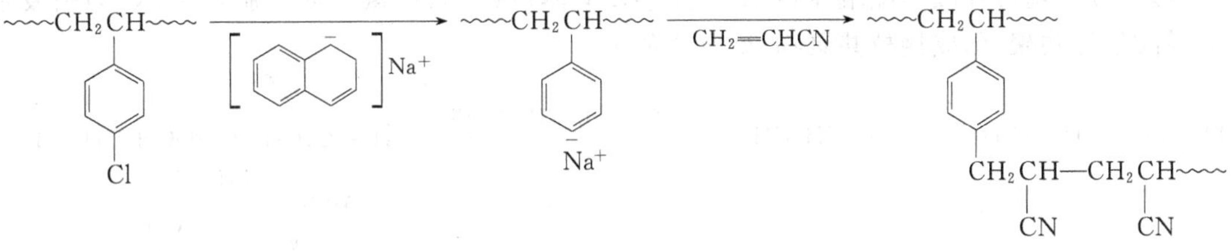

配位阴离子聚合、阳离子聚合、缩聚等都可能用于侧基反应，产生接枝点。

2. 嫁接支链

预先裁制主链和支链，主链中有活性基团 X，支链有活性端基 Y，两者反应，就可将支链嫁接到主链上。这类接枝并不一定是链式反应，也可以是缩聚反应。

$$\sim\sim AAAAA \sim\sim + Y-CH_2CHR-CH_2CHR \longrightarrow \sim\sim AAAAA \sim\sim + XY$$
$$\overset{|}{X} \qquad\qquad\qquad\qquad\qquad\qquad\qquad \overset{|}{\square}-CH_2CHR-CH_2CHR\sim\sim$$

主链和支链可以预先裁制,两者结构可分别表征,因此,这一方法为接枝共聚物的分子设计提供了基础。

离子聚合最宜用于这一方法。带酯基、酐基、苄卤基和吡啶基等亲电侧基的大分子很容易与活性聚合物阴离子偶合,进行嫁接,接枝效率可达 80%~90%。例如,活性阴离子聚苯乙烯,一部分氯甲基化,另一部分羧端基化,两者反应,就形成预定结构的接枝共聚物。

$$\overset{\sim\sim CH_2CH\sim\sim}{\underset{CH_2Cl}{\bigcirc}} + K^{+-}OCC-PS \xrightarrow{\text{活性}} \overset{\sim\sim CH_2CH\sim\sim}{\underset{CH_2OOC-PS}{\bigcirc}}$$

阳离子聚合也可用来合成嫁接支链的接枝物。例如,活性聚四氢呋喃阳离子可以嫁接到氯羟基化的聚丁二烯和丁腈橡胶上,接枝效率达 52%~89%。同理,也可嫁接到环氧化后的丁基橡胶和环氧化的乙丙橡胶上。

3. 大单体共聚接枝

大单体与普通乙烯基单体共聚,包括自由基共聚和离子共聚,可以形成接枝共聚物。

大单体多半是带有双键端基的齐聚物,或看作带有较长侧基的乙烯基单体,与普通乙烯基单体共聚后,大单体的长侧基为支链,而乙烯基单体就成为主链。这一方法可避免链转移法的效率低和混有均聚物的缺点。

$$\sim\sim CH=CH + H_2C=CH-X \longrightarrow \sim\sim CH_2CH-C-C-CH_2CH\sim\sim$$
$$\overset{|}{R} \qquad\qquad\qquad\qquad\qquad \overset{|}{X}\ \overset{|}{R}\ \overset{|}{X}$$

大单体一般由活性阴离子聚合制得,活性聚合可以控制链长、链长分布和端基,这一特点有利于分子设计裁制预定接枝共聚物。如果大单体上的取代基不是很长,与普通乙烯基单体共聚后,就可形成梳状接枝共聚物。这一方法遵循共聚的一般规律,共聚物组成方程和竞聚率均适用。这类接枝共聚物的种类很多。例如,活性聚苯乙烯锂先与环氧乙烷作用,再与甲基丙烯酰氯反应,形成带甲基丙烯酸甲酯端基的聚苯乙烯大单体;然后以偶氮二异丁腈(AIBN)为引发剂,与丙烯酸酯类共聚,即成接枝共聚物,反应式如下:

$$PS-Li + CH_2=CH_2 \longrightarrow PS-CH_2CH_2OLi \xrightarrow{CH_2=C(CH_3)COCl} CH_2=C(CH_3)COOCH_2CH_2-PS$$

有多种苯乙烯型和甲基丙烯酸酯型大单体,例如,

苯乙烯型大单体   甲基丙烯酸酯型大单体

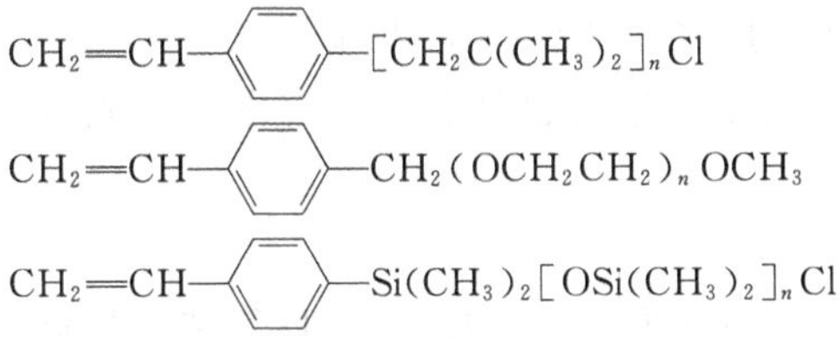

$CH_2=CH-\underset{}{\boxed{}}-[CH_2C(CH_3)_2]_nCl$ $CH_2=C(CH_3)COO-CH_2CH_2[CH(C_6H_5)CH_2]_nC_4H_9$

$CH_2=CH-\underset{}{\boxed{}}-CH_2(OCH_2CH_2)_nOCH_3$ $CH_2=C(CH_3)COO-(CH_2CH_2O)_nH$

$CH_2=CH-\underset{}{\boxed{}}-Si(CH_3)_2[OSi(CH_3)_2]_nCl$ $CH_2=C(CH_3)COO-(CH_2)_3Si(CH_3)_2[OSi(CH_3)_2]_nR$

8.3.3 嵌段共聚

由两种或多种链段组成的线型聚合物称作嵌段共聚物,常见的有 AB 型和 ABA 型(如 SBS),其中 A、B 都是长链段;也有 $(AB)_n$ 型多段共聚物,其中 A、B 链段相对较短。

嵌段共聚物的性能与链段种类、长度和数量有关。有些嵌段共聚物中两种链段不相容,将分离成两相,一相可以是结晶或无定形玻璃态分散相,另一相是高弹态的连续相。

嵌段共聚物的合成方法原则上可以概括成两大类:

① 某单体在另一活性链段上继续聚合,增长成新的链段,最后终止成嵌段共聚物。活性阴离子聚合应用得最多。

$$A_n\cdot \xrightarrow{B} A_nB\cdot \xrightarrow{B} A_nB_2\cdot \xrightarrow{B} \cdots \xrightarrow{B} A_nB_m\cdot \xrightarrow{终止} A_nB_m$$

② 两种组成不同的活性链段键合在一起,包括链自由基的偶合、双端基预聚体的缩合,以及缩聚中的交换反应。

$$A_n\cdot + B_m\cdot \xrightarrow{终止} A_nB_m$$

下面按不同机理说明嵌段共聚物的合成。

1. 活性阴离子聚合

工业上合成嵌段共聚物的常用方法,SBS 就是一例。其中 S 代表苯乙烯链段,分子量为 1 万~1.5 万;B 代表丁二烯链段,分子量为 5 万~10 万。常温下 SBS 反映出 B 段高弹性,S 段处于玻璃态微区,起到物理交联的作用。温度升至聚苯乙烯玻璃化转变温度(约 95 ℃)以上,SBS 具流动性,可以模塑,因此 SBS 可称作热塑性弹性体,具有无需硫化的优点。

根据 SBS 两段的结构特征,原设想用双功能引发剂经两步法来合成,如以萘钠为引发剂,先引发丁二烯成双阴离子 $^-B^-$,并聚合至预定的长度 $^-B_n^-$,然后再加苯乙烯,从双阴离子两端继续聚合而成 $^-S_mB_nS_m^-$,最后终止成 SBS 弹性体。但该法需用极性四氢呋喃作溶剂,定向能力差,很少形成顺-1,4-结构,玻璃化转变温度过高,达不到弹性体的要求。

因此,工业上生产 SBS 采用丁基锂(C_4H_9Li)/烃类溶剂体系,保证顺-1,4-结构。一般采用三步法合成,即依次加入苯乙烯、丁二烯、苯乙烯(记作 S→B→S),相继聚合,形成三个链段。苯乙烯和丁二烯的加入量按链段长度要求预先设计计量。丁二烯的活性虽然与苯乙烯相当,但 B→S 聚合速率稍慢一点。

$$R^- \xrightarrow{mS} RS_m^- \xrightarrow{nB} RS_mB_n^- \xrightarrow{mS} RS_mB_nS_m^- \xrightarrow{终止} RS_mB_nS_m$$

活性聚合的机理和单体加入的允许次序详见阴离子聚合一节。利用这一原理,也可合成环氧丙烷-环氧乙烷嵌段共聚物,用作非离子型表面活性剂。

Ziegler-Natta引发体系配位聚合属于活性聚合,可用来合成烯烃嵌段共聚物。

近年来活性自由基聚合正处于发展之中,用来合成嵌段共聚物也是研究内容之一。能否形成嵌段共聚物,也是评价是否为活性聚合的标准之一。

2. 特殊引发剂

双功能引发剂先后引发两种单体聚合,可用来制备嵌段共聚物。例如,下列偶氮和过氧化酯类双功能引发剂,在适当温度(60~70 ℃)下,先由偶氮分解成自由基,引发苯乙烯聚合,经偶合终止成带有过氧化酯端基的聚苯乙烯。然后,加入胺类,使过氧化酯端基分解,在25 ℃下就可以使甲基丙烯酸甲酯继续聚合成ABA型嵌段共聚物。

$$(CH_3)_3COOCO(CH_2)_3\underset{\underset{CN}{|}}{\overset{\overset{CH_3}{|}}{C}}-N=N-\underset{\underset{CN}{|}}{\overset{\overset{CH_3}{|}}{C}}(CH_2)_3COOOC(CH_3)_3$$

$$(CH_3)_3COOCO(CH_2)_3\underset{\underset{CN}{|}}{\overset{\overset{CH_3}{|}}{C}}-St_n-St_m-\underset{\underset{CN}{|}}{\overset{\overset{CH_3}{|}}{C}}(CH_2)_3COOOC(CH_3)_3$$

也可以选用含有偶氮和官能团两种不同功能的化合物(如下式),先后经自由基聚合和缩聚反应,形成由加聚物和缩聚物组成的嵌段共聚物。

$$ClOC(CH_2)_3\underset{\underset{CN}{|}}{\overset{\overset{CH_3}{|}}{C}}-N=N-\underset{\underset{CN}{|}}{\overset{\overset{CH_3}{|}}{C}}(CH_2)_3COCl$$

用过氧化氢-硫酸亚铁体系引发苯乙烯聚合,使形成的聚苯乙烯带有羟端基,再与带异腈酸酯端基的聚合物反应,也可形成嵌段聚合物。

3. 缩聚反应

通过缩聚中的交换反应,如将两种聚酯、两种聚酰胺或聚酯和聚酰胺共热至熔点以上,有可能形成新聚酯、新聚酰胺或聚酯-聚酰胺嵌段共缩聚物。

羟端基聚苯乙烯和羧端基的聚丙烯酸酯类进行酯化反应,可得嵌段共聚物。聚醚二醇或聚酯二醇与二异氰酸酯反应合成聚氨酯也可看做嵌段共聚物,只是异氰酸酯部分较短而已。

8.3.4 交联

交联可分为化学交联和物理交联两类。大分子间由共价键结合起来的,称作化学交联;由氢键、极性键和库仑力等物理力结合的,则称作物理交联。这里着重介绍化学交联。

有两种情况会遇到交联问题:一种是为了提高聚合物使用性能,人为地进行交联,如橡胶硫化以发挥高弹性、塑料交联以提高强度和耐热性、漆膜交联以固化、皮革交联以消除溶胀,以及棉、丝织物交联以防皱等;另一种是在使用环境中的老化交联,使聚合物性能变差,应该积极采取防老化措施。

在体型缩聚中已经提到交联反应,还有多种反应和方法可使聚合物交联,如不饱和橡胶的硫化、饱和聚合物的过氧化物交联、类似缩聚的基团反应,以及光、辐射等交联。

1. 二烯类橡胶的硫化

未曾交联的天然橡胶和合成橡胶,称作生胶,硬度和强度低,大分子间容易相互滑移,弹性差,难以应用。1839 年,天然橡胶和单质硫共热交联,才制得有应用价值的橡胶制品。硫化也就成了交联的同义词。

顺丁橡胶、异戊橡胶、氯丁橡胶、丁苯橡胶和丁腈橡胶等二烯类橡胶及乙丙二元胶主链上都留有双键,经硫化交联,才能发挥其高弹性。

研究硫化过程时发现,自由基引发剂和阻聚剂对硫化并无影响,用电子顺磁共振也未检出自由基;但有机酸或碱及介电常数较大的溶剂却可加速硫化。因此认为硫化属于离子机理。

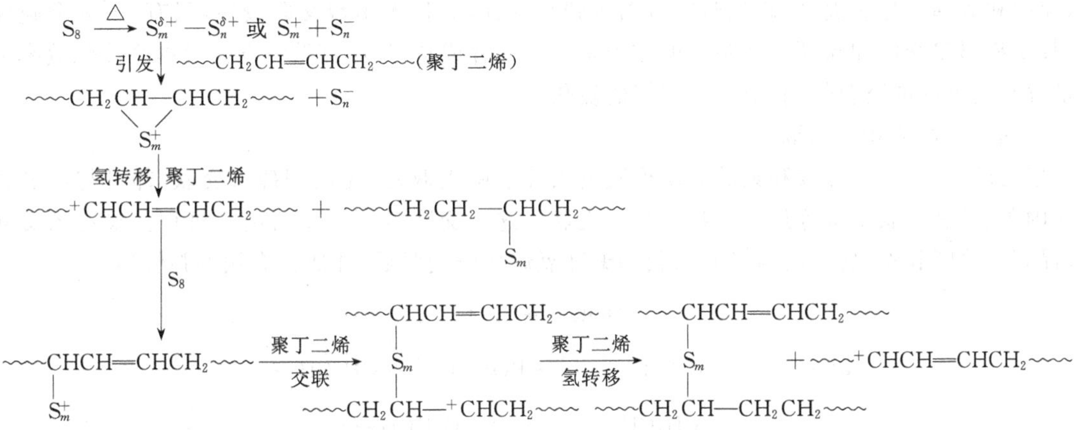

$$S_8 \xrightarrow{\triangle} S_m^{\delta+} - S_n^{\delta+} \text{ 或 } S_m^+ + S_n^-$$

引发 ↓ ～～CH₂CH=CHCH₂～～（聚丁二烯）

～～CH₂CH—CHCH₂～～ + S_n⁻
　　　　|
　　　 S_m⁺

氢转移 | 聚丁二烯

～～⁺CHCH=CHCH₂～～ + ～～CH₂CH₂—CHCH₂～～
　　　　　　　　　　　　　　　　　　　　　　　|
　　　　　　　　　　　　　　　　　　　　　　 S_m

↓ S₈

～～CHCH=CHCH₂～～ ── 聚丁二烯 ──→ ── 聚丁二烯 ──→ ～～⁺CHCH=CHCH₂～～
　　|　　　　　　　　　交联　　　氢转移
　 S_m⁺

单质硫以 S₈ 八元环形式存在,在适当条件下,硫极化或开环成硫离子对。硫化反应的第一步是橡胶和极化后的硫或硫离子对反应成锍离子(sulfonium)。接着,锍离子夺取聚二烯烃中的氢原子,形成烯丙基碳正离子。碳正离子先与硫反应,而后再与大分子双键加成,产生交联。通过氢转移,继续与大分子反应,再生出大分子碳正离子。如此反复,形成大网络结构。

单质硫的硫化速率慢,需要几个小时;硫的利用率低(40%～50%),原因:① 硫交联过长(40～100 个硫原子);② 形成相邻双交联,却只起着单交联的作用;③ 成硫环结构等。

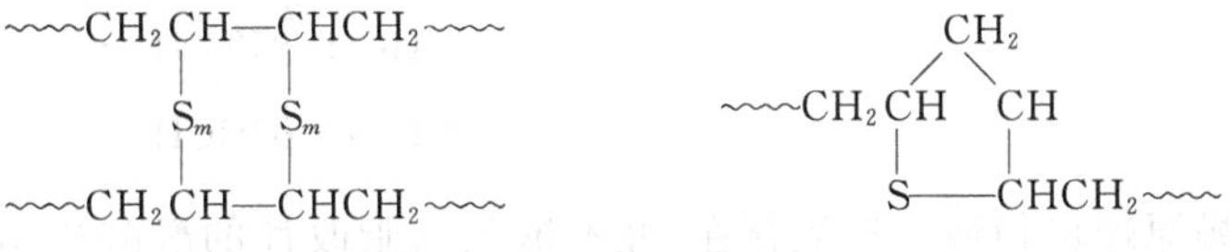

因此,工业上硫化常加有机硫化合物作促进剂,例如,

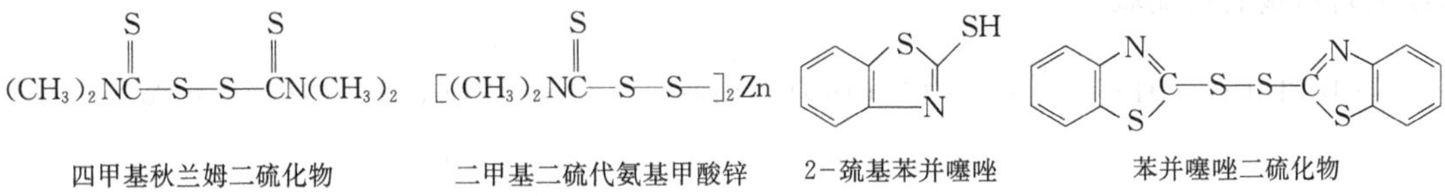

　　　　S　　S
　　　　‖　　‖
(CH₃)₂NC—S—S—CN(CH₃)₂　　[(CH₃)₂NC—S—S—]₂Zn

四甲基秋兰姆二硫化物　　　　二甲基二硫代氨基甲酸锌　　　2-巯基苯并噻唑　　　苯并噻唑二硫化物

以苯并噻唑二硫化物为例,说明促进剂加速硫化的机理。苯并噻唑二硫化物可以与硫结合,形成多硫化物,进一步与二烯类橡胶的烯丙基氢作用而后交联,如下所示:

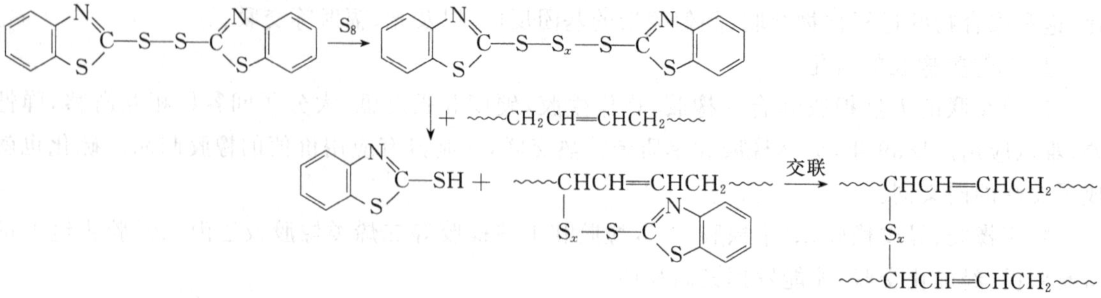

其中形成的多硫交联逐步脱硫变短，直至单硫原子交联，从而提高了硫的利用效率。

单质硫和促进剂单独共用，硫化速率和效率还不够理想，如再添加氧化锌和硬脂酸等活化剂，速率和效率均显著提高，硫化时间可缩短到几分钟，而且大多数交联较短，只有 1～2 个硫原子，甚少相邻双交联和硫环。硬脂酸的作用是与氧化锌成盐，提高其溶解度。锌提高硫化效率可能是锌与促进剂的螯合作用，类似形成锌的硫化物。

2. 过氧化物自由基交联

聚乙烯、乙丙二元橡胶和聚硅氧烷橡胶的大分子中无双键，无法用硫来交联，却可与过氧化二异丙苯、过氧化叔丁基等过氧化物共热而交联。这一交联过程属于自由基机理。聚乙烯交联后，提高了强度和耐热性；乙丙二元橡胶和聚硅氧烷橡胶交联后，才成为有用的弹性体。

$$ROOR \longrightarrow 2RO\cdot$$

$$RO\cdot + \sim\sim CH_2CH_2 \sim\sim \longrightarrow ROH + \sim\sim CH_2\dot{C}H \sim\sim$$

$$2\ \sim\sim CH_2\dot{C}H \sim\sim \longrightarrow \begin{array}{c} \sim\sim CH_2CH \sim\sim \\ | \\ \sim\sim CH_2CH \sim\sim \end{array}$$

过氧化物受热分解成自由基，夺取大分子链中的氢（尤其是叔氢），形成大分子自由基，而后偶合交联。

过氧化物也可以使不饱和聚合物交联，原理是自由基夺取烯丙基上的氢而后交联。

$$2RO\cdot + 2\ \sim\sim CH_2CH{=}CHCH_2 \sim\sim \longrightarrow 2\ \sim\sim \dot{C}HCH{=}CHCH_2 \sim\sim + 2ROH$$

$$\downarrow$$

$$\begin{array}{c} \sim\sim CHCH{=}CHCH_2 \sim\sim \\ | \\ \sim\sim CHCH{=}CHCH_2 \sim\sim \end{array}$$

醇酸树脂的干燥原理也相似。有氧存在，经不饱和油脂改性的醇酸树脂可由重金属的有机酸盐（如萘酸钴）来固化交联。氧先使带双键的聚合物形成氢过氧化物，钴使过氧基团还原分解，形成大自由基而后交联。

$$\sim\sim CH_2CH_2CH{=}CH \sim\sim \xrightarrow{O_2} \sim\sim CH_2\underset{\displaystyle |\atop OOH}{CH}CH{=}CH \sim\sim \xrightarrow{Co^{2+}} \sim\sim CH_2\underset{\displaystyle |\atop O\cdot}{CH}CH{=}CH \sim\sim + Co^{3+} + OH^-$$

$$\text{O}\cdot \longrightarrow \text{交联}$$

在自由基聚合过程中，一个自由基可使成千上万个单体连锁加聚起来，成为一个大分子。但在交联过程中,一个初级自由基最多只能产生一个交联点,实际上交联效率还小于 1,因为引发剂和链自由基有各种副反应,如链自由基附近如无其他链自由基形成,就无法交联。链的断裂、氢的被夺取、与初级自由基偶合终止等都将降低过氧化物的利用效率。

聚二甲基硅氧烷结构比较稳定,虽然也可以用过氧化物来交联,但效率比聚乙烯交联低得多。有许多方法可用来提高交联效率,如在结构中引入少量乙烯基,乙烯基交联和原有的链转移交联同时进行,从而提高了交联效率。

3. 缩聚及相关反应交联

在体型缩聚中已经提及交联反应。例如,在模塑成型过程中,酚醛树脂模塑粉受热,交联成热固性制品;环氧树脂用二元胺或二元酸交联固化;含有二官能团化学品的聚氨酯配方,成型和交联同时进行。此外,皮革用甲醛鞣制则是蛋白质氨基酸的交联过程,蚕丝(聚酰胺)用甲醛交联处理,可获得免熨防皱的效果。

以上交联实例可以参照体型缩聚原理来实施,下面举一些类似反应交联的例子。

聚丙烯酰氯薄膜或纤维可以用二元胺来处理,形成酰胺键交联。

$$2 \sim\!\!\!\sim\!\! \underset{\underset{COCl}{|}}{CH_2CH} + H_2NCH_2CH_2NH_2 \longrightarrow \sim\!\!\!\sim\!\! \underset{\underset{O=CHNCH_2CH_2NHC=O}{|}}{CH_2CH} \quad + 2HCl$$
$$\underset{\underset{CH_2CH}{|}}{\sim\!\!\!\sim}$$

四氟乙烯和偏氟乙烯共聚物是饱和弹性体,除了可用过氧化物或金属氧化物(ZnO、PbO)交联外,也可与二元胺共热而交联。交联机理涉及脱氟化氢而后加上二元胺。

$$\sim\!\!\!\sim\!\! CH_2CF_2CF(CF_3)\sim\!\!\!\sim \quad \xrightarrow{-HF} \quad \sim\!\!\!\sim\!\! CH\!\!=\!\!CFCF(CF_3)\sim\!\!\!\sim \quad \xrightarrow{H_2NRNH_2} \quad \begin{matrix} \sim\!\!\!\sim\!\! CH_2CFCF(CF_3)\sim\!\!\!\sim \\ | \\ HN\!\!-\!\!R\!\!-\!\!NH \\ | \\ \sim\!\!\!\sim\!\! CH_2CFCF(CF_3)\sim\!\!\!\sim \end{matrix}$$

氯磺化聚乙烯也可用乙二胺或乙二醇直接交联,但更多的是在有水的条件下用金属氧化物(如 PbO)来交联,因为硫酰氯不能与金属氧化物直接反应,需先水解成酸,再成盐。

$$\sim\!\!\!\sim\!\! \underset{\underset{SO_2Cl}{|}}{CH}\sim\!\!\!\sim \xrightarrow{H_2O} \sim\!\!\!\sim\!\! \underset{\underset{SO_2OH}{|}}{CH}\sim\!\!\!\sim \xrightarrow{PbO} \sim\!\!\!\sim\!\! \underset{\underset{O_2S-O-Pb-O-SO_2}{|}}{CH}\sim\!\!\!\sim\!\! \underset{|}{CH}\sim\!\!\!\sim$$

4. 辐射交联

自由基聚合一章提到辐射引发聚合。聚合物受到光子、电子、中子或质子等高能辐照,将发生交联或降解。中间有系列反应:第一步,激发、解离、低速放出电子,产生离子,在极短时间内(10^{-12} s),离子和已激发的分子重排,同时失活或共价键断裂,产生离子或自由基;第二步,促使 C—C 和 C—H 键断裂,降解和/或交联。哪一种反应占优势,与辐射剂量和聚合物结构有关。高剂量辐射有利于降解,辐射剂量低时,哪一种反应为主则决定于聚合物结构。α,α-双取代的乙烯基聚合物,如聚甲基丙烯酸甲酯、聚 α-甲基苯乙烯、聚异丁烯和聚四氟乙烯等,趋向于降解,而且解聚成单体。聚氯乙烯类,则趋向于分解,脱氯化氢。聚乙烯、聚丙烯、聚苯乙烯和聚丙烯酸酯类等单取代聚合物,以及二烯类橡胶,则以交联为主,见表 8-3。

表 8-3 辐射对聚合物的影响

交联	解聚	交联	解聚
聚乙烯	聚四氟乙烯	聚丙烯酸酯类	聚甲基丙烯酸甲酯
聚丙烯	聚异丁烯	聚丙烯腈	聚甲基丙烯酰胺
聚苯乙烯	丁基橡胶	二烯类橡胶	聚偏二氯乙烯
聚氯乙烯	聚 α-甲基苯乙烯	聚甲基硅氧烷	

辐射交联与过氧化物交联的机理相似,都属于自由基反应。能辐射交联的聚合物往往也能用过氧化物交联。交联老化将使聚合物性能变坏,但有目的的交联,却可提高强度,并增加稳定性。只是辐射交联所能穿透的深度有限,限用于薄膜。

有些体系交联速率太慢,不如断链,需要高剂量辐射才能达到一定交联程度,通常还要添加交联增强剂,甲基丙烯酸丙烷二甲醇酯等多活性双键和多官能团化合物是典型的交联增强剂。

有些情况,需要采用耐辐射高分子。一般主链或侧链含有芳环的聚合物耐辐射,如聚苯乙烯、聚碳酸酯和聚芳酯等。苯环是大共轭体系,会将能量传递分散,以免能量集中,破坏价键,导致降解和交联。

电子束也属于高能辐射,轰击聚合物(如聚乙烯)时,脱除氢自由基,氢自由基再夺取聚乙烯分子上的氢,形成链自由基,而后两链自由基交联。

$$\sim\!\!\sim\!\!CH_2CH_2\!\!\sim\!\!\sim \xrightarrow{\text{电子束}} \sim\!\!\sim\!\!CH_2\overset{\cdot}{C}H\!\!\sim\!\!\sim \ + \ H\cdot$$

$$\sim\!\!\sim\!\!CH_2CH_2\!\!\sim\!\!\sim \ + \ H\cdot \longrightarrow \sim\!\!\sim\!\!CH_2\overset{\cdot}{C}H\!\!\sim\!\!\sim \ + \ H_2$$

$$2 \sim\!\!\sim\!\!CH_2\overset{\cdot}{C}H\!\!\sim\!\!\sim \longrightarrow \begin{array}{c} \sim\!\!\sim\!\!CH_2CH\!\!\sim\!\!\sim \\ | \\ \sim\!\!\sim\!\!CH_2CH\!\!\sim\!\!\sim \end{array}$$

电子束交联已用于聚乙烯或聚氯乙烯电缆皮层或涂层的交联,而不像光固化涂料那样需要光引发剂。

光能也可使聚合物交联。应用光交联原理,发展了光固化涂料和光刻胶。

8.4 聚合度变小的化学转变——聚合物的降解

聚合物的降解是指聚合物分子量变小的化学反应过程的总称,其中包括解聚、无规断链、侧基和低分子化合物的脱除等反应。影响降解的物理、化学因素很多,如热、机械力、超声波、光、氧、水、化学药品和微生物等。有些情况系有目的地使聚合物降解,如天然橡胶硫化成型前的塑炼、废聚合物解聚以回收单体、纤维素水解制葡萄糖、废塑料的菌解进行三废处理等。聚合物在使用过程中受物理、化学因素的综合影响,物理性能变差,这种现象俗称老化,其中主要反应也是降解,有时也可能伴有交联。因此,对降解机理的研究有利于降解反应的应用、耐老化聚合物的合成和防老化措施的采用。下面将对不同因素引起的降解进行讨论。

8.4.1 水解、化学降解和生化降解

研究这类降解问题有两个不同目的：一个是希望耐降解，另一个则希望加速降解。

1. 水解

日常使用的聚合物需能忍受潮湿大气的影响，有些则长期处于某种介质中。烃类聚合物对水分比较稳定，浸在水溶液中达到平衡时含水量也很少。但亲水杂质或特殊加工条件会使含水量增加，对电性能有显著的影响。

含极性基团的聚合物，如尼龙和纤维素，含水量不多时或在室温下，水分起着一定增塑和降低刚性、硬度、屈服强度的作用；温度较高和相对湿度较大时，就会引起水解。聚碳酸酯和聚酯等对水分很灵敏，加工前需适当干燥。

2. 化学降解

利用化学降解，可使杂链聚合物转变成单体或低聚物。例如，纤维素酸性水解成葡萄糖，废涤纶树脂加过量乙二醇可醇解成对苯二甲酸二乙二醇酯，固化的酚醛树脂可用过量苯酚分解成低聚物等。

聚乳酸极易水解，可制成外科手术缝合线，伤口愈合后，不需拆线，经体内水解为乳酸，由代谢循环排出体外。

3. 生化降解

相对湿度在70%以上的温湿气候，有利于微生物对天然高分子和有些合成材料的作用，许多种细菌能产生酶，使缩氨酸键和葡萄糖键水解成水溶性产物，但天然橡胶经过交联或纤维素经过乙酰化可以增强对生化降解的抵抗力。也可以加入酚类及含铜、汞，或锡等的有机化合物，以防菌解。

聚烯烃、聚氯乙烯、聚碳酸酯、聚丙烯酸酯类及许多其他聚合物，即使长期埋在酸性或碱性土壤中，也基本上不受影响。

8.4.2 热降解

热降解指聚合物在单纯热的作用下发生的降解反应，主要有无规断链、解聚和侧基脱除三类。

研究热降解的方法有热重分析法、恒温加热法和差热分析法三种。

热重分析法系将一定量聚合物放置在热天平中，从室温开始，以一定的速率升温，记录失重随温度的变化，绘成热失重–温度曲线来研究热稳定性或热分解的情况。为了排除氧的影响，可在氮气保护或真空下进行实验。

恒温加热法系将聚合物在恒温真空下加热40~45 min，用质量减少50%的温度作半寿命温度（T_h）来评价聚合物的热稳定性。一般T_h越高，则热稳定性越好。

差热分析法系在升温过程中研究聚合物产生物理变化或化学变化时的热效应ΔH，因此可用来研究玻璃化转变、结晶化、熔解、氧化和热分解等。

表8–4中列出了一些聚合物的热降解特性。

表 8-4 聚合物的热降解特性

聚合物	$T_h/\mathrm{℃}$	单体产率/%	活化能/$(\mathrm{kJ·mol^{-1}})$
聚甲基丙烯酸甲酯	238	91.4	125
聚 α-甲基苯乙烯	287	100	230
聚异戊二烯	323	—	—
聚氧化乙烯	345	3.9	192
聚异丁烯	348	18.1	202
聚苯乙烯	364	40.6	230
聚三氟氯乙烯	380	25.8	238
聚丙烯	387	0.17	243
低密度聚乙烯	404	0.03	263
聚丁二烯	407	—	—
聚四氟乙烯	509	96.6	333

1. 解聚反应

末端含双键的聚合物,如聚甲基丙烯酸甲酯或聚 α-甲基苯乙烯,在热作用下,首先从末端开始裂解生成相当于链增长自由基(Ⅰ),然后(Ⅰ)按链式机理迅速逐个脱落下单体,通常称这样的聚合反应的逆反应为解聚反应。

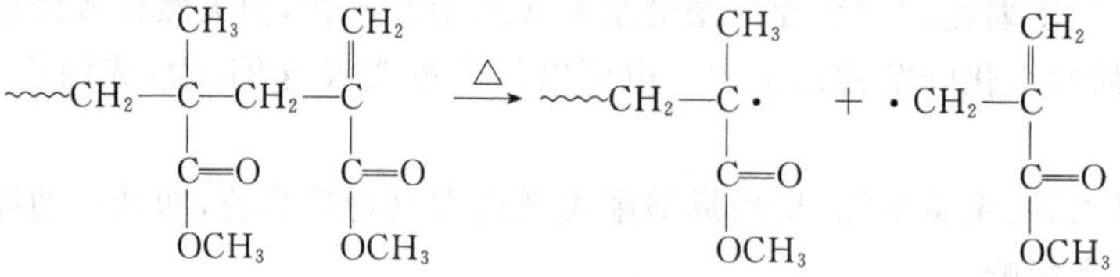

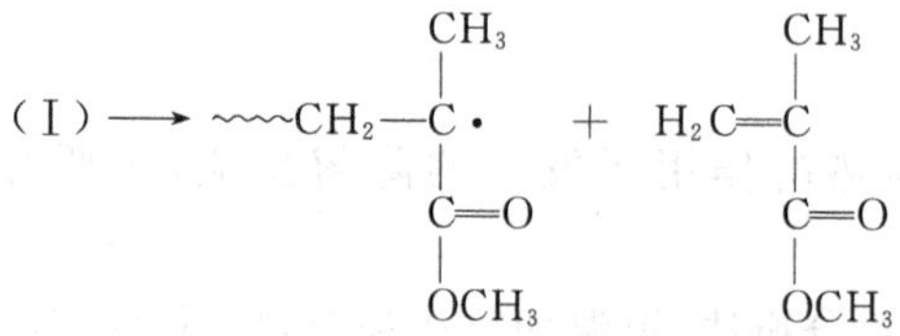

影响热降解产物的主要因素是热解过程中自由基的反应能力、是否存在参与链转移反应的活泼氢,以及活泼氢的活泼程度。凡主链碳-碳键断裂后生成的自由基能被取代基所稳定、并且碳原子上无活泼氢的聚合物,一般都能按解聚机理进行热降解。因此,聚甲基丙烯酸酯类、聚 α-甲基苯乙烯、聚 α-甲基丙烯腈及聚四氟乙烯等都可利用此机理,将其废弃产物通过真空加热来回收单体。例如,聚甲基丙烯酸甲酯在 $164\sim270\ \mathrm{℃}$ 下,可全部解聚成单体。

聚甲醛是另一类易热解聚的聚合物,但非自由基机理,解聚往往从羟端基开始。

$$\sim\mathrm{CH_2OCH_2OCH_2OH} \longrightarrow \sim\mathrm{CH_2OCH_2OH} + \mathrm{HCHO}$$

因此只要使羟端基酯化或醚化,将端基封锁,就可以起到稳定作用,这是生产聚甲醛时经常采用的措施。

2. 无规断链反应

聚合物受热时,主链发生随机无规断裂,分子量迅速下降,产生各种低分子量的产物,单体回收率极低。例如,聚乙烯主链断裂后形成的自由基易发生链转移和歧化终止反应。

$$\sim CH_2-CH_2-CH_2-CH_2\sim \longrightarrow \sim CH_2-\overset{\cdot}{C}H_2 + \overset{\cdot}{C}H_2-CH_2\sim$$

$$\xrightarrow{\text{歧化终止}} \sim CH_2-CH_3 + H_2C=CH$$

碳－碳键断裂后生成的自由基不稳定,且 α-碳原子上具有活泼氢原子的聚合物,易发生这种无规断裂反应。除聚乙烯外,聚丙烯、聚苯乙烯等热降解主要也是无规断裂。

值得注意的是,许多聚合物热降解时,解聚反应与无规断裂反应同时发生。例如,聚苯乙烯,热裂解除了产生各种聚合物碎片外,也可回收到 40% 的苯乙烯单体。

3. 侧基脱除热降解

聚氯乙烯、聚氟乙烯和聚丙烯腈等受热时发生取代基脱除反应。聚氯乙烯在 $80\sim200\ ℃$ 下会发生非氧化热降解,脱出氯化氢,聚合物颜色变深,强度下降,变成聚共轭烯烃,反应式如下:

$$\sim CH_2-\underset{Cl}{CH}-CH_2-\underset{Cl}{CH}-CH_2-\underset{Cl}{CH}\sim$$

$$\longrightarrow \sim \underset{H}{C}=\underset{H}{C}-\underset{H}{C}=\underset{H}{C}-\underset{H}{C}=\underset{H}{C}\sim + HCl\uparrow$$

脱氯化氢反应是以自由基连锁机理进行的,游离氯化氢对此反应有催化作用。研究表明,分解从大分子末端开始,末端基为烯丙基氯时,其 C—Cl 键最弱,成为脱 HCl 的引发点。

$$\sim CH_2-\underset{Cl}{CH}-CH_2-\underset{Cl}{CH}-\underset{H}{C}=\underset{Cl}{CH} \xrightarrow{\text{慢}} \sim CH_2-\underset{Cl}{CH}-CH_2-\underset{H}{\overset{\cdot}{C}H}-\underset{Cl}{C}=CH + Cl\cdot$$

$$\xrightarrow{\text{快}} \sim CH_2-\underset{Cl}{CH}-\underset{H}{C}=\underset{H}{C}-\underset{H}{C}=\underset{Cl}{CH} + HCl$$

随着以上两步反应的反复进行,即脱 HCl 连锁反应的进行,生成共轭结构,其共振使自由基稳定化,不能再脱 HCl。通常聚氯乙烯分子量越低,热失重越多。例如,220 ℃ 下加热 10 min,聚合度为 2 500 时,失重为 16%;而聚合度为 600 时,失重为 50%。这可能与不饱和端基的数目有关,含不饱和端基(双键)越多,越不稳定。所以通过加百分之几的酸吸收剂,如硬脂酸金属盐和有机锡等,可抑制聚氯乙烯在热加工成型过程中的热降解反应,提高其热稳定性,故这种酸吸收剂称作稳定剂。

4. 热氧化降解

聚合物放置在空气中易发生氧化降解,使聚合物材料的物理、机械性能发生显著变化。高分子的自动氧化反应是自由基连锁反应,首先是空气中的氧进攻高分子主链上的薄弱环节,如双键、羟基、叔碳原子上的氢等基团或原子,生成过氧化物或氧化物,促使主链断裂,导致高分子降解与交联。光、热、臭氧或过渡元素等会促进这种氧化降解反应的进行。通过对氧消耗速率的测定,可了解高分子氧化降解反应的过程。反应大致遵循如下机理:

引发：聚合物 $\longrightarrow$ ROO·

增长：$ROO· + RH \xrightarrow{慢} ROOH + R·$

$$R· + O_2 \xrightarrow{快} ROO·$$

终止：$2ROO· \longrightarrow$ 不活泼产物

　　氧化降解反应受高分子的结晶度、立构规整度、支化程度、不饱和基团及杂质等影响。例如，支化度高、结晶度低的低密度聚乙烯(LDPE)，比线型高密度聚乙烯(HDPE)容易氧化降解，含叔氢原子的聚丙烯比聚乙烯易氧化降解，不饱和橡胶比饱和橡胶易发生氧化降解。加入抗氧剂可防止聚合物氧化降解。

5. 光降解和光氧化

　　高分子材料在使用过程中，往往受日光照射，发生光降解和光氧化反应，使材料老化。研究高分子光降解机理，为合成能够阻止或减缓高分子材料光降解的光稳定剂提供了思路。同时，利用某些光降解反应，将易引起此反应的基团引到聚合物上，或者在加工成型时加进某些添加剂，以控制高分子材料的降解速率，获得能在自然界迅速降解的材料，达到减少环境污染的目的。

　　自然界中，达到地球表面的紫外光波长为 300～400 nm，聚合物中的羰基和双键等基团能强烈吸收这一波长范围的光而引起化学反应，导致聚合物光降解。而 C—C、C—H 键不吸收这种波长的紫外光，只吸收波长低于 200 nm 的光，因此从理论上说，纯净的聚烯烃应该不易发生光降解。但工业生产出的聚烯烃往往含有少量的羰基基团，光照发生 Norrish Ⅰ型和 Norrish Ⅱ型链断裂反应，使聚合物分子量下降。

Norrish Ⅰ型：

$$\sim CH_2-\overset{\overset{\textstyle O}{\|}}{C}-CH_2-CH_2-CH_2\sim \xrightarrow{h\nu} \sim CH_2-\overset{\overset{\textstyle O}{\|}}{C}· + ·CH_2-CH_2-CH_2\sim$$

Norrish Ⅱ型：

$$\sim CH_2-\overset{\overset{\textstyle O}{\|}}{C}-CH_2-CH_2-CH_2\sim \xrightarrow{h\nu} \sim CH_2-\overset{\overset{\textstyle O}{\|}}{C}-CH_3 + H_2C=CH\sim$$

　　含大量羰基或双键的聚合物对光照很敏感。例如，涤纶树脂因含许多苯环和羰基，在紫外光作用下会降解成 CO、H_2 和 CH_4；又如，天然橡胶和聚二烯烃类橡胶受日光照射，会发生降解和交联，性能很快下降。

　　在氧气存在下，聚合物还会发生光氧化降解。被 300～400 nm 的紫外光照射，大部分聚合物呈激发态，易与氧气作用，生成氢过氧化物，按光氧化降解机理进行降解。

$$RH + O_2 \xrightarrow{h\nu} R· + ·OOH$$

$$R· + O_2 \longrightarrow ROO· \xrightarrow{RH} ROOH + R·$$

　　为防止或减缓聚合物的光降解和光氧化，通常在聚合物加工成型时加入光稳定剂。

6. 机械降解和超声波降解

　　聚合物的塑炼和熔融挤出，及高分子溶液受强力搅拌或超声波作用，都可能使大分子链断裂而降解。

机械拉力过大时,大分子链会断裂,形成一对自由基;有氧存在时,则形成过氧自由基,该自由基可由电子顺磁共振检出。

聚合物机械降解时,分子量随时间的延长而降低,但降低到某一数值,便不再降低。聚苯乙烯这一数值为 0.7 万,聚氯乙烯为 0.4 万,聚甲基丙烯酸甲酯约为 0.9 万,聚乙酸乙烯酯为 1.1 万。超声波降解时,也有类似的情况。天然橡胶分子量高达几百万,经塑炼后,可使分子量降低,便于成型加工。

8.4.3 聚合物的防老化和绿色高分子概念

1. 聚合物的防老化

通过上述讨论不难明白,聚合物材料总是要或快或慢地老化的,这是普遍现象,表现在其物理性能或特殊功能上的相应变化,如发硬、发黏、脆化、变色、强度降低或丧失,以及功能高分子的原有功能衰减、丧失等。实际上任何聚合物都需要适当地防止老化或减缓老化速率,即使是短期使用的塑料制品,如一次性食品包装袋,在加工成型时也有防老化问题,对于永久使用的如涂料、黏合剂等聚合物材料,老化问题就更突出了。采用有效的防老化措施往往可以扩大一种聚合物的应用领域或用于更苛刻的条件,也可以因延长了使用寿命而获得经济效益。从环境保护上看,如能使长期、永久性使用的塑料的实际使用寿命延长,便可减少其废弃数量,从而减少环境污染或减轻环保负荷。总之,聚合物材料的防老化如同聚合物的合成,是高分子科学的另一个重大方面。

聚合物材料的老化既有高分子本身的化学结构和物理状态等内在因素,又有来自外在的热、光、电、高能辐射、机械应力、氧、臭氧、水、酸、碱、菌和酶等因素,且因聚合物的品种、不同制品、性能要求的差异,以及使用环境的差异,错综复杂,因此不存在单一的防老化的标准和方法。老化和防老化是一个巨大领域,这里把防老化的一般途径简单归纳如下:

① 采用合理的聚合工艺路线、纯度合格的单体及辅助原料,进行聚合物合成,以获得自身可能具有的高耐老化性能;或有针对性地采用共聚、共混、交联等方法提高聚合物耐老化性能。

② 采用适宜的加工成型工艺(包括添加改善加工性能的各种助剂和热、氧稳定剂等),防止加工过程的老化,防止或尽可能减少产生新的老化诱发因素。

③ 根据具体聚合物材料的主要老化机理和制品的使用环境条件,添加相应的各种稳定剂,如热、氧、光稳定剂及防霉剂等。

④ 采用适当的物理保护措施,如表面涂层、表面保护膜等,减轻老化的外因影响。

⑤ 根据聚合物性能,在适宜的环境下科学地选用、并研制推广专用塑料及其制品,不适合户外使用的避免户外使用,不适合高温使用的避免高温使用等。

2. 绿色高分子概念

随着高分子工业的发展,应用领域的扩大,合成高分子的废弃量与年俱增,"白色污染"日益严重。因而为了防止公害,谋求高分子自然分解、回归大自然的要求也日益强烈。今后对合成高分子的研究开发,必将按其用途向提高耐久性和用毕寿终两个方向发展。因此,提出"绿色高分子"的概念,是指在高分子材料制造、应用、废弃物处理过程中,对环境无害、与环境友好。如何在不污染环境的情况下,处理掉不能被环境自然降解的废弃高分子材料,如何开发和利用可环境降解的高分子材料,是高分子绿色化工程中的两大关键课题。

(1) 环境惰性高分子废弃物的处理

环境惰性高分子是在环境中不能自然降解的高分子。目前处理环境惰性高分子的废弃物有三种方法。

① 土埋法 高分子由于不易降解,往往埋上几十年乃至几百年依然存在,占用大量土地,对我国这种地少人多的国家,此法很不适合。

② 焚烧法 普通焚烧会产生大量有害有毒气体和残渣,严重污染环境。即便用各种先进的焚烧炉,高温高压下焚烧,虽然能将废弃物全部转化为可利用的能量,但投资大,且焚烧中仍有废气污染环境的隐患,因而此法也不完美。

③ 废弃物的再生与循环利用法 此法既变废为宝,节约资源,又减少了对环境的污染,因此是最符合绿色高分子概念的方法。例如,废弃的有机玻璃经绝氧热裂成单体 MMA 再使用;废弃聚对苯二甲酸乙二醇酯(PET)经甲醇醇解变成单体,再经缩聚反应,又获得 PET;废尼龙-66 地毯经氨解回收单体,再缩聚成的尼龙-66 为工程塑料,用于制造汽车车身;用废弃聚乙烯(PE)制得的再生 PE,大量用于制造邮件包装袋;废 PS 包装材料,特别是一次性饭盒,用 BaO 处理后高温分解成单体再利用等。

(2) 可环境降解高分子材料的开发利用

环境降解主要是生物降解,又分生物崩解型和完全生物降解型两类。前者是在高分子树脂中加部分可被生物降解的物质后加工成制品,用弃后由于这部分物质可环境降解,而使整体形态崩溃,属不完全降解型。例如,将淀粉、天然矿物质及脂肪族聚酯等加到聚烯烃树脂中,加工成的塑料即为崩解型可环境降解材料。完全生物降解型高分子材料为生物合成的天然高分子材料或改性天然高分子材料,或某些结构的合成高分子材料。从规模、成本等因素考虑,通过化学合成法制备可降解高分子材料最具现实意义。现在研究开发得最多的生物降解高分子材料有脂肪族聚酯、聚乙烯醇、聚酰胺、聚酰胺酯及氨基酸等。其中产量最大、用途最广的是脂肪族聚酯类,如聚乳酸(聚羟基丙酸)、聚羟基丁酸和聚羟基戊酸等。这类聚酯由于酯键易水解,而主链又柔,易被自然界中的微生物或动、植物体内的酶分解或代谢,最后变成 CO_2 和 H_2O。

利用生物技术制备可生物降解高分子材料,虽然成本较高,但符合绿色高分子概念。例如,天然纤维素或糖类经细菌发酵,能制得羟基丁酸和羟基戊酸,用它们聚合出的高分子性能类似聚丙烯,但能完全环境降解;又如,用玉米和甜菜为原料,经发酵得乳酸,本体聚合成聚乳酸,用来制成医用外科缝合线,可降解,不用拆线;或用它代替 PE 作为包装材料和农用薄膜,减少环境污染,体现绿色的内涵。

【小知识】 无滴农用薄膜

塑料棚膜是以高分子聚合物为主体,添加适量的功能助剂,经过吹塑成型加工制成的。理想的棚膜用材料为聚烯烃,如聚乙烯(PE)、聚氯乙烯(PVC)和乙烯-乙酸乙烯共聚物(EVA)等热塑性塑料。热塑性塑料不像低分子化合物有熔点,而是在一定的温度区间熔融,在此区间内具有黏弹性。利用这一性质,可将其加热成为类似口胶糖状的熔融态,吹泡、冷却、固化、定型、牵引得到一定尺寸规格的棚膜。

无滴农用薄膜是在主要原料中加入某些表面活性剂,在覆盖使用过程中膜内表面不出现(或在一定时期内极少出现)冷凝雾滴的棚膜。寒冷的冬季,大棚内温度较外界高,湿度又大,大棚就像一个超大的覆膜热水杯。水蒸气接触到薄膜后很容易达到露点,在薄膜内表面形成水滴。一颗水滴就像一个透镜,当光线从外面射向棚内时,表面的水珠将使光线发生折射现象,光线无法进入棚内,大大降低了棚膜的透光性,不利于作物的光合作用。如果光线经过"透镜"聚焦后射至作物,会将作物灼烧,使作物受到伤害。较大的水滴落至作物上,会导致烂秧。加入了某些表面活性剂后,无滴薄膜表面就改疏水性为亲水性,水滴会很快形成透明的水膜沿倾斜的棚膜内表面流下,薄膜的透光性不受影响。

无滴、消雾棚膜则是在无滴薄膜的基础上添加氟、硅类消雾剂。冬季日光温室使用一般棚膜覆盖时,经常产生较重的雾气,温室内的光照强度降低,影响了作物的发育,还易引发病害。在无滴薄膜基础上添加氟、硅类消雾剂,使棚内过饱和状态下的水蒸气能更加迅速地在棚膜表面凝结,并在无滴剂的作用下,水滴沿棚膜表面迅速铺展并流到地面,这就是无滴、消雾功能棚膜。

本 章 总 结

① 聚合物的化学反应　天然高分子和合成聚合物可以进行多种化学反应,改进性能,扩大品种。属于基团反应的有加成、取代、消去、环化等。结构上稍有变化,而聚合度变化较小,可称作相似转变。接枝、嵌段、扩链、交联等反应将使结构发生较大变化,并使聚合度增加。

② 聚合物化学反应的特征　受物理和化学因素的影响,大分子基团的活性与低分子不同。聚集态和溶解情况是物理因素;概率效应、邻近基团的影响是化学因素。

③ 加成反应　丁二烯类聚合物中含有不饱和双键,可以进行加氢、加氯化氢和加氯等反应。

④ 取代反应　有多种类型,如聚烯烃和聚氯乙烯的氯化、聚醋酸乙烯酯的醇解、聚丙烯酸酯类侧基的水解和聚苯乙烯中苯环上的取代。

⑤ 环化反应　聚丙烯腈、黏胶纤维高温裂解制碳纤维是环化反应的代表。

⑥ 纤维素的化学改性　纤维素葡萄糖单元中的三个羟基可以进行多种取代反应。纤维素高度结晶,反应之前,需用适当浓度的碱液、硫酸、铜氨溶液溶胀。纤维素可以有再生纤维素、酯类和醚类等多种衍生物。

再生纤维素有黏胶纤维和铜铵纤维两种。黏胶纤维主要用 CS_2 处理,铜铵纤维则用铜氨配合物处理。

纤维素酯类主要有硝化纤维素和醋酸纤维素两类。硝化纤维素由硝酸和硫酸的混合酸反应而成,按硝化程度有不同品种。醋酸纤维素则由醋酸和醋酸酐先反应成三醋酸纤维素,而后再部分水解成低取代度的品种。纤维素醚类品种更多,如甲基、羧甲基、乙基和羟丙基的取代基,由氯代烷或环氧烷烃反应而成。

⑦ 接枝共聚　有长出支链、嫁接支链和大单体共聚接枝等多种方法,涉及自由基聚合、缩聚和阴离子聚合等。

⑧ 嵌段共聚　活性阴离子聚合是主要方法,如 SBS 的制备。也会涉及自由基聚合和缩聚。

⑨ 交联　二烯烃橡胶的硫化是最典型的交联,硫化技术、硫化机理和硫化剂都比较成熟。饱和聚合物多用过氧化物进行自由基交联。多官能团单体的缩聚将引起交联。辐射可以引起交

联和降解,随聚合物种类而异。

⑩ 降解和老化 有解聚、无规断链、侧基和低分子化合物的脱除等反应。影响因素主要是热、机械力、超声波、光、氧、水、化学药品和微生物等。

参 考 文 献

[1] Odian G. Principles of Polymerization. 4th ed. New York:Wiley-Interscience,2000.

[2] 董炎明,张海良.高分子科学教程.北京:科学出版社,2004.

[3] Flory P J. Principles of Polymer Chemistry. Ithaca:Cornell Univ Press,1953.

[4] 潘祖仁.高分子化学(增强版).北京:化学工业出版社,2007.

[5] Billmeyer F W, Jr. Textbook of Polymer Science. New York:Wiley-Interscience,1984.

[6] 潘才元,白如科,宗惠娟,等.高分子化学.合肥:中国科学技术大学出版社,1997.

[7] Allan P E M, Patrick C R. Kinetics and Mechanism of Polymerization Reactions. New York:Wiley-Interscience,1974.

[8] 卢江,梁晖.高分子化学.2版.北京:化学工业出版社,2010.

习题与思考题

1. 聚合物化学反应有哪些特征?与低分子化学反应相比有哪些差异?

2. 如何从乙酸乙烯酯出发制取聚乙烯醇缩甲醛?

3. 概率效应和邻近基团效应对聚合物基团反应有什么影响?各举一例说明。

4. 在聚合物基团反应中,各举一例来说明基团变换、引入基团、消去基团、环化反应。

5. 从醋酸乙烯酯到维尼纶纤维,需经过哪些反应?写出反应式、要点和关键。

6. 由纤维素合成部分取代的醋酸纤维素、甲基纤维素、羧甲基纤维素,写出反应式,简述合成原理要点。

7. 利用热降解回收有机玻璃边角料时,若该边角料中混有 PVC 杂质,则使 MMA 的产率降低,质量变差,试用化学反应式说明其原因。

8. 以丁二烯和苯乙烯为原料,比较溶液丁苯橡胶、SBS 弹性体、液体橡胶的合成原理。

9. 下列聚合物选用哪一类反应进行交联?

(1) 天然橡胶 (2) 聚甲基硅氧烷 (3) 聚乙烯涂层 (4) 乙丙二元胶和三元胶。

10. 根据链转移原理合成抗冲聚苯乙烯。简述丁二烯橡胶品种和引发剂种类的选用原则,写出相应反应式。

11. 比较嫁接和大单体共聚技术合成接枝共聚物的基本原理。

12. 天然高分子改性的重要应用是可以获得功能高分子材料。试以淀粉、丙烯腈等为原料,制备含有丙烯酸结构的超强吸水剂,并说明其用途。

第九章　功能高分子

9.1　天然高分子

相对于合成高分子而言,天然高分子是指没有经过人工合成,在自然界中由生化作用或光合作用而形成的大分子有机化合物。天然高分子来自自然界中的动、植物及微生物资源,是广泛存在的可再生资源。这些材料废弃后易被自然界中的微生物分解成水、二氧化碳及无机小分子,不会像合成高分子材料那样,难被生物降解,而造成日益严重的环境污染。下面将结合天然高分子的结构、性能及应用进行介绍。

9.1.1　多聚糖

糖类分为单糖、低聚糖和多聚糖。多聚糖由十个以上的单糖分子由糖苷键连接而成,自然界中存在着多种多糖类高分子,如纤维素、木质素、淀粉和壳聚糖等。

1. 纤维素

纤维素(cellulose)是自然界中存在量最大的天然高分子,是植物细胞壁的主要成分。纤维素是重要的造纸原料,以纤维素为原料的产品广泛用于塑料、炸药、电工及科研器材等方面,此外食物中的纤维素(即膳食纤维)对人体的健康也有重要的作用。

(1) 纤维素的结构

纤维素的分子式为$(C_6H_{10}O_5)_n$,是由 D-吡喃葡萄糖单元以 β-1,4-糖苷键连接而成的大分子多糖,分子量为 50 000～2 500 000,相当于 300～15 000 个葡萄糖基,不溶于水及一般有机溶剂。

纤维素在结构上可分为三层:① 单分子层,纤维素单分子即葡萄糖的高分子聚合物;② 超分子层,自组装的结晶的纤维素晶体;③ 原纤结构层,纤维素晶体和无定形纤维素分子组成的基元原纤等进一步自组装的各种更大的纤维结构及在其中的各种孔径的微孔等。

(2) 纤维素的原料

纤维素的主要原料是棉花、木材和禾草类植物等。棉花是植物纤维中用量最大、品质最好的纤维资源,强度大且质地柔软,可直接用于纺织工业,也可经稀碱处理后用于生产纤维素酯、纤维素醚和微晶纤维素。木材也是纤维素化学工业的重要资源。制浆造纸所用的禾草类纤维素的主要原料有小麦草、玉米秆、稻草、蔗渣、高粱秆和芦苇等。常见的韧皮纤维原料有大麻、亚麻、黄麻、桑皮、檀皮和棉秆皮等。

除植物外,细菌、动物也能制造出纤维素。细菌纤维素最早是在 1886 年由英国科学家 Brown 在静置条件下培养醋杆菌时发现的。细菌纤维素的结构随菌株种类和培养条件的不同而有所变化。细菌纤维素具有许多优点：① 结晶度高，分子取向比较一致，纯度高，不含木质素和其他的杂质；② 抗拉强度高，杨氏模量高；③ 持水性和透水、透气性好。因此，细菌纤维素是目前最有发展和研究前景的纤维素新原料，其优良特性预示了广阔的商业用途，包括食品添加剂、人造皮肤、医药新材料和精细化学品等。

（3）纤维素衍生物及功能材料

纤维素不溶于水及通常的有机溶剂，但如在纤维素分子葡萄糖基环上的三个羟基上引入亲水性的官能团，不仅可以削弱氢键的作用力，使纤维素的衍生物溶于常规的溶剂中，还可通过可控分子结构设计和可控晶体结构设计，得到特殊性能的纤维素衍生物和新型的纤维素功能材料，从而扩大纤维素的应用范围。

纤维素及其衍生物功能改性的研究已成为重要而活跃的研究领域之一，并越来越显示出其重要性。纤维素是可再生资源，且具有能接枝其他人工合成聚合物的功能特性，可用于制备高功能性的纤维素新材料。纤维素晶体表面分布着自由的羟基，可经一系列物理、化学和生物的方法改性制得各种具有特殊用途的功能材料，主要包括超强吸水材料、离子交换纤维、纤维复合材料、纤维素渗透膜和水溶性疏水化/两性化功能性纤维素衍生物等。

尽管对纤维素的研究已经比较全面、彻底，但仍存在许多研究的重点和难点，如寻找纤维素不同超分子结构的本质原因、寻找纤维素的新工业级原料和寻找可以完全溶解纤维素且不降解的绿色溶剂等。随着石油资源的日益枯竭，研究和开发以天然纤维素为原料的新精细化工产品将是今后可持续发展化学工程研究领域的重要课题之一。

2. 木质素

自然界中，木质素是仅次于纤维素的第二大可再生资源。木质素是一种复杂的、非结晶性的、三维网状酚类高分子聚合物，广泛存在于高等植物细胞中，是针叶树类、阔叶树类和草类植物的基本化学组成之一。

（1）木质素的结构、性质

木质素本身在结构上具有庞大性和复杂性，在化学性质上具有极不稳定性等，使得迄今为止还没有一种方法能得到完整的天然木质素结构，而只能得到一些木质素的结构模型。这些结构模型只是木质素大分子的一部分，只是按照测定结果平均出来的一种假定结构。通过对各类木质素结构模型的研究发现，木质素基本上都是由苯丙烷基单元经碳碳键和碳氧键相互连接和无规则偶合而成的，是具有三维空间结构的复杂无定型高聚物。木质素的结构单元上连有各种功能基团，如苯环上的甲氧基、反应性能活泼的羟基和羧基等。木质素结构中的羟基主要是酚羟基和醇羟基，这些羟基既可以以游离的羟基存在，也可以以醚的形式和其他烷基、芳基连接。

（2）木质素的应用及展望

木质素复杂的无定形结构特点，限制了其工业化利用。目前，木质素主要存在于造纸工业废水和农业废弃物中，利用率非常低。然而，国外一些工业较先进的国家中，木质素的化学产品正蓬勃发展，已被广泛用作混凝土减水剂、燃料分散剂、水泥助磨剂、沥青乳化剂、橡胶补强剂、水煤浆添加剂、树脂胶黏剂、土壤改良剂和农药缓释剂等。由于不同植物来源，甚至同种植物不同分离方法所得到的木质素，在结构及性质上的多样性，使得木质素的利用机理及木质素产品调控方面一直是木质素利用中的薄弱环节。目前所开发的木质素类产品仅仅是将木质素作为一种填充料或添加剂来使用，如何有效地利用木质素的结构特性来控制已有木质素产品的性能和开发出更多优良的木质素产品将是今后木质素研究的一个重要方面。

3. 淀粉

淀粉是自然界中产量仅次于纤维素的糖类,存在于种子和块茎中,是植物体中储存的养分,在各类植物中含量都较高。淀粉是由 D-葡萄糖通过 α-糖苷键组成的多聚糖,水解到二糖阶段为麦芽糖,完全水解后得到葡萄糖。淀粉有直链淀粉和支链淀粉两类。直链淀粉含几百个葡萄糖单元,支链淀粉含几千个葡萄糖单元。在天然淀粉中直链结构占 22%～26%,是可溶性的,其余的则为支链淀粉。当用碘溶液进行检测时,直链淀粉液呈现蓝色,而支链淀粉与碘接触时则变为红棕色。

人类膳食中最为丰富的糖类就是淀粉。淀粉除食用外,工业上用于制糊精、麦芽糖、葡萄糖和酒精等,也用于调制印花浆、纺织品的上浆、纸张的上胶和药物片剂的压制等。可由玉米、甘薯、野生橡子和葛根等含淀粉的物质中提取而得。改性淀粉基热塑性塑料具有与一般塑料相同的强度和稍低的伸长率,可以完全生物降解,已用于食品包装、餐具、缓冲材料、衣架、日用品和零件等。

4. 甲壳素、壳聚糖

(1) 甲壳素的结构及性质

甲壳素是自然界中除蛋白质以外数量最大的含氮天然有机高分子,每年生物合成量约为100多亿吨,仅次于纤维素。

甲壳素的结构如图 9-1 所示,是由 1→4 连接,2-乙酰氨基-2-脱氧-β-D-吡喃葡萄糖和 2-氨基-2-脱氧-β-D-吡喃葡萄糖二元线型共聚物组成。分子量因原料和制备方法的差异而从数十万到数百万不等。不溶于水、稀碱、稀酸及一般的有机溶剂,可溶于浓的盐酸、硫酸、硝酸等无机酸和大量的有机酸。甲壳素分子特性与结构可归纳为可再生与亲水性、生理适应性、可完全分解性、多功能反应性和立体结构与手征性。

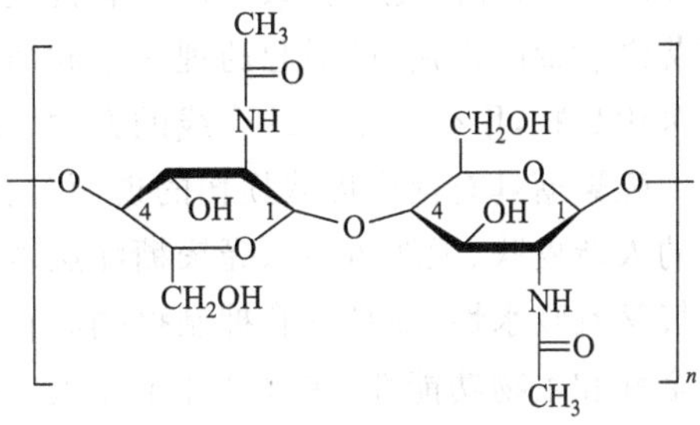

图 9-1 甲壳素的结构

(2) 壳聚糖的结构及性质

壳聚糖(CS)是甲壳素的部分脱乙酰基产物,是自然界中唯一的碱性多糖。壳聚糖是葡糖胺和 N-乙酰葡萄糖胺的复合物,是一种带正电荷的阳离子聚合物,由于聚合程度的不同其分子量在 5×10^4～1×10^6。

壳聚糖的外观呈半晶体状态,晶体化程度与去乙酰化相关。50% 去乙酰化时,其晶体化程度最低。壳聚糖分子中含有羟基、氨基、吡喃环、氧桥等功能基(结构如图 9-2 所示),因此在一定的条件下可以发生水解、生物降解、烷基化、酰基化和缩合等化学反应。作为氨基多糖,壳聚糖的溶解性与 pH 紧密相关,在酸性条件下,由于氨基质子化而溶于水。在 pH<5 时,壳聚糖完全溶于水形成十分黏稠的液体(其特性黏度受 pH 和离子强度的影响),经碱化处理后,可以形成凝胶而沉淀。

壳聚糖分子链吡喃糖环 C2 上有氨基,C6 上有羧基,因此能在较温和的条件下发生化学反应,制备出具有新特性的衍生物。并且可以通过改造修饰其侧链基团而赋予新的化学衍生物以

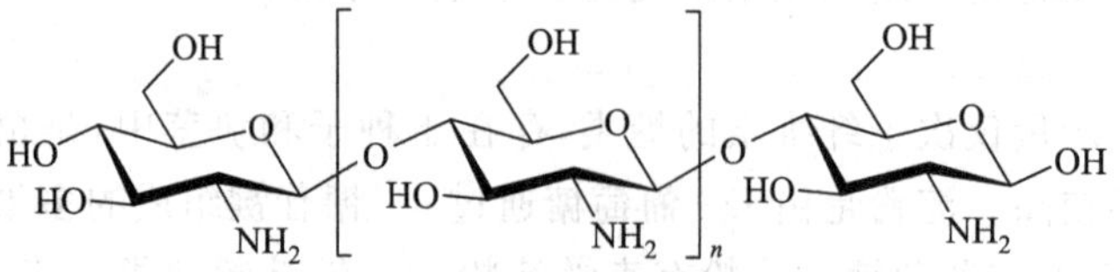

图 9-2 壳聚糖的结构

新的生物活性。从自然界中获取的甲壳素脱乙酰化而得到的壳聚糖只溶于酸性环境中,使得其在生物体内的应用受到很大的限制。现在可以通过在其分子上加上水溶性基团而使之溶于生理盐水中,从而减少酸性溶液对人体组织的刺激。

(3) 甲壳素和壳聚糖的应用

甲壳素和壳聚糖具有许多天然的优良性质,如生物相容性、生物可降解性、吸附性、黏合性、抗菌性、吸湿透气性、反应活性、无抗原性、无致炎性、无有害降解产物和安全性等,从而被广泛应用于纺织工业、生物医学和环保等方面。

甲壳素的分子修饰有羧甲基化、酰基化、烷基化、硫酸和磷酸酯化、接枝与交联等。通过引入各种功能基,可改善其物化性质,形成不同功能、广泛应用于各种领域的衍生物。例如,在工业上,甲壳素酰化、丙酰化及卤化制成的衍生物,具有良好的柔韧性和导电性,可作为电子元件的涂料和填充料;硫酸化甲壳素不但具有抗凝血性和解吸血中脂蛋白的活性,而且还显示抑制肿瘤与抗艾滋病毒的作用,已引起药理学家和病毒学家的高度关注。甲壳素具有消炎抗菌作用,是理想的医用材料,甲壳素手术缝合线的力学性能良好,能很好满足临床要求。

壳聚糖具有促进皮肤损伤的创面愈合作用、抑制微生物生长、创面止痛等效果,用壳聚糖制备的人造皮肤、无纺布、膜、壳聚糖涂层纱布等多种医用敷料柔软、舒适,与创伤面的贴合性好,既透气又有吸水性,而且具有抑制疼痛和止血功能及抑菌消炎作用。壳聚糖由于具有良好的生物安全性和生物功能性,在食品加工业上应用潜力非常大。

其他多糖类天然高分子包括海藻酸钠、黄原胶和魔芋等,在此不作详细介绍。

9.1.2 蛋白质

蛋白质是自然界中最重要的组成物质,是构成有机生物的基本元素。所有动、植物的一切生命活动都与蛋白质息息相关。人体的细胞、组织、器官主要组成成分皆为蛋白质。人体的新陈代谢,抗病免疫,体液平衡,遗传信息传递等无不与蛋白质密切相关。没有蛋白质就没有生命,所以蛋白质又被称为人类的第一营养素或生命素。

1. 蛋白质的组成

蛋白质由 C、H、O、N 和 S 等元素组成,特种蛋白质还含有铜、铁、磷、锌和碘等元素。组成蛋白质的基本单位是氨基酸,氨基酸通过脱水缩合形成肽链。蛋白质是由一条或多条多肽链组成的生物大分子,每一条多肽链有二十至数百个氨基酸残基;各种氨基酸残基按一定的顺序排列。人体内蛋白质的种类很多,性质、功能各异,但都是由 20 多种氨基酸按不同比例组合而成的,并在体内不断进行代谢与更新。

2. 蛋白质的种类

根据蛋白质分子的外形,可以将其分作三类:

① 球状蛋白质 分子形状接近球型,水溶性较好,种类很多,可行使多种多样的生物学功能。

② 纤维状蛋白质 分子外形呈棒状或纤维状,大多数不溶于水,是生物体重要的结构成分,或对生物体起保护作用。

③ 膜蛋白质 一般折叠成近球型,插入生物膜,也有一些通过非共价键或共价键结合在生物膜的表面。生物膜的多数功能是通过膜蛋白质实现的。

蛋白质还可分为植物性蛋白质和动物性蛋白质。动物性蛋白质质量好、利用率高,但同时富含饱和脂肪酸和胆固醇。植物性蛋白质利用率较低(大豆蛋白除外),但饱和脂肪酸和胆固醇含量相对较低。动物性蛋白质摄入过多对人体有害,可引起肥胖,或者加速钙质的丢失,产生骨质疏松。动物性蛋白质摄入不够,可引起营养不良。

3. 蛋白质的应用

蛋白质在生物体中有多种功能,如催化功能、运动功能、运输功能、机械支持和保护功能、免疫和防御功能、调节功能等。蛋白质作为生命活动中起重要作用的生物大分子,与一切揭开生命奥秘的重大研究课题都有密切的关系。在工业生产上,某些蛋白质是食品工业及轻工业的重要原料,如羊毛和蚕丝都是蛋白质,皮革是经过处理的胶原蛋白。蛋白质在农业、畜牧业、水产养殖业方面的重要性,也是显而易见的。

9.1.3 动、植物分泌物

1. 天然橡胶

橡胶是四大工业基础原料之一,随着石油、天然气的枯竭及合成橡胶和塑料所带来的环保问题,对可再生的天然橡胶的需求会越来越大。

天然橡胶的主要成分是 1,4-聚异戊二烯,此外,还含有少量蛋白质、脂肪和灰分等,约占 6%。

为了拓宽天然橡胶材料的应用领域,需要对天然橡胶进行改性。对天然橡胶的改性一般包括环氧化改性、粉末改性、树脂纤维改性、氯化、氢(氯)化、环化和接枝改性及与其他物质的共混改性。

2. 生漆

生漆是从漆树树干割口分泌出的乳白色或黄色黏稠液体,又称大漆、国漆、天然漆。生漆的附着力、遮盖力、耐久性和防腐蚀性都很强,且耐水、耐溶剂侵蚀、耐摩擦、耐热,可广泛用作家具、建筑和工业器材设备的防腐蚀涂料。生漆的缺点是干燥成膜慢,漆膜颜色深,黏度大,不易施工,不耐碱和强氧化剂。此外,漆液有强烈刺激性,会使某些接触者染上过敏性皮炎。

3. 虫胶

虫胶又称紫胶、赤胶、紫草茸等,是紫胶虫吸取寄主树树液后分泌出的紫色天然树脂,主要含有紫胶树脂、紫胶蜡和紫胶色素。紫胶树脂黏着力强、坚韧、光泽好,能溶于醇和碱,耐油、耐酸,对人体无毒性和刺激性,对紫外线稳定,电绝缘性能良好,耐高压电弧,兼有热塑性和热固性,可用作清漆、抛光剂、胶黏剂、绝缘材料和模铸材料等,广泛用于国防、电气、涂料、橡胶、塑料、医药、制革、造纸、印刷和食品等工业部门。

天然高分子材料科学是高分子科学、农林学、生命科学和材料科学的交叉学科和前沿领域，天然高分子领域的研究及应用开发正在迅速发展，必将带动纳米技术、生物催化剂、生物大分子自组装、绿色化学、生物可降解材料和医药材料的发展。

9.2 生物医用高分子

在功能高分子材料领域，生物医用高分子材料可谓异军突起，目前已成为发展最快的一个重要分支。它是随着现代科技、医学及生物学特别是生命科学的蓬勃发展而被提到日程和发展起来的。简单地说，生物医用高分子材料是指在生理环境中使用的高分子材料，有的可以全部植入体内，有的也可以部分植入体内而部分暴露在体外，或置于体外而通过某种方式作用于体内组织。

9.2.1 生物医用高分子材料分类

生物医用高分子材料主要有天然生物材料和合成高分子材料。

1. 天然生物材料

天然生物材料是指从自然界现有的动、植物体中提取的天然活性高分子，如从各种甲壳类、昆虫类动物体中提取的甲壳质壳聚糖纤维，从海藻植物中提取的海藻酸盐，从桑蚕体内分泌的蚕丝经再生制得的丝素纤维与丝素膜，以及由牛屈肌腱重新构组而成的骨胶原纤维等。这些纤维都具有很高的生物功能和很好的生物适应性，在保护伤口、加速创面愈合方面具有强大的优势，已引起国内外医学界广泛的关注。

甲壳质主要存在于甲壳类、昆虫类的外壳和霉菌类细胞壁中，是甲壳素和壳聚糖的统称。兼有高等动物中的胶原质和高等植物中纤维素两者的生物功能。由于甲壳素具有极强的生物活性及生物亲和性，脱酰后的甲壳质（即壳聚糖）具有相容性、黏合性、降解性及良好的成纤、成膜能力，是目前研究最多的多糖类天然高分子，对生物体来说具有生物亲和性和生物可吸收性，已被广泛地应用于医药、纺织、化工、食品和生物技术等众多领域。由壳聚糖纤维制得的手术缝合线既能满足手术操作时对强度和柔软性的要求，同时还具有消炎止痛、促进伤口愈合、能被人体吸收的功效，是最为理想的手术缝合线。壳聚糖纤维制造的人造皮肤，通过血清蛋白对甲壳素微细纤维进行处理，可提高对创面浸出的血清蛋白的吸附性，有利于创口愈合，在各类人造皮肤中其综合疗效最佳。

丝素纤维和丝素膜是近几年在世界范围发展非常快、并得到迅速推广应用的一类天然生物材料。由蚕丝脱胶后可得到纯丝素蛋白成分，丝素蛋白是一种优质的生物医学材料，具有无毒、无刺激性、良好的血液相容性和组织相容性。据研究报道，已用于酶固定化、细胞培养、创面覆盖材料和人工皮肤及药物缓释材料等各领域，尤其各种再生丝素膜在人工皮肤、烧伤感染创面上的应用显示了独特的优势，临床应用价值显著，前景广阔。

2. 合成高分子材料

合成高分子材料因与人体器官组织的天然高分子有着极其相似的化学结构和物理性能，因而可以植入人体，部分或全部取代有关器官。因此，在现代医学领域得到了最为广泛的应用，成为现代医学的支柱材料。与天然生物材料相比,合成高分子材料具有优异的生物相容性,不会因与体液接触而产生排斥和致癌作用,在人体环境中的老化不明显。通过选用不同成分聚合物和添加剂,改变表面活性状态等方法可进一步改善其抗血栓性和耐久性。

目前,用于人体植入产品的高分子合成材料包括聚酰胺、环氧树脂、聚乙烯、聚乙烯醇、聚乳酸、聚甲醛、聚甲基丙烯酸甲酯、聚四氟乙烯、聚醋酸乙烯酯、硅橡胶和硅凝胶等。应用场合涉及组织黏合、手术缝线、眼科材料(人工玻璃体、人工角膜和人工晶状体等)、软组织植入物(人工心脏、人工肾和人工肝等)和人工管形器(人工器官、食道)等。

9.2.2 生物医用高分子材料特性

生物医用高分子材料必须具备高纯度、化学惰性、稳定性和耐生物老化等优点。对于非永久植入体内的材料,要求在一定时间内能被生物降解,降解产物对身体无毒害,容易排出;而对于永久性植入体内的材料,要求能耐长时间的生物老化。不仅能经受血液、体液和各种酶的作用,还必须无毒、不致癌、不致炎、无排异反应、无凝血现象,还要有相应的生物力学性能、良好的加工成型性和一定的耐热性,便于消毒等。

因此,作为生物医用材料内容之一的生物医用高分子材料是在活体内这个特殊环境中使用的材料,对其要求比其他功能性材料高。除了作为材料在力学强度等方面的普遍要求之外,医用高分子材料的特殊要求可以综合概括为以下四个方面:

① 生物功能性 各种生物材料的用途各异,但生物材料植入体内都必须发挥所期望的功能或诱发预期的反应。

② 生物相容性 可概括为材料和活体之间的相互关系,主要包括血液相容性和组织相容性:(a) 血液相容性主要指高分子材料与血液接触时不引起凝血及血小板黏着凝聚,也没有溶血现象;(b) 组织相容性指活体与材料接触时,活体组织不发生炎症、排拒,材料不发生钙沉积,即要求医用聚合物材料植入体内后与组织、细胞接触无任何不良反应。

③ 化学稳定性 耐生物老化性(特别稳定)或可生物降解性(可控降解)。

④ 可加工性 能够成型、消毒(紫外线灭菌、高压煮沸、环氧乙烷气体消毒和酒精消毒等)。

9.2.3 生物医用高分子材料应用

1. 人工脏器

随着科学的发展,由高分子材料制成的人工脏器正在从体外使用型向内植型发展,为满足医用功能性、生物相容性的要求,把酶和生物细胞固定在合成高分子材料上,能够克服合成材料的缺点,从而制成各种脏器满足医学要求。作为软组织材料的一个重要组成部分的人工器官,其应用前景已被看好。随着人工脏器性能的不断完善,其在临床上的应用必将越来越广泛,主要有如下几类(图 9-3):

① 人工肺 人工肺并不是对于人体肺的完全替代,而是体外执行血液氧交换功能的一种装置;

② 人工肾 目的在于过滤血液中本应可以通过肾去除的代谢产物;

③ 人工心脏 用钛和聚合物材料制成的人工心脏,为"过渡移植"装置,而非永久性植入装置;

④ 人工肝　主要用于替代因肝功能不足所需要弥补的解毒功能,是将患者的血浆在体外循环代谢的一种辅助装置;

⑤ 人工胰脏　目的是人工调节血糖浓度等;

⑥ 其他　如人工心脏瓣膜、心脏起搏器电极的高分子包覆层、人工血管、人工喉、人工气管、人工食管和人工膀胱等。

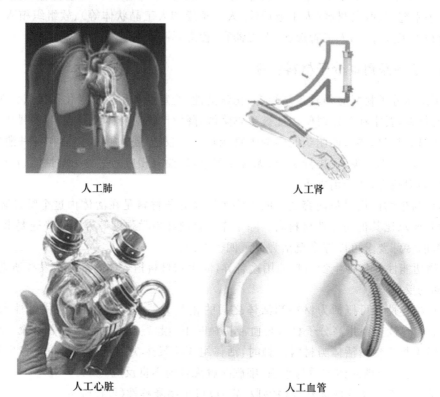

人工肺　　　　　　　　　　　人工肾

人工心脏　　　　　　　　人工血管

图 9-3　人工器官示意图

2. 人工组织

医药高分子材料是医学临床上应用量很大的一类产品,涉及医学临床的骨科、颌面外科、口腔科、颅脑外科和整形外科等多个专科,往往要求具有与替代组织类似的机械性能,同时能够与周围组织结合在一起。最常用的包括:

① 牙科材料　如蛀牙填补用树脂、义齿和人工牙根、人工齿冠材料和硅橡胶牙托软衬垫等;

② 眼科材料　主要制品有人工角膜、人工晶状体、人工玻璃体、人工眼球、人工视网膜和隐形眼镜等;

③ 骨科材料　人工关节、人工骨和接骨材料(如骨钉)等;

④ 肌肉与韧带材料　人工肌肉、人工韧带等;

⑤ 整形外科材料　人工乳房、人工鼻和人工下颌骨等;

⑥ 医用黏合剂　在活体能承受的条件下能迅速聚合固化,黏合组织而没有过量的热和毒副作用产生,并且黏合剂可被吸收而不干扰正常的创伤愈合过程,制品如医用创面封闭胶、硬组织

黏结胶、吻合胶、血管栓塞胶和耳脑胶等。

3. 药用高分子

(1) 高分子药物

有抗癌高分子药物(非靶向、靶向)、用于心血管疾病的高分子药物(治疗动脉硬化、抗血栓、凝血)、抗菌和抗病毒高分子药物(抗菌、抗病毒、抗支原体感染)、抗辐射高分子药物和高分子止血剂等。将低分子药物与高分子链结合的方法有吸附、共聚、嵌段和接枝等。第一个实现高分子化的药物是青霉素,所用载体为聚乙烯胺,以后又有许多的抗生素、心血管药物和酶抑制剂等实现了高分子化。天然药理活性高分子有激素、肝素、葡萄糖和酶制剂等。

(2) 高分子缓释药物载体

药物的缓释是近年来研究的热点。目前的部分药物尤其是抗癌药物和抗心血管病类药物具有极高的生物毒性而较少有生物选择性,通常利用生物吸收性材料作为药物载体,将药物活性分子投施到人体内以扩散、渗透等方式实现缓慢释放。通过对药物医疗剂量的有效控制,能够降低药物的毒副作用,减少抗药性,提高药物的靶向输送,减少给药次数,减轻患者的痛苦,并且节省财力、人力、物力。

(3) 药物制剂和包装用高分子材料

这里的包装材料不涉及外包装材料,特指药物在制备过程中需要的高分子材料,往往对提高药效、方便药物起作用等方面有一定效果。这里的制剂用高分子材料包括液状制剂中的高分子增稠剂、稀释剂、分散剂和消泡剂,固体制剂中的高分子黏合剂、包衣剂、膏剂和涂膜剂、微胶囊等。其中药用高分子微胶囊是现代生物医药工程的一个新亮点,药物经微胶囊化处理后有诸多优点:延缓、控制释放药物,提高疗效;掩蔽药物的毒性、刺激性和苦味等,减少对人体的刺激;使药物与空气隔离,防止药物在存放过程中氧化、吸潮,增加储存的稳定性。

(4) 其他

① 高分子医疗用具及制品 一次性高分子用品(注射器,输血、输液袋等)、高分子绷带材料(弹性绷带、高分子代用石膏绷带、防滑脱绷带)和医用缝合线等。

② 护理用高分子材料 如吸水性树脂(尿不湿、卫生巾、弹性冰、防褥疮护理材料)等护理和医疗用具均选用高分子材料。

除上述几个方面的用途之外,医用高分子材料还可用于医疗诊断(如免疫荧光微球)和生物工程试剂等方面。

总之,医用高分子材料在生命科学、医疗器械、药物等领域中已得到广泛而重要的应用,且还有巨大潜力,随着生命科学的发展及生物材料的研究,将为人类社会做出更大的贡献。

9.3 功能高分子膜及分离吸附高分子

9.3.1 高分子分离膜

在一个流体相内或多个流体相之间,把流体相分隔成为几部分的薄层凝聚相物质,将其定义为膜。具有至少两个界面,并可以通过这两个界面与被分割的两侧流体接触并进行选择性或非选择性传递。

膜是具有选择性分离功能的材料,利用膜的选择性分离实现料液的不同组分的分离、纯化、浓缩的过程称作膜分离。与传统过滤的不同在于,膜可以在分子范围内进行分离,并且是一种物理过程,不需发生相的变化和添加助剂。膜的孔径一般为微米级,依据其孔径的不同(或称为截留分子量),可将膜分为微滤膜、超滤膜、纳滤膜和反渗透膜。根据材料的不同,可分为无机膜和有机膜。无机膜主要是陶瓷膜和金属膜,其过滤精度较低,选择性较小。有机膜由高分子材料做成,如醋酸纤维素、芳香族聚酰胺、聚醚砜和氟聚合物等。

1. 分离膜与膜分离技术

膜分离现象在 200 多年前就已发现,20 世纪上半叶出现了制造滤膜的企业,但膜分离技术的大量发展和工业应用是在 20 世纪 60 年代以后,其发展历史大致如下:30 年代微孔过滤,40 年代透析,50 年代电渗析,60 年代反渗透,70 年代超滤和液膜,80 年代气体分离,90 年代渗透汽化(或称渗透蒸发)。膜分离是利用天然或人工制备的、具有选择透过性能的薄膜对双组分或多组分液体或气体进行分离、分级、提纯或富集。以具有选择透过性的膜作为分离的手段,实现物质分子尺寸的分离和混合物组分的分离。

物质选择透过膜的能力可分为两类:一种是借助外界能量(如电位差),物质由低位向高位流动;另一种是以化学位差为推动力,物质发生由高位向低位的流动。分离膜包括两个内容:一是膜材料,二是制膜技术。目前,多数膜材料为固体膜,且以有机分子膜为主。

2. 功能高分子膜的分离原理

高分子分离膜,是由聚合物或高分子复合材料制得的具有分离流体混合物功能的薄膜。膜分离是依据膜的选择透过性,将分离膜作间隔层,在压力差、浓度差或电位差的推动下,借流体混合物中各组分透过膜的速率不同,使之在膜的两侧分别富集,以达到分离、精制、浓缩及回收利用的目的。单位时间内流体通过膜的量(透过速率)、不同物质透过系数之比或对某种物质的截留率是衡量膜性能的重要指标。

由于分离膜具有选择透过的特性。所以可以使混合物质有的通过、有的留下。分离膜能使混在一起的物质分开,一般基于以下两个方面的原理:

① 过筛机理　根据物理性质(主要是质量、体积大小和几何形态)的差异,用过筛的方法将其分离。

② 溶解-扩散机理　根据混合物的不同化学性质,在膜上游(即膜的待分离一侧)进入的混合物,通过高分子膜层,并在膜下游(即分离后的另一侧)离开。依扩散定律,如果具有不同的速率,则可进行分离。

物质通过分离膜的速率取决于以下两个步骤的速率:首先是从膜表面接触的混合物中进入膜内的速率(称溶解速率);其次是进入膜内后从膜的表面扩散到膜的另一表面的速率。二者之和为总速率。总速率越大,透过膜所需的时间越短;总速率越小,透过时间越长。溶解速率完全取决于被分离物与膜材料之间化学性质的差异;扩散速率除化学性质外还与物质的分子量有关。混合物中物质透过的总速率相差越大,则分离效率越高;若总速率相等,则无分离效率可言。

3. 功能高分子膜材料的分类(表 9-1)

① 按膜的材料分　可将高分子分离膜分为纤维素脂类和非纤维素脂类。

② 按膜的分离原理及适用范围分　根据分离膜的分离原理和推动力的不同,可将其分为微

孔膜、超过滤膜、反渗透膜、纳滤膜、渗析膜、电渗析膜和渗透蒸发膜等。

③ 按膜断面的物理形态分 可分为对称膜、不对称膜、复合膜、平板膜、管式膜和中空纤维膜等。

④ 按功能分类 分为分离功能膜(包括气体分离膜、液体分离膜、离子交换膜、化学功能膜)、能量转化功能膜(包括光能转化膜、机械能转化膜、电能转化膜、导电膜)和生物功能膜(包括探感膜、生物反应器、医用膜)等。

表 9-1 常用的几种类型膜

膜的种类	膜的功能	分离驱动力	透过物质	被截留物质
微滤	多孔膜、溶液的微滤、脱微粒子	压力差	水、溶剂和溶解物	悬浮物、细菌类、微粒子
超滤	脱除溶液中的胶体、各类大分子	压力差	溶剂、离子和小分子	蛋白质、各类酶、细菌、病毒、乳胶、微粒子
反渗透和纳滤	脱除溶液中的盐类及低分子	压力差	水、溶剂	无机盐、糖类、氨基酸、BOD、COD 等
透析	脱除溶液中的盐类及低分子	浓度差	离子、低分子、酸、碱	无机盐、糖类、氨基酸、BOD、COD 等
电渗析	脱除溶液中的离子	电位差	离子	无机、有机离子
渗透汽化	溶液中的低分子及溶剂间的分离	压力差、浓度差	蒸气	液体、无机盐、乙醇溶液
气体分离	气体、气体与蒸气分离	浓度差	易透过气体	不易透过气体

目前研究和已经应用的聚合物分离膜材料大致可归纳为以下十类:

① 纤维素衍生物类(再生纤维素、硝酸纤维素、醋酸纤维素、乙基纤维素及其他纤维素衍生物);

② 聚砜类(双酚 A 型聚砜 PSF、聚芳醚砜 PES、酚酞型聚醚砜 PES-C、聚芳醚酮);

③ 聚酰胺类(脂肪族聚酰胺、芳香族聚酰胺、聚砜酰胺、反渗透用交联芳香含氮高分子);

④ 聚酰亚胺类(脂肪族二酸聚酰亚胺、全芳香聚酰亚胺、含氟聚酰亚胺);

⑤ 聚酯类(涤纶 PET、聚对苯二甲酸丁二醇酯 PBT、聚碳酸酯 PC);

⑥ 聚烯烃类(聚乙烯、聚丙烯、聚 4-甲基戊烯);

⑦ 乙烯类聚合物(聚丙烯腈 PAN、聚乙烯醇 PVA、聚氯乙烯 PVC、聚偏氯乙烯 PVDC);

⑧ 含硅聚合物(聚二甲基硅氧烷 PDMS、聚三甲基硅丙炔 PTMSP);

⑨ 含氟聚合物(聚四氟乙烯 PTFE、聚偏氟乙烯 PVDF);

⑩ 甲壳素类(脱乙酰壳聚醣、氨基葡聚醣、甲壳胺)。

9.3.2 吸附分离功能高分子

吸附分离功能高分子是指对某些特定离子或分子具有选择性亲和效应的高分子材料,能够与被吸附物质之间有物理或化学作用而发生暂时或永久性的结合作用。

利用吸附的选择性,可实现复杂物质体系的分离与各种成分的富集与纯化;通过专一型吸附可实现对复杂体系中某种物质的检测。

1. 吸附及脱附

物理吸附:吸附剂和吸附物通过分子间作用力(范德华力)产生吸附作用。吸附的同时,被吸附的分子由于热运动会离开固体表面,称为解吸。由于分子间作用力的普遍存在,一种吸附剂可吸附多种物质,没有严格的选择性。但由于吸附物性质不同,吸附量有差别。

化学吸附:由于吸附剂和吸附物之间的电子转移,发生化学反应而产生的,属于库伦力范围。化学吸附选择性较强,即一种吸附剂只对某种或几种特定物质有吸附作用。吸附后较稳定,不易解吸。化学吸附与吸附剂的表面化学性质及吸附物的化学性质直接相关。

离子交换:吸附剂表面如为极性分子或离子所组成,则会吸引溶液中带相反电荷的离子,同时在吸附剂和溶液间发生离子交换(电荷转移),即吸附剂吸附离子后,同时要放出等量的离子于溶液中,离子的电荷是交换吸附的决定因素。

脱附:物理吸附和离子交换可通过调节 pH 或提高离子强度的方法脱附;化学吸附需要采用能破坏化学键的化学试剂进行脱附。

2. 离子交换树脂

一般而言,吸附分离功能高分子材料主要包括离子交换树脂和吸附树脂。

离子交换树脂也称离子交换剂,是指具有离子交换基团的高分子化合物,具有离子交换功能,此外也可以吸附、分离、纯化、催化、脱色和脱水等。其外形一般为颗粒状,不溶于水和一般的酸、碱,也不溶于普通的有机溶剂,如乙醇、丙酮和烃类溶剂。常见的离子交换树脂的粒径为 0.3~1.2 nm。一些特殊用途的离子交换树脂的粒径可能大于或小于这一范围。离子交换树脂由三部分组成:不溶性的三维空间网状结构构成的树脂骨架,与骨架相连的功能基团,与功能基团所带电荷相反的可移动的离子。

根据树脂所带的可交换离子性质,离子交换树脂分为阳离子交换树脂和阴离子交换树脂。阳离子交换树脂是一类骨架上结合有磺酸($-SO_3H$)和羧酸($-COOH$)等酸性功能基的聚合物(图 9-4),可以解离出 H^+,而 H^+ 可与周围的外来离子互相交换。功能基团是固定在网络骨架上的,不能自由移动。其解离出的离子却能自由移动,并与周围的其他离子互相交换。功能基团的解离程度决定了树脂的酸性或碱性的强弱。根据具有离子交换能力的 pH 范围不同,分为强酸性阳离子、弱酸性阳离子交换树脂,强碱性阴离子、弱碱性阴离子交换树脂。阴离子交换树脂是一类在骨架上结合有季氨基、伯氨基、仲氨基、叔氨基的聚合物。根据氨基的碱性强弱,可分为强碱性离子交换树脂和弱碱性离子交换树脂。

从无机化学的角度看,可以认为阳离子交换树脂相当于高分子多元酸,阴离子交换树脂相当于高分子多元碱。应当指出,离子交换树脂除了离子交换功能外,还具有吸附等其他功能,这与无机酸碱是截然不同的。通过改变浓度差、利用亲和力差别等,使可交换离子与其他同类型离子进行反复的交换,达到浓缩、分离、提纯、净化等目的。

离子交换反应是可逆反应,在固态的树脂和水溶液接触的界面间发生。在水溶液中,连接在离子交换树脂骨架上的功能基团能解离出可交换的离子 B^+,该离子在较大范围内可以自由移动并能扩散到溶液中。同时,溶液中的同类型离子 A^+ 也能扩散到整个树脂结构内部,这两种离子之间的浓度差推动着它们之间的交换。其浓度差越大,交换速率就越快。另外,离子交换树脂

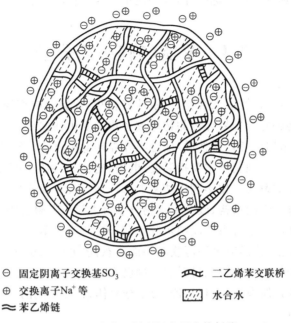

⊖ 固定阴离子交换基SO₃⁻	▨ 二乙烯苯交联桥
⊕ 交换离子Na⁺等	░ 水合水
≈ 苯乙烯链	

图 9-4 聚苯乙烯型阳离子交换树脂

对不同的离子表现出了不同的交换亲和吸附性能,这种选择性与树脂本身所带有的功能基团、骨架结构、交联度有关,也与溶液中离子的浓度、价数有关。一般情况下,离子价数越高,与树脂功能基团的静电吸引力越大,亲和力越大;对同价离子而言,原子序数增加,树脂对其选择性也增加。

3. 吸附树脂

吸附树脂又称聚合物吸附剂,是一类多孔性的、高度交联的高分子共聚物。这类高分子材料具有较大的比表面积和适当的孔径,对有机物有浓缩分离作用,可以从气相或溶液中吸附某些物质。

吸附树脂的外观一般为直径 $0.3 \sim 1.0$ mm 的小圆球,表面光滑,根据品种和性能的不同可为乳白色、浅黄色或深褐色。吸附树脂的粒径越小,越均匀,则吸附性能越好。但粒径过小则阻力太大,过滤困难。吸附树脂强度较大,密度略大于水,在有机溶剂中溶胀,干燥后收缩。因此需在含水条件下保存,以避免收缩而使孔径变小。

按照树脂的表面性质,吸附树脂一般分为非极性、中极性和极性三类。非极性吸附树脂是由偶极矩很小的单体聚合物制得的不带任何功能基团的吸附树脂。典型的例子是苯乙烯-二乙烯苯体系的吸附树脂。中极性吸附树脂指含酯基的吸附树脂,如丙烯酸酯或甲基丙烯酸酯与双甲基丙烯酸酯等交联的一类共聚物。极性吸附树脂是指含酰氨基、氰基和酚羟基等极性功能基的吸附树脂。此外,有时把含氮、氧、硫等配体基团的离子交换树脂称作强极性吸附树脂,强极性吸附树脂与离子交换树脂的界限很难区分。

依靠骨架极性及孔洞空间结构,吸附树脂从气相或溶液中选择性吸附与树脂极性相近的有机物;并通过高度交联以保证稳定多孔性。吸附树脂由于具有很大的比表面积,且随表面性质、表面力场的不同,吸附具有一定的选择性,其功能主要体现在吸附能力上。

9.4　智能(响应)高分子

智能(响应)高分子,又称智能聚合物、机敏性聚合物、刺激响应型聚合物和环境敏感型聚合物。这类高分子自身能够感受外界环境的物理或者化学变化(刺激),能进行判断、处理并做出响应,以改变自身的物理结构或者化学性质,使之与外界环境相协调。外界环境的刺激主要包括物理刺激和化学刺激两类。物理刺激主要指温度、电场、光、应力和磁场等方面的变化,引起分子之间相互作用和各种能量的改变。化学刺激主要指 pH、离子、溶剂或反应物等方面的变化,会改变分子水平上聚合物分子链的结构、改变聚合物分子链之间或者聚合物与溶剂之间的相互作用。智能(响应)高分子可在溶液中自组装成纳米胶束、囊泡、微凝胶等各种结构,此外也可制备成聚合物刷接枝到物体表面上,或形成多层薄膜等平面形态,还可形成凝胶等三维网络结构。

智能(响应)高分子材料作为智能材料的一种已在生物医学、智能给药系统、化学转换器、记忆元件开关、传感器、人造肌肉、化学存储器、分子分离体系、活性酶的固定、组织工程和化学化工等方面得到了广泛的应用。

9.4.1　设计构筑与制备方法

智能(响应)高分子的设计与构筑方法一般分为两种:

① 聚合物改性,在原有的聚合物基础上引入(接枝、嵌段)具有响应性质的功能基团;

② 由具有响应性质的功能基团单体通过聚合的方法得到智能(响应)高分子。

从结构和构成来说,智能(响应)高分子可以是均聚物、无规共聚物或嵌段聚合物,也可以是接枝聚合物或分子刷,其制备方法也丰富多样。

对于均聚物与无规共聚物可以采用传统的聚合方法获得,如本体聚合、溶液聚合和乳液聚合等。结构规整的嵌段聚合物的合成方法比较常见的是活性聚合的方式,比如活性阴离子聚合、活性阳离子聚合、基团转移聚合、开环聚合和开环易位聚合等。与传统的活性聚合方法相比,近年来活性自由基聚合由于具有反应条件更加温和,适用单体更加广泛的优点,越来越多地被用来设计合成具有特殊结构和组分的聚合物。活性自由基聚合包括原子转移自由基聚合(ATRP)、可逆加成−断裂链转移聚合(RAFT)和氮氧稳定自由基聚合(NMP)。另外,点击化学(click chemistry)由于反应的高效、专一特性也在高分子合成领域得到普遍的关注。

对于接枝聚合物或分子刷可以采用增长法(grafting from)、偶联法(grafting onto)和大分子单体法(grafting through)合成。接枝共聚物的结构由三个因素决定即主链的长度、支链的长度和支链间的距离。但是由于聚合物的主链与大分子单体的不相容性,支链在主链上的分布是很难控制的。以前,常用自由基聚合的方法来合成接枝共聚物,这种机理很难控制主链的长度。而活性聚合是高分子化学的重要技术,是实现分子设计,合成一系列结构不同,性能特异的聚合物材料的重要手段。接枝聚合物或分子刷的主链的长度可以由活性共聚合的方法实现,支链的长度可以用活性聚合合成大分子单体的方法控制,而支链的密度可以用共聚单体的摩尔比及低分子量单体的活性比来决定。

9.4.2 分类

根据对外界环境变化响应条件的不同,智能(响应)高分子可分为 pH 响应型、温度响应型、光响应型、电场响应型、磁场响应型、机械响应型、葡萄糖响应型、离子强度响应型和超声波响应型等。而根据智能(响应)高分子所响应的刺激的数目来看,还可以分为单一响应型(即智能高分子仅对一种外部环境刺激产生响应)和双重或多重响应型(即智能高分子对两种或多种外部环境刺激产生响应)。

1. pH 响应型

一般来说,聚电解质具有较好的 pH 响应性,如图 9-5 所示,通常含有可解离的弱酸或弱碱性基团,如羧基、氨基或吡啶等基团。

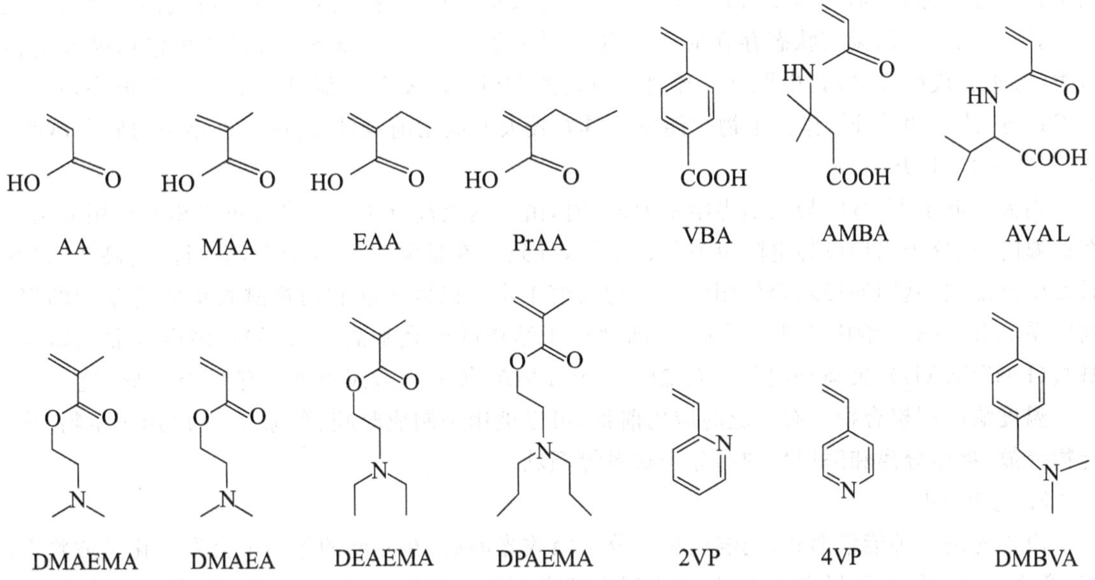

图 9-5 对于 pH 有响应性质的单体分子结构

这种聚合物的 pH 响应性主要由聚电解质的离子化程度决定。当接枝的聚电解质处于离子化形式,即弱碱性聚电解质在低 pH 范围[pH<解离稳定常数(pK_a)]或质子化或弱酸性聚电解质在高 pH 范围(pH>pK_a)解离时,聚合物链段上的电荷互相排斥,导致聚合物链段呈伸展构型;而当聚电解质处于中性形式,即弱碱性聚电解质在高 pH 范围(pH>pK_a)或弱酸性聚电解质在低 pH 范围(pH<pK_a)时,聚合物链段不带电荷而呈卷曲构型。可见,对弱碱性聚电解质(如聚乙烯基吡啶)来说,聚合物链的构型改变主要是由于吡啶基团质子化程度不同,而对于弱酸性聚电解质(如聚丙烯酸),主要是由于羧酸基团解离程度不同造成的。另外,对于 pH 响应型的高分子凝胶来说,这些基团的解离还会破坏凝胶内相关的氢键,使凝胶网络的交联点减少,造成凝胶网络结构发生变化,引起凝胶溶胀。

pH 响应型高分子材料具有广泛的应用前景,主要用于药物控制释放、酶的固定、化学机械、免疫分析、高精密度仪器、自动化生产和国防工业等领域,还可作为 pH 敏感电极、pH 传感器和 pH 执行器等。

2. 温度响应型

温度响应型聚合物,也被称为温度敏感型聚合物,是一类能随环境温度的变化发生相变或体积变化的高分子材料,这种特性主要是通过亲水-疏水的平衡效应形成的,或者说是通过克服溶剂熵驱动力而形成的。温度响应型高分子是刺激响应性材料中研究最为广泛、最详细的智能(响应)高分子。

(1) LCST 类

当温度在 LCST(最低临界溶解温度)以下时,亲水链段与水分子间形成氢键,聚合物可在水中充分溶解;升高到 LCST 后,这种氢键作用被破坏,同时疏水作用加强,聚合物从溶液中析出形成沉淀。从热力学角度看,聚合物与溶剂分子或聚合物之间的这种相互作用随温度的变化是由熵的变化引起的。以溶液状态存在时,在低自由能驱动下,聚合物亲水链与水分子通过氢键作用保持稳定的体系,随着温度的升高,溶剂熵的增长必然破坏这一体系,聚合物去溶剂化,疏水性增强,形成沉淀。以凝胶状态存在时则表现为脱水收缩。具有 LCST 的聚合物包括酰胺类、聚醚类、醇类和羧酸类等,其中聚 N-异丙基丙烯酰胺(PNIPAM)对温度的响应速率很快,并且其 LCST 与人体温度接近,作为生物智能材料具有较大的应用前景,因此成为近年来的研究热点。

(2) UCST 类

当温度低于 UCST(最高临界溶解温度)时,由于这类高分子一般含有可以相互作用的基团,在低温时,在分子内形成静电配位或氢键配位,导致其在低温时不溶于水,但当温度高于 UCST 时发生解配位,基团通过水合作用使聚合物又溶于水。以丙烯酸和丙烯酰胺单体为基础的聚合物体系具有 UCST 响应特性。另外,含两性离子结构的聚磺基甜菜碱,如聚磺丙基甜菜碱丙烯酰胺(PMPDSAH)、聚磺基甜菜碱丙烯酸酯(PSBMA)等的水溶液中也具有 UCST 响应性。

温度响应型聚合物具有广泛的应用前景,可以被用来制成凝胶、微球等,并应用于生物、化学药物释放、物相分离和医用生物高分子材料等领域。

3. 光响应型

由于光是一种能量形式,光响应型高分子吸收光能后,在光能的作用下会发生化学或物理反应,产生一系列结构和形态变化,从而表现出特定功能。例如,吸收光能后如果发生化学变化,发生光聚合、光交联和光降解等反应,高分子材料的溶解性能将发生变化,据此可以制备光致刻蚀剂和光敏涂料;如果发生互变异构反应,引起材料吸收波长的变化,则可以得到光致变色材料;引起材料外观尺寸变化,则构成光力学变化材料;吸收光能后产生物理变化,如载流子的增加导致光导电性质是光导材料的基础,强光引起的超极化性质是非线性光学材料的基本性质,将吸收的光能以另外一种光辐射形式发出,称为荧光性质。具有上述特殊功能的高分子都可以被称为光响应型高分子。

常见的光敏感分子有偶氮苯及其衍生物、三苯基甲烷衍生物、螺环吡喃及其衍生物和多肽等。光响应型高分子材料可广泛用于印刷版、光刻胶、光敏油墨和光敏油漆等方面。

4. 电场响应型

电场响应型高分子多以水凝胶形式存在,在电场作用下凝胶会发生体积或形状变化(膨胀、收缩或弯曲等),实现由电能到机械能的转化。通常情况下,电场响应型水凝胶一般由聚电解质构成,根据电解质的离子种类不同可分为阴离子型、阳离子型及两性离子型。

凝胶响应性与溶液中自由离子在直流电场作用下的定向移动有关,原因是由于自由离子定向移动会造成凝胶内外离子浓度不均,引起渗透压变化从而导致凝胶形变。另一原因是自由基定向移动会造成凝胶内不同部位 pH 不同,从而影响凝胶中聚电解质解离状态,使凝胶结构发生变化,造成凝胶形变。

电响应型聚合物可以将电能转化为机械能,因此在生物力学、人工肌肉驱动、传感、能量转换、声音衰减、化学分离和药物控制传递等许多方面都有着广阔的应用前景。

5. 磁场响应型

当有或没有磁场存在时,聚合物可以以自由链形式存在于溶液中,或被固定在固体表面,或存在于可交联的网络中。

磁场响应型凝胶一般都包埋有磁性微粒子在凝胶中,其中用得最多的磁性粒子为 Fe、Fe_3O_4 或 $\gamma-Fe_3O_4$。其作用机理一般有两种:一是磁场所产生的作用力与凝胶弹性力之间的竞争,凝胶形变取决于这两种作用力的平衡;二是在磁场的作用下,磁性粒子形成偶极子并首尾相连,从而使得凝胶的弹性模量增加。

磁场响应型凝胶的应用很多,如可用于植入型药物释放体系、仿生的制动器(如人工肌肉型驱动器)、传感器、癌症的治疗剂、交换机、分离介质、膜、光开关和图像显示板等。

6. 其他响应型

机械响应型高分子是一种新型的响应高分子。机械响应型高分子的光致发光颜色可以通过各种类型的机械力,如剪切、研磨和拉伸等进行调解。

葡萄糖响应型高分子水凝胶利用多价羟基、葡萄糖和硼酸基团之间的可逆键合,可以作为载体用于胰岛素控制释放体系。随着葡萄糖浓度的变化,体系中随之发生聚合物配体的形成、聚集与解离过程,也就是说,它能感知葡萄糖浓度刺激变化做出响应,从而执行药物控制释放功能。

离子强度响应型高分子在不同浓度的盐溶液中会发生不同的相转变。其机理可能是在较高浓度的盐溶液中,高分子之间的静电斥力变弱,疏水作用占据主导地位,最终使得溶液分相,发生沉淀现象从而发生了相转变。

超声波响应型高分子根据参数设置的不同分为两个类型:加热型和机械型。需要加热时一般采用连续超声方式,而需要产生机械行为时一般采用脉冲式超声波。加热型超声波响应型高分子主要是和温度敏感的药物载体联用,对所载药物进行控释,而机械型超声波响应型高分子主要用于加速药物的扩散。聚合物胶束是目前应用最广泛的对象。

7. 双重或多重响应型

上述智能响应型高分子仅对一种外部环境刺激产生响应,然而,在许多应用场合,往往同时存在两种甚至更多环境刺激,单一响应型智能高分子材料不能很好地满足应用要求。因此,研究和开发具有双重和多重(刺激)响应型智能高分子材料已成为一个重要的发展方向。

当高分子链由多功能组分组成且可以对两种或者两种以上外界环境变化作出响应时,形成双重或多重响应型高分子。pH 和温度是最常见的刺激信号,相应的双重智能响应型高分子也研究得最多。另外,对于温度和离子、磁场/(温度或 pH)、光/(pH 或温度)双重刺激响应型高分子也有相关的研究。

近年来,三重刺激响应型高分子也开始逐渐出现。三重刺激响应型高分子可实现的功能更多,可调控的手段也更多。但从技术角度讲,其设计制备也更有难度。现在已经成功地制备了温度/pH/磁场、温度/pH/离子、温度/pH/光等三重刺激响应型高分子。

9.5　光电功能高分子

光电功能高分子是高分子科学与信息科学的交叉领域,已经成为国际科学前沿和各国高技术竞争的焦点,并且在工业上有广泛的应用前景,如高分子平板显示器、高分子太阳能电池和有机薄膜晶体管等。

9.5.1　导电高分子

物质按电学性能分类可分为绝缘体、半导体、导体和超导体四类。高分子材料通常属于绝缘体。但自从美国科学家 Heeger A J、MacDiarmid A G 和日本科学家 Shirakawa H 发现掺杂聚乙炔具有金属导电特性以来,有机高分子不能作为导电材料的概念被彻底改变。高分子导电材料具有密度小、易加工、耐腐蚀、可大面积成膜及电导率可在十多个数量级的范围内进行调节等特点,不仅可作为多种金属材料和无机导电材料的代用品,而且已成为许多先进工业部门和尖端技术领域不可缺少的一类材料。

所谓导电高分子是由具有共轭 π 键的高分子经化学或电化学"掺杂"使其由绝缘体转变为导体的一类高分子材料。完全不同于由金属或碳粉末与高分子共混而制成的导电塑料,导电高分子是具有共轭长链结构的一类聚合物,这类聚合物研究较多的包括聚乙炔、聚噻吩、聚吡咯、聚苯乙烯撑和聚(3,4-二氧亚乙基噻吩)等。导电高分子的共轭结构使其具有紫外-可见吸收。

虽然本征态的共轭聚合物的导电性一般比非共轭聚合物的要高,但常常是绝缘体和半导体。因为所有的电子都被禁锢在大的共轭 π 轨道或其价带中,在外电场作用下无法定向流动。要使共轭聚合物具有导电性必须从其分子链中移去或注入部分电子,使其带上载流子。从物理学分类的角度上可以将载流子分成单偶极子和双偶极子。一般来说长的共轭聚合物链有利于生成单偶极子,因为这样载流子可以分散到大的共轭体系中,而短的聚合物链或主链上带有供电子基团有利于稳定双偶极子。

导电高分子由于其分子结构决定了其具有一维导电性,或者被称为分子导线。载流子沿着聚合物长链方向的迁移速率要比分子间的电荷跃迁快得多。导电高分子可拉伸取向,沿拉伸方向电导率随拉伸度而增加,而垂直拉伸方向的电导率基本不变,呈现强的电导各向异性。但导电高分子的导电性随着温度的降低而下降,这与金属的行为刚好相反。

按照材料的结构与组成,可将导电高分子分成两大类:一类是本征型导电高分子,另一类是掺杂型导电高分子。

1. 本征型导电高分子

本征型导电高分子本身具有固有的导电性,由聚合物结构提供导电载流子(包括电子、离子或空穴)。这类聚合物经掺杂后,电导率可大幅度提高,其中有些甚至可达到金属的导电水平。

目前,对本征型导电高分子的导电机理、聚合物结构与导电性关系的理论研究十分活跃,应用性研究也取得很大进展,如用导电高分子制作的大功率聚合物蓄电池、高能量密度电容器、微波吸收材料和电致变色材料等,都已获得成功。

但总的来说,本征型导电高分子的实际应用尚不普遍,关键的技术问题在于大多数结构型导电高分子在空气中不稳定,导电性随时间明显衰减。此外,导电高分子的加工性往往不够好,这也限制了其应用。科学家们正试图通过改进掺杂剂品种和掺杂技术,采用共聚或共混的方法,克服导电高分子的不稳定性,改善其加工性。

2. 掺杂型导电高分子

掺杂型导电高分子是在本身不具备导电性的高分子材料中掺混入大量导电物质,如炭黑和金属粉、箔等,通过分散复合、层积复合、表面复合等方法构成复合材料,其中以分散复合最为常用。

与本征型导电高分子不同,在掺杂型导电高分子中,高分子材料本身并不具备导电性,只充当了黏合剂的角色。导电性是通过混合在其中的导电性的物质如炭黑、金属粉末等获得的。由于制备方便,有较强的实用性,因此在结构型导电高分子尚有许多技术问题没有解决的今天,人们对其有着极大的兴趣。复合型导电高分子可用作导电橡胶、导电涂料、导电黏合剂、电磁波屏蔽材料和抗静电材料等,在许多领域发挥着重要的作用。

9.5.2　压电聚合物

压电效应是指在材料上施加机械力时,材料的某些表面会产生电荷,这种现象被称为正压电效应;反之称为逆压电效应。压电智能材料包括压电陶瓷(如钛酸钡、钛酸铅、锆钛酸铅等)、压电晶体(如罗息尔盐、磷酸二氢钾等)、压电复合材料(如尼龙-11/聚偏氟乙烯,锆钛酸铅/环氧树脂和钛酸铅/合成树脂等)和压电聚合物。

通常压电聚合物的压电应力常数比压电陶瓷要小,然而压电聚合物具有比压电陶瓷高 3 至 4 倍的压电电压常数,这说明它是比压电陶瓷更好的传感器材料。同时,聚合物材料质轻,韧性高,适于大面积加工和可剪裁成为复杂形状的特点也为压电聚合物传感器和驱动器的加工提供了很大的灵活性。聚合物同时还具有高的强度和耐冲击性、显著的低介电常数、柔性、低密度和由此带来的对电压的高度敏感性(优异的传感器特性)、低的声阻抗和机械阻抗(对于医学和水下应用至关重要)等优点。聚合物还具有较高的介电击穿电压,比压电陶瓷能够承受更高的极化电场和工作电场。压电聚合物还可以实现在薄膜表面形成电极和选择性区域极化。基于以上优良性能,聚合物压电材料在技术应用领域和器件配置中占有其独特的地位。

9.5.3　光学功能高分子

随着科学技术的发展,聚合物光学材料的使用越来越广泛。例如,近年来光折变材料、光波导材料、非线性光学材料、塑料光学纤维、梯度折射率材料和光学涂料等都得到了迅速的发展。聚合物光学材料由于其质轻、抗冲击、易成型加工、可染色及优异的光学性能,正逐渐取代无机光学材料,在光盘、光纤、建材、树脂镜片、精密透镜和减反射涂层等材料上得到广泛的应用。但是由于高分子材料自身结构组成上的特点,聚合物光学材料存在着表面硬度差、折射率低、吸水率大和耐热性差等缺点,这些都限制了聚合物光学材料的更广泛的应用。因此,研制和开发性能优异的聚合物光学材料无疑具有重大的意义和巨大的经济效益。同时,随着近年来信息科学与技术的迅猛发展,人们对材料提出了越来越高的要求,如要求器件的高性能化、微型化、多功能化、集成化和智能化等,这些又为材料科学的发展提供了机遇和挑战。

1. 光学塑料

光学塑料是聚合物光学材料的重要组成部分,起初因塑料的品种少、质量差、加工工艺落后等条件的限制,光学塑料在光学领域的应用并不广泛。但 20 世纪 60 年代以后,随着聚合物合成技术和加工工艺的发展,以及表面改性技术的日趋成熟,光学塑料的研制和应用得到了迅速的发展。

光学塑料主要分为传统光学塑料,如聚甲基丙烯酸甲酯(PMMA)、聚碳酸酯(PC)、聚苯乙烯(PS)等,以及新型光学材料如 KT-153 螺烷树脂、OZ-1000 树脂等。

2. 聚合物纳米复合光学材料

由于纳米粒子的尺寸效应、大的比表面积及强的界面相互作用和独特的物化性质,使得纳米复合材料表现出不同于一般宏观材料的力学、热学、电磁学和光学性质。功能性纳米材料一直是材料科学研究的热门课题。这与其多样的结构特征密不可分。已经制备出了许多具有有趣光学现象,如光放大、光吸收、荧光和非线性光学等特性的纳米微粒/聚合物功能纳米复合材料。纳米复合材料所具有的结构稳定性和可处理性更有利于加工成波导和光纤等器件。

3. 发光功能聚合物光学材料

将稀土有机配合物与光学树脂进行复合,可以制备出具有发光功能的透明聚合物材料。稀土配合物以其独特的荧光特性广泛应用于发光和显示领域,尤其将其复合于聚合物基质中来制备功能聚合物材料的发展前景更为令人瞩目。由于将稀土配合物简单地混合在聚合物基质中,有很大的缺陷,于是稀土离子与聚合物发生化学键作用的稀土聚合物配合物发光材料应运而生,它既具有稀土配合物的优良发光特性,又具有聚合物的优异的材料特性,近而拓宽了发光配合物的应用范围。

9.5.4 光电高分子

1. 光电效应

当物质受光照后引起某些电学性质变化的现象叫光电效应,包括光电导、光生伏特、光电子发射三种:

① 光电导 物质(主要是半导体)受光照吸收光子引起载流子激发而电导率增加的现象,分为本征光电导和杂质光电导两种。

② 光生伏特 光照射下,半导体 P-N 结产生电势差的现象。

③ 光电子发射(外光电效应) 材料受光照射,电子吸收光子被激发,并穿过能量势垒(逸出功)从表面离开(初动能)。

2. 光电子材料

(1) 有机光伏太阳能电池

利用聚合物奇异的光电能量转换特性,可以实现能量的储存与释放,比如有机光伏太阳能电池。有机聚合物太阳能电池的活性层一般为电子给体材料与电子受体材料(通常为 PCBM)的混合膜。当活性层吸收光子后,会产生激子,激子在有限的扩散长度内到达给体与受体的界面,并在界面处分离成自由载流子(电子和空穴),而载流子在各自的主体中传输到电极。要获得高的激子分离效率和载流子传输效率,就要求活性层中给体受体两相既要具有较大的接触面积,又要具有连续的载流子传输通道。因此,活性层的聚集态结构和形貌的调控是获得高性能太阳能电池的重要途径。

有机光伏电池以其低成本、可弯曲和大面积的优点受到学术界和工业部门的关注。尽管目前高分子太阳能电池光电转换效率低,为1%~2%,还不能与无机半导体光电池相抗衡,但可作为用于高日照、尚不具备开发价值地区(如沙漠)等的低值光电转换设备而投入实际应用。为此,各国研究人员都在不断进行高分子太阳能电池的研究,期望能得到新的多功能和高效率的光电池。

(2) 聚合物电致发光材料

有机电致发光(OEL)是指有机材料在电场作用下,受到电流和电场的激发而发光的现象。其中有机小分子电致发光材料具有化学修饰性强、选择范围广、易于提纯等优点,但是其普遍的结晶现象降低了有机薄膜电致发光器件的寿命,并且有机小分子在有机电致发光材料的成膜方式主要靠真空蒸镀,条件苛刻。因此许多研究者把兴趣转向具有优良物理特性的有机高分子材料——高分子发光二极管(PLED)。高分子发光二极管因其较高的荧光量子效率,蕴含着巨大的科学和商业价值而受到了广泛关注,近年来各种新材料的不断开发和深入研究使 PLED 器件日益走向实用化。

有机高分子电致发光材料有多种分类,一般来说,可根据材料的分子结构,分为主链共轭高分子、非主链共轭高分子和掺杂高分子三大类。用于电致发光的聚合物应满足以下要求:① 具有高效率的固态荧光,② 具有好的成膜性,③ 具有一定的载流子传输特性,④ 稳定性好,加工性能优良。

尽管有机高分子电致发光材料想要真正实现商业化生产和普及应用,还将面临许多问题,但是有机高分子电致发光材料从首次报道到现在,不过仅仅十几年的时间,其各项性能却已达到了商业化的要求,这无疑将对传统的显示材料构成强有力的竞争和挑战。

(3) 聚合物有机薄膜晶体管

随着有机材料半导体特性的发现及性能的不断改进,利用有机半导体材料来替代场效应晶体管(FET)中的无机半导体层自然成为重要的研究课题。这种新型的 FET 被称为有机薄膜场效应晶体管(OFET)。

与无机场效应晶体管相比,有机薄膜场效应晶体管有以下的突出优点:① 易于制备大面积器件;② 有机物易得,通过对有机物分子的化学修饰可以方便地调节场效应晶体管的性能;③ 制备工艺简单,成本较低;④ 有机物柔韧性好,可以弯曲,易于制成各种形状等。OFET 自从1986 年首次出现以来,在材料性能和制备技术开发上都取得了明显的进步,已经应用于电子报纸、传感器件和包括射频识别卡在内的存储器等领域。目前,用于制备 OFET 的有机半导体材料包括小分子和聚合物。

以小分子作为半导体层的有机薄膜场效应晶体管,具有较高的场效应迁移率,可达 $1\sim10\ \text{cm}^2\cdot\text{V}^{-1}\cdot\text{s}^{-1}$。最近有报道,由高纯并五苯单晶所制作的 OFET,其迁移率高达 $35\ \text{cm}^2\cdot\text{V}^{-1}\cdot\text{s}^{-1}$,不过其机械性能和稳定性都不及聚合物,且成膜大都采用真空蒸镀方法,制造成本较高。虽然聚合物场效应晶体管的迁移率比小分子场效应晶体管的迁移率小 3~5 个数量级,但由于其具有机械性能好、热稳定性高、成膜方法简单经济及适合制备大面积器件等特点,发展迅速。目前有些聚合物场效应晶体管的性能已经达到或接近小分子及齐聚物场效应晶体管的水平。因此,可溶性聚合物场效应晶体管被认为是未来有机电子学及微电子学的发展方向。

9.5.5 高分子液晶

液晶就是液态和晶态之间的一种中间态,既有液体的易流动特性,又具有晶体的某些特征。各向同性的液体是透明的,而液晶却往往是浑浊的,这也是液晶区别于各向同性液体的一个主要特征。液晶之所以混浊是因为液晶分子取向的涨落而引起的光散射所致,液晶的光散射比各向同性液体要强达 100 万倍。高分子液晶是由较小分子量液晶基元键合而成的,这些液晶基元可以是棒状的,也可以是盘状的,或者是更为复杂的二维乃至三维形状,甚至可以两者兼而有之,也可以是双亲分子。

高分子液晶材料的分类如下:

1. 液晶高分子纤维

作为纤维材料,要求沿纤维轴方向有尽可能高的抗张强度和模量。理论计算指出,如果组成纤维的聚合物分子具有足够高的分子量并且全部沿着纤维轴向取向,可以获得最大的抗张模量与抗张强度。

2. 热致性高分子液晶

由于芳族聚酰胺和芳族杂环液晶高分子都是溶致性的,即不能采取熔融挤出的加工方法,因此在高性能工程塑料领域的应用受到限制。以芳族聚酯液晶高分子为代表的热致性高分子液晶正好弥补了溶致性高分子液晶的不足。

3. 液晶高分子复合材料

液晶高分子复合材料是以热致性液晶聚合物为增强剂,将其通过适当的方法分散于基体聚合物中,就地形成微纤结构,达到增强基体力学性能的目的。

4. 液晶高分子分离材料

有机硅聚合物以其良好的热稳定性和较宽的液态范围作为气液色谱的固定相应用已经有很长历史,如聚二甲基硅烷和聚甲基苯基硅烷分别为著名的 SE 和 OV 系列固定相。当在上述固定相中加入液晶材料后,即成为分子有序排列的固定相。固定相中分子的有序排列对于分离沸点和极性相近,而结构不同的混合物有较好的分离效果,原因是液晶材料的空间排布有序性参与分离过程。

5. 液晶高分子信息材料

作为信息材料,液晶高分子主要可以应用在电学、信息储存介质及光学方面。聚合物液晶具有在电场作用下从无序透明态到有序非透明态的转变能力,因此也可以应用到显示器件的制作方面,是利用向列型液晶在电场作用下的快速相变反应和表现出的光学特点制成的。把透明体放在透明电极之间,当施加电压时,受电场作用的液晶前体迅速发生相变,分子发生有序排列成为液晶态。当有序排列部分失去透明性,产生与电极形态相同的图像。根据这一原理可以制成数码显示器、电光学快门、广告牌及电视屏幕等显示器件。另外,液晶高分子特别是侧链型液晶高分子是很有前途的非线性光学材料,因为这类高分子具有易在分子中引入具有高值超极化度和非线性光学活性的液晶单元,易在外电场的作用下实现一致取向,且易加工成型等鲜明特点。

在信息科学中大有作为的另一类液晶高分子是铁电性液晶高分子。铁电性液晶高分子的潜在应用领域包括显示器件、信息传递、热电检测及非线性光学器件等。

6. 液晶高分子膜

细胞膜是细胞的重要组成部分,起着把外环境和内环境分隔开的作用。为了让离子能扩散穿过,并让气体进行内外交换,细胞膜应该具有选择的功能。细胞膜是由脂类和蛋白质组成的双层膜。脂类分子由磷脂和甾醇构成且形成双分子层,而蛋白质分子被吸附在亲水基团上形成上下两个蛋白质层,这实际上类似近晶相结构。而由高分子与低分子液晶构成的复合膜同样可以具有选择渗透性,从而广泛用于许多工业领域,如离子交换膜、氧富集膜、电荷分离膜、脱盐膜和人工肾透析膜等。

【小知识】别忘了思考

原子核物理学之父、诺贝尔奖得主 Rutherford 曾经是英国剑桥大学卡文迪什实验室主任。一天深夜,他来到实验室检查,惊奇地发现有人还未离去。Rutherford 缓缓推开门,静静地观察了一会儿,发现有位学生正在十分专心地做实验,而他却没有发现 Rutherford 的到来。Rutherford 在一旁微笑着,并未打扰。直到学生做完手里的工作,Rutherford 上前轻声地与他寒暄了几句,开始询问道:"你上午在做什么?"学生小心回答:"做实验。""那么,下午呢?"学生高声说:"做实验!"Rutherford 点了点头,思索了一下又问:"晚上呢?"学生毫不犹豫地得意答道:"我一直都在做实验。"学生兴奋地盯着 Rutherford,而 Rutherford 并没有给这个学生所期待的肯定。而是严肃地问道:"那你一直都在做实验,给自己留思考的时间了吗?"随后,Rutherford 拍拍学生的肩膀,坚定地说:"别忘了思考!"便大步回到了自己的办公室。学生站在那里,悻悻地低下了头。

从此,英国剑桥大学的卡文迪什实验室,一直坚持这样的规定:每天下午 6 点整,老资格的研究人员来到实验室,宣布时间已到,要求每个人停止工作。如果谁不遵守,他们便引用 Rutherford 的话加以劝导:"谁未能完成六点前必须完成的工作,也就没有必要拖延下去,倒是希望各位马上回家,好好想想今天做的工作,好好思考明天要做的工作。"

本 章 总 结

① 天然高分子是指没有经过人工合成,在自然界中由生化作用或光合作用而形成的大分子有机化合物。它主要来自自然界中的动、植物及微生物资源,是广泛存在的可再生资源。

② 生物医用高分子材料是指在生理环境中使用的高分子材料,主要有天然生物材料和合成高分子材料。具有不同的植入方式,有的可以全部植入体内,有的也可以部分植入体内而部分暴露在体外,还有的可以置于体外而通过某种方式作用于体内组织。

③ 高分子分离膜,是指由聚合物或高分子复合材料制得的具有分离流体混合物功能的薄膜。依据膜的选择透过性,可以使待分离的混合物在压力差、浓度差或电位差的推动8下,各组分以不同的速率通过薄膜,并在膜的两侧分别富集,以达到分离、精制、浓缩及回收利用的目的。

④ 智能(响应)高分子,又称智能聚合物、机敏性聚合物、刺激响应型聚合物和环境敏感型聚合物。这类高分子自身能够感受外界环境的物理或者化学变化(刺激),能进行判断、处理并做出响应,以改变自身的物理结构或者化学性质,使之与外界环境相协调。

⑤ 光电功能高分子是指能够对光或者电进行传输、吸收、储存、转换的一类高分子,包括导

电高分子、电致发光高分子、电致变色高分子、压电高分子、光导电材料、光电转换材料、光学塑料与纤维、光能储存材料、光记录材料、光致变色材料和光致抗蚀材料等。

参 考 文 献

[1] Yang L. Newly Progress on Bacterial Cellulose. Microbiology,2003,30 (4)：95-98.

[2] 蒋挺大. 木质素. 北京：化学工业出版社,2001.

[3] 洪树楠,刘明华,范娟,等. 木质素吸附剂研究现状及进展. 造纸科学与技术,2004,23(2)：38-43.

[4] Gosselink R J A,Snijder M H B,Kranenbarg A,et al. Characterisation and Application of Nova Fiber Lignin. Industrial Crops and Products,2004,20：191-203.

[5] 陈慧泉,龚运淮,方舟. 天然高分子物质的利用现状和前景(Ⅰ)——纤维素、木质素和淀粉. 云南化工,1996(1)：41-47.

[6] 吕福堂. 生物学通报,2003,3(12)：21-22.

[7] 陈耀华. 锦州医学院学报,1999,20(5)：48-53.

[8] Tokura S,Itoyama K. J Macromol Sci. A Pure Appl Chem,1994,31(11)：1701.

[9] Nishimura S,Kai H,Shinada K,et al. Regioselective Syntheses of Sulfated Polysaccharides：Specific Anti-HIV-1 Activity of Novel Chitin Sulfates. Carbohyd Res,1998,306(3)：427.

[10] 温变英. 生物医用高分子材料及其应用. 化工新型材料,2001,29(9)：41.

[11] 黄静欢,丁建东. 生物医用高分子材料与现代医学. 中国医疗器械信息,2004,10(4)：1.

[12] 谭英杰,梁玉蓉. 生物医用高分子材料. 山西化工,2005,25(4)：17.

[13] 高长有,顾忠伟. 生物医用高分子. 中国科学,2010,10(3)：195.

[14] 任丽,王立新. 生物医用高分子. 河北工业大学成人教育学院学报,1999,14(3)：27.

[15] 汤顺清,周长忍,邹翰. 生物材料的发展现状与展望. 暨南大学学报：自然科学版,2000,21(5)：122.

[16] Temenoff J S,Mikos A G. 生物材料——生物学与材料科学的交叉. 王远亮,等,译. 北京：科学出版社,2009.

[17] 单军. 生物活性高分子材料. 化工新型材料,1995(12)：5.

[18] 郑领英,王学松. 膜技术. 北京：化学工业出版社,2000.

[19] 陆世维. 新型分离技术在化工领域的应用. 全国膜及新型分离技术在油田、石油化工的应用研讨会论文集. 北京：1999.

[20] 张国亮,吴国锋,曲敬,等. 水处理技术,2002,28(2).

[21] 王广珠,汪德良,崔焕芳. 国产水厂处理用离子交换树脂现状综述. 中国电力,2003,36.

[22] 李基森. 离子交换膜及其应用. 北京：科学出版社,1977.

[23] 吴庸烈. 膜蒸馏技术及其应用进展. 膜科学与技术,2003,23.

[24] 时钧,袁权,高从堦. 膜技术手册. 北京：化学工业出版社,2001.

[25] 王湛. 膜分离基础. 北京：化学工业出版社,2000.

[26] 李丽英. 基于PNIPAM的响应性高分子材料的制备及性能的研究. 合肥:中国科学技术大学出版社,2011.

[27] Wang J,Pellerier M,Zhang H J,et al. Light-Frequency Ultrasound-Responsive Block Copolymer Micelle. Langmuir,2009,25(22):13201.

[28] Pitt W G,Husseini G A. Ultrasound in Drug and Gene Delivery-Preface. Adv Drug Deliver Rev,2008,60(10):1095.

[29] Husseini G A,Pitt W G. Micelles and Nanoparticles for Ultrasonic Drug and Gene Delivery. Adv Drug Deliver Rev,2008,60(10):1137.

[30] Husseini G A,Pitt W G. The Use of Ultrasound and Micelles in Cancer Treatment. J Nanosci Nanotechno,2008,60(15):2205.

[31] Bhattacharya S,Eckert F,Boyko V,et al. Temperature-,pH-and Magnetic-Field-Sensitive Hybrid Microgels. Small,2007,3(4):650.

[32] Hu J,Li C,Liu S. Hg^{2+} Reactive Double Hydrophilic Block Copolymer Assemblies as Novel Multifunctional Fluorescent Probes with Improved Performance. Langmuir,2010,26(2):724.

[33] Garcia A,Marquez M,Cai T,et al. Photo,Thermally,and pH-Responsive Microgels. Langmuir,2007,23(1):224.

[34] 董建华. 高分子科学前沿与进展Ⅱ. 北京:科学出版社,2009.

[35] 杨柏,吕长利,沈家骢. 高性能聚合物光学材料. 北京:化学工业出版社,2005.

[36] 胡南,刘雪宁,杨治中. 聚合物压电智能材料研究新进展. 高分子通报,2004(5):75.

[37] 封伟,王晓工. 有机光伏材料与器件研究的新进展.化学通报,2003(5):291.

[38] 陈润锋,郑超,范曲立,等. 高分子电致发光材料结构设计方法概述. 化学进展,2010,22(4):696.

[39] 刘玉荣,李渊文,刘汉华. 聚合物薄膜场效应晶体管研究进展. 现代显示,2006(65):60.

[40] 王锦成,李光,江建明. 高分子液晶的应用. 东华大学学报,2001,38(4):114.

习题与思考题

1. 生活中常见的高分子材料中,属于天然高分子材料的有哪些? 对其结构及应用有何了解? 请举几例说明。

2. 生物医用高分子材料有哪些,有什么区别?

3. 举例说明日常生活中接触或者常用的生物医用高分子材料及其优点。

4. 什么是智能高分子? 按其对外界环境响应条件的不同,可以分为哪些类型?

5. 合成智能高分子的方法有哪些?

郑重声明

高等教育出版社依法对本书享有专有出版权。任何未经许可的复制、销售行为均违反《中华人民共和国著作权法》，其行为人将承担相应的民事责任和行政责任；构成犯罪的，将被依法追究刑事责任。为了维护市场秩序，保护读者的合法权益，避免读者误用盗版书造成不良后果，我社将配合行政执法部门和司法机关对违法犯罪的单位和个人进行严厉打击。社会各界人士如发现上述侵权行为，希望及时举报，本社将奖励举报有功人员。

反盗版举报电话　　（010）58581897　58582371　58581879
反盗版举报传真　　（010）82086060
反盗版举报邮箱　　dd@hep.com.cn
通信地址　北京市西城区德外大街4号　高等教育出版社法务部
邮政编码　　100120

短信防伪说明

本图书采用出版物短信防伪系统，用户购书后刮开封底防伪密码涂层，将16位防伪密码发送短信至106695881280，免费查询所购图书真伪。

反盗版短信举报

编辑短信"JB，图书名称，出版社，购买地点"发送至10669588128

短信防伪客服电话

（010）58582300